JN175298

日本風水害誌集

第一巻

昭和二十二年九月　埼玉県水害誌

吉　越　昭　久　編・解説

クレス出版

「日本風水害誌集」刊行によせて

立命館大学文学部特別任用教授・名誉教授

吉　越　昭　久

日本では明治時代以降、それぞれの災害や被災した地域ごとに災害の記録（災害誌）が刊行されてきたが、昭和時代に入るとその内容は膨大なものになり、正確なものになっていった。災害誌は自治体によって刊行されることが多く、それは地域の貴重な災害の記録となる。地図や写真などを用いて被害の原因を考察したり、有効な対策にまで言及したものが刊行されるようになるのは第二次世界大戦後もかなり時間がたってからのことである。このように、災害誌は時代とともに変化し、進化してきたといえる。

災害誌を刊行する意義は、被害の実態や復旧・復興過程を克明に記録することと、それをもとに今後の防災対策に役立てることにあった。しかし、古い災害誌はあまり残されておらず、利用する上でも多くの困難があった。このような視点から、それらの資料を提供する目的をもって、平成24年から25年にかけて「日本災害資料集」として地震編全6巻（伊津野和行編・解説）、同第二回全6巻（伊津野和行編・解説）、水害編全7巻（吉越昭久編・解説）、気象災害編全5巻（吉越昭久編・解説）、火災編全7巻（田中哮義編・解説）を刊行してきた。その内容は、災害誌だけではなく、災害の概論や災害史などをも含む幅の広いものであった。

以上のような経緯を踏まえ、本シリーズでは災害の中でも風水害に焦点を絞り、自治体が編纂し刊行した風水害誌を全四巻に収録した。風水害の発生には一定の周期性があり、規模の大きなものは昭和初期から第二次世界大戦直後までの時期に多くみられた。この時期は戦前戦後の混乱期であったため治山・治水などへの対策が遅れ、結果として多くの風水害を引き起こしたものと考えられている。また、この時期に風水害誌が大きく進化することになるなど、取り上げる意義は大きいと考えられる。

本シリーズに収録した風水害誌は、「昭和二十二年九月埼玉県水害誌」昭和25年、および「昭和22年9月埼玉県水害誌付録写真帳」昭和25年、埼玉県（第一巻）、「大阪市風水害誌」昭和10年、大阪市（第二巻）、「昭和九年岡山県風水害誌」昭和10年、岡山県、（第三巻）、「昭和二十八年六月福岡県水害誌」昭和29年、福岡県（第四巻）で、いずれもその地域の災害の実態、復旧・復興を克明に記録したもので、資料的にも高い価値をもつものである。

是非、この時期における風水害の特徴を把握し、防災対策を考える基本的資料として、この「日本風水害誌集」を存分に活用していただければ幸いである。

昭和二十二年九月

埼玉縣水害誌

埼　玉　縣

發刊の辭

埼玉縣知事　大沢雄一

終戰以來満二箇年を経過した昭和二十二年、二百十日もことなくすみ、穀倉埼玉の收穫も、「前年に勝る豊年よ」と安堵していた矢先、九月八日偶々南方洋上に発生したカスリーン颱風の上陸と共に、同颱風の帶同した豪雨は、関東東北地方一帶を侵し、本縣もその洗禮を受けた。殊に十四日午前八時廿四分より、翌十五日午後八時五十分迄の間は、最も猛烈を極め、縣内の主流利根荒川の両水源地帯は、何れも降雨量六〇〇粍を超え、坪当り十石八斗平地地帯の東京都ですら三石一斗一箇年の総雨量の大約四分の一を僅々三十六時間(一日半)に降らすという、実に驚異的の記録を示し、しかも其の强さにおいても、測候所創立以來のものであると発表された。

当時縣は、水害必至と見て、管下警察署に対し、防衛防水に万全の策を講ずべきを指令し、且つ万一の場合を憂慮し、官民一体の態勢を整え待機せしめた。

然るに水源地々帯の山林は、戰時中、過伐濫伐の爲保水力を失い、加うるに砂防護岸堤塘等の補修工事も、充分に行われて居らず、かゝる悪條件は、奔流をして一擧に平地々帯の各河川に突入せしめ、爲に水位は刻々と上昇、水圧支派川は頓に強度を加え、溢水洩水相次ぎ、十五日夜半出水後数時間を出でずして遂に主流利根荒川ともに決潰し、支派川並に無数の渠溝又次々と決潰し、水魔は本縣東部一帶を跳梁し、農民辛苦の美田は、一朝にして泥海化し、近年稀に見る大洪水となつてしまつた。

縣内の被害狀況については、本誌に詳記の通りなるが、尊き人命の犠牲百有余名の外、祖先傳來の家屋財宝は勿論田畑公共施設、辛苦の農作物等は、実に惨憺たる被害をうけ、着るに衣なく、食うに食なく、住むに家なく、一時途方にくれた罹災民は、実に四十万人を算するに至つた。

縣は、あらゆる機関を動員して、災害対策委員会を設置し、これが救済に活躍したが、この悲報が一度國内に傳わるや、縣内は勿論縣外の各同胞より、或は救援に或は救護に、涙ぐましき同情が次々と寄せられた。

殊に　今上陛下は、本縣の災害に痛く震襟を悩ませられ、本縣に行幸仰出され、九月廿一日親しく現地罹災民を御慰問遊ばされ、又在日アメリカ進駐軍は、出水以來擧げてこれが救援に協力せられしは、縣民の永久に忘じ難き感激である。

其の他片山首相を初め、各省首脳部、各都道府縣知事、國内官民有志の方々より多数の慰問が寄せられたが、中にも可憐な幼稚園兒が、おやつを節約した醵金や、小学兒童が、街頭に進出し、道行く人に呼びかけた募金等があり、当事者をして痛く感泣せしめた。

さて今次水害が、余りにも急激であつたことゝ、湛水長期にわたりしため、罹災者の辛苦は実に想像以上であつたが、國内のわき上る隣保愛同胞愛に應えて、罹災地縣民は敢然と起上り、「復興は吾等の手に」と官民うつて一丸となり、日夜涙ぐましき活動が続けられ、決潰堤防の修復道路交通を初め、罹災地区における失われた耕地、公共施設其の他が次々と修復され、罹災後一箇年にして、その大部分は復旧を了したのである。

今次災害による被害は、わが埼玉縣のみでも大約百億円と見積られたが、この被害は今次に限らず、往時より幾回となく繰返され、その都度莫大なる損害を被つている。そして其の当座は何れも「か丶る無益な損害は二度と繰返すな」と誓合つているが「災害は忘れたころに來る」という世諺に違わず、相変らず繰返し繰返されている。殊に今次の水害は、寛保二年天明六年弘化三年安政六年明治四十三年の大水害にも劣らぬ大慘害である。今度こそは、災害の原因を徹底的に究明して高度の科学的な治山治水策を樹立し、「災害は忘れた頃にくる」という嘲笑的世諺を抹消し、官民一致の協力を、この機会とこの体験により、一層强力のものにしたいと念じている。

縣が今回本誌並に附錄写眞帖を上梓したのも、期する所はその点であり、これを繙くものは常に思いを新にし、一面内外官民の同情を忘却することなく、常に感謝の心を埼玉の治水に直結せしめていきたい。

猶今回本誌刊行に際し、罹災地各関係機関並に縣内外の各報導機関、同有識者各位より、貴重なる參考資料を寄せられたるに対し、衷心より感謝の意を表する次第である。

昭和二十五年三月三十一日

昭和二十二年埼玉縣水害誌目次

第一編　總說

第二編　出水の狀況

第三編 被害の状況

第三章　耕地並に公共施設関係被害……二六一

第四章　農作物関係被害……二八五

第四編　救済救護の状況

第三章 各出張所の活動……六三三

第五編　復旧とその對策

第一編　總　説

第一章　陛下の御視察

今次関東地方に來襲せるカスリーン颱風による洪水の被害は、実に激甚を極め、その惨状言語に絶したが、中にも本縣の罹災民四十万人に、痛く震襟をなやまされたる　天皇陛下は、九月二十一日午前八時三十分、片山総理大臣を初め、大金侍従長、松平長官、加藤次長以下六名供奉申上げ、自動車に御便乗、宮城御出門、埼玉縣に御幸あらせられた。

定刻九時四十五分、多数廳員整列御出迎の中に、無事御着輦、知事室において、西村知事より、一般の狀況を御聽取あらせられて後、十時五分直に現地に向わせられ、十一時三十分羽生町に御安着、羽生警察署に御少憩の後・午後一時原道村決潰現場二百米の手前、給食舟発着所に御着、久沢北埼玉地方事務所長の御紹介で、原道村々長台千知氏が決潰地三村を代表して、水害当時の狀況を御說明申上げ、

流失家屋東村、原道村六十戸、元和村五十戸、浸水家屋三千戸、全戸数の九割、現在までに判明した死者五名行方不明二名

と申上げるのを、陛下は親しくメモ遊ばされ、同村長の前に御近づき遊ばされ、

「大変な災難だつたね、今後大いに頑張つて再建に努力して下さい」

と御激励、更に居並ぶ各村代表者達にも、一々「御苦労様、頑張つてね」と溫い御言葉があり、折から居合せた片山首相に対し、

「水害対策を早く進めるよう骨を折つて下さい、被災者が可愛そうですからね」

と御洩し遊ばされた。この間、陛下の御容子は、心なしか曇つていたように拜せられた。

かくて、飯塚刑事課長の御案内で、仮棧橋を渡らせられ、大金侍従長、松平宮内府長官、犬丸同府総務課長、ライアン軍政部司令官夫妻、西村知事等と共に、宮内省さし廻しのモーターボート隼（ハヤブサ）丸に御乗船、濁流に水沒せる原道、東、元和の三村と、決潰現場を御視察のため御出発、原道村から氾濫の中心地元和村へ、更に続いて東村へ、激流は既に六尺余も減水したが、猶全村を渦巻き流るゝ奔流のものすごさ、倒壊家屋は、満々たる濁流に横たわつて、悲惨な様相を呈している。

屋上に避難している住民に対し、一々「しつかり頑張つて下さい」と激励の御言葉があり、中には初めて陛下と知り、両眼に涙をたゝえて、陛下の御姿をジツーと御見送り申上げていたものもあつた。

舟は、東武日光線の鉄橋をぬけて航行、遠く栗橋まで続く軌道の濁水に、陛下は一入心を動かされた御様子に拝された。帰路東村小学校附近より決潰現場の状況を御說明申上げた西村知事に対し、「急速に復旧工事をたのみます」と促され、午後二時、一時間にわたる現地御視察をおわらせられ、再び羽生町に御立寄に相成り、午後五時十五分還幸あらせられた。

又高松宮殿下には、日赤総裁恩賜財團同胞援護会総裁の御資格で、同日午前九時三十分、陛下と前後して御來縣にあいなり、吉井縣民生部長より、救援に関する狀況を御聽取の後、衛生課において待機中の医療班の従事員に対し、激励の御言葉を賜い、直に現地巡察に向わせられ、北埼玉郡大越村及び北足立郡田間宮村における各救護所を、それぞれ御見舞の上御帰京あらせられた。

今上陛下が、地方の水害視察として、玉歩を印せられし記錄は、史上未曾有のことで、当時二百万縣民の齊しく感激した所である。

陛下をお迎えして

埼玉縣知事　西村実造

歴代の天皇が、水害地に玉歩を印せられし例は、史上未曾有の快擧で、一人吾が縣の光栄のみならず、同胞一億の感激である。不肖西村身をこの地に奉じ、陛下に咫尺して恐懼措く所を知らず、当時の概況をものして、陛下の御仁慈を千載に残し奉らんとする。

昭和二十二年九月廿一日天皇陛下は、大金從長、松平長官、加藤次長以下六名扈從申上げ、九時四十五分本縣に御立寄遊ばされ、不肖西村の出水に関する概況を御聽取あらせられて後、直に現地に向わせられ、定刻午後零時二十五分北埼玉郡大越村に御着輦遊ばされた。

不肖西村は、御先導の大命を拜したるを以て、直に本縣水害救援対策本部大越出張所並に大越小学校に御案内申上げ、收容中の原道、東両村罹災者を御慰問遊ばされ、何れも溫情溢るゝ激励のお言葉があり、次いで罹災者で溢れる混乱の原道村堤防に御到着遊ばされた。

左方は奔流渦巻く大利根の濁水、右方は原道、東、元和の三箇村が、完全に水沒した慘狀、当時決潰した狀況を說明申上げた台(だい)原道村長に、その都度慈眼溢るゝ御態度で御聽取あらせられたが、說明終るや同村長に対し、

「全く同情に堪えません、今後しつかりたのみます」と有難い激励のお言葉を賜つたのである。

ついで陛下は、モーターボート、はやぶさ丸に御便乘になり、濁流で水沒した前記三箇村を先づ御巡視遊ばされたが、祖先以來住み馴れた懷しの我家を捨てかねて、断乎守り続けている屋上の罹災者達に、一々ボートをお近づけに

なり、帽子をお取り遊ばされ、温い御慰問のお言葉を賜い、罹災者をして痛く感泣せしめたのである。

この思いがけない陛下の御慰問に、各地罹災民は、敢然と起上り、「再建は吾等の手で」と、誰云うとなく高まり、爾來救援に復旧に、所管の仕事はすべて官民協力一致の態勢で進められ、着々成果を擧げたのである。

こゝに二百万縣民を代表し、皇恩の無窮に対し、只管復興と再建とを以て、謹んでおこたえ申上ぐ。

陛下を先導し奉りて

北埼玉地方事務所長　久沢実因

漫々たる濁水をたゝえて、一望数十里に及ぶ北埼の沃野は、文字通り白海化してしまつた。

堤防決潰して以來数日、今猶こん〳〵と流るゝ濁流は、物凄き勢を以て、決潰口をかみ、水量はいさゝかも減じない。懐しの我が家は、水沒してその片影すら見出せない。たゞ樹々の末端のみが水面にうかんで見える。

堤防に溢るゝ罹災民は、濁流に洗われた家財、衣類を持出し、急場の干場に乾かしている。

九月二十一日、未曾有の大水害を御視察のため、陛下の御臨幸を仰いだことは、本郡の光栄のみならず、延いて本縣の光栄である。

不肖久沢職を本郡に奉じ、現地先導の大命を拜し、畏くも陛下に咫尺し奉るの光栄に浴せしは、終生忘じ難き感激である。

定刻一時、諸官供奉員を従いさせられ、着御あらせられし陛下には、御心持御不安の体に拜せられた。不肖久沢御車近く進み出て、御先導申上げ、御出迎に居並ぶ官民を一々御紹介申上げ、原道村長以下各村長よりそれ〳〵言上があり、陛下には「御苦労であつた、嘸かし大変であつたでしよう」との御慰労のお言葉があつた。

次いで各村消防團長の列前に玉歩を運ばせられ、御慰労と激励のあたゝかきお言葉を頂いた。それより用意のボートに御便乗のため、堤防傳え水際に降り給い、その間両側の罹災者に対し、一々激励のお言葉があり、一同感涙に咽んだのである。

西村本縣知事、埼玉軍政部司令官ライアン中佐夫妻も同船し奉り、親しく元和、東両村を御巡察遊ばされ、約一時間の後再び堤防に御還幸あらせられた。

此の日よく晴れ、日ざしも强かつたが、堤上は泥土にまみれ、極悪のこの道路を、いさゝかもおいといなく、無限の御仁慈を、只管罹災の民草にそゝがせられ、「復旧を急げ」と仰せ給いし陛下の玉音に、堤上に奉送し奉りし吾等は感涙にむせび、寂として声なく、たゞ無言のまゝ御見送申上げたのであつた。

第二章　颱風の襲來と出水の概況

九月十四日午前九時、熊谷測候所の発表によれば、十三日午前六時中型のカスリーン颱風が、鳥島の南西七百粁の海上にあり、時速二十五粁で北上中というから、このまゝ北上するとすれば、十四日夜半南海道から東海道に上陸、暴風に伴なう豪雨では相当の被害が予想される。猶本縣の荒れるのは、十五日午前七時ごろまでで、「嚴重な警戒が必要である云々」と。

かくて颱風は予想通り、十四日夜半より十五日朝にかけて房総沖を通過、三陸沖に去つたが、これがために関東地方一帶に亘り、未曾有の豪雨があり、各河川とも驚異的の氾濫をつゞけ、一瞬にして縣財百億有余を烏有に帰してしまつた。

豪雨は十四日から十五日の三日間、この間、降雨時刻は四十八時間に過ぎなかつたが、秩父一帯の雨量は六百十粍(坪当り十石八斗)、平地々帯の東京ですら、百六十七粍(坪当り三石一斗)の豪雨であつた。従つて各河川とも一様に横溢、荒川の上流親鼻橋警戒水位三米は、十五日午前十時早くも八米二〇を示し、利根川上流水位既往最高四米八は同様十五日午前十時五米三を示し、猶両主流とも刻々上昇の一途を辿つたのである。

今次颱風の特徴として、中央氣象台の発表によれば、先づ第一に大雨となつたことであり、之は颱風による不連続線が優勢で、殊に東北地方は四日前から雨が降続いた所へ、颱風の雨が加わり、全く水禍は免れなかつたこと丶、第二は平均速度毎時二十粁であつたことで、普通の颱風ならば、十三日北々東に轉じたころ、毎時五十乃至百粁位に減じるのだが、不思議や速度は全然かえなかつたことである。

第二章　被害の概況

今回縣下に襲來したカスリーン颱風は、未曾有の豪雨を帯同したゝめ、忽ち各地とも大洪水となり、河川の氾濫、堤塘の決潰、道路の崩壊、橋梁の流亡等随所に起り、殊に主流利根川、荒川の堤防決潰による大氾濫で、田畑は勿論部落、市街の別なく、徒に水魔の跳梁する所となり、その損害全縣に派及し、見積総額百億円にのぼる大損害を蒙りしは、返す〲も千載の痛痕事であつた。

本縣は熊谷市を初め、戰災の復興未だならず、戰後二百万縣民が協力一致、復興再起に立上り、着々向上に邁進しつゝありし矢先、重ねてこの莫大なる被害を蒙むりしは、寔に悲痛の極で、罹災縣民に対し深甚の同情を捧げるものである。

今年は二百十日も事なくすみ、水陸稲を初め諸作一様に豊作を予想せられ、しかも收穫期を目前に控えての被害であり、更に遺憾なことは、本縣の穀倉地帯たる北埼、南埼、北葛各郡の被害であり、殊にこの地は冠水月余に及び立毛殆んど水腐に帰し、予想減收十五億円に達したことである。

かくの如く本縣の農作物の減收は、莫大なる数字となり、且つ交通関係の被害により、生產の輸送不能となり、家庭生活其の他に関聯性をもつ、木材、薪炭の被害も又甚大で、直接罹災者には勿論、間接に全縣民に與えた影響も頗る大で、寔に國家的一大損失であつた。

猶罹災者の中には、一家を擧げて生命を奪われたもの、親子、夫婦、兄弟、姉妹を一瞬に失つたもの、流失埋沒により居宅を失つたもの、これ等住むに家なく、耕すに耕地なく、働くに職なく、毎日の生活にすら事欠く罹災者は、日々夥しき数に上り、浸水月余に及び、耕作は勿論傳染病の脅威に、悲惨な部落もあつた。

第四章 應急措置の概況

これよりさき縣においては、カスリーン颱風襲來と、氣象の特徴により豪雨を予期し、出水必死と見て、十五日朝來各警察署長に対し、関係方面と連絡の上、万全の策を講ずるよう指令し、官民一致の防水陣営に、寸隙の余裕を與うることなく、待機の態勢を整うたのであつた。

然るに各地よりの情報頻々と危險を傳え、各河川の堤防次々と決潰、溢水又溢水、氾濫又氾濫、交通々信機関不通となり、狀勢頓に悪化し、損傷の程度も全く予測し得ざる尨大なものとなつたので、縣は急遽部長会議を開き、災害対策本部を設置し、非常出動の準備を進める一方、埼玉軍政部に事情を具申し之が協力方を申入れたのであつた。

先づ現地の実情を知るため、軍政部に懇請して、被害地域の空中撮影に成功を納め、該写眞により直に現地に救援の手をさしのべ、應急食糧、被服、薬品、ロウソク、燐寸、薪炭、藁莚等の急送を手配し、死亡者、負傷者、罹病者に対する処置及び罹災者収容所設備等、各地方事務所を通じ万遺漏なきよう努めたのであつた。

又民家の長期浸水を見越し、傳染病の発生に備うべく、日本赤十字社を初め縣医師会、保健所を動員して、各地に活動を続け、罹災民の救護に当り、且つ厚生省其の他より、多量の医薬品の送達を受け、もつて罹災者の保健に万全を期したのである。

次に縣警察部の活動である。出水以來各署とも不眠不休の活動を続け、特に罹災民の救助に死闘を続け、更に現地の治安確保に奮励し、罹災民の財物漂流物の盜難横領等を警戒し、夜間の犯罪防止、物資の不当賣買、闇屋の横行等これ等の暴利行爲、竊盜行爲を嚴重に取締つたのである。

又罹災地域の中には、相当多数の学童があり、今次水害のために、校舎の欠壞、崩壞其の他障碍のため、授業再開不能百二十二校に上り、学童又教科書、学用品を失い、被服にこと欠くもの多数に上りたるをもつて、縣教育部は緊急これが対策を講じたのである。

以上は縣の應急措置の梗概であるが、恒久的復興対策の樹立は勿論、將來再度かゝる災禍を招來することなき百年の大計を樹てるべく、着々準備を進めている。

猶被害救済復興に関する詳細については、各編その項を追い記述することにする。

第二編　出水の狀況

第一章　今次水害と出水の原因

第一節　地勢より見たる本縣の水害

本縣の水害は、水害年譜記載によると、凡そ二三年毎に見舞われている。即ち水害は、自然的原象たる降雨と其の流出経路たる山脈と河川、換言すれば降雨と地勢が根本原因をなすことには、誰しも異存のない点であろう。

大体本縣は、西北一帯諸山脈連亘し、東南に向つて走り、其の端急に断えて平野に沒する急角度をなし、縣内最高峯國司嶽より雲取山に至る間は、概ね二千五百より三百米の高度を示し、其の北に武甲、三峯、両神を初め、城ケ峯大洞の諸山相つぎ、北方に笠山、都幾山、南方に名栗大日向の諸山は、一は荒川、他は入間両川の水源をなし、東南一帶は急傾斜となりて、所謂武藏野の大平原を形成し、田園よく開け、現在耕地面積は田畑を合せ十四万四千二百三十町歩、本邦随一の穀倉地帯と呼ばれている。

此の大平原を貫流するものに二つの主流がある。一は人口に膾炙せる坂東太郎利根川と、他は其の名を物語る荒川である。之に亞くものに権現堂、渡良瀬、谷田、小山、入間、都幾、越辺、中川、市の川等の支派流及び大小無数の小末流渠溝用水が、宛然網の目の如く縦横に流れている。

穀倉埼玉の田園は、之等諸河川の灌漑する至便となり、平年時沃野千里に波うつ豊饒は、豊年踊に乱舞する埼玉農民の民謡に、いたく礼讚されたものが多い。

かくの如く管内諸河水流も、平時は宛然眠れるが如く、平和其のものの緩水にもかゝわらず、一朝驟雨に見舞われんか、急角度の傾斜地帯を一擧に驀進する濁水は、忽ち支派流に一齊に突入、平地帯の主流に合流して洪水となり、穀倉を流失し、剰さえ巨万の産を奪い、人命を損じ、しかも年々歳々大小之を繰返さゞるなき水禍は、別表年譜の物語るところである。

因に本縣における諸河脉絡は次表の通り。

管内河川一覧

区分	河川名	水源地	流末地又は合流地	流路延長	管内 航路延長	管内 堤防延長
幹川	利根川	群馬縣利根郡水上村	千葉縣銚子港（兒玉郡山王堂——栗橋）	五五、三二〇	五〇、九〇七	六六、四九〇
支川	志戸川	兒玉郡松久村	大里郡榛沢村にて身馴川に合流	一三、五一〇	—	九八一
同	間瀬川	秩父郡樋口村	同	七、二五〇	—	—
同	烏川	群馬縣碓氷郡烏淵村	兒玉郡神保原村にて利根川に合流	二、六一八	二、二九一	二、三二四
同	神流川	群馬縣多野郡上野村	兒玉郡賀美村にて烏川に合流	二三、二三一	—	八、八四五
同	小山川	秩父郡金沢村	大里郡明戸村にて利根川に合流	三三、一八一	二、六一八	一七、八三〇
同	福川	大里郡深谷町	北埼玉郡北河原村にて利根川に合流	一五、七〇〇	—	三一、六〇〇
同	身馴川	秩父郡金沢村	兒玉郡北泉村、大里郡榛沢村にて小山川に合流	二三、一五八	—	二、一九〇
同	渡良瀬川	栃木縣足尾松本沢	北埼玉郡川辺村にて利根川に合流	七、二五〇	五、一〇三	—
同	谷田川	群馬縣邑樂郡大郷村	北埼玉郡利島村にて渡良瀬川に合流	九八一	九八一	五、〇二四

同	島川	北埼玉郡羽生地域の悪水	北埼玉郡大桑村にて中川に合流	四、二五二	—	一六、九六〇
派川	江戸川	北葛飾郡豊野村	東京都	三八、〇四二	三八、〇四一	三八、〇四一
幹川	中川	北葛飾郡静村 北埼玉郡大桑村	東京都	五二、七九九	五二、七九九	—
支川	大落古利根川	北埼玉郡川俣村	中川となる	三一、六三六	一八、九八二	五一、六六六
同	青毛堀川	北埼玉郡水深村	南埼玉郡須賀村にて大落古利根川に合流	九、一六四	—	—
同	備前堀川	北埼玉郡鴻茎村	同	一七、九九九	—	三二、六一〇
同	野通川	北埼玉郡廣田村	南埼玉郡栢間村にて元荒川に合流	一四、〇七二	—	八一七、六五
同	星川	熊谷市	南埼玉郡大山村にて下星川に合流	八、九四五	—	—
同	忍川	熊谷市	北埼玉郡太田村にて星川に合流	九、一六三	—	—
同	姫宮落川	南埼玉郡江面村	南埼玉郡栢間村にて大落古利根川に合流	一一、〇一八	—	一五、六九六
同	隼人堀川	南埼玉郡栢間村	同	一四、二九〇	—	一五、〇四二
同	庄兵衛堀川	南埼玉郡菖蒲町	南埼玉郡篠津村にて隼人堀川に合流	六、一〇九	—	七、八四八
同	元荒川	大里郡佐谷田村	南埼玉郡増林村、同大相模村入会にて大落古利根川に合流	五六、三九九	三、一六四	六五、六一八
同	下星川	南埼玉郡大山村	南埼玉郡篠津村にて元荒川に合流	六、九八一	—	一一、七七二

区分	河川名	水源地	流末地又は合流地	流路延長	管内	
					航路延長	堤防延長
幹川	荒川	秩父郡大滝村	東京都	一三九、五三五	五四、九八二	一〇七、九一〇
支川	和田吉野川	大里郡御正村及同郡小原村	大里郡吉見村にて荒川に合流	五、五七五	—	四、四一七
同	市野川	比企郡七郷村	比企郡小見野村にて荒川に合流	三五、二〇八	二七三	三三、九四八
同	入間川	入間郡名栗村	比企郡出丸村にて荒川に合流	三四、七四五	七、八五五	四二、三七一
同	新荒川	川口市	東京都	一、四一八	一、四一八	一、七六九
同	鴨川	北足立郡大谷村	北足立郡土合村にて荒川に合流	一三、一九九	—	—
同	浦山川	秩父郡浦山村	秩父郡中川村にて荒川に合流	五、〇六〇	—	—
同	赤平川	秩父郡小鹿野町	秩父郡國上村にて荒川に合流	一六 一五〇	—	—
同	吉野川	大里郡男衾村	大里郡本畠村にて荒川に合流	一一、一〇二	—	—
同	名栗川	入間郡名栗村	入間郡飯能町にて入間川に合流	一九、四一八	—	—
同	成木川	入間郡南高麗村	入間郡加治木にて入間川に合流	五、〇一八	—	—
同	黒目川	北足立郡片山村	北足立郡朝霞町にて新河岸川に合流	一〇、〇三六	—	—
同	赤間川	川越市	入間郡南古谷村にて新河岸川に合流	八、二九〇	—	—
同	東川	入間郡所沢町	入間郡柳瀬村にて柳瀬川に合流	八、五八九	—	—

同	桂川	入間郡金子村	入間郡金子村にて霞川に合流	四、一三〇	—	—
同	越辺川	入間郡梅園村	比企郡伊草村にて入間川に合流	三〇、二一七	五、五六四	三一、四五五
同	都幾川	秩父郡大椚村	比企郡中山村にて越辺川に合流	二八、四七二	—	二〇、六八五
同	槻川	秩父郡槻川村	比企郡菅谷村にて都幾川に合流	一九、一九九	—	—
同	高麗川	入間郡吾野村	入間郡坂戸町にて越辺川に合流	三、九九四	—	一四 六四三
同	小畔川	入間郡高麗川村及精明村	入間郡名細村にて越辺川に合流	七、四五一	—	六、九八七
同	新河岸川	入間郡芳野村	北足立郡内間木村及新倉村にて荒川に合流	三三、一八一	四、九〇九	九、八一〇
同	柳瀬川	入間郡山口村	入間郡水谷村、北足立郡志木町にて新河岸川に合流	二一、三八一	—	一四、七一五
同	綾瀬川	北足立郡加納村	東京都	三一、一九九	—	三五、九七〇
同	芝川	北足立郡上尾町	川口市にて荒川に合流	二三、一四五	二三、一四五	九、一六九
同	霞川	都下青梅町	入間郡入間川町にて入間川に合流	六、二一八	—	三二七

幹川	大場川	北葛飾郡吉川町	東京都	一五、二七二	一〇、七六四	—

第二節　河川の人工的流身と水害

本縣の二大主流利根川、荒川には、それ〴〵古利根川、元荒川の如き派流の存在がある。思うに往時の二大主流の流身たるは、その冠名により疑うの余地もなく、即ち利根、荒川の流域が、開拓墾田の爲に、流身の轉更を余儀なくせられた残骸である。

　では両主流が現在に至るまで、何回流身の轉変があつたか、それは筆者の「埼玉の治水年譜」に示すところであるが、大体次の如き主なる手入があつた。

　利根川では、長祿元年（二一一七）太田道灌が、大里郡葛和田地先より地勢に從つて水路を疎通、利根の河川を定め其の乱流を統制した工事が最初で、次が文祿三年（二二五四）忍城主松平忠吉が、北埼玉郡川俣村に築堤して、利根の水路を東方に導入した、所謂新利根川と称する德川最初の治水大工事、第三回は元和七年（二二八一）代官伊奈忠次が幕命を奉じて新川通及び赤堀川開鑿工事である。第四回が寛永十二年（二二九五）より同十八年（二三〇一）に至る伊奈忠勝が、幕命を奉じて河川の屈曲を是正し、更に赤堀川の二番堀工事である。第五回が天保九年（二四九八）幕府は、下利根川の開鑿工事を施工、北埼玉郡原道村字佐波から大桑村字川口に至る廃川の整理工事等である。

　次に荒川では、慶長九年（二二六四）伊奈備前守忠次が、荒川筋に奈良麻生にそれ〲堰を敷設して、荒川の流身をおさえ、寛永四年（二二八七）伊奈忠治が、久下村字江川地内における堤修固、延宝四年（二三三六）荒川堀替新川敷となるべき地所につき、一つ木村代地により、新川堀廻す事に決定した工事、同八年（二三四〇）川越藩主松平伊豆守が、入間川の屈折を正し、荒川をして入間の本流に合流せしめし工事、天保三年（二四九二）荒川床高是正工事等、次々と本身の流路がかえられている。

　かくの如く廣漠たる武藏野は、德川入府以來頓に開墾を奨励し、伊奈一族を初め奇才井沢彌惣兵衛の努力により、着々耕地の拡張をはかり、領米石高の実績を擧げたが、之に反して自然の地を選びて、悠々流れていた両主流もその都度流身の轉更を余儀なくせられ、特に利根川は、領主の自領拡大の犠牲を受け、競うて縣境へと本身を遷したる結果、河身は不自然極まる狀態を呈するに至り、平時は柔順そのものの水勢も、一朝出水に遭遇せんか、水は忽ち昔恋しき本身を流れんと欲し、之がために山王堂より權現堂に至る不自然地帶に施工せる築堤は、何れかゞ破堤を受け、逐年災禍を蒙りつゝあるものである。

又荒川も常に熊谷、久下、田間宮間一帶が、破堤の中心をなすは。同様元荒川の本身を奪われたる結果にして、現元荒川が大落古利根川に合流している点より推考すれば、往時は両主流が北葛において落合い、相携えて南流したこともわかる。

総じて河川本來の性格よりすれば、平坦地帶を流るゝ河川は直流すべきを自然となす、しかるを甚しく曲折迂回せしめて、水勢を阻止するが如き手入は、愈々氾濫漲溢を促進する外考えられない。

要するに河川の流身に関する人工的措置のもたらす影響も、その原因の中より度外してはならない。

第三節　山林の濫伐と其の影響

山間部における奥利根、奥秩父の降水は僅々三日を出でざるに実に七十年以來の記録を示し、奥利根六〇〇粍、奥秩父六一一粍の高率であつた。

さて山間部における此の水量が、人爲的にどの程度まで保水せしめ得たか、換言すれば「時前にどれだけの施設か完備していたか」である。即ち

(1)　山元方面の砂防貯溜池工事が充分であつたか
(2)　造植林の年次計劃が予定通り実施されていたか
(3)　山林の過伐濫伐が一般山元に警告されていたか

等である。

戰前の資材関係、敗戰二箇年後の復興に関する各界の惡條件は、之等の何れもが恐らく不徹底に終つていたのであるまいか。

即ち山林の過濫伐は、全國至る所の山岳をして童禿赤裸たらしめた。しかも事後の造植を放任せる結果、同地帯の草茸苔蘚の繁殖も之に伴わず、山地一面全く荒凉化してしまつた所もあつた。

又之と併行して、山間部における砂防工事並に貯溜池浚渫拡張工事が進捗せず、ために山間部の保水量は全く失われてしまつた。之がために山間部の雨水には、文字通り一瀉千里の余勢を駆つて、一擧に河川へ突入の好機を與えてしまつたことである。

被害地の古老が嗟嘆して曰く「以前は一日後でなければ殆んど出水を見なかつた埼玉が、近年は三、四時間で既に下流は増水となつであらわれて來る」との記事が、埼玉新聞に出ていたが、これなど如実を物語る資料である。

又木村内相と共に現地を視察した岩沢國土局長は、今次大水害の禍因は、「全く山林の濫伐である」と警告し、次の如き談話を発表している。

「山林の伐採は、戰時木材の需要によりて過伐の評があり、更に戰後復興に要する建築と燃料の補給等よりして至る所濫伐され、年々荒蕪地の増大には、全く眼に余るものがあつた」云々。

内務省の調査によれば、昭和十三年当時の荒蕪地面積は大約八万町歩に過ぎなかつたが、同十八年の大戰中は一躍廿四万町歩、二十年には三十五万町歩という上昇の一途を辿り、この分ならば二十三年度には恐らく四、五十万町歩以上と見ても首肯し得る数字であろうと。

「水を治めんとするには先づ山を治めよ」とは、幾多の先輩故老が齊しく叫んだ言葉である。荒廢した山を山本然の形姿に戻し、そして山の性能を充分に発揮せしむることが治水の根本的鍵である。筆者曾て山元の古老より「一本の濶葉樹の吸水量は、其の大小にもよるが、優に一斗五升を飲む」と聞いたが、造林なくしては洪水の防止は望めべくもないであろう。

九月十八日午前十時半、今次水害の報告を御聽取あらせられた天皇陛下は、木村内相に対し次の如く仰せられし由（新聞発表事項）

「治水には是非植林が大切である。植林も杉や松の如き針葉樹は治水に効果が少い。楠、櫟等の濶葉樹が最も効果的である。九州及び東北地方の防水林は、すべてこの濶葉樹である。岩手縣釜石を流れる甲子川防水林は、実に立派な森林で効果を擧げている。」と。

因に本縣における造植林方面を見るに、縣林務課昭和二十三年三月埼玉縣治山治水委員会山林小委員会資料として提出されたものによると、凡そ次表の通りである。

即ち本縣二大主流荒川、利根川流域における森林面積及び原野面積の狀況（表一）山地における防災地及びその計劃（表二）山地保安林開墾制限禁止地（表三）等で、之が造林につきては、実に緊急を要するものがある。

猶過去十箇年における管下植伐実績狀況につきては（表四、表五）に示す通りなるが、こゝに寒心に堪えないものは、伐採面積六万八千七百五十七町歩に対し、植栽は僅々一万三百十二町歩で、植栽の約五倍の荒蕪地が、依然水害の原因を醸成している訳である。

本縣北埼玉郡志多見村松村勝氏は、「今次水害の主因は全く山林の濫伐である」と、次の一文を寄せて來たが、参考のために朝日新聞社説「水害の教訓を生かせ」と共に記載した。

大利根の根本策は植林にあり

北埼玉郡志多見村　松村　勝

今次の大洪水程、水が迅速に來たためしがない。これは上流の水源地山岳地帯の森林が、無下な濫伐に基因するものである。

森林の濫伐は、戰前戰後とも、相当激しかつたが、戰後は、特に農地改革と財産税の影響で、没落した地主の自暴自棄による処理と、一部農地委員が、山林、原野、牧野の法規を曲解し、小胆地主をして、頓に恐怖心を喚起せしめたのによる。

現在水害といえば、堤塘の補强拡張工事にのみ汲々たる観があるが、かゝる工事は一時的糊塗対策で、識者をして云わしむれば、姑息手段として一笑に附さるゝ程度のものである。

本縣としては、隣接群馬縣、茨城縣、千葉縣と提携し、利根水源地帯たる利根郡、吾妻郡一帯の連山に、徹底した植林政策をとることゝ、一方本縣北埼玉郡須加村地先より下流原道村佐波に至る間の中洲の除去浚渫にありと断言する。

水害の教訓を活かせ

東京朝日新聞社

東京朝日新聞社では、九月十九日の社說で、「水害の教訓を生かせ」と題し、植林政策を强調している。

濫伐による山林荒廢、それに伴なう水害の危険は、すでにいろいろな方面から憂慮されていたことであるが、不幸にしてこの憂慮ははつきりした事実となつて現れつつある。今年の夏に入つてからつい最近東北地方の大水害があつたと思う間もなく、またまた今度の関東地方の水害である。さらに地方地方の小水害や山崩れを数え上げれば、おそらくその件数は大へんな数に上るであろう。東北地方の例にしても、今度の関東地方の場合にしても、近來にない降雨であつたとはいえ、それは未曾有の降雨量というほどのものではない。にもかゝわらずこれ程はなはだしい惨害を免れないようでは、今後も毎年毎年同じような水害を繰り返すのではないかと、そら恐ろしくさえなるのである。

水害の根本的原因が濫伐による山林の荒廢、資材や予算などの不足による治水工事の不備にあることはもはや常識にまでなつていることである。治水工事の問題はしばらくおき、山林の荒廢は実に驚くべきもので、農林省の推定によれば全國で百六十万町歩の山が丸はだかになつたまゝであるという。その穴を埋めて森林資源を蓄積するために、農林省では昭和二十一年度から二十五年度までに、國有林二十三万七千余町歩、公有林四万九千余町歩、民有林二百四十三万三千町歩、計二百七十一万九千町歩を造林しようという五ヶ年計画を立てているが、それがまだうまく行つてはいないのである。昭和二十年、二十一年度の伐採面積は百七万町歩と推定されるのに対して、造林面積は四十二万町歩余りにしか達していない。これでは山は荒れるばかりである。

造林がはかばかしく進まない原因としては、造林費の高騰や人夫賃の騰貴、人夫の食糧難、山林の所有権に対する不安などが擧げられている。昭和十一、二年ごろ一町歩百五十円から二百円位だつた造林費は今年の春には五、六千円にも上り、人夫賃は七十円にもつくという。これには森林資源造成法による半額補助があるのだが、その予算は人夫賃を二十二円として一町歩千八百円程度に見積られている。これでは到底立ち行かないというのである。その上になお農地改革の余波が山林にも及んで、折角造林しても取り上げられはしないかという不安もある。

だが造林は何といっても治水の根本的な解決策である。どのような困難があるにもせよ、そのまゝで放置すべき問題ではない。もし現在の補助金で造林が成り立たないならば、成り立つように根本的な検討を加うべきである。もし山林所有者の私費による造林がはかどらないならば、國家が進んで造林に当るぐらいの熱意が必要であり、またそれを可能ならしめる強力な体制をたてるべきである。

しかし造林の効果はすぐには期待することができない。それまでの対策としては、治水工事や水害防備体制の整備に最善を盡すべきである。これにも予算や資材の面で困難はあるであろう。國家経済全体がその日その日の暮しに追われており、予算を極度に切りつめねばならぬ現状では、治水工事のような直接に生産活動の面に現れて來ない経費は二の次におかれざるを得なかつたであろう。しかし問題はこうした考え方を変えることである。年々國民をおそつて、多数の人命を奪い、数十億、数百億の損害を與える災害を防止することは、たとえ消極的に見えるとしても、実は数十億、数百億の生産増加と同じだけの積極的効果を発揮するのである。

わが國は由來天災の多い國である。にもかゝわらず、総体的にいつて、どんなにひいき目に見ても、天災に対する備えが十分であつたとはいえない。年々歳々、多種多様の天災が國民を訪れ、そのたびに國民は一時は大騒ぎをするが後はまたケロリとして暮している。これでは大きな自然力の前に生活をむき出しにしている原始人と余り変つたところはないのである。

天災としては水害ばかりがすべてではない。大きな地震もいつ起るかもわからぬ。やがて冬になれば山火事の危険も大きくなるであろう。雪のために主食の輸送が阻害されて大騒ぎをしたのは去年のことである。「天災は予期しないところに起る」という言葉があるが、備えができないものではない。今度の水害を機会にこのような予想し得るあらゆる災害に対して、各方面とも十分な対策が立てられることを望むものである。

表一　河川流域概況

河川名		流域面積	森林面積 総面積	森林面積 荒廃林地 崩壊地	森林面積 荒廃林地 禿赭地	森林面積 荒廃林地 地辷地	原野面積 総面積	原野面積 荒廃原野 崩壊地	原野面積 荒廃原野 禿赭地	原野面積 荒廃原野 地辷地	灌漑耕地面積
		町	町	町	町	町	町	町	町	町	町
荒川	國有	二五七、四九五	一六、二九八	一	—	—	八	—	—	—	—
	民有		一二五、四三七	二三六	—	—	一、七八一	二五〇	一〇〇	五〇	
	計		一四一、七三五	二三七	—	—	一、七八一	二五〇	一〇〇	五〇	二六、五五〇（其他）八五、四二一
利根川	國有	一三五、二七一	二七	—	—	—	—	—	—	—	
	民有		七、九二九	三一	—	—	八九〇	二〇	一五	一一	
	計		七、九五六	三一	—	—	八九〇	二〇	一五	一一	三九、六五〇（其他）七六、七七五
合計		三八二、七六六	一四九、六九一	二六八	—	—	二、六七九	二七〇	一一五	六一	六八、二〇〇（其他）一六二、一九六

表二　山地防災施設計画

河川名	年度	崩壊地復旧 新設 面積	崩壊地復旧 新設 経費	崩壊地復旧 補修 面積	崩壊地復旧 補修 経費	崩壊予防 新設 面積	崩壊予防 新設 経費
		町	円	町	円	町	円
荒川	二二	二五	一、一二五、〇〇〇	一〇	三二五、〇〇〇	四〇	三〇八、〇〇〇
	二三	三〇	一、三五〇、〇〇〇	一五	三三七、五〇〇	四〇	三〇八、〇〇〇
	二四	三五	一、五七五、〇〇〇	一五	三三七、五〇〇	四五	三四六、五〇〇
	二五	三六	一、六二〇、〇〇〇	一五	三三七、五〇〇	四五	三四六、五〇〇
	二六	四〇	一、八〇〇、〇〇〇	一六	三六〇、〇〇〇	四五	三四六、五〇〇
	計	一六六	七、四七〇、〇〇〇	七一	一、五九七、五〇〇	二一五	一、六五五、五〇〇

河川名	年度	崩壊地復旧 新設 面積	崩壊地復旧 新設 経費	崩壊地復旧 補修 面積	崩壊地復旧 補修 経費	崩壊予防 新設 面積	崩壊予防 新設 経費
利根川	二	五町	二三五,〇〇〇円	二町	四五,〇〇〇円	一〇町	七七,〇〇〇円
	三	五	二三五,〇〇〇	二	四五,〇〇〇	一〇	七七,〇〇〇
	四	一〇	四五〇,〇〇〇	三	六七,五〇〇	二〇	一五四,〇〇〇
	五	一〇	四五〇,〇〇〇	二	四五,〇〇〇	二〇	一五四,〇〇〇
	六	一〇	四五〇,〇〇〇	二	四五,〇〇〇	一五	一一五,五〇〇
	計	四〇	一,八〇〇,〇〇〇	一一	二四七,五〇〇	七五	五七七,五〇〇
合計	二	三〇	一,三五〇,〇〇〇	一三	二七〇,〇〇〇	五〇	三八五,〇〇〇
	三	三五	一,五七五,〇〇〇	一七	三八二,五〇〇	五〇	三八五,〇〇〇
	四	四五	二,〇二五,〇〇〇	一六	四〇五,〇〇〇	六五	五〇〇,五〇〇
	五	四六	二,〇七〇,〇〇〇	一七	三八二,五〇〇	六五	五〇〇,五〇〇
	六	五〇	二,二五〇,〇〇〇	一八	四〇五,〇〇〇	六〇	四六二,〇〇〇
	計	二〇六	九,二七〇,〇〇〇	八二	一,八四五,〇〇〇	二九〇	二,二三三,〇〇〇

表三　山地保安林開墾制限禁止地

河川名	保安林種	年次	保安林 要調査面積	保安林 要整備面積	森林開墾制限禁止 要調査面積	森林開墾制限禁止 要整備面積
荒川	土砂扞止林 水源涵養林 防風林	二	七五〇町	四〇〇町		
		三	七五〇	五〇〇		
		四	八〇〇	五〇〇		
		五	七五〇	五〇〇		
		六	七五〇	五〇〇		
		計	三,八〇〇	二,四〇〇	三三,三〇〇町	三,五〇〇町
	土砂扞止林	二	二〇〇	一五〇		
		三	二五〇	二〇〇		

利根川	水源涵養林	二四	二五〇	二〇〇	三一、五〇〇	五〇〇
	防風林	二五	三五〇	一五〇		
		二六	二五〇	一五〇		
		計	一、二〇〇	八五〇		
合計			五、〇〇〇	三、二五〇	三五、八〇〇	三三、〇〇〇

表四　過去十箇年に於ける伐採植栽状況調

年度	伐採面積			人工植栽面積			備考
	針葉樹	闊葉樹	計	針葉樹	闊葉樹	計	
昭和一二年度	八五五町	四、九二〇町	五、七七五町	九三〇町	一七〇町	一、一〇〇町	萠芽を含まない
昭和一三年度	七九〇	五、三一〇	六、一〇〇	八九五	一八〇	一、〇七五	
昭和一四年度	九〇五	六、七〇五	七、六一〇	九五五	一六〇	一、一一五	
昭和一五年度	八三〇	七、一〇〇	七、九三〇	八九〇	一八五	一、〇七五	
昭和一六年度	九三八	七、九七二	八、九一〇	九九六	一六〇	一、一五六	
昭和一七年度	九六〇	八、一五五	九、一一五	八八五	一六二	一、〇四七	
昭和一八年度	九〇五	七、七四〇	八、六四五	九〇八	一二〇	一、〇二八	
昭和一九年度	八九五	七、一〇五	八、〇〇〇	一、一〇四	一五〇	一、二五四	
昭和二〇年度	八九二	七、三五〇	八、二四二	五九〇	八〇	六七〇	
昭和二一年度	九〇二	七、五二八	八、四三〇	六七三	一二〇	七九三	
計	八、八七二	六九、八八五	六八、七五七	八、八二六	一、四八七	一〇、三一三	

（昭和二十三年三月　林務課調査）

表五　過去五ヶ年に於ける針葉樹伐採地に対する造林状況

年度	伐採面積	植栽面積	未済面積
昭和一七年度	九六〇町	七八五町	一七五町
昭和一八年度	九〇五	七〇五	二〇〇
昭和一九年度	八九五	六四〇	二五五
昭和二〇年度	八九二	五九二	三〇〇
昭和二一年度	九〇二	五八二	三二〇
計	四、五五四	三、三〇四	一、二五〇

備考　昭和十六年度以前における伐採跡地については造林未済面積地はないと思う。

第四節　今次の暴雨と其の特性

今次水害の主因をなすものに暴雨がある。今回の暴雨は僅々三日間に過ぎなかつたが、その降雨量は実に未曾有の高度を示したことは、各地測候所の齊しく報ずるところである。

即ち九月八日三時マリアナ東方一、〇〇〇粁の海上に、一、〇一〇ミリバールの弱い低氣圧が発生し、（本颱風はカスリーン、Kathleen颱風と称す）其の後漸次発達しつゝ、十二日頃より次第に北西から北々西に向つて進路を取り十三日の三時には硫黄島の西方五五〇粁の海上に達し、次で眞直に北上し、関東地方に上陸することが確認せられるに至つたのである。同日午前九時熊谷測候所より、次の如き速報が各地に傳えられた。

特報、十三日夜半から風雨が強くなり、風力は大体十四日朝から大樹を動かす程度、一般の嚴重な注意を要す。

又同日午後四時、東京中央氣象台より、次の如き警戒を要する旨の発表があつた。

カスリーン颱風は、十三日午後三時鳥島の南西約六〇〇粁地点から、毎時二五粁の速度で北上し、中心示度九六〇ミリバール中心附近の最大風速四五米、中心から五〇〇粁以内の風速は十五米以内なり。

十三日午後五時、現在のまゝで北上を続けば、今十四日午後三時頃、紀伊半島沖三〇〇粁に迫り、十五日正午頃には房総沖をかすめ、其のあと三陸沖をぬける見込なり、従つて今十四日は紀伊沖、東海道沖、伊豆沖は嚴重に警戒を要す。万一進路が西に寄るとなれば、風速四十米の颱風は将に関東一帯に上陸する怖あり。

翌十四日午前九時、熊谷測候所より重ねて次の如き注意の発表があつた。

カスリーン颱風の状勢は、昨朝六時北緯三十度半、東経百三十六度半、鳥島の西南西四百粁の海上にあり、次第に其の勢力を拡大し速力を増し、時速二十粁北々東に進んで居り、房総半島上陸は確実視されるに至つた。中心示度九百六十ミリバール、中心風速四十五米で、本縣は中心より四百粁圏内にあり、最大風速十五米より十八米、雨量は百ミリ位と思われる。上陸は十四日夜半より十五日未明にかけてゞ、本縣の荒れるのは、十五日午前七時頃までひどいものと思われる。

同日午前九時東京中央氣象台よりも、同様次の如き注意の発表があつた。

カスリーン颱風は、十四日午後三時紀伊半島南方二百三十粁沖を、北又は北々東へ、時速二十五粁で進行、こゝまで行けば十五日早朝東海道沿岸に上陸するであろうが、今の所間もなく北東に向きを変更、関東地方に進む模様である。上陸してもしなくても十四日夜から十五日にかけて、紀伊半島以東関東地方の沿岸は暴風雨になる。沿岸地方では目下雨量百粍で、風速は十七米に達しているが、此の方面一帯には河川の増水、低地浸水崖崩れ、堤防決潰等相当数の被害が予想される。

翌十五日午後四時、中央氣象台より三たび次の如き発表があつた。

カスリーン颱風は、十五日夜半から十六日朝にかけて、北々東に進行、最大風速二十五米位、但し百粁以内は十米以上、十六日夜には三陸沖へ達する見込。

かくの如き予報の下に、颱風は其の進路を変更して、十五日夜半房総半島沖を通過、東北洋上に移行したが、此の間の降雨量は、水源地帯並に縣下に記録的なカーブを描出したのである。

即ち降雨は、十四日午前八時廿四分より初まり、翌十五日午後八時五十分（大約三十六時間）内に終り、此の間の雨量は実に六百粍、坪当り十石八斗、一箇年の降雨平均水量の約四分の一が、僅々一日半で降つた計算になる。

今回の颱風は、今迄の洪水史雨量表に示された記録より見て、天明三年に勝る未曾有の規模のものであり、最近の被害明治四十三年八月六日より十一日に至る連続一週間の降水量ですら、最高三百三十八粍に過ぎない。

猶今次豪雨襲來に関しては、熊谷測候所より、詳細な報告があつたから特に別記したが、中央氣象台の高橋予報課長も、カスリーン颱風の特性と題して、次の如き談話を新聞に発表した。

1. 今度のカスリーン颱風は、全く其の正体がつかみきらぬ、進行方向が時々変り一定していない。且つ速度も頗る鈍重強度も不定である。
2. 昨年襲來した颱風と比較して、その速力が非常に鈍い。
3. 風力の強さよりも驟雨性のしかも相当な雨量を持つている。
4. 日本の天氣に影響した颱風らしい颱風で、最初のものであり最後のものであろう………。云々

今次の豪雨と其の特性に就て

熊谷測候所

今次水害の原因となつた豪雨に付て概要を述べ、併せて過去の主なる出水時に於ける、大雨の様相と比較してみよう。

1. 天氣概況

九月八日マリアナ東方洋上に発生した熱帶性低氣圧は、次第に発達し乍ら西進し、十一日には同島西方五〇〇粁の海上にあつて、中心示度は九九〇ミリバールを示し、次第に颱風の形態を整えた。十二日には東経一三六度、北緯一九度附近に進み、稍示度を深めて九八〇ミリバールとなり、北西から北北西に進路を変えた。內地附近は九月八日は裏日本に沿う氣圧の谷があり、次第に南下の傾向を示し、九月九日は之が関東から九州に向い縱走し、太平洋側はなお晴天であるが、裏日本は雨の所が多くなつている。九月十日奥羽南部から関東以西九州に至るまでの天候は、所によつては晴間もあるが、一般に愚図つき氣味で、所々雨、十一日は関東、中部両地方は北日本を覆う移動性高氣圧の後面にあたり、天氣は悪く殆んど小雨となつた。十二日北方高氣圧の影響が幾分緩和された爲か関東地方は一般に曇天に経過した。

十三日　颱風は次第に発達し硫黄島西方五〇〇粁にあり、進路を眞北に取り始めた。此頃関東地方は弱い北東風が吹いていた。十四日颱風の中心示度は九六〇ミリバールに降り、潮岬南方約五〇〇粁の海上に、十五日朝漸く同岬南方約一〇〇粁に迫り、次第に北東に向を変えた。進行が極めて遲滯し、之に併行して中心の示度も衰えたので、太平洋沿岸地帶でも大きな風を観なかつた。一般にこの颱風による雨は、十三日正午頃から始まり十四日夜に入る頃から本格的となり、强雨を交えた驟雨が降りだした。

翌十五日十時秩父では三六〇粍、熊谷が一二二粍、本庄は二一九粍を測つた。十五日朝縣下では一時雨が弱まり、熊谷では青空さえ見せ、市民をほつとさせた事もあつたが、之も束の間、空模様は再び悪化し、午後の雨は又盆を覆えす有様で、一時間雨量の最大は十四時から十五時の間には四三八粍を測つた。

縣内の氣象官署の観測によると、最低氣圧は熊谷、本庄共十五日十四時廿七分に起り、夫々七四三・九粍、七四二・二粍であり、叉各地共十六時―十七時の間に氣溫、水張共急激な下降を見せている。風は一般に弱く、秩父では終始五米以上に達しなかつたが、十五日十七時から二〇時の間は一般に可成り強くなり、熊谷では一八時二七分北一〇・〇米（瞬間最大一七・五米）大和田では一九時二〇分北北西一二・三米（瞬間最大一八・三米）本庄では一七時七分八・七米（瞬間最大一一・九米）を観測した。

尚颱風は十五日一四時三〇分頃本縣に最も接近し、一六時―一七時頃前線が通過し、その後に稍強い北寄りの風を伴つた。熊谷では丁度二二時三〇分頃片乱雲はなおしきりに飛んでいたが雨はすつかり止んだ。十六日朝三時颱風は九九〇ミリバールに衰弱し銚子の東方約一〇〇粁の海上に去つた。

2. 縣下に於る降雨の分布狀況

縣下一般に天候は九日午前から崩れ始めた。颱風は既にこの頃から北上を懸念されていたがまだ〳〵直接の影響ではない。十時一回の雨量観測量は八日は所により微雨量を記錄し、九日には各地共殆んど五粍以下で、一〇粍以上を観測している所は、縣北部の本庄町と秩父郡三峯山の二ケ所のみであつた。十日は外秩父山系に属する地域に稍多量の降雨を見たが、飯能町の一八・五粍が最多量であつた。この日は縣南東部に比較的少なかつたが、奥秩父方面は更に少なく、僅かに二〇粍程度であつた。十一日は平野部では前日と違つて縣南東部に多く、大和田町及浦和市の二八・二粍がこの日縣南の最多量であつた。山岳部、殊に奥秩父方面では十日と同様最も寡量で中津川部落では僅かに一・六粍が観測されているに過ぎない。

十二日は秩父郡槻川村と菖蒲町で一〇粍前後を観測し、その他の地方では極く微量を測定したに止り、山岳部には観測しない所もあつた。十三日は熊谷市、羽生町、本庄町、小川町を除く各地は共に一〇粍以上を観測し、吉川町では二六・〇粍、入間川町では二五・五粍であつた。十四日には颱風の接近と共に縣北平野地方から山岳にかけて一〇〇粍を突破し、中にも秩父町の三五九・八粍、三峯山の三三九・五粍が筆頭であり、之に反し縣南東部の地方は少なく、吉川町の如きは三四・二粍の寡量であり、当日の最多と最寡の差は三二五・六粍もあつた。颱風の進行速度は極めておそく、十五日にも縣南東部の吉川町、杉戸町を除けば、何れも一〇〇粍以上を観測し、殊に名栗村に最も多く二六三・一粍、槻川村之に亞いで二六一・〇粍を観測した。かくて豪雨は十五日夜半を期して、終止符を打つたのであるが、要約すると今回の颱風直接の影響による豪雨は、十三日から始まり主として十四日、五日の両日のもので、共に山岳地方に多く、十四日は特に秩父盆地に、十五日は外秩父山系に多く、降雨の期間は一週間に亘り、尚其の量と強さとは共に記錄的のものであつた。

3. 過去の大雨との比較

今回の豪雨を縣下の氣象官署、熊谷、秩父、本庄の観測値に付て過去のそれと一つには総量の面から、又強さの面から比較するため別表「過去の大雨との一覧表」を示す。明治四十三年八月の雨は出水を境にして、その前後に連日多量の雨があるので、之は前半と後半とに分けてある。この表によると大雨時に於る総雨量は常に秩父が圧倒的に多い。大正二年の雨は熊谷、本庄とも同じで、昭和三年、同十三年、同十六年は熊谷が多く、其他時により相前後するが、一般に本庄が多く、その差も略総雨量に應じている。又今回の豪雨は熊谷では総量三六一・五粍、(十三日―十五日)で第一位、秩父では六一一・〇粍(十三日―十五日)で明治四十年の九二三・〇粍及昭和三年の八四〇・九粍に亞ぎ第三位、本庄では四〇三・八粍(十三日―十五日)で第一位となつている。又日量最大から見ると、秩父三五九・八粍、熊谷二〇六・四粍、本庄二一九・四粍で共に第一位、明治四十三年のそれと較べると秩父では七〇・八粍、熊谷では五三・一粍、本庄では六〇・四粍多く、又四時間最大を見ると、熊谷では一二八・二粍で明治四十三年のそれより六〇・四粍多く第一位、秩父では一八二・一粍で大正二年の二五一・九粍に次ぎ第二位（大正二年以降）となつている。これらを見ると、埼玉縣下に於る今回の豪雨はその日量に於て創立以來未曾有の降り方をなし、又その総量に於ては比較的短期間に記録的大量を観測している。

4. 出水状況

今回の颱風による豪雨は山岳地帯では既にその豪雨中猛威をふるつているが、当縣下に於る大河川の決潰は十五日夜降雨の終末前後に起つた。以下縣下に於る洪水の状況を河川別に分けその水位の変化、決潰後の濁流の方向或いは浸水の状況等を記す。

㈠　荒川流域　十四日夕刻より十五日朝にかけての豪雨により上流は一齊に增水し始め、十四日夜半には秩父橋の水位は二米、親鼻では三米となつた。十五日朝には一時減水の模様となつたが、十二時頃より再び急激な上昇に轉じ十五時―十六時には上流各地共最高水位を示し、溢水、橋梁の流失、山崩等相次いで起つた。秩父橋の水位は五・四米で昭和十三年九月一日の五・九米には及ばなかつたが、親鼻橋では一〇・六米で十三年の最高記録と同じである。

佐谷田村附近では稍おくれて十九時頃最高を示し四・四八米となつた。（累年の記録は四・五五米、昭和十三年九月一日）この時田間宮村の荒川排水路が決潰、更に十九時三十分同村大間原堤防が決潰して濁水は堤外に流れ出し、田間宮から小谷村を超え中仙道を越して北埼玉郡下忍、笠原、吹上、箕田、馬室を埋めた。二十時には熊谷市久下地先の堤防が二ヶ所決潰し濁水は下忍へ抜け、元荒川に沿うて南下、他は吹上北方より再び高崎線を横切り南下、田間宮村方面のものと合し、鴻巣を経て笠原、常光を襲い南東に向つた。此等荒川堤防決潰による濁流は南埼玉郡栢間村南部附近に達し、その後地水其他を併せて利根川の決潰による濁水と合流した。

(二)　利根川流域　縣北地方は支流の小山川、身馴川、志戸川の各河川の溢水決潰により、北泉村では十五日早朝に浸水が始まり、十五日夜より十六日朝にかけて其他の村も續々浸水した。長井村では二階下一〇糎の高さに水の上つた所がある。山王堂の水位は十五日六時には三・五米となり、二〇時には最高に達して五・三〇米となり、累年の記錄（四・四八米明治四十三年八月九日）を八〇糎も越えた。栗橋では十五日九時三〇分四・三米となり、逐次增加、十八時頃より毎時三〇―四〇糎で上昇、十六日〇時二〇分には九・一七米となり最高を示した。累年の記錄（七・六八米昭和十年九月二十六日）を越える事一・四九米、空前の記錄を示した。丁度此頃北埼玉郡東村地內では堤防約四〇〇米決潰し、東、原道、元和の各村は忽ち水中に沒した。同時刻川辺村向古河地內及三國橋附近四〇〇米決潰、栃木縣都下郡玉井村地內渡良瀨川堤防一〇〇米も決潰、ために群馬縣邑樂郡、栃木縣都賀郡、埼玉縣北埼玉郡の三郡は一望濁水の海となつた。

東村決潰の主流は栗橋と鷲宮方面に向うものと栗橋附近に向つたものとは行幸堤を經て幸手を衝き、堤鄕、田宮、櫻井より富田、南櫻井より豐野に南下、鷲宮方面のものは久喜、杉戸より春日部に至り、一部は久喜より篠津、日勝方面に向つた。豐野村附近を南下した本流は川辺、松伏領を經て吉川町に達し更に彥成村に浸入、此間河川用水は逐次滿水溢水決潰を重ねて濁水は東京都を襲うに至つた。

(三)　入間川方面　上流名栗では十五日〇時、既に床上五〇糎の浸水を見、飯能町では十三時床上一・六米に達した家がある。伊草村、芳野村、古谷村、水富村、勝呂村では何れも最深床上一米以上となつた。なかでも勝呂村で十五日二十一時三十分二階上七〇糎に達した家があつた。伊草の水位は十五日四時二・二米となり、十五日二十三時に最高五・八〇米に達し累年最高（五・六七米昭和十六年七月二十二日）を越した。

5.　明治四十三年の出水との比較

今回の豪雨は短時間内に起つたために総量では明治四十三年の方が遙かに多いが、河川の水位は今度の方が圧倒的に大きい。殊に利根川筋の水位は未曾有のものである。降雨の速度に加えて濫伐の影響もあり、増水が甚だ急であつた。浸水区域を較べると四十三年の方が廣い。兎に角倍位の雨が降つているのだから、時間的には伸びていても浸水区域が大きかつたものと思われる。

6. 暴風雨警報氣象特報の発布状況

九月十三日三時硫黄島西方五五〇粁の地点にあつたカスリーン颱風は進路を眞北にとり、愈々本土上陸の危険大となるや、熊谷測候所では同日九時三十分第一回の氣象特報を発表した。その後颱風の狀況に應じ逐次発表、その経過及内容は次の通りである。

㈠ 氣象特報　九月十三日九時三十分発表

今夜半より風雨が強くなり、風力の最大は明朝頃樹の大枝を動かす程度となりますから充分御注意下さい。

註 示度九八〇ミリバール位の颱風は今朝三時北緯二五度、東経一三六度にあり、北へ毎時二五粁で進行中、明朝房総半島をかすめる見込であります。

㈡ 氣象特報　九月十四日五時発表

夕刻から次第に風雨が強くなりますから夜半から明朝にかけ、嚴重な警戒を要します。尙今後の氣象特報に御注意下さい。

註 颱風は示度九六〇ミリバールで相当顯著なものです。今朝三時南大島東北五〇〇粁の海上にあり、ゆつくり北上中ですが、間もなく北東に轉向し、今夜半過ぎ関東南東部をかすめる見込です。その頃は当縣は中心から二〇〇粁の圏内に入る事になりますので強い風雨が予想されます。風力の最大は一五米位、雨は尙一〇〇粍から二〇〇粍あります。山岳方面は嚴重なる警戒を要します。尙明日午後には颱風は三陸沖に出ますから天氣は次第に恢復致しましよう。

㈢　暴風警報　九月十四日十一時発表

今晩は風雨共に次第に強くなり、夜半から明朝にかけ最大風速は北一五米位、雨量は尙一〇〇粍以上となる見込ですから、嚴重な警戒を要します。尙今後の氣象通報に御注意下さい。

註　颱風は示度九六〇ミリバールで、今夜半頃房総附近を北東に向い通過する見込で、縣下はその頃暴風雨となりましよう、殊に山岳方面の雨量は更に多くなるかも知れません。

㈣　暴風警報　九月十四日十七時発表

颱風は依然として速度が遅く、関東地方に襲來するのは明日正午頃になる見込です。風雨は明日になつて次第に強まり最大風速は一五米位、雨勢も相当強くなる見込ですから、相変らず嚴重な警戒が必要です。

㈤　暴風警報　九月十五日五時発表

颱風は十五日午前二時現在浜松南方約二〇〇粁の海上にあり、北々東に毎時一五粁の速度で進んでいます。今夕刻から夜半にかけて関東地方を通過する見込です。このため本縣は夕刻前から颱風の中心より三〇〇粁の圈内に入り、暴風雨となりましよう。雨勢は既にかなり強い所がありますが更に強くなりましよう。風力は最大一五米位ですが、息が大きく又强雨を伴ない尙夜間に入りますから嚴重な警戒を要しましよう。

㈥　暴風警報　九月十五日十二時発表

颱風は稍衰ろえていますが、今夜半過ぎに本縣附近を通過する見込ですから今夜間の雨量はかなり多く、更に一〇〇粍から二〇〇粍に達しましよう。風速も一時一五米位になる事がありますから尙最後まで嚴重な警戒が必要でしよう。

9月15日3時

天氣図及び颱風中心経路

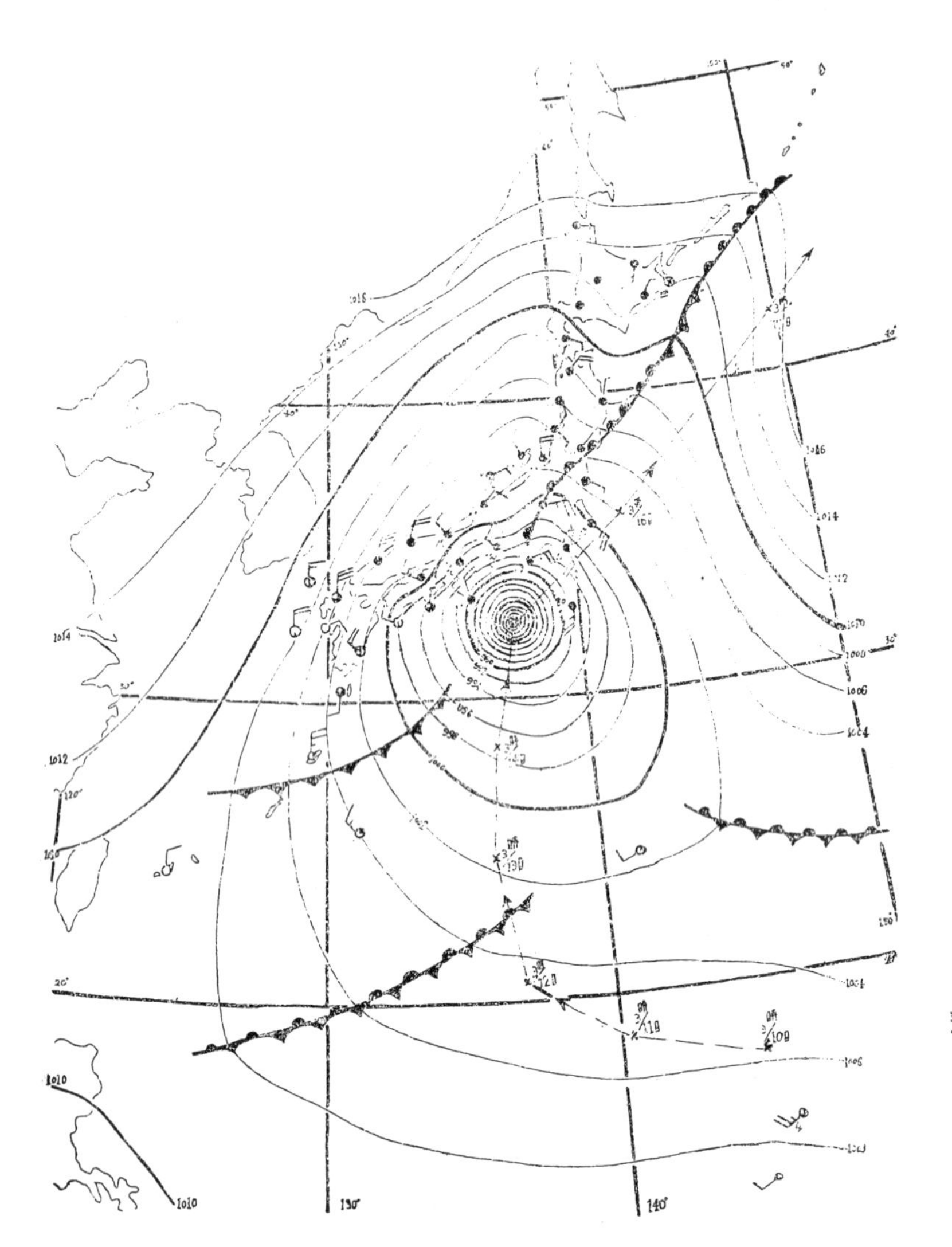

(七) 氣象特報 暴風警報解消 九月十五日二十三時発表

一昨日以來縣下全般に対して発布した氣象特報及暴風警報の總ての事項は解消した。

自九・一三
至九・一五 三日間管内降水量調

観測所	順位	十三日	十四日	十五日	計
秩父	1	一四・〇粍	三五九・八粍	二三七・二粍	六一一・〇粍
三峰	2	一三・六	三三九・五	一九一・九	五四五・〇
名栗	3	一九・一	二四五・二	二六三・一	五二七・四
野上	4	一四・〇	二七二・五	二三八・五	五二五・〇
小鹿野	5	一三・〇	三二五・〇	一八〇・〇	五一八・〇
小川	6	八・五	二六七・三	二四二・〇	五一七・八
槻川	7	一三・二	二三六・〇	二六一・〇	五一〇・二
梅園	8	一六・五	二二五・九	二〇九・二	四五一・六
若泉	9	一一・九	二五八・七	一七三・二	四四三・八
本庄	10	九・〇	二一九・四	一七五・四	四〇三・八
中津川	11	一九・五	二二一・〇	一三一・〇	三六一・五
熊谷	12	九・七	一二一・九	二〇六・四	三三八・〇
飯能	13	二四・六	一七一・八	一三四・二	三三〇・六
松山	14	一五・二粍	一二一・〇粍	一五二・八粍	二八九・〇粍
入間川	15	二五・二	一四〇・九	一一八・九	二八五・〇
川越	16	一〇・〇	九〇・二	一四六・五	二四六・七
鴻巣	17	一六・六	八三・二	一三二・〇	二三一・八
菖蒲	18	二〇・二	七六・〇	一三七・七	二三三・九
岩槻	19	一九・五	七八・七	一二一・七	二一九・九
羽生	20	九・三	八〇・〇	一二九・二	二一八・五
上尾	21	一八・〇	六二・一	一二九・五	二〇九・六
浦和	22	一九・三	五〇・三	一二四・九	一九四・五
越ヶ谷	23	二二・一	五〇・四	一一六・二	一八八・七
杉戸	24	一八・五	五四・三	九五・〇	一六七・八
吉川	25	二六・〇	三四・三	九三・九	一五四・一

雨　一　覧　表

降水量		最大風速			最高水位		管内の雨量 (10ʰ～10ʰ) 第四位迄
秩父	本庄	熊谷	秩父	本庄	荒川 (佐谷田)	利根川 (栗橋)	
粍 923.0 (〃)	粍 308.8 (〃)	粍 WNW 7.6 (18 12)			m 3.72 (14 18)	m 5.79 (26 1)	三峯 383.0 (23日) 大滝 320.0 (〃) 秩父 259.2 (〃) 野上 205.4 (24日)
572.9 (〃) 363.6 (〃)	410.3 (〃) 121.1 (12～16)	E 13.7 (14 2)			4.14 (10 10)	6.33 (12 1～6)	野上 414.2 (10日) 川越 381.3 (〃) 名栗 343.3 (〃) 若泉 324.3 (〃)
422.0 (25～27)	165.8 (〃)	W 23.4 (27 14)			4.26 (27 14)	5.25 (28 1～3)	秩父 315.2 (26日) 小鹿野 267.7 (〃) 梅園 252.5 (〃) 名栗 239.6 (〃)
348.3 (〃)	160.5 (〃)	NE 18.0 (13 3)			4.05 (13 16)	5.19 (14 2)	三峯 346.0 (12日) 野上 275.0 (〃) 秩父 234.7 (〃) 若泉 228.7 (〃)
379.8 (〃)	200.8 (〃)	SE 19.2 (30 2)			4.29 (29 0)	5.88 (30 15)	三峯 425.6 (29日) 秩父 319.7 (〃) 小鹿野 319.1 (〃) 若泉 315.8 (〃)
840.9 (〃)	102.5 (〃)	NE 9.2 (31 10)	SW 2.2 (30 11)		4.13 (31 18)	5.45 (1 …)	三峯 360.8 (31日) 秩父 356.8 (〃) 小鹿野 312.6 (〃) 名栗 299.5 (〃)
441.5 (〃)	244.6 (〃)	SSE 8.8 (25 10)	SE 5.2 (〃 15)		3.30 (26 9)	7.99 (〃 13)	槻川 236.2 (24日) 名栗 234.0 (〃) 飯能 213.0 (〃) 梅園 208.0 (〃)
384.4 (〃)	139.0 (〃)	NE 17.8 (1 5)	N 16.1 (〃 3)	NW 12.3 (〃 6)	4.55 (1 8)	6.82 (〃 21)	三峯 392.4 (31日) 槻川 271.5 (〃) 野上 271.7 (〃) 中津川 268.2 (〃)
431.0 (〃)	269.1 (〃)	NE 10.7 (22 19)	NNE NNW 5.3 (22) (21-23)	WNW 6.2 (〃 24)	4.20 (22 23)	8.08 (23 8)	三峯 307.5 (22日) 名栗 262.0 (〃) 秩父 257.7 (〃) 槻川 253.7 (〃)
330.1 (〃)	280.4 (〃)	SSE 10.5 (8 4)	SE 15.3 (〃 0-30)	ESE 9.7 (〃 6)	3.70 (8 1)	5.40 (〃 18)	槻川 233.8 (7日) 梅園 222.0 (〃) 小川 212.1 (〃) 野上 211.5 (〃)
611.0 (〃)	439.7 (〃)	N 10.0 (15) (18ʰ 50ᵐ)	WSW 6.0 (〃)	N 8.7 (〃 170-7)	4.48 (15 6)	9.17 (16 1)	秩父 359.8 (14日) 三峯 339.5 (〃) 小鹿野 325.0 (〃) 野上 272.5 (〃)

種別／地名／起時	一時間最大雨量			四時間最大雨量			最大日雨量（10^{h}〜10^{h}）			総
	熊谷	秩父	本庄	熊谷	秩父	本庄	熊谷	秩父	本庄	熊谷
	粍	粍	粍	粍	粍	粍	粍	粍	粍	粍
明治四十年八月				16.5（27日）			70.4（27）	279.1（24）	78.5（24）	235.4（21〜27）
明治四十三年八月				97.4（11日 22^{h}〜2）			153.3（10）	289.0（10）	159.0（10）	328.5（1-10） 115.6（11-16）
大正二年八月				60.4（27日）（10^{h}〜14）	251.9（27 10〜14）		100.9（26）	315.2（26）	98.0（26）	165.6（25〜27）
大正三年八月		41.5（13日 12^{h}）		66.1（13 10〜14）	111.6（13 10〜14）		77.5（12）	234.7（12）	85.2（13）	144.8（12〜13）
		35.7（29日 16^{h}）		55.0（29 14〜18）	119.0（29 16〜20）		173.6（29）	319.7（29）	189.0（29）	186.0（28〜29）
昭和三年七月	8.4（31日 7^{h}）	29.7（31 10^{h}）		19.9（31 6〜10）	106.0（31 8〜12）		48.3（31）	356.8（31）	40.6（31）	118.9（29〜5）（VIII）
昭和十年九月	11.2（24 14^{h}）	35.1（25 19）		33.8（24 10〜14）	52.1（26 2〜6）		106.1（24）	188.9（25）	154.5（24）	198.5（20〜26）
昭和十三年九月	24.7（1日 4^{h}）	26.8（1 23）	24.0（1 3）	74.3（1 0〜4）	93.9（1 22〜1）（1日）		163.5（31）（VIII）	262.4（31）（VIII）	101.6（1）（IX）	182.8（29〜1）（XI）
昭和十六年七月	22.9（22日 10^{h}）	41.5（22 17）	22.4（22）（10〜20）	50.6（22 6〜10）	130.9（22 11〜15）		148.9（22）	257.1（23）	128.0（22）	337.8（19〜23）
昭和十九年十月	24.0（7日 21^{h}）	24.5（7 18）	34.4（7）（19〜40）	61.0（7 18〜22）	76.8（7 13〜17）		137.5（7）	204.5（7）	194.8（7）	229.3（3〜7）
昭和二十二年九月	43.8（15日 15^{h}）	78.0（15 13）	46.2（15 15）	128.2（15 11〜15）	182.1（15 7〜11）		206.5（15）	359.8（14）	219.4（14）	361.5（13〜15）

埼玉縣下における

時間別雨量の變化図

自9月14日 至9月15日

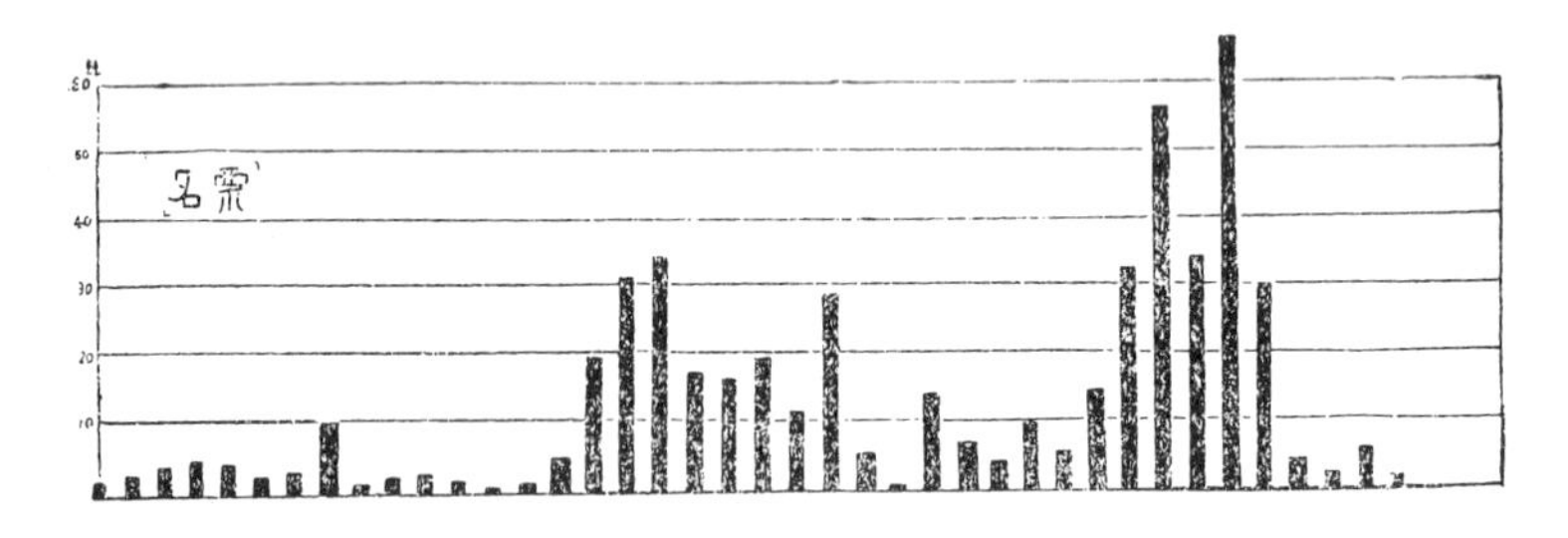

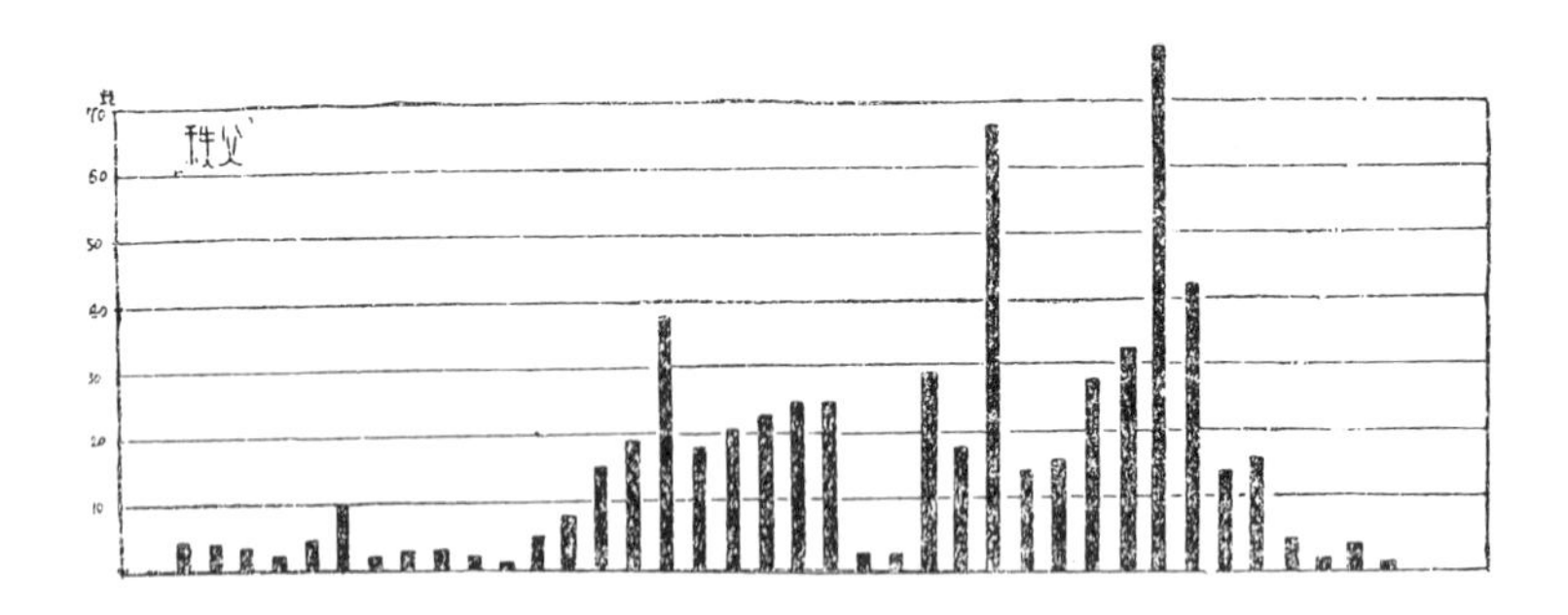

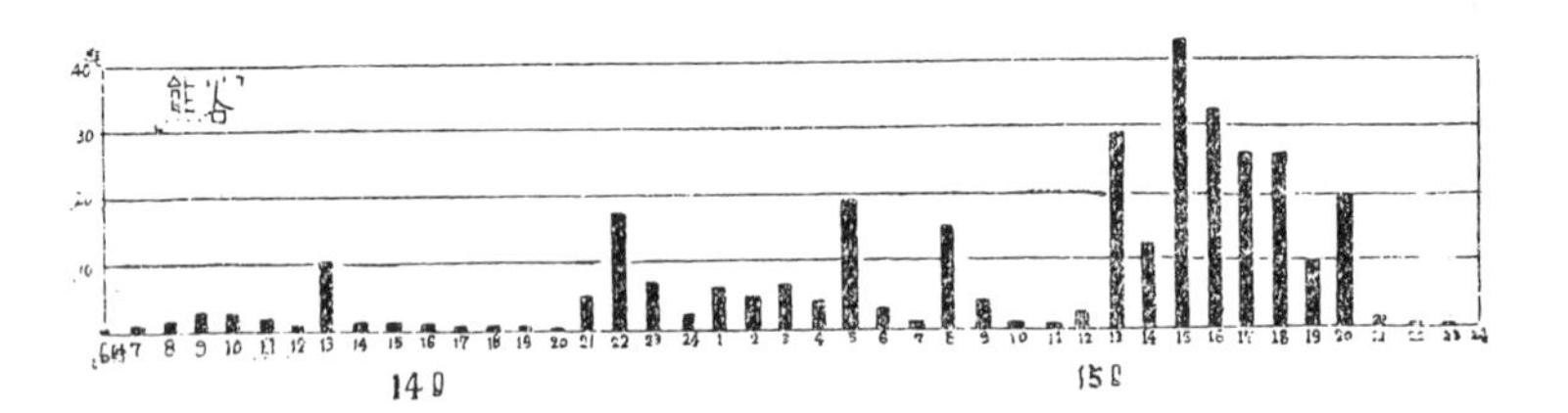

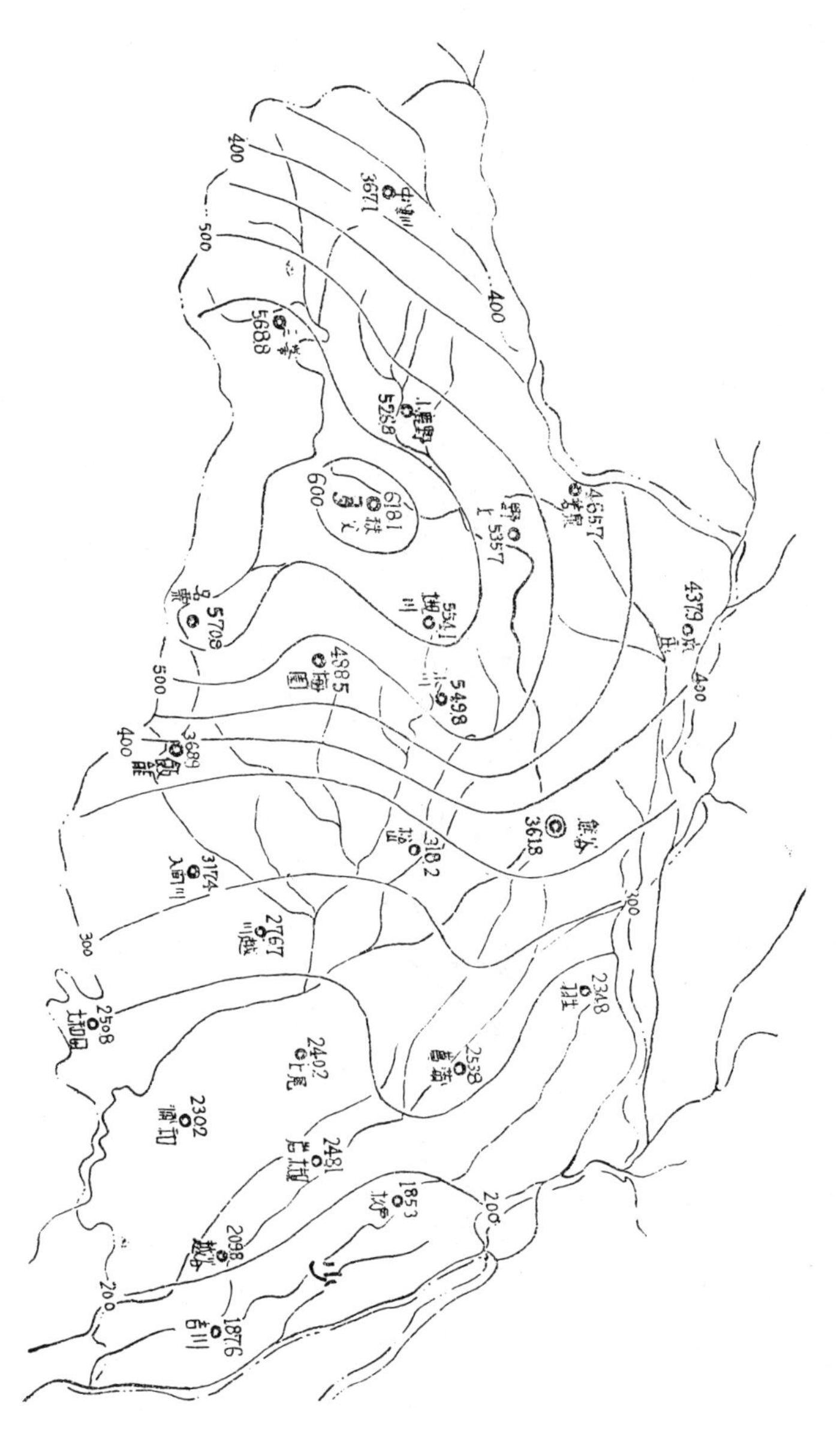
雨量の配布 (昭和22年9月8日～15日)
400
500
400
600
500
400
300
400
300
200
200

雨量の配布 〔明治43年8月1日~19日〕〔前半〕

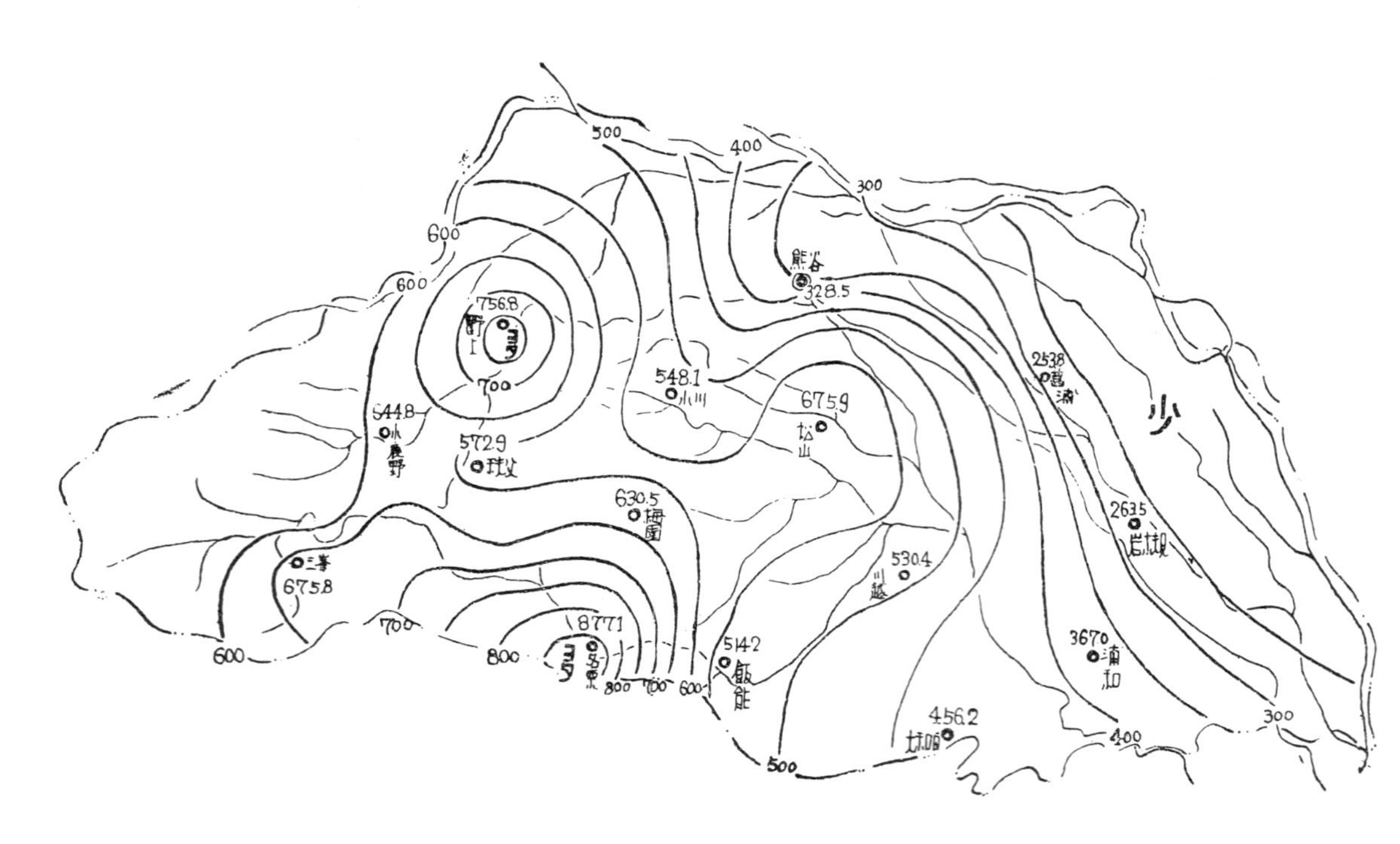

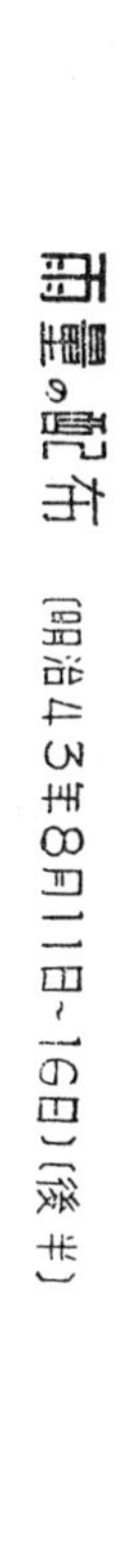
雨量の配布（明治43年8月11日~16日）（後半）

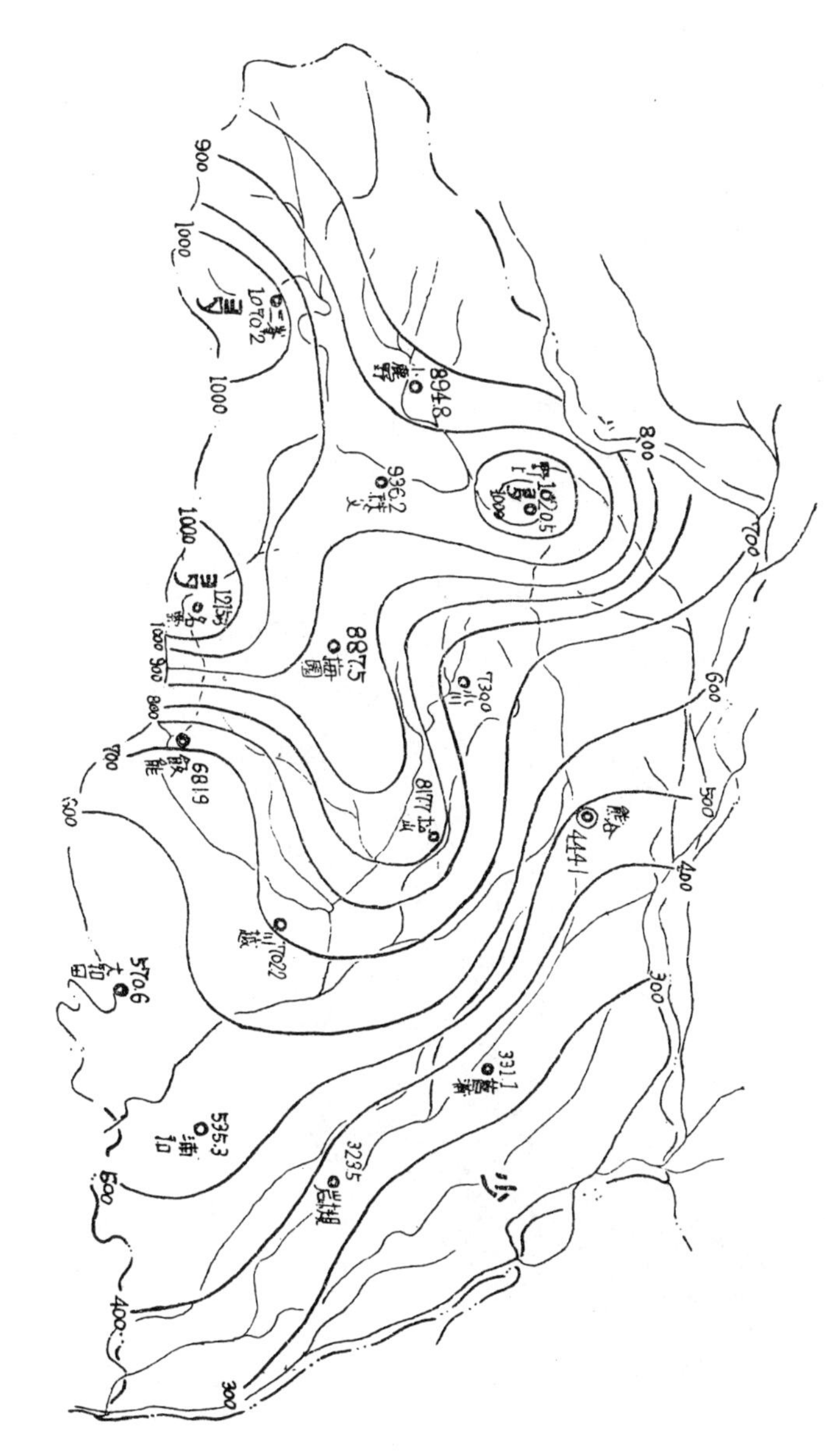
900
1000
800
700
600
500
400
300
894.8
936.2
887.5
681.9
444.1
570.6
535.3
331.1
323.5

管内浸水竝水流図（昭和22年9月）

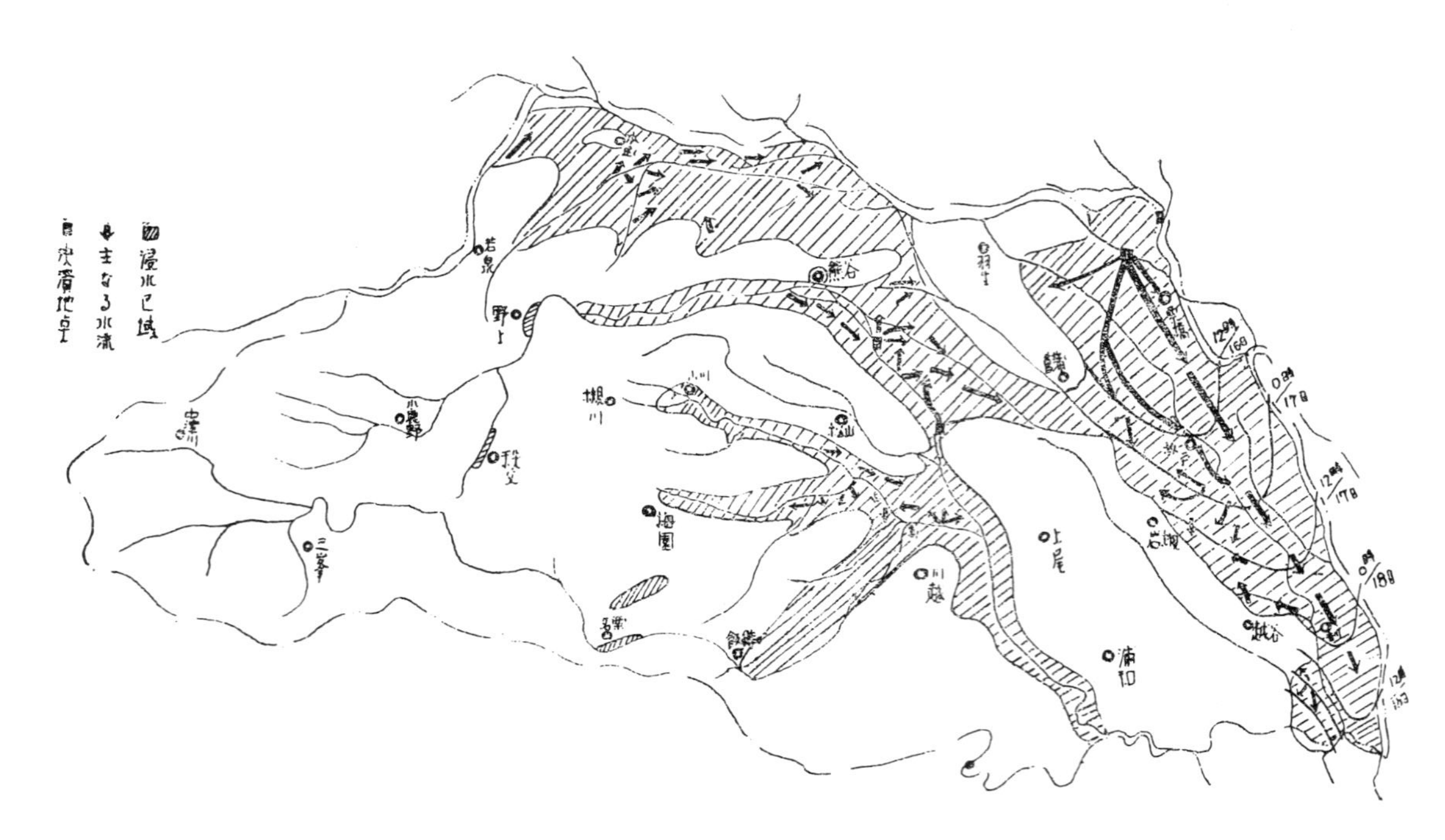

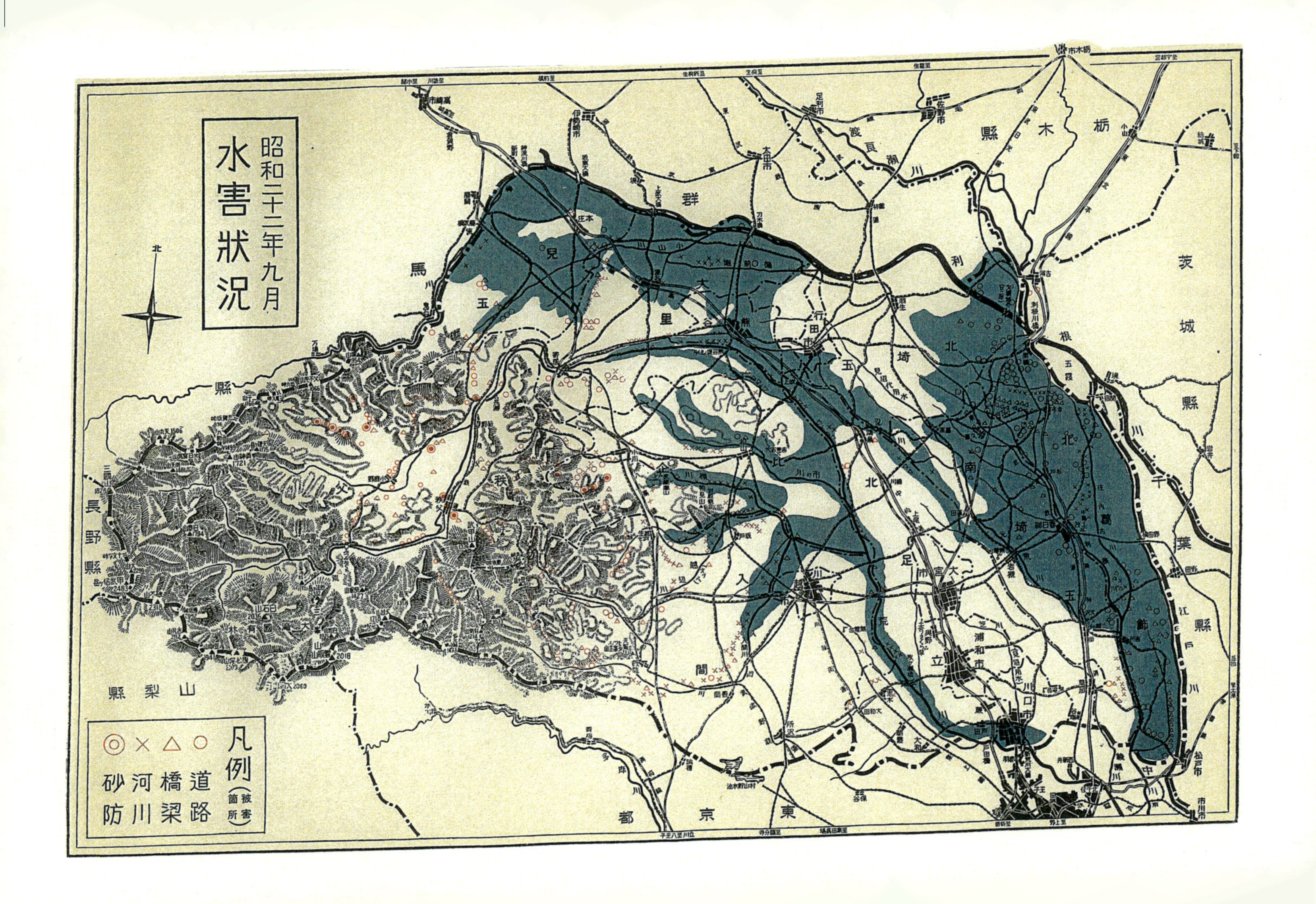
水害状況
昭和二十二年九月
北
凡例（被害箇所）
◎ 道路
× 橋梁
△ 河川
○ 砂防
埼玉県
群馬県
栃木県
茨城県
千葉県
東京都
山梨県
長野県
利根川
江戸川
熊谷
行田市
浦和市
川口市
大宮市
川越市
秩父
足利市
佐野市
伊勢崎市
太田市
古河
松戸市
市川市

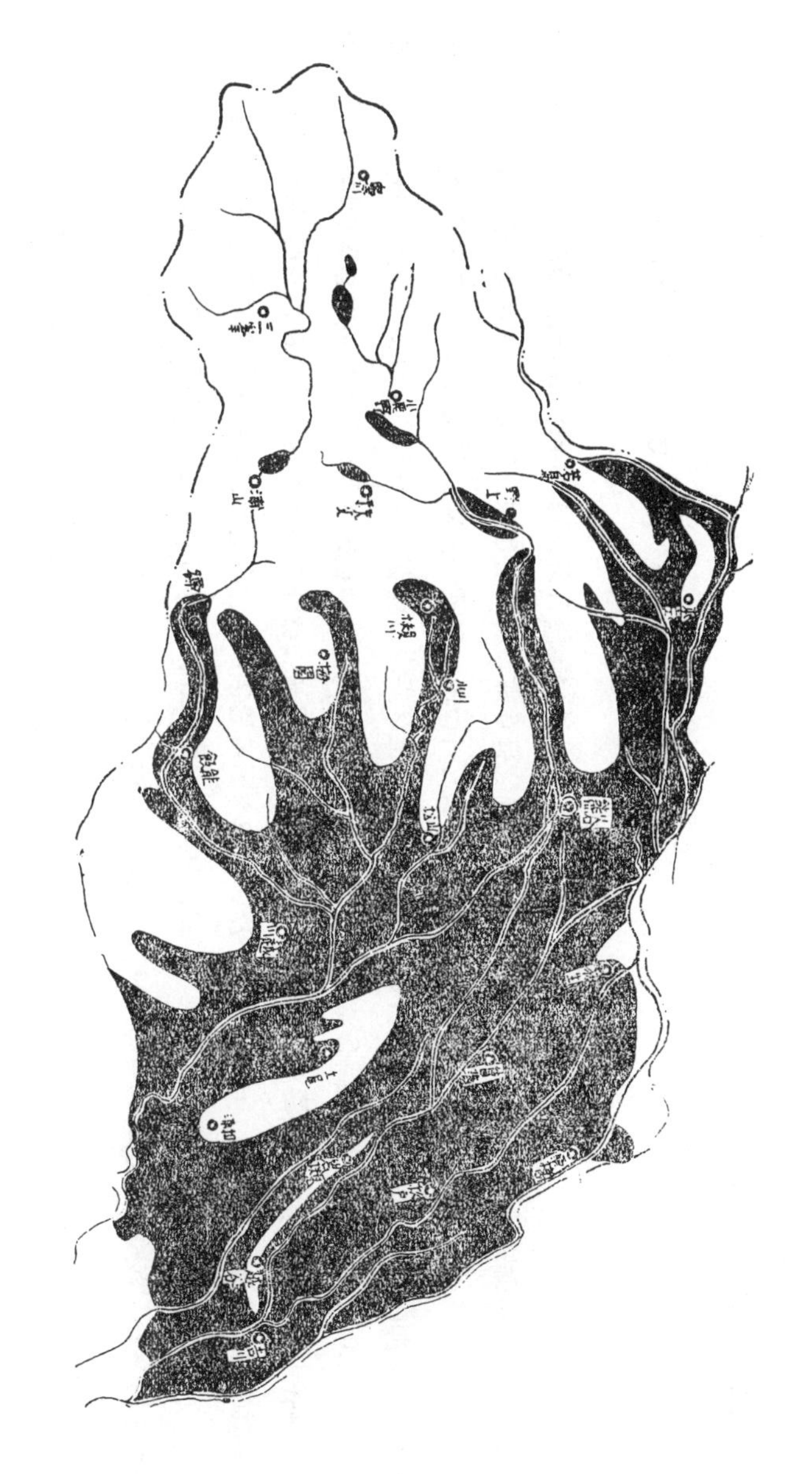

出水浸水分布図（明治43年8月）

第五節　堤防の補强と工事の不進

國営による利根堤防補强工事計劃表によれば、毎秒の流量は一万立方米まで、非常時の高水量は、一万三千立方米まで計算に入れてあつた。故にこれがもし完成していたら、今次の水害は、充分避け得られたわけである。縣土木課が、大利根東村の決潰箇所を調査し、これが原因を発表したものを見ると、第一に河水が堤防を越水したことである。即ち越水した濁流が、もの凄き勢で、堤防を洗つていた。次にこの堤防附近一帶芝草類が一本も生えていない上、土質が砂利交りの弱いものであつたことである。この二点が「破堤の直接原因であつた」と。

蓋し該工事は、今次大戰の勃発により、極度に経費の削減にあえ、予定の工事は遲々として進捗を見ず、今次水害は全くその虞を衝かれた形で、当時当該工事関係者をして、等しく嗟嘆せしめたものであつた。

利根は勿論、荒川の堤防も、共に工事の不進が直接の原因であると、当時各新聞にいろ〳〵掲載されていたが、その中で埼玉新聞所掲の記事を、参考までに次に記載した。

数えられる疑問

埼玉新聞

内務省直轄河川のうち二大河川として、関西の淀川と並び称せられる利根川の決潰は、その犠牲の大きさにおいて、内務省を國民指彈の前にさらした形である。

今次水害の原因が、六〇〇粍という未曾有の雨量に禍されたとしても、明治三十三年最初の破修着工以來、たび重なる工事に費した二億の巨額と、延一千万人の労力が果して十全の効果を擧げ得ていたかどうか、即ち今回の災害の主な疑問は、次の諸点であるまいか。

一、栗橋上流における堤防決潰後の措置としては、築堤の仕上げをかさ上げして（堤防の最頂部を簡單な土盛でます）積上げただけであり、今回東村決潰箇所等は、明らかにそれさえ不完全であつた。

二、上流岸の濫伐によつて、全流域にわたり、河床の上つているのは、誰が見てもはつきりしていた。地元民はこれを四寸以上と見ていたが、一方この方向の土地沈下により、大なり小なりの堤防が低落変弱し、地元民の話題となつていたのに、何等の措置がとられていなかつた。

三、かくの如く、治水対策の不備に加えて、流域地方における護岸制水を主とする砂防工事が、全く粗雜に放置されていた。例えば利根の支流渡良瀬川沿岸砂防工事は、大正十二年着工以來、工事費一億三千万円の中、現在までに百二十五万円、僅か十分の一の進捗率である。

四、護岸工事に関連して、もう一つの疑点は、堤防の耕地化放任で、延長三十里の堤防両岸面は、ひどい所は二分の一、平均十分の一程度に耕作され、それが堤防の土質を著しく弱体化した。

第二章　諸河川の氾濫と堤防の決潰

第一節　荒川堤防の決潰

十四、十五両日降り続きたる豪雨は夜に入るも已まざるのみならず、風さえ加わりて物すごく、これがため縣内諸河川とも刻々増水、官民齊しく四十三年の水害を想起し、堤防の決潰を憂慮し、各地町村の消防團員及び水防團員はうつて一丸となり、徹宵防水作業に死闘を続けたのである。

然るに團員の苦闘も空しく、濁流各地に氾濫し、もの凄き水勢に全く手の下しようもなく、先ず荒川本流熊谷市久下地区堤防が、十五日午後八時大小二箇所延長百米決潰し、濁流は一齊に落下、忽ち隣接吹上町及太井村方面に氾濫し、住民は周章狼狽、只管避難に混乱中を、更に一時間後れ、下流北足立郡田間宮村地区の堤防も又約九十米余決潰し、小谷、吹上、中井地区は、忽ち泥海と化し、水勢は更に箕田、屈巣、埼玉、下忍、笠原、加納、北本宿、常光、平野の各村へ次々と浸蝕し、村民必死の防水も奏効せず、やむなく全員引揚げ、自村の避難に活動したのであつた。

第二節　利根川堤防の決潰

一方、利根本流は、荒川の破堤より稍々後れ、十五日午後十一時十分、茨城縣猿島郡中川村字長谷地内の堤防約百米決潰したのに初まり、縣内支流渡良瀬川も、同日午後十一時三十分頃、川辺村地内堤防大小三箇所約四百米決潰し、濁流は忽ち川辺、利島両村を洗いつくし、更に稍々後れて、翌十六日午前零時三十分頃、縣民の齊しく憂慮しつゝあつた大利根も管下東、原道の村境、新川通の堤防約四百米決潰し、河床より低位置に介在せる両村は、もの凄き濁流の洗礼をうけて忽ち水沒してしまつた。

これより先、両村の水防團員は、刻々増水しつゝある利根の堤上において、あらゆる防衛の手をうちたるも、溢水又溢水、洩水又洩水のため、全く施す術もなく、突如一大音響と共に決潰し、余勢を駆つて刻々南下、豊野、元和、栗橋、櫻田、行幸、権現堂川の各町村は、忽ち水魔の渦中に孤立してしまつた。（決潰した瞬間の体験者野中氏の談は後述す）

水勢は依然衰えず、鷲宮、久喜方面の濁流は、十六日夜に入り、南埼玉郡白岡附近において、荒川の奔流が忍町を洗つて南下した急湍と合流し、愈々水勢を加え、十七日午前二時には、三千米の水幅を以て、同郡春日部町附近に到達した。

縣対策本部においては、大宮、野田間の一線を、最後の防水線とし、極力防備を嚴重にしたが、未曾有の水勢には、全く手の施す術もなく、更に水は古利根川の溢水をも合せ流れ、着々南下し、速度も漸次減退の徴候を見せたが、それでも同日午前五時には、縣内穀倉地帯たる二合半領の中心地吉川町を初め、彦成、越ヶ谷地区を水浸しとなし、なお毎時二千米の速度を以て、東京都葛飾区目ざして、依然進行を続けたのである。(因に利根、荒川両主流氾濫後、水の進行狀況に就ては、地理調査所調査の参考図を、節末に挿入することにした)

猶未曾有の災害をかもした主流大利根の狂流により、破堤の瞬間まで、決潰現場の龜裂を死守しつゝ、遂に水魔に呑まれ、人事不省のまゝ濁流に押しまくられ、一晝夜頑張り続け、奇蹟的に助かつた南埼玉郡大越村野中恒夫氏の、決潰当時の狀況を次に掲げることにする。

三たびあがる轟音

大越村水防團員　野中恒夫

あの夜利根の水音は刻々すさまじく、豪雨はつのるばかり、不安のうちに五時警報が鳴り渡つた。大越、東、原道はじめ、沿岸の消防團が総出動、雨のなかを必死に防いだ。十二時ごろでした、私は警察や消防團地元の人達二百名ばかりと、東村新川寄りの堤上にいたのですが、眞暗な中にごうごうと高鳴る水音も、ものすごく足を取られそうになつた時、誰か駄目だ、避難だと叫びつゞけた。

逃げようと思つた時すでに遅く、ものすごい一大音響が右の方で起つて二、三秒、またごう音が起り、私の右の前で音がしたかと思うと、どどうッと大きな壁に突きあたつたようなショックをうけた瞬間、もう夢中でわからなくなつて、そのまま押流された。一緒にいた人達も恐らく駄目だつたのじやないかと思うが、今から考えると三回にわたつて崩れたようです。

一回目は東村寄りの一番奥の方で眞暗の中に響く大きな水音と共に、〃助けてくれ〳〵〃と切れ切れに女の叫び声が聞えた。そこにはたしか若い女の人達が固まつていたように思うのですが、皆逃げ遅れたでしよう、続いて二、三十秒位の間があつたかと思うが、十メートル位離れた堤がきれ、そして間もなく私達のいたところが三番目に切れたので、その間のものは全部流されたでしよう。三カ所の切れ目は続いて四百メートルの長さに亘つて濁流を押流したと思われるが、あまり流れが強かつたせいか、不思議に身体が木の葉のように浮いて、もまれつゝも全然沈まなかつた。

われに返つて氣がついてみると、木の枝にしがみついている自分でした。ああよくも助かつたと思つたものの、助けを呼ぶ声も出ず、濁流に身をまかせているうち、わら屋根や牛や馬が、あるいはまた人間のようなものが離れ離れに流れてくる。あたりをみると幸いなことに本流から離れたところに來ている。運にまかせてまる一晝夜の漂流で、十六日午後六時半ごろ救援隊の舟が救い上げてくれ、一命を取止めた次第である。

次に主流荒川並に利根川の決潰である。「両主流の決潰した原因ばどこにあつたか」という意見が、当時各紙に掲載されていたが、朝日新聞には、大体次のような意見がのせられていた。

主流利根の決潰箇所は、潰防の高さが十米である。それに対し水位が八米九五に達しており、そこへ物すごい勢で水が次々と溢れ出し、其の上、堤防の土質が脆弱で、甚だまずかつたといわれており、荒川は、決潰箇所地域の流身が、約百度も曲折した所で、しかも一昨年の補強工事の時、そこだけ残していた所へ、水が溢れたのが主因で、全く其の虚を衝かれた形であつた。

然し荒川の方は、当時新聞にも出ていたが、禁止されていた堤防部の側面に、甘藷、野菜等多数作付したゝめ、折角地固めの芝生を枯死せしめてしまい、これがため洩水が激しかつたのも、その一因だと言われていた。

猶大利根破堤の実情につき、当時埼玉新聞にも、次の如き報告が出ていたから、参考までに摘録した。

濁流鉄橋を越す

今度の大利根の決潰は不可抗力であつたかどうか、つまり想像や予期を越えた天災であつたろうか、この質問に対して技術家は天災ではない。この惨事は十分想像したことだと明答し、「さればこそ堤防の増補工事を行うために内務省では栗橋に維持増補事務所なるものを設けていた。そしてある程度まで補強工事をやつていたが、戦時中に大蔵省から予算を削られて、補強工事を妨害されたのである。今度の災害は春秋の筆法でいえば、大蔵省のデッチあげた事件だというも過言ではない」と説明している。

元來、利根の堤防は決して完全なものではなかつたのである。この堤防は縣道のある犬走りの高さが八・六一メートルで、これは栗橋の鉄橋と同じ高さである。これは大雨が続いても利根の水位は八メートルを超えることはあるまいとの想定で築堤されたのである。ところが昭和十年小甲斐川の氾濫には水位が七・六八メートルに達した。栗橋鉄橋には流木やいろいろな流失物が橋脚にからむので鉄橋の上手は水位が高くなり、橋上はだく流の飛沫を浴びて交通も困難となつた。つまり八・六一メートルの高さの堤防では鉄橋の上流が危険だというので増補することになつたのである。

そこで縣道上にさらに一メートル盛り土して九・六一メートルにすれば、やゝ安心だというので、自然縣道の犬走りの上に「天場」を嵩揚したのである。しかしこれも栗橋鉄橋から上手へ約三キロの地点までやつただけで、予算の関係で中断されてしまつた。今度の豪雨では十六日午前一時、最高水位に達し、鉄橋地点で八・九六メートルとなつた。つまり八・六一メートルの鉄橋よりも水位が〇・三一メートルも高い、濁流は完全に鉄橋をオーバーしたが、堤防の嵩揚した天場のあるところは無事だつた。しかし鉄橋附近の水位が上流におよんで嵩揚工事の中断した個所、天場の盡きる個所もこの水位に達すれば、当然堤防をオーバーすることになる。

つまり鉄橋のところが一番水位が高くなり、その水位が段々上流にのぼつて、天場のきたところへきて果然オーバーしたという訳である。何故この常識論とも言える当然の理屈が地元民に徹底しなかつたか、寧ろ不思議にたえない。内務省の栗橋工事事務所は毎年水防演習をやつているが、この辺のことは無関心だつたらしい。水防演習といえば、この附近は忍領水害予防組合というのがあつて、専ら万一に備えていたが、当夜は破堤地点は全く警戒していなかつた。これは栗橋事務所と予防組合の重大な失態と言いたい。

第三節　支派川の堤防決潰

其の他支派川の堤防決潰については、詳細は各市町村の報告の通りであるが、その主なるものにつき記載することにする。

大里、兒玉地区小山川は、十五日午後七時明戸村地区堤塘約百米決潰したのをトップに、続いて榛沢、北泉、新会藤田、大寄各村の地区堤塘、更に支流身馴川北泉の堤塘、同志戸川の東兒玉、榛沢の各堤塘各所決潰、延長七千四百米に及び、入間川は十五日午前八時五十分、柏原村地区内堤防約百五十米決潰、引続き大東、霞ケ関村西地区の破堤、

利根川及荒川の洪水の進行
1:75,000
昭和二十二年九月水害調査報告附圖一
（其の一）
昭和二十二年十月調製
地理調査所
凡例
主要部落
鉄道
堤防
台地
自然堤防
荒川
利根川
洪水先端線
至伊勢崎
至日光
荒川放水路
江戸川
利根川
鵠戸沼
見沼代用水

更に埼葛地区大落古利根川は、同日午後三時四十分櫻井村地区約五十米決潰、都幾川も同日午後七時唐子村石橋地区内堤塘三百米決潰、引続き野本、高坂両村地区も五十米破堤したのである。

越えて十七日正午頃、庄内古川も北葛飾郡金杉村地区内四箇所決潰し、中川も又十九日午後四時三十分南埼玉郡八條村字幸の宮附近約百三十米破堤、八條村を初め川柳、八幡、潮止各村一帯は、全く水浸しとなつてしまつた。

かくの如く、管内の堤塘は、近年稀有の大洪水に、次々と決潰し、別表の如く百二十四箇所、延長実に八千三百四十三米に及んだのである。猶この外諸堀、用水路の小破塘もあり、これを一々算入したら、その被害も更に莫大の額に上るであろう。

管内堤防決潰箇所調（各村、町、市長報告）

河川名	市町村名	字名	箇所数	延長	決潰日時
利根川	東村	新川通	一	三五〇米	九月一六日 午前 〇・三〇時分
渡良瀬川	川辺村		一	三〇〇	九、一六 午前 〇・一五
荒川	田間宮村	渡内深圦樋管外	一	六五	九、一五 午後 六・三五
	熊谷市	久下新田	一	一〇〇	九、一五 午後 七・三〇
入間川	柏原村	稲荷	一	三五〇	九、一五 正午
	大東村	増形	一	一五〇	九、一五 午後 一一・〇〇
	霞ヶ関村	的場下沢前	一	一五〇	九、一七 午前 〇・一五

河川名	市町村名	字名	箇所数	延長	決潰日時
越辺川	勝呂村	島田	一	一二〇米	九月一五日 午後八時二〇分
	同	赤尾	一	一二〇	九、一五 午後八・五〇
	同	落合	二	一〇〇	同
	三芳野村	小沼	六	三〇七	九、一五 午後八・〇〇
高麗川	坂戸町	粟生田字竹の後	一	三〇	九、一五 午後四・〇〇
	同	字戸田	一	五〇	九、一五 午後七・〇〇
	入西村	戸口新田	一	七〇	九、一五 午前
	同	北浅羽	一	四〇	九、一五 午後
	同	善能寺（牛久保）	一	三〇	同
都幾川	野本村	砂塚	一	四五	九、一五 午後八・〇〇
	高坂村	早俣	三	三五	九、一五
	同	正代	三	二〇	九、一五
市の川	小見野村	野本より古凍	一	五	九、一六 午前二・〇〇
志戸川	東児玉村		六	三〇〇	九、一五
	榛沢村		一六	七〇〇	九、一五 午後五・三〇
身馴川	北泉村	栗崎	七	九四〇	九、一五 午前三―五・〇〇

	同	西五十子	二	二〇〇	九、一五 午前五—六・〇〇
清水川	新会村	上新戒	一	九	九、一五 午前一〇・〇〇
	北泉村	東五十子	一	五六	九、一五 午後一・〇〇
	同	成塚	一	一八	九、一五 午後七・〇〇
	同	下高島	一	六〇	九、一六 午前八・〇〇
小山川	藤田村		一	四〇〇	九、一五 午後七・〇〇
	同	牧西	一	一〇〇	九、一五 午後六・〇〇
	明戸村		一	七〇	九、一五 午後八・〇〇
女堀	藤田村	鵜森	一	二〇〇	九、一五 午後八・〇〇
備前堀	同	滝瀬	四	六〇	九、一五 午後七・〇〇
唐沢川	深谷町	智形橋	一	二〇	九、一五 午後八・四五
中川	行幸村	松石小字西	一	六〇	九、一六 午前七・〇〇
	同	東	一	一二〇	九、一六 午前一〇・〇〇
	同	高須賀(四ッ谷)	一	六〇	九、一六 午前七・〇〇
	櫻田村	八甫	一	四〇	同
	同	光嚴寺裏	一	五〇	同
	同	天王川宝泉寺前	一	一三〇	九、一六 午前七・三〇
	同	本線東側	一	七〇	九、一六 午前一〇・〇〇

河川名	市町村名	字名	箇所数	延長	決潰日時
庄内古川	櫻田村	西大輪河原出山堤	一	六〇米	九月一六日 午前一〇・〇〇時分
	櫻井村	椿	一	四〇	九、一六 午後一〇・〇〇
	同	倉常	二	八〇	同
	田宮村	並塚	一	二〇	九、一六 午後二・〇〇
	八條村	堤外三、六〇二	三	六五	九、二〇 午前四・〇〇
	吉田村	上宇和田	二	二二〇	九、一六 午前一〇・〇〇
	同	上沢	一	六〇	九、一六 午前一〇・三〇
	富多村	立野	八	六〇〇	九、一七
	同	榎	五	三〇〇	同
	南櫻井村	上柳	二	七〇	九、一六 午後三・〇〇
	旭村	十一軒	二	一四〇	九、一八 午後
	松伏領村	大川戸	二	八〇	九、一七 午後四・〇〇
	同	田島	二	二〇〇	同
	同	下赤岩	三	二四〇	九、一七 午後六・〇〇
	川辺村	赤崎	一	二〇	九、一七 午前九・〇〇
中庄内悪水路	同	水角	七	四八	九、一七 午前六・〇〇
計			一二四	八、三四三	

利根川及荒川の洪水の湛水期間
1:75,000
昭和二十二年九月水害調査報告附図三
(其の二)
昭和二十二年十一月調製 地理調査所
凡例
主要部落
鉄道
堤防
台地
自然堤防
非湛水区域
湛水期間
湛水 1日
2-3日
4-5日
6日以上
利根川
荒川
荒川放水路
江戸川
鬼怒川
見沼代用水
葛西用水
至日光
至伊勢崎
1:75,000

第三章　罹災各地區の被害状況

縣内百二十四箇所の破堤に対し、堤防に直面した町村の被害は勿論、その流域地区の慘憺たる実情は、当時各紙にそれ〳〵報道されたのであるが、堤塘の警戒警備には、各市町村とも全力を擧げて苦闘している。中には、年來の体験を如実に生かして、被害を最小限度に食止めた所や（市田村の如き）、或は隣保愛による協同作業によつて、水防救済に活動した所や（北葛各村の如き）、或は濁流の防止から、いがみ合つた相互の感情をぬきにし、大乗的見地から円満に解決した所（大里郡の如き）等、すべては復旧を目指し、雄々しく起上つた町村のみであつた。

本章には、各罹災市町村より報告したものを、縣内の諸河川を中心に、決潰口及びその流域地方に分け、其の内容を、㈠堤防決潰前後における防水の狀況、㈡罹災者に対する應急措置と人命救助、㈢被害の狀況、㈣復旧の狀況の四項に分類し、左記第一節より一二節に亘り記載した。

因に今次水害は、去る明治四十三年の水害同様、湛水期間長期にわたりしため、農作物の被害甚大であつたが、当時地理調査所において、湛水狀況につき調査した報告図があるから、参考迄に挿入することにした。

第一節　利根川の決潰と氾濫地区の狀況

一ノ(一)　決潰口北埼玉郡東村の狀況

(1)　決潰前後における出水警備と防水の狀況

九月十五日午前十時頃より、大利根の急激な増水に、村長は吏員を動員、各消防團に連絡、水防準備に着手した。

一方坪井助役を栗橋河川事務所に急派、上流地方における降雨の狀況を聴取せしめた。差当り第一消防分團を東北本線の上下流に、第二分團を東武線上下流にそれ〳〵配置し、且つ準備に万全を期するため、各水防分團の連絡を緊密に指令した。

午後五時頃、上流より頻々と流れくる流木が、次々と鉄橋に懸り、水勢頓に阻まれ、北風又波を立てゝ襲えくる形勢に、危險刻々迫りくるの感があつた。同九時頃突如危險信号たる半鐘の乱打に、聴きつけた村民は陸続と堤防上に集結、こゝに老若男女一丸となり、水防作業に全力をあげて奮闘した。

午後十一時近く、本村大字新川通地先莒蒲古河縣道の附近約一粁、補强工事未完成の地点より越水し初めたるをもつて、水防團員は直に馳付けたるも、既に濁水膝を沒する狀態に陥り、土俵積込全く不能となりしため、再度非常信号をもつて急を告げ、安全地帶への避難方を急がせた。かくて濁流は誰憚るものなく、益々猛威を逞うして堤防を着々浸蝕、十二時近きころ一大音響と共に、約四百米に渉り崩壞、水は一大瀑布となりて、堤下に落下、これがため附近数十戸の民屋は見る間に押流されてしまつた。逃げ後れたる村人は、辛うじて流れ行く家根に取縋り、或は流木に取りつき乍ら流れていつた。悲痛な救援の叫声が闇夜の、ここかしこにきこえる。妻子を失つた人達が其の名を呼び乍ら、堤防上を狂氣のように馳廻り、或は流れ行く先祖累代の家屋家財を、たゞ呆然と其の影を追うもの等、実に筆舌に盡し得ない阿修羅と化してしまつた。

万事終結、なす術をすべて失い、殆ど放神狀態の村人達は、しん〳〵と更けゆく夜の冷氣に初めて吾にかえり、誰いうとなく芝生に集れば、そこには泣きつかれた子等の一群が、降りやまぬ小雨にしとゞぬれ乍ら、無心に眠りつゞけるを、たゞ無言のまゝ見守るのみであつた。

(2) 罹災に対する應急措置と人命救助

あくれば十六日、一大湖沼と化した吾が村を、今更の如く見守る罹災者の面貌、突発的な衝動に、全くわれを忘れていた飢と渇を初めて覚えてきたが、孤立したこの現状では如何ともし難く、さりとてこの儘でいられる筈もなく、こゝに決死の同志が相倚り相助け、栗橋対岸まで往復して僅か乍らの水と食糧を手に入れて戻り、漸く一時の飢渇をいやし、只管神佛に減水を祈願するのみであつた。

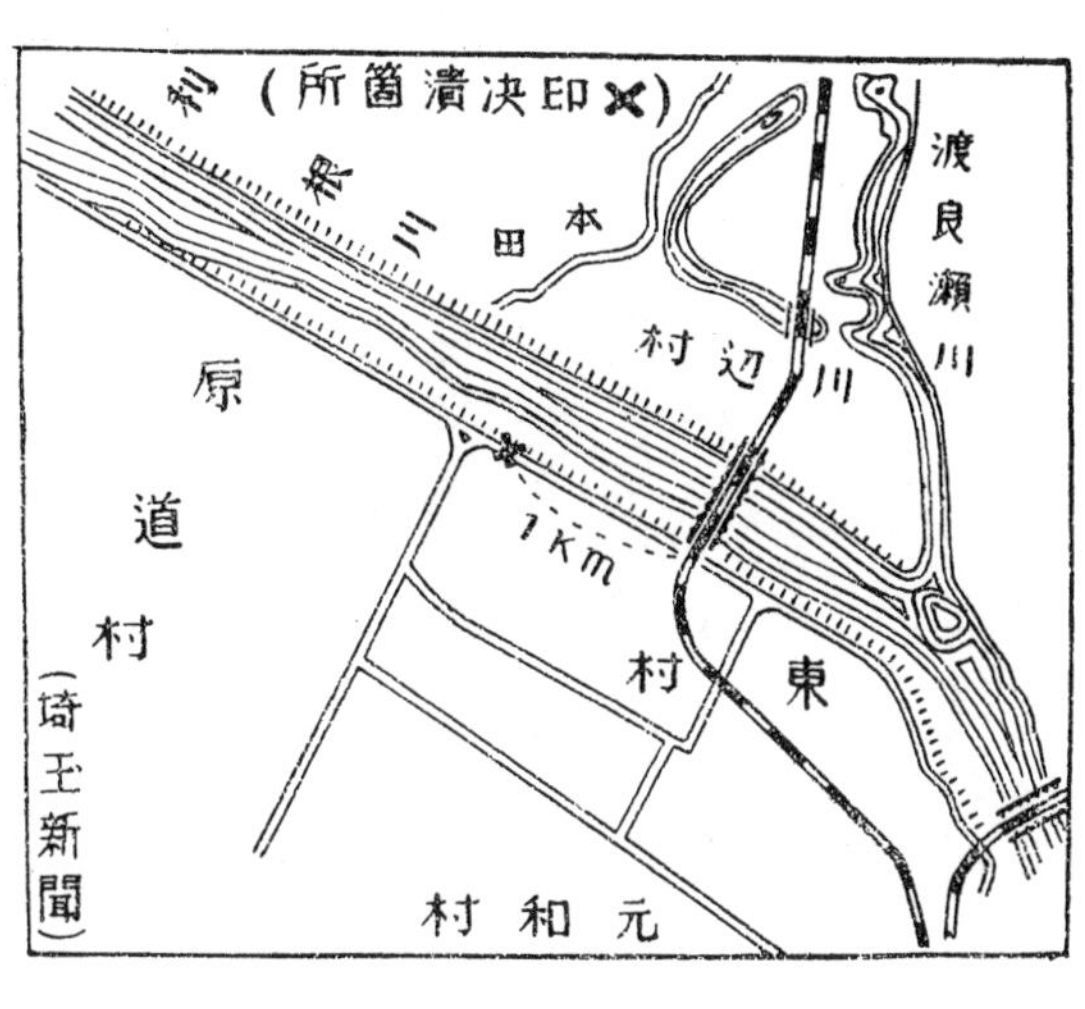

又村長は急ぎ臨時村会を招集し、仮役場を設けて救護本部をおき、助役並に庶務主任を茨城縣新郷村に特派し、炊出米の借入交渉をなさしめ、以て食糧方面の緩和策を講じたのであつた。

翌十七日地方事務所より救援隊到着、又引続き各方面より編成せる給水隊及慰問團來村、衣食、什器等の寄贈をうけ、村民一同漸く愁眉を開くに至つた。

十八日出縣した村長は、縣知事並に厚生課を訪問して、援護方を懇請して帰村、議員有志を以て水害対策委員会を開設し、小学校を収容所にあて、救済に関する請願及び配給に関する陣容を確立し、以て非常時態に対應せしめたのである。

又本村男女青年團とも、全般的に協力、主として運搬連絡に関する要務を果し、堤防上における避難小屋の急造、新郷村、大越村避難所への住民の移動等に大に活躍したのである。其の後本村へも縣営バラックも竣工し、計二百三十世帯を収容することが出來た。

罹災後の難民の衛生方面に就ては、当村救済本部も鋭意注意し来る所であるが、日赤王子病院よりも医師二名、看護婦四名來村して、之が治療予防に努められ、同病院引揚後は縣農業会幸手病院の診療所設置し、引続き予防並に治療方面に従事したのである。

次に人命救助に関しては、其の決死的敢行により、救われたるもの二、三にとゞまらないが、それは隠れたる美談として、永久に村民の思出草に秘めておくことにしよう。

因に本村内決潰箇所は、原道村の南となり、八百四十番地から八百四十七番地の地帯で、ちようど対岸の川辺村字本田との間の渡船場附近である。猶決潰した堤防下には浅井吉三氏宅外十数戸が、一瞬の中に濁流にのまれてしまつた。(前頁の図は決潰箇所の見取図である)

(3) 本村の被害状況

1. 農作物の被害

地目	面積	作物別	推定損害高	被害程度
田	二、二四四、〇〇〇反	米	一二、八七五俵	全滅
畑	九三三、〇〇〇	雑穀	一、五〇〇	同
		甘藷	五〇、〇〇〇貫	同
		養蚕	一、五〇〇	同

2. 民家

流失		倒壊		半潰		浸水	
住家	附属	住家	附属	住家	附属	住家	附属
八五戸	一七〇戸	四四戸	一三〇戸	一三七戸	二五〇戸	一九四戸	二二〇戸

3. 公共施設

道路 一四、七六八間　水路 二二、一六三間　橋梁 三三架　建物 三棟

4. 人畜関係

人口 二、七〇〇人　牛馬 一二七頭　鶏 二、一〇〇羽　小羊 五〇頭

死亡 三　斃死 四　死 一、八〇〇　三〇

5. 農耕宅地

池沼となれるもの 八町　砂丘となれるもの 一〇町　埋沒一尺以上 八〇町　宅地の流亡 七、〇〇〇坪

(4) 其の後の復興狀況

前記載の如く、本村は堤防決潰口たるを以て、惨憺たる被害を蒙り、当時畏くも 天皇陛下舟艇に御便乗、親しく本村を御慰問遊ばされ、激励のお言葉さえ賜り、一同深く感銘したる所なるが、たゞ今次水害は、一時的出水と全く異なり、湛水期間二箇月に渉りたるため、総ての作物は勿論、庭前の草木、竹林に至るまで殆ど枯死し、生残れる僅少の農作物さえ、之れ又冷濕長期に渉りたるため、発育不良成熟に至らず、之が復興に日夜涙ぐましき奮闘が続けられている。

元來本村を初め元和、原道の三村は、地形上一廓をなし、耕地整理により生産の増強をはかり、漸く其の成果を得て、本年度より食糧生産に寄與せんとせし計劃も、今や全く水泡に帰し、見渡す限りの美田も泥海、砂丘に変形し、之が復旧には実に容易ならざるものがある。目下三村協力新構想の下に整理し、用排水の改造を試み、総予算三千万

三年間の維続事業として、全村擧つて之が完遂に努力している。（二三年六月）

一ノ(二) 決潰口北埼玉郡原道村の狀況

(1) 決潰前後における出水警備と防水の狀況

九月十五日午前十一時、警察より「一時間約一米余の増水にて、危險の情勢にあり」との警告ありたるを以て、関係者と共に警戒に当る。午後十時半頃より堤防上総越しとなり、同十一時四十分遂に決潰するに至る。

これより先、午前十一時防水警備のため、各消防分團長を招集して、警備地域の打合をなし、最初第五、六分團警備せしも増水の徵候安堵を赦さゞるを以て、全消防團員の招集となり、同午後九時までには、地元民の水防團員も出動、土俵積を開始し、防水これ努めたるも及ばず、濁水総越となり、忽ち本村の過半数は浸水、決潰と同時に翌十六日の未明には、全村水沒の惨狀を露呈した。

(2) 應急措置と其の対策の狀況

決潰と同時に、消防團員は直に救援作業に奔命、先ず給水給食に從事し、交通整理、盜難予防等の警戒に努めた。

一方村は急遽村会を招集し、救援対策を協議した結果、仮役場を佐波堤防上に設置し、水害対策委員会を組織し、各係員を任命直に部署につき、協力一致復旧に邁進したのである。

猶差当り避難所設置の必要があり、協議の結果、左記にそれ〱決定したのである。

記

避難所名	設置期間	収容人員
道目千手院	二〇日	三五〇人
同　天神社	二〇	三五〇
砂原砂山	三〇日	四五〇人
同　明神社	二五	二五〇

細間薬王寺　三〇　五〇〇　　彌兵衛堤防　三〇　五〇〇
砂原清浄寺　三〇　四〇〇　　計　二、八〇〇

(3) 被害の状況

全村浸水のため、農作物は濁流の跳梁する所となり、立毛殆んど水腐、収穫皆無となる。

猶濁流浸水長期にわたりしため、土砂の運搬沖積する所となり、祖先以來の美田は、忽ち荒涼無毛の原野になつてしまつた。

因に埋没田畑（土砂一尺五寸以上に及びし所）の状況は左表の通り。

記

土砂埋没程度	田	畑	計
一尺五寸以上	一〇四・二〇一（反・歩）	三二・八二二（反・歩）	一三七・〇二三（反・歩）
一尺九寸以下	一六三・六一五	八三・七一四	二四七・三二九
二尺五寸以下	二九〇・四〇五	三四・五二九	三二五・〇〇三
三尺以下	六二・六一九	三・九〇五	六六・五二四
四尺以下	一六九・〇一八	五・〇一四	一七四・一〇二
四尺二寸以下	一八六・二一三	三・二〇二	一八九・四一五
四尺五寸以上	一五七・五二一	四一四	一五八・〇〇五
計	一、一三三・八〇二	一六三・八一〇	一、二九七・六一二

(4) 人畜被害の狀況

尊き人命を失えたるものは計三名、家畜で馬三頭である。

(5) 家屋の被害狀況

流失家屋三十七戸、全壞五十一戸、半壞八十戸（学校二棟）であり、全家屋五百八十三戸の中、長期浸水百八十三戸、床上浸水三百七十九戸、未浸水家屋三十六戸の割である。

(6) 復旧の狀況

流失のため居宅を失えたる三十七戸に対しては、縣営の應急仮住宅の設置により移轉、全壞半壞の住宅も漸次復旧に努めつゝあるも、耕地は未だ見通しのつかない実狀におかれている。（二十三年六月）

二 氾濫地區の狀況

1. 北埼玉郡元和村の狀況

(1) 出水の警備と防水の狀況

本村は、川辺領三箇村中、最低位置にあるため、「大利根決潰す」との急報を受くるや否や、既に濁流の先端猛然として襲來、一瞬にして全村、文字通り水沒の危に遭遇した。

予て本村の消防團、水防團の各團員は、刻々迫る危險に対処し、協力一致の態勢を整え待機していたが、この間髪を入れざる急激の出水に、全然手の施す術もなく、全村民は家財々宝を捨てゝ、命からぐ逃げのびたのであつた。

中には逃げ損じて、自宅の屋根に匍上り、或は附近の立木に辛くもよぢ登り、ともぐ大声上げて救を求むる者もあつた。

日頃愛育した家畜家禽、父祖傳來の貴重品、農民辛苦の美田も、悉く水魔の翻弄にまかせ、今や全く影形もなく水沒し、村民一同途方にくれたのであつた。

(2) 被害の状況

い、家屋の被害　流失全壊九八、半壊二二〇、計三九〇戸

ろ、人畜の損傷　死亡二、不明二、計四人、牛馬斃死一五、不明一七、計三二頭

は、田畑の被害　水稲二一〇町、陸稲五町、計二一五町歩、大豆五〇町、甘藷二五町、計七五町歩

に、衣料家具類の被害

損傷＼品種	衣類	寢具	疊類	建具類	箱、桶類	其の他	計
流失	六、一七六点	四三九点	一、三七三点	一、六四一点	一、一六八点	二、四九三点	一三、二九〇点
浸水のため廢物	八、二一一	一、九七五	七、〇三四	二、五七九	一、〇六一	一、二七七	二二、一三七
計	一四、三八七	二、四一四	八、四〇七	四、二二〇	二、二二九	三、七七〇	三五、四二七

(3) 現金、証券、通帳の被害

損傷	現金	証券	通帳	現金証券計
流失	三一三、七六二円	一八、四七〇円	七四二通	三三二、二三二円

(4) 農機具被害

損傷＼種別	大農具	小農具	蚕具	計
流失	一四六点	二、五九三点	六、一三四点	八、八七三点
浸水により使用不能のもの	二二八	一、八八五	一〇、四五六	一二、五六九
計	三七四	四、四七八	一六、五九〇	二一、四四二

(5) 保有食糧の被害

損傷＼種別	米	麦	雑穀	計	醤味類	塩	計
流失	一四七・一石	六三三・一石	四〇一・九石	一、一八二・一石	一五、七三八貫	三、九二九貫	一九、六六七貫
浸水により廃物	二一・八	二九三・六	一〇九・二	四二四・六	六、二二五	—	六、二二五
計	一六八・九	九二六・七	五一一・一	一、六〇六・七	二一、九六三	三、九二九	二五、八九二

備考　右の調査は、調査用紙を各農事実行組合に依頼し、各戸毎に報告せしめ、集計したるものである。

2. 北埼玉郡樋遣川村の狀況

(1) 出水の警備と防水の狀況

原道村境堤防溢水を予想して、消防團殘留員（消防各團員の大部分は、利根川堤防警備のため出動）をして監視並に各村連絡係を置き、厳重警戒中の所、先づ村境の羽生栗橋縣道益々危険に瀕したので、円匙、空俵等多数携行の上近隣部落民の出動を要請し、極力防水に従事する中、本樋遺、稲荷台、立野、地蔵堀地先相ついで危険に瀕し、折柄帰村の上、何れも水防團に協力し、死闘した甲斐もなく、先づ堤塘二箇所、続いて五箇所決潰、更に八箇所計十三箇所に亘る大小破堤に、今や施す術もなく引揚げ、各自避難の準備にとりかゝつたが、この頃水は既に村内三分の一に及ぶ浸水であつた。

猶決潰地点は、本村と原道村々境、古利根川堤防で、決潰箇所大小十三箇所、延長四五〇米であつた。

(2) 應急措置と対策の状況

直に村内罹災状況を調査し、十九日村役場に、村会議員並に民生委員を招集し、水害対策委員会を設置、先づ本部を村役場におき、産業、厚生、土木の各班を編成の上、一齊に救済並に復興に発足した。

(3) 被害の状況

本村における被害の状況は、次表の通りである。

い、農作物関係被害

区別	流失又は埋没	一昼夜以内冠水	二昼夜以内冠水	三昼夜以内冠水	五昼夜以内冠水	五昼夜以上冠水	計
水稲	五反	—反	四五反	二八〇反	七〇〇反	二、五〇〇反	三、五三〇反
陸稲	二	二	三	四	三五	五	五一
大豆	三	三	一五	二〇	二二〇	四八五	七四六
甘藷	二	一〇	三八	一四三	—	—	一九三
計	一二	一五	一〇一	四四七	九五五	二、九九〇	四、五二〇

ろ、人畜の被害

人的関係				家畜関係				
床上浸水人口	床下浸水人口	死傷	計	牛馬斃死	行方不明	小家畜斃死	行方不明	計
四、四七九戸	一八九戸	一人	四、六六八戸	八頭	一頭	三三八頭	五〇頭	三九六頭

は、建築物の被害

流失	倒壊	半倒壊	床上浸水	床下浸水	計
一戸	一五戸	二戸	七八二戸	三〇戸	八三〇戸

に、公共施設関係被害

堤塘	農道	水路	橋梁	樋管	堰
四三七・四米	一、二九三間	八三四間	九米	二ヶ所	二ヶ所

本村における其の後の復旧状況につきては、耕地並に堤塘の修復は殆ど完了し、農道、水路、橋梁は大体三・四パーセント復旧している。

3. 北埼玉郡豊野村の状況

(1) 出水の警備と防水の状況

十五日午後五時、加須警察署より、「利根川警備援助の必要があるから、警防團員は全員待機せよ」との電話を接受した。仍つて直に團員に連絡、陸続集合待機態勢を完了した。

午後十時頃、東村地内東北本線西約一粁の地点危險につき、急遽出動せよとの警電を接受した。よつて直に準備を整い、午後十一時三十分出発せんとするや、再び警電があり、「東村地先遂に決潰す」とのことにて、出発を中止し、村内古利根川堤防の警備につかしめ、極力防水に努力せしも、水勢ものすごく、次々と軟所の破堤あり、如何とも手の下しようなく、一同断念の上帰宅し、各自家の避難に当らせた。

本村における古利根川決潰箇所は計十八延長六三一・七米に及び、全村余す所なく浸水した。

(2) 應急措置とその対策の状況

本村農業倉庫に保管中の米六十八俵、大麦八十四俵、小麦二十六俵の中、浸水せるものに対しては、應急処置として、村民に特配した。

猶食料に関しては、本村に設置したる水害対策委員会の手により、それぞれ救済に努力した。

(3) 被害の狀況

本村における今次水害のため、損傷を受けたる狀況は、それぞれ次表の通りである。

い、農作物並に耕地関係被害

(一) 水田、冠水十一日、百六十八町二反歩、土砂堆積(五寸以上)三十九町九反歩

(二) 畑、冠水十日、二百五十六町二反歩、流失五反歩、土砂一町八反歩

ろ、人畜の被害

(一) 人的関係　溺死　男女各一名

(二) 家畜関係　馬斃死　一頭

は、建築物関係

(一) 家　屋　流失四、全壊四、半壊六、計一四戸、床上浸水五七八、床下一一、計五八九戸

(二) 公共施設　橋梁流失四、道路流失八八〇米

本村における復旧工事は、開始以來順調に進捗し、この分ならば六月中（二十三年）に完成を見るであろう。

4. 北埼玉郡大桑村の状況

(1) 出水前後における警備と防水の状況

東村新川通堤防決潰口から、一擧に押寄せて來た濁流は、十六日午前五時既に本村を浸し、大字南篠崎の一部を残し、殆ど全村水浸しとなつたのである。

これより先、堤防決潰の報至るや、警鐘を乱打して、急を各戸に傳え、毎戸一人当必ず出動、堤防の危険地域五箇所を指示して、それぞれ水防團員を配置し、先づ土嚢を二重三重に積重ねて防水に全力を傾注したが、刻々増水する水勢に抗し得ず、午前七時頃大字川口下川面地区先づ決潰し、続いて別記の如く次々と決潰、氾濫せる濁流は、猛然たる勢を以て本村を浸し、見る見る中に田畑、山林を水葬化してしまつた。

因に決潰した地区は次の通り

破堤地区名	箇所	延長	決潰日時
大字川口下川面地内	二ヶ所	三〇間	九月、一六日　前七・〇〇時
同　上川面地内	一	二〇	九、一六　前八・〇〇

大字南大桑杉の下地内	一	三〇	同
同　鎮守前地内	一	一〇	同
大字南篠崎外野地内	一	一〇	九、一六　前九・〇〇

(2) 應急措置とその対策の状況

村長及び村会議員は、直に村内を巡視し、避難者に対する慰問並に炊出しを開始し、救援米の特配を計劃した。

猶本村役場に、水害対策委員会を組織し、左の対策につき協議し、直に活動に入つた。

い、救援物資の配給に関する件

ろ、義捐金品募集に関する件

は、被害状況調査に関する件

に、復旧計劃早急立案に関する件

ほ、仮住宅建築に関する件

(3) 被害の状況

本村における今次の被害状況は次表の通り

い、農作物関係

被害程度／作物	作付面積	収穫皆無	七割以上減收	五割以上減收	三割以上減收	三割未満減收
水稲	三、二五一反	一、七〇〇反	一、〇〇〇反	二二〇反	一八一反	一五〇反

作物＼被害程度	作付面積	収穫皆無	七割以上減収	五割以上減収	三割以上減収	三割未満減収
大豆	九〇〇反	六〇〇反	二〇〇反	六〇反	二〇反	二〇反
甘藷	二六五	一五〇	九〇	―	一五	一〇

(4) 建築物関係並に公共施設関係

建築物＼被害別	流失	全壊	半壊	床上浸水	床下浸水
住宅	三戸	二戸	四戸	六〇〇戸	一〇〇戸
学校	半壊				
役場	床上浸水				
農道	流失一、〇一〇間				

建築物＼被害別	流失	全壊	半壊	床上浸水	床下浸水
非住宅	二戸	一戸	二戸	一戸	一戸
水路	埋没一、五六五間（樋管五ヶ所あり）				
橋梁	流失半壊二十箇所				
堤塘	決潰一〇〇間				

(5) 其の後の状況

校舎は五月中（二十三年）に完成の予定、應急仮住宅は、目下八戸分建設中にて、不日完成の予定。農道、水路、橋梁、樋管は、全部復旧し、堤防の修固は、現在八割方進捗、耕地の流失埋没の復旧も約九割方進捗した。

5. 北埼玉郡三俣村の状況

(1)　出水の警備と防水の状況

九月十五日午後十一時、根利川危險のため至急應援せられたき旨の連絡があり、消防團及び青年團の大部分は出動した。

翌十六日午前二時頃東、原道村の破堤が傳えられ、スワ一大事と、村内各家庭の成年男子は、悉く最寄の河川に、或は橋梁に、陸続集結し、直に防水警備の部署についたのであつた。

果せる哉、同六時頃隣接豊野村を貫流する島川は、東京湾潮流の余波をうけて逆流し、同時に本村内の手子堀、午の堀及び葛西用水路にも浸水、刻々増水して來たので、警防團は予て用意の土嚢を次々と積重ね、極力防水につとめたのである。

然るに水は依然として増加し、水勢物凄く押寄せ、ために折角築きし土嚢も次々と崩壊、之が防禦に全身づぶ濡れで苦闘中、堤塘の各所亦破れて濁水こん〳〵と浸入、数時間に亘る團員の死闘遂に報いられず、大字北篠崎北端の部落より浸入したる濁水は、本村の低地西南に向つて驀進、僅々一時間を経過せざる間に、本村の総面積八割に及ぶ地域を一瞬にして泥湖化してしまつた。

かくて正午に及び、漸次減退の徴候を見せたが、無数の蟲類が、吾等と同様居所を失い、濁流中を漂流しているのが、いやに眼につく。

(2)　應急の措置とその対策の状況

浸水の難を免れた加須寄りの地域、宮崎製材所の一部に、本村水害対策本部を設置し、村会議員、土木委員等の参集を求め、先づ避難者の救護並に救援物資の分配につき協議し、各村落の連絡に要する小舟の徴発をも急いだ。

対策委員会は、各委員を五班に編成の上、冠水地域五大字にそれ〳〵配置し、役場吏員を陣頭に、男女青年会、婦人会等を動員し、罹災者への炊出しを開始し、併せて各方面に連絡して、衣料、食料の見舞品を募集した。又衛生班を組織して、飲料水の消毒実施、疾病負傷者の手当、傳染病の予防注射等に活動せしめた。

かくして本村は、対策委員会の、晝夜をわかたず、不眠不休の活動により、合理的の対策が続けられ、存続一週間にして、漸く農道や田畑が、ぼつ〳〵姿を表して來た。

(3) 被害の狀況

本村における被害の狀況は次の通り

い、農作物関係

品名＼被害程度	一晝夜以内冠水	二晝夜以内冠水	三晝夜以内冠水	四晝夜以内冠水	五晝夜以内冠水	五晝夜以上冠水	計
水稲	四町	七・〇町	一一・〇町	三二・〇町	七一・〇町	二〇六・〇町	三三一・〇町
陸稲	—	〇・一	〇・二	〇・六	〇・一	—	一・〇
大豆	三	六・〇	一三・〇	二八・〇	一七・〇	九・〇	七六・〇
甘藷	一	一・〇	三・〇	五・〇	五・〇	六・〇	二一・〇
計	八	一四・一	二七・二	六五・六	九三・一	二二一・〇	四二九・〇

ろ、人畜関係

人的関係				
死亡	負傷	床上浸水	床下浸水	計
—人	一人	三、〇二四人	四二五人	三、四五〇人

畜類関係				
大家畜		小家畜		
斃死	負傷	斃死	負傷	行方不明
一頭	七頭	四九二頭	一四三頭	一〇七頭

は、建築物並に公共施設関係

住宅関係	
半壊	六八戸
床上浸水	四一二戸
床下浸水	八〇戸
計	五六〇戸

公共施設関係	
堤塘	一、〇八八米
農道	二、二四〇間
水路	九一七間
橋梁	八ヶ所
樋管	二六ヶ所
堰	一七ヶ所

(4) 其の後の状況

堤塘の修固については、全村民協力奉仕の下に、着々工事も進捗を見、四月末（廿三年）には完成の見込がついている。耕地農道の修復も順調に進み、出水後約半歳を以て、大体不便や難澁は解消された。其の他橋梁、樋管、井堰等も、春の作付には不自由を來たさない程度に、着々工事が進められている。

6. 北埼玉郡水深村の状況

(1) 出水前後における警備と防水の状況

九月十五日午後三時三十分、加須警察署より、水害予防に関する警報を接受し、直に本村消防團長に連絡したが、午後七時三十分までには、團員全部が集結し、待機態勢が整つた。

翌十六日午前四時、大桑村より至急應援方懇請ありたるを以て、團員二百五十五名の中三分の一を派遣し、残りの團員を以て、本村の防水に関し、小学校講堂に集合の上協議した。その結果、万一中條決潰したる場合は、全員阿良川堤防に集結し、待機する事に申合した。

然るに大桑村地内に浸水したる濁流は、頗る猛烈を極め、水勢急にして防水頗る困難の旨急報があつた。午前八時には、大桑地内の防水は、人力によつて如何ともし難き状態に陥つたるを以て、一同申合の上解散に決し、各自帰村の上、家財を取纒め、避難を開始したのであつた。

午前九時、予想に違わず、濁流はこん〳〵として、鷲宮方面より本村へ浸入して來たのである。
(2) 應急の措置とその対策
九月十六日、出水と同時に、無被害地区村会議員を招集し、臨時村会を開催し、村会議員十五名、外に村有力者十九名計三十四名を以て、水害対策委員会を組織し、各委員を互選の上、直に実行に移つたのである。

九月十七日より小舟三隻を借入し、消防團、男女青年團、婦人会、学校、農業会等の應援を得て、食糧、飲料水、燈用油、野菜、醤油、味噌に至るまで、罹災者に輸送又は配給につとめ、救援に遺憾なきを期したのであつた。

又本村各寺院は、独自の立場で、無浸水地区農家を歴訪して、托鉢行を爲し、主として被害地の貧困者へ施米したが、計一石六斗五升に及んだ。

九月三十日頃より、家屋の浸水狀態は、全く復旧したるを以て、保健所と連絡を取り、飲料水の消毒、ＤＤＴの撒布、チブス、ワイルスの予防注射施行等に協力したが、その効果ありて、本村は一名も疾病者を出さなかつた。
(3) 被害の狀況
い、家屋関係　床上浸水二〇六、床下同四六、計二五二戸
ろ、田畑関係　水稲一九五町九反、畑作七五町四反
は、人畜関係　被害なし
本村は水害を被りしと雖、家屋の流失、耕地の埋沒等なきため、他村に比較し、大なる支障を來さざりしは、不幸中の幸とも云いよう。

7. 北葛飾郡栗橋町の狀況

(1) 出水の警備と防水の状況

九月十六日午前三時頃より浸水し、同日正午頃迄は増水又増水の一路を辿り、低地帯の人家は何れも屋上、高地帯の人家すら床上二尺余に及ぶ状況であつた。

これより先、連日の豪雨に、利根川危険の情報ありしも、本町は明治四十三年の大洪水に其の被害もなく、住民は半安堵しつゝありしも、万一に備え、堤防上に警備員を配置し、厳重に警戒に当つていた。

然るに十五日夜半突如、東村破堤の報に大に驚き、直に警鐘を乱打して町民に警告せし頃は、既に先着の濁水こん〳〵と本町を浸し、殊に避難の準備不充分なりし町民は、全く其の虚を衝かれた形で、周章狼狽、最早警備も防水も不能となり、加うるに本町地区内稲荷木落は字松永、同佐間の二箇所六十五米破堤、島川は字高柳、字島川六箇所三百米同字新井及び狐塚各三箇所三百米それ〴〵破堤して、濁流は利根の水と合流、忽ち本町一円泥海化し、これがため何等の措置も施す余裕すらなく、物凄く流るゝ濁水には、人間、牛馬の死屍累々とつゞき、其の惨状全く眼を蔽うものがあつた。

因に破堤状況は次の通り。

河川名	字名	決潰箇所	延長	決潰日時
稲荷木落	松永	一ヶ所	三五米	九月、一六日 前一一時
	佐間	一	三〇	同 同一〇
島川	高柳	三	一五〇	九、一六 後一
	島川	三	一五〇	同 同三
同	新井	三	一四〇	九、一六 後二
	狐塚	三	一六〇	同 同三

(2) 應急措置及び対策の状況

急激の大出水であり、浸水全村に派及してもの凄く、且つ通信、交通杜絶、舟艇の準備なき当町の当時は、全く途方にくれ、手の下しようもなかつた。

殊に当町の浸水は、湛水長期間に亘り、早き所で十日、遅き所で廿五日に及び、減水をまち、初めて町内の被害調査を了し、対策を講ずる始末であつた。

(3) 被害の状況

本町の被害は、利根流域各地に比較し、最も激烈を極め、惨状実に筆紙に盡し難きものがあつたが、その後各地より、物心両方面の同情があり、それに應えて、全町民協力復興に起上つたのである。

因に被害の内容は次の通り

栗橋町水害被災の内容

順	被害項目	摘要
1	農作物	田畑の農作物は、浸水長期にわたりしため、殆んど収穫皆無
2	人畜	住民遭難者　男女計　一八名 家畜斃死　馬　一〇、牛　二、計一二頭（其の他小家畜、家禽類大部分斃死）
3	住家	流失家屋　住家　一三四戸　非住家　一〇八戸　計　二四二戸 全壊家屋　同　七九戸　同　一五五戸　計　二三四戸 半壊家屋　同　四八一戸　同　二九六戸　計　七七七戸 床上浸水　計　一、七三七戸

備考　避難所前に、家屋の流出す所や、人馬の斃屍体の流るゝものを目撃し、実に悲惨であつた。

8. 南埼玉郡久喜町の状況

(1) 出水の警備と防水の状況

九月十六日午前一時三十分頃、本町警察署より、利根川堤防東村地区において、遂に決潰せる旨の急報をうけた。当然水魔の南下するを予測した本町は、直に警報をもつて全町民に対し防水、並に避難の準備を促したのであつた。然るに午前六時濁流の先端飛沫をあげて鷲宮町内に浸入、見る間に深水尺余に及び、猶刻々増水する旨の情報に接したのであつた。

然し乍ら当町鷲宮町間には、青毛堀及び葛西用水の二大堀があり、或程度の水量は、両堀により緩和せらるゝであろうと、予測し乍らも準備を着々急がせたのであつた。然るに両堀とも刻々豊満の状を呈し、危険迫るの余感があつたが、午前十一時半頃果せる哉鷲宮、上内方面より一擧に浸入してきた濁流は、物凄き勢をもつてこん〳〵と押寄せ來り、瞬時にして全町を泥海化してしまつた。

予てかくあらんことを予測し乍らも、かゝる急激なる浸水には、警防團員も、全く施すべき手段もなく、防水作業も一時放擲されて、只管自家避難に忙殺されるのみであつた。

午後九時に至り、若干宛の減水を見た町民は、不安の中にも稍安堵の胸をさするのであつた。

(2) 應急の措置と対策の状況

全町浸水と同時に避難所を設置し、町内避難者及び旅行者を收容し、給水に遺憾なきを期したが、特に本町青年部員は、舟艇なきため急場用の筏を編み、屋根や樹上の求救者を收容し、罹災者の家財道具の搬出に、不眠不休の活動を續けたのである。

猶本町立新制中学建設資材の大部分は、不幸流失の危に遭遇したが、これも青年部員並に町民の協力により、極力回收に努めた、然し実績は流出量の三分の一に過ぎなかつた。

こゝに特筆すべきは、旅行者避難所の收容と、給食、給水其の他の待遇であつた。当町は出來るだけの待遇に努め、出來るだけ早く帰郷の斡旋につとめたが、中には給食をよい事とし、悠然とおちつき拂つている不心得者も、可成多かつたことは遺憾であつた。

これがため給食も六日間の長期にわたり、当町内七箇所の避難所も、地元民を合せ、延一万八千名の多きに達し、給食も延一万三千食を算するに至つた。

因に本町における水害対策本部の機構は、別表の通り決定し、それ〴〵部係員を委嘱の上、復旧に復興に、官民一致の活動を續けて來たが、九月二十五日には、縣水害救援対策本部久喜出張所の開設を見、爾來両者提携協力して、救済の手を全面的に拡張したのであつた。

(3) 被害の概況

当町全戸数は一、七三五戸であるが、主なる損害は左表の通りである。

㈠ 家　屋　床上浸水一、〇〇七戸（最高床上五尺）床下同五五〇戸、倒壊せしもの三戸、半壊せしもの三五戸

㈡ 耕　地　一三五町歩全水田冠水、畑九三町歩中七割八分七三町歩冠水

㈢ 人　畜　損害なし

久喜水害対策本部機構

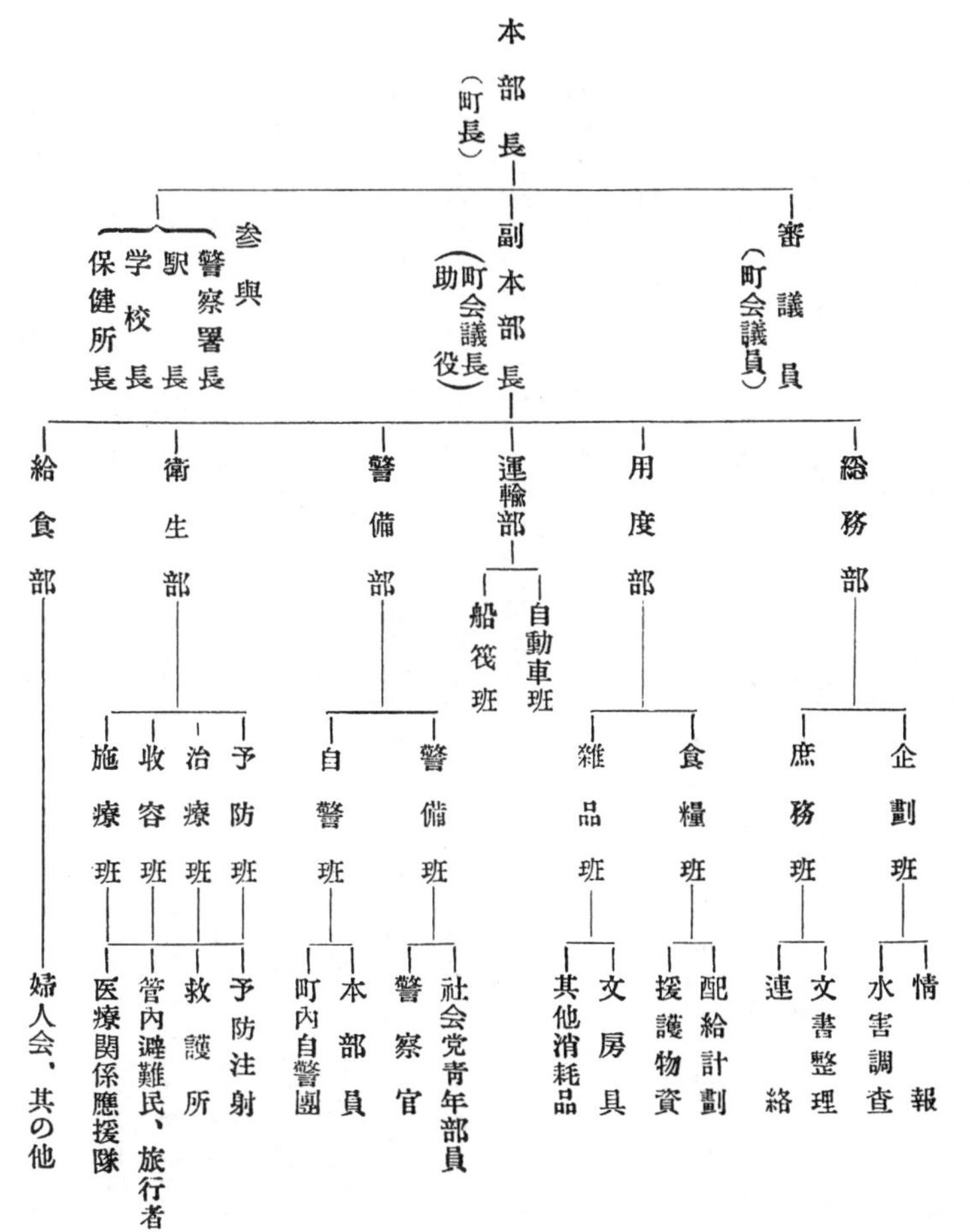
本部長（町長）
審議員（町会議員）
副本部長（町会議長 助役）
参与
警察署長
駅長
学校長
保健所長
総務部
用度部
運輸部
警備部
衛生部
給食部
企劃班
庶務班
食糧班
雑品班
自動車班
船筏班
警備班
自警班
予防班
治療班
収容班
施療班
情報
水害調査
文書整理
連絡
配給計劃
援護物資
文房具
其他消耗品
社会党青年部員
警察官
本部員
町内自警團
予防注射
救護所
管内避難民、旅行者
医療関係應援隊
婦人会、其の他

9. 北葛飾郡幸手町の状況

大利根が十五日夜半決潰すとの警電に接したる当町は、直に水防の準備に着手、先づ当町と隣接せる上高野村境の葛西用水路の堤防に警備員七十名を派遣、同様隣接の権現堂川村境、権現堂用水路堤上に同じく八十名、更に行幸村警防應援のため庄内古川堤防に四十名をそれぞれ急派して、嚴重に警戒に当らしめたのであつた。

然るに、大利根決潰による濁流は、着々南下し、栗橋を過ぎ、更に十六日の午前十時頃には、既に当町に襲來、見るみる中に全町殆んど濁水の洗礼をうけ、住民は避難に右往左往、大混雑を呈し、惨状眼を覆うものがあつた。

出水と共に、当町は災害救護團を設置し、本部を幸手町役場におき、六箇所に支部を設けて、救援救済に遺漏なきよう手配した。然し乍らかゝる火急の際、舟艇なき当町は、連絡救援に非常な不便を來たし、拱手焦燥の日が幾日續いたことか。猶浸水長期にわたりしため、農作物の被害甚大であつた。

因に幸手町における出水の状況は左表の通りである。

一、出水の状況

区分／月日	世帯総数	人口総数	床上浸水		床下浸水		摘要
			世帯	人口	世帯	人口	
九月十六日	世帯 一、八五二	人 八、九五六	世帯 一、八五二	人 八、九五六	世帯 —	人 —	午前十時頃出水
同 十七日	一、八五二	八、九五六	一、八五二	八、九五六	—	—	
同 十八日	一、八五二	八、九五四	一、八四〇	八、八九九	一二	五七	
同 十九日	一、八五二	八、九四九	一、八一三	八、七九五	三九	一五四	

同二十日	一、八五三	八、九六〇	一、七七五	八、六三九	七六	三二一
同二十一日	一、八五二	八、九五〇	一、五六七	六、二六九	一七四	七三二
同二十二日	一、八五一	八、九五九	七一四	二、九二六	六七〇	二、八一五
同二十三日	一、八五一	八、九五九	一三〇	五七七	一、〇〇五	四、一二八
同二十四日	一、八五三	八、九五六	七七	三二七	八四六	三、四一六
同二十五日	一、八五三	八、九五六	四六	一九三	六七四	二、七六九
同二十六日	一、八五二	八、九五五	四六	一九三	四二三	一、七〇七
同二十七日	一、八五二	八、九五〇	三九	一五九	三九二	一、六〇四
同二十八日	一、八五二	八、九五〇	四〇	一六二	三七九	一、五六四
同二十九日	一、八五〇	八、九五二	三二	一三四	二六一	一、〇九九
同三十日	一、八五〇	八、九五二	二〇	八六	二二五	九四一
十月一日	一、八五〇	八、九五二	一五	六六	一四〇	五八三
同二日	一、八五〇	八、九四九	六	二七	八六	三七九
同三日	一、八四九	八、九四五	六	二七	六九	二九一
同四日	一、八四九	八、九四五	二	七	六六	二七四
同五日	一、八四八	八、九四〇	—	—	三四	一四六
同六日	一、八四七	八、九三六	—	—	二九	一一三
同七日	一、八四七	八、九三七	—	—	二二	八六

10　北葛飾郡上高野村の状況

(一)　出水前後の警備並に防水の状況

九月十五日利根川増水危險との警報に接するや、当村は直に警防團員を中心に警備の準備をすゝめ、同日午後七時栗橋堤防に警防團員を派遣した。

十六日午前一時頃、大利根東村堤防決潰の報に、警防本部は、直に村内全般に警報を発し、待避の処置をとらせたが、本村に洪水の押寄せたのは、十六日午前十一時間近で、決潰現場を去る三里の路程を、僅々十時間で逼迫した計算になる。

去る明治四十三年の大洪水（北埼玉郡中條村地內決潰）の時とは、距離も水量も遥かに違うので、相当の洪水は予期せられたるもの丶、浸水の狀況が、かく急テンポを以て襲來するとは全く想像外であつた。

当村警防團員は、予ての部署志手橋、新道、丸池、樋の上、御街道等を、それぐ\土俵を二段三段に積重ねて待機し、「サアーいかなる水も御參なれ」と思う間もなく、利根の本流を駆つて一擧に押寄せた水魔の猛襲には、到底抗し得べくもなく、至る所の堤塘次々と決潰し、古利根筋大中筋に集扼された水は、本村の主要道路を滝のように流れ、各村は次々と水沒してしまつた。

最初村民は家財、食糧、衣類を、各自宅の相当高所に運び、大概大丈夫だと安堵していたが、浸水の程度ものすごく、二尺、三尺、四尺と順次高まり、遂に全壞流失の住家二十七戸を算し、全村殆んどが半壞乃至大破損の慘狀を呈してしまつた。

増水は十六日夜より十七日暁まで続き、水位屋內天井に達した所も尠くなく、本村は、恰も大利根の本流の観を呈し、水勢は実に激甚であつたことは、他村に其の比を見ない所であつた。

激流に洗いつくされた本村の街道通りが、漸く水から頭を表し出し、歩けるようになつたのが二十二、三日頃のことで、全村出水から去つたのは翌月の五日であつた。

猶当村内における堤塘、道路、橋梁、堰等の決潰状況は次表の通りである。

河川名	字名	決潰箇所	延長	決潰日時
志手橋大中落	本村幸手町境	橋梁國道	五〇間	九月十六日
葛西用水琵琶溜井	川面慶作前	溜井堤塘縣道	二五	九月十六日午後十一時
御成街道愛宕橋南側用水上	慶作前	縣道橋梁	二五	同
葛西用水丸池堰	川面	堰	一〇	九月十六日夜
羽生道	川面本村裏	道路	五	九月十六日午後九時頃

(二) 應急措置とその対策

本村は被害全村に及び、役場は深く水に沒し、対策協議も不能のため、臨時石井欣兵衛氏店舗を借用し、逸早く救護本部を設置した。

水だ、避難だ、救出だとあわたゞしい中を、警防團員はよく世話した。避難所の設置、食糧の運搬、衣料の補給さては衛生方面にも、次々とあたゝかい手が届いた。

一方被害の実態調査をなし、水害対策委員会を設置して、建築、配給、衛生、耕地、土木の五部門にわけ、各係員を任命して組織的活動に入つたのである。

本村は水流激甚のため、十九日までは他町村と全く隔絶の状態におかれ、村内には僅かに三艘の小舟しかなく、連絡輸送に非常に困難を來したことは云う迄もない。

その後縣当局の御配慮により、住家流失者に対する應急住宅二十七戸も逸早く完成し、罹災者全部の収容を見、又道路、橋梁、堤塘、耕地の復旧修復は、三ヶ年計劃の下に着々努力中である。（二十三年六月）

11　南埼玉郡鷲宮町の狀況

九月十五日夜半大越村郵便局より当町郵便局に、「東村堤防遂に決潰す」との悲報があつた。よつて直に警鐘を乱打し、町民に危急を速報すると共に、全町民は直に空俵を持寄り、村境中島堤防を死守すべく、土俵を積重ねて嚴重に警戒し、万一にそなえ待機した。

一方決潰口より落下した大利根の奔流は、もの凄き勢にて南下し、午前六時半には当町中島土手延長五〇米を破壊し、午前八時には本町の一端を浸し、午前十一時には全町濁流の浸す所となつた。

当時水は減ずる徴なく、刻一刻上昇し、午後一時旭町は水深五尺五寸、中にも小学校附近は九尺余に達し、避難者は鷲宮神社、同停車場、小学校階上等に収容し、翌十七日漸く飲料水並に食料の分配があつた。

猶収容した罹災者は、町民七十六名、外來者二十九名、通学々童四十七名であつた。

本町における被害は、水田埋沒約三町、畑流失二町五反、住家全壊四、半壊六六、計七〇戸、床上浸水八三四、床下浸水四六計八八〇戸で、人畜の被害は犠牲者一名、牛二頭の斃死であつた。

12　北葛飾郡權現堂川村の狀況

九月十五日前夜より降り続きたる豪雨に、利根本流は大増水すと聞き、万一に備え水番に出勤する手配をなす。同日茨城縣五霞村々長より、應援の申出であり、よつて消防團幹部の參集を求め、部隊の編成をなし、一部を栗橋地区へ、一部を江戸川地先へ派遣し、万般の準備を完了す。

夜半に至り、栗橋に派遣したる急援隊は、北埼東村地先の堤防決潰のため、防水の手段なく、急ぎ自村に帰還した旨報告に接した。

本村は緊急村会議員、各字惣代、消防團幹部全員招集の上、緊急対策につき協議し、先づ應急措置として、各自空俵を急ぎ蒐集し、幸手行幸土堤に至る國道を楯とし、極力防水せんとし、其の準備を進めた。然るに利根川破堤の奔流はものすごき勢を以て本村をのみ、全く手の施しようなく、十六日午前十時頃に至り、遂に本村高須賀地先の堤塘決潰し、午後三時頃迄には、全村余す所なく、一大湖水化してしまつた。

翌十七日、水害対策本部を急設し、炊出し、飲料水の補給に全力を擧げて活躍した。

第二節　渡良瀬川の決潰とその流域

一、決潰口北埼玉郡川邊村の狀況

1. 堤防の決潰

九月十五日頃より、川辺村をはさむ利根川、渡良瀬川は一時間約五十糎宛増水、午後十一時頃より渡良瀬川の堤防上約二千米に渉り溢水開始、殆ど防水の余裕を與えず、十六日零時十五分頃遂に決潰す。

2. 出水の警備と防水の狀況

十五日午後六時、水防團員は、各部落別に集合し、堤防を巡視し、其の都度連絡せるも、降雨甚しく意の如くならず、加うるに急激の出水と、本村をとりまく堤防の約半分は、猛烈なる溢水のため、水防團員必死の防水も、殆ど手の下しようなく、已むを得ずサイレンにより、出來得る限り安全地帶へ待避するよう督励した。

堤防は三國橋右岸約三百米決潰し、全村悉く水浸しとなり、最高浸水約五・五米（十六日午前四時測定）に達した。

3. 應急措置と其の対策情況

(イ) 避　難

十五日午後三時頃より老幼者一部茨城縣古河町及び本村小学校にそれぞれ避難した。

同日午後八時頃雨やみたるゝめ、利根、渡良瀬川の堤防上へ、一般老幼婦女子が避難し初めたが、十時半頃迄には大部分終了した。

(ロ) 救　護

十七日より引続き、主食、副食物、水、燃料等、茨城縣古河町より救援があり、二十一日、日赤埼玉縣支部救護班來村、診療並に予防注射の施療があり、古河町医師会においても、短艇に便乗数回にわたり、懇切な施療が行われ、村民感謝の的となつた。

4. 被害の情況

(イ) 農作物水稲三百五十町歩、陸稲七十町歩、甘藷四十二町歩、雑穀十町歩、蔬菜二十五町歩、桑園四十二町歩殆んど全滅收穫皆無となつた。

(ロ) 人畜の情況に関しては、罹災戸数六百五十戸全部階上浸水（水深二丈五尺に及ぶ）人口四千〇十二人中死者五名負傷者十名、收容を要したる罹災民約千人であつた。猶家畜の被害としては、馬七、牛三、山羊二十三頭鶏三千〇五十羽、家兎三百二十頭を失つた。

(ハ)　流失家屋四十三戸、全壊百二十一戸、半壊百八十七戸にして、其の他公共施設、水路、橋梁、樋管等大部分流失の災危にあつた。

5.　其の後の復旧情況

未曾有の大水害により、本村内耕地の泥沼となりし所約七町歩（深サ二・七米）土砂堆積せる所八十町歩（高サ一米）に及び、之が復旧に多大な労力を要したが、二十三年五月二十日現在の情況によれば、田五十六町六反、畑二十町七反計七十七町三反の復旧を見たのは喜ばしき次第である。

次に堤防は、昭和二十三年三月二十八日復旧完了し、猶八千米にわたる利根、渡良瀬工事も、其の約三分の一は進捗している。

其の他農道の耕地整理による復旧工事四千七百三十七間、水路の六千間は大部分土砂浚渫完了、流亡したる三十箇所の橋梁中新設十一箇所これまた竣工した。

二、流域北埼玉郡利島村の状況

1.　出水の状況と防水の状況

九月十五日午前十一時、本村消防團員並に役場吏員は、警報接受と共に出動、利根、渡良瀬両川通堤防の警備につき万一に備えたのである。然るに濁流は鉄橋々脚の遮ぎる所となり、逆に谷中遊水池に流れきたり、水量頓に嵩り、遂に渡良瀬川通堤防上の越水となり、消防團員必死の水防も、刻々の増水に抗し難く、土俵積の間隙より洩水又洩水、喰止作業も遂に奏効せず、川辺村地先堤防決潰と共に、大水害をこうむつたのである。

2.　被害に対する應急措置と対策

本村低地部は約六米四十糎、高地は約四米の浸水にて、その惨状言語に絶したが、消防團員は、十六日未明より出動、村内を巡回調査し、差当り避難所として、利根堤防、谷田川堤防、渡良瀬堤防上にそれぞれ仮設して収容した。

翌十七日には、急遽村会を招集し、水害復旧対策委員会を設置し、左記の件の実施を急いだのである。

記

1. 食糧全村配給に関し、早急実施の件
2. 流失倒壊家屋に対する建築資材調達の件
3. 燈火用石油、蠟燭、マッチ等の配給に関する件
4. 牛馬の飼料早急入手の件
5. 燃料補給対策に関する件
6. 被害の調査の件
7. 麦及馬鈴薯、野菜種子準備の件
8. 電球並に外線入手に関する件
9. 傳染病予防並に井戸消毒に関する件
10 生活困窮者の罹災救護促進の件
11 其の他

3. 被害の状況

1. 戸数及人口　被害八三五戸、罹災四、九〇六人
2. 田　畑　水稲三一一町歩、陸稲一七町二反歩、大豆九二町歩、甘藷五〇町歩、桑園六六町歩
3. 人　畜　死亡男二、女二計四人、負傷一七人

4. 家　畜　馬斃死一頭、山羊同三頭
家　屋　流失五戸、全壊四一戸、半壊一三一戸、浸水六五四戸
其の他中学校一二〇坪、小学校三五四坪、青年会館八四坪、役場三八坪、農業会五八坪の各被害があつた。

3. 復旧状況

堤塘中、谷田川大字柳生地内二箇所、麦倉地内一箇所、延長計七百米は、昭和二十二年十二月一日修堤開始、二十三年三月一日竣工、其の他耕地、農道、水路、橋梁の復旧も殆んど完成した。

第三節　島川の決潰とその流域

一、決潰口北葛飾郡行幸村の状況

1. 決潰前後における出水警備と防水の状況

東村堤防決潰すとの急報に、当時栗橋町附近の水防に出動中の本村消防團員百二十名は、急遽トラックに便乗帰村するや、中川堤防の防水に苦闘中の村民三百有余名に合流し、更に幸手町消防團員百名の應援を得て、嚴戒これ努めたが、栗橋町より猛然と押寄せたる水魔に抗し得ず、遂に大字松石字西一四番地先約六十米(九月十六日午前七時)同村字東地先約百二十米(同日午前十時)同村大字高須賀字四ツ谷地先約六十米(九月十六日午前七時)それ〴〵決潰、これがため北葛飾郡全域濁流の跳梁する所となり、遂に利根川の本流と化せしめたのである。

水は直に減水の徴候なく、決潰口の急止工事は、莫大なる資材と労力とを要するを以て、到底自村の負担に堪うべくもなく、九月廿四日縣対策本部に福永知事を訪問陳情、九月廿九日資材の蒐集を了し、三十日午前五時着工、櫻田村、幸手町、上高野村、八代村、杉戸町、権現堂川村の二町四村の協力を得て、十月五日午後六時決潰口三箇所の堰

止に成功したのである。

2. 罹災者に対する應急措置

九月十六日中川堤防上に避難所を急設し、各部落毎に收容炊出を開始したが、幸に人命には異狀はなかつた。

3. 被害の狀況

(1) 農作物の被害

稻作の耕作反別約一五〇町歩、浸水二十日の長期にわたりしため、收穫皆無百町、晩稻四五町歩は屑米反收一斗乃至三斗位の收穫、早稻五町歩反当り二俵程度の收穫の見込

其の他畑作大豆、小豆、胡麻、野菜等は、全部流亡收穫皆無

(2) 民　家　流失一三戸、倒壞一七戸、破損一五戸、床上浸水三一三戸

(3) 公共施設　橋梁流失六、道路流失五〇〇米、揚水機二

(4) 宅農耕地　宅地流失三、二〇〇坪、農耕地水田流亡七反、埋沒二三町七反、畑埋沒三町八反、流亡三町五反

(5) 人畜の被害　な　し。

二、決潰口北葛飾郡櫻田村の狀況

1. 決潰前後における出水警備と防水の狀況

九月十五日午後一時本村消防團の結成式を擧行した。午後二時幸手警察管内消防團は、利根危險につき急遽栗橋に出動方移牒あり、直に準備を整い、薄暮トラツクに便乘出発した。夜中東村決潰すとの急報に接した。直ちに村內に非常警報を発し、中川筋危險箇所に対し、防衛用土俵、円匙、杭木を準備せしめ、着々防水工事を進めた。

一方利根決潰の濁流は、中川筋の流足を一層急ならしめ、先端猛然と襲いかゝり、村民必死の防禦も甲斐なく、次の如き決潰を見たのである。

決潰の日時及場所並に長さ

日時	決潰箇所	距離
九月十六日午前七時	櫻田村大字八甫字圦前北側用水路堰枠附近	四〇米
同	光厳寺裏	五〇
同 七時半	字天王川宝泉寺前	一三〇
同 十時	東北本線東側中川堤防	七〇
同	西大輪河原出山堤	六〇

備考 決潰と同時に、下流村民全域に通報、家屋家財の搬出を急がせた。

2. 罹災者に対する應急措置

本村消防團は、十七日團員を招集して、罹災者に対する給水、救援米並に日用品の配給に関し、小舟を以て罹災者を巡回した。

幸人畜の被害は殆んど無かつたが、小家畜、兎、山羊、小家禽鶏等が多数斃死した。

村では十八日緊急村会を招集し、爾後罹災者の救援に関する具体策につき打合を行い、直に配給に対する物資の入手に関し活動を開始した。

3. 被害の状況

(1) 農作物の被害

水田は村有全面積冠水、畑作も同様水沒した。

村内耕地の三分の一は收穫皆無、十数町歩の美田も、冠水二十日に及び、殆んど水腐に帰した。畑作における甘諸、大豆、野菜等は凡そ影も形も見出し得なかつた。

(2) 民家の被害

流失五戸、倒壊一五戸、毀損一〇〇戸、浸水五三八戸

(3) 公共施設の被害状況

道路の流失二二箇所延長三〇〇米、橋梁の流失三二箇所、破損一五箇所、樋門の破損流失五箇所、水路の破損五〇〇米

(4) 農耕宅地の被害

水田の冠水　三五〇町歩　内　埋沒流失一三町四反歩

畑の冠水　二九〇町歩　内　埋沒流失　九町九反歩

宅地の浸水　四三町歩　内　流　失　二反歩

第四節　庄内古川の決潰とその流域

一、北葛飾郡八代村の状況

1. 出水警備と防水の状況

九月十五日早朝、各戸一名空俵持参、「至急役場に集合せよ」とのことに、村民は直に駈付け、予ての警備態勢にそれぐ部署を定め、防水に全員就役した。

十六日早暁東村決潰の報に、再度配置の転換をなし、厳重に警備の手を盡したるも、同日午後急端本村に迫りしを以て、水害対策部を組織し、更に左記資材を以て、防水をより厳重に固めたのである。

一、空俵一二、四六〇俵　二、杭丸太多数　三、縄数十貫

右資材を使用したる主なる箇所は次の通りである。

1、長間本田天神橋附近　2、手須賀上株地先

3、中野高平橋附近　4、中野秋場氏宅裏

5、大島新田付廻堀山形　6、大島新田下組地先

然るに水勢ものすごく、應急防水も次々と崩壊、遂に左記堤防の決潰を見たのである。

河川名	字名	決潰箇所	延長	決潰日時
安戸落（付廻堀）	戸島（大島新田）	一ヶ所	一〇〇米	九月十六日午後五時
庄川古川	長間（蛙子）	一	五〇	九月十七日午後六時より八時まで
同	長間（本田）	一	一五	同

2. 應急措置の状況

各所共其の程度に應じ、復旧工事を施し完成した。

二、北葛飾郡吉田村の状況

1. 決潰前後における出水の警備と防水の状況

本村消防團員は、江戸川危険の報に、同堤防上に待機していたが、利根川決潰の急報に、本村としては、村内を横断する庄内古川は、当然危殆に陥るものと信じ、大部分帰村の上、直に同堤防の防衛に死力を盡したが、水防隊員及び空俵其の他の資材不足のため、洩水甚しく、遂に九月十六日午前十時、字宇和田右岸二〇〇米、左岸二〇米同時に破堤され、続いて同三十分字惣新田上沢地先堤防六〇米又切れ、濁流は所を得たり顔に、こん〳〵と押寄せて來たのである。

因に決潰した堤防の所在箇所及び日時は次の通り。

河川名	字名	決潰箇所	延長	決潰日時
庄内古川	惣新田	一ヶ所	四五〇米	九月十六日午前八時
同	下吉羽	一	二〇	同
同	上岸和田	一	三〇	同
同	惣新田	一	一五〇	同 午前九時
同	同	一	一五〇	同

2. 罹災に対する應急措置

決潰地点の應急堰止に対しては、本村を三区分して互に精励した、然し流速急にして困難を極め、隣村の應援を得て、晝夜兼行、辛うじて應急工事も完了した。

3. 被害の状況

(1) 本村における農作物の被害状況は、大体左表の通り。

品名	被害反別	被害程度	品名	被害反別	被害程度
水稲	二、六九四反	九割七分	里芋	二一反	收穫皆無
陸稲	六	收穫皆無	野菜	三八〇	收穫皆無
甘藷	一四六	同	もろこし	四〇	五割
大小豆	五七五	六割			

(2) 民家の被害
倒壊二、毀損一、床上浸水一七九、床下同二八九、計四六八戸

(3) 公共施設の被害
村橋梁流失破損七架、農道流失崩壊二〇箇所

(4) 家畜の被害は、牛水死一頭の外家禽多数

(5) 農耕地・宅地については、耕地亡滅田五町歩（この中三町歩は水田としての復旧可能、他は畑）従つて荒蕪はなし。

三、北葛飾郡櫻井村の状況

1. 出水警備と防水の状況

九月十五日午後三時、豪雨のため江戸川満水、堤防警備の命あり、午後五時警防團員は直に部署についた。午後五時水勢甚しく、刻一刻增水に鑑み、同十時消防團員全員の出動を命じ、一班は江戸川堤防警備、二班は庄内古川堤防の警備についた。

翌十六日水勢衰退せず、危險刻々迫るの報に、全村民一丸となり、庄內古川堤防の防水に死力を盡したるも、隣村吉田村地先の堤防決潰せるため、北葛南部各村より應援隊の出動があり、協力防水に敢鬪したるも、その効なく、同日午後十時頃、本村內庄內古川も遂に決潰し、忽ち濁流の浸す所となつた。

因に堤防の決潰狀況は左表の通りである。

河川名	字名	決潰箇所	延長	決潰日時	備考
庄內古川	椿	二ケ所	一〇〇米	九月十六日午後十時	家屋二世帯一部破損、人畜破害なし
同	倉常	二	一二〇	同	家屋一世帯半壞、人畜に被害なし

2. 應急措置とその対策の狀況

浸水と同時に避難所四ケ所を選定し收容す。罹災者の中では飲料水に困窮したが、幸に豊岡、宝珠花両村より補給を受けた。猶炊出を開始し、罹災者に給食したが、二十三日よりは縣本部より給食があつた。

猶堤防決潰のため、田畑の埋沒流失田約二反、畑約三反步あつたが、村民の協力により漸次復旧、其他堤防、橋梁、道路の復旧工事も、目下当局者の盡力により、着々進捗中である。

四、北葛飾郡豊岡村の状況

1. 出水の警備と防水の状況

九月十五日午後権現堂川、江戸川水害予防組合（六箇村）の組合規約により、水防團員を動員して警備につかしめた。

午後十時危險刻々迫るを以て、本村消防團員、青年團員の西中支部員を総出動せしめ、且つ吉田村よりも應援隊の來村ありたるを以て、最も危險区域として警戒したる西関宿地内の警備につかしめた。

水は刻々上昇、水位凡そ七、八米を算するに至り、溢水の恐あるを以て、土俵を積上げ、嚴重に警戒した。翌十六日午前一時頃の最高水位実に八・八五米に達した。然るに東村堤防決潰と共に、水は漸次減水を始めた。

本村は地元民の努力により、地区内の堤防は幸い決潰を免れたが、隣村吉田村地内における庄内古川の上宇和田及び下宇和田両地先の堤防決潰と、旧権現堂川廢川敷等により、極度の氾濫を蒙り、十六日午後より夜間にかけて、全村水田五十七町歩冠水、別に畑地三町九反歩も同様水魔の犠牲となつた。

猶一般住家の被害は、他村に比し僅少で、床上浸水四戸、床下同十三戸で、人畜の損傷は全くなかつた。

2. 應急措置とその対策

床上浸水及び床下浸水者二十三名に対し、役場側より救援の手をうち、專ら焚出、避難所の斡旋に当つた。

又本村は比較的被害が尠なかつたゝめ、九月十七日隣村の吉田、櫻井、富多の三村の被害地に対し、給水、給食の準備をなし、翌十八日より本村消防團員が主として其の衝に当つた。

猶本村へ避難した近隣町村の人員は計五二五人に上り、其の内訳幸手町一一人、八代村五六人、田宮村二一人、吉田村一九一人、櫻井村二二九人、富多村一七人であつた。以上避難者に対しては、炊出の救助はしなかつたが、主食副食物、燃料、其の他の生活必需物資の無償又は有償配給に盡力した。

避難者と共に、大家畜牛馬の避難も計一三六頭を算し、これに対する飼料につきても、人間並同様に斡旋した。

猶水害後の悪疫に対する予防対策、荒蕪化した耕地三百余町歩の復旧、其の他道路、橋梁の流失、欠壊箇所の復旧については、何れも村会中心に活動を続けたのである。

五、北葛飾郡田宮村の状況

1. 決潰前後における出水の警備と防水の状況

東村における大利根決潰の報に、本村は直に警戒を嚴にし、防備に万全を期し待機したが、上流各地の堤防決潰と、満潮時における逆流のため、刻々増水の一途を辿り、遂に本村も十六日午後九時大字並塚二、二二六番地々先の堤防(二一米)が遂に決潰、続いて同二、〇五七番地々先の堤防も又決潰、両所の濁流は、一擧に本村を浸したるため、住民は自身の避難に一ぱいで、家財家具をすてゝ、漸く避難所に辿りついたものが大部分であつた。

2. 應急措置とその対策

如上の次第で、本村内の各部落の連絡は、全く絶断の形となり、村内の情況は全く不明で、従つて救援に対し、頗る支障を來したのであつた。

本村は急遽村会を招集し、差当り田宮村農業会内に、田宮村水害対策本部を設置し、救援全般にわたり、各係を設けて活動することを申合せ、直に部署についたのである。

猶本村内における避難所は、計八箇所であつたが、開設中收容した人員は、延五、九六〇人に及び、これに対する給食として、白米二石五斗二升、麦一石二斗六升の炊出を行つたのである。

3. 被害の状況

(1) 人的損害

死亡三、行方不明一、傷病五八、計六二人

(2) 家屋の損害

半壊二、床上浸水四九〇、床下浸水二三、計五一五戸

（其の他非住家流失五、全壊二七、半壊八二、浸水四三四、計五四八棟）

(3) 家畜の損害

耕馬斃死二頭

(4) 田畑の被害

い、水稲冠水　計　五一四町八反（約一五、七五二、〇〇〇円）

ろ、大　豆　計　二八町三反（約　四六〇、〇〇〇円）

は、其の他豆類　計　一二町二反（約　二〇〇、〇〇〇円）

に、甘藷其の他　計　九町五反（約　三〇七、〇〇〇円）

ほ、野　菜　計　二〇町二反（約　三、〇〇〇、〇〇〇円）

(5) 公共施設の被害

い、村橋梁流失並に毀損箇所　五七箇所

ろ、農道流失並に崩壊箇所　二五箇所

は、小学校毀損見積高　二五二、五〇〇円

に、役場毀損見積高　八〇、〇〇〇円

六、北葛飾郡寳珠花村の狀況

1. 出水の警備と防水の狀況

九月十五日午後二時、権現堂江戸川出水につき、六箇村水害予防組合の規約により、直に出動方指令に接した。同日午後六時宝珠花地先の水位既に五米五〇を突破し、從來の増水記錄に近づきつゝあるを以て、村内総出動の指令を發し、宝珠花閘門の防水に全力を集注した。

十六日午前一時半、閘門の水位六米四〇に達し、土俵三重四重の防水陣にも、稍々難色の徴候があつた。時恰も北埼東村の利根決潰の飛報到着、一同驚愕おく所を知らず。但し江戸川堤防は、豊岡村関宿より南櫻井村字金野井に至る蜿蜒十五粁は、組合六箇村水防團員の必死の努力が報いられ、破堤は完全に守りぬかれたが、やがて迫りくる裏口利根の浸水を思うと「万事休矣」である。

十六日午前二時、吉田、櫻井、富多、南櫻井の四箇村防水團に対し、江戸川筋防水陣を解体し、裏口に当る庄内古川堤防に集結を命じ、当村及び豊岡二村のみが江戸川の防水を担当することになつた。然し午前四時には、江戸川の増水着々減じ、同日正午には水位四米になり、危険も去つたので、二箇村の防水陣を解除した。

午後六時庄内古川の堤防は、「吉田村天神橋附近遂に決潰した」との報に接し、各村已むを得ず避難の準備にとりかゝつた。

午後十二時、濁流は遂に全水田を浸し、農民辛苦の美田も、一朝にして水泡に帰してしまつた。

翌十七日午前四時、明治四十三年の大水害時における水位に達し、今更乍らこの大洪水を見直すのであつた。

2. 應急措置とその対策

十七日午前七時、事態容易ならざるに鑑み、緊急村議会を開き、救援本部を村役場に設け、罹災者（家屋十戸）に対する救助並に隣村の避難民救出につき申合せ、村会議員、商工会幹部、農業会幹部並に消防團、衞生委員全員出動し、活動を開始したのであつた。

当日收容所二箇所に救出したる避難者は計一八二名にして、大家畜牛馬数は二十六頭であつた。

猶十八日正午より二十一日午後六時迄、隣接村に対する各種の救助作業を続けた。

七、北葛飾郡富多村の狀況

1. 決潰前後における出水の警備と防水の狀況

本村は東江戸川西中庄内の間に位置し、出水必至と見て、擧村一致江戸川堤防と中庄内堤防の警備防水に全力を傾注していたのであつた。たま〳〵北埼東、原道の決潰傳わるや、江戸川は忽ち八尺余減水したが、中庄内は逆に益々氾濫をつゞけ、水防團必死の防衛も、水魔の激怒を慰撫する方法なく、堤塘至る所かみくだかれ、吉田村より奔流南下の報に、「スワ一大事」と富多村以南の各村協力の上、吉田、櫻井両村境の道路及高台において土嚢による防水につとめたが、水勢强力にして抗し得ず、至る所破堤され、水は櫻井村を呑み、余勢をかつて更に本村を呑むに至つたのである。時に九月十七日午前十時であつた。

因に決潰の場所並に箇所・長さは次の通り。

河川名	字名	決潰数	延長	日時
中庄内	大字立野	八ケ所	六〇〇米	九月十七日午前十時
同	大字榎	五	三〇〇	同
計	二地域	一三	九〇〇	

備考

杉戸、田宮をのんだ本流中庄内の濁流は流水路を断たれたるため、その余勢を以て中庄内を横押しに、本村側堤防計十三箇所を決潰し、一挙に突入した水の音響は、実に言語に絶するものがあつた。

2. 應急措置とその対策

警鐘を乱打して避難命令を下達、先づ江戸川堤よりの在住者は、全部同堤防上に、中庄内寄りのものは、村内の数箇所に点在せる高邸に、小舟を動員して避難せしめたのである。

更に各消防團員は、破堤の修復工事に村民と共に、晝夜兼行、文字通り一身を犠牲にし、資材の確保には縣の各関係機関に連絡をなし、一方食糧の配給には万遺漏なきよう、全村民不眠不休の措置により、次々と片付けられていつた。

八、北葛飾郡幸松村の状況

1. 出水警備と防水の状況

利根川堤防決潰の報に、当村消防團全員の招集を行い、「全村に水禍近し」の警報を発したのである。猶一部團員に対しては、幸松食糧営團配給所の主要糧食を、安全地帯に搬送せしめた。

十六日午前十一時三十分、早くも板倉松落堤防が大字樋籠地内において決潰、地元耕地は忽ち浸水、その後徐々に冠水耕地も拡大されていつた。

午後六時に至り、田間宮村方面より流入したる水は、大字不動院野地内を冠水、午後八時頃には古利根川堤塘大字小淵及八丁目地内において溢水、堤郷方面よりの濁流と合流、同字地内を浸した。

かくて大字不動院野、大字樋籠、大字八丁目の内新田、五丁目の大字新川は、何れも床上六尺以上の浸水となり、浸水を免れたのは八丁目地内において僅々二十数戸に過ぎない。

猶村内の増水に対する警備、出水に対する防水につきては、擧村一致防衛に死力を盡したが、前述の如く急激の水勢に力及ばず、遂に決潰を見たのである。

因に破堤状況は左表の通り。

河川名	字名	決潰箇所	延長	決潰日時	備考
庄内古川	新川	四ヶ所	四〇米	九月一六日午後六時	
新倉松落	不動院野	四	二二〇	同　午後二時	死亡者二名
同	八丁目	一	五〇	同　午後七時	
同	樋籠	三	四〇	同　午前十一時	死亡者一名
同	牛島	一	一二	同　午後五時	死亡者一名
旧倉松落	不動院野	三	二五	同　午後三時	
同	八丁目	三	三〇	同　午後五時	
同	樋堀	一	一八	同　午後七時	決潰と同時に同所藤見橋流失す
安戸落	不動院野	三	六〇	同　午後五時	

備考　古利根川は全線に亘り溢水氾濫す。

2. 応急措置とその対策

出水と共に、地方事務所より、應急食糧の配給があつた。猶全村保有の舟艇を徴発して、各方面との連絡に代用、被災者を八丁目仲藏院同東福寺、小淵淨春院、同競馬場、樋籠近藤氏宅、柳原石井酒造工場、新川無量院、牛島宝光院及び小学校、村役場にそれぞれ収容した。

十八日飲料水配給、逐次地方事務所よりの應急食糧の配給があつた。

二十一日より防疫班を組織し、全村の予防注射を実施する外、井戸の消毒を実施した。

九月十六日 幸松村堤塘決潰並氾濫の状況

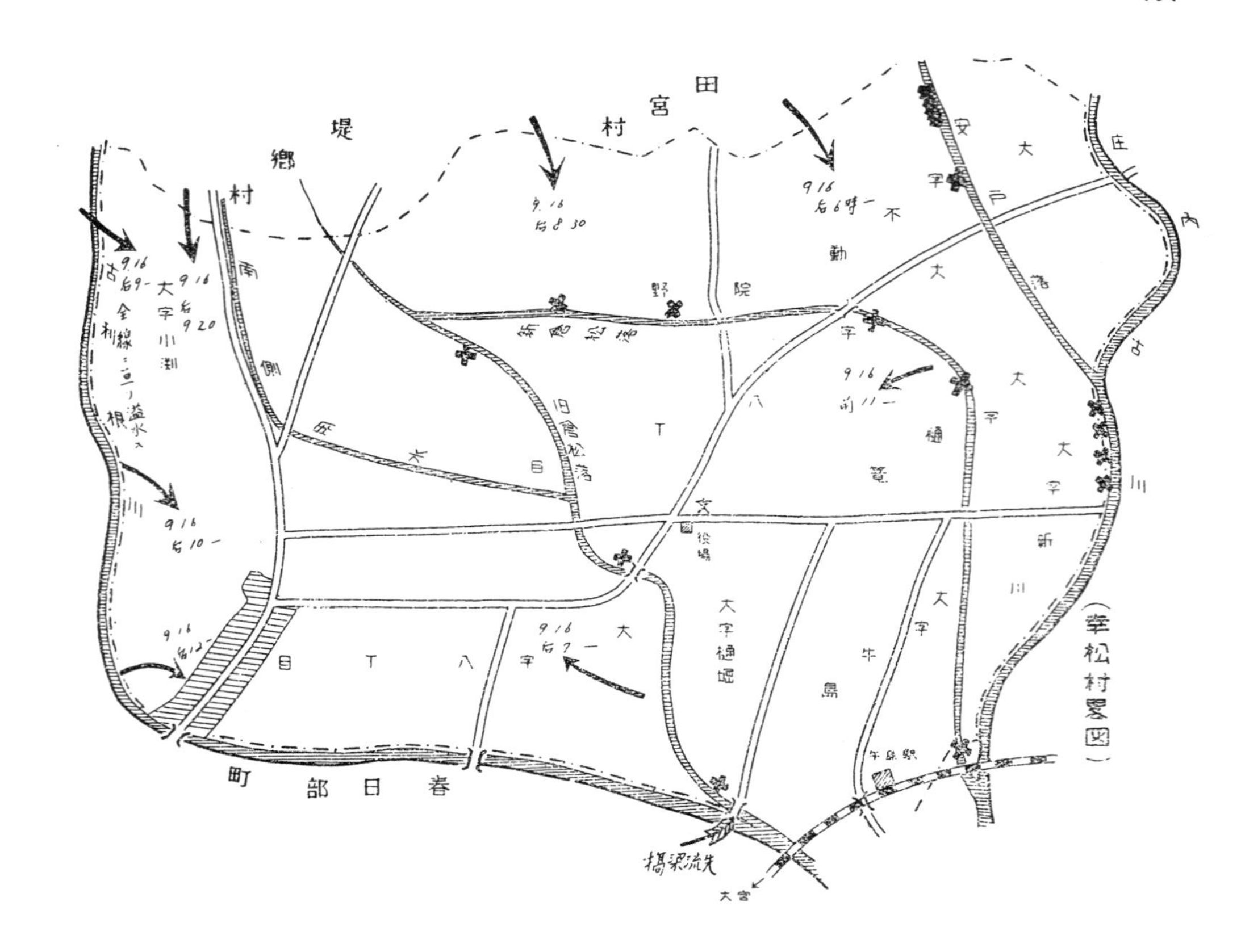

猶臨時村会の招集を行い、水害対策委員会を開設し、復旧前後措置につき協議し、九月三十日早くも安戸落決潰箇所の堰止工事を完遂したのである。

本村は東に庄内古川、西に古利根川あり、その中央に位置し、減水程度甚だ緩漫、冠水月余に及び、傳染病の発生が憂慮されたが、幸防疫班の活躍により事なきを得た。

九、北葛飾郡南櫻井村の狀況

1. 決潰前後における出水警備と防水の狀況

九月十五日午後二時江戸川水防組合より連絡があり、江戸川堤防々衛箇所の警備に凡そ三十五名就役した。水は刻々增水危険狀態に陥つたので、消防團員に連絡し、午後八時全員出動の上、それ〴〵部署についた。午後十一時半頃より、江戸川益々氾濫越水の憂ありとし、村々に対し「危険につき警戒を要する旨」布告し廻つた。

翌十六日午前一時半頃、水防組合宝珠花事務所へ、出水の狀況を問合たる所、北埼東村堤防決潰した旨通告があつた。それかあらんか江戸川は漸次減水したるため、警備員一部を残し、他は全部帰村の上、更に他の地区への申合をした。即ち午前三時本村役場に水害対策本部を設置し、幸手町方面に対し、東村破堤その後の狀況を問合せたる所、未だ洪水襲來なき旨返事があつた。

午前六時未明庄内古川堤防において、洪水を阻止すべく、消防團員及び各戸一名宛空俵を持参せしめ、嚴重に防備した。然るに十二時過櫻井村より電話があり、「吉田村地先堤防決潰、庄内古川東側に濁流浸入す、よつて櫻井村地先にて喰止たし、猶喰止めうる自信あるにより、人夫、空俵の應援ありたし」とのことにて、先づ消防團員をトラックに便乘資材を運搬、更に水防團員を多数應援のため派遣した。

午後三時までに、編成した團員三班は、各協力の上、防水に死闘したが、水勢もの凄く、次々と破壊され、防水の方途全くたゝず、一同断念して引揚を開始した。

十六日午後十二時頃、上柳地先庄内古川の堤防決潰し、猛烈な勢を以て一擧に本村に浸入して來た。警備員は直に非常サイレンを以て村民に通告避難せしめた。

2. 罹災者に対する應急の措置

十七日朝來、西金野井火衾高台の部落民が協力の上、救助船十隻を用意し、村内を巡回救助に活躍した。猶西金野井社務所に、水害救護本部を設置し、各関係者の参集を求め、救援並に復旧に関し、意見の交換をなし、各係員を任命して発足することにした。

十七日より二十日に至る四日間、西金野井收容所に收容した避難者は、老若男女約八百人、本村小学校に收容したものは約二百人で、其の他は各字の高所にそれぐ避難した。これ等の避難者に対しては、西金野井大衾の非災地区より、莚及び甘藷等の供出をうけ、救助船によりそれぐ配給した。

3. 被害の狀況

(1) 農作物関係　水稻收穫皆無九割、大豆四十町歩、甘諸二十町歩、雜穀百町歩各收穫不能

(2) 民　家　半壞六戸、床上浸水五百八十戸、床下同十戸

(3) 公共施設　橋梁流失六架、大破五架、道路流失二箇所、延長一、〇〇〇米

(4) 人　畜　三名死亡、家畜なし

(5) 農耕宅地　田畑流失並に埋沒計九十五反歩、宅地一部被害のもの六戸

一〇、北葛飾郡川邊村の狀況

1. 決潰前後における出水警備と防水の狀況

九月十六日午前三時、消防團及び青年團員を動員すると共に、金杉、旭、三輪野江、彥成、吉川、各町村に呼びかけ、合計六百数十名の防水作業隊を編成し、その一部は同日午後櫻井村地先庄内古川の防水工事場に赴援した。又他の一部は、農業倉庫内に保管中の政府管理米を、安全地帯に搬出、午前中に全部完了した。

新宿地区消防團員三十名は、十六日拂曉江戸川堤塘の警備に活躍中であつたが、東村決潰以後減水の徴が表れたので、直に引揚げ、庄内古川の防水隊に合流した。

同日夕刻南櫻井村に浸水したるを以て、本村消防團員及び南部應援隊は、三角橋附近において防水すべく、諸般の準備を完了の上待機した。この間村当局者は、南櫻井村当局と、防水作業につき折衝を重ねた。

十七日午前三時半大字水角地区庄内古川の増水著しく、遂に堤上を越水したるを以て、作業隊は土俵を積重ねて必死の作業を続けた。同日午前六時過、浸水の逼迫急なるを以て、農村時計会社従業員二百五十名の應援を得て、防禦につとめたるも、その効なく、次々と破堤され、水は遂に本村内に着々浸水、水防團も今や已むなき次第と、南部各町村の應援隊は引揚げ、消防團、水防團員は各自宅に帰り、避難並に家財の搬出に努力したのである。

猶決潰したる本村内の堤防は次の通りである。

日時	場所	決潰の長さ	日時	場所	決潰の長さ
九月十七日午前六時	中庄内悪水路幹線堀大字水角九〇〇番地々先	一二米	九月十七日午前六時	中庄内悪水路幹線堀大字水角九〇九番地々先	八米
同	同 九二二番地々先	五	同	同 九三七番地々先	五
同	同 一、四〇六番地々先	八	同	同 一、四一九番地々先	四
同	同 九三六番地々先	六	九月十七日午前九時	庄内古川堤防大字赤崎五七九番地々先	二〇

2. 應急措置とその対策の狀況

十六日午後水害対策本部を川辺村小学校に開設し、直に部署につき救援作業に従事す。

十七日正午、大字水角、赤崎、飯沼、米崎の全部及び米島、中野の一部は濁流に覆われ、小舟六艘を以てこれ等の部落民を小学校及び東光院、歓喜院、妙善寺外神社四社計八ケ所に収容した。猶大家畜馬六頭、牛八頭の救出にも成功したが、幸人命には異常なかつた。

十八日早朝より二十六日に至る間、毎日舟七乃至十隻を動員して、浸水地帯の部落民に対し、給水を実施すると共に、非浸水地帯より主食を搬送して給食した。

猶本村関根医院及農村時計附属医院より、衞生指導並びに傳染病の予防等に協力を願つた。お蔭で下痢患者一名も出さなかつた次第である。

3. 被害の狀況

(1) 農産品の被害　減收見込のもの米五、〇〇〇石、甘藷四六、〇〇〇貫、雜穀一五〇石、蔬菜二〇、〇〇〇貫

(2) 民家の被害　流失一、半壊二九、床上浸水二八四、床下浸水一八戸

(3) 公共施設の被害　橋梁流失一、同破損三、堤塘八ケ所

(4) 農耕地の被害　流亡九反、亡滅五反、荒蕪変轉一八町歩

一一、北葛飾郡金杉村の狀況

1. 決潰前後における出水の警備と防水の狀況

九月十五日午後三時、当局の指令にもとづき、下庄内領、松伏領、江戸川水防組合の各村に対し、非常警戒並に水

防團速刻出動を発令し、夕刻迄には各部署につき、刻々増水せる濁流を凝視しつゝ、空俵、太縄を多分に用意したが、傳令班は、駐在所及び役場を往復して連絡に当つた。

翌十六日午前十二時半頃、突如北埼玉郡東村破堤の報あり、全警備隊は悲壮な態度を以て、直に南櫻井、川辺境の土手並に東武線路において、水魔の鉾を喰いとむべく、消防團員は「空俵持参防禦作業に努力したのであつた。然し此の間、杉戸幸手方面の情勢、春日部附近の情勢頻々と報道され、團員をして一層緊張たらしめた。

翌十七日朝來愈々事態の急迫を知つた本村は、警鐘を乱打し、メガホン隊を飛ばし、避難準備をなさしめた。果せる哉、午前十時四十分頃、一擧に南下した利根庄內古川の濁流は、大字魚沼部落を瞬時に水沒、更に横土手を突破して大字金杉も又水沒、万頃の美田、農民の苦節を知らず顔に、僅々一時間を出でずして、既に水深三米に及び、すべてを湖底の泥化たらしめた。

此の突発的の轉変に、村民は右往左往、たゞ避難に忙殺されたが、それでも村内合地に位置する大字築比地部落の消防團第二第四分團及び男女青年團計三百名は、協力出動、先づ役場を本部として、野田橋際に出張所を設け、各係を定め、警備と防水と救護に活躍した。

十七日以降は増水の一途を辿り、水深実に五米に及んだが、二十日朝來減水の状を呈し、一同安堵の胸をさすつたのである。

今回本村の水害は、大利根の決潰により、北葛飾郡は庄內古川氾濫と共に、宛然利根の本身であるかの如き洪水を呈したが、水は主として川辺村より浸入した、十八日、十九日には、庄內古川の金杉村中寮の西及び魚沼村樋管際の破塘により、水は余勢を駆つて、更に松伏領及び旭村方面へ進んだのである。

猶江戸川べりは、警戒に万全を期したゝめ、氾濫は免れたのである。

一二、北葛飾郡松伏領村の状況

1. 決潰前後における出水警備と防水の状況

利根川決潰の報傳わるや、其の水勢は、当然本村にも浸水すること確定的となり、これが防衛に活動し初めたのは、九月十五日のことである。

別動隊は北葛幸松村方面に出動し、出來うべくんば濁流の浸入を喰止むべく、十六日も引続き警戒に当つたのである。然るに水勢急にして、同日夕刻縣道筋の警戒堤は、完全に破られ、遂に放棄の已むなきに至り、一同涙を飲んで自村に引あげたのである。

仍つて本村の水防團は、團員を三隊に編成し、一隊は幸松村より隣村豊野村を経て、陸路襲來しつゝある猛水に対し、二隊は本村を囲繞する庄内古川の堤防に対し、三隊は古利根川沿岸に対し、それ〲土俵を以て嚴重に築壘し、待機したる所、翌十七日午後三時頃、隣村豊野村より、一擧に押寄せて來た猛流に、大字大川戸方面の防備は忽ち崩れ、濁流は村内指して浸入して來た。

一方氾濫をつゞけていた古利根川沿岸の防備も、逐次破堤せられ、加えて本村の城壁とも頼める庄内古川の堤防も最早防衛するの術もなく、南北三粁に及ぶ大堤防は次々と破壊せられ、怒濤の如き濁流に、村内は宛然浮城の如き観を呈したのである。時に午後五時であつた。

かくて各水防團は、已むを得ず職場を放棄し、急ぎ自宅の避難に馳せつけしも、時既におそく、家財の悉くは流亡し、途方にくれたのであつた。

猶堤防の決潰狀況は、次表の通り。

河川名	字名	決潰箇所	延長	決潰日時
庄内古川	大川戸	二ヶ所	八〇米	九月十七日午後四時
同	田島	二	二〇〇	同
同	下赤岩	三	二四〇	九月十七日午後六時

2. 應急措置と対策

九月十七日の夜は最も恐怖の一夜であつた。猛水全村を浸し、更に刻々増水の徴に、本村役場吏員は協力一丸となり、先づ小舟を動員して、被害者を安全地帯に送り、應急用として、農業会倉庫保管の米麦を放出し、罹災民に給與し、夜を徹して救援作業を継続した。

殊に本村々会議員村田熊藏氏は、單独船を操縦し、自己の危険を省みず、避難者二十数名を救助したのである。

翌十八日水害救護本部を設置し、本格的に事務を開始した。十八、十九の両日は炊出を開始し、更に全村民に対し一人一日二合の割合を以て、五日間の現物配給を行つたが、これに要した主食は、玄米四十四俵、玄麦二十八俵であつた。其の他日用品の配給を行つたが、猶一層配給の面を円滑ならしむるため、村内六箇所に連絡係を配置し、本部との連絡を緊密ならしめた。

猶破堤修復用の資材をもちより、一時的補修工事に、全村擧げて努力することを申合せた。

3. 被害の状況

(1) 田畑　水稲は全滅収穫皆無、畑もの甘諸、蔬菜も同様皆無

(2) 家屋　流失二、大破七、中破五〇、床上浸水九〇五戸（無浸水二三五戸）

(3) 公共施設　庄内古川架橋大破四
(4) 耕　地　水田の土砂埋沒五〇町步
(5) 人　畜　水死一名、家畜なし

一三、北葛飾郡旭村の狀況

1. 決潰前後における出水警備と防水の狀況

九月十六日より十七日夕刻にわたり、消防團員並に水防團員約三百名出動し、極力防水作業に挺身したるも、利根川決潰による濁流猛烈を極め、九月十八日夜半大字十一軒地内庄内古川堤防二箇所延長百四十米決潰し、濁流こんこんと村内來襲のため、團員一同避難のため撤退した。

2. 被害及其の他

家屋の倒壞、人畜の被害等免れたるも、本村松伏領接地々帶約五反步、砂押しのため收穫皆無となつた。

一四、北葛飾郡三輪野江村の狀況

1. 出水の警備と防水の狀況

江戸川の出水に伴ない、十五日夜半、村当事者は役場に集合し、二合半領水害予防組合の出動を指令し、全員堤防の警備に当つた。

十六日午前一時半、東村破堤の悲報に接し、奔流は着々南下しつゝある旨報告があり、スワ一大事と全村擧げて水防の準備にうつゝた。

翌十七日夕刻、予期の通り、本村に浸入したが、大字深井、平方両新田では、「せめて種籾たりとも確保したい」

と、老若男女四五〇名は、昼夜兼行で土俵と置土の防水に努めた、然し刻々増水する猛勢に手の下しようもなく、十九日朝遂に決壊し、全村濁流の洗礼をうけた。

然るに本村へは、大里郡地内荒川筋の決潰箇所から、一擧に襲來した濁流が、大利根の奔流と合流し、愈々水位高まり、村内至る所跳梁、農民苦心の美田を、一朝にして葬り去つたのである。

2. 應急措置とその対策

九月十六日、洪水必至と見て、村内住民に避難方周知した。十九日朝、村役場内に水害対策本部を設置し、罹災状況の調査並に給食、給水、日用品の配給等につき協議し、更に防疫、防犯等につき、綿密なる打合をした。

其の後縣本部、埼葛地方事務所、農業会、熊谷病院、所沢赤十字病院、神奈川縣防疫班、警視廳等各方面よりの協力があり、應急措置、救援対策並に復旧対策には、擧村一致の態勢で次々と計画が進められた。

因に本村における水害復興対策委員会規則機構並に構成員氏名は次の通りである。

昭和二十二年三輪野江村水害復興対策委員会規則

第一條　本年の水害に因る本村住民の罹災應急諸施設の継続整理並に退水後の復興対策を企劃し、又之に伴う諸施策の実行に努め、以て罹災者の損害と生活の不安とを軽減し、且災害復興についての重要事項を調査審議し、兼ねて本村事務吏員の罹災に関する事務に協力するため、三輪野江村水害復興対策委員会（以下單に委員会と称える）を設置する。

第二條　委員会は会長一名、副会長二名、委員若干名を以て之を組織する。

会長は本村々長を以て之に充てる。

副会長は本村助役及び本村々会議長を以て之に充てる。

委員は本村左記役職員を以て之に充てる。

村会議員　　税務協力委員
農業会長　　農事組合長
農地委員会長　　食糧調整委員
民生委員　　学校長
消防團長　　青年会長

会長は前項定員の外必要ある場合に於て臨時委員を囑託することが出來る。

第三條　会長は会務を総理し会を代表するの外、会議の議長となる。

副会長は会長を補佐し、会長事故ある時は其の職務を代理する。

第四條　委員は名誉職とする。

第五條　委員会はその事務所を本村役場内に置く。

第六條　委員会に総務部、民生教養部、経済税務部、土木部を置き、各所属の復興事項についての事務を行う。

各部に部長、副部長各一名をおき、事務の円滑な遂行を期する。

部長、副部長は各部委員の互選とする。

第七條　各部委員は部会を開き、所属復興事項についての採択と其の施策につき審議し、且つ之が実行を期するものとする。

但し復興事項については委員総会に提出して之が報告又は承認を求めることゝする。

條八條　委員会は各部に幹事及び書記若干名をおく。

幹事及び書記は本村事務吏員の中から会長之を嘱託する。
幹事及び書記は会長又は部長の命を承けて事務に従事する。
第九條　毎月一回以上委員総会を開き、各部提出にかゝる復興事項について審議し、又は事務の打合せ連絡等をはかる。
第十條　委員会の経費は村補助金を以て之を支弁する。
第十一條　復興事務の完了した場合は会長は委員総会の決議によつて委員会を解散する。

附　　則

本規則は昭和二十二年十月十三日から之を施行する。

昭和二十二年三輪野江村水害復興対策委員会各部の所管事項

一、総　務　部
1、委員総会に関する事項
2、委員会全般に関する庶務事項
3、委員会の経費に関する事項
4、他の所管に属しない事項

二、民 生 教 養 部
1、罹災者の自力更生及び相互扶助の精神作興と慰安に関する事項
2、罹災者の新生活誘導に関する事項
3、罹災者の救助及び保護に関する事項

4、罹災者の保健衛生に関する事項
5、罹災者の保険に関する事項
三、経済税務部
1、農業、工業、商業及び水産業の復興に関する事項
2、食糧の確保、物資の配給及び補充修理に関する事項
3、水害に因る租税の減免手続に関する事項
四、土木（農地関係を含む）部
1、災害による土木に関する事項
2、災害による住宅及び建築に関する事項
3、交通の復旧に関する事項
4、災害農地の復旧に関する事項

三輪野江村水害復興対策委員名簿

委員氏名

総務部	細沼秀仙	藤井茂	林庄三郎	互井詮一
	島村常吉			
民	飯箸勝造	西山輝太郎	鈴木勘太郎	豊田富藏

生教養部

山崎辰藏　蒲田大　互傳吉　宇野治助
大沢友次郎　鈴木國助　熊沢子之吉　小林蓮香
岡田一右ェ門　浮谷良平

経済税務部

鈴木喜一　熊沢子之吉　大沢長右ェ門　山崎源之亟
加藤武三　細沼秀仙　岡田喜一郎　池田長藏
日暮利郎　萩原豊太郎　互初藏　豊田万治郎
上原熊藏　互井靜　野口清一　岩立多吉
鈴木正次　関根晃　中村善太郎　西山已之助
飯箸初五郎　互吉善　染谷三郎　須賀輝吉
日暮三吉　秋山沢治郎　野尻貞吉　中村敬司
豊田善吉　浮谷良平　酒井一郎　飯島徳治
斎藤育太郎　飯箸啓藏　相川信藏　飯田八太郎
三野輪実　西山七右衛門　岡部彌治郎　中村万三
山崎源之亟　櫻井慶三郎　増永明之助　永瀬長吉
日暮庄之助　川上春之丞　岩立金吉　藤井七郎次
笹本勇介　山口仙治郎　戸張利與　戸張胤次
互万吉　浅見祐太郎　鈴木傳次郎　倉本熊藏
酒井釜三　鈴木茂太郎

土木部			
鈴木正次	互井岡之助	中村治平	鈴木森三
岡田一右ェ門	須賀輝吉	日暮三吉	林庄三郎
中村敬司	日暮利郎	豊田善吉	秋山喜一郎
中村万三	海老原六郎右門	浮谷良平	山崎源之亟
三野輪実	熊沢子之吉	飯島德治	高崎清一郎
岡部彌治郎	斎藤育太郎	西山七右ェ門	藤井茂
飯田八太郎	飯箸啓藏	酒井一郎	相川信藏
豊田万治郎	櫻井慶三郎	増永明之助	川上春之亟
日暮庄之助	岩立多吉	岩立金吉	藤井七郎次
笹本勇介	山口仙治郎	戸張利與	互万吉
戸張胤次	浅見祐太郎	鈴木傳次郎	倉本熊藏
酒井釜三	鈴木幾太郎		

第五節　古利根川の決潰とその流域

一ノ(一)、決潰口南埼玉郡百間村の状況

1. 決潰前後における出水警備と防水の状況

本村の出水は、主として古利根川の氾濫と、これに落ちる村内諸堀川等への逆流が、各耕地に溢水したことゝ、字

中島地内古利根川堤防決潰によるものであるが、流水の方向や速度が、時と所によつて異なり、浸水の状況も最初は頗る緩漫であつたので、利根本流の決潰を耳にしても、出水を余りに過少價し、大して氣にとめていなかつた程であつた。

然るに予期に反し、字中島地区古利根川は十六日午後六時、約二十間決潰し、奔流は上流より押寄せた水と合し、更に諸堀川の逆水と所々に交錯衝突、還流状況を現出、一時は水位高昇却つて上流地方へどん〳〵逆流した所もあつた。

大体本村地域内に浸水したものは、古利根川一本で、水の排水口は、春日部町内新町橋以外には一水も出られない關係上、湛水期間は長期にわたつたのである。

本村は内部廣濶にして、警戒にも相当の人員を要し、十六日既に大洪水を予期し、人夫資材に万全を期し、特に前記決潰箇所中島地区には、土俵六〇〇、人夫百五十名を動員してあつたゝめ、幸に被害も最少限度に喰止めたのである。

猶村内の浸水に關しては、いち早く消防團及び青年團員を動員して、浸水防禦作業に必死の努力を続け、更に農業倉庫内の食糧を安全地帯に搬出した。

2. 應急措置と其の対策

本村内の橋梁流失二箇所大破十一箇所で、交通一時杜絶の状態にあつたが、決潰箇所と共に、應急修復することゝし、一方罹災民に対しては、避難所五箇所を指定し、収容人員七八四名に対し、焚出を開始し、十七日より廿一日まで、蒸甘諸を配給し、日用品等も次々と分配した。

猶本村々会は臨時招集され、対策委員会を設置し、食糧、土木、衛生、農作物の五係を置き、各委員を任命して着々復興を急いだ。

3. 被害の状況

水は前述の如く頗る緩漫であつたゝめ、家屋の流失、倒壊は全然無かつたが、浸水家屋は比較的多く、床上七六六戸、床下二五七戸計一、〇二三戸に達したのである。

又農耕地の冠水面積は、水田二八八町歩、畑二五五町歩に及び、湛水長期にわたりしため、農作立毛の水腐に帰したる所多く、収穫皆無の地区も数箇所あつた。

往年明治四十三年の大水害に比較し、本年度の洪水は、水深平均約二尺―三尺以上あつたので、村民も今更の如く心胆を寒からしめたものである。(二十三年六月)

一ノ(二)、北葛飾郡高野村の状況

1. 出水の警備と防水の状況

九月十四日以來の颱風による豪雨のため、所轄警察署より「警戒を要す」との警報あり、其の後利根堤防につき應援方の依頼ありたるにつき、本村消防團の一部を動員し、其の他の團員は、村民と共に空俵を蒐集し、嚴重に警戒につとめたのである。

十六日早曉東村決潰の報に接し、直に消防團員は各戸に対し、防水並に避難を命じ、刻々増水のため、危險性ある琵琶溜井の堤防に、土俵を積んで待機した。

午後一時頃、幸手町方面より押寄せたる濁流は、見る間に全村に氾濫し、一方南埼太田村より押寄せたる濁流は、各用水の基点たる琵琶溜井に満水し、堤塘御成街道に刻々越水、遂に大字下野地内御成街道約二十米決潰し、大落古利根川に流るべき水が、どしどし本村に浸入せるため、水深実に三米余に達し、村役場及び永福寺一部山林地帯を除く全耕地全民屋は、文字通り水沒してしまつた。

因に堤防決潰状況は左表の通りである。

河川名	字名	決潰箇所	延長	決潰日時
古利根川	大字下野	縣道	三八〇米	九月十六日午後二時
琵琶溜井	上高野村大字篠井	おけいど	二〇	同

2. 應急措置と対策の状況

九月十六日水害対策本部を設置し、村議、村吏を中心に、救護、食糧、燃料、治水、防疫、農業対策の六分担を定め民間保有の小舟十四隻は、全部対策本部連絡用に借上げ、避難民の救護、家族残留者への食糧及び飲料水の補給及び、縣対策本部よりの救済物資の引取、並に各部落への輸送等に努力したのである。

猶本避難所は、計五箇所で、収容人員は延二千人を算した。

次に琵琶溜井堤塘の崩壊に対しては、消防團、水防團員の決死的活動により、應急吸水止工事も順調に進展し、十数日後に完成を見たのである。又全耕地の冠水、土砂堆積につきては、これが復旧に相当日数を要したが、罹災当時蔬菜類の全滅に対処して、減水を待ち、村民協力の下に、蔬菜の播種には、共同育苗の方法を取り、全戸に対し作付を奨励し、蔬菜緩和の一助にしたのである。

今次未曾有の大水害に、本村の対策委員会は、本村復興に対し、常に擧村一致の態勢を以て、逸早く着手したる結果、道路、橋梁の流失、耕地の埋没流失等が着々進捗したことを特筆したい。

二、古利根流域地各村の状況

1. 北葛飾郡豊野村の状況

(1) 出水の警備と防水の状況

十五日夜半東村決潰の報に、選抜應援隊を組織し、隣村幸松村における防水に協力せしめた。翌十六日各戸より動員して消防團と協力し、防禦隊を編成し、村長、村議中心となり、土俵を山と積み、全力を堤防に注いだ。この日徹夜して警戒に当り、翌十七日は幸晴天を迎えしも、幸松村方面より濁流渾々として押寄せ、庄内古川も遂に溢水、午前十一時頃までには、全村浸水一大湖水化し、警戒に当りし消防團員、水防團員は、全く手の施しようなく、命からぐ引揚げたのである。

水は宛然狂馬の如く暴れ廻り、村内古利根庄内古川の堤防次々と破堤をうけ、農民辛苦の農作物を初め、家財重宝悉く水魔の洗禮をうけたのである。

因に堤防の決潰の狀況は次の通り。

河川名	字名	決潰箇所	延長	決潰日時	備考
古利根川	大字藤塚	一ヶ所	三〇米	九月十八日	死人の流れ來るを見る
同	同　赤沼	一	一〇	同	
庄内古川	同	一	三〇	同	
同	同　藤塚	一	一〇	同	

(2) 應急措置と復旧対策

村長を先頭にたて、村議員協力の上、罹災者に飲料水並に食糧を運搬し、又収容所を設けて、罹災者の救援に努力した。

決潰甚しき倉田橋附近は、水深実に一丈五尺の大穴をあけ、交通杜絶の状態であつたが、全村民の奉仕労力により復旧も案外進捗を見たのである。

2. 南埼玉郡春日部町の状況

(1) 出水の警備と防水の状況

九月十六日午前十時より、古利根川頓に増水し、最早洪水必至と見て、本町消防團青年会員は、地元民水防團と協力一致、本町の防水工事に東奔西走した。

同日夜半に至り、上流百間村堺隼人堀の防水及ばず、大字内牧の一部及び梅田地内へ着々浸水の由報あり、翌十七日には既に本町にも深水四尺に及ぶ所が少くない状態に陥つた。

隼人堀の氾濫に対し、第二防禦線として古隅田川添え喜藏堀堤(延長二、〇〇〇米)の増強工事を急ぐことになり、隣村豊春村々民と協力し、完全なる防水態勢が出來上つたのである。

古利根川下流川久保地先堤防は、地元民必死の努力により、完遂した護岸工事も、もの凄き水魔の犠牲となり、十七日朝に至り、遂に総武線鉄橋上流約二百米箇所中約十五米決潰したるため、水は忽ち本町南部一帯及び町並の一部にそれぐ浸水した。

この日終日水位衰退を見せず、且つ東京湾口潮流に押されて水は逆流し、本町國道以南及び岩槻町に至る縣道を残し、殆んど濁流の浸蝕する所となつた。

因に決潰したる堤防は次の通り。

河川名	字名	決潰箇所	延長	決潰日時	備考
古利根川	川久保	総武線鉄橋上流二百米	一五米	九月十七日午前五時	十七日午前十時幸松村を結ぶ春日橋流失す
隼人堀	内牧	牛、橋より東武鉄道鉄橋の間	一、〇〇〇	九月十六日午後十一時	

(2) 應急措置の狀況

小学校及び本町々社八幡境内に避難所を設置し、炊出を開始し、消防團員をして保健方面に活動せしめ、一方縣水害対策本部に連絡し、救援物資の輸送方に盡力した。

3. 南埼玉郡武里村の狀況

(1) 出水警備と防水の狀況

本村消防團員は團長の招集に應じ、十六日朝役場に集合、出水警備に関する対策を協議した。即ち本村備後上、中、下三箇所の用水引入口を閉塞、嚴重に土俵を積み、更に堤防上には上十米、中四百米、下五十米の距離に土俵を二段乃至三段に積重ね、水防の完璧を期した。

又一部團員は、隣村川通、豊春両村に出動、防水の應援に活躍した。然るに同日夕刻より古利根川は刻々と増水、危險逼迫の狀態となつたので、隣村應援の各隊に急報し、帰村の上、それ〴〵部署につかしむると共に、全村一戸一名以上の出動を命じ、十六日徹夜して防水作業に奮鬪、堤防上に約三千の土俵を延長五百米にわたり、しかも三段乃至五段のもの〴〵しき防備を完了した、併し水魔の襲撃ものすごく、十七日午前十一時字備後の堤上越水となり、午後一時同箇所中央部三箇所延長五〇〇米、一大音響と共に決潰し、最早防水の術なく、一同涙をのんで引揚げたのである。

(2) 應急措置と救援復旧対策

出水と同時に直に避難所を設置し、田船を徴用し、役場職員、消防團員協力の下に、食糧、薪水等の運搬を初め、日用諸物品の輸送にあたり、且つ傷者の手当、罹病者の診療等に連絡し、特に傳染病の発生予防に万全を期した。

因に本村內避難所並に収容人員は左表の通り。

番号	避難所	収容人員	番号	避難所	収容人員
一	武里 小学校 中学校	五六人	六	大畑 西光寺	五三人
二	一ノ割 円福寺	二五二	七	同 香取社	二〇
三	大場 光明寺	五〇	八	備後 称名寺	四五
四	一ノ割 農業倉庫	三七	九	同 雷電社	二〇
五	中野 宝性院	三二	計		五六五

猶出水後村会を招集し、災害対策委員会を組織し、明治四十三年出水時における体験を基礎に、罹災者の救助に対する衛生方面に関し、春日部保健所と連絡し、井戸消毒、家屋の內外の洒掃、DDT粉末及び油剤の撒布等に全力を盡し、更に破堤箇所の緊急修復、道路、橋梁の補修、冠水耕地の復旧につき、各委員に委嘱の上、これが対策に擧村一致の態勢を整えたのである。

(3) 被害の状況

㈠ 家屋の被害　半壊二五、非住宅（納屋其の他）五一、浸水床上三四五、床下四七九、計九〇〇戸

㈡ 耕地の被害　流失畑一・五反、埋沒田一・六反、冠水畑一八四町、田三八〇町、殆んど冠水し、水稲の被

害は六割、全面積の三割に及んだ

㈢ 人的の被害　死者一、傷者一〇計一一名

4. 南埼玉郡櫻井村の状況

(1) 出水前後における警備の状況

九月十六日連日降続いた豪雨も、今日のみは天氣晴朗、けたゝましく響く電話のベル、水が出た〳〵、巷間には早くも流言蜚語、鐘はなる、人も車も東奔西走、大利根の堤防、荒川の堤防、決潰、上流町村全滅等々、悲報頻々と到達した。わが村は擧村一致、必死の態勢で、土俵も山と積まれた。

本村東北方古利根の水域は、刻一刻增水、午後九時早くも村内の一隅に襲來し、見る間に住家の床下に流込んだ。風聞は一瞬にして現実化し、吾先にと避難をする夜中の住民、阿鼻叫喚、黄金花咲く秋の收穫を目前にひかえ、旧新方領田園は遂に濁流の坩堝と化してしまつた。

水勢は益々強く、東南方逆川、本村を横断する千間堀も、濁流氾濫に一大湖底化され、ごう〳〵と音して流るゝ水魔の喊声は、夜の帳をつんざき、何物とも知れぬ黒色の物体が、水勢に乘つて、水魚の如く次々と流れて行く。

明くれば十七日、朝まだき五時、村内住家は概ね床上三尺に及ぶ浸水である、見渡す限りのこの濁水、あの汚水、今日も明日も、いつ迄続くことやら………。

因に決潰した堤防は左記の通りであるが、本村消防團及水防團は、役場吏員と共に、文字通り死闘したが、水が急激で、しかも水勢が特に烈しかつたのに抗しかね、遂に決潰の余儀なきに至つたことは、返す〴〵も口惜しき次第であつた。

櫻井村地域の堤防決潰

河川名	字名	決潰箇所	延長	決潰日時
古利根川	大字平方会久保	一ヶ所	五〇米	十七日午後四時半
同	会の川	一	一〇〇	同 午後四時

(2) 應急の措置と其の対策

村関係機関は、連日連夜総動員の態勢を整い、避難者の収容所並に焚出、食糧、飲料水の斡旋をなし、一方決潰箇所の喰止工事に活躍、小船をあやつり、各部落との連絡、越ヶ谷町役場に設置せる水害対策本部との連絡をとり、復旧資材、救援衣食は勿論、各部落への分配等、当時の当事者は、連日不眠不休の活動を続けた。

九月二十三日、朝の帳が靜々とあけ初めた午前五時、満目濁水に浮城化した住家の床板が、一様に眼にうつり初めたのだ。減水だ〳〵と村童等が手をあげ、手をうつて喜び廻つている。おゝその通りだ、お前達のみでない、このわれ〳〵も皆嬉しいのだと、罹災者の眼に熱い涙が光る。

翌二十四日午前九時、床下離水、不安より安堵へ、悲観より歓喜へ、再生への努力、再建への奮闘、おゝ今日より明日へ。

だが現実は余りにも悲惨の縮図であつた。食糧の欠乏、衣料の不足、住家の修復、農作物の水腐、備蓄せる家具財宝、すべて水魔の跳梁にまかせてしまつて、立返つた住民達も何より初むべきかの方途すら浮かばず、茫然としてたゞ廃家の周囲を彷徨する許り。

かくあつてはならないと、村長を初め村当事者の罹災民に対する温情と激励は又格別のものがあつた。擧村一致、上下平等一致の活躍に、熱情溢るゝ縣内外の同情が次々と傳えられ、或は慰問金に、或は慰問品に、一層村民の奮起を促してくれた。

特に忘れ得ざるは、米進駐軍の好意であつた。救援に慰問に、國境を超越した同情に対し、只感謝感激あるのみである。

5. 南埼玉郡増林村の狀況

(1) 決潰前後における出水警備と防水の狀況

本村は葛西用水路元荒川及び大落古利根川に囲繞せられ、且つ幅員十米に及ぶ新方領堀が南北を貫流し、延長二十有余町の堤塘は、過去の水害史に幾度か決潰の記録が傳えられている。

さて九月十六日の午後、各河川とも漸次水量上昇し、同日夜半より翌十七日未明に至る間、各河川四里に余る堤塘の一部を残し、濁流総越えとなり、各水防團員は必死の防水作業をつゞけた。中にも最も危險視した古利根川増森地区及び新方領堀増林地区には、警防團員、青年会員及び各家庭の成年男子陸続集結、必要資材空俵、竹林材を持寄り懸命の努力をつゞけしも、刻々増水して手の施しようもなく、同日夜半新方領堀の堤塘約十米決潰し、これがために城之上、上側、根郷、大淵、野中、増林西川、増森西川、新田等の各部落二百有余戸に浸水し、一方大落古利根川堤塘も十七日午前五時約十五米決潰、大字森増増林に浸水、本村水田耕地全部水沒。水深数尺に及んだのである。

(2) 應急措置とその対策

避難者は、村の小学校及び中学校を指定し、更に附近寺院等にも収容し、食料、飲料水の配給につとめ、一方村役場に水害対策委員会を設け、役場吏員、村議を動員して、減水後における堤塘の修復、衛生施設、田畑の復旧につき具体的対策をたてたのである。

(3) 被害の状況

減水後の農作物中、水稲の一部を残し、殆んど水腐に帰し、殊に甘藷の如きは收穫皆無の実状であつた。

本村は過去において、明治二十三年、同四十三年の大水害を蒙り、その後利根川、江戸川の築堤工事完了と共に、水害も絶無とさえ思い込みし所、はからず今次の大水害に、交通一時杜絶し、舟楫の準備又稀れにして、活躍意の如くならず、救援に支障を來したが、村民の理解と協力とにより、其の後の復旧も快調を來したるは、当事者の最も満足した所であつた。

幸本村は、家屋の流失倒壊もなく、水禍の犧牲は勿論、家畜の斃死すら見なかつたことは、不幸中の幸であつたといえよう。

6. 北葛飾郡東和村の状況

(1) 出水の警備と防水の状況

九月十六日、江戸川防水命令來る。(午前三時の水位四米七〇)直に本村消防團員は出動、二郷半領閘門橋水門の警備につく。諸河川刻々増水、危險益々加わる。

翌十七日午後一時、閘門橋水門閉鎖す。草加、松戸路線戸ケ崎地内の縣道に浸水甚しきにより、土俵を二重三重に積み、人夫二百人を以て二百米に亘り嚴戒した。

翌十八日、減水の徴なく、防水に必死の築堤も、猛烈なる水勢に抗し得ず、十八日午後三時字戸ケ崎縣道関道の一部十米決潰後、夜半更に戸ケ崎縣道堤外決潰し、濁流は滔々として本村に浸入したのである。

因に本村内決潰箇所は次表の通り。

河川名	字名	決潰箇所	延長	決潰日時
古利根川	戸ヶ崎	縣道戸ヶ崎堤外	二〇米	十八日午後十一時
同	同	縣道閉道	一〇	同　午後三時
同	高須	縣道堤外	一五	十九日午前五時

(2) 應急措置と対策

九月十七日危険切迫するや、江戸川堤上に避難方命令を出す。当時小舟の入手方法なく、救援に非常な困憊を來したが、九月十九日に至り、隣縣松戸市地方事務所より、鉄舟八隻の貸與に一同感謝し、直に救援に連絡に活躍す。

翌二十日更に松戸市より鉄舟五隻の貸與があり、その外同市より給水、急援食パンの配送を受け、隣人愛に感激す。

二十五日水害対策臨時協議会を開催し、各部落の被害状況を調査すると共に、救済に対する具体策を樹て、且つ破壊箇所の修復に協力する事に決定した。

第六節　元荒川の氾濫とその流域

元荒川は、幾度か決潰の危険に逢着したが、其の都度消防團、水防團の死闘により、漸く危機を脱し得たのである。然し乍ら元荒川は、荒川、利根の決潰により、氾濫甚しく、当時荒川流域の各町村は、決潰地同様の被害を受け、惨憺たるものがあつたが、その中の二、三を摘録して見よう。

1. 南埼玉郡越ヶ谷町

当町宮前地区は、大利根決潰の余燼をうけて、浸水床上三尺乃至四尺に及び、同柳原地区は、元荒川の氾濫にて床上一尺に及び、浸水十日間に及びしため、両地区における農民辛苦の稲作、畑作とも収穫皆無の世帯は、約九十世帯を算するに至つた。

当町地内における元荒川堤防の決潰を未然に防止し得たるは、全く消防團、青年團を初め、地元民総出動のお蔭であり、特に東武鉄道鉄橋より旧國道に至る線は、國道より一米半の低地にあるため、土俵を三重に積み重ねて極力防禦に努めた結果、水禍惨害も過少に喰止めたことは、不幸中の幸であつた。

2. 南埼玉郡出羽村

本村の西端より南端を流るゝ綾瀬川は減水の徴あり、一同安堵せるも、北端より東端さして流るゝ元荒川は、十六日夕刻より、刻々増水の一途を辿り、危険到來の感があつたので、本村消防團第五、第六分團に対し、全員出動警戒に当らせ、更に團本部に所要の人員を待機せしめ、相互の連絡を緊密にし、以て防水陣に遺漏なきを期した。

翌十七日水勢衰退せず、且つ各地の情報其の急を告ぐるに鑑み、全村各戸空俵二枚宛持寄らせ、第六分團内に第一第二、第三、第四派遣隊を編成し、中川堤塘の警戒を厳重にした。

翌十八日増水益々激しく、対岸一面泥沼化し、一部溢水し初めたるを以て、消防團員全員並に各戸一名宛の成年男子を出動せしめ、更に空俵二枚宛集荷し土俵を作り、堤塘溢水の濁流を阻止したのである。中にも堤塘上の一部東武線の低地約二十米の間は、濁流物凄く越水して、一時危險に瀕したが、全村民の協力による土俵五重の防禦には、流石の水魔も屈服し、事なきを得たのである。

本村の防水土俵は延長六百米に及び、最後まで頑張り通した村民の努力は、水害誌の一頁に永く記録されることであろう。

第七節　中川の決潰とその流域

一、南埼玉郡八條村の状況

1.　決潰前後における出水警備と防水の状況

九月十七日早朝、中川刻々増水のため、各樋管吐出口堰止工事実施のため、各関係区域の消防團員全員出動、直に防水工事に奮闘した。然るに上流各村より悲報頻々として傳えられ、危險刻々迫るの感があつたので、午後三時毎戸成年男子一名宛の増員をなし、防水作業を一段と硬化したのであつた。中にも大字八條地区元陸軍照空隊陣地跡は、堤塘低きため危險が予想せられ、一同必死の勇をふるつて築堤を堅固にせんとし、更に毎戸一人以上の義務的應援を求め、土嚢を二重三重に積みかため、濁流の浸入阻止に苦闘した。

翌十八日は、毎時三寸より四寸の増水を示し、翌十九日に至り、村民の苦闘の堤防も、午後四時頃字八條堤外三、六〇二番地先三十米決潰、翌二十日午前三時同番地三、五八五番地々先十米、同四時同三、六七一番地々先二十五米決潰し、濁流は奔馬の如く田畑に氾濫、一瞬にして一大泥湖化してしまつた。

2.　罹災者に対する應急措置

罹災者には、各部落所在の寺院を解放し、罹災者三百五十二名（延二、七九三名）を収容し、焚出を開始し、見舞金若干宛分與して心から犒つた。

3.　被害の状況

(1)　農産物の被害状況は次表の通り。

種別	総反別	冠水反別	被害率	
			皆無	減収
水稲	二、九五二反	二、五六〇反	三〇二反	其他四割減
甘藷	一二八	一二八	三八	其他七割減
其の他	八〇二	七七一	七七	其他九割減

(2) 民家の被害　倒壊一棟、破損七棟

(3) 公共施設の被害　橋梁破損四架

(4) 農耕地の被害　畑流失五反歩、湖底化二反歩

二、南埼玉郡潮止村の状況

1. 決潰前後における出水の警備と防水の状況

九月十六日正午「利根川遂に決潰す、警戒を要す」との情報あり、警防團は警備に万全を期すべく、午後六時村内各圦樋の閉塞作業を全部完了した。だが中川は刻々と増水、既に堤塘を残す数尺の状態を呈した。

九月十七日午前十時「大瀬下部落の旧堤附近が溢水して危険なり」との連絡があつたので、警防第五團員は直に空俵及資材を供出、全力を擧げて土俵延長四百米の築堤に完成し、以て奔流の浸入を防止した。然し乍ら水勢少しも減退の色なく、益々猛威を逞しうするので、本村中川筋一帶の防水作業の必要迫り、全員一丸となり、土俵を二段乃至三段と積重ね、且つ竹やらいを設けて堤塘欠壊を防止し、又各圦樋にはすべて疊及び板等の資材を充て、土俵を以て嚴重に防禦したのである。

九月十八日刻々増水、更に防禦の必要起り、各戸所有の空俵全部供出、更に隣村より数千の空俵の應援をうけ、悉く之を充てゝ水魔の浸入を防止するも、水勢衰えず、團員は実に戰々競々たる体であつた。午後六時半頃俄然二合半領の激流、大場川堰を越水し、本村、下大瀬古新田の両部落を一擧に泥化、此の突然の來襲に住民の狼狽其の極に達し、悲惨なる状態を醸成した。即ち床上六尺より七尺までに及び、庇の浸水を見た家屋又少からず、たゞ全員あくまで防禦に奔命せしため、家財の搬出はおろか命から〲避難した実情であつた。

こゝに特筆すべきは、本村駐在巡査浜中茂氏の人命救助に関する美談があるが、それは他項に記載してあるから省略する。

2. 應急措置の状況

本村の一角に濁流の襲來を許したのは、大字大瀬の旧中川廢川四百米の決潰が、其の主なる原因ではあるが、擧村一致の防水救援により、損傷をより過少に喰止めたことは、感謝の外はなかつた。

さて本村は、小学校の二階を避難所に充当し、婦女、老幼一八一名收容、小学校長の指揮により、取敢えず食糧の給與に努めたのであつた。

一方村役場に村会を招集し、全村の罹災者に対する給食救援に関し協議し、炊出日割を定め、直に実行に移つたのである。

三、北葛飾郡彦成村の状況

1. 出水警備と防水の状況

九月十五日夜半の豪雨により、十六日未明より各所堤防決潰の凶報により、消防團及び水防團員は、江戸川並に中川の堤防に集結し、各要所々々の警備についた。

午前十一時頃江戸川の警備は解除されたが、中川筋一帯刻々増水危険甚しく、主力を中川堤防におき、一層警戒を厳重にすると共に、約百名の消防團員を、トラック三台に分乗せしめ、櫻井村方面へ應援のため出動せしめたのである。

然るに東村決潰後の濁流は、着々南下し、中川、江戸川間を宛然本流の如く押寄せ、十七日には字谷口、花和田、下彦川戸等の中川堤防次々と決潰、十八日正午には全村水禍に見舞われてしまつた。

因に堤防決潰状況は次の通りである。

河川名	字名	決潰箇所	決潰日	延長	備考
中川	字谷口	一ヶ所	九月十七日	八米	家屋半壊一戸 縣道大崩壊
同	字花和田	一	同	一〇	縣道崩壊
同	字下彦川戸	一	同	二〇	同

2. 應急措置とその対策

罹災者に対する給食及び悪疫予防に万全をつくし、堤防、道路の復旧工事に、全力を傾注して活動した。

四、北葛飾郡吉川町の状況

1. 出水警備と防水の状況

吉川地方は、他地域に比し、雨量はさまで多くなかつた。（前編雨量表参照）従つて町民は洪水を夢想だにしなかつた。然るに大利根東村決潰後、諸河川出水、十六日中川は刻々水位上昇し、十七日、十八日は最高潮に達した。

これより先、二合半領、松伏領各町村より一〇〇名宛川辺村水防應援のため出動、総武線及び庄内古川堤防間において、吉田村の堤防を一擧に崩壊した濁流を防止し、二合半領域を救うべく努力せしも、効目が少しもなかつた。

又吉川橋より下流一粁の間、中川の堤塘危険につき、土俵を三俵宛重ね、旭村悪水路（吉川町大字木賣）より、耕地を指して流込む水勢猛烈を極め、之を防禦して、二合半領三千町歩の穀倉を救うべく、死力を盡したが、増水又増水し、遂に放棄の已むなきに至つた。これがために庄内古川の堤防所々決潰し、本町は一瞬にして、文字通り泥海化してしまつた。

猶本警備には、縣警察部及び東京都警察部が、専心活躍せられた。

因に町内地域の堤防は、字吉川中川の堤防で、九月十八日午前七十米余半決潰したゞけである。

2. 應急の措置とその対策

本町各團体を役場に招集し、水害対策に関し緊急協議した。猶対策委員の事務分担を、救護、給食、衛生の三班に編成し、直に活動に入つた。

猶当町には、救援用の舟艇なきため、東京都、神奈川縣より小舟を借受け、難民の救済に当り、且つ給水、給食に寝食を忘れて奔走した。

九月十五日に至り、宅地漸く減水したるも、浸水長期にわたりしため、住民の保健衛生に留意し、当事者と協力の上、罹病を未然に防止した。

第八節　小山川の決潰とその流域

一、大里郡新會村の状況

1. 堤防決潰前後における出水警備と防水の状況

本村は縣の西北利根川の流域に位置し、北は大利根の堤防、南は小山川の堤塘あり、両者本村東部において合流、且つ中瀬、八基村方面の悪水路たる清水川が、小山川に放流されている関係上、治水上には誠に悪條件が重複している。

時恰も九月五日以來の降雨に、各河川とも日毎に增水、形勢益々危險の予感ありしを以て、九月十四日熊谷土木工営所島崎技師並に野口技師を指導者とし、次の如き警備態勢を取つたのである。

㈠ 上新戒清水川放水路附近

十五日朝來清水川刻々增水の連絡あり、消防團員五十名は之が警戒に万全を期し待機中、刻々增水のため樋管に漏水を生じ、午前十時頃より堤塘溢水、全員必死の防水も空しく、午後四時遂に六十米約三十間決潰し、濁流一擧に村内に浸入した。

㈡ 成塚小山川附近

小山川刻々增水に、堤防の軟弱地帯に、数箇所の漏水あり、警備の消防團員五十名は、それぐ土俵を以て之が防止に奔走、午後四時対岸大寄村地先附近決潰したるため、当村新河岸部落民は、家財を放擲避難を初めたるも、警備團員の苦闘はよく決潰を未然に防止したのである。

㈢ 神明橋附近

この附近は、道路の低所を覗つて溢水し、村内浸入危險の悲報頻々と來りたるを以て、水防團員約百名動員し、土俵を十重二十重に積み、徹夜の努力其の効を奏し、浸水を完全に防止し得たのである。

㈣ 下高島地先放水路附近決潰の狀況

九月十五日上流藤田村小山川決潰箇所より浸水せる濁水は、本村清水川堤防を越水して浸入、午後八時頃より字成塚部落に突入全村水浸しとなつた。翌十六日午前八時頃、下高島部落は浸水甚しく、甚しきは二階を突破する勢であつた。この頃放水路の水逆流して堤外に出て、弱地盤を浸蝕して洩水甚しく、遂に小山川の堤防は逆に決潰を見たのである。

2. 應急措置の状況

緊急村会を招集し、水害対策本部を設置し、罹災者の救済並に破堤箇所の修復に、協力一致の態勢を以て、それぞれ部係を設けて活動を開始した。

3. 被害の状況

(1) 農作物の被害状況は左表の通り。

作物名	作付面積	被害面積	被害程度	作物名	作付面積	被害面積	被害程度
水稲	七〇反	七〇反	六～七割減	葱	八〇〇反	八〇〇反	八～九割減
桑園	一、〇〇〇	一、〇〇〇	八割不能	人参	八四〇	八四〇	同
陸稲	四〇一	四〇一	七～八割減	大根	五〇	五〇	同
甘藷	一九一	一九一	八～九割減	其他	五四〇	五四〇	物により皆無

(2) 家畜 斃死豚三、山羊二九、家兎四一頭、鶏一六八羽

(3) 民家 流失九、倒壊二〇、床上浸水六三一、床下浸水一六五戸

(4) 公共施設 橋梁大破一、道路流失崩壊三〇〇米

(5) 農耕地の被害については、本村畑総面積三、四一一反であるが、この中流失八反、埋没十二反計二十反である。

二、大里郡明戸村の状況

1. 決潰前後における出水警備と防水の状況

九月十五日豪雨止まず、出水必至と見て、本村消防團並に村內水防團出動し、嚴重に警戒したるも、水勢急にして洩水甚しく、遂に同日午後八時、明戸村西北部小山川右岸（字新井沼尻）の堤防突如決潰、約七十米に及び、濁流は一擧に本村に浸入したのである。

2. 應急措置

罹災民は一時小学校に收容し、万般の世話をなす。

3. 被害の状況

(1) 農耕地の被害　田畑冠水二七二町歩（約三割方減收）

(2) 家屋の被害　浸水二七〇戸

(3) 人畜の被害　なし

三、大里郡大寄村の状況

1. 出水警備と防水の状況

九月十五日正午頃は、小山川の堤塘天端に達する増水にて、猶これ以上増水せんか、最早洪水は免かれんと、各消防團各要所々々を嚴戒し、所轄警察と密接なる連絡をとつていた。豪雨は依然やまず、刻々増水危險逼迫、いついかなる状勢にたちいたるやも知れず、よつて附近民家に対し早急避難をすゝめ、老幼婦女及び家財の運搬に協力した。時に午後六時三十分であつた。

突然隣村八基村方面より、警鐘乱打頻りに傳わる。スワこそと思う間もなく、藤田村地内堤防決潰の報來り、又当村矢島堰橋中央部約四十米流失、続いて東方約八〇米地先南岸堤塘約三十米も、洩水甚しく決潰に頻したので、團員必死となつて防禦し、遂に決潰を未然に救うことが出來たのは、将に天祐神恕であつた。

2. 被害の状況

(1) 農耕地の被害　水田の冠水約二百町歩、荒蕪地変轉約一反

(2) 農産物の被害　野菜類全滅又は半減の箇所五十町歩

(3) 民家の被害　床上浸水一五戸、床下浸水二〇〇戸

(4) 人畜の被害　なし

四、兒玉郡藤田村の状況

1. 決潰前後における出水警備と防水の状況

九月十四日以來の豪雨に河川悉く氾濫、沿岸各部落民は、総動員の態勢にて、刻々増水する女堀、小山川、備前堀堤の危險箇所に土俵を積み、竹木を刺し決潰防禦に万全を期し、特に消防團員は万一にそなえ、協力一致待機の準備も完了した。然るに翌十五日濁流の勢ますくもの凄く、築堤の各所より洩水次々と起り、團員必死の喰止作業も進捗せず、遂に女堀、小山川、備前堀の堤塘次々と決潰し、藤田村一部の高台を除く以外は悉く浸水、農民苦心の田畑も大部分水没してしまつた。

因に本村における堤塘決潰箇所は次の通り。

1、女堀堤塘　字鵜森部落地先　一箇所　延二百米
2、小山川堤塘　字牧西部落地先　二箇所　延五百米
3、備前堀堤塘　字滝瀬部落地先　四箇所　延六十米

2. 應急措置

出水と共に緊急村会を招集し、水害対策本部を設置し、罹災者救援並に決潰箇所の喰止工事につき協議し、各部署を定め、擧村協力一致の態勢を以て、直に活動に入った。特に決潰箇所に要する資材及び労力については、全村の活躍に待ち、積極的奉仕に従事した村民は、女堀関係工事に五百人、小山川関係工事に二、五〇〇人、備前堀関係工事に八〇〇人計三、八〇〇人にのぼり、流石の難工事も着々進捗を見たのである。

3. 被害の状況

(1) 農耕地の被害　流失田五反、畑七町八反、冠水田一三七町、畑三三九町
(2) 家屋の被害　倒壊四戸、床上浸水二五〇戸、床下浸水五〇〇戸
(3) 人畜の被害　なし

五、兒玉郡北泉村の狀況

1. 堤防見馴川筋並に小山川筋決潰前後の狀況

本村の北部には小山川、南部には身馴川貫流し、特に身馴川は河底頗る浅く、且つ屈曲多きため、例年降雨毎に忽ち增水し、小水害が繰返されている。今次の大水害にも、九月十四日午後より降りしきる雨の中を、本村消防團及び地元民は、万一に備えて資材を持寄り、協力一致防水作業を開始した。然るに身馴川は前述の如く急激に出水、堤防は着々浸蝕又は溢水、危險刻々到來の徵があつたので、警防團員は不眠不休、豪雨の中をものともせず、水魔と戰つ

たが、遂に翌十五日午前三時頃、大字栗崎地内七箇所延長九百四十米破堤、続いて同五時頃大字西五十子二箇所二百米も破堤、濁流は一擧に本村に押寄せた。

身馴川破堤による大混乱中を、更に同日午後一時三十分頃、予て危ぶまれていた小山川が、大字五十子地域一箇所延長五十六米破堤、奔流は農民苦心の水田に浸入、十二町歩にわたる作毛を瞬く間に水沒してしまつた。

かくして本村は、地元民の苦闘も空しく、水魔の蹂躙する所となり、農作物は全面積の五割以上の減收となつた。

2. 應急対策の狀況

應急村会を招集し、北泉村水害復旧対策委員会を開催し、委員長に村長を推薦し、庶務、経済、厚生、耕地、土木の五部を置き、且つ村内各部落より代表者一名宛選出して、本部との聯絡を密にした。

3. 被害の狀況

(1) 農産物の被害　水稲九七町、陸稲二〇町、甘諸三二町、桑園四五町、蔬菜類五〇町歩にわたり各冠水、約五割以上の減收

(2) 民家の被害　倒壞三戸、床上浸水四四、床下浸水二二五計二六九戸

(3) 公共施設被害　橋梁流失崩壞一六（縣有二、村有一四）、道路崩壞一〇（縣有二、村有八）

(4) 家畜の被害　斃死二〇頭

(5) 農耕地の被害　流亡田六町、畑三〇町計三六町
冠水田九四町、畑一七四町計二六八町

六、支流志戸川決潰大里郡榛澤村の狀況

1. 決潰前後における出水警備と防水の狀況

九月十五日午前九時、村当局及び消防團員は、刻々增水する志戸川沿岸において、堤防及び橋梁の警戒に当つていたが、午後五時半頃に至り、越水氾濫に防水の術もなく、橋梁先づ流失し、ついで堤防決潰各所に生じ、濁流は無人の境をゆくが如く村内を浸し、床上浸水数十戸に及び、消防團員はこれ等罹災者の救援に、或は家財の搬出に、終日活動したのである。

因に堤防決潰の箇所は次の通り。

榛沢村字沓掛西田地内志戸川沿岸堤防十六箇所延長七〇〇米決潰

2. 被害の状況

(1) 農作物の被害　水陸稲、甘藷、野菜等約三割の減収

(2) 民家の被害　倒壊一戸、床上浸水二〇戸、床下浸水一五〇戸

(3) 公共施設被害　橋梁流失九箇所

(4) 農耕地の被害　埋没田畑一町三反、畑土砂堆積二四反、表土流失四反

(5) 人畜の被害　なし

第九節　荒川の決潰とその流域の状況

一ノ(一)、決潰口北足立郡田間宮村の状況

1. 出水の警備と防水の状況

九月十五日午前八時消防團各幹部を村役場本部事務所に招集、荒川の氾濫に鑑み、急遽之が対策につき協議した。同日午前八時半消防團全員の非常招集を敢行、之を基幹とし、更に各戸一名宛の奉仕員をもつて防水班を編成、午前

九時十分には既に各部署につき、準備おさ〳〵怠りなかつた。

因に水防班の編成は次表の通り。

班別	受持水防箇所	指揮者	作業員			計
			消防團員	一般男	一般女	
本部	田間宮村役場	副團長 小林弘良（外一）	五人	二人	一人	一〇人
第一班	行人樋管堤防	助役 吉田稲夫（外一）	四五	八三	｜	一三〇
第二班	二段割樋管堤防	團長 田原伊助（外一）	三二	七〇	七	一一一
第三班	渡内樋管堤防	村長 岡崎吉衛（外一）	六三	九八	二二	一八五
計			一四五	二五三	三〇	五三六

かくて一同は協力一致只管水防に努力したが、特に荒川改修工事の際、旧樋管を其のまゝ残し置きたるため、旧堤防も又其のまゝ放置されたが、この弱地帯三箇所に対し、徹底的に防水工事を施したのである。

各樋管防水工事表

水防地区名	水防区域	使用材料			完成日時
		土俵	唐竹	坑木	
行人樋管堤防	八五米	五一一俵	五〇〇本	七二本	九月十五日午後三時二十分
二反割樋管堤防	三二	一二八	二五〇	三〇	同 一時卅五分
渡内樋管堤防	八〇	四五〇	六〇〇	六五	同 二時五十分

かくの如く、村民必死の努力の中に、水位は刻々上昇の一途を辿り、午後四時二十分には、予て完成した水防工事も刻々と危険の状態に陥り、且つ上流親鼻の水位観測によれば、最早越水は免れざるものと思料、本村及び隣村に対し、洪水を予報すると共に、全村民男子総動員を指令、各家戸当り空俵二枚以上供出せしめ、以て之が水防に努力したのであつた。猶急をきいて隣村箕田村消防團員六十名、鴻巣町消防團員三十名、鴻巣警察署員十三名計百〇三名が、應援にかけつけて下さつたのは、感謝の外はなかつた。

午後五時十分溢水せる堤防口より徐々に決潰したるを以て、愈々危険到來と見て、更に應援隊を現地にまわし、出動人員千六百六十三名必死の水防も空しく、午後五時三十五分渡内深圦樋管の外側部南西の風と共に重圧を受け、同四十分頃門扉一大音響と共に破堤せられ、奔流は大海の波濤の如く耕地に浸入、水勢は部落を目指して進みたるを以て、直に隣接町村に速報すると共に、二段割行人樋管の危険を惧れ、大部分の團員を應援に急派せしめた。

行人樋管堤防は、午後五時五十分頃より溢水を始め、堤防口各所に龜裂を生じ、漏水甚しく、頓に軟化した堤防の修復益々困難に陥り、團員必死の敢闘も空しく、之れ又午後六時三十五分地軸忽す大音響と共に、約六十五米崩潰、濁水こん〳〵として流下、忽ち一大湖沼を現出、耕地民家も次々と水沒していつた。

これより先、上流久下堤防の決潰口より、物凄き勢を以て押寄せたる濁流は、六間堤防よりの濁流と合し、毎秒数千平方米を浸し、結局三方面よりする水魔の跳梁に、本村田間宮は全く手の下しようがなかつた。

堤防上に取残された最後の作業員三十有余名は、或は決死の勇を鼓して濁流を泳ぎ、或は首に屆く深所を徒渉し、或は役場に或は農業会に辿りつき、残余の一部は、徹宵堤防上の警戒に、断乎頑張り通したのであつた。

2. 應急の措置と其の対策の狀況

(イ) 被害者の避難所設置

本村田間宮小学校、氷川神社々務所、放光寺の三箇所を指定して應急設備を施し、九月十五日夜半より九月廿一日まで一週間、收容延人員一千〇二十三人を算するに及んだ。

(ロ) 焚出と運搬

本村内非浸水地帯秋元酒造工場外五箇所に、消防團員、婦人会主体に、焚出しを開始し、一日平均千六百九十七名に対し、十六日より四日間給食に努力した。猶この期間に要せし食糧は、米二十五俵、コッペパン一万五千箇であった。

(ハ) こゝに特記すべきは、かゝる際の小舟準備である。本村では幸小川宗治外四名の所有する小舟があり、之を無條件でかりうけ、渡舟用、救助用、食糧運搬用、連絡用あらゆる場合に利用したことである。水害になくてはならぬものは船である。

3. 衛生狀況

九月十六日田間宮小学校及びみだ周行病院に、應急診療所を開設し、十五名の患者をそれぞれ收容した。九月十八日日赤埼玉支部より、医師、看護婦五名來村、小学校を救護本部に充て、二十六名の患者を診療した。猶重患者十一名を各戸に訪問診療に從事した。九月二十日には、日赤本社々長島津忠承外職員、看護婦等十三名來村、避難所收容者四百五十八名に対し、腸チブスの予防注射を実施した。翌二十一日更に大宮保健所長以下九名防疫のため來村、九月二十三日同二十七日の両日を期し、全村民に対し、腸チブスの予防注射を実施した外、九月二十二日より二十四日の三日間、大宮保健所指導の下に、全村井戸計四百三十六箇所に対し、徹底的に消毒を実施した。

4. 土木復旧の狀況

九月十八日午後一時、村役場において、村会議員、実行組合長、各種團体長、有志等の参集を求め、水害対策協議会を開催し、引続き九月二十一日午後一時を期し、小学校において、本会主催の下に、村民大会を開催し・左の通り決議し、直に実行に移すことにした。

決　議　文

水害復旧諸事業達成のため、水害対策委員会の組織を確立し、当面の活動目標を左の如く定める。

(1) 渡内樋管並に大間堤塘等の應急復旧事業に対しては、無條件協力する。

(2) 経済を調整して生活の協同化を促進する。

(3) 衛生施設を拡充して、水害後の保健に完璧を期す。

(4) 義務を履行して以て責任を明かにする。

(5) 不平を禁じ、食糧の危機を打開し、生活の合理的改善を実施する。

右の通り決議、満場一致協力以て実行に移したのである。即ち

九月廿一日　水害対策常任委員十七名を選任する。

九月廿二日　大間行人樋管堤防應急工事着工式擧行。

九月廿四日　水害復旧陳情書及請願書の起草委員を選任。

九月廿九日　陳情書を内務省國土局長河川課長及び本縣知事に提出す。

5、被　害　狀　況

(イ) 農作物の被害

作物名	作付面積	収穫不能面積	被害程度面積 九割～七割	被害程度面積 七割～五割	被害程度面積 五割～三割	被害程度面積 計	被害による減収量
水稲	一三九・四町	一〇五・九町	三〇・三町	—町	三・一町	一三九・三町	三二〇石
陸稲	一二・一	七・三	二・九	一・〇	〇・三	一一・五	一〇三
甘藷	二二・一	一四・二	—	一・八	一・一	一七・一	四五、五九六貫
雑穀	五七・五	三六・七	七・二	—	一三・一	五六・〇	三五〇石
計	二三九・一	一六四・一	四〇・四	二・八	一六・六	二二三・九	

(ロ) 田畑冠水期間並に面積

作物名	冠水面積	三日以内	五日以内	七日以内
水稲	一三八・九町	一六・七町	五三・一町	一〇五・四町
陸稲	一〇・八	四・二	八・八	二・二
甘藷	一六・〇	一一・五	四・二	二・〇
雑穀	四八・五	一三・三	三〇・〇	一六・八
計	二一四・二	四五・七	九六・一	一二六・四

(ハ) 人畜の被害

死亡男一、女二、負傷男一〇三、女七〇人にして、家畜牛三頭、其の他一三〇頭（羊兎）の斃死あり。

(ニ) 家屋の被害

流失三戸、全壊八七戸、半壊百三十七戸、床上浸水三百六十二戸、床下浸水六十五戸

(ホ) 公共施設の被害

1、大間堤塘決潰六十五米

2. 大間行人樋管及び渡内樋管流失

3、耕地整理組合排水機六十五馬力モーター四箇浸水、工場大破

4、糠田舟橋外橋梁流失六箇所

5. 池沼不毛地と化したる耕地五町歩

6. 農業会倉庫政府管理米保管倉庫十箇所

6. 其の後の復旧状況（昭和廿三年五月廿五日現在）

應急工事名	着工年月日	竣工年月日	出動人員	工事費
大間行人樋管	昭和二二・一一・一五	昭和二三・五・三〇	二、八六〇人	八七四、三五六円
同　堤防	同二二・九・二二	同二二・一〇・一八	三、六三七	五四二、四〇〇
大間堤防復旧	同二三・二・一〇	同二三・六・一五	四、一九〇	六五五、九九二
渡内樋管	同二二・一〇・二五	同二二・一二・一一	二、三五〇	五六〇、〇〇〇
渡内改修工事	昭和二三・二・二〇	昭和二四・三・三一（豫定）	二〇、〇〇〇人	二五〇、〇〇〇円
糠田舟橋復旧	同二二・一一・一〇	同二三・三・三一	八二	一四三、三六九
耕地復旧	同二二・一一・一〇	同二四・三・三一（豫定）	三、五〇〇	三五六、五〇〇

其の他　田間宮村外二ヶ村耕地整理組合の排水機の復旧費は二十万円にて、其の八割方完成、村道、農道、小橋梁等は村民の奉仕により大部分竣工せり。一般家屋の復旧状況は、特に困難なるもの二十世帯に対し、仮住宅を提供収容し、全壊、半壊家屋にして竣工せるもの既に四十五戸を算し良好なり。

一ノ(二)、荒川決潰口熊谷市久下の状況

1. 出水の警備と防水の状況

十五日早朝より市消防團を中心に、地元民の協力を得て、大麻生地先より久下地先に至る堤防に警備員を配置し、防衛防水に努めたのである。然るに水は減ずる氣配毫もなく、刻々増水するため、更に團員の増員を計劃し、延人員二、六一五名、空俵四、五八〇枚、笹竹三〇束により、堤防の越水喰止に死闘を続けしも、九月十五日午後八時頃、遂に大字久下地先大小二箇所約一〇〇米決潰、濁流は吹上、太井方面指して猛流したのである。

2. 罹災に対する應急措置と人命救助

堤外地区宮本、伊勢、榎木、見晴、赤坂の各町は、浸水の公算大なりと判定、直に吏員を派遣して、石原小学校、熊谷寺、東小学校の三箇所に避難所を設置し、先づ老幼婦女の収容に努めたのである。当時の収容状況は、石原小学校一一世帯五〇人、熊谷寺九九世帯三六三名であつた。

翌十六日午前六時、久下小学校において、罹災者に対し、應急朝食パンを全員に配與した。更に同九時三十分久下小学校において、地元女子青年会員、婦人会等の協力を得て、焚出を行い、晝食を全員に配與した。

3. 被害の状況

家屋の流失、全壊なく、床上浸水一二五戸、罹災者六三八人、床下浸水九七三戸、罹災者四、六三五人である。

農作物については、大体次表の通りである。

記

種別	流失又は埋沒	一晝夜以内の冠水	二晝夜の冠水	三晝夜の冠水	計
水稲	三八反	一、二一四反	二三六反	一〇四反	一、五九二反
陸稲	五三	二六	一九	九	一〇七
大豆	四八	三九	一〇	二	九七
甘藷	四〇	一二四	九一	二〇	二七五
桑園	一七九	一、四〇三	三五六	一三五	二、〇七三

備考　秋蚕三、二五〇瓩は廃棄のやむなきに至つた。
　　　猶人畜の被害はなし。

4. 復旧の状況

堤防決潰地点の復旧工事は、建設院直轄工事のことゝて、すぐ着手されたが、これに要する人夫は、沿岸吹上町を初め、忍町、太井村、下忍村及当市より、義務的に奉仕が続けられ、二十三年四月末日を以て完了した。

二、流域北足立郡常光村の状況

1. 出水の警備と防水の状況

十五日元荒川の増水越堤し、村内耕地に渾々浸入、沿岸監視員より急報に接す。同時に沼田堤又危険の報告に接したるを以て、直に警鐘を乱打し、村民に警告した。

十六日未明、消防團員及び村内土木関係者全員動員して、先づ沼田堤に一五〇名、元荒川（北埼笠原村対岸）堤防沿岸に一箇所四〇名宛二箇所に配置し、緊急防水に努めたのであつた。

然るに隣村田間宮村荒川堤防決潰したるため、本村沼田堤もその余湍を受け、越水激甚を加え、遂に本村の防水陣営も徐々に破壊せられ、全耕地冠水を見るに至つた。

2. 應急措置の狀況

本村小学校を臨時避難所に代用し、役場を救護本部とし、若干の食糧を準備し、万一にそなえたのである。

3. 被害の狀況

(一) 農作物に就ては、冠水田一八八町三反歩、冠水畑四二町三反歩にして、浸水長期にわたりしため、平年の六割減

(二) 住家　倒壊一、床上浸水一〇戸、床下浸水一〇〇戸、罹災人口六六五人

(三) 公共施設　橋梁流失二

(四) 人畜　遭難者一名、家畜なし

三、支流芝川川口市氾濫の狀況

1. 出水の警備と防水の狀況

十六日午前零時三十分、市土木部水防関係者一同、荒川の増水急なるを見、警察及消防團に依頼し、消防團員の非常招集を行い、陸閘の應急堰止工事を施行し、同日午前五時完了し、濁流の防止に成功した。

堤内善光寺逆樋門扉は、十六日零時過既に閉鎖、漏水防止のため樋裏に角落を挿入、土俵を積上げ、午前四時頃前記同様漏水を完全に防止した。

猶門扉閉鎖後、堤内の水量は、刻々増水、下水は忽ち氾濫、低所は床上浸水が各地域に見られた。

芝川逆上樋は、十五日午後十一時より、一齊に閉扉し、溢水箇所の十二月田町及び元郷町一丁目デーセル街道、本町一丁目関口工場等は、土俵を以て完全に溢流を防止した。

午前二時頃、宮町日本鉄綱脇戸田運河堤塘危険の報に接し、直に土木課長、消防課長等は、自動車を駆つて現地に到着、空俵止杭等を運搬の上、危険箇所約一〇〇米の底所に土俵積込作業を施行し、溢水を防止した。

猶芝川水門の水位差は左麦の通り。

記

日時	芝川	荒川	備考
十六日午前七時	二・一七米	二・五九米	洪水到達時刻、秩父親鼻十五日午後四時最高水位一〇米六〇、川口市南中学校隧間十六日午前六時最高水位八米六三、到達時間十四時間
同　八時	二・一七	二・五九	
同　九時	二・一九	二・四五	
同　十時	二・二〇	二・五一	

十六日午後一時、本市上青木駐在警官より、中圦上流竪川右岸堤防危険につき、應急防止せられたき旨申出であつた。よつて直に必要資材を携行して、應急措置を講じた。

水は依然増水、須臾も油断を赦さゞるを以て、左記の態勢を整え、徹夜して警戒にあたる。

1. 荒川左岸　池田外八名の水防團員
2. 荒川右岸　山口外四名の水防團員

3. 芝川左岸　星野外五名の水防團員
其の他庶務、営繕班を加え、計三八名
十七日午前零時、芝川の水門を開扉す。

同日午前五時、三領樋門開扉す。

同日午前六時、善光寺樋管荒川減水のため、自然開扉を始めたるを以て、裏逆止装置の撤去を開始し、午前中に終る。

荒川よりの逆水は、前述作業により、完全に水魔より免れたるも、各所の逆止閉鎖のため、市内の下水は漸次上昇し、各所に氾濫を見、殊に埼銀支店前道路及び壽町善光寺新道は、膝を没する水深となり、一時なりゆきを案じたるも、荒川減水と共に下水も又減水し、漸次平常時に復したのである。

猶浸水戸数は大約六、〇〇〇戸に及び、床上二、〇〇〇、床下四、〇〇〇戸の割合だつた。

2. 被害の状況

1. 道　路
(一) 縣道の冠水　七二〇米　本町通り外二線
(二) 主要市道の冠水　一、六五〇米　六間道路外六線
(三) 其の他市道の冠水　三九、〇〇〇米

2. 橋梁破損　四ケ所（五右衛門橋、芝川橋、門扉橋、榎橋）
3. 橋梁流失　一ケ所（正覚寺橋）
4. 圦破損　五ケ所（中圦、上流樋門、安木圦樋、榎畑樋、榎畑下流樋）

5. 堤塘決潰　二ケ所　立川落延長五米、戸田運河延長一〇〇米

第一〇節　入間川の決潰とその流域

一ノ㈠、決潰口入間郡柏原村の状況

1. 決潰前後における出水警備と防水の状況

九月十四日降り続く雨に、出水必然と見て、本村消防團員の出勤があり、刻々増水による堤防越水に対し、防水これ努めたのである。最も危險視せられた稲荷堤防に対しては、全員協力防禦に苦闘したるも及ばず、十五日拂曉より決潰し初め、正午に至る頃まで約三百五十米の決潰を見たのである。

かくて日沒まで極力防水に努め、損害の程度を最小限度にと活動を続けたが、結局次項の如き状況であつた。

2. 損害の状況

(1) 田　畑　水稲五十パーセント、甘藷十五パーセントの冠水
(2) 民　家　流失倒壊なく、浸水床上一五、床下二五計四〇戸
(3) 公共施設　橋梁流失一ケ所、用水路農道数ケ所の破損
(4) 農　地　水田二町八反流失、八反埋沒、甘藷畑一町八反流失、荒蕪地に変轉したる土地四町九反
(5) 人　畜　被害なし

一ノ㈡、決潰口入間郡大東村の状況

1. 決潰前後における出水警備と防水の状況

十四日刻々増水に水害必至と見て、村民出動の上警戒につとめた。猶危險地帶たる字増形堤塘に対しては、消防團員総出動し、警戒防備に應援協力したが、翌十五日午後十一時、百五十米にわたり決潰し、濁流は物すごき勢を以て堤外に溢出した。

2. 應急措置と人命救助の狀況

土俵約五千俵、大竹五千本其の他木材を運搬、これが修復に延人員一、五〇〇名動員、水の喰止に成功した。流失倒壞の家屋はないが、堤外近くの罹災者岡田幸吉宅の避難家財の搬出等に協力した。

3. 被害の狀況

農產物に対しては、水稻八石、雜穀五石程度で、冠水田畑は約四町余に過ぎなかつた。

一ノ(三)、決潰口 比企郡三保谷村の狀況

1. 出水警備と防水の狀況

九月十五日朝來各所の狀況愈々危險を傳え、本村領內の堤防も增水のため、何れも危險に瀕しつゝあるを以て、直に消防團の非常招集を行い、水防を計劃し、同時に靑年会及一般村民の協力を得て、警備、防水の二班を編成それぐ部署についたのである。

翌十六日午前二時頃、奔流愈々堤上を越水し始めたるを以て、全員死力を盡して防禦せしも、暗中摸索のことゝて意の如くならず、遂に本村釘無地先堤防一箇所約二〇米轟然破堤し、濁流は一擧に村內に浸入したのである。

2. 應急措置とその対策

決潰現場の應急措置としては、出水当時は全く手の下しようなく、自然減水をまつて直に復旧に着手した。工事は全村一致の協力により、十一月下旬完成す。

3. 被害の狀況

(1) 田畑 埋沒二町三反、冠水田約二六〇町歩(約七割)二割六分の減收、冠水畑一〇〇町歩(八割五分)五割の減收

(2) 住家 流失一戸、浸水七二戸

(3) 人畜 なし

二、支流市の川決潰

比企郡小見野村の狀況

1. 決潰前後における出水の警備と防水の狀況

九月十五日增水又增水、午後十一時頃は全く滿水となり、水防團員、消防團員は総員出動の上警戒に当る。然るに野本村地域の都幾川堤防決潰のため、旧古凍耕地及び中山村正直の部落は、見る〳〵中に水沒、旧堤防は濁流こん〳〵として越水し、堤下一円危殆に陥つた。

殊に川越松山街道の溢水、は水の退路として川嶋領六箇村に浸入し來り、領內南部の出丸村、三保谷村両村民を初め、中山村正直村民の死活に直面するを以て、須臾も猶予を許さず、やむを得ず右堤防を人力を以て破壞し、逆に堤外に放水して、罹災を少からしめたのである。

2. 被害の狀況

猶決潰は九月十六日午前前十一時、場所市の川堤防(小見野村より古凍に至る新堤)長さ五米である。

田畑に冠水あり、收穫減少の見込、桑園冠水九割以上

三、支流越邊川の決潰

入間郡勝呂村の状況

1. 出水警備と防水の狀況

昭和二十二年九月九日、ラジオ放送天氣予報埼玉縣地方は、曇時々雨、引續き十日、十一日、十二日、十三日、十四日と予報的確、雨又雨に各河川は刻々と增水　村民は異口同音に「サア今度は出水だ洪水だ」と騷ぎはじめた。如何に水害の常習地本村と雖、千辛万苦結晶の美田が、一部早稻の外、耕地全面やつと出穗を終り、最も大切な開花期をめぐり、今こゝで一朝水魔の跳梁に委せんか、農民の辛苦も水泡に帰すと思うと、寢につくことも出來ない。翌十五月夜明をまつて、己が耕地へとかけつければ、降やまぬ雨の中に既に大半の耕地は水沒しているではないか。

由來勝呂村は、大字島田及大字赤尾の両部落だけは、越辺川の流域に包まれたる袋同樣の盆地で、其の上流は坂戸町大字粟生田に接し、此の辺一帶の堤防は名のみにして、只辛うじて形骸を存するにとゞまり、從つて一朝河川氾濫となるや、忽ち捷路を求めて流るゝ濁流に、勝呂耕地は其の余波をうけて、年々歲々其の被害の的となるのである。かくの如く、十五日午前九時には、勝呂耕地は一円浸水狀態を呈し、猶濁流は民家に迫り、十二時までには島田、赤尾、石井の各部落三百〇七戸中、大半床上三尺以上に及ぶ浸水に達した。

豪雨は依然としてやまず、刻々增水加わり、村民はたゞ恐怖の念と不安の中に、消防團、靑年会の各團は、協力一致、銳意防水警備に努力したのであつた。

2. 堤防の警備と決潰の狀況

九月十五日午後三時いよ〳〵溢水、大字島田及赤尾の堤防延長四千米中二千五百米にわたる箇所は、龜裂を生じ、

漏水し初め、今にも決潰の虞あるので、消防團長は、地元自治委員と協議の結果、消防團員二百名、青年会員百五十名猶各戸当り一名責任奉仕を命じ、堤防上適所に配置し、警戒につとめたのであつた。豪雨は依然として衰えず、文字通り篠つくばかり、水は上昇の一途を辿り溢水又溢水、危険は刻々迫るので、警備員総員粗朶、藁束、莚等手当り次第かき集め、二千五百米にわたる溢水を喰いとめんとしたが、堤上越水数尺に及び、手の施す術もなく、濁流は遂に島田及赤尾の一部を、一大音響をあげて打破り、こん／＼と流るゝ水は、三村部落三百七戸全戸に浸水したのである。時に時計は午後八時二十分　夜の幕はこの惨状を覆うが如く張られるのであつた。

村民は数次の水害に対する体験者であり、今次出水の程度も充分察知し、各團密接なる連繫をとり、協力一致涙ぐましき活動を続けたが、予期以上の急激な出水に抗し得ず、無惨にも破堤の憂目を見たのは、返す／＼も残念であつた。

3. 罹災に対する應急措置と人命救助

かくあらん事を予期した村は、石井地内の高台に、避難所三箇所を設置し、小舟を利用して、十五日夕刻までに、次の通り収容した。

(1) 大字石井一、九〇六番地　宗福寺　自九月十五日 至九月廿四日　十日間　七百十八人

(2) 大字石井一、三三一番地　大智寺　自九月十五日 至九月廿二日　八日間　五百九十五人

(3) 大字石井一、八〇〇番地　小学校　自九月十五日 至九月廿三日　九日間　五百〇五人

右三箇所の罹災民に対しては、臨時村会の議決により、焚出しを開始し、以て食糧の補給に努めた。

4, 被害の状況

(イ) 本村稲作（早生、中生、晩生）反当平均二石の収穫を予想とす。

被害程度	被害面積	反当被害数	減収予想	備考
三割以下	八〇反	三〇升	二四石	一晝夜乃至二晝夜冠水地帯
五割以下	九二〇	七〇	六四四	三晝夜冠水地帯
七割以下	一、一四二	一二〇	一、三七一	四晝夜冠水地帯
十割以下	六〇〇	三四〇	九八〇	五晝夜冠水地帯
皆無	三〇〇	二〇〇	六〇〇	流失又は埋沒地帯
計	三、〇四二	五八〇	三、六一九	

畑作	雑穀類、桑園全域流亡、收穫皆無
家蚕	本村は、入間郡中優秀を誇る秋繭の産地で、例年に違わず、発育良好、收繭予想一、五〇〇貫の所、全部流亡の災危に遭遇、畑作同様收穫皆無

(ロ) 家屋並に其の他の被害状況につきては、左表1及び2の示す所なるが、本村は世帯数七百八十九戸、人口四千三百六十一人である。

1、住宅及び其の他の被害

住宅					住宅以外の建物				
流失	全壊	半壊	破損	計	流失	全壊	半壊	破損	計
六戸	三戸	五戸	一五〇戸	一六四戸	二七戸	二戸	三四戸	二五〇戸	三一三戸

2、浸水明細

九月十五日				九月十六日				九月自十七日至十九日			
床上		床下		床上		床下		床上		床下	
世帯	人口	世帯	人口	世帯	人口	世帯	人口	世帯	人口	世帯	人口
三〇〇	一、六七九人	七	三九人	二〇五	一、一二八人	一〇三	五九〇人	九五	五四〇人	三三	一、一一八人

(ハ) 公共施設の被害につきては、橋梁流失三三(縣橋三、村橋三〇)にして、村道六〇〇米、農道一五〇米、用水路三五〇米の流失及び埋沒等があつた。

(ニ) 人畜の被害につきては、死亡五人(一家全滅)と負傷一人で、耕牛の溺死六頭であつた。

(ホ) 最後に、農耕宅地の被害狀況に關しては、大体左表の通りである。

地目	総地積	流亡	池沼変轉	砂丘堆積	備考
宅地	二、四五〇坪 八一・二〇畝歩	五三三坪 一七・二三畝歩	三一七坪 一〇・一七畝歩	一、六〇一坪 五三・一一畝歩	池沼は深さ十五尺に及ぶ、平均七尺復旧たゝず
田	三八八・〇〇	—	三三・二三	三五四・一〇	砂土堆積三尺九寸以上四尺一寸
畑	四九五・二五	三〇・〇〇	一〇・二六	四五四・二九	畑の上に一尺五寸乃至二尺の砂礫堆積
計	九六五・一五	四七・二三	五五・〇六	八六二・二〇	

四、支流越邊川の決潰口

入間郡三芳野村の状況

1. 決潰前後における出水の警備と防水の状況

九月十二日以降連日連夜降続きたる雨は、十五日に至り耕地の一部に冠水、午後にはその三分の二を浸水したゝめ、消防團員は全員出動の上、嚴重警戒に当つた。

最も軟弱地帯の個所に対しては、空俵千俵、竹材木材を運搬し、極力防禦したるも、夕刻頃より刻々増水、夜に入るや、風浪は総越約一尺に及び、全く手の施しようなき状態に陥り、遂に午後八時頃一大音響と共に、堤防約六箇所三〇七米決潰、一瞬にして美田は水没してしまつた。

2. 應急措置と対策

翌十六日消防團員は引続き出動、破堤の復旧に、日夜努力を続けたる結果、漸く締切工事に成功した。

十七日村会を招集、水害対策本部を開設し、前後策を協議した結果、先づ各字より人夫三十名出動の上、水害箇所の整理清掃に従事することを申合せた。

猶焚出給食者は延二、〇五一人であつた。

3. 被害の状況

(1) 民　家　浸水戸数一五二戸（床上一一五、床下三七）罹災人口九七〇人

(2) 田　畑　冠浸水田二四五町九反、畑一六五町（内桑園六五町、甘藷、大豆四〇町其他六〇町）

(3) 耕　地　土砂堆積地二町八反、池沼化田八反、流失一町

(4) 公共施設　橋梁流失三、半壊一〇、破損五架

五、支流高麗川の決潰

入間郡坂戸町の状況

1. 決潰の前後における出水警備と防水の状況

高麗川は、連日連夜の降雨に刻々増水、粟生田及中村町民は協力警戒につとめたが、十五日午後四時に至り、粟生田竹の後の堤防は、河瀬に当り居る関係上水勢猛烈を極め、外側徐々に崩れ初めたるを以て、スワ一大事と、土俵、竹枝を以て防禦する一方、流込を作り、防水に努めたる結果、辛くも破堤は免れたるも、同日午後七時に至り、粟生田地先塚田堤防約五十米破堤し、遂に村内濁流に見舞われた。

2. 被害の状況

(1) 家　屋　床上浸水一二戸、床下浸水九八戸計一一〇戸
(2) 公共施設　土橋流失五、井堰二〇、農道二、〇〇〇米
(3) 耕　地　冠水田一二九町六反、畑四三町二反、流失一町五畝、埋没一反五畝、土砂堆積一〇町三反五畝
(4) 人　畜　損傷なし

六、支流高麗川の決潰

入間郡入西村の状況

1. 決潰前後における出水の警備と防水の状況

本村の東端は、高麗川並に越辺川の合流地点なるため、今次出水にも水勢烈しく、去る二十年、二十一年にも既に決潰した場所だけに、防備に万全を期したるも、大字戸口新田前堤防は、十五日の豪雨に刻一刻増水、濁流こん〳〵と

して総越となり、遂に約七十米決潰し、戸口、新ケ谷は百有余戸浸水床上に達した。

同日夕刻一時減水の徴ありしも、夜に入り又増水、区民必死の防禦も空しく、大字北浅羽地内堤防四十米、大字善能寺（牛久保）地内三十米決潰したるため、北浅羽以東の下流耕地一帯は、忽ち泥海化し、殊に高麗、越辺両川合流地点たる東和田村は、被害最も甚しく、中には水没したる家屋数戸あつた。

2. 被害の状況

(1) 家　屋　床上浸水二八〇戸（中数戸は水沒）

(2) 人　畜　人命損傷なし、家畜牛二頭、豚五頭斃死

(3) 耕　地　流失三反歩、埋沒二反歩、冠水水稲一二五町歩

(4) 畑冠水　陸稲二町歩、大豆七町歩、小豆三町歩、甘藷六五町歩、蔬菜其他八町歩、桑園四一町歩

七、支流都幾川決潰口
比企郡野本村の状況

1. 決潰前後における出水警備と防水の状況

十四日夜來の雨はものすごく、洪水必至と見て、地元消防團及び水防團は堤防上に土俵、粗朶、杭木等を準備し、防水に盡力した。十五日夕刻より増水甚しく、堤防は宛然白布を張りたるが如く溢水し、團員苦心の土俵は次々と押流され、防水の施す術もなく、濁流は愈々物すごく押寄せ、堤外の道路、田畑一円湖底化し、最早如何ともし難き狀態にたち至つた。

この間、松山土木工営所長及び所員の應援、松山警察署々員の激励もあつたが、水魔の襲撃ものすごく、午後八時に至り、一大音響と共に、字砂塚地先四十五米決潰、水は忽ち全村を浸したのである。

2. 救援の状況

罹災者に対しては、避難所を初め焚出を開始し、白米一二〇瓩、麦三五九・七瓩を放出、二九三名の給食を行つた。

3. 被害の状況

(1) 家　屋　倒壊一戸、浸水四八戸
(2) 水　田　收穫皆無一二六町歩、荒蕪地変轉五町歩
(3) 公共施設　橋梁流失五架
(4) 人　畜　被害なし

八、支流都幾川決潰口
比企郡高坂村の状況

1. 堤防決潰前後における出水警備と防水の状況

九月十五日の豪雨は風さえ加わりて物凄く、本村の北方を流るゝ都幾川、南方を流るゝ越辺川は刻一刻増水、消防團員三六〇名動員、各要所々々に土俵、粗朶、藁たば、杭木を準備し、防水に努めたのである。

中にも村内大字高坂、西本宿、早俣、正代、宮鼻、大黒部、川辺、田木の各地域は、消防團員必死の警備作業が続けられたが、滔々として押寄する濁流は、遂に堤上越水となり、先端民家の床下を襲い、一尺、二尺、三尺と刻々増水、遂に警鐘は乱打され、住民は一齊に避難を開始したのであつた。風雨は益々强く、危險は愈々切迫、難民の叫声、牛馬の嘶声が、入交り暗夜を縫うて聞えてくる無氣味さ。

全身ぬれ鼠となつて死闘した團員の努力報いられず、遂に左の如く、水魔の爪牙に委ねざるを得なかつた。

破堤箇所

大字早俣　三箇所　長さ三間一ヶ所、十五間一ヶ所、一間一ヶ所
大字正代　三箇所　長さ五間一ヶ所、三間一ヶ所、三間一ヶ所
　備考　右何れも十五日午後十一時三十分より同四十分頃決潰

2. 罹災者に対する應急措置

本村役場及び小学校に収容所を設け、十五日夕刻より老幼婦女子を収容、炊出を開始す。

幸人畜に損傷なし。

3. 被害の状況

(1) 民　家　床上浸水一〇八戸（六二六人）、床下浸水五七戸（三五七人）、半壊二戸
(2) 田　畑　冠水水田三〇〇町歩、畑五〇町歩、荒蕪地変轉三反歩、収穫皆無予想のもの田三十町歩、甘藷一五町歩
　猶沿岸桑園全部冠水給桑不能となる。
(3) 公共施設　都幾川、越辺川の木橋は取はづす。
　里道の崩壊せるもの五箇所

4. 復旧の状況

村内の堤防全域に亘り、土上置工事腹付工事、橋梁工事、水門復旧工事は村内善男善女の奉仕により着工、目下猶未完の箇所あるも、「明日の水害を扣えて一日も早く」の掛声勇しく、実に連日涙ぐましき活動が続けられている。

猶総工費三百八十万円（内訳堤防修復費三百六十万円、耕地復旧工費二十万円）である。（昭和二三・八・三一）

九、支流都幾川決潰口

比企郡唐子村の状況

1. 出水警備と防水の状況

九月十四日以來の豪雨により、都幾川は刻々増水す。本村消防團は早朝より出動警戒に当りしも、午後二時頃より、堤防上に接近、危險刻々迫るや、警鐘を乱打し、村民総出動の上、土俵を積重ねて防水に死闘した。午後四時頃奔流は堤防を総越となり、同時に決潰二箇所を生じ、水は忽ち村内を洗い、各住家及び耕地全部泥海と化してしまつた。

2. 減水をまち、破堤箇所に莚張等の方法を講じ、徐々に築堤に着手した。

3. 被害の状況

(1) 民　家　流失六、倒壊一八、計二四戸

(2) 田　畑　冠水稲作一二五町、畑作一三七町歩

(3) 人　畜　重傷四、軽傷一六、家畜斃死六二頭

(4) 公共施設　橋梁流失　二架

第二節　唐沢川の決潰

決潰口大里郡深谷町の状況

1. 決潰前後における出水警備と防水の状況

十四日に引続き十五日も又豪雨に、本町消防團長は、全團員に待機の姿勢をとらしめ、嚴重警戒中のところ、午後一

時頃より、豪雨は更に風速十五米の颱風を伴い、通信、交通は刻々杜絶の状態に陥つた。消防團長は警鐘及びサイレンにより、待機中の全團員を招集し、要所々々の橋梁並に堤防にそれ〴〵配置し、自動車をもつて機動的に連絡を密にした。

午後三時頃より本町南端を東流する上唐沢川、隣村藤沢村より唐沢川に流入する下唐沢川、これに通ずる小支派川が刻々増水、溢水は本町東側の住宅街を南より北に横断浸入したゝめ、仲仙道を中心とする町内道路は、上半身を没する一大湖水化してしまつた。

これがために高崎線下り石打行列車は、深谷駅において運行停止となり、下車を余儀なくせられた乗客を駅及び小学校に一時収容した。併し豪雨は依然其度を加え、午後五時頃には、上流より漂流する幾多の木材は、各橋梁の橋桁に次々と衝突、ために破壊を受け、特に下流智形橋附近の堤防は、底部より濁水吹上り、堤塘は着々浸蝕され、破堤は時間の問題となりたるため、消防團長は團員五〇〇人及び現地應援團五〇〇人計一、〇〇〇人を急派、予て準備しおきたる空俵五〇〇の土俵を積重ね、必死の防禦につとめたのであつた。

時既に日も暮れ、作業も不活潑に加えて豪雨は依然かわらず、破堤の公算愈々大なるものがあつたので、附近の住民に避難を命じ、神社並に小学校にそれ〴〵収容した。

本町は往年四十三年の大水害にも、かゝる被害を経験したことなく、従つて大水害に対する方途たゝず、午後八時四十五分智形橋際西側堤防約二〇米一大音響と共に突如破堤し、本町小学校を中心とした住宅地及び本町北面耕作地は、一瞬にして泥海化してしまつた。

2. 應急措置と救援対策

翌十六日午前八時本町役場において、緊急町会を召集し、水害救援対策本部を設置し、各班にわかれて実情調査に活動、取敢えず罹災者に対する食糧の配給をなし、更に向後の対策を議決したのである。

記

1. 非罹災者青年会員は、各罹災者世帯の後片付に従事のこと。
2. 消防團員は、高崎線應急復旧工事を支援のこと。
3. 一部青年会員は、流木及橋材の引揚作業に従事のこと。
4. 町議、民生委員は、義捐金及義捐衣料、食糧の募集をすること。
5. 町議会常任委員は、所轄官廳に連絡の上、復旧資材の申請受配をなすこと。
6. 役場吏員は、罹災者の食糧及燃料の配給に努むること。
7. 流失橋梁の仮橋を早く補修のこと。
8. 罹災者の事情を参酌し、納税其の他に考慮を拂うこと。

3. 被害の状況

(1) 農作物に対する被害は大略次の通り

作物名	作附面積	收穫皆無	七割以上減收	五割以上減收	三割以上減收	減收量
水稲	八五二反	三三反	二四〇反	二〇三反	二九六反	八七三石
陸稲	四〇	一	二〇	一	二〇	一〇
甘藷	二〇〇	二〇	四九	一六	五〇	三五、四〇〇貫
大小豆	三八反	一反	二九反	二九反	一反	二四石
蔬菜	二九〇	九五	一〇五	六〇	三〇	四五、四〇〇貫
其の他	二四	一〇	五	五	四	三、七二〇

(2) 家屋の被害　倒壊三戸、毀損三八戸、床上浸水七五三戸床下浸水一、一九六戸（罹災人口九、八六〇人）
(3) 公共施設の被害　橋梁流失五箇所、農道崩壊二五〇米
(4) 農耕地の被害　流亡畑十反、変轉十反
(5) 人畜の被害　なし

第一二節　南埼北部用水路の決潰

南埼北部用水路　備前堀、姫宮堀、庄兵衛堀、栢間堀等の決潰狀況につき、当時の被害村たる江面村、三箇村、須賀村、篠津村、日勝村等五箇村につき、その狀況を次の如く掲載した。

1. 南埼玉郡江面村の狀況

(一) 出水の警備と防水の狀況

九月十五日以來の豪雨に洪水必至と見て、全村消防團員、靑年会員等村民協力の下に警備につき、水防に極力奮闘したが、刻々増水するに連れ、溢水氾濫各所に起り、手の下しようなく、堤塘次々と破壞された。

因に当時の決潰狀況は次の通り

用水路名	字名	決潰箇所	延長	決潰日	備考
備前堀	大字北靑柳大字下	三ヶ所	一三〇米	九月十七日	河川逆流し、渾々として溢水す
備前々堀	大字北靑柳	二	一二〇	同	

(三) 應急措置の狀況

一部出水を免れたる部落ありたるを以て、炊出の應援を得て急場をしのぎ、猶隣村より食糧、野菜等の救援があり、復旧に関しては、消防團、青年会の積極的の奉仕により、着々進捗していつた。

猶其の後縣及び軍政部より救援の手がさしのべられ、特に衛生方面に対しては、万全の措置が講ぜられた。

2. 南埼玉郡三箇村の狀況

(一) 出水警備と防水の狀況

南埼玉郡清久、江面両村と本村との村堺を流るゝ備前堀は刻々増水、洪水必至と見て、本村土木委員は、全村民協力の下に、各戸土俵を持寄り、見沼大用水の下流下星川堤防及び備前堀堤防、庄兵衛堀堤防唐杉堤に全員出動し、嚴重に警戒したのである。

然るに濁流漸次其の勢を増し、二百余町歩に亘る河原井沼は、十六日夜半より十七日朝迄に、水深五尺有余の泥海と化し、更に村内各所に氾濫したが、これは主として左記用水堀の決潰に原因したのであつた。

記

用水堀名	字名	決潰箇所	延長	決潰日時
庄兵衛堀	大字台	一ヶ所	九米	九月十六日午後九時
備前堀	同	一	六	同

(二) 應急措置の狀況

減水をまち、直に應急工事を施し、先づ浸水防止の成果を擧げた。

3. 南埼玉郡須賀村の狀況

(一) 出水警備と防水の狀況

九月十六日午後二時村内北部大字國納八河内に浸水、同七時頃は最南端大字須賀辰新田に浸水、全村殆んど濁流の浸す所となつた。

これより先、本村消防團員等集合し、村内山林の樹木を伐採し、或は土俵を持寄り、極力防水に努めたれども、村内一円の急速なる増水に手の下しようなく、遂に左記破堤を見たのである。

用水堀名	字名	決潰箇所	延長	決潰日時
備前堀	西條原	二ヶ所	一五米	九月十六日夜半
備前々堀	和戸	一九	七八	同
姫宮堀	東條原	二	一二	九月十七日朝

(二) 應急措置

減水をまち、擧村一致決潰箇所の修復及び崩壞した道路の補修に努力した。

4. 南埼玉郡日勝村の狀況

(一) 出水警備と防水の狀況

九月十六日早朝出水警報に接し、本村警防團は警備本部を役場に設置し、各支部を部落におき、防水警備の態勢を

と ゝのえた。

然るに同日午後六時頃、大字上野田字上原に、久喜方面より突如濁流浸入し、同時刻大字爪田ヶ谷方面には、隣村須賀村方面よりと、隣村栢間村方面より逆流により氾濫し、午後十時頃両村の大半は濁水の浸す所となつた。

翌十七日には大字太田新井、大字岡泉、大字彦兵衛の大半を除く各部落は、全部落浸水したが、最も激甚であつたのは上野田、爪田ヶ谷の二村であつた。

本村の防水対策は、前記の如く土俵を築き、一水も洩さじと努力したが、何分夜間の氾濫にて、決潰口の見届も十分ならず、遂に姫宮堀大字爪田ヶ谷三箇所約四十間に亘り、十六日午後十時過決潰を見たのである。

㈡　應急措置と救援対策

出水全村に波及したゝめ、各所の連絡思うようにならず、小舟の徴発により辛くも飲料水並に食料の輸送をした。特に洪水後の衛生保健に注意し、全村井戸の消毒、傳染病の予防注射、罹病者の診療、牛馬の丹疽病等にも、縣係官の出張の下に実施した。

猶当時は床上浸水七四戸床下同一一二戸であつた。

5.　南埼玉郡篠津村の状況

㈠　出水の警備と防水の狀況

九月十四日より豪雨断続、然し懸念していた風速も殆んど見られず、又村內各河川の増水も大約七割程度に過ぎなかつたゝめ、「先づ洪水の憂なし」と樂観の体であつた所、十六日未明「大利根破堤、奔流南下嚴戒を要す」との警電に接し、驚愕おく所を知らず、直に各警防分團に報告し、團員は勿論、一般村民の総出動を促し、緊急水防準備にうつり、特に江面村境備前堀堤塘に主力を傾注し、極力防水に努めたれども、刻々増水する激勢に抗し得ず、別記の如く同夕刻遂に一氣に破堤し、三十六字忽ち泥海と化し、第二防壁として防水に築俵した姫宮堀堤塘も続いて破堤、出動團員も辛うじて退避した程であつた。

因に破堤状況は次の通り

用水堀名	字名	決潰箇所	延長	決潰日時
備前堀	高岩・野牛	五ヶ所	一五〇米	九月十六日午後四時
姫宮堀	高岩	二	六五	同　午後五時
庄兵衛堀	篠津・野牛	三	六五	九月十七日午前三時
栢間堀	篠津・白岡	三	四〇	同　午前四時
計		一三	三二〇	

㈡ 應急措置とその対策

十六日午前七時、流水状況詳細の必要を感じ、情報係三名を鷲宮町方面に派遣し、愈々浸水避け難きを見極め、村民に対し避難の準備を命ずると共に、正午篠津、白岡の高地帯に村会議員を招集し、應急対策を協議し、救助用舟艇の借入、救援用食糧並に飲料水の供給に関する打合をしたのである。

應急措置の一段落をまち、九月二十三日緊急村会を開き、篠津臨時水害対策委員会を設置し、爾來同委員会を中心に、徹底的に復旧を急ぐことになつた。

九月二十五日第一回委員会を開催したが、同日委員に配布され協議した印刷物は次の通りである。

議案第十六号

篠津村臨時水害対策委員設置規程について

本村臨時水害対策委員設置規程を別紙の通り定めようとする

昭和二十二年九月二十三日提出

南埼玉郡篠津村長　細井彌作

原案可決

南埼玉郡篠津村会議長　蛭間春一

篠津村臨時水害対策委員会設置規程

第一條　本村水災害の復旧と恒久的安全策を樹つるため臨時水害対策委員若干名を置く

第二條　委員は村内有識者中より村長これを選任する

第三條　委員長は委員の互選に依る

第四條　委員の任期は定めず第一條の目的達成の時を以て了るものとす

第五條　委員会は村長の諮問機関とし必要に應じ委員長随時これを招集する

附　則

本規程は昭和二十二年九月二十五日より施行する

篠津村水災被害調書

一、浸水家屋　㈠、床上浸水　二百七十戸（内半壊十二戸）　㈡、床下浸水　二百四十八戸

計　五百十八戸（村総戸数千八十五戸）

二、罹災人員　二千四百五十五人（村総人口五千九百五十五人）

三、人畜被害　なし

四、被壊橋梁　(一)、流失　五橋 (二)、破壊　十八橋 ｝平均巾　三米 長　十米　木造橋

五、堤塘欠壊　(一)、全欠壊　三百二十米　(二)、半壊　千五百米

六、樋管破壊　八箇所（平均口径四五糎、長八米）

七、田面土砂流入　二町歩（平均厚三十糎）

八、道路破損　三百米

九、作物被害

種類	作付総面積	同上収穫見込量	内冠水被害面積	同上減収見込歩合	摘要
水稲	二九八・四町	五、九二四石	二七〇・四町	八割減収	冠水平均六日
甘藷	二二・四	六三、八〇〇貫	一二・三	十割減収	冠水平均四日
大豆	九〇・四	七六石	五二・〇	十割減収	同
雑穀	四〇・〇	—	三三・〇	十割減収	同
桑園	四〇・〇	—	三〇・〇	七割減収	同（桑園冠水に依り晩秋蚕中途破棄）
其他（蔬菜類）	六六・〇	—	四〇・〇	十割減収	同
計	五五七・二		四三七・七		

水害の復興要綱

（要綱）	（要綱の細目）
(1) 人心の振興	部落講演 青年の思想善導 少年の教育改善 農家慰安の方法 協同精神発揚週間の設定
(2) 衛生	衛生思想の普及 傳染病予防 医療施設
(3) 農業の復興	協同利用施設の設置 協同組合の急設 種苗の確保 技術の指導 麦蒔の準備 保險的意味の裏作仕付 農具の修理
(4) 土木の修工改善	土木施工の順序 資材の確保 人員出場の準備 水利の調査 堤塘橋梁及水利改良計画 通路の修築
(5) 生活の改善	農家経済の現況調査 個人経済の建直し 食物の合理化 衣料経済の合理化 強制的月掛金の運動

○明春來るべき食糧難にそなえ、何等かの対策を考慮し置くこと。
○復興に対し起債の要ある場合を予想し、其の準備案を考慮し置くこと。
○明治四十三年及今回の大災害を詳細調査記錄し、以て將來の災害に備う。

篠津村略図

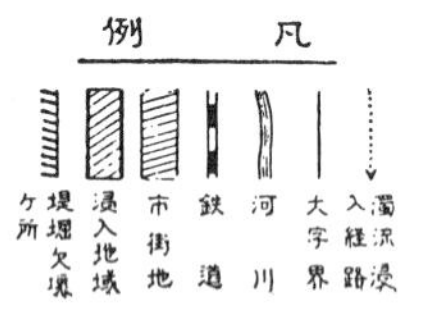

凡例
濁流浸入経路
大字界
河川
鉄道
市街地
浸入地域
堤塘欠壊ケ所

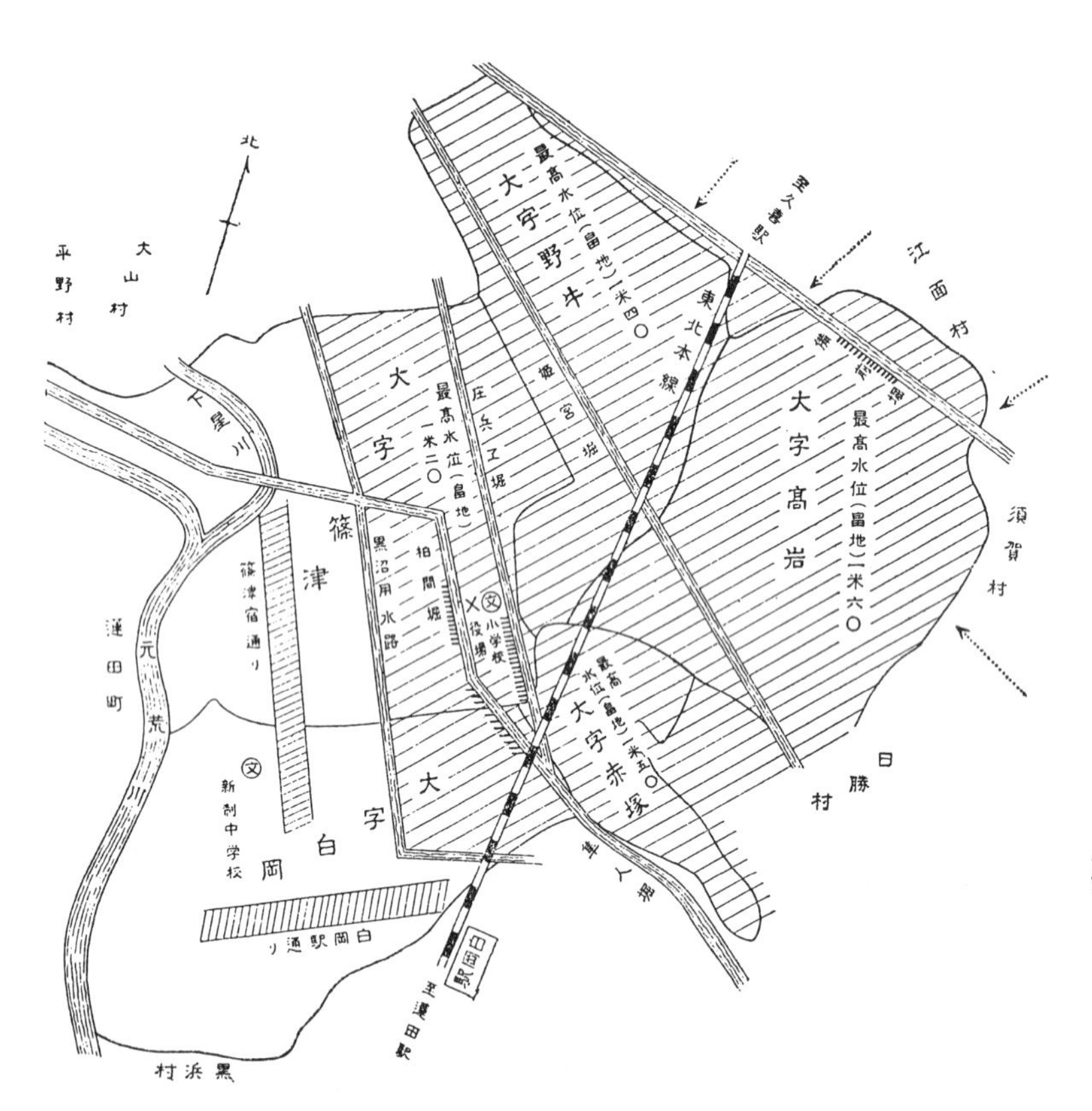

北
大山村
平野村
江面村
須賀村
日勝村
黒浜村
蓮田町
至久喜駅
至蓮田駅
白岡駅
東北本線
大字野牛
最高水位（畠地）一米四〇
大字高岩
最高水位（畠地）一米六〇
大字
最高水位（畠地）一米二〇
大字赤塚
最高水位（畠地）一米五〇
篠津
大字白岡
下星川
元荒川
姫宮堀
庄兵エ堀
柏間堀
黒沼用水路
篠津宿通り
白岡駅通り
小学校
役場
新制中学校
隼人堀
集前堤

第四章　應急措置と人命救助

第一節　縣の應急措置

一、臨時災害對策本部の設置

今次の水害が予測し得ざる莫大な損害に上ることは、各地よりの速報で略々察知し得た本縣では、之が應急措置の一策として、九月十五日知事室に「臨時災害対策本部」を急設し、各地への連絡並に情報の蒐集に努むることとし、必要に應じ即刻出動しうる態勢を取る一面、之が救済にも万全を期することになつた。

因に災害対策本部の組織並に各係員は左表の通りである。

臨時災害対策本部の組織並に係員

部名	責任者	部員	所管事務
本部	西村知事	吉田副知事 福永副知事	
庶務	大沢総務部長	秋元渉外課長 栗原庶務課長 大高地方課長 其の他	情報連絡、記録、其の他の庶務

部名	責任者	部員	所管事務
救恤	吉井民生部長	廣岡厚生課長 山口衛生課長 外関係員	罹災者の救助其の他衛生保健に関する一切
復旧	長久保土木部長	羽田道路課長 神保河川課長 宇野建築課長 其の他	道路河川の復旧、仮住宅其の他緊急設備の設営等
第一調達	沼本農林部長	中津川食糧課長 山根林務課長 其の他	食料、薪炭、木材の調達に関する一切
第二調達	新原商工部長	佐藤商務課長 外課員	被服、寝具並に日常生活物資の調達
治安部	古屋警察部長	鈴木公安課長 高林交通保安課長 其の他	警備、情報蒐集、警察官の應援、警備要員の輸送及車輌の調達、災害警報発表、警察通信の復旧

更に水害に対する方策の長期化を予測し、本部においては部内に水害対策本部事務局を特設して、一層事務の整備強化を期したのである。因に各係員は次の通り

事務局長　総務部長
主査　庶務課長

同　　地方課長
同　　特殊物件課長
局員　記録及び報導係　小森主事
同　庶務係　立岡主事
補助員　民政、農林、農地、土木、会計より各一名

かく事務局が整備せられたるを以て、九月二十三日事務局長は、各関係課長に対し、今後の運営に関する協力方につき左記の通りそれぞれ示達したのである。

1. 水害対策に関する書類は総て事務局に合議のこと
2. 記録用として資料の提供
3. 主要事項の連絡
4. 情報の提供

二、軍政部の出動と空中撮影

未曾有の豪雨に、利根、荒川ともに決潰、之がために通信施設も次々と流失倒壊、現在一万三千箇の中大約三千箇は全く不通、十六日午前十時迄に調査した不能箇所は、凡そ次の通りである。（但し五市中心に）

1. 川口市　六〇〇
2. 熊谷市　四五〇（四回線中二回不能）
3. 大宮市　二〇〇（大宮市内のマンホール浸水のため宇都宮ケーブル不能）

4. 浦　和　市　三〇〇

5. 川　越　市　二〇〇（市外浦和、東京、大宮、飯能、小川、平方、槻川、大河原、熊谷、越生、青柳不通）

斯くの如く各地との通信不能となり、現地の実情知る由もなき本縣では、同日午前九時、西村知事は、埼玉軍政部にライアン指導官を訪問、被害状況を知るには飛行機による他なしと説明し、之が協力方を懇請したる所、同指導官も快諾、知事同乗の上即日入間川軍政部基地を訪問、同様懇請したのである。

かくて所沢航空隊の出動により、同日午後三時迄に、決潰箇所、氾濫地域、避難状況等全地域にわたる空中撮影に成功、翌十七日十数枚完成、該写眞により直に急援の手配を施し、多大の効果を擧げ得た事は云うまでもない。猶航空写眞は、縣の應急措置に、偉大なる効果を擧げたのみならず、陛下現地御視察の動機ともなつたのである。

当時の埼玉新聞には、次の如く発表されている。

御視察の御動機　　　　埼　玉　新　聞

埼玉新聞九月二十二日紙に、「米機好意の航空写眞に痛く御感動」と題し、凡そ次の記事が載つている。

記

米國通信飛行隊の好意による災害時の空中写眞は、災害の実態なので、この写眞は各方面を動かしている。その反面本縣の起上りの第一歩ともなつている。

木村内務大臣は、西村知事から、この写眞で災害の狀況を説明され、なるほど……と、早くも災害の大きいことをのみ込んだ。そして陛下に拜謁の際、又この写眞で御説明申上げた。すると陛下は、「是非災害地を視察したい、早く堤防をなおして、農民を救いたい」とおつしやつた。木村内相は恐懼して、「いや泥沼同様で、視察も容易でない」と申上げると、陛下は重ねて「それなら『ゴム長で行こう』縣民にも知事にも一切迷惑をかけないように行こう」とのお言葉があり、木村内相も一層感激、そこで宮内省は、十九日西村知事に対し、「廿一日陛下が御微行で、埼玉縣を視察する」旨の、内々の電話があつたのである。

従つて廿一日の御視察の当日、本縣では、陛下の御心をくみ、普通と何等変らぬ知事室に、御案内申上げた次第である。

三、縣民の奮起と協力の要請

西村知事は、九月十七日午前十時「今次水害に際し、縣民各位の奮起を望む」と題し、凡そ次の如き談話を発表し、今次水害に関し協力を要請した。

今次水害に際し縣民各位の奮起を望む（九月十七日午前十時）

西村知事

数日來の縣下一円並びに水源地帯に及ぶ豪雨のため、去る十四日夜半より十六日にかけ、各河川は急激に増水し、地方市町村民の必死の防禦作業にも拘らず、遂に縣下随所に、堤防の決壊を見、これがため人畜、家屋、田畑、交通施設等に莫大なる損害を蒙り、一部地方に於ては、今なお被害が拡大しつゝありますことは、誠に憂慮に堪えないところであります。

不幸にして、今次の水害に罹災せられた方々に対しましては、衷心より、御同情と、御見舞とを申上げる次第であります。

縣に於きましては、直ちに、災害対策本部を設置し、各部課の総力を擧げて、應急救済の措置を開始すると共に、進んで、災害復興対策の樹立に邁進しておるのであります。

私は、この際、不幸罹災せられた方々が、大いに勇を鼓して、災害の復旧に蹶起せらるることを切望すると共に、幸にして、罹災をまぬかれた縣民各位は、温き同胞愛の精神をもつて、罹災者の援護と更に進んで災害の復興に、絶大なる御協力を賜らんことを希ふ次第であります。

尚私は、この機会に、わが埼玉軍政部が、物心両方面に亘り、率先して、多大の御同情と御援助御協力を賜りましたことに対し、深甚なる感謝の意を表し、併せて縣の内外より、今次の災害に対し、御同情ある御見舞を寄せられました御好意に対しまして、厚く御礼を申上ぐる次第であります。

四、政府に對し應急復舊策の要請

西村知事は、十八日午前九時半首相官邸で開かれた臨時閣議に出席し、災害の実情を詳細に説明したる後、次の三項につき要請した。

1. 縣民二十万の罹災防止のため、速に利根川築堤の復旧に全力を傾注せられたきこと
2. 向後は國土局所管云々等に拘泥せず、舟艇、物資、動力等擧げて中央命令一本で進み、迅速正確を期せられたきこと
3. 米第八軍の援護方に関し、政府の名の下に懇請すること

其の結果、政府は二十日より二週間の予定を以て、着々実施の計劃を進むる旨公約し、又米第八軍も要請に應えて、科学陣を総動員して救済する旨通告があつた。

更に同知事は、衆参両院の各派交渉会にも出席し、同様報告をなし、次いで松岡、松平両議長を院内に訪問、一層の協力方に関し、懇請する所があつた。

五、臨時縣會の召集

臨時縣会は、二十日午後一時半開会、劈頭西村知事より、水害対策概要に関し、別項記載の如く概略説明、「縣においては直に災害対策本部を設置し、軍政部の全面的應援を得て、着々救済に努力しつゝある外、中央政府に対しても極力援助を懇請している」旨報告があつた。

因に知事発表の「水害対策概要」は次の通り

水害対策概要（昭和二十二年九月二十日現在）

埼玉縣

一、應急対策

1、災害対策本部の設置

九月十五日水害の危険迫ると共に直に災害対策本部を設置、各地の災害狀況を調査すると共に、災害救済の活動を開始した。尚現地救援のため出張所を越ケ谷、岩槻、栗橋、久喜、加須、大越、茨城縣古河、千葉縣野田に設置、副知事、部長、課長及縣廳職員若干名を派遣、救援の万全を期した。

2、人命救助

本縣にあつた舟艇の外、縣外より百二十七隻の舟艇の增援を得（進駐軍より六十八隻、千葉縣より四十六隻、警視廳より十三隻）栗橋、幸手、久喜、江戸川方面に配置し、人命救助に活躍している。

3、食料の確保と配給

コツペパン約二十一万個、乾パン十万食を確保し、コツペパンは十九日迄に全部配給済、乾パンは内一万七千食を残し十八日迄に配給した。両者共主として利根川系統の災害地に配給した。尚今後は毎日二十万食を確保配給する予定である。遠方配給分は状況に應じ米、麦に切替えて行く予定である。其の他農林省より鰹の罐詰四万八千封度、加糖粉乳約四千二百封度の配給割当を受けている外、進駐軍の罐詰（果実）約六〇噸（十三万四千封度）の放出許可を受けている。之等を入手次第速時配給する。

4、医　療　救　護

災害後直ちに縣下の衛生施設を動員して、救護班を編成すると共に、東京方面より日赤本社初め、六施設の救護班の應援を得、現在迄に二十一班を災害各地に派遣した。

今後の防疫対策として、井戸水消毒薬二〇噸（内八噸入手）腸チブス、発疹チブスの予防藥、種痘各百五十万人分、ヂフテリヤ予防藥五十万人分を中央に要請、逐次入手して実施することになつている。

5、衣料、寝具、日用品の確保及配給

大越村外四ヶ村に罹災者収容所を設置し、毛布二千五百枚、布團六百枚を給與した。尚目下應急物資を岩槻、加須両町に集積中である。今後の需要に備えるべく中央関係者に生活必需品（被服、肌着、寝具等及地下足袋、塵紙、石鹸、燐寸、ローソク等の日用品）の入手方につき要請している。

6、利根川、荒川決潰箇所の應急修理

利根川、荒川の決潰箇所を應急修理するのは焦眉の急務であるが、就中利根川の堤防修理はすべての他の工事に優先して爲す要があるので、之に要する資材の確保、資材の輸送に重点を置き次の資材確保に万全を期した。

四米丸太三千本、空俵三万俵、繩、トラック五台分、かすがえ五千本、竹一万五千本

7、臨時縣会の招集

未曾有の水害に見舞われた本縣としては、擧縣一致の体制の下に総力を擧げて救援、復旧に当るべく所要の予

算を計上し、縣会の承認を受ける爲め九月二十日臨時縣会を招集し、総経費二千万円の災害対策費を全員一致を以て可決した。

8、備　考

イ、中央政府への要望

應急品として中央政府へ夫々要望した外、東村の決潰現場應急修理については國の総力を擧げて一日も早く実現する様閣議に於て要請、尙恒久対策については追つて要望事項を作成し中央政府と折衝する予定である。

ロ、進駐軍の援助

災害発生と同時に現地軍政部と緊密な連絡を取ると共に、縣下豊岡町所在米國第五航空隊に要請した結果、災害地の狀況の航空撮影を快諾、九月十六日午後三時頃縣下一帶に亘り撮影を了した。災害拡大し、增水甚しくなつた結果相当数の舟艇を必要としたのであるが、現在迄に進駐軍より上陸用舟艇の貸與を受けた数は六十八隻に上り、重要地区に配船した。

ハ、ララ救援物資の給與

水害に依る罹災者救援のため、特にララ救援物資の一部である食糧及衣料合計約五十噸の無償贈與を受ける旨通知に接したので、被害最も多く困つている者に優先一定の基準に依り給與する計画になつている。

ニ、他府縣の援助

大災害が東部縣境に発生した爲め千葉、茨城縣に近接している地方は、本縣側よりの救援意の如くならず、多大の支障を來したのであるが、千葉、茨城両縣は相当の水害があつたにも不拘、茨城縣古河、新郷、五霞の町村は栗橋、幸手の罹災民を、千葉縣野田流山よりは江戸川方面に舟六十艘を動員して救援に献身的努力を盡し、罹災者を感激せしめた。

其の他警視廳よりは、警察官六十名の應援を受けた外、各府縣より多大の物的援助を受けた。
二、恒　久　対　策（災害復旧）
1、流失田畑の復旧
災害地が本縣の穀倉地帯である関係上、今後の食糧増産に至大の影響を及すので、全力を擧げて復旧計画を樹立すると共に、國の格段の援助を要請する予定である。
2、道路橋梁の復旧
災害復旧工事の動脈たる道路橋梁を急速に復旧するため、一定の計画を樹てて、その資材人員の確保を予定している。
3、流失家屋の復旧
未だ減水しない爲め流失家屋の数は判明しないが、相当数に上ることが予想されるので、家屋の復旧には縣内資材の計画的搬出は勿論、國に要請して他府縣よりの援助を仰ぐべく計画している。
次に、今次水害に対し、多大の救援と同情を寄せられた、埼玉軍政部司令官、第一騎兵師團長、入間川航空部隊長、第八軍司令官に対し、それぐ感謝狀贈呈に関する決議文を、満場一致可決の上、左記の通り議案の上提に入つたのである。
因に感謝決議文は次の通り
感　謝　狀
このたび縣下の大水害に際しては、逸早く人命救助その他救済等に格段の御指導並に御援助をいたゞき誠に感謝に堪えません、ここに縣議会は縣民を代表して厚く感謝の意を表すると共に今後も多大の御援助を御願い申します。

昭和二十二年九月二十日

埼玉縣会議長　松本倉治

埼玉軍政部司令官
第一騎兵師團長
入間川航空部隊長
第八軍司令官
宛

議案

(1) 政府に対する決議案（鈴木議員他四名）

今次関東地方を襲える風水害は、其の慘禍誠に甚大でありまして、其の範囲の廣汎なる曾て見ざる所にして、農作物の被害は元より人畜の被害計り知るべからざるものがあります。

殊更本縣は其の災害の中心となり、唯一の穀倉地帯を湖底と変化せしめて其の損害を思うとき、誠に心胆を慄然たらしむるものがあります。

縣は直に罹災救助基金を支出して、應急処置に着手したとは云え、九牛の一毛に過ぎず、政府は緊急対策を樹てゝ難民の救済に万遺憾なきを期せらるゝよう切望するものであります。

右地方自治法第九十九條によつて意見書を提出する。

(2) 災害應急対策費二千万円支出の件

右二千万円の内訳（支拂済見込額）次表の通り。

水害應急対策費（二、〇〇〇万円）支拂済及見込額調（九月十日）

区分	数量	支出済額	支出見込額
備品類	懐中電燈、シャベル自轉車、測量器具修理	一七六、三七一円	一五、〇〇〇円
消耗品類	ガソリン、ローソク、薪炭、用紙、写眞、地図	五七三、四三八	五〇九、四〇四
人夫賃	船夫、積込部人夫賃、工事人夫（土木部関係未拂）	三二四、七八三	二、五四三、一八三
医薬品	急救薬品（衛生課予防薬）クロール石灰、DDT、ワクチン、アルテル、脱脂綿		四、八七九、九五六
運搬費	トラック傭上、自動車、船	八三七、二二四	一、八一三、四七八
食品給与品	調味料、カン詰、野菜、副食品、煙草	四、四四二、一二六	—
生活必需品	鍋、釜、衣料、地下足袋、石ケン、マッチ、ローソク	三、二七三、七五六	—
謝礼金	縣外関係	六四、〇〇〇	—
其の他諸費	夜勤手当、議員旅費、應援、其の他縣警察手当接待費	五八一、九〇〇	二〇五、三八〇
計		一〇、二七三、五九八	九、九六六、四〇一
合計			二〇、二三九、九九九

猶臨時縣会開会に先立ち、午前十時より各派交渉委員会を開き、「災害対策委員選出の件」につき協議し、別表の通り決定、向後は各部とも緊密なる連絡を取り、現地災害者の声をまとめてそれ〴〵検討し、即時縣政上に反映実現

を期することになつた。
因に委員氏員は次の通り

水害対策委員

一、衣食住対策委員

中村彌太郎　新井秀治　田沼年次
高須七三郎　小谷野常作　岡安正庫
深井誠一　関口佐源太　関根憲治
眞中麟　野本武一　宮崎菊治
斎藤一郎　町田憲　白戸としえ

二、保健防疫対策委員

鈴木清助　染谷清四郎　上原孝助
小林貫司　君塚皎　栗原増太郎
佐久間鎮雄　石井保　栗原正一
片倉鷹人　山田豊治　長谷部秀邦
寺山源助　江部賢一　加藤松平

三、農作物対策委員

松本倉治　新井万平　細田栄藏
大谷國道　松岡弘基　猪鼻精壽
荒井政太郎　野中彦十郎　吉野一之助
石川伊久　田島実衞　山口正一
岩上彌三郎　長塚勇助　坂上登

四、災害復旧対策委員

轟安雄　桑田愛三　関根恒吉
高橋八郎　田中弁次郎　茂木茂三郎
池田精一　石川求助　佐山耕三
大藤瞭一　金子彌太郎　石川栄一
森田正雄　新井儀造　高橋一博

六、對策本部地方出張所の設置

対策本部においては、交通、通信機関の被害に関し、連絡及び救済事務の寸時も忽諸に附せざる重大事態に善処するため、各重要地点に地方出張所を設置し、適当なる係員を配置し、本部との密接なる連絡を取ることにした。

因に出張所地点、担当主務者、所管町村名は次表の通りである。

埼玉縣水害氾濫區域並に出張所所在地

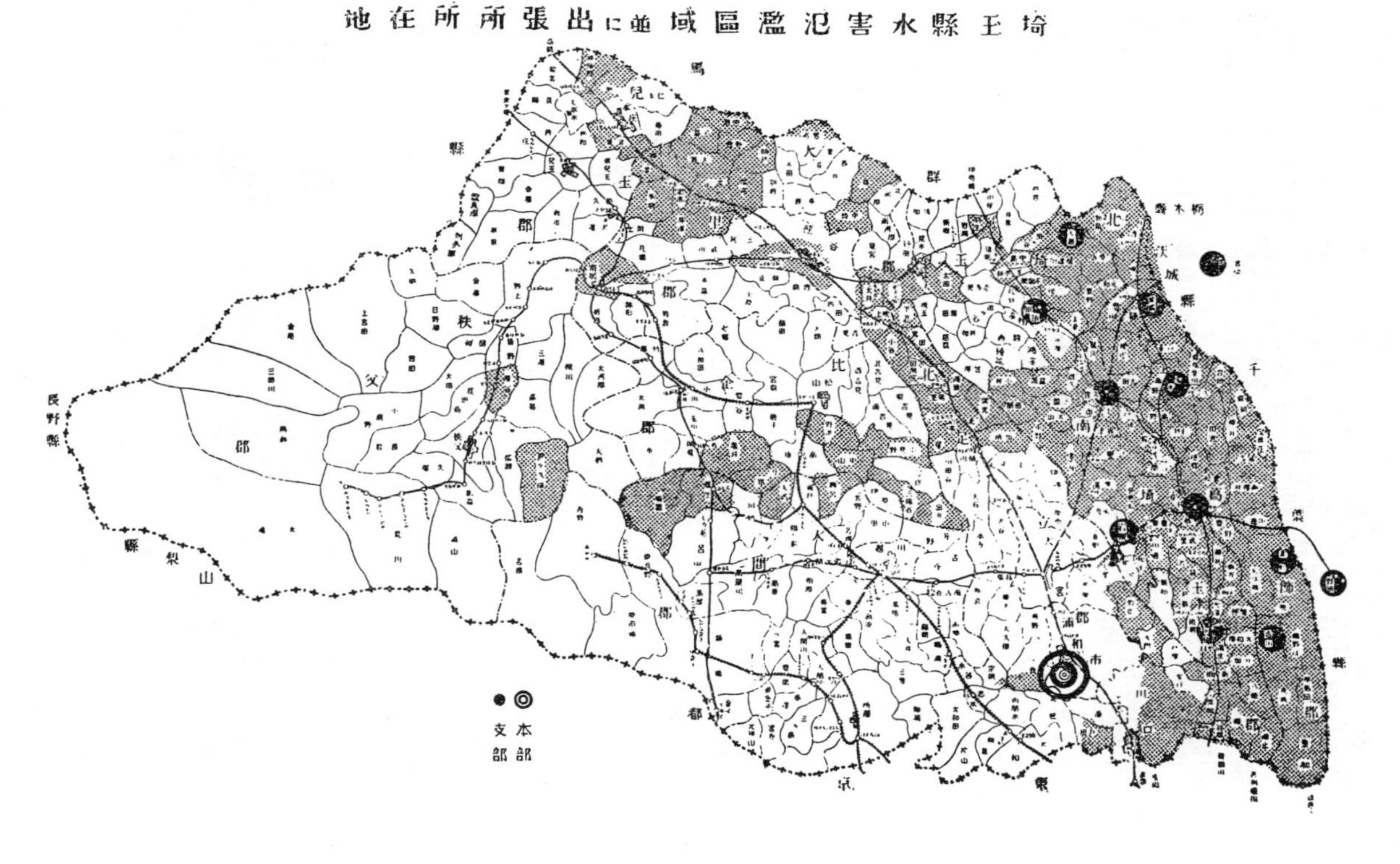

対策本部地方出張所担当者及所管町村名一覧表

出張所名	所管町村名	配置割当数							職員配置数	
		九月十六日	九月十七日	九月十八日	九月廿一日	九月廿二日	九月廿三日	計	主務者	従事員
栗橋	栗橋、行幸、権現堂川、幸手、吉田、上高野、櫻田		七	八	二一			三六	福永副知事	細谷、清水、下山、高山（以上学）長堀（調）廣瀬、五味淵、岡部（労政）早川（地）利根木（社会）中村（食）
金杉	早稲田、三輪野江、旭、金杉、川辺、南櫻井、富多、宝珠花、櫻井、豊岡、松伏領			二	四		一五	二一	吉田副知事	塩野（経防）大沢（保護）福島（庶務）福島（人事）竹花（調）下元（賠）矢部（職）
大越	東、原道、大越、利島、川辺		三	三	一〇			一六	三角社教課長	水野（会）立岡（特殊）田中、佐波（社教）木村（教）
吉川	吉川、彦成、東和				一五			一五	古曳学校教育	大久保（消）井上（農地）中村（体）
久喜	久喜、鷲宮、高野、須賀、江面、篠津、清久、太田、日勝			六	一〇			一六	吉田事務官	柿沼（保）野原（蚕）人見（地方）栗原（畜）山崎（地）吉田（保）
春日部	春日部、百間、杉戸、堤郷、幸松、豊野、慈恩寺、豊春、武里、川通、八代、田宮	五	十七日ヨリ岩槻ヘ			二二		二二	鈴木埼葛所長	黒川、藤倉（職業）宮内、駒崎（社教）

越ヶ谷	越ヶ谷、大沢、増林、大相模、川柳、蒲生、八條、八幡、潮止、出羽、荻島、大袋、新方			七	廿一日ヨリ吉川ヘ				大久保 埼葛税務	田沼(商)米山(工業)内田(保)檜山(地)高橋(社会)
加須	加須、不動岡、三俣、豊野、大桑、水深、樋遣川、元和		四		六			一〇	飯塚 刑事課長	
岩槻			九	三	一〇	二十二日ヨリ春日部ヘ				村田、黒川(職) 蓮見(学)
古河	茨城縣ニ臨時設置		五	廿一日ヨリ栗橋ヘ					細谷 教育部長	
野田	千葉縣ニ臨時設置		四	廿一日ヨリ金杉ヘ						
計		五	三二	二九	七六	二二	一五	一三六		

備考

1. 地方出張所には縣職員を配属する。
2. 本事務所は食料及び物資の配給を主として行うこと。
3. 出張所は本部の指示に依り物資の配給をする。此の場合帳簿に記載し、領収書を徴し置くこと。
4. 出張所は随時増設及び設置替えを為す。
5. 出張所主任は物資の過不足を本部に対し常に連絡すること。

七、臨時調査班の派遣

底知れぬ増水に、対策本部委員会においては、災害の益々拡大するを見越し、早急地方の実情に即應すべく、臨時調査班を編成の上、出発せしむることに決定、左記要領により、九月二十三日第一班を派遣、順次出発せしむることになつた。

猶調査事項並に調査事項は、別項記載の通りにして、係員は厚生部世話課々員が担当することになつた。

1. 調査事項

1. 流水の高さ、速さ（國道上とか警察署前とか目標地点を基準として）
2. 家屋の浸水狀況（軒迄とか床上とか）
3. 難民の狀況（二階に籠城とか、小学校寺院等へ避難とか）
4. 難民の窮乏狀況（如何なる生活をしているか詳細に）
5. 難民の衛生狀況及救護狀況（患者の発生狀況、救護班の活動狀況）
6. 難民は如何なる物資を最も要望しているか
7. 送出す物資の種類及大まかな数量
8. 輸送方法（トラックと其のコース等詳細に）
9. 其の他人心の動揺狀態等

2. 調査地域と調査班の編成

調査中心地点を大越、栗橋、幸手、杉戸、金杉、吉川の六区におき、附近一帯を分担調査することにした。

因に編成表は次の通り

班名	派遣区域	調査町村名	係員氏名
第一班	大越方面	川辺、利島、東、原道、元和、豊野	田中、松浦、戸野塚
第二班	栗橋方面	栗橋、静、櫻田、豊田	堀川、弓削、仁羅
第三班	幸手方面	幸手、行幸、上高野、権現堂川	鈴木、竹内、大塚
第四班	杉戸方面	杉戸、八代、田宮、櫻井、豊岡	長谷川、小林、福島
第五班	金杉方面	金杉、川辺、松伏領、旭	橋本、小山、小林
第六班	吉川方面	吉川、三輪野江、彦成、早稲田	新井、須藤、高橋

3. 調査報告の概要

各班調査の細部にわたるものは別として、各地域における難民の悲痛の要望を取纒めて見ると、凡そ次の通りである。

(一) 救済用緊急物資として

(1) 糧秣、主食は勿論、食塩、味噌、漬物類及び家畜の飼料
(2) 流失した家屋の復旧用建築資材(主として木材と釘)
(3) 堤防決潰口の應急修理と排水機の修理
(4) 電力の速急復旧
(5) 救急用薬品(赤チンキ、水虫薬、眼薬等)

(6) 秋蒔用種子(麦、牧章、馬鈴薯、豆等)
(7) 農機具の速急修理と補充
(8) 被服類、寝具類は勿論、作業用衣類、地下足袋を要望す
(9) 寝室用の疊乃至莫蓙、莚等
(10) 燐寸又は蠟燭、石油ランプ
(11) 炊具及び食器類
(12) 塵紙、障子紙類
(二) 経済的援助として
(1) 生活保護法による給與の最高額の支給
(2) 減免税
(3) 緊急処理による家畜の賣買斡旋
(4) 六三制教育の特別措置(國庫負担として処理)
(5) 役場、農業会職員の俸給を縣又は國費より支弁
(6) 水害地就職教員の待遇に関し特別考慮

八、災害對策本部日誌(自九月十五日至九月二十日)

九月十五日

1、知事室に災害対策本部を開設し、直に活動に入る。

2、現地警備員として、厚生部課員を次の通り派遣す。
い、熊谷地区　海老原、針ケ谷　　ろ、吹上地区　高橋、橋本
は、鴻巣地区　野　本　　　　　　に、川口地区　小山、金森
3、農地部耕地課員四名、情報連絡のため徹夜せしむ。

九月十六日

1、午前九時西村知事は埼玉軍政部を訪問、縣下の被害狀況偵察のため、飛行機の出動方を懇請したるに対し、ライアン指導官も同意、直に所沢飛行場に急行、午後三時迄に被害全域の空中撮影に成功、本部は該写眞により着々救済の手を延ばしたるは云う迄もない。
2、同九時半中村縣食糧営團長來縣、「縣の指示により臨機の措置を講じうるよう待機中なり」との申入があつた。
3、同十時浦和駅長來縣、救援物資輸送については、「随時臨時列車増配の要意ある旨」申入があつた。
4、同十時半大宮憲兵隊長より「救援物資につき多少用意あり、必要あらば利用せられたし」との申入があつた。
5、同警察無電配置に関し、本夕より熊谷及び川越の両地区は大方通ずる見込なり。
6、各部長を動員し、緊急現地の実情を視察せしむ。
い、幸手方面　福永副知事　　ろ、吉川方面　大沢部長
は、加須方面　沼本部長　　　に、川越方面　吉井部長
ほ、各地方　長久保部長
7、現地調査のため、耕地課員数名急派せしむ。
8、民生部衛生課救護班を左記の通り急派せしむ。

い、栗橋方面　医　師　一名　薬剤師　二名
ろ、高崎線方面　医　師　一名　防疫官　一名
は、西部方面　事務官　一名
9、午前十一時東京都より放援方協力申入あり。
10、縣食糧事務所に対し、乾パン二十万袋請求す。
11、栗橋方面救援のため、午後二時左の物資の急送をなす。
い、天　幕　弐拾張（人事課保管分）
ろ、蠟　燭　白蠟六箱分九千本
は、燐　寸　小箱入二箱計四千八百個
12、午後五時水害見舞のため、社会党代議士來縣、同一行は直に現地視察のため離縣、因に其の氏名次の如し。
本縣選出代議士　松永、馬場、川島の三氏
縣外選出代議士　加藤、林、大川の三氏
13、同日本自由党より、同様趣旨のため來縣の旨電話あり
衆議院代議士　花月純誠、松野頼造の二氏
14、同、浦和食糧営團より、食パン五千食分を、埼葛地方事務所へ急送した旨連絡あり。
15、救援本部を左記の如く設置に決定す。
い、第一救援本部を春日部警部補派出所に置き、吉井民生部長を委員長に任じ、午前十一時出発せしむ。

ろ、第二救援本部を加須警察署に置き、刑事課長を委員長に任じ、これが執務方指令す。

猶両本部とも、文部省急援の移動式無電機各一台宛備付けて、以て連絡に便した。

九月十七日

1、午前八時三十分、昨夜春日部町に開設した第一救援本部は、朝來浸水甚しきため、岩槻町に移轉した旨連絡あり猶春日部町は、目下一時間二寸位の割に增水して居り、婦女子は陸續岩槻町に避難中である。

2、浦和食糧営團より、食パン七千個埼葛地方事務所宛発送した旨連絡あり。

3、昨夜山口貯水池から、モーターボート一隻、進駐軍の協力により本朝加須署へ急送した。

4、食糧管理局より急送した乾パン十万食、本日午前十時浦和駅に到着した旨連絡あり。

5、厚生省予防局防疫課椎名技官並に医務局薬務課新居技官來縣、救護に関し係員と打合をなす。

6、日本放送協会報道部三戸久雄氏來縣、災害狀況視察に関し打合をなす。

7、午前十時半、トラックを以て救済本部宛、左記の如く食糧の急送をなす。

い、第一救援本部宛　　コッペパン一万食並に乾パン二万食

ろ、第二救援本部宛　　コッペパン一万食

8、午前十時半「今次水害に際し縣民各位の奮起を望む」と題し、知事談話を発表す。

9、正午、災害應急対策審議のため、來る二十日臨時縣会招集に決定、直に各議員に招集狀を発送す。

10、十二時半農林次官、開拓局長及び事務官二名、災害見舞をかね、現地視察の目的を以て來縣、係員より狀況聽取後、直に久喜方面へ出発す。

11、宮崎高等女学校幹事來縣、「学生をして救援焚出し等の應援に利用下されたし」との申込あり。

12、軍政部空中撮影の写眞十数葉見事に完成、救援の手配は勿論、各新聞社にも提供の上報導の資料とした。

13、午後二時十分、木村内相、鈴木次官の一行は、災害地狀況視察のため來縣、埼玉軍政部訪問挨拶後直に越ヶ谷方面へ出発す。
14、午後三時西尾官房長官実況視察のため來縣。
15、午後六時第一救援本部より、至急増員に関する要請あり、よつて直に雇員八名を急派せしむ。
猶厚生課長並に衛生課主任も同乘現地に出発す。
16、午後八時茨城縣古河町に第三救援本部を新設することに決定し、細谷教育部長を急派せしむ。
17、同九時吉田副知事は、神保河川課長を帶同、東村堤防決潰善後措置打合のため船橋町に出張、詳細打合の上、十八日午前二時帰廳。

九月十八日

1、西村知事は土木部長を帶同、本日の臨時閣議に臨み、水害狀況を詳細に説明、之が対策につき善処方懇請、午後二時帰廳す。
2、一松厚生大臣一行、災害地実情調査のため來縣。
3、軍用ボート二隻、昨夜送致をうけたるボート八隻計十隻を本朝六時半加須第二救援本部へ急送す。
4、縣教員組合編成のカッター乘組員十二名、加須第二救援本部へ出動す。
5、日本放送協会浦和出張所長より、「床上浸水程度以上の聽取者に対しては、聽取料免除する用意あり」との申入があつた。
6、毎日新聞社東京社会事業團新井主事急救車に便乘、巡回診療のために來縣、「縣内避難地区における診療に従事したき旨」申入があり、猶同車には在日國際事業部米國赤十字特別代表相談役ファーディナンド・ミクローズ氏も

同行直に現地に出発した

7、東京地方専賣局長代理、水害見舞のため來縣。

8、河原曾根防禦のため、空俵五千枚急送に関し、越ヶ谷警察署長より要請あり、よつて直に手配す。

9、三角社会教育課長を大越村へ特派せしむ。当分加須救援本部の應援に当らせることに内定す。

九月十九日

1、ライアン指導官は、本朝以來加須救援本部に滯在、救援の万般に関し激励中。

九月二十日

1、臨時縣会招集、災害應急対策費として、二千万円支出に決定す。猶水害対策の概要に関し、知事別表の通り発表す。

第二節　進駐軍の全面的協力

一、協力の内容

出水以來、進駐軍が本縣のみならず、罹災諸縣に対し、擧げて救済に協力したが、本縣は罹災範囲が益々拡大さるゝ点より、地元軍政部並に第八司令部より格別の援助を受けたのである。

埼玉縣指導官ライアン中佐は、常時西村本縣知事と共に東奔西走、此の間飛行機による現地空中撮影を初め、実地視察、舟艇の斡旋、人命救助、住宅、食糧の補給、衛生方面の手配、堤防、道路、橋梁の復旧に至る迄、綿密なる調査を終り、着々実績を擧げ、殊に第八軍工兵隊の如き、夜間舟艇の搬送と土木工事に協力し、聯合軍司令部も又関係係官を次々と現地に派遣し、実地の状況を詳細に視察し、之に対する應急措置、特に衛生保健方面に万全を盡し、衛生諸材料注射溶液の補給等、実に微に入り細を穿つ行届方に、罹災民をして痛く感激せしめたものである。

猶出水九月中に、軍政部が心痛の余り、應急対策として、当局者に取りたる連絡事項中、その主なるものにつき参考までに記載して見よう。

一、協力の内容

記

月日（時）	指令箇処（指令者）	連絡せし事項
十六日（午後四時）	埼玉軍政部（ライアン指導官）	1. 栗橋方面の救済対策を如何に考え居るや。 2. 堤防國道上の罹災民は如何になし居るや、之が救済対策に如何なる方途ありや。 3. 栗橋方面に小飛行機の着陸点なきや。 4. 栗橋方面行舟艇のコースを調査報告せよ。右決定次第直に医師を派遣し救済物資を輸送する。 5. 当直将校が常時勤務しているからいつでも連絡されたい。
十八日（午前十時）	連合軍司令部（ネフ氏 公衆衛生局 ミツクラウス氏 赤十字社 マータル大尉 防疫官）	1. 厚生省に要求した事項を再度要求せよ。 2. 腸チブス及びヂフテリヤの予防注射を至急施行せよ。 3. 避病院を準備して、患者発生の収容に備えよ。 4. 赤痢患者には、「サルフアダイアヂン」を一日四瓦宛與えよ。 5. 飲料水は確実に消毒せよ。

十九日

軍政部（ミラー氏）

1. 草加地区に収容している避難民を保護するため至急専任の連絡員を派遣せよ。
2 熊谷地区の状況を至急報告せよ。併せて罹災地区給食用のコッペーは、熊谷地区給食用中心として製作方を計劃実施せよ。
3. 罹災地区における末端配給状況を明細に報告せよ。猶コッペーは滞貨させてはいけない。
4. 深谷町所在の輸入罐詰の放出を許可する。病人を主とし、幼兒を副とし、嚴選の上適確に配給せよ、但し数量は六十噸ある筈。
5. 水災地を見物にくるもの甚だ多し、又水災地に好ましからぬ行爲者もあり、向後該地域への立入を嚴禁せよ。
6. 本省に対する申請内容は、責任者出頭の上適確に説明せよ。
7. 食料課長は毎朝八時軍政部に出頭し、前日処置したる内容を報告すると共に、当日の行動計劃を説明せよ。
8. 食糧營團長は、非常炊出狀況の明細、輸送狀況の明細書を作製報告せよ猶草加町避難民の狀況も併せ報告せられよ。

備　考　指示席には農林省埼玉食糧事務所業務課長外弐名
　　　　食糧營團総務部長外参名

1. 避難所の便所の設備及び罹災者救護の方法に対し早急計劃実施せよ。
2. 腸チブス、パラチブスの予防接種及び種痘の施行を早急計劃せよ。入手せる液は、本日より直に出水部落を優先的に施行の上、漸次縣民全般に及ぼせ。

月日（時）	指令箇処（指令者）	連絡せし事項
十九日	埼玉軍政部（ライアン指導官）	3. 飲料水は必ず消毒の上配與せよ。 4. DDTの至急配布。 5. 傳染病の発生については、直に警電を以て縣衞生課長に連絡せよ。 6. 予防注射実施成績は、明朝迄縣衞生課まで報告せよ。 7. 厚生省に要求せし救済物資中到着物資は幾何か、直に報告せよ。 8. 其の他
二十五日	埼玉軍政部（ライアン指導官）	1. 利根川決潰地点東村應急施行工事は、どこ迄進捗しているか。 2. 明日現場を視察するゆゑ、担当者の案内を願いたい。
同日	厚生省（水害対策本部長）	1. 九月廿七日連合軍総司令部より、公衆衞生福祉部長サムス大佐及び係官トーマス少佐、レオルグン大尉の一行四名派遣せしめ、大越、栗橋、幸手方面を視察する。 2. 視察員巡廻用の舟艇一隻の手配をお願いする。

備考　現地救済救護の実績については、項を改めて記載することにする。

二、埼玉軍政部の出動と協力

埼玉軍政部は、出水以來寝食を忘れ、文字通り救援に協力せられたが、ここに特筆すべきは指導官ライアン中佐の献身的活躍である。同中佐は爾來西村縣知事と共に各方面を奔走、二十万縣民の動勢を、空中撮影によりて救済の手を延ばしたるを初め、現地にあつては全員の指揮は勿論、自ら救助用のダックを操縦し、或時は袴下一つにて濁水と戰い、あらゆる苦難を克復して救出之に当り、更に全面的に舟艇の必要を痛感せる同中佐は、総司令部に打電して舟艇の増派を要請司令部は其の要請に應えて、直にボート三百隻を廻送する等、其の活躍に目覚しきものがあつた。

殊に九月十六日は、大沢縣総務部長を初め、救護班、報導班員等を帯同、舟艇五隻、トラック三台に救済品を満載し、直に利根川決潰口たる東、原道両村さして急行、翌十七日早朝よりあらゆる悪條件を克服して、次々と救援を続け、罹災民感激の焦的となつた。

猶同日舟艇の案内役を勤めた縣総務部長大沢雄一氏並に同地出身縣開拓課主事平井彊氏は、当時の状況を別項の如く交々語るのであつた。

三、埼玉軍政部指導官の活動

昭和廿二年九月十六日午後四時、各地堤防決潰の凶報頻々と到着、氾濫又氾濫、刻一刻増水、廳内大繁忙の庭前に、朝霞の騎兵師團より、救助艇並にボート十隻を満載した救助隊が、只今到着した旨軍政部より通知をうけた。

自分（大沢）は早朝越ケ谷、吉川両地区へ、更に引返して粕壁、杉戸両地区へ、利根、荒川両河の堤防決潰の事実と、之に対する應急措置を警告して廻り、更に幸手方面に進まんとし、午後二時高野村に到着したが、滔々たる濁流に早くも行手を阻まれ、已むを得ず岩槻に出て帰廳するより外はなかつた。

早速報告に知事室に入ると、途端に知事より、ライアン指導官の案内を命ぜられた。一行は米軍兵士約二十名、それに新聞班員約十名であつた。自分は今春以來左肩の関節炎を病み、時々疼痛を覚え不自由なる上、ブロークンの英語で、果して指導官の意志通り通訳出來うるかどうかという心配もあつたが、未曾有の大洪水に、二十万縣民の安否が先づ氣遣われ、且つ人類愛の精神に燃え盛る中佐の熱意に感激、全く捨身の覚悟で扈從したのであつた。

ラ中佐の計劃は、先づ東村の決潰口附近をランチで隈なく踏査し、附近町村の水中に沒せんとする家屋の或は二階に或は屋根に、一刻千秋の思いで救助を待佗びているゝと傳えられる幾千の罹災者を救助激励する一面、電信電話不通のため消息全く不明の幸手、栗橋方面の実情を調査し、至急救助対策を樹立するのが目的であつた。

万般の準備も終り、加須から出発すべく中佐と共にジープに便乗、軍用トラックを先導として鴻巣街道を一路驀進を続ける中、目的地近くなるに連れて既に処々濁流氾濫、路面の状態頗る険悪、一行は速度を落し注意しつゝ進む中遂に最後のトラックが不幸道路側の溝にめり込んでしまつた。しまつたと思う途端、中佐は既にジープより降り、頻りに道路の周囲を見廻り、何事かつぶやいていたが、やをら靴下をとり、ヅボンを脱ぎ、襯衣一枚で濁水の中に踊込み、應援の下士官を叱咤しつゝ、掛声勇しく車輛を引揚げるのであつた。

平素衛生方面に関しては、人一倍嚴格な中佐が、自ら濁水と戰い、濡鼠となつて活躍したあの姿、今猶眼底に彷彿するものがある。車は難なく引揚げられた。夕陽既に沒した薄暮の中を、一行は元氣で加須警察署内の対策本部出張所に到着した。

夕食をとる間もなく、中佐は宿舎に代用せられた光明寺で、早速飯塚縣刑事課長の報告を聴取の上、翌十七日の計劃を樹てたのであつた。時既に十時を過ぎたるを以て、将士一行は寺の庫裡の一室に、われ〳〵は寺の本堂に群れ襲う蚊軍の中に仮眠をとつた。

翌朝午前七時出発の用意も整い、中佐と共にランチに便乗せんとしたる所、この附近一帶は水浅くスクリューが水底に閊えて不能とわかり、全く予想は外れ、俄かに予定を変更せざるを得なくなつた。調査不充分なる吾々の失態に中佐も非常に不快な態度に見受けられたが、自分の廻らぬ英語で百方陳弁これつとめ、漸くにして大越を経て利根決潰口に進むことゝし、八時過ぎ原道村に進出した。

見渡す限りの泥海、僅かに民家の屋根と樹木のみが点々として眼に映ずる惨憺たる光景、もう一つは堤防の南側一帯に亘り、むしろ小屋を作り、蟻の如くに群続く罹災者の憐れな狀態、一行は暫し声も出ない程であつた。

中佐は直に下船し、狂喜して出迎えた罹災者の前に立たれた。堂々たる巨軀、炯々たる眼光、しかも慈愛溢るゝ態度をもつて、慰問と救援にかけつけた旨部長の通訳によつて傳えたのであつた。中佐は午前中当方面の視察と救助を完了の上、午後は下流栗橋方面迄廻りたき希望であつた。一行はラ中佐を初め操縦米下士官二名、縣側大沢部長、縣医二名ど報導班の西村毎日新聞記者、それに水先案内を命ぜられた平井主事の計八名であつた。

一目渺々眞に泥海化したこの附近一帯の物凄さ、將に百雷一時になり響くが如き轟々たる水魔の怒号、百鬼爪牙の狂態に湧上る大渦小渦、地上一物も余さず卷込む暴威に、眩惑恐怖思わず慄然たらざるを得なかつた。加うるにランチは頗る小型でエンヂンは旧式である。

いよ〳〵案内に立つた自分(平井)は、土地にこそ自信あれ、水底の障碍物だけは皆目見当がつかない。それに次から次と数知れない漂流物の衝突である。実に危險この上もない。

かゝる悪條件の下に、万一故障でもあつたらと、ふと中佐を振返つて見たが、慈眼そのものの態度は少しも変らない。果してエンヂンは止つた。漂流し初めた、又動き出した。こうしてヂグザクの航行をつゞける中、辛うじて原道村(原道村字十軒部落)の東南地区に差懸つた。

この地は利根決潰口の本流に当り、一昨夜まで健在なりし民家は勿論、中天に佇立していたあの無数の大木も、今や跡方もなく流失して、たゞ濁流の鈍光が徒に眼に滲みるのであつた。

点々として取残された民家の屋上には、必ず幾個かの人影が認められた。それは祖先以來傳承された土地家屋を、無下に奪流される暴威に対し、敢然としてしがみついている純な姿なのだ。だが尊い人命には換えられない。其の都度中佐は、大沢部長を通じて、「現場を思切り速に避難するよう」との督励を次々に続けていくのであつた。

偶々一大家屋を発見した中佐は、其の方向への轉舵を操縦士に指令した。それは前村長曾根不二丸氏の邸宅であつた。こゝには数十人の難民が本屋に籠城していた。中佐及び大沢部長より数々の激励の言葉があり、続いて慰問品並に医薬品が贈られ、一同は感激を二重三重にした。最後に曾根氏より当夜の狀況及び向後の措置を聴取せられ、更に予定の栗橋指して出発を指令したのであつた。

船は相変らず不調でスピードも意の如くならず、それでも漸く決潰口を左方に乗切ることが出來、目指す栗橋も眼前指呼の間に浮んだ。今一息という所で復々エンヂンの故障でスクリューの廻轉ハタと止り、船は奔流に乗り、西側鉄道線路上を南に流され初めた。本船には生憎と櫂を持たない。危うく線路上に浮ぶ貨車に激突せんとし、彼我共に色を失つたが、沈着なる中佐は部下兵士に指令、両者金剛力を以て貨車を突離し、辛うじて事なきを得た。然しそれも束の間、今度は線路東側の急流中にぐる〳〵舞い乍ら流された。宛然鉄條網の如き電線と無数の漂木、瞬時も油断を赦さないこの危險の中を、右往左往漂流、應援にかけつけた人達もたゞ屋根の上からアレヨ〳〵と立騒ぐ許りで手の施す術もなかつた。かゝる中を中佐は依然として動ずる色なく、渾身の勇を揮つて次々と危險を脱し、目指す栗橋駅第一ホームに着くことが出來た。

出迎えた駅長以下職員の悲壮な姿、眼光、これ又一昨夜以來苦闘した光景でなくて何であろう。聞けば構内木橋一つが避難所であり、救済所であつたのだ。特にこの駅では、九月十五日夕景よりの下り列車は、孰れも本駅止りとなり漫然と列車を待つ数千に及ぶ乗客を、上司の指令を俟たず断乎東京方面へ引返しを命じた、当武島駅長の非常措置は将に殊勳に値する功績というべきであろう。

かく死守された駅で晝食を終つた一行は、更に栗橋町救援本部を激励すべく電話を以て出迎の船を依頼したが、應じうる船間に合わざる旨返事あり、已むを得ず駅頭に來合せた橇舟を利用し、縣側関係者のみ乗船、既報の本部を訪問したる所、これ又石塚町長を初め全員協力難民の救済に大童であつた。しかも栗橋は自町のみならず、隣接地東村元和村の村民も多数避難して非常な混雑を呈していた。此所には既に本縣から福永副知事、細谷教育部長の一行が午前中見舞われ、特に衛生方面につき注意した上、携帶の藥品を全部提供せられた由聞いた。又対岸茨城縣から救援物資が陸続と搬送されていたが、之は西村知事からの救援懇請に應えての措置ではあるが、隣接縣民の心からの同胞愛には実に感激せずにいられなかつた。

米操縦士の努力で船の修復が完了したところは、夕靄がたちこめ初めたので、不本意乍ら中佐も幸手方面の視察を中止し、一路帰還の舵を上流にむけた。然るにエンヂン又も動かず、焦燥の中佐は自ら故障箇処の檢分をしたが、船は依然動こうともしない。折柄航行中の傳馬船に曳行を依賴し、辛うじて利根川堤防に辿りついた。四辺は完全にたそがれ、夜の冷氣に慄える難民達の篝火のみが、ここかしこに燃え盛つていた。

先づ今夜の宿舍を堤防上の内務省出張所に取定め、簡粗な夕食を取り、直に関係各所に船の連絡をしたが、縣内外の電話は全部不通、これがために一時ラヂオ其の他でラ中佐の行方不明が傳えられ、大騒ぎを演じたのも実はこの時であつたかもしれない。

夕食をすませた中佐は、復旧対策に死闘中の出張所々長以下関係職員と懇談、先づ決潰口の閉塞計劃を巨細に檢討し、專門にわたる知識を披瀝して熱心に指導、向後復旧に関しては、進駐軍は最大の努力を傾注する旨口約し、やがて仮寝の床についたのは既に十一時を過ぎていた。

さて氣にかゝるのは縣への連絡と、帰任を急ぐ船である。だが通信、交通杜絶の今日、如何ともし難く途方に暮れたが、船について不図思いついたのは、対岸茨城縣古河町飯島工場主の持船であつた。非常な期待をもつて早速同氏にモーターボートの貸與方を交渉した所、「船は目下渡良瀬川方面に活躍中なるも、明朝までには何とか間に合うかもしれない」という返事であつた。最後の希望を胸に抱いて、横臥したのは夜半一時を上廻つていた。

大沢部長は未だ寝もやらず、一人明朝の船を案じていられた、聞けば数日以來神経痛再発、疼痛甚しく非常に苦悩に見受けられた。吾々は部下として又異常なきこの身にて「これでは」という感じが、犇々と胸にせまり、其の夜は一睡もとれなかつた。

予期に違わず、船は未だあけやらぬ午前五時到着した。終夜案じつゞけた部長の喜び、又連絡にあたつた私（平井）の喜び、それは到底筆舌に盡し得ない。早速中佐に其の旨を傳え、支度もそこ〳〵に直に乗船し、一路昨日のコースを引返した。

徹宵一行の安否を氣遣いつゝあつた原道村の堤防には、心から待侘びていたらしく、関係者の喜びは又格別であつた。時計は七時を過ぎていたが、一行は直に自動車に便乗、一路浦和を指して帰任を急がれた。

ラ司令官のこの決死的踏査によつて、東、原道並に栗橋方面の実狀が対策本部に齎され、爾後同方面における救済救護の方針を樹立する尊い資料となつたことは、改めてこゝに云う必要もない。

四、第一騎兵師團の舟艇出動

九月十八日アメリカ軍政部渉外局は次の如く発表している。即ち

第一騎兵師團諸部隊は、埼玉縣北部地区軍政部当局よりの埼玉縣民救助要請にこたえ、十八日早暁出動を開始した。即ち第八工兵隊は午前二時トラック上陸用舟艇と共に水害地域に急行、一方横浜南方にある第十二騎兵連隊諸部隊に対しては、應援の舟艇を派遣する様要請した。第一騎兵師團は、部隊にあつて利用出來る一切の舟艇を、現場に急派させると同時に、他方面からも舟艇を入手する努力をしている。

第十二騎兵連隊の偵察隊は、水害地域の完全な調査を行い、他方米部隊管下区域救助計劃の地図を作るため数回水

害地域を飛んだ第三百二偵察隊長チーク少佐は、北埼玉水害地区の栗橋、加須周辺地域の作業に当つている。云々
即ち十八日午前二時、第八工兵隊は、トラックに便乗現地に急行したが、到着して初めて大水害に一驚、直に司令部宛要請、苟も利用し得らるゝ舟艇は、この際あげて現場に急派するよう連絡したのであつた。

事実水災の救済に不可欠のものは舟艇である。見渡す限り氾濫せる泥海を、縦横に活躍するには何としても舟艇が必要である。然るに現地各市町村は、多年の無難に馴れて、待機保有の小舟すらないのだ。眼前に彷彿する危急を目視し乍ら、たゞ拱手傍観してい悲惨の事実もある。

縣指導官ライアン中佐は、進駐軍提供のダックを指揮し、寝食を忘れて罹災地域を活躍しつゝあるが、何としても舟艇を痛感、第八軍司令部に対し、急遽舟艇の増派を要請したる所、快諾を得、十八日夜更にボート三百隻を提供する旨の快報があつた。

之を傳え聞きたる西村縣知事は、感激措く所を知らず、直に軍政部と打合を遂げ、取敢えず左記の如く分配先を決定し、現地の急援に乗出すことにした。

舟舟分配先（九月十八日）

加　須　一〇　幸　手　二〇　岩　槻　二〇　越ケ谷　二〇　草　加　一〇
野　田（千葉縣）二〇　計　一〇〇

猶残余のボートは明十九日中に配分先決定のこと。


今次水害において、「最も必要を感じたのは舟艇であつた」と洩らされたのは、單に軍政部の当事者のみではなかつた、恐らく二十万罹災民の齊しく痛感した叫びではなかつたろうか。

之について縣会計部長石川正一氏は、舟艇について辛苦の手記を寄せられたが、該手記は、第四編第二章第二節庶

務部輸送係の活動の中に記載した。

第三節　中央政府の應急措置

一、内務省の應急措置

大利根の氾濫は刻一刻危急に頻し、下流一帯は勿論、東京都内の一部にも既に浸水し初めたので、十六日内務省警保局では、埼玉、千葉、群馬各縣警察部消防課に警備態勢强化の緊急指令を発する一方、公安局第一課の係員及び警視廳武裝警官隊を、現地に急派せしめて以て万全策を講じ、更に浦和市に「関東水害対策警備本部」を設置し、不測の事態に備えたのである。

翌十七日、木村内相は急遽來縣、縣対策本部に西村知事と会見、協議の結果、先づ應急対策として、舟艇、飲料水食糧、衣類等の急送、医療の方法等につき懇談を遂げ、取敢えず孤立狀態におかれている被害者二十万人の救援を先決問題とし、之が具体策につきては、明十八日の國会に提出、早急実施する事を確約し、國土局長を帯同の上現地視察に出発したのである。

二、臨時閣議と兩院の措置

政府は十八日の臨時閣議において、関東及び東北風水害の應急救助を決定するため、各省間の総合調整を図る目的の下に、「風水害復興対策委員会」を設置し、至急救助の円滑を期することになり、西尾官房長官を委員長とし、内務、大藏、農林、文部、商工、厚生、安本、運輸各省から戰災復興院をも網羅し、先づ当面の問題たる救済復旧の根本対策を樹立、十数億円の予算を以て、河川の改修、道路の復旧を初め、耕地、林業、電信、電話、電力、鉄道工作物の復旧等を緊急着手することに決定、前記各関係機関より、それ〲二三名宛の委員を選出、本日より直に協議を進めることになつた。

次に同日十一時三十分より開会の参議院本会議において、木村内相より現地の被害状況と應急対策につき、一松厚相より救護狀況を、平野農相より水害の食糧事情に及す影響等について、それ〲報告があり、議長より水害地実地調査慰問のため、明十九日より三日間埼玉、栃木、茨城、群馬の四縣へ、議員二十名派遣する件を可決した。

又同日午後二時十分開会の衆議院本会議においても、参議院における同様の報告があり、同樣議員二十四名派遣する事に決定し散会した。

三、運輸省の應急措置

十九日苫米地運輸大臣は、鉄道関係者多数を帶同、縣対策本部に西村知事を訪問、東北本線における被害狀況を詳細に聴取の上、直に現地に向い、之が應急対策に乘出した。

四、大藏省の應急措置

二十一日栗栖藏相は、被災地の共同融資に関し、午前八時半小坂政務次官、湯地東京財務局長、秋本東京專賣局長太田日銀理事外十二名を帶同、埼玉銀行において山崎頭取を初め、各関係代表者と懇談の上、先づ堤防決潰に対する應急出資につき種々協議を重ねたのである。

五、總理大臣の聲明

片山首相は、廿一日午前九時縣対策本部に西村知事を訪問、同知事より被害地の実情を詳細聴取したる後、次の如き談話を発表した。

「此の災害に対しては、救護と復興の二つの対策を敏速に樹て、一縣一市の問題でなく、國家的な恒久対策として、予算も資材も十分補給し得るよう考慮している。また水害の原因を探究すれば、いろ〳〵あるが、出來るだけ災害者に將來の安心を與えるよう努力する」と。

第四節　人命救助とその狀況

未曾有の豪雨に、各河川は次々と決潰、濁流は各地を横溢、中にも大利根決潰による北埼玉、北葛飾、南埼玉の三郡下は、瞬時にして泥水化し、多数の尊い人命は勿論、家屋、家財、農民苦心の美田を一朝にして流失、其の惨狀筆舌に盡し得ないものがある。

本縣警察部は、時前に既にこの事あらんことを予期し、所轄警察署長に対し、急救方策に対する指令を発し、又各地消防團、水防團は地元民と一体となりて、防衛防水に努力したのである。

然るに今次水害は、前述記載の如く、頗る急激なる出水にて、加うるに水流秒速八米余に及び、之が强力なる水圧に予期し得ざる箇所次々と破堤、之が救護には軍政部急援隊を初め、水防関係者は不眠不休の死鬪を続け、中には一身を全く犠牲にして、只管人命救助に奔命した奇行美談も数々あるが、其主なるものにつき参考までに別項に摘錄して見た。

因に本災害中、救助したる件数は、別表記載の通り千六百三件、計一万五百八十七名に達し、之に從事したる各地警察署員、警防團員、水防團員を合し、延千二百七十六名に及んでいる。

猶其の內訳は左表の通り

人命救助数調（九月十九日水害当時）

埼玉縣消防課

署名	救助件数	被救助者数	救助者別 警察官数	救助者別 其の他の官公吏並に團体	救助者別 一般人民	救助者別 計
朝霞	―	―	―	―	―	―
浦和	―	―	―	―	―	―
鳩ヶ谷	―	―	―	―	―	―
川口	二	二	一	―	五	六
大宮	二	八	―	消防團員 五	―	五
鴻巣	―	―	―	―	―	―
川越	二	一三	七	―	四	一一
越生	―	―	―	―	―	―
所沢	―	―	―	―	―	―
飯能	一	一	―	―	一	一
松山	―	―	―	―	―	―
小川	―	―	―	―	―	―
秩父	一	一	―	―	一	一
小鹿野	―	―	―	―	―	―

署名	救助件数	被救助者数	救助者別 警察官数	救助者別 其の他の官公吏並に團体	救助者別 一般人民	救助者別 計
本庄	二	二	|	消防團員 二	二	四
兒玉	|	|	|	|	|	|
熊谷	|	|	|	|	|	|
寄居	|	|	|	|	|	|
深谷	|	|	|	|	|	|
忍	|	|	|	|	|	|
羽生	|	|	|	|	|	|
加須	二九	一一五	一	消防團員 九	五〇	六〇
岩槻	|	|	|	|	|	|
越ヶ谷	二	一六〇	一	|	四	五
久喜	二七	三四	四	消防團員 三五 其の他の團員 三五	|	七四
杉戸	二七六	四、〇九〇	二九	消防團員 八六	一六一	二七六
幸手	一九	五五	三	消防團員 九	二九	四一
吉川	一、二四〇	六、一〇六	四九 千葉縣警察官 一〇一	消防團外 五六一	八一	七九二
川口消防	|	|	|	|	|	|
合計	一、六〇三	一〇、五八七	一九六	七四二	三三八	一、二七六

一、利根川流域における美談

1. 北葛飾郡幸手町

大利根切つて数十箇町村に氾濫した濁流は、至る所に其の暴威を振い、比較的高位置にある警察署附近ですら猛烈なる唸りをたてゝ渦を巻き、低地帯一帯の被害は惨状眼をおゝうものがあつた。

此の悲惨なる状態を黙視するに忍びずと、当時浦和より應援にはせつけし縣警察部練習生の若人達は、古沢所長指揮の下に決死隊を編成し、三回に亘る救助作業を敢行、然かも全員胸に腕にロープを結びて連絡をとり、全員づぶ濡れになつて敢闘し、次々と人命救助に成功したが、最後の救助船がふとした動機で、流失家屋に激突、アワやと思う瞬間救助船轉覆、折角救助した三十有余名は一瞬にして濁水に呑まれ、其の生死さえ判断し難い急場を、些も周章狼狽せず、次々と濁流中より救上げ、全員を安全地帯に救出し得た行動は、当時目撃者の齊しく賞讃したものであつた。

2. 南埼玉郡鷲宮町

大利根の破堤で、濁流は滔々として鷲宮町を襲撃、一瞬にして全町に浸水、水勢物すごく一時如何ともし難き狀勢に陷つた。

此の日（十七日）午前七時頃、同町内総武線踏切附近で、加須町菅谷花江さん外九名の女学生が、水勢に巻込まれて自由を失い、全員將に溺死せんとするを久喜警察署員が発見、直に逆卷く濁流に挑戰、必死の救助作業も効を奏し、全員無事救助された。

3. 北葛飾郡栗橋町

栗橋町縣議石井保氏は、十六日夜半折柄の豪雨に「利根川堤防危殆に瀕す」の報に、早速現場にかけつけ、消防團警察署、村民等と協力、水防作業に敢闘したが、其の甲斐もなく堤防は決潰し、濁水もの凄く、原道、元和両村に突入、同地一帶は忽ち阿鼻叫喚の修羅場と化し、「助けてくれ！　助けてくれ！」の悲鳴は、漆黑の闇をついて、そこかしこに聞ゑてくる。この時石井氏は、元和村の一部落で、村民がおし流されていく屋根に登り救を求めているのを発見、身の危険もうち忘れ、渦巻く濁流中にザンブと躍り込み、抜手もあざやかに泳ぎつき、屋上の村人等数名を次々と堤防上に避難させた。

翌朝いさゝかの疲れも見せず、又昨日の人命救助を秘したまゝ栗橋町に辿りついたが、この時栗橋町も既に濁流の洗礼をうけてもの凄く、町民は陸続と避難に忙殺され、石井氏の居宅も危険にさらされていたが、すこしも顧みようとせず、町民救護にあたる一方、檢問所に急行して、幸手署に対し應援を求め、多数の町民を堤防上に避難させた。石井氏の自宅と工場は、案の如く濁水に洗われ、工場に蓄積しておいた木材三百万円を悉く流失してしまつた。

4. 北葛飾郡栗橋町字豊田

栗橋町字豊田町会議員小森谷栄氏は、十六日午前三時頃同部落が軒下迄浸水し、そこかしこで救援を求める声を耳にするも、生憎小舟一隻もなく、救助も出來ず、拱手傍観、たゞ〳〵焦躁の念にかられていたが、突差の思いつきで自宅周囲の板塀に氣付き、そうだ、これだと、早速これを打ちこわし、急造の筏を作り、之を濁流に棹さし、同村靑木清一氏一家五名を救出した外、附近の人達十数名をぶじ附近の土手に避難せしむることに成功した。

又同氏は避難者に、自己保有米をあげて供出、急場を救つたのである。

5. 北葛飾郡幸手町

十六日午後四時半頃、濁水は遂に幸手町に浸入床上三―四尺に達し、同町南端手島べん一家は、頻りに屋上で救を求めていたが、村民は水勢の猛烈におびえて寄付かず、救助も出來ずに傍観していたのを、上高野消防團員が発見、敢然救出の小舟を出したが、渦巻く濁流に小舟は忽ち顚覆、乗員は濁流に押流されたにもかゝわらず、更に第二の救助船を出したが、これ又急湍のため押流されてしまつた。然し屋上の一家の悲痛な叫声に、これではならじと捨身の團員が、ロープを片手に泳ぎ切つて近づいたが、水勢ものすごく、これも又あえなく失敗に終つた。やむなく連絡のロープを利用し、食物を板にのせて流し、四日間これを繰返し、辛うじて手島一家の飢渇を救い、濁流やゝ納つた九月二十日に至り、漸く安全地帯へ避難せしめた。

6. 北埼玉郡元和村

北埼玉郡元和村は、十六日全村が一瞬にして濁流に呑まれ、逃げ後れた住民の悲痛な叫声に、同村大塚繁松氏は自宅の避難を省みず、率先濁流に戰を挑み、小舟を操縦しつゝ、或は屋上に、或は樹上の村民を次々と救出し、総員二百有余名に上つた。

猶救出後九月十七日より十月の半を過る今日まで、食料飲料水を無償で贈りつゞけ、殊に家屋の流失、倒壊者の家族に対しては、全員引取りて親身の世話をなし、多い日は六十余名に及んだが、現在すら猶二十四名の世話をしている。

二、荒川流域における美談

1. 北足立郡田間宮村大間地内

北足立郡田間宮村大間地内には、延長三十五米に亘りポッカリ開けた決潰口がある。当時決潰の危機にさらされたのは、この決潰場所と同村糠田地内の渡内樋管の二箇所であつた。

十五日颱風襲來の予報と同時に、村民総出で両所とも準備工事に余念がなかつたが、刻々の増水に工事は間に合わず、午後五時頃になると、遂に堤防は震動し初め、最早決潰は時間の問題となり、村民は放棄して各自避難の準備に何れも帰宅してしまつた。

恰度その時巡視に來た鴻巣署森警部補は、「未だ放棄するのは尚早なり、無責任も甚しい」と、先づ大間と額田の何れが決潰した場合、その被害が大きいかを検討した上、額田の後内樋管が同地方の心臓部であると即決し、飽く迄死守することに決意、直に全署員、鴻巣消防團、同村幹部四、五十名を動員し、該樋管は、「吾等の名誉にかけて死守すべし」と悲壮な挨拶をなし、鳴動やまず今しも決潰せんと思われる堤防上に、折しも降りしきる豪雨の中を物ともせず、難作業を続け、文字通り死闘した土俵は、がつちりと水を喰止め、泰山の安きにおいた、だが惜しや大間が決潰してしまつた。併し山合を縫うてくる濁流は、水勢頓に衰え、家屋の倒壊もなく、冠水田畑三百町歩で被害を喰止めたのである。

若し糠田地内が決潰したら、家屋の倒壊は勿論、人畜の犧牲がどれ位出たかしれない、今考えても「身ぶるいがします」とは、村の古老が齊しく語る所であつた。

2. 入間郡古谷村

入間郡古谷村字古谷では荒川の堤外地にある。十四、十五の両日の豪雨に、荒川は一擧に増水したるため、同部落民百四十戸、総人口九百二名は、忽ち濁流に洗われ、生命も覚束なく思われた。

之を見た古谷派出所駐在下平巡査は、逸早く本署に急報、報を受理した当直近藤部長は、居合せた荒井刑事、小沢増田、井上、岩田の各警官を召集、川越市消防自動車を駆つて、折からの豪雨を衝いて現場に急行、現地堤防に到着した頃は、既に荒川は文字通りの狂濫、全部落の家屋は既に二階迄浸水、逃げ後れた関根、古沢、渡辺、小島、丸山の各家一團七名が、屋上に匍上りたるものの如く、頻りに救援の叫声が聞えてくるが、村民はたゞ右往左往するのみで、誰一人として手を下すものがなかつた。

之を目撃した到着の一行は、「よし」と許りに、逆巻く濁流に挑むべく直に小舟の操縦にとりかゝつた。堤防上の村民は口々に其の無謀を諫止したが、「義を見てせざるは勇なきなり」と、近藤部長指揮の下に、暗夜降りしきる濁流中に小舟を進ませたのであつた。幾度か轉覆の危機も、全員必死の努力には何かはある。前後一時間半に渡る死闘は遂に報いられ、全員小舟に移乗、再び豪雨をついて出発地点さして漕出したのである。

堤上の村民は、今か〳〵と闇をすかし、只管成功を神佛にかけて待ちわびていたが、小舟は期待にそむかず、感謝に泣きぬれている七名全員を無事救出し得たのである。

堤上の老若男女凡そ九百有余名、「助かつたか、みんなが」と、これ又泣きぬれて、思わずあげた感激の喊声が、鈍重な雨空高くこだましたことは云うまでもない。

三、中川流域に於ける美談

1、南埼玉郡潮止村字大瀬

十八日午後八時五十分、破堤に伴なう中川の濁流は、猛烈なる勢を以て、南埼玉郡潮止村字大瀬部落に浸水、見る間に水深六尺に及び、刻々危険の狀態に陥いつた。警戒中の消防團員は、この急激の浸水に、各留守宅が心配になり次々と警戒地を離脱し去つたが、踏止まつた團員同村森井浅五郎、田中常吉両氏は、駐在巡査浜中茂氏指揮の下に勇躍出動、徒行不自由にて氣息えん〳〵、將に倒れんとする高橋トリさんを初とし、老若男女約八十名を次々と安全地帯に移し、また細谷義三郎、白倉松一両氏は、同様身体の自由を失つた婦女子約二百名を、之れ又傳馬船を操縦救助し、全員無事同村小学校に移した行動は、何れも責任感の旺盛なるものとして、いたく村民の感激する的となつたのである。

四、元荒川流域における美談

1. 南埼玉郡蒲生村字瓦曾根

元荒川蒲生村字瓦曾根堤防は、九月十六日より、各所洩水し、これを発見したる水防團員は、スワ一大事と、直に土俵戰術により、只管防水に努めたが、急激の増水に次から次と洩水、傷口又次々と拡大され、幾度か決潰の危機にさらされ乍ら、水防團員は、その都度死力を盡して防水に努め、又急を知つて應援にかけつけた、隣村大相模、川柳八條の各村消防團及び川口市消防團の協力を得て、こゝに防水陣の强化を図り、且つ越ヶ谷警察署長の指揮又よろしきを得て、流石の堤防も完全に確保され、元荒川以南流域十数箇町村の生命は、全く濁流化より救出されたことになり、猶不絶氣遣われていた、大東京都への浸水も、同様防止したことになり、当時在住民の齊しく感謝した、この威大なる功績は、眞に特筆すべきものであつた。

2. 二合半領における美談

刻一刻増水の一途を辿りつゝある元荒川の氾濫に、吉川警察署は、特にこれが準備を急き、先づ八隻に及ぶ小舟の入手があつたので、雀躍直に出動し、各村との連絡をつとむる一方、避難者の收容を計劃し、逃げ損じて屋上に匍い上り、救を求むるもの、或は樹木に縋りつき、頻りに救援を叫ぶもの等、次々と避難所への收容につとめた。

特に甚しかつたのは、將に水沒せんとする自己主有の家屋を去るに忍びず、最後まで頑張りつゞけ、遂に屋根下の煙出し口より首だけ出し、救助艇に乘移ろうともしない失神狀態のものや、樹上に招きよぶ声さえかれて、眼だけキヨロ〳〵させている半放心狀態のものを、次々と救助したが、中には涙なくしては見られない、悲慘な罹災者もあつた。

因に、吉川警察署員の、今次水害に活躍した、救援回数は十有五回に及び、救助又は避難所に送り届けられたものは、計二百四十一名の多数に上つた。

五、山津浪の來襲と美談

1. 秩父郡芦ヶ久保村

秩父郡芦ヶ久保村地内では、折柄襲來した山津浪のために、自家の流失するのを意に介せず、將に激流に呑まれんとする男女三名を、無事救助した篤行青年があつた。

右は芦ヶ久保村字田坂の滋野金芳氏で、同氏は濁水がこん〳〵と押寄せてくるのを危險と見て、先づ実母はのさんを山上の安全地帯に避難させ、自分は家財を取纒めんとし、急ぎ自宅に引帰したる所、今や遲し、自宅は既に流失してその片影すら無く、然も隣家の伊藤庄作さんの家も浮上り、逃げ後れた庄作さんの弟高義君と、梅本治平さんの嫁ふみえさん、それに雇人の斎藤靜さんの三名が、頻りに「助けてくれ」と叫びつゝ、濁水中に、もがきつゝあるを見て、金芳氏は自己の危險を顧みず、勇敢にも濁流に跳込み、水勢ものすごき中を、次々と救出に成功し、当時村民賞讃の的となつた。

第三編　被害の状況

第一章　被害の概要

罹災の経過実状につきては、章末記載の「被害日誌」により、略々察知しうるも、大体縣内の市町村数市五、町村三百十一計三百十六の中、市二町村二百二十六計二百二十八が被害をうけており、総数の七割二分に当つている。

かくの如く廣範囲にわたる各種損害並にその見積額に対しては、当時各新聞とも、尨大なる数字により発表せられていたが、縣対策本部においては、毎日管内警察署二十八箇署より寄せられたる情報を基礎に集計し、主として家屋の流亡並に浸水、耕地の流失並に冠水、人的損害、公共施設の状況等について、毎日午前六時、正午、午後六時の三回にわたり公表したのである。

別表その一は、最初に発表した九月十八日の分であり、同二は最終の発表九月三十日の分である。

（表　一）

九月十八日午前六時現在水害調査

（埼玉縣消防課調）

署名	家屋				流失		冠水田畑			人的被害			堤防	橋梁	道路
	流失	倒壊	床上浸水	床下浸水	田	畑	田	畑	計	死	傷	行方不明	決潰	流失	崩壊
	戸	戸	戸	戸	町	町	町	町	町	人	人	人			
朝霞	ー	ー	ー	ー	ー	ー	五一	五一	一〇二	ー	ー	ー	ー	ー	ー
浦和	一	ー	二二	一〇〇	ー	ー	二四二	七一	三一三	ー	ー	ー	一	ー	ー
鳩ヶ谷	ー	ー	八	二二	ー	ー	ー	ー	ー	ー	ー	ー	ー	ー	ー
川口	一	ー	二、〇一六	四、二六〇	ー	ー	八〇	一二四	二〇四	ー	ー	ー	ー	ー	ー

署名	家屋 流失（戸）	家屋 倒壊（戸）	家屋 床上浸水（戸）	家屋 床下浸水（戸）	流失 田（町）	流失 畑（町）	冠水田畑 田（町）	冠水田畑 畑（町）	冠水田畑 計（町）	人的被害 死（人）	人的被害 傷（人）	人的被害 行方不明（人）	堤防決潰	橋梁流失	道路崩壊
大宮	—	—	二	八	—	—	—	—	—	—	—	—	—	—	—
鴻巣	—	二〇	六〇〇	六六一	—	—	一、〇四五	三六五	一、四一〇	—	—	—	二	一	—
川越	七	—	八二七	三八五	—	—	七九四	一、二七四	二、〇六八	六	—	六	一六	六一	—
越生	—	—	六〇	一三九	—	—	一六一	一二四	二八五	一	—	一	—	—	—
所沢	—	—	五	二七	—	—	—	四二	四二	—	—	—	—	二	—
飯能	二五	二七	一九七	一四二	—	—	—	—	—	一	—	一	—	二五	—
松山	—	— 半一	五三三	一、二九一	二三〇	一一五	一、二二六	一、〇〇〇	二、二二六	—	—	—	四	—	—
小川	六	六	六二七	九九六	—	—	二〇八	一三四	三四二	一	四	—	—	二七	—
秩父	四	二七	一、一〇〇	一、一四九	—	—	二〇	二八	四八	五	—	八	—	六八	—
小鹿野	—	—	—	—	—	—	—	—	—	—	—	—	—	—	—
本庄	三	— 半二〇	一、〇〇〇	二、五九六	三	—	一、〇〇〇	七〇〇	一、七〇〇	四	—	—	—	—	—
児玉	一	一	—	三五七	—	—	四〇〇	五〇〇	九〇〇	四	五	—	—	四	—
熊谷	四	四 半一五〇	二、一五〇	三、二三〇	一〇	—	一、九二〇	一、五三二	三、四五二	—	—	—	—	—	—
寄居	—	—	—	五	—	—	一〇一	一五七	二五八	—	—	—	—	一	—
深谷	七五	— 半三	一、八六三	四、二七三	三	六七	九〇八	一、五六九	二、四七七	一	—	—	一〇	一三	—
忍	—	—	一、三九四	二、五四四	—	—	一、〇四五	一、〇三八	二、〇八三	—	一	—	—	一	—

署名	家屋 流失	家屋 倒壊	家屋 床上浸水	家屋 床下浸水	流失 田	流失 畑	冠水田畑 田	冠水田畑 畑	冠水田畑 計	人的損害 死	人的損害 傷	人的損害 行方不明	堤防決潰	橋梁流失	道路崩壊
羽生	—	—	二三二	三三〇	—	—	六五〇	—	六五〇	—	—	—	—	—	—
加須	—	—	五、〇〇〇	一、四〇〇	—	—	四、四三三	二、一一四	六、五四七	一	六	—	四	—	—
岩槻	—	—	二六八	三〇五	—	—	五三〇	四一〇	九四〇	—	—	—	九	二	—
越ヶ谷	—	—	九六八	一、七二三	—	—	一、一九五	六八四	一、八七九	—	—	—	—	—	—
久喜	四	—	二、三五〇	三六	—	—	七七	二三〇	九九七	—	—	—	—	—	—
杉戸	—	—	七、九〇〇	三五〇	—	—	三、八三一	一、五三六	五、三六七	—	—	—	—	二	—
幸手	一三〇	七六 半二四	七、四四七	—	四四	七六	一、六九八	九七六	二、六七四	一七	二七	一八	一	一四三	—
吉川	—	—	七、六七六	—	—	—	三、九九九	六三九	四、六三八	—	—	—	一	—	—
合計	二五一	全一六一 半一九八	四四、三六三	二六、三一八	三一八	二六七	二六、三一四	一五、二八八	四一、六〇二	四一	四三	三四	四八	三四九	—

(表二)

九月三十日正午現在水害調査

(埼玉県消防課調)

署名	家屋 流失	家屋 倒壊	家屋 床上浸水	家屋 床下浸水	流失 田	流失 畑	冠水田畑 田	冠水田畑 畑	冠水田畑 計	人的損害 死	人的損害 傷	人的損害 行方不明	堤防決潰	橋梁流失	道路崩壊
朝霞	—戸	—戸	—戸	—戸	—町	—町	五一町	五一町	一〇二町	—人	—人	—人	—	—	—
浦和	一	—	三一	一〇五	—	—	二四二	七一	三一四	—	—	—	一	一	—
鳩ヶ谷	—	—	八	三	—	—	—	—	—	—	—	—	—	—	—
川口	一	二	一、五六八	三、九七七	—	—	八〇	一二四	二〇四	—	—	—	—	—	—

署名	家屋 流失（戸）	家屋 倒壊（戸）	家屋 床上浸水（戸）	家屋 床下浸水（戸）	流失 田（町）	流失 畑（町）	冠水田畑 田（町）	冠水田畑 畑（町）	冠水田畑 計（町）	人的損害 死（人）	人的損害 傷（人）	人的損害 行方不明（人）	堤防決潰	橋梁流失	道路崩壊
大宮	一	—	四七	三九	七・〇	二三五	一、〇四五	三六五	一、四一〇	—	—	—	—	二	一
鴻巣	—	二〇	六〇〇	六六八	—	—	—	—	—	—	—	—	—	—	—
川越	七	—	八二七	三八五	三・〇	三	七九四	一、二七四	二、〇六八	六	—	—	一六	六一	—
越生	二	— 半一	一〇一	四五八	五〇・〇	七六	二八五	三五八	六四三	一	—	—	—	三	一六
所沢	—	—	五	二七	—	—	—	四二	四二	—	—	—	—	二	—
飯能	四六	三 半二五	二六一	一四二	〇・五	四〇	—	三〇	三〇	二	一	—	—	二五	—
松山	—	一 半三	四八一	一、一九九	一〇・〇	五	二、七四三	一、七四七	四、四九〇	—	—	—	四	—	一
小川	三	九 半二四	七五〇	九九六	八・〇	八	二〇八	一三四	三四二	一	九	—	—	二七	四
秩父	四	二七	一、一〇〇	一、一四九	—	—	二〇	二八	四八	七	三	三	—	六八	—
小鹿野	一	— 半三	一〇〇	二三四	五・〇	六	八八	一六六	二五四	一	—	—	—	一	—
本庄	三	— 半二〇	六九五	二、九四六	三・〇	一五	六四八	五〇七	一、一五五	四	一	—	—	三	二
児玉	一	三 半二〇	二九三	三五七	三・〇	四三	四四五	四六七	九一二	三	五	—	—	四	三
熊谷	—	二〇 半七三	一、四〇〇	四、三三二	一〇・〇	—	二、二六一	一、七〇五	三、九六六	—	—	—	二	二	—
寄居	二	三 半四	六八	三六二	四・〇	三四	二七〇	一、〇〇一	一、二七一	三	—	—	—	一	一

	1	2	3	4	5	6	7	8	9	10	11	12	13	14	15
深谷	―	半 二 一六	二、〇八六	四、二七三	一五〇・〇	三〇二	九〇八	一、五六九	二、四七七	一	―	―	一〇	一三	―
忍	―	―	一、三九四	二、九四〇	―	―	一、〇四五	一、〇三八	二、〇八三	一	一	―	―	―	―
羽生	―	―	二三二	三三〇	―	―	六五〇	―	六五〇	―	―	―	―	一	―
加須	一八二	五〇六	六、一四九	四二七	―	―	四、四三三	二、一一四	六、五四七	二〇	二四	三八	四	―	―
岩槻	―	―	一、一三一	一、六六一	―	―	一、一七〇	八五五	二、六二五	―	―	―	九	二	―
越ケ谷	―	―	二、〇九五	一、七四三	―	―	二、〇〇一	九九三	二、九九四	―	―	―	―	―	―
久喜	四	―	三、一七二	一、六七八	―	―	七七七	二三〇	九九七	二	―	―	―	―	―
杉戸	―	―	七、四一三	一、二四三	―	―	三、八三一	一、五三六	五、三六七	六	―	一	―	二	―
幸手	九九	半 一二五 四九四	六、九〇一	一五五	四四・〇	七六	一、六九一	一、七四九	三、四四〇	一九	一五〇	二	二〇	四九	―
吉川	七	七	七、六七六	―	―	―	四、五〇六	一、〇一五	五、五二一	三	―	一	一七	二	―
合計	三七四	半 七五六 六八二	四六、七〇四	三三、八三八	三二五・五	八三三	三〇、七九二	一九、一五九	四九、九五一	八〇 漂着四	一九四	四五	八三	二八八	三七

十月に入り、漸次減水を見た縣対策本部では、更に各部門にわたる被害の見積額に対し、各専門にわたる検討を加えていたが、大体まとまりがついたので、十月七日左表の如く、八十八億五千九百万円と発表したのである。因にその内訳はそれぞれ別表記載の通り

被害関係	見積金額	被害関係	見積金額
耕地関係	五七、六〇〇万円	住宅関係	二七五、九〇〇万円
農産物関係	一二九、二〇〇	家財動産関係	二三九、三〇〇
食料関係	六八、八〇〇	工場関係	一七、二〇〇
蚕糸関係	八、四〇〇	学校関係	一八、〇〇〇
畜産関係	九、五〇〇	役場廳舎関係	一、一〇〇
林産関係	八、八〇〇	警察通信関係	三〇〇
土木関係	五〇、五〇〇		
砂利採取関係	一、三〇〇	計	八八五、九〇〇

右表の調査には、猶鉄道、バス等の公私営交通関係及び関東配電関係、逓信関係（浦和通信所）等の被害が、何れも本表に計上せられていないから、当時の計算では、「大体百億円を突破するのではないか」と云われていた。

その後、日を経るに従つて、各地の事情も明瞭になり、関係箇所の被害も正確になつて來たが、二十三年十月たま〳〵縣廳舎焼失により、調査書類も大部分その危にあい、調査も漸次後れ勝ちとなり、漸く纒つたのが昭和二十四年十一月であつた。

右調査によれば、管内総被害見積額は、計七拾九億七千六百参拾七万壱千四百四拾四円となつた。

猶本調査については、編者直接各関係機関を初め、各部課を訪ねて、綿密に調査したるを以て、或程度の正確が覗われる訳である。

因にその内訳は別表の通りである。

損害見積額調査表（埼玉縣管內）（昭和二四、一一、一）

被害関係	見積額	備考
耕地関係	五七〇、〇五三、四三〇円	耕地 九四、四〇〇、〇〇〇円 公共施設 四七五、六五三、四三〇
農産物関係	一、三五五、三四六、六〇〇	水稲 六四八、六二七、六〇〇 陸稲 九、一〇三、〇〇〇 甘諸 一四五、〇〇〇、〇〇〇 大豆 七、三一一、〇〇〇 雑穀 二、二七五、〇〇〇 蔬菜 一、三五五、三四六、六〇〇
食料関係	一〇四、〇五二、九七三	政府保有、縣、民間保有を含む
蚕糸関係	八三、七七七、二九七	桑園、蚕糸、製糸工場を含む
畜産関係	一五、七九八、〇〇〇	大小畜産、飼料、厩舎を含む
林野関係	八九、四〇九、九五〇	林野、林道、薪炭、木材工場を含む
土木関係	三〇二、二五三、三六九	道路 五一、六八七、四六九円 橋梁 六四、〇四二、七一二 河川 一七四、六九三、七六三 砂防 一一、八二九、四二五

被害関係	見積額	備考
工場関係	一六九、一六七、〇〇〇	一般工場 一六八、八五二、二四六円 賠償関係 三一四、七五四
学校関係	三六、二七二、〇〇〇	
市町村役場関係	三、六二〇、〇〇〇	
警察通信関係	二、八四〇、〇〇〇	
砂利採取関係	一三、五七二、〇〇〇	
鉄道(公私)関係	七一、九五九、六九五	國鉄線 三八、六八九、九四〇 同附属 八、四九三、八四五 私鉄線 二四、七七五、九一〇
配電関係	二、〇〇〇、〇〇〇	浦和市 関東配電報告
通信関係	四、二四八、七三〇	浦和市原山、浦和通信所報告
住宅関係	二、七五九、〇〇〇、〇〇〇	
家財動産関係	二、三九三、〇〇〇、〇〇〇	
合計	七、九七六、三七一、〇四四	

因に、各関係被害の内容につきては、本編第二章より第十七章にわたり、それぐ〳〵詳細に記載した。

第二章　郡市別被害戸數人口並に人的損害

十月七日縣対策本部において、今次大水害の被害狀況につき、標題の発表を見たのであるが、当時は匆々の際にて、調査も不十分であつた。減水後狀況漸次判明と共に、曾て発表した数字も、多少差同を生じたことは当然である。十二月一日調査によれば、今次水害による家屋の被害は、計八三、〇九〇戸に及んでいるが、この中流失、全壊、半壊等の大損傷は、計三、二二七戸で、総被害数の約四分に当つており、殘り九割六分が、床上、床下の浸水による被害ということになつている。

次に罹災人口であるが、最初本部の発表によると、縣民四十五万であつたが、減水後の数字では、三十五万三千九百十四人であつた。

猶人的損傷であるが、計一、五三〇名であり、この中、尊き人命を犠牲にしたものが一〇一名であり、罹災人口三十五万に対し約三毛弱、一万人に対し約三人の割であつたといえる。

因に郡市別被害戸数人口並に人的損害の実狀は左表の通りである。

記

一、郡市別被害戸數人口並に人的損害表（二二・一二・一）

種別 / 被害別 / 市郡	家屋			同上浸水		罹災人口	人的損害		
	流失	全壊	半壊	床上浸水	床下浸水		死亡	負傷	行方不明
熊谷市	戸 —	戸 —	戸 —	戸 二〇〇	戸 一、六〇〇	人 六、〇〇〇	人 —	人 —	人 —
川口市	三	—	—	二、二一〇	四、五八三	二八、四九四	—	—	—
北足立郡	二二	九一	一七七	一、〇三三	一、一七二	一三、二七九	七	一七三	二
入間郡	三八	九	一九	一、四七〇	一、一七三	八、五七六	五	—	—
比企郡	五	一三	五	一、三九二	二、一四五	二〇、五三四	一	二	—
秩父郡	一六	一五	四六	五七〇	三、六一五	二〇、〇二八	八	三	—
児玉郡	一四	一八	一	一、二三〇	五、七八九	七、〇五三	六	二〇	一
大里郡	七	三三	八	四、六〇八	五、九一二	一〇、五〇二	五	五	—
北埼玉郡	一八五	四〇〇	九四六	五、四五一	三、三二七	五六、七六五	二三	七九八	四
南埼玉郡	四	八	一六九	八、一〇〇	四、三〇七	六八、一九九	三	一七〇	—
北葛飾郡	一〇二	一三八	七四五	一八、五九一	一、〇二四	一〇九、三九七	二六	二五〇	五
計	三九六	七二五	二、一一六	四四、八五五	三四、六四七	三四八、八二七	八四	一、四三〇	一二

備考　死亡者計八四は、其の後死亡確認され、計一〇一名を正当とす。

二、同上各郡市町村別被害内訳（二二・一二・一）

(1) 熊谷市及び川口市は前表の通り

(2)　北足立郡における被害

町村＼被害	家屋関係 流失	家屋関係 全壊	家屋関係 半壊	家屋関係 床上浸水	家屋関係 床下浸水	罹災人口	人的関係 死亡	人的関係 負傷	人的関係 行方不明
北足立郡	三三戸	九一戸	一七七戸	一、〇三三戸	一、一七三戸	三、二七九人	七人	一七三人	二人
土合村	―	一	―	一〇	七	九一	―	―	―
美笹村	一六	一	二〇	一二三	九	七三〇	―	―	―
戸田町	―	―	―	七六	―	三六四	―	―	―
蕨町	―	―	―	―	―	―	―	―	―
谷塚町	―	―	―	―	―	―	―	―	―
草加町	―	―	―	―	―	―	―	―	―
新田村	―	―	―	―	―	―	―	―	―
安行村	―	―	―	―	―	―	―	―	―
戸塚村	―	―	―	―	―	―	―	―	―
大門村	―	―	―	―	―	―	―	―	―
野田村	―	―	―	―	一	三	―	―	―
片柳村	―	―	―	―	―	―	―	―	―
與野町	―	―	―	―	―	―	―	―	―
大久保村	―	―	―	三	―	一二五	―	―	一
馬宮村	―	―	―	―	―	―	―	―	―
植水村	―	―	五	―	―	―	―	―	―
指扇村	―	―	―	―	四	三四	―	―	―

被害 町村	家屋関係 流失（戸）	家屋関係 全壊（戸）	家屋関係 半壊（戸）	家屋関係 床上浸水（戸）	家屋関係 床下浸水（戸）	罹災人口（人）	人的関係 死亡（人）	人的関係 負傷（人）	人的関係 行方不明（人）
平方町	—	—	—	—	—	—	—	—	—
大谷村	—	—	—	四〇	二	二七三	—	—	—
大石村	—	—	—	二	二	二三	—	—	—
上尾町	—	—	—	—	—	—	—	—	—
上平村	—	—	—	—	—	—	—	—	—
伊奈村	—	—	—	—	—	—	—	—	—
加納村	—	—	—	—	三四	一八三	—	—	—
桶川町	—	—	—	—	二〇	八四	—	—	—
川田谷村	—	—	—	三	八	五九	—	—	—
北本宿村	—	—	—	六	三	六五	一	—	—
馬室村	—	一	—	三	七	一六四	—	—	—
常光村	—	一	—	一〇	九〇	六〇二	一	—	—
鴻巣町	—	—	三	二七	四二	三二四	一	—	—
田間宮村	三	八七	一三七	三六二	六五	二、五〇九	三	一七三	一
箕田村	—	—	—	一一	二三九	二、〇〇六	—	—	—
小谷村	一	—	二	二四	一七八	二、一五三	—	—	—
吹上町	—	—	—	二〇	四七〇	三、四六六	—	—	—
七里村	—	—	—	—	—	—	—	—	—
春岡村	—	—	—	—	—	—	—	—	—

町村＼被害	家屋関係 流失（戸）	全壊（戸）	半壊（戸）	床上浸水（戸）	床下浸水（戸）	罹災人口（人）	人的関係 死亡（人）	負傷（人）	行方不明（人）
原市町	二	｜	一	五	一	三	一	｜	｜
志木町	｜	｜	｜	｜	｜	｜	｜	｜	｜
大和田町	｜	｜	｜	｜	｜	｜	｜	｜	｜
朝霞町	｜	｜	｜	｜	｜	｜	｜	｜	｜
大和町	｜	｜	｜	｜	｜	｜	｜	｜	｜
片山村	｜	｜	｜	｜	｜	｜	｜	｜	｜
内間木村	｜	｜	｜	｜	｜	｜	｜	｜	｜
宗岡村	｜	｜	｜	｜	｜	｜	｜	｜	｜
水谷村	｜	｜	｜	｜	｜	｜	｜	｜	｜

(3) 入間郡における被害

町村＼被害	家屋関係 流失（戸）	全壊（戸）	半壊（戸）	床上浸水（戸）	床下浸水（戸）	罹災人口（人）	人的関係 死亡（人）	負傷（人）	行方不明（人）
入間郡	三八	九	一九	一、四七〇	一、一七三	八、三七六	五	｜	｜
芳野村	｜	｜	二	一四七	｜	九四一	｜	｜	｜
古谷村	二	｜	｜	一四四	｜	九一五	｜	｜	｜
南古谷村	｜	｜	｜	｜	｜	｜	｜	｜	｜
高階村	｜	｜	｜	｜	｜	｜	｜	｜	｜
福岡村	｜	｜	｜	｜	｜	｜	｜	｜	｜
大井村	｜	｜	｜	｜	｜	｜	｜	｜	｜

被害 町村	家屋関係 流失（戸）	家屋関係 全壊（戸）	家屋関係 半壊（戸）	家屋関係 床上浸水（戸）	家屋関係 床下浸水（戸）	罹災人口（人）	人的関係 死亡（人）	人的関係 負傷（人）	人的関係 行方不明（人）
鶴瀬村	｜	｜	｜	｜	｜	｜	｜	｜	｜
南畑村	｜	｜	｜	｜	｜	｜	｜	｜	｜
三芳村	｜	｜	｜	｜	｜	｜	｜	｜	｜
柳瀬村	｜	｜	｜	｜	｜	｜	｜	｜	｜
所沢町	｜	｜	｜	｜	｜	｜	｜	｜	｜
三ケ島村	｜	｜	｜	｜	｜	｜	｜	｜	｜
元狭山村	｜	｜	｜	｜	｜	｜	｜	｜	｜
宮寺村	｜	｜	｜	｜	｜	｜	｜	｜	｜
金子村	｜	｜	｜	｜	｜	｜	｜	｜	｜
東金子村	｜	｜	｜	｜	｜	｜	｜	｜	｜
豊岡町	｜	｜	｜	｜	六	｜	｜	｜	｜
藤沢村	｜	｜	｜	｜	｜	｜	｜	｜	｜
入間村	｜	｜	｜	｜	｜	｜	｜	｜	｜
堀兼村	｜	｜	｜	｜	｜	｜	｜	｜	｜
福原村	｜	｜	｜	｜	｜	｜	｜	｜	｜
奥富村	｜	｜	｜	｜	｜	｜	｜	｜	｜
入間川町	｜	｜	｜	二	三三	六二	｜	｜	｜
大東村	｜	｜	｜	｜	｜	｜	｜	｜	｜
山田村	｜	一	｜	一	｜	九	｜	｜	｜

三芳野村	—	—	—	一四〇	七九	七〇〇	—	—	—
勝呂村	六	四	四	三〇〇	三七	一、七五四	五	—	—
坂戸町	—	—	—	一三	一一〇	六二	—	—	—
入西村	—	—	—	二七三	一八	一、五四三	—	—	—
大家村	—	—	—	—	—	—	—	—	—
川角村	—	一	—	三〇	五五	一八二	—	—	—
毛呂山町	—	—	—	一	一三一	六	—	—	—
越生町	—	一	—	一三	一二七	八五	—	—	—
梅園村	—	—	—	八	九九	四〇	—	—	—
名細村	—	—	—	一八四	八九	一、〇一三	—	—	—
鶴ヶ島村	—	—	—	三	—	—	—	—	—
高萩村	—	—	—	—	—	—	—	—	—
高麗川村	—	—	一	八	七	四四	—	—	—
高麗村	—	—	—	一三	三三	七九	—	—	—
東吾野村	—	—	三	二五	三九	一七四	—	—	—
霞ヶ関村	—	—	—	三	—	一七	—	—	—
柏原村	—	—	—	一五	四〇	六四	—	—	—
水富村	三	—	—	二〇	一〇〇	二一一	—	—	—
飯能町	七	—	—	五一	二六	二七一	—	—	—
原市場村	二	—	一	二四	二三	一四三	—	—	—
名栗村	—	—	六	九	五九	八〇	—	—	—
吾野村	—	一	二	三六	七三	一八三	—	—	—

(4) 比企郡における被害

町村＼被害	家屋関係 流失	家屋関係 全壊	家屋関係 半壊	家屋関係 床上浸水	家屋関係 床下浸水	罹災人口	人的関係 死亡	人的関係 負傷	人的関係 行方不明
比企郡	五戸	一三戸	五戸	一、三九二戸	二、一四五戸	二〇、五三四人	一人	二人	—人
松山町	—	—	一	七	二	一一	—	—	—
大岡村	—	—	—	—	六	三三	—	—	—
福田村	—	—	—	—	一〇	五〇	—	—	—
宮前村	—	—	—	一七	四〇	三七〇	—	—	—
唐子村	—	—	—	八八	三六	一、二九四	—	—	—
菅谷村	一	二	—	一五	一八	一三三	—	—	—
七郷村	—	—	—	六	一五	一二〇	—	—	—
八和田村	—	—	—	六	五四	三七二	—	—	—
小川町	一	—	—	六〇一	七五七	七、九六三	—	—	—
竹沢村	—	—	—	一四	四九	三三四	—	—	—
大河村	二	四	—	九二	一五六	一、二三八	—	—	—
平村	一	一	三	一	—	三三	一	二	—
明覚村	—	三	—	八	二〇	一三六	—	—	—
玉川村	—	二	—	一五	三〇	二四〇	—	—	—
亀井村	—	—	—	一	一〇	七四	—	—	—
今宿村	—	—	—	三九	八一	七一〇	—	—	—

町村	家屋関係 流失	全壊	半壊	床上浸水	床下浸水	罹災人口	人的関係 死亡	負傷	行方不明
高坂村	—	—	—	二四	五一	九八〇	—	—	—
野本村	—	一	—	四八	一一七	九二〇	—	—	—
中山村	—	—	—	八一	三八	七九九	—	—	—
伊草村	—	—	—	五〇	一三〇	一,〇二〇	—	—	—
三保谷村	—	—	—	七三	二〇八	一,六八一	—	—	—
出丸村	—	—	—	五六	一三九	一,一六五	—	—	—
八ツ保村	—	—	—	一八	四一	三三三	—	—	—
小見野村	—	—	—	—	八	五三	—	—	—
東吉見村	—	—	—	二五	三	二九三	—	—	—
南吉見村	—	—	—	八	二	六一	—	—	—
西吉見村	—	—	—	一	五	三〇	—	—	—
北吉見村	—	—	一	九	二	一〇三	—	—	—

(5) 秩父郡における被害

被害＼町村	家屋関係 流失	全壊	半壊	床上浸水	床下浸水	罹災人口	人的関係 死亡	負傷	行方不明
秩父郡	一六戸	一五戸	四六戸	六七〇戸	三,六一五戸	二〇,〇二八人	八人	三人	—人
秩父町	—	—	三	二四九	一,五〇〇	七,九三六	—	—	—
横瀬村	—	一	三	二二	三二	二,〇四一	—	—	—
芦ヶ久保村	五	三	—	一	一	五三	六	三	—

被害 / 町村	家屋関係 流失 (戸)	家屋関係 全壊 (戸)	家屋関係 半壊 (戸)	家屋関係 床上浸水 (戸)	家屋関係 床下浸水 (戸)	罹災人口 (人)	人的関係 死亡 (人)	人的関係 負傷 (人)	人的関係 行方不明 (人)
高篠村	—	—	三	四	—	三〇	—	—	—
原谷村	一	—	一	八四	九二	八三一	—	—	—
皆野町	—	—	—	四	二一〇	一、一六八	—	—	—
三沢村	—	—	—	—	六	二七	—	—	—
野上町	三	—	—	三四	三一二	一、六三三	—	—	—
國神村	—	一	一	一	三五	一七九	—	—	—
金沢村	—	—	—	一	—	二	—	—	—
日野沢村	—	—	—	二	—	一一	—	—	—
吉田町	—	—	二	四六	七〇	八六	—	—	—
大田村	—	—	一	一	一六	一一九	—	—	—
尾田蒔村	—	三	—	五	九	一一七	—	—	—
長若村	—	—	一	七	三	六八	—	—	—
小鹿野町	—	—	—	—	六五五	二、六五七	—	—	—
上吉田村	三	一	三	一〇	二〇〇	一、五〇四	一	—	—
三田川村	—	—	—	—	—	—	—	—	—
倉尾村	—	—	一	—	—	三	—	—	—
両神村	二	—	一	一	五三	二九〇	一	四	—
大滝村	—	一	一五	一三	—	七〇	—	—	—
荒川村	—	—	一	三	一	二六	—	—	—

町村＼被害	家屋関係 流失	全壊	半壊	床上浸水	床下浸水	罹災人口	人的関係 死亡	負傷	行方不明
久那村	—	—	—	一	—	三	—	—	—
浦山村	—	—	一	—	—	八	—	—	—
影森村	—	—	—	四	—	二六	—	—	—
大椚村	—	一	三	一	四	三八	—	—	—
槻川村	—	一	三	二八	三五	三四八	—	—	—
大河原村	二	三	三	四九	一〇一	七七三	—	五	—

(6) 児玉郡における被害

町村＼被害	家屋関係 流失	全壊	半壊	床上浸水	床下浸水	罹災人口	人的関係 死亡	負傷	行方不明
児玉郡	一四戸	一八戸	一戸	一、二三〇戸	五、七八九戸	七、〇五三人	六人	二〇人	一人
本庄町	九	一〇	—	四一七	一、五一一	一、九四七	二	一	—
藤田村	—	—	—	三〇〇	七〇〇	一、〇〇〇	—	—	—
仁手村	—	—	—	五	一〇	一五	—	—	—
旭村	—	一	—	—	九三	九四	—	—	—
北泉村	一	三	—	四四	二二九	二二七	一	一	一
東児玉村	一	—	—	三〇	四四〇	四七一	二	六	—
共和村	—	—	—	五四	三七二	四二六	一	二	—
児玉町	—	一	—	二三	二八八	三一三	—	—	—
金屋村	—	—	—	五	九五	一〇〇	—	—	—

町村＼被害	家屋関係					罹災人口	人的関係		
	流失	全壊	半壊	床上浸水	床下浸水		死亡	負傷	行方不明
青柳村	—戸	—戸	—戸	四戸	七六戸	八〇人	—人	—人	—人
若泉村	—	—	—	—	—	—	—	—	—
本泉村	二	—	—	五〇	五〇	一〇〇	—	—	—
神保原村	—	—	一	三〇	三〇〇	三三一	—	—	—
賀美村	—	—	—	三	二六〇	二六三	—	—	—
七本木村	—	—	—	七	一〇〇	一〇七	—	—	—
長幡村	—	—	—	—	八四	八四	—	—	—
丹荘村	—	一	—	二〇	一三〇	一五三	—	—	—
秋平村	一	一	—	二〇	一五〇	一七三	—	一〇	—
松久村	—	一	—	二八	八〇一	一,〇二〇	—	—	—
大沢村	—	—	—	—	一〇〇	一〇〇	—	—	—
矢納村	—	—	—	—	—	—	—	—	—

(7) 大里郡における被害

町村＼被害	家屋関係					罹災人口	人的関係		
	流失	全壊	半壊	床上浸水	床下浸水		死亡	負傷	行方不明
大里郡	一七戸	三三戸	八戸	四,六〇八戸	五,九一三戸	一〇,六〇三人	五人	五人	—人
吉見村	—	—	—	一五五	一五五	三一〇	—	—	—

町村									
市田村	―	―	二	三〇〇	五〇〇	八〇〇	―	―	―
吉岡村	―	一	―	八九	三三八	三二七	―	―	―
御正村	―	―	―	一五〇	二一〇	三六〇	―	―	―
三尻村	―	一	―	―	三	三	―	―	―
奈良村	―	―	―	七〇	二〇〇	二七〇	―	―	―
長井村	―	―	―	五〇	一〇〇	一五〇	―	―	―
秦村	―	―	―	六〇〇	三〇〇	九〇〇	―	―	―
妻沼町	―	―	―	二五	三〇一	三三〇	―	―	―
男沼村	四	五	―	二〇〇	―	二〇〇	―	―	―
太田村	―	―	―	一六	七〇	八六	―	―	―
明戸村	―	―	―	三〇〇	二五〇	五五〇	―	―	―
別府村	―	―	―	―	三八	三八	―	―	―
幡羅村	―	―	―	四〇〇	一〇〇	五〇〇	―	―	―
深谷町	―	―	―	七二四	一、一八〇	一、九〇四	―	―	―
大寄村	―	―	―	―	七〇	七〇	―	―	―
新会村	―	二	―	七〇八	―	七〇八	―	―	―
中瀬村	―	―	―	二〇	八〇	一〇〇	―	―	―
八基村	―	三	五	四三九	二六八	七〇七	―	―	―
岡部村	―	―	―	五	二〇三	二〇七	―	―	―
榛沢村	―	―	―	二〇	一五〇	一七〇	―	―	―
本郷村	―	―	―	―	―	―	―	―	―

町村＼被害	家屋関係 流失	全壊	半壊	床上浸水	床下浸水	罹災人口	人的関係 死亡	負傷	行方不明
藤沢村	―戸	―戸	―戸	一五戸	三五戸	五〇人	一人	―人	―人
武川村	―	―	―	―	一〇〇	一〇〇	―	―	―
花園村	―	―	―	一八一	六八七	八五五	―	―	―
用土村	―	―	―	―	一五	一五	―	―	―
寄居町	三	―	―	八〇	三〇〇	三八〇	―	―	―
男衾村	―	一	一	一〇	三〇	四〇	一	五	―
折原村	―	一	―	―	―	一	一	―	―
鉢形村	―	―	―	三一	六〇	九一	一	―	―
小原村	―	―	―	―	一三〇	一三〇	―	―	―
本畠村	―	―	―	二〇	一五〇	一七〇	一	―	―

(8) 北埼玉郡における被害

町村＼被害	家屋関係 流失	全壊	半壊	床上浸水	床下浸水	罹災人口	人的関係 死亡	負傷	行方不明
北埼玉郡	一八五戸	四〇〇戸	九四六戸	五、四五一戸	三、三二七戸	五六、七六五人	二三人	七九八人	四〇人
忍町	―	一	四	三三一	一、二八八	八、一二〇	―	四	―
羽生町	―	―	―	三	一六〇	八一五	―	―	―
加須町	―	―	―	二	三	一七〇	―	―	―

騎西町	—	—	—	—	—	—	—	—	—
中條村	—	—	—	三	五〇	二六五	—	—	—
南河原村	—	—	—	—	—	—	—	—	—
北河原村	—	—	—	—	一〇	一二〇	—	—	—
星宮村	—	—	—	四	三	一五六	—	—	—
太井村	—	—	—	三八	六八	六三六	—	二	—
下忍村	—	—	二	二五〇	四四八	三、〇〇〇	一	五	—
荒木村	—	—	—	—	七一	三五五	—	—	—
須加村	—	—	—	—	—	—	—	—	—
新郷村	—	—	—	—	—	—	—	—	—
太田村	—	—	—	—	四	二〇	—	—	—
埼玉村	—	—	—	一一	一二四	六七五	—	—	—
屈巣村	—	—	—	三一	一五一	一、〇九二	—	—	—
廣田村	—	—	—	—	—	—	—	—	—
須影村	—	—	—	—	—	—	—	—	—
岩瀬村	—	—	—	—	—	—	—	—	—
川俣村	—	—	—	—	—	—	—	—	—
井泉村	—	—	—	一六	七	一三八	—	—	—
手子林村	—	—	—	五〇	一二一	八五五	—	—	—
志多見村	—	—	—	—	—	—	—	—	—
田ヶ谷村	—	—	—	—	—	—	—	—	—

被害 町村	家屋関係 流失	家屋関係 全壊	家屋関係 半壊	家屋関係 床上浸水	家屋関係 床下浸水	罹災人口	人的関係 死亡	人的関係 負傷	人的関係 行方不明
共和村	｜戸	｜戸	｜戸	｜戸	七戸	四二人	｜人	｜人	｜人
笠原村	｜	｜	｜	三五	七一	六三六	｜	｜	｜
種足村	｜	｜	｜	一	五〇	二五五	｜	｜	｜
高柳村	｜	｜	｜	｜	｜	｜	｜	｜	｜
礼羽村	｜	｜	｜	｜	｜	｜	｜	｜	｜
不動岡町	｜	｜	｜	二五〇	一五〇	二、〇〇〇	｜	｜	｜
樋遣川村	一	二	一五	七八二	三〇	四、七五三	｜	｜	｜
三田ヶ谷村	｜	｜	｜	一三〇	一八〇	一、五五〇	｜	｜	｜
村君村	｜	｜	｜	｜	｜	｜	｜	｜	｜
大越村	｜	｜	一	三〇	七〇	五〇五	｜	｜	｜
利島村	五	四一	一三一	六五八	｜	四、九〇三	四	一七	｜
川辺村	四二	一五〇	三八	一〇五	｜	四、〇一八	六	二〇	｜
東村	七〇	一四六	二七四	一四	｜	二、七一一	三	三〇〇	二
原道村	三〇	二五	一三五	四二〇	五	三、三六〇	三	三一〇	二
元和村	三〇	三三	五〇	四〇三	三	二、九八五	四	四〇	｜
豊野村	三	三	一	五九五	一	三、六一八	二	二〇	｜
三俣村	｜	｜	｜	四八〇	八〇	三、三六〇	｜	｜	｜
大桑村	四	｜	一五	六〇〇	六五	四、一〇四	｜	五〇	｜
水深村	｜	｜	｜	一九八	五四	一、五一二	｜	三〇	｜
鴻茎村	｜	｜	｜	一	二五	三六	｜	｜	｜

(9) 南埼玉郡における被害

町村＼被害	家屋関係 流失	家屋関係 全壊	家屋関係 半壊	家屋関係 床上浸水	家屋関係 床下浸水	罹災人口	人的関係 死亡	人的関係 負傷	人的関係 行方不明
南埼玉郡	四戸	八戸	一六九戸	八、一〇〇戸	四、三〇七戸	六八、一九九人	三人	一七〇人	—人
岩槻町	—	—	—	—	—	—	—	—	—
豊春村	—	—	二	二八五	四〇	一、七八七	—	—	—
春日部町	—	一	一	四〇〇	六〇六	五、五三三	—	—	—
川通村	—	—	—	五八	八三	七七五	—	—	—
武里村	—	—	—	三四五	四七九	四、五三一	—	—	—
櫻井村	—	—	—	六三	二四四	一、六八三	—	—	—
新方村	—	—	—	一八七	一九〇	二、〇四三	—	—	—
増林村	—	—	—	六五〇	二三〇	四、八二九	—	—	—
大袋村	—	—	—	三一〇	一〇〇	二、二三五	—	—	—
荻島村	—	—	—	—	—	—	—	—	—
柏崎村	—	—	—	—	—	—	—	—	—
和土村	—	—	—	—	—	—	—	—	—
新和村	—	—	—	—	—	—	—	—	—
出羽村	—	—	—	—	—	—	—	—	—
蒲生村	—	—	—	—	—	—	—	—	—
川柳村	—	—	—	—	—	—	—	—	—

町村＼被害	家屋関係 流失 (戸)	家屋関係 全壊 (戸)	家屋関係 半壊 (戸)	家屋関係 床上浸水 (戸)	家屋関係 床下浸水 (戸)	罹災人口 (人)	人的関係 死亡 (人)	人的関係 負傷 (人)	人的関係 行方不明 (人)
八條村	—	—	—	九一	二八五	二、〇六七	—	一	—
八幡村	—	—	—	一〇	一三	一二六	—	—	—
潮止村	—	—	—	二三五	六七	一、六〇五	—	二四	—
大相模村	—	—	—	二〇	八	七五六	—	—	—
越ヶ谷町	—	—	—	六五	二七	五〇五	—	三	—
大沢町	—	—	—	六五三	四三六	五、九八九	—	—	—
慈恩寺村	—	—	—	三	二二	八二	—	—	—
日勝村	—	—	—	六八	一六	一、一一三	—	—	—
須賀村	—	—	—	七三六	—	四、〇四八	—	—	—
百間村	—	—	—	七六六	二五七	五、六二六	一	—	—
太田村	—	—	七四	五四七	一二七	三、七〇六	—	一七	—
久喜町	—	一	—	一、一六五	三六二	八、三九二	—	—	—
鷲宮町	四	六	六五	八三四	四六	四、八四〇	一	九五	—
清久村	—	—	—	二六	六八	四七八	—	—	—
江面村	—	—	五	三〇〇	二三〇	二、八六〇	一	五	—
河合村	—	—	—	—	—	—	—	—	—
黒浜村	—	—	—	—	—	—	—	—	—
蓮田町	—	—	—	—	—	—	—	—	—
平野村	—	—	—	—	—	—	—	—	—

町村＼被害	家屋関係 流失	全壊	半壊	床上浸水	床下浸水	罹災人口	人的関係 死亡	負傷	行方不明
栢間村	ー	ー	ー	五	二	三八	ー	ー	ー
小林村	ー	ー	ー	ー	ー	ー	ー	ー	ー
菖蒲町	ー	ー	一	七	一九	四三	ー	ー	ー
三箇村	ー	ー	ー	一三	ー	六六	ー	ー	ー
篠津村	ー	ー	三	二七〇	二四八	二、八四九	ー	一五	ー
大山村	ー	ー	ー	ー	三二	一七六	ー	ー	ー

(10) 北葛飾郡における被害

町村＼被害	家屋関係 流失	全壊	半壊	床上浸水	床下浸水	罹災人口	人的関係 死亡	負傷	行方不明
北葛飾郡	一〇三戸	一三八戸	七四五戸	一八、五九一戸	一、〇三四戸	一〇九、五九七人	二六人	二五〇人	五人
栗橋町	四六	七〇	二〇〇	二、〇四八	ー	一三、二四四	一六	五〇	二
櫻田村	九	五	九	八四八	ー	四、六六四	ー	ー	ー
行幸村	八	五	一〇〇	三九一	ー	二、一九〇	ー	二〇	ー
幸手町	一一	三五	一五〇	一、九三三	ー	一〇、六二六	二	八〇	ー
上高野村	二五	一〇	三〇	四六九	ー	二、五七九	二	ー	ー
高野村	ー	ー	一一五	三六四	五八	二、三三一	一	三六	二
権現堂川村	ー	ー	一	四〇〇	一五五	三、〇五二	ー	ー	ー
吉田村	ー	ー	四	四五二	ー	二、四八六	ー	ー	ー
八代村	ー	ー	二一	六八〇	ー	三、七四〇	ー	一五	一

被害 町村	家屋関係 流失（戸）	家屋関係 全壊（戸）	家屋関係 半壊（戸）	家屋関係 床上浸水（戸）	家屋関係 床下浸水（戸）	罹災人口（人）	人的関係 死亡（人）	人的関係 負傷（人）	人的関係 行方不明（人）
田宮村	—	—	—	五四三	—	二、九八五	—	—	—
杉戸町	—	—	四	八二一	一二六	五、三七四	—	—	—
堤郷村	—	—	—	三六五	六一	二、三四二	—	—	—
幸松村	—	—	—	一、〇三〇	二〇	五、七七五	二	—	—
豊野村	—	—	—	四四九	一六一	三、三五四	—	—	—
松伏領村	三	—	—	一、一〇〇	一七	五、五四三	一	—	—
旭村	—	三	—	五九〇	一〇	三、三〇〇	一	二	—
吉川町	—	—	—	八一九	一五〇	五、三九二	—	—	—
三輪野江村	—	二	—	六八五	一五	三、八二九	—	—	—
彦成村	—	—	—	一、〇〇〇	一五〇	六、〇五〇	一	—	—
早稲田村	—	—	—	七四五	五	四、五〇〇	—	五	—
東和村	—	五	—	八九五	三五	五、一一四	—	五〇	—
豊岡村	—	—	—	四	一一	八二	—	—	—
櫻井村	—	—	—	三三一	一〇	二、〇六〇	—	—	—
宝珠花村	—	—	—	六	四	五五	—	—	—
富多村	—	—	六八	四四〇	—	一、九二〇	—	—	—
南櫻井村	—	—	八	六四八	八	三、六〇八	—	二	—
川辺村	—	—	三〇	三五〇	一〇	一、九八〇	—	—	—
金杉村	—	三	五	一九六	二八	一、二三三	—	—	—

第三章　耕地並に公共施設関係被害

被害の激甚を極めたのは、渡良瀬、荒川、利根の各流域であるが、中にも大利根の決潰は、最も悲惨を呈したことは、各紙の報ずる所であつた。

即ち十六日午前零時半決潰し、堤外の耕地に氾濫南下して以來、北埼の南部、北葛の全部、南埼の南部一円をなめつくし、二十日午後一時決潰後百〇八時間を以て、東京湾に流入したのである。泥海化された耕地総面積は実に三万五千余町歩に達し、穀倉埼玉の立毛殆んど冠水し、湛水又長期にわたりたる結果、農作物の水腐に帰したる所多く、惨状筆舌に盡し難きものがあつた。

その後利根川の本流は、流身轉移、渡良瀬川流水の一部逆に流入、これがため決潰口の水深着々上昇、十米余に達した。かくては決潰口の締切工事も全く手の施しようなく、さりとて之を放任することも出來ず、耕地の埋沒損傷は、日々見積額推定四百万円以上となるべく、当時当事者はたゞ焦躁の日を送るのみであつた。

猶水上踏査員の調書によれば、九月二十三日現在、幸手地区内陸羽街道々路上における流速は約二米で、水深一米三十に達して居り、北葛豊野村字荻原においては、流速一米二十、水深同様一米三十であつたが、これがために各地各所の公共施設関係の被害も、連日增加の一途を辿るのみであつた。

九月二十五日縣耕地課において発表したる耕地並に公共施設の被害狀況は、それ〲左表の如くであるが、本調査は九月廿五日現在のものであり、その数字も確認又は推定によるものである。

1、耕地関係の被害

地目	全耕地面積	冠水面積	比率	流失埋没面積	比率	被害金額
田	六四、七〇四町	三〇、三九二町	四七%	二、〇八〇・七町	三%	一〇八、五〇七、七三〇円
畑	八二、五三〇	一九、五七六	二四	一、二九七・四	二	七三、〇一〇、三八〇
計	一四七、二三四	四九、九六八	三五	三、三七八・一	二	一八一、五一八、一一〇

備考　二二、九、二五調査による。

2、公共施設関係の被害

区分	数量	金額	区分	数量	金額
農道	一九九、一七六間	一四、四二六、五五五円	樋管	七〇九ヶ所	一七、三八三、八八〇円
水路	五一八、二二五	一五九、七一一、九三〇	掛樋	四	八、五二五、〇〇〇
堤塘	二八、七五八	二三、三〇七、四八五	溜池	二八	一、三二三、四九〇
護岸	七五、八三三	三六、五五九、八〇三	揚水機	四〇	二、四五五、七九〇
橋梁	一、九七一ヶ所	六七、五七五、五二八	暗渠	六	一四一、三〇〇
井堰	四一一	五〇、一五六、一四九	計	八二一、九九二間 三、一六九ヶ所	三八〇、五五六、九〇〇

備考　二二、九、二五調査による。

3, 開拓地関係の被害

拓殖地における被害状況につき、縣開拓課より報告があつたから、便宜上左に掲げることにする。

耕地並に公共施設の被害

項別 / 地区別	冠水 田	冠水 畑	耕地流失 田	耕地流失 畑	耕地埋没 田	耕地埋没 畑	橋梁流失	道路崩壊	河川決潰	溜池崩壊
桶川地区	—反	八〇〇反	—反	—反	—反	—反	—	—	—	—
鉢形地区	三	二九	一・五	—	二・〇	二・五	五	一五	三〇	四
櫛挽地区	—	—	—	—	—	—	—	—	—	—
計	三	八二九	一・五	—	二・〇	二・五	五	一五	三〇	四

備考　鉢形地区では、山林の崩壊二十五箇所あり、猶被害は鉢形地区に多かりしも、縣内純粋入植者の多き入間郡が、被害僅少に終りしは不幸中の幸さもいえよう。

耕地関係の被害は、減水を俟たねば、事実上の損傷は不明であるが、耕地課においては、現地の調査報告を基礎に出來るだけ正確を期し、九月三十日、表一における被害額の概算を発表したのである。

右によれば、耕地における被害額は計一億八千百五十二万一千百十円で、公共施設の被害額は計三億九千三百四十八万九千三百円となつており、合計五億七千五百万七千四百十円と発表した。

然るに其の後、各地の状況愈々判明するにつれて、被害の見積も、大体見当づけられた結果、表二に記載の通り、耕地の被害額九千四百四拾万円、公共施設の被害四億七千五百六拾五万参千四百参拾円、計五億七千五万参千四百参拾円と決定したのである。

耕地課

一、耕地公共施設郡市別被害一覧表

郡市別被害額調（二二、九、三〇）

（表一の一）

郡市＼事項	耕地 総面積	耕地 被害面積	耕地 同上比率	耕地 被害金額	公共施設 農道 延長	公共施設 農道 金額	公共施設 水路 延長	公共施設 水路 金額
	反	反	%	円	間	円	間	円
北足立	七八、六〇五	五一五	一・〇	三、八一五、五〇〇	二、〇二五	二五〇、二〇〇	四、三〇七	六二四、二五〇
入間	七五、七四六	四五〇	六・〇	二、四一九、二七〇	三、一〇〇	一八四、二〇〇	二、〇七六	七三五、八〇〇
比企	九八、七八五	一、二〇〇	一・一	一〇、一七二、〇〇〇	五、五七五	一、四五〇、〇〇〇	一四、三〇〇	八、七四二、〇〇〇
秩父	七〇、一二四	三、〇九二	四・四	一六、七〇一、八〇〇	三〇、八九三	二、六二五、九〇五	七、〇六八	四九四、六二七
児玉	五五、五四八	一、四三一	二・六	六、八五三、八八〇	四、七六〇	二九九、五六〇	七、四八〇	三、九五五、一二〇
大里	一〇三、七七六	二、三八一	二・〇	一〇、〇五三、〇九〇	一九、〇〇五	一、二八九、一五〇	一四、六六〇	六、一五六、二〇〇
北埼玉	一八四、〇六一	一一、九六〇	七・〇	九一、八〇一、五〇〇	六二、四三〇	三、八五三、三三〇	二三八、二六八	四三、一四五、六三三
南埼玉	一六九、八九七	四、八一六	三・〇	二〇、七七九、五〇〇	二六、二五八	一、四八五、〇〇〇	八五、八一〇	五一、八九六、五〇〇
北葛飾	一三一、八四九	七、五九八	五・八	一七、一〇九、二五〇	四八、〇七五	二、七二七、一一〇	一四二、一七四	四三、七〇四、八〇〇
川越市	六、八八八	—	—	—	—	—	—	—
熊谷市	一七、三七八	三三八	一・九	一、八一五、三二〇	二、〇〇〇	二五二、三〇〇	一、〇〇〇	三三、〇〇〇
川口市	一八、四〇三	—	—	—	五五	一〇、八〇〇	八三	五、〇〇〇
浦和市	一三、八八一	—	—	—	—	—	九七九	二九、〇〇〇
大宮市	一二、八六六	—	—	—	—	—	—	—
計	一、〇三七、八〇七	三三、七八一	三・二	一八一、五二一、一一〇	二〇四、一七四	一四、四二七、五五五	五一八、二三五	一五九、七二一、九二〇

（表一の二）

郡市＼事項	公共施設 井堰其の他 数量	公共施設 井堰其の他 金額	公共施設 計 数量	公共施設 計 金額	被害金額合計	耕地の総賃貸価格	同上に対する被害の比率
北足立	二六、二一〇 九一	六、〇九一、六八〇円	三三、五四二 九一	六、九六六、二三〇円	一〇、七七八、六三〇円	一、一二五、三八七・八〇円	九五八
入間	四九三 四二	一六、五四四、九五〇	五、六六九 四二	一七、四六四、九五〇	一九、八八四、二二〇	八九八、五七六・二〇	二、二一三
比企	二、五二〇 四一三	三八、九七八、七〇〇	二三、三九五 四一三	四九、一七〇、七〇〇	五九、三四二、七〇〇	一、四四八、六六七・八〇	四、〇九六
秩父	二、九九四 四三一	一四、二二二、〇六八	四〇、九五五 四三一	一七、三三二、六〇〇	三四、〇五四、四〇〇	五五九、八三一・〇〇	六、〇七九
児玉	二、五〇三 八二	五、五九三、一四〇	一四、七四三 八二	九、八四七、八二〇	一六、七〇一、七〇〇	八八四、五一一・六〇	一、八八八
大里	四、七六一 二三〇	一三、二六二、〇〇〇	三八、四二六 二三〇	二〇、七二七、三五〇	三〇、七八〇、四四〇	一、五〇三、五六九・八〇	二、〇三三
北埼玉	一九、二三三 五九九	三一、八四〇、五四七	一九、九五一 五九九	七八、八三九、五〇〇	一七〇、六四一、〇〇〇	二、九一八、五〇七・四〇	五、八四〇
南埼玉	一九、二一〇 六五七	三三、三二四、五〇〇	三一、二七八 六五七	八六、七〇六、〇〇〇	一〇七、四八五、五〇〇	二、四七三、七三四・四〇	四、三五八
北葛飾	三、二六四 六四六	五七、五三五、一四〇	一三、五一三 六四六	一〇三、九六七、〇五〇	一三一、〇七六、三〇〇	二、二四六、九三三・八〇	五四
川越市	― 一	四四八、六〇〇	― 一	四四八、六〇〇	四四八、六〇〇	一一八、五〇九・六〇	三六二
熊谷市	― 六	一八二、〇〇〇	三、〇〇〇 六	四六七、三〇〇	二、二八二、六二〇	三四二、五〇九・〇〇	六六六
川口市	一、三〇三 一〇	一、〇八八、〇〇〇	一、四四一 一〇	一、一〇三、八〇〇	一、一〇三、八〇〇	二八三、七三一・〇〇	三八九
浦和市	― 五	九一、〇〇〇	九七九 五	三一〇、〇〇〇	三一〇、〇〇〇	二〇三、二七〇・〇〇	一五三

（表一の三）

郡市＼事項	公共施設 井堰其の他 数量	公共施設 井堰其の他 金額	公共施設 計 数量	公共施設 計 金額	被害金額合計	耕地の賃貸価格総額	同上に対する被害の比率
大宮市	二、一〇〇 一	一三七、五〇〇円	二、一〇〇 一	一三七、五〇〇円	一三七、五〇〇円	一五二、六七八・〇〇円	九、〇〇六
計	一〇四、五九一 三、二〇四	二一九、三四九、八二五	八二六、九九二 三、二〇四	三九三、四八九、三〇〇	五七五、〇〇七、四一〇	一五、一五九、四一六・四〇	三、七九四

（表二）

一、耕地公共施設郡市別被害内訳表（二二、一二、一）

記

被害郡市名＼区分	耕地 田	耕地 畑	耕地 被害額	公共施設 農道	公共施設 水路	公共施設 堤塘	公共施設 護岸	公共施設 橋梁	公共施設 井堰	公共施設 樋管	公共施設 揚水機	公共施設 其の他	公共施設 計 延長	公共施設 計 箇所数	公共施設 計 被害額
北足立郡	三六五反	二四五反	三、一八八、〇〇〇円	一、七四七間	一六、六〇八間	三、一九〇間	二、九三〇間	二一ケ所	一二ケ所	一八ケ所	六ケ所	三六ケ所	二四、四七五間	九三ケ所	一九、〇九五、六〇〇円
入間郡	二一三	二六六	二、一五一、〇〇〇	二、六〇一	二、〇四六	—	一、七三九	三三	四一	四	—	二	六、三八六	八〇	二八、四四〇、〇〇〇
比企郡	五四〇	四二〇	四、五一二、〇〇〇	三、三二四	五、九九一	九三	四八二	二七	三三	一三	—	一七	九、八九〇	八八	三六、八二四、二五〇
秩父郡	三二七	二、六一一	一三、七〇八、〇〇〇	六、〇一〇	八、三四二	—	一、八〇二	一一八	一一九	—	一	三三	一六、一五四	二七〇	三六、六五六、二〇〇
児玉郡	四三六	六九八	四、三六七、五〇〇	四、三七八	一〇、六一三	—	二、一一三	三四	二一	八	一八	四	一七、一三三	八五	一、六〇四、七〇〇
大里郡	四二七	一、二八三	七、二四一、〇〇〇	一三、四六二	一三、六四五	一五四	二、七〇六	七六	三三	二七	一	一七	二七、九六七	一四三	三二、六六〇、〇〇〇
北埼玉郡	七、一七七	一、六三七	三八、四二四、五〇〇	九〇、三四九	一七五、五四八	六、〇三〇	七、三二四	一七九	二〇四	二三九	一三	二九九	二七九、二五一	九三四	一二四、五六四、四八〇
南埼玉郡	四五一	七八	二、二〇八、〇〇〇	四、五六五	六九 七六一	七五	一〇、五三八	二〇四	五六	一〇一	九	一〇〇	八四、九三九	四七〇	七九、四七五、九〇〇
葛北飾郡	三、六八四	一、二五四	一七、一九六、〇〇〇	五、五二八	六九、四七四	一、一五五	一八、七九七	一五八	五四	一七〇	一一	八八	九四、九五四	四八一	一三三、三九六、一〇〇

被害項目 / 町村名	耕地 田	耕地 畑	耕地 被害額	公共施設 農道	公共施設 水路	公共施設 堤塘	公共施設 護岸	公共施設 橋梁	公共施設 井堰	公共施設 樋管	公共施設 揚水機	公共施設 其の他	公共施設 計 間数	公共施設 計 ケ所数	公共施設 計 被害額
熊谷市	七九	二〇九	一、三五四、〇〇〇	三〇二	三、三一九	—	—	二	—	三	—	—	三、六二一	五	二、一七〇、〇〇〇
浦和市	—	—	—	—	九九五	一八	—	三	—	—	—	—	一、〇一三	三	四二九、〇〇〇
川口市	—	—	—	—	四五二	—	—	八	七	一	—	—	四五二	一六	九〇七、八〇〇
川越市	—	—	—	—	—	—	一五〇	一	一	—	—	—	一五〇	二	九二九、四〇〇
計	一三、六九九	八、七〇一	九四、三五〇、〇〇〇	一三一、二五六	三七五、七九五	一〇、七一五	四八、六〇一	八六四	五六九	五八三	五九	五九五	五六六、三七五	二、六七〇	四七五、六五三、四三〇

二、耕地公共施設各郡市管下町村別内訳

(1) 北足立郡の被害

被害項目 / 町村名	耕地 田	耕地 畑	耕地 被害額	公共施設 農道	公共施設 水路	公共施設 堤塘	公共施設 護岸	公共施設 橋梁	公共施設 井堰	公共施設 樋管	公共施設 揚水機	公共施設 其の他	公共施設 計 間数	公共施設 計 ケ所数	公共施設 計 被害額
北足立郡	三六五反	二四五反	三、一八八、〇〇〇円	一、七四七間	一六、六〇八間	三、一九〇間	二、九三〇間	二ケ所	三ケ所	一八ケ所	六ケ所	三六	二四、四七五	九三	一九、〇九五、六〇〇円
土合村	三三	三	一一六、六九二	—	一、二七一	一、三七〇	—	一	二	二	—	七	二、六四一	三	一、一三五、〇〇〇
美笹村	六一	四四	三五八、〇〇〇	—	四〇〇	—	—	—	—	一	—	八	四〇〇	九	一三〇、〇〇〇
戸田町	—	—	—	—	—	—	—	—	—	—	—	—	—	—	—
蕨町	—	—	—	—	—	—	—	—	—	—	—	—	—	—	—
谷塚町	—	—	—	—	—	—	—	—	—	—	—	—	—	—	—
草加町	—	—	—	—	—	—	—	—	—	—	—	—	—	—	—
新田村	—	—	—	—	—	—	—	—	—	—	—	—	—	—	—

町村名＼被害項目	耕地 田（反）	耕地 畑（反）	耕地 被害額（円）	公共施設 農道（間）	公共施設 水路（間）	公共施設 堤塘（間）	公共施設 護岸（間）	公共施設 橋梁（ヶ所）	公共施設 井堰（ヶ所）	公共施設 樋管（ヶ所）	公共施設 揚水機（ヶ所）	公共施設 其の他	公共施設 計 間数	公共施設 計 ヶ所数	公共施設 計 被害額（円）
安行村	—	—	—	—	—	—	—	—	—	—	—	—	—	—	—
戸塚村	—	—	—	—	—	—	—	—	—	—	—	—	—	—	—
大門村	—	—	—	—	—	—	—	—	—	—	—	—	—	—	—
野田村	—	—	—	—	—	—	—	—	—	—	—	—	—	—	—
片柳村	—	—	—	—	—	—	—	—	—	—	—	—	—	—	—
與野町	—	—	—	二六〇	—	—	—	一	—	—	—	二	二六〇	三	一八〇,〇〇〇
大久保村	四三	四一	五七六,〇〇〇	—	一,六〇〇	—	—	—	一	三	—	四	一,六〇〇	八	七六五,〇〇〇
馬宮村	五六	五	四〇〇,〇〇〇	—	二,六一〇	—	—	—	—	—	三	三	二,六一〇	六	四六八,〇〇〇
植水村	五六	—	二一〇,〇〇〇	—	一,一七五	—	—	—	一	—	一	—	一,一七五	二	一,六二五,〇〇〇
指扇村	—	三五	一〇七,〇〇〇	—	一,六二六	—	—	—	—	—	一	—	一,六二六	一	九一,〇〇〇
平方町	—	四〇	一一三,〇〇〇	—	一,五九〇	—	—	—	—	—	—	三	一,五九〇	三	一一〇,〇〇〇
大谷村	—	—	—	—	—	—	—	—	—	—	—	—	—	—	—
大石村	—	—	—	—	—	—	—	—	—	—	—	—	—	—	—
上尾町	—	—	—	—	—	—	—	—	—	—	—	—	—	—	—
上平村	—	—	—	—	—	—	—	—	—	—	—	—	—	—	—
伊奈村	—	—	—	—	—	—	—	—	—	—	—	—	—	—	—
加納村	—	—	—	—	—	—	—	—	—	—	—	—	—	—	—
桶川町	—	—	—	—	—	—	—	—	—	—	—	—	—	—	—
川田谷村	—	—	—	—	—	—	—	—	—	—	—	—	—	—	—

	1	2	3	4	5	6	7	8	9	10	11	12	13	14	15
北本宿村	―	一〇	七〇、〇〇〇	―	六二〇	―	―	三	―	一	―	―	六二〇	四	二二〇、〇〇〇
馬室村	―	一〇	七五、〇〇〇	一、一五七	―	―	―	―	―	―	―	―	一、一五七	―	一七〇、〇〇〇
常光村	―	―	―	―	二一九	―	―	―	―	一	―	―	二一九	一	四二、〇〇〇
鴻巣町	―	―	―	―	―	五〇	―	―	―	―	―	―	五〇	―	三五、〇〇〇
田間宮村	一八	八	八九七、三〇八	三三〇	三、五一三	―	二、〇〇二	五	四	二	一	五	五、八四五	一七	七、三八二、〇〇〇
箕田村	―	―	―	―	八五八	―	七五〇	六	二	―	―	四	一、六〇八	三	一、七三〇、六〇〇
小谷村	―	三	四五、〇〇〇	―	五九九	―	―	四	―	一	―	―	五九九	五	四八四、〇〇〇
吹上町	―	二七	二一〇、〇〇〇	―	一五〇	―	一六三	―	一	―	―	―	三一三	一	二八五、〇〇〇
七里村	―	―	―	―	―	―	―	―	―	―	―	―	―	―	―
春岡村	―	―	―	―	―	―	―	―	―	五	―	―	一、七七〇	五	三、五七八、二〇〇
原市町	―	―	―	―	―	一、七七〇	―	一	―	―	―	―	―	一	一〇〇、〇〇〇
志木町	―	―	―	―	一三〇	―	―	―	一	―	―	―	一三〇	一	一六四、八〇〇
大和田町	―	―	―	―	―	―	―	―	―	―	―	―	―	―	―
朝霞町	―	―	―	―	二四七	―	―	―	―	一	―	―	二四七	一	二〇〇、〇〇〇
大和町	―	―	―	―	―	―	―	―	―	―	―	―	―	―	―
片柳村	―	―	―	―	―	―	一五	―	―	―	―	―	一五	―	一三〇、〇〇〇
内間木村	―	―	―	―	―	―	―	―	―	一	―	―	―	一	七〇、〇〇〇
宗岡村	―	―	―	―	―	―	―	―	―	―	―	―	―	―	―
水谷村	―	―	―	―	―	―	―	―	―	―	―	―	―	―	―

(2) 入間郡の被害

被害項目／町村名	耕地			公共施設									計		
	田	畑	被害額	農道	水路	堤塘	護岸	橋梁	井堰	樋管	揚水機	其の他	間数	ケ所数	被害額
入間郡	二三反	二六六反	二、一五一、〇〇〇円	二、六〇一間	二、〇四六間	一、三五一間	一、七三九間	三三ケ所	四一ケ所	四四ケ所	一ケ所	二	七、七三七	八〇	二八、四四〇、〇〇〇円
芳野村	―	―	―	―	―	―	―	―	―	―	―	―	―	―	―
古谷村	―	―	―	―	―	―	―	―	―	―	―	―	―	―	―
南古谷村	―	―	―	―	―	―	―	―	―	―	―	―	―	―	―
高階村	―	―	―	―	―	―	―	―	―	―	―	―	―	―	―
福岡村	―	―	―	―	―	―	―	―	―	―	―	―	―	―	―
大井村	―	―	―	―	―	―	―	―	―	―	―	―	―	―	―
鶴瀬村	―	―	―	―	―	一九	―	―	―	―	―	―	一九	―	―
南畑村	―	―	―	―	―	―	―	―	―	―	―	―	―	―	―
三芳村	―	―	―	―	―	―	―	―	―	―	―	―	―	―	―
柳瀬村	―	―	―	―	―	―	―	―	一	―	―	―	―	一	二〇〇、〇〇〇
所沢町	―	―	―	―	―	―	―	―	―	―	―	―	―	―	―
三ケ島村	―	―	―	―	―	―	―	―	―	―	―	―	―	―	―
元狭山村	―	―	―	―	―	―	―	―	―	―	―	―	―	―	―
宮寺村	―	―	―	―	―	―	―	―	―	―	―	―	―	―	―
金子村	―	―	―	―	―	―	―	六	―	―	―	―	―	六	三三四、〇〇〇
東金子村	―	―	―	―	―	―	―	―	―	―	―	―	―	―	―

町村名															
豊岡町	—	—	—	—	—	—	—	—	一	—	—	—	—	一	一五〇、〇〇〇
藤沢村	—	—	—	—	—	—	—	—	—	—	—	—	—	—	—
入間村	—	—	—	—	—	—	—	—	—	—	—	—	—	—	—
堀兼村	—	—	—	—	—	—	—	—	—	—	—	—	—	—	—
福原村	—	—	—	—	—	—	—	—	—	—	—	—	—	—	—
奥富村	—	—	—	—	—	—	—	—	三	—	—	—	—	三	三九五、〇〇〇
入間川町	—	三一	一〇三、〇〇〇	—	二七五	—	—	—	二	—	—	—	二七五	二	一、一二〇、〇〇〇
大東村	—	—	—	—	—	—	—	—	—	—	—	—	—	—	—
山田村	—	—	—	—	—	—	四〇	—	二	一	—	—	四〇	三	七四七、〇〇〇
三芳野村	五五	—	一〇〇、〇〇〇	—	三〇〇	一四	八四	四	—	—	—	—	三九八	四	六一五、〇〇〇
勝呂村	—	四五	三八〇、〇〇〇	—	—	二九七	—	—	三	—	—	—	二九七	三	五〇〇、〇〇〇
坂戸町	—	—	—	—	七〇	—	—	—	四	—	—	—	七〇	四	六七〇、〇〇〇
入西村	—	—	—	—	—	二〇〇	六〇	—	—	—	—	—	二六〇	—	一〇〇、〇〇〇
大家村	—	—	—	—	一八二	一九〇	—	二	四	—	—	—	三七二	六	三、五八〇、〇〇〇
川角村	—	—	—	—	七八	—	—	—	—	—	—	—	七八	—	四五〇、〇〇〇
毛呂山町	三〇	一五	三三一、〇〇〇	五〇〇	—	五	四〇〇	四	—	—	—	—	九〇五	四	七三三、〇〇〇
越生町	—	—	—	—	一一〇	八二	—	—	三	—	—	—	一九二	三	一、六二一、〇〇〇
梅園村	一五	一七	一五〇、〇〇〇	五三	—	—	—	二	四	—	—	—	五三	六	九八〇、〇〇〇
名細村	五七	—	二三〇、〇〇〇	—	—	一〇〇	—	—	一	三	—	—	一〇〇	四	二五〇、〇〇〇
鶴ヶ島村	—	—	—	—	—	—	—	—	—	—	—	一	—	一	四三〇、〇〇〇
高萩村	三〇	—	三〇、七〇〇	七四〇	—	—	—	—	一	—	—	一	七四〇	二	一三七、〇〇〇

町村名＼被害項目	耕地			公共施設									計		
	田（反）	畑（反）	被害額（円）	農道（間）	水路（間）	堤塘（間）	護岸（間）	橋梁（ヶ所）	井堰（ヶ所）	樋管（ヶ所）	揚水機（ヶ所）	其の他	間数	ヶ所数	被害額（円）
高麗川村	六	—	三〇、〇〇〇	—	—	—	一六〇	二	二	—	—	—	一六〇	四	七一四、〇〇〇
高麗村	二	二	六五、四〇〇	八四三	二〇	—	—	七	二	—	—	—	八六三	九	一、二七八、〇〇〇
東吾野村	一	三	六七、九〇〇	—	—	—	三五	四	—	—	—	—	三五	四	五六四、〇〇〇
霞ヶ関村	—	—	—	六五	—	—	—	—	—	—	—	—	六五	—	五二、〇〇〇
柏原村	—	—	—	—	六〇〇	二五六	—	—	二	—	—	—	八五六	二	八〇〇、〇〇〇
水富村	—	—	—	四〇〇	四一一	—	一二七	—	一	—	—	—	九三八	一	七、九一三、〇〇〇
飯能町	一七	二〇	一五六、〇〇〇	—	—	一八八	五七	二	五	—	—	—	二四五	七	二、八六八、〇〇〇
原市場村	—	二五	一三五、〇〇〇	—	—	—	一七六	—	—	—	—	—	一七六	—	五〇〇、〇〇〇
名栗村	—	九〇	三七二、〇〇〇	—	—	—	六〇〇	—	—	—	—	—	六〇〇	—	七五〇、〇〇〇
吾野村	—	—	—	—	—	—	—	—	—	—	—	—	—	—	—

(3) 比企郡の被害

町村名＼被害項目	耕地			公共施設									計		
	田（反）	畑（反）	被害額（円）	農道（間）	水路（間）	堤塘（間）	護岸（間）	橋梁（ヶ所）	井堰（ヶ所）	樋管（ヶ所）	揚水機（ヶ所）	其の他（ヶ所）	間数	ヶ所数	被害額（円）
比企郡	五四〇	四二〇	四、五三二、〇〇〇	三、三二四	五、九九一	九三	四八二	二七	三三	一三	—	一七	九、八九〇	八八	三六、八二四、一三〇
松山町	四〇	二七	三五〇、〇〇〇	六〇〇	六〇〇	—	一五	—	—	一	—	—	一、二一五	—	六、一三五、〇〇〇
大岡村	—	—	—	—	—	—	—	—	—	—	—	—	—	五	一六六、三〇〇

福田村	—	—	—	—	一、四六三	四〇	—	—	—	—	—	四	一、五〇三	四	九、四八八、二〇〇
宮前村	二八	三三	二五〇、〇〇〇	—	七〇五	—	—	一	—	—	—	一	七〇五	二	四、六五四、〇〇〇
唐子村	四二	—	二二七、〇〇〇	—	一一五	—	—	—	一	—	—	—	一一五	一	四一四、〇〇〇
菅谷村	五五	〇七	六五〇、〇〇〇	—	一五三	—	—	—	—	—	—	—	一五三	—	七三、七〇〇
七郷村	—	—	—	五五八	—	—	—	—	一	—	—	—	五五八	一	一七〇、〇〇〇
八和田村	八〇	四五	六〇三、〇〇〇	—	—	五三	一三〇	—	—	—	—	五	一八三	五	三三一、五〇〇
小川町	五五	一一三	七五〇、〇〇〇	—	四一〇	—	—	—	一	—	—	—	四一〇	一	三、五三二、〇〇〇
竹沢村	一五	二〇	一七〇、〇〇〇	—	三三	—	—	—	八	—	—	—	三三	八	八三七、四〇〇
大河村	五	五三	二三五、〇〇〇	—	—	—	四五	—	二	—	—	一	四五	三	四三二、五〇〇
平村	—	—	—	—	—	—	七	一	—	—	—	—	七	一	四三、一〇〇
明覚村	四四	二	二〇〇、〇〇〇	—	—	—	三一	三	四	—	—	—	三一	七	八八四、七〇〇
玉川村	三九	—	二〇〇、〇〇〇	—	二〇	—	二〇	—	五	—	—	一	四〇	六	四五九、七〇〇
亀井村	—	—	—	—	—	—	二〇	—	—	一	—	—	二〇	一	八一、〇〇〇
今宿村	—	—	—	—	—	—	—	—	—	—	—	—	—	—	—
高坂村	一九	—	九〇、〇〇〇	一三六	—	—	—	四	—	七	—	一	一三六	一二	一、一九九、九〇〇
野本村	七四	一三	五五〇、〇〇〇	一、二〇五	六〇九	—	一〇一	—	二	—	—	—	一、九一五	二	六〇九、五五〇
中山村	—	—	—	—	—	—	—	—	一	—	—	—	—	一	一、五一二、〇〇〇
伊草村	—	—	—	—	二〇〇	—	二三	—	一	—	—	—	二二三	一	二六〇、〇〇〇
三保谷村	三六	—	一四三、〇〇〇	—	—	—	五五	—	一	—	—	—	五五	一	六〇四、〇〇〇
出丸村	—	九	五〇、〇〇〇	—	—	—	—	—	—	—	—	—	—	—	—
八ッ保村	—	—	—	—	—	—	—	—	—	一	—	—	—	一	三〇〇、〇〇〇

町村名＼被害項目	耕地 田	耕地 畑	耕地 被害額	公共施設 農道	公共施設 水路	公共施設 堤塘	公共施設 護岸	公共施設 橋梁	公共施設 井堰	公共施設 樋管	公共施設 揚水機	公共施設 其の他	計 間数	計 ケ所数	計 被害額
	反	反	円	間	間	間	間	ケ所	ケ所	ケ所	ケ所				円
小見野村	—	—	—	八二五	一六〇	—	—	—	—	—	—	—	九八五	—	三,一〇〇,〇〇〇
東吉見村	—	—	—	—	六〇〇	—	三〇	一〇	—	—	—	—	六三〇	一〇	八一一,二〇〇
南吉見村	—	—	—	—	八二五	—	—	—	二	一	—	三	八二五	六	五五五,二〇〇
西吉見村	八	—	四五,〇〇〇	—	—	—	六	—	三	一	—	一	六	二	一一八,二〇〇
北吉見村	—	—	—	—	一〇〇	—	—	四	—	—	一	—	一〇〇	七	七〇,一〇〇

(4) 秩父郡の被害

町村名＼被害項目	耕地 田	耕地 畑	耕地 被害額	公共施設 農道	公共施設 水路	公共施設 堤塘	公共施設 護岸	公共施設 橋梁	公共施設 井堰	公共施設 樋管	公共施設 揚水機	公共施設 其の他	計 間数	計 ケ所数	計 被害額
	反	反	円	間	間	間	間	ケ所	ケ所	ケ所	ケ所				円
秩父郡	三七	二,六二一	一三,七〇八,〇〇〇	六,〇一〇	八,三四二	—	一,八〇三	二八	二九	—	一	三三	一六,一五四	一七〇	三一,四四二,六〇〇
秩父町	二〇	一三三	七〇六,四〇〇	一,一二八	七一〇	—	二二八	五	八	—	—	三	二,〇五六	一六	二,九一七,八〇〇
横瀬村	二〇	一四四	七九四,二〇〇	—	一一五	—	三〇	四	五	—	—	七	一四五	一六	二,三四八,〇〇〇
青ケ久保村	—	四五	一九四,〇〇〇	三一三	一九六	—	一七三	—	一	—	—	一	六八二	二	一,五六三,〇〇〇
高篠村	一八	一三三	六六三,一〇〇	五〇	六七五	—	二六七	一四	一三	—	—	五	一,〇二二	三二	三,八六〇,八〇〇
原谷村	一四	一〇八	五四八,〇〇〇	—	五五	—	五〇	—	—	—	—	—	一〇五	—	一五四,〇〇〇
皆野町	一一	五四	二九八,〇〇〇	—	六〇六	—	—	一	—	—	—	—	六〇六	一	三一八,〇〇〇
三沢村	一六	三〇	五六一,五〇〇	二〇四	四五	—	二〇	三	三七	—	—	—	二六九	四〇	一,三〇五,三〇〇

野上町	七	四四	三〇九、〇〇〇	五七	四七六	―	―	一	三	―	―	―	五三三	四	三六五、四〇〇
國神村	一	二九五	一、〇五六、七〇〇	―	―	―	一二五	一	一	―	―	―	一一五	二	一八一、八〇〇
金沢村	―	二〇	八六、〇〇〇	八〇	―	―	六六	―	―	―	―	―	一四六	―	七二六、八〇〇
日野沢村	―	二〇	八六、〇〇〇	三三三	―	―	三三九	九	―	―	―	―	五六二	九	六五三、〇〇〇
吉田町	一三	二〇四	九六八、〇〇〇	一〇〇	一四六	―	一六五	一五	六	―	―	八	四一一	二九	五、三三〇、五〇〇
大田村	三	一八	二二四、〇〇〇	一、五〇〇	七一四	―	五	二	二	―	一	六	二、二一九	一一	二、四六五、四〇〇
尾田蒔村	四三	一九六	一、一六九、六〇〇	一五五	―	―	一二六	三	九	―	―	―	二八一	一三	八七二、〇〇〇
長若村	二	七〇	三一七、〇〇〇	―	―	―	―	八	―	―	―	一	―	九	三六一、〇〇〇
小鹿野町	二	四〇	二五三、七〇〇	二六四	四、一〇五	―	―	七	五	―	―	―	四、三六九	一三	四三七、八〇〇
上吉田村	―	三三〇	九四六、〇〇〇	―	―	―	一〇	八	―	―	―	―	一〇	八	二八〇、〇〇〇
倉尾村	―	一三	一〇三、〇〇〇	一、三一四	―	―	三四	一四	―	―	―	―	一、三四八	一四	一、四六五、〇〇〇
三田川村	―	二〇	八六、〇〇〇	―	―	―	―	―	―	―	―	―	―	―	―
両神村	三	二九四	一、〇四一、四〇〇	四五七	―	―	二〇	一〇	三	―	―	―	四七七	一三	一、〇〇〇、〇〇〇
大滝村	―	二〇	八六、〇〇〇	―	一一	―	―	―	―	―	―	―	―	―	―
荒川村	―	一四六	六三七、八〇〇	―	―	―	―	四	―	―	―	―	一一	四	六五〇、〇〇〇
久那村	二	一六	一〇六、〇〇〇	―	―	―	―	五	―	―	―	一	―	六	五〇三、〇〇〇
浦山村	―	二〇	八六、〇〇〇	―	―	―	―	―	―	―	―	―	―	―	―
影森村	二	二八	二三〇、〇〇〇	五五	三六三	―	一〇〇	三	―	―	―	―	五一八	三	二、八二〇、〇〇〇
大椚村	―	―	―	―	―	―	―	―	―	―	―	―	―	―	―
槻川村	三三	二九	四八四、〇〇〇	―	二五	―	一五四	一	二三	―	―	―	一七九	二四	一、五四〇、〇〇〇
大河原村	九九	二七三	一、六六六、六〇〇	―	―	―	―	―	四	―	―	―	―	四	二三五、〇〇〇

(5) 兒玉郡の被害

町村名＼被害項目	耕地 田	耕地 畑	耕地 被害額	公共施設 農道	公共施設 水路	公共施設 堤塘	公共施設 護岸	公共施設 橋梁	公共施設 井堰	公共施設 樋管	公共施設 揚水機	公共施設 其の他	計 間数	計 ヶ所数	計 被害額
兒玉郡	一四六反	六三三反	四、一一七、[illegible]〇〇円	四、三七八間	一〇、六一三間	一、〇七七間	二、一一三間	三四ヶ所	二ヶ所	八ヶ所	一八ヶ所	四	一八、二〇一	八五	一六、〇六四、七〇〇円
本庄町	—	—	—	五〇〇	七八〇	—	一二〇	三	—	—	—	—	一、四〇〇	三	六三一、五四〇
藤田村	一〇	一三	五二八、〇〇〇	三〇〇	一、二七六	三一三	五五八	—	七	一	四	—	二、四四七	三	一、六一四、四〇〇
仁手村	—	—	—	—	一、八二三	—	七六	—	—	—	三	—	一、八九九	三	四、六九〇、七〇〇
旭村	—	—	—	—	一七六	—	—	—	—	—	—	—	一七六	—	六三〇、〇〇〇
北泉村	三五	一六八	一、三八三、八〇〇	七九五	三〇五	一六八	—	七	—	—	一	—	一、二六八	八	六七九、七〇〇
東兒玉村	一〇	三三	一八〇、九〇〇	三七〇	三〇七	五三六	一〇〇	—	四	一	—	—	一、三一三	五	四六九、五〇〇
共和村	三	三〇	二五一、三〇〇	—	二〇〇	—	—	—	三	—	—	—	二〇〇	三	二九六、二〇〇
兒玉町	六	六	五四、三五〇	—	—	—	三〇〇	—	—	—	—	—	三〇〇	—	三六六、五六〇
金屋村	七	八	六八、〇〇〇	三八〇	—	—	—	三	—	—	—	—	三八〇	三	二三五、六〇〇
青柳村	一〇	三〇	一〇七、〇〇〇	—	五八二	—	五八	一	—	—	—	一	六四〇	二	一二五、一〇〇
若泉村	—	三三	一六二、〇〇〇	二〇〇	三〇〇	—	—	二	—	—	—	—	五〇〇	二	五二九、三〇〇
本泉村	三〇	一〇〇	五三九、〇〇〇	一五〇	二三九	—	六〇三	三	三	—	—	—	九九二	六	九七〇、七〇〇
神保原村	一〇	—	四三、〇〇〇	—	五一六	—	八四	—	—	—	一	—	六〇〇	一	三一二、〇〇〇
賀美村	—	二五	九三、五〇〇	—	一四六	—	—	—	—	—	—	—	一四六	—	二〇〇、〇〇〇
七本木村	—	—	—	四〇八	—	—	—	—	—	—	—	—	四〇八	—	八五、〇〇〇
長幡村	—	—	—	—	一、五二三	—	四	三	—	—	—	—	一、五二七	三	七二〇、〇〇〇

町村名	耕地 田	耕地 畑	耕地 被害額	公共施設 農道	公共施設 水路	公共施設 堤塘	公共施設 護岸	公共施設 橋梁	公共施設 井堰	公共施設 樋管	公共施設 揚水機	公共施設 其の他	計 間数	計 ヶ所数	計 被害額
丹荘村	一〇	—	四九、六五〇	四〇〇	一、六五〇	—	—	三	—	—	—	—	二、〇五〇	三	一、一六七、〇〇〇
秋平村	三	一〇	九〇、〇〇〇	四〇〇	五七〇	—	三〇	—	—	六	—	—	一、〇〇〇	六	六八六、四〇〇
松久村	四三	五八	三九六、〇〇〇	一七〇	一九〇	六〇	一五〇	二	四	—	—	—	五七〇	六	八九六、〇〇〇
大沢村	三三	一〇	一七一、〇〇〇	三〇五	三〇	—	五〇	七	—	—	—	三	三八五	一〇	七九九、〇〇〇
矢納村	—	—	—	—	—	—	—	—	—	—	—	—	—	—	—

(6)　大里郡の被害

町村名	耕地 田	耕地 畑	耕地 被害額	公共施設 農道	公共施設 水路	公共施設 堤塘	公共施設 護岸	公共施設 橋梁	公共施設 井堰	公共施設 樋管	公共施設 揚水機	公共施設 其の他	計 間数	計 ヶ所数	計 被害額
大里郡	四二七反	一、一八三反	七、一四一、〇〇〇円	三、四六三間	三、六四五間	一五四間	二、七〇六間	七六ヶ所	三三ヶ所	二七ヶ所	一ヶ所	一七	二七、九六七	一四三	三一、六六〇、〇〇〇円
吉見村	—	四〇	一六五、〇〇〇	八七〇	一、三四九	—	六六	七	—	—	—	二	二、二八五	九	一、二〇六、〇〇〇
市田村	—	二〇五	八四九、〇〇〇	一、四〇〇	二五四	—	—	五	—	—	—	—	一、六五四	五	一、一〇二、九〇〇
吉岡村	—	三九〇	一、六一四、〇〇〇	一、〇七〇	七一四	—	—	二	—	—	—	—	一、七八四	二	一、〇七七、〇〇〇
御正村	一〇〇	—	四九五、〇〇〇	七四七	五一〇	—	—	六	—	—	—	—	一、二五七	六	六三六、一〇〇
三尻村	—	—	—	五七九	四三〇	—	二八〇	二	四	—	—	一	一、二八九	七	一、三八九、六〇〇
奈良村	—	—	—	—	—	—	—	—	—	—	—	—	—	—	—
長井村	—	—	—	—	—	—	三	三	—	—	一	—	三	四	三〇〇、〇〇〇
秦村	—	—	—	—	五二八	—	三八	二	—	二	—	—	五六六	四	一、一〇四、〇〇〇
妻沼町	—	—	—	—	八五一	八二	一、四七七	—	—	一	—	—	二、四一〇	一	七八五、〇〇〇
男沼村	二〇	—	一〇一、〇〇〇	—	一、四〇〇	—	—	—	—	一	—	—	一、四〇〇	一	一、二六〇、〇〇〇

町村名＼被害項目	耕地 田（反）	耕地 畑（反）	耕地 被害額（円）	公共施設 農道（間）	公共施設 水路（間）	公共施設 堤塘（間）	公共施設 護岸（間）	公共施設 橋梁（ヶ所）	公共施設 井堰（ヶ所）	公共施設 樋管（ヶ所）	公共施設 揚水機（ヶ所）	公共施設 其の他	計 間数	計 ヶ所数	計 被害額（円）
太田村	—	—	—	七四九	一九一	—	—	—	一	—	—	—	九四〇	一	七四一、〇〇〇
明戸村	三〇	六〇	四一二、〇〇〇	四三五	二九〇	—	—	—	—	—	—	—	七二五	—	三六六、〇〇〇
別府村	—	—	—	—	五七三	—	—	二	—	—	—	—	五七三	二	三一〇、〇〇〇
幡羅村	—	—	—	—	—	—	二二	一	—	—	—	—	二二	一	一一一、〇〇〇
深谷町	—	二四	九六、〇〇〇	三七一	二三五	—	三六九	三	—	—	—	—	九七五	三	一、六六九、五〇〇
大寄村	—	—	—	—	—	六〇	—	—	一	一	—	—	六〇	二	一、四八一、五〇〇
新会村	—	—	—	—	五〇〇	—	—	—	—	一	—	—	五〇〇	一	一、一四七、九〇〇
中瀬村	四〇	—	二〇二、〇〇〇	—	—	—	—	—	—	—	—	—	—	—	—
八基村	五〇	二〇	三三六、〇〇〇	—	—	三	一二	—	—	五	—	—	一五	五	八七〇、四〇〇
岡部村	五	三六	一六九、〇〇〇	四七	三〇二	—	二〇	二	二	一	—	—	三六九	五	一、二八七、八〇〇
榛沢村	二	九〇	三七二、〇〇〇	一五〇	—	—	—	二	一	一	—	—	一五〇	四	五九三、〇〇〇
本郷村	—	—	—	二三〇	六〇〇	—	—	三	—	—	—	—	八三〇	三	五一六、一〇〇
藤沢村	—	—	—	七六〇	—	—	二〇	二	—	一	—	—	七八〇	三	七八四、六〇〇
武川村	二	四八	一九七、〇〇〇	—	五八二	—	九六	—	—	—	—	一	六七八	一	八七八、〇〇〇
花園村	七	三	一三三、〇〇〇	—	二二	—	二六	二	—	—	—	一	四八	三	一、五六八、〇〇〇
用土村	—	—	—	八五〇	二、〇八九	—	一二二	一八	三	—	—	三	三、〇六一	二四	五、八〇二、三二〇
寄居町	一四	一九	一三三、〇〇〇	—	六〇八	—	七五	一	一	八	—	三	六八三	一三	一、三七六、九八〇
男衾村	一七	九	一〇四、〇〇〇	一、五四六	—	—	—	三	—	—	—	—	一、五四六	三	二〇八、四〇〇
折原村	二七	二七	六一六、〇〇〇	—	七七	—	—	九	—	四	—	一	七七	一四	一、三〇八、二〇〇

町村名＼被害項目	耕地 田	耕地 畑	耕地 被害額	公共施設 農道	公共施設 水路	公共施設 堤塘	公共施設 護岸	公共施設 橋梁	公共施設 井堰	公共施設 樋管	公共施設 揚水機	公共施設 其の他	計 間数	計 ヶ所数	計 被害額
鉢形村	一三	三五	一九二、〇〇〇	七八三	五四〇	―	七〇	―	―	―	―	―	一、三九三	―	四三四、五〇〇
小原村	―	四〇	一六五、〇〇〇	八〇〇	―	―	―	―	―	―	―	四	八〇〇	四	五七八、二〇〇
本畠村	―	二八	九〇二、〇〇〇	一、〇七五	―	―	―	一	―	一	―	一	一、〇七五	三	一、七六六、〇〇〇

(7) 北埼玉郡の被害

町村名＼被害項目	耕地 田	耕地 畑	耕地 被害額	公共施設 農道	公共施設 水路	公共施設 堤塘	公共施設 護岸	公共施設 橋梁	公共施設 井堰	公共施設 樋管	公共施設 揚水機	公共施設 其の他	計 間数	計 ヶ所数	計 被害額
北埼玉郡	七、一七七反	一、六六九反	三八、四七四、五〇〇円	九〇、三四九間	一七五、五四八間	六、〇三〇間	七、三二四間	一七九ヶ所	二〇四ヶ所	二三五ヶ所	一三ヶ所	二九九	二七九、二五一	九三四	一二四、五六四、四八〇円
忍町	―	―	―	二、七一〇	六、四三〇	八〇〇	二四〇	一八	四	三	―	一	一〇、一八〇	三五	四、〇五六、一〇〇
羽生町	―	―	―	―	―	―	―	―	―	―	―	―	―	―	―
加須町	―	―	―	―	―	―	―	―	―	―	―	―	―	―	―
騎西町	―	―	―	五五〇	二、七一五	―	二六〇	一〇	―	―	―	二	三、五二五	一二	一、六六〇、〇〇〇
中條村	―	―	―	―	―	七九	一七四	二	―	―	―	―	二五三	二	一五七、〇〇〇
南河原村	―	―	―	―	―	―	―	―	―	―	―	―	―	―	―
北河原村	一五	三六	七七、〇〇〇	一、〇一九	四一一	―	―	―	―	―	―	―	一、四三〇	―	三三七、五〇〇
星宮村	―	―	―	八三〇	一、二九〇	五三	―	二	―	八	―	―	二、一七三	一九	九七四、二〇〇
太井村	一三五	七一	七三〇、〇〇〇	―	二七〇	―	八八	―	―	―	―	―	三五八	―	九五、五〇〇
下忍村	―	―	―	―	九四九	四六〇	―	―	三	―	―	―	一、四〇九	三	三七五、〇〇〇
荒木村	―	―	―	―	―	―	―	―	―	―	―	―	―	―	―
須加村	―	―	―	―	一、〇四五	―	三四	一	―	―	―	―	一、〇七九	一	二七八、七〇〇

被害項目／町村名	耕地 田	耕地 畑	耕地 被害額	公共施設 農道	公共施設 水路	公共施設 堤塘	公共施設 護岸	公共施設 橋梁	公共施設 井堰	公共施設 樋管	公共施設 揚水機	公共施設 其の他	公共施設 計 間数	公共施設 計 ヶ所数	公共施設 計 被害額
	反	反	円	間	間	間	間	ヶ所	ヶ所	ヶ所	ヶ所				円
新郷村	—	—	—	—	三、二一〇	—	—	三	—	二	—	—	三、二一〇	五	九〇二、五〇〇
太田村	—	—	—	—	一、一三五	五一	—	三	—	四	—	—	一、一八六	七	四三四、一〇〇
埼玉村	—	—	—	—	一、九二一	八二四	—	六	二	—	—	—	二、七四五	一三	一、〇二一、四〇〇
屈巣村	—	—	—	七七九	—	—	—	七	—	—	—	—	七七九	七	三六三、四〇〇
廣田村	—	—	—	—	五四六	一八三	—	一	—	—	—	—	七二九	一	二一六、二〇〇
須影村	—	—	—	—	一四、三九五	—	—	—	—	八	—	五	一四、三九五	一三	一五、〇七八、五八〇
岩瀬村	—	—	—	—	一、四八〇	—	二五〇	二	—	—	—	—	一、七三〇	二	四五六、九〇〇
川俣村	—	—	—	二六三	二、九八八	—	二〇二	四	—	—	—	—	三、四五三	四	五六五、〇〇〇
井泉町	—	—	—	—	一、七四〇	—	六六	—	—	—	—	四	一、八〇六	四	五四八、三〇〇
手子林村	—	—	—	八七三	八五八	—	—	—	八	二	—	—	一、七三一	一〇	三九五、〇〇〇
志多見村	—	—	—	四一一	五五七	—	—	二	—	七	—	—	九六八	九	五三五、〇〇〇
田ヶ谷村	—	—	—	五五〇	二、六一五	—	一九五	—	四	—	—	二	三、三六〇	六	一、一〇八、〇〇〇
共和村	—	—	—	—	一、九三〇	—	—	四	三	—	—	四	一、九三〇	一一	一、一五〇、五〇〇
笠原村	—	—	—	—	一、二〇五	—	—	一〇	—	—	—	—	一、二〇五	一〇	四八三、〇〇〇
種足村	—	—	—	二〇八	一、五〇八	—	五二〇	一一	二	四	—	三	二、二三六	二〇	一、六五八、五〇〇
高柳村	五〇	—	一五〇、〇〇〇	—	二、三六〇	—	—	—	五	二	—	一〇	二、三六〇	一七	一、四八二、〇〇〇
祇羽村	—	—	—	—	—	—	—	—	—	—	—	—	—	—	—
不動岡町	—	—	—	二、六四六	三、九六六	—	二一七	六	—	一	—	—	一五、八二九	七	一、九六八、六〇〇
樋遣川村	三五	—	五二、五〇〇	—	一、二五九	二一四	一〇八	五	一	五	—	—	一、五八一	一一	一、四八五、五〇〇

町村名	耕地 田	耕地 畑	耕地 被害額	公共施設 農道	公共施設 水路	公共施設 堤塘	公共施設 護岸	公共施設 橋梁	公共施設 井堰	公共施設 樋管	公共施設 揚水機	公共施設 其の他	公共施設 計 間数	公共施設 計 ヶ所数	公共施設 計 被害額
三田ヶ谷村	―	―	―	五一四	八二五	―	―	二	―	四	―	―	一、三三九	六	三三一、〇〇〇円
村君村	―	―	―	五〇七	一、九七九	―	―	三	―	四	―	六	二、四八六	一三	三三三、〇〇〇
大越村	―	―	―	一、〇二六	二、五一七	―	三〇五	三	―	一二	―	一	三、八四八	一五	八四三、〇〇〇
利島村	―	―	―	―	―	―	―	―	―	―	―	―	―	―	―
川辺村	一、一三三	九二八	一〇、三九四、四〇〇	二〇、〇〇〇	二六、五三三	―	―	九	八八	五九	五	一八	四六、五三三	一七九	一五、七一四、三四〇
東村	―	―	―	―	―	―	―	―	―	―	―	―	―	―	―
原道村	―	―	―	―	―	―	―	―	―	―	―	―	―	―	―
元和村	五、二〇六	四九三	二三、九〇七、七〇〇	五三、二三六	六四、〇一四	一、五二四	一、八七五	二六	六五	八六	八	二三〇	一二〇、六四九	四一七	三六、八二二、一六〇
豊野村	四三二	三一	一、九四七、九〇〇	二、七九〇	二、九四九	―	―	五	八	三	―	六	五、七三九	二三	一、〇五八、五〇〇
三俣村	―	―	―	三〇八	八〇七	―	―	四	―	六	―	一	一、一一五	一一	四一一、〇〇〇
大桑村	一五八	一〇四	一、一四五、〇〇〇	四五〇	六、六〇三	一、三二七	一、〇六六	八	六	三	―	―	九、四四六	一七	一七、五五〇、八〇〇
水深村	一四	六	七〇、〇〇〇	六八〇	二、七〇九	五一五	一、七二四	一〇	三	四	―	二	五、六二八	一九	二、六二五、〇〇〇
鴻茎村	―	―	―	―	八三〇	―	―	一	二	―	―	四	八三〇	七	一、二〇〇、〇〇〇

(8) 南埼玉郡の被害

町村名	耕地 田	耕地 畑	耕地 被害額	公共施設 農道	公共施設 水路	公共施設 堤塘	公共施設 護岸	公共施設 橋梁	公共施設 井堰	公共施設 樋管	公共施設 揚水機	公共施設 其の他	公共施設 計 間数	公共施設 計 ヶ所数	公共施設 計 被害額
南埼玉郡	四五一反	七八反	二、二〇八、〇〇〇円	四、五六五間	六九、七六一間	七五間	一〇、五三八間	二〇四ヶ所	五六ヶ所	一〇一ヶ所	九ヶ所	一〇〇	八四、九三九	四七〇	七九、四七五、九〇〇円
岩槻町	―	―	―	―	三、三三四	―	二八	一	一	一	―	―	三、三六二	三	三、五四四、〇〇〇
豊春村	―	―	―	―	一、五九五	―	―	一〇	―	二	―	一	一、五九五	一三	二、一三八、一〇〇

被害項目／町村名	耕地			公共施設									計		
	田（反）	畑（反）	被害額（円）	農道（間）	水路（間）	堤塘（間）	護岸（間）	橋梁（ヶ所）	井堰（ヶ所）	樋管（ヶ所）	揚水機（ヶ所）	其の他	間数	ヶ所数	被害額（円）
春日部町	二九	—	一三四、〇〇〇	—	一、七三九	七五	五五	八	—	五	—	—	一、八六九	一三	五六一、七〇〇
川通村	—	—	—	—	二、六五五	—	—	三	—	—	—	—	二、六五五	三	一三三、一〇〇
武里村	一	二	八、七〇〇	五三	三、七二二	—	—	五	—	—	—	—	三、七七五	五	二六八、六〇〇
櫻井村	—	—	—	—	一、七〇四	—	—	二	四	四	一	—	一、七〇四	一一	一四七、四〇〇
新方村	—	—	—	二、五五三	三、五七六	—	四九五	一一	—	三	—	三	六、六二四	一七	三、六四〇、四〇〇
増林村	—	五	一七、二〇〇	—	—	—	—	一	—	—	—	—	—	一	六一、一〇〇
大袋村	—	—	—	九一	九八	—	—	一	—	三	—	三	一八九	七	三一一、三〇〇
荻島村	—	—	—	—	—	—	—	—	一	一	—	—	—	二	三八、〇〇〇
柏崎村	—	—	—	—	—	—	二八〇	—	—	二	—	—	二八〇	二	一三五、〇〇〇
和土村	—	—	—	—	七	—	—	—	—	一	—	二	七	三	九三、〇〇〇
新和村	—	—	—	—	—	—	—	—	—	—	—	—	—	—	—
出羽村	—	—	—	—	—	—	—	—	—	—	—	—	—	—	—
蒲生村	—	—	—	—	—	—	—	—	一	—	—	—	—	一	九一、六〇〇
川柳村	—	—	—	—	一五六	—	一三	一	—	—	—	二	一六九	三	四一八、〇〇〇
八條村	二	一八	一一一、八〇〇	—	—	—	三二四	一	—	—	—	—	三二四	一	二一八、六〇〇
八幡村	—	—	—	—	—	—	—	—	—	—	—	—	—	—	—
潮止村	—	—	—	—	—	—	七六	一	—	—	—	—	七六	一	六三、四〇〇
大相模村	—	—	—	—	—	—	—	—	—	—	—	—	—	—	—
越ケ谷町	—	—	—	—	—	一	—	—	—	—	—	—	—	—	—

大沢町	｜	｜	｜	｜	｜	｜	｜	｜	｜	｜	｜	｜	｜	｜	｜
慈恩寺村	｜	｜	｜	｜	六八八	｜	｜	｜	七	｜	｜	｜	六八八	七	一八〇,〇〇〇
日勝村	四〇	｜	一〇〇,〇〇〇	｜	三,七四六	｜	二四二	一一	｜	七	｜	｜	三,九八八	一八	二,九二五,〇〇〇
須賀村	二〇	五	九〇,〇〇〇	四一三	二,四六四	｜	九九〇	二	｜	一〇	｜	七	三,八六六	一九	二,八九七,〇〇〇
百間村	二〇	｜	五〇,〇〇〇	六〇	三,一六八	｜	八二〇	二五	｜	九	｜	三	四,〇四八	三三	九,三二九,二〇〇
太田村	二〇	｜	七〇,〇〇〇	八一八	一,〇四七	｜	一〇〇	三	｜	四	｜	七	一,八六五	一四	三,六三二,〇〇〇
久喜町	四〇	｜	一二〇,〇〇〇	三三〇	一,七〇〇	｜	七五〇	一九	｜	三	｜	五	二,七八〇	二七	一,六一〇,〇〇〇
鷲宮町	一七〇	四八	一,〇三六,三〇〇	｜	二,七五五	｜	一九〇	一〇	｜	三	｜	三	二,九四五	一六	一,八七一,〇〇〇
清久村	｜	｜	｜	｜	七一〇	｜	｜	二	四	｜	｜	二	七一〇	八	八八〇,〇〇〇
江面村	二〇	｜	七〇,〇〇〇	｜	二,六六四	｜	｜	八	一三	一二	｜	二五	二,六六四	五六	二,〇九四,〇〇〇
河合村	｜	｜	｜	｜	六一	｜	｜	｜	｜	四	二	｜	六一	六	三三三,八〇〇
黒浜村	｜	｜	｜	｜	七一九	｜	｜	六	｜	｜	｜	一	七一九	七	一七七,五〇〇
蓮田町	｜	｜	｜	｜	一八九	｜	一五三	四	八	｜	｜	二	三四一	一四	一,八八六,一〇〇
平野村	｜	｜	｜	｜	三〇〇	｜	｜	五	｜	｜	｜	｜	三〇〇	五	四〇〇,〇〇〇
栢間村	｜	｜	｜	｜	一,三五五	｜	｜	四	二	二	｜	一	一,三五五	九	二,〇六〇,〇〇〇
小林村	｜	｜	｜	｜	一,〇一五	｜	六四五	一一	｜	｜	｜	｜	一,六六〇	一一	一,一八〇,〇〇〇
菖蒲町	｜	｜	｜	｜	二,七八四	｜	一,二三〇	一四	五	八	二	一三	四,〇一四	四一	三,一九二,〇〇〇
三箇村	｜	｜	｜	｜	五,五〇〇	｜	五一〇	二五	｜	六	｜	五	六,〇一〇	三六	六,六〇五,〇〇〇
篠津村	八〇	｜	四〇〇,〇〇〇	二四八	一九,四九四	｜	二,七八八	一〇	七	一〇	四	一六	三三,五五〇	四七	二三,七九二,〇〇〇
大山村	｜	｜	｜	｜	八一六	｜	八五〇	｜	四	六	｜	｜	一,六六六	一〇	二,八六〇,〇〇〇

(9) 北葛飾郡の被害

町村名＼被害項目	耕地 田（反）	耕地 畑（反）	耕地 被害額（円）	公共施設 農道（間）	公共施設 水路（間）	公共施設 堤塘（間）	公共施設 護岸（間）	公共施設 橋梁（ケ所）	公共施設 井堰（ケ所）	公共施設 樋管（ケ所）	公共施設 揚水機（ケ所）	公共施設 其の他	計 間数	計 ケ所数	計 被害額（円）
北葛飾郡	三、六八四	一、二五四	二七、一九六、〇〇〇	五、五二八	六九、四七四	一、一五五	一八、七九七	一五八	五四	一七〇	二	八八	九四、九五四	四八一	一三三、三九六、一〇〇
栗橋町	七六〇	二〇四	三、〇七九、〇〇〇	一、三八〇	四、五五〇	—	二、七〇〇	一四	七	一〇	—	六	八、六三〇	三七	七、〇六六、〇〇〇
櫻田村	五八〇	二七〇	二、五一〇、〇〇〇	九三	一、二五三	—	—	一〇	—	一	—	七	一、三四六	一八	二、一四九、〇〇〇
行幸村	六二〇	一九〇	二、七二一、〇〇〇	—	四、〇一七	—	五〇	六	—	六	二	—	四、〇六七	一四	三、二三三、〇〇〇
幸手町	三二〇	一六〇	一、六七六、〇〇〇	—	九六五	—	八〇	九	—	五	—	—	一、〇四五	一四	七二二、〇〇〇
上高野村	二九五	一六〇	一、五九三、〇〇〇	九八九	一、〇九〇	—	九九〇	六	—	三	—	三	三、〇六九	一二	一、一八〇、〇〇〇
高野村	—	—	—	—	三七三	—	九三	九	二	三	—	三	四六六	一七	一、一七八、〇〇〇
権現堂川村	二七五	九六	一、二九七、〇〇〇	—	六四〇	—	—	一	—	三	—	五	六四〇	九	一、六四〇、〇〇〇
吉田村	三二六	二五	一、七五〇、〇〇〇	五九〇	一九、六四六	—	九四五	六	—	一二	二	六	二一、一八一	二六	三二、〇四八、四〇〇
八代村	—	—	—	四二〇	一、二六〇	二一〇	一、七二〇	六	七	五	—	三	三、六一〇	二一	六、八〇三、六〇〇
田宮村	—	一五	四一、六〇〇	—	二、二三五	—	—	二	五	三八	—	六	二、二三五	五一	一三、九五九、六〇〇
杉戸町	—	—	—	五九〇	五、四四〇	—	九三五	六	八	一四	—	四	六、九六五	三三	九、五〇八、八〇〇
堤郷村	—	—	—	五二〇	—	—	—	四	—	七	—	五	五二〇	一六	九三五、五〇〇
幸松村	三八	五	二〇二、〇〇〇	—	一、四五五	—	三四五	七	六	二〇	五	二〇	一、八〇〇	五八	四、九〇三、二〇〇
豊野村	一八	一五	一一一、〇〇〇	—	一、六一〇	—	三五〇	一〇	五	七	—	四	一、九六〇	二六	五、四〇四、〇〇〇
松伏領村	一五一	—	五五六、〇〇〇	—	—	—	—	—	—	—	—	—	—	—	—
旭村	二七	—	九八、二〇〇	—	六、二二八	—	一、〇六八	一〇	二	二	—	—	七、二八六	一四	三、八五一、七〇〇

村名	1	2	3	4	5	6	7	8	9	10	11	12	13	14	15
吉川町	—	—	—	—	二〇四	—	—	一	一	五	—	二	二〇四	九	六二九、一〇〇
三輪野江村	三三	—	一三〇、〇〇〇	三六	九二五	—	一〇	二	三	二	—	—	九七一	七	七一八、二〇〇
彦成村	—	—	—	—	—	—	—	—	—	—	—	—	—	—	—
早稲田村	二	三	一九、八〇〇	—	一五、一四〇	五六五	三、一六一	七	三	一〇	—	二	一八、八六六	三一	九、八九七、八二〇
東和村	三二	二	八六、二〇〇	—	—	—	—	—	—	—	一	—	—	—	—
豊岡村	七	—	一七、五〇〇	—	二一二	一〇〇	—	一	—	四	—	—	三一二	六	八六四、四〇〇
櫻井村	二一	四	五三、九〇〇	三七〇	七三六	一三〇	一、八五〇	一〇	—	五	一	—	三、〇八六	一五	三、四一八、四〇〇
宝珠花村	—	—	—	—	四〇〇	—	—	—	—	—	—	—	四〇〇	一	一、二四九、二〇〇
富多村	三一	四八	二五四、〇〇〇	四〇〇	—	一五〇	三、三五〇	七	—	—	—	—	三、九〇〇	七	七、五五〇、四〇〇
南櫻井村	一四五	三八	八三三、〇〇〇	五〇	二八〇	—	—	一〇	五	三	—	三	三三〇	二一	一、三三八、〇〇〇
川辺村	二五	九	一四八、〇〇〇	九〇	七七〇	—	一、一五〇	一三	—	五	—	—	二、〇一〇	一七	二、九七五、二〇〇
金杉村	—	一〇	三八、八〇〇	—	五五	—	—	二	—	—	—	—	五五	二	一一四、八〇〇

第四章　農作物關係被害

第一節　被害の予想と見積額

今次被害中、損害の甚大なものは先づ農作物であろう。わが縣の穀倉地帯北埼、南埼、北葛の三郡は、昨年の供米引受高は、総出の凡そ五割であつたが、本年は收穫直前の被害にて、しかも收穫皆無の地域もあり、大体左表の如く積見られた。

猶本表は、縣農務課において、罹災地町村の情報を蒐集し、農作物風水害による收穫減に対し見当をつけ、又あらゆる角度より專門的に検討を加え、別表作成の上、直に農林省及び食糧管理局に速報する一方、農作物水害対策要項決定の上、縣下各関係機関に対し、急遽周知方を指示したのである。

猶見積額は、九月十六日、十七日の調査で、しかも推定額であるから、決定額は凡そ減水を見ざれば不明な訳である。

1. 農作物水害見積額（昭和二二、九、一七）

農務課

作物名	作附面積	被害見積面積	被害程度	減收見込数量	被害見積額
水稲	六三、七八二・二町	三八、七六三・一町	七〇%	五四〇、五一五石	六四八、六一八、〇〇〇円
陸稲	五、四〇三・一	一、一七三・六	五〇	五、八六八	七、〇四一、六〇〇
甘藷	一七、〇〇〇・〇	一五、九四四・〇	六〇	一三、一二八、〇〇〇石	一三一、二八〇、〇〇〇
蔬菜	二一、六四四・六	一五、一五一・二	三〇	一三、六三五、九九〇	二七二、七一九、八〇〇
雑穀	一五、一〇五・一	七、五五二・六	五〇	三〇、二一〇貫	九、〇六三、〇〇〇
計	一二三、九三五・〇	七八、五八四・五	五六	五七六、五九三石 二六、七六三、三九九貫	一、〇六八、七三三、四〇〇

備考　見積單價は、昭和二十二年九月十七日現在認定價格を以て算出せり。

右表による稲作減收見込農務課発表は、計五十四万石であるが、例年豊作型稲作に対する縣の誇る收穫高は、大約百四十万石が予想されている。

然るに本年は、洪水の被害により、当然減收が予想されて居り、供出割当を控え、当事者もそれぞれ被害の実態調査に着手しつゝあつたが、九月二十三日、農務課案六十五万石、食糧課案四十万石、経済防犯課は四十九万石とそれ〴〵異なる発表を見た。

右は何れも予想であるから、何れを正しいとも批判は出來ぬが、先づ五十万石見当で落つくのでなかろうか。

因に縣経済防犯課の減収実態郡市別調査表は、次の通りである。

記

水害による稲作減収郡市別調査表

郡市	水害前収穫予想	減収見込	実収見込	割合
北足立郡	一六六、一三二石	四〇、二四四石	一二三、八八七石	二五%
入間郡	一二七、三三二	一三、一五六	一一四、七一六	一〇
比企郡	一一二、七七七	四八、三〇四	六七、四九〇	四〇
秩父郡	一一、五九〇	五二一	一〇、七六八	七
児玉郡	五七、八五九	九、九一五	四九、九四三	一七
大里郡	一一〇、三五八	三二、五三九	七七、八一九	二九
北埼玉郡	二五二、二〇六	八四、一九一	一六八、〇一五	三三
南埼玉郡	二五一、三九一	一〇八、五七〇	一四二、八二一	四三
北葛飾郡	二〇九、八六九	一五三、二六三	五六、六〇六	七三
川越市	九、五二七	—	九、五二四	—

郡市	水害前収穫予想	減収見込	実収見込	割合
熊谷市	二七、六三四石	一二九石	二七、五〇五石	五%
川口市	二五、一五六	七八	二五、〇七七	三
浦和市	一二、五一一	二八	一二、四八二	二
大宮市	七、〇〇八	二四	六、八九三	四
計	一、三八一、三五〇	四九〇、九六二	八九三、五四六	三五

漸次減水を見るに連れて、農作物の被害も判明しつゝあるが、縣農務課においては、九月三十日これが中間発表として、左表の如く発表したのである。

記

農作物被害見積額調（二二、九、三〇）　農務課

作物名	見積額	作物名	見積額
水稲	六四八、六二七、六〇〇円	雑穀	二、二七五、〇〇〇円
陸稲	九、一〇三、〇〇〇	蔬菜	五四三、〇三〇、〇〇〇
甘藷	一四五、〇〇〇、〇〇〇		
大豆	七、三一一、〇〇〇	計	一、三五五、三四六、六〇〇

備考　本表は、昭和二十二年九月二十七日調査による。

以上は、公定價算出による價格であるから、所謂大衆物價（俗に闇値という）に見積るときは、最低十倍、最高百倍のものがあり、平均五十倍と見ても、総額五、六十億円になるのである。

第二節　收穫の予想と供米

十月五日、本縣の供米割当五十七万石に対する農林省の算定資料が、十三日に至り漸く発表を見たのである。該資料によれば、被害面積推定四千九百三町歩、（縣推定二万五千町歩、二割三分强）総收穫見込百廿七万千百三十六石、災害推定五分の一となつている。

猶收穫面積、收穫皆無面積、反当り收量並に收穫予想の內容は次表の通りである。

記

作物名	耕地面積	收穫面積	收穫皆無面積	反当り收量
米	七〇、九四七町	六六、〇四四町	四、九〇三町	一八〇・九升
雜穀	一一、九四〇	八、二二三	三、七一七	六四・〇

備考　作付面積は、食糧事務所、作報事務所の報告並に過去の実績平均六万八千二百十八町歩には、隠れたる面積及び繩延びとして四％を加えて、七万九百四十町歩としたものである。又反当り收量は、昨年に対し、九六％平年に対し一二％を見込んだものである。

次に收穫予想であるが、前記予想高百二十七万一千余石の內訳は、米百十九万四千七百三十六石、雜穀七万六千四百石に見積つた額である。

猶農林省では、本縣農家の人口として、六月一日現在の発表によると、大体次の如く査定している。

い、單作農家人口　米二千七百二十五人、雜穀千六百七十四人

ろ、総合作付農家人口　米九十万千七百七十五人、雜穀十一万九千六十五人

第三節　被害程度別面積調

縣農務課においては、水、陸稲並に甘藷の如き主食関係につき、被害の程度別面積調査を計劃し、各地方事務所の應援を得て踏査の集計を完了し、別表の通りそれぐ＼発表した。

一、郡（市）別被害程度別面積調査

(1) 水稲の部

郡市＼事項	作付面積	被害程度別面積						減収量
		收穫皆無	七割以上減收	五割～七割減收	三割～五割減收	三割未満減收	計	
北足立郡	一〇六、三二三反	三、七〇四反	三、二九四反	三、三〇五反	三、七〇五反	七、一三〇反	二一、一三八反	三一、四六二・四石
入間郡	五六、一四八	六四二	一、二八〇	二、八六一	三、一三三	五、九四一	一三、八五七	一一、六四八・〇
比企郡	五八、七八〇	四、四五五	三、〇六〇	一〇、六一七	一、一五九	四、二七〇	二三、五六一	二九、一八一・〇
秩父郡	六、五五一	二六二	一八九	三三五	五二八	一、〇七二	二、三八六	四、七九九・二
児玉郡	二一、九八八	六五〇	一、四八八	二、四九四	五、六八一	八、一四八	一八、四六一	一四、四七七・六

大里郡	四六、八七〇	一、五三三	六、四六五	一〇、五四二	一三、五四八	七、一三〇	三八、二〇七	三八、九二八・八
北埼玉郡	一一九、一三六	二七、四九四	一四、〇二〇	一三、〇四一	一三、七七三	二五、八七七	九二、二〇四	一一三、四三八・四
南埼玉郡	一二四、三三一	三、九七四	一六、〇八五	七、六六四	六、六六五	四、三三六	五七、七二四	一〇五、四四七・二
北葛飾郡	九五、一三〇	八九、四五五	四、八八八	三〇九	二五八	二二〇	九五、一三〇	一八七、二八六・〇
計	六一五、二四七	一五一、一五八	五〇、七六九	五〇、一六八	四六、四四九	六四、一二四	三六二、六六八	五三六、六六八・六

備考　市は郡に含まれている。

(2) 陸稲の部

郡市＼事項	作付面積	被害程度別面積 収穫皆無	七割以上減収	五割～七割減収	三割～五割減収	三割未満減収	計	減収量
北足立郡	一一、七六〇反	八六八反	二〇四反	一五一反	二三五反	五五三反	二、〇〇一反	一、三三三・四石
入間郡	三三、二六三	五五	一一一	二三三	三三三	一二四	八五五	四四一・二
比企郡	三、五〇〇	一、一一三	一一〇	四四七	一三三	—	一、八二三	一、五二九・四
秩父郡	四七八	一八	二一	三〇	五八	一五一	二七八	九六・二
児玉郡	四、〇三一	三〇六	四四九	六八四	七一二	一、〇〇六	三、一五七	一、五六一・四
大里郡	八、九二四	一、〇五四	一、三六〇	一、九七八	一、三六八	八七九	六、六三九	四、六五一・八
北埼玉郡	一、六七七	四三四	二四五	四一五	一八九	九九	一、三八二	一、一五二・六
南埼玉郡	一、九一四	二〇	八九	三七	—	二七	一七三	一一八・八

郡市＼事項	作付面積	被害程度別面積 収穫皆無	被害程度別面積 七割以上減収	被害程度別面積 五割～七割減収	被害程度別面積 三割～五割減収	被害程度別面積 三割未満減収	被害程度別面積 計	減収量
北葛飾郡	一、〇〇二反	一九六反	—反	—反	—反	—反	一九六反	一九六・〇石
計	五六、五四九	四、〇六三	二、五九九	三、九七五	三、〇一七	二、八三九	一六、四九三	一一、〇六九・八

備考 市は郡に含まれている。

(3) 甘藷の部

郡市＼事項	作付面積	被害程度別面積 収穫皆無	被害程度別面積 七割以上減収	被害程度別面積 五割～七割減収	被害程度別面積 三割～五割減収	被害程度別面積 三割未満減収	被害程度別面積 計	減収量
北足立郡	三三、三八四反	一、五六一反	四二一反	二二一反	一四六反	七一三反	三、〇四二反	八八四、九六〇貫
入間郡	四八、八三八	一四五	二一九	三九四	八九六	四、二九一	五、九四五	一、八七二、〇〇〇
比企郡	一一、三九九	—	一、四六九	六一二	三四〇	三三五	二、七四六	六九八、〇八〇
秩父郡	八、二〇六	二六二	三八六	四八九	八一三	一、九〇二	三、八五二	一、四四一、一二〇
兒玉郡	八、四四六	四五三	八〇四	一、四三〇	一、七四九	一、七二七	六、一六三	一、一四九、六八〇
大里郡	二一、五七〇	二、〇〇九	三、一五九	五、四一八	二、七三九	三、三一七	一六、六四二	三、八一八、五一〇
北埼玉郡	七、八一三	二、七四二	七四四	六七八	六七七	七一八	五、五五九	一、五一一、〇四〇
南埼玉郡	三、六四八	九五七	八四	一七三	七九四	一、八七六	三、八八四	七二八、三三〇
北葛飾郡	四、五五九	五〇七	—	—	一〇一	一〇一	七〇九	二二七、〇四〇
計	一七五、八六三	八、六三六	七、二七六	九、四〇五	八、二五五	一四、九七〇	四八、五四二	一二、三三〇、七五〇

備考 市は郡に含まれている。

二、町村別被害程度別面積調査

い、水稲の部

(1) 北足立郡

区分 町村名	作付面積	被害程度別面積 収穫皆無	七割以上減収	七割〜五割減収	五割〜三割減収	三割未満減収	計
谷塚町	二、六三〇反	—反	—反	—反	二五及	一二五反	一五〇反
草加町	二、五〇〇	—	三	一六	三七	二八五	三五〇
新田村	四、四二八	—	二六	三三	一二七	一一〇	三〇六
安行村	三、三七一	—	—	—	—	—	—
戸塚村	二、一七九	—	—	—	—	—	—
大門村	一、八三三	—	—	—	—	一五	一五
野田村	二、一五九	—	—	—	—	三五	三五
片柳村	二、四一三	—	—	—	—	三〇	三〇
戸田町	二、三〇〇	—	—	—	—	七五	七五
蕨町	一、八五九	—	—	—	—	五〇〇	五〇〇
美笹村	四、五二一	六一二	一三七	一七三	二五〇	三五〇	一、五二二
土合村	三、四五六	一〇〇	三七	五〇	三〇	八五	三〇二
與野町	一、三一三	—	一三〇	—	—	—	一三〇
大久保村	二、六八五	六〇	—	三六〇	二三〇	九〇〇	一、五四〇
植水村	二、三三八	五〇	八三	二〇〇	一二五	一五〇	六〇八

町村名	作付面積	収穫皆無	七割以上減収	七割〜五割減収	五割〜三割減収	三割未満減収	計
馬宮村	二、四八九反	二五七反	二五反	五〇反	七五反	二〇五反	六一二反
指扇村	二、二七三	—	四〇	三三	七五	二五	一七三
七里村	二、一一四	—	—	—	—	四〇	四〇
春岡村	二、二三七	—	—	—	—	二五	二五
原市町	一、一三三	—	—	—	—	九〇	九〇
伊奈村	四、〇四六	—	—	—	—	八五	八五
上尾町	五〇一	—	—	—	—	三五	三五
大谷村	七五三	—	—	—	—	五〇	五〇
平方町	六〇七	—	—	三三	七五	二〇〇	三〇八
大石村	一、〇八八	二	三	八	二五	七五	一一三
上平村	八一一	—	—	—	—	二〇〇	二〇〇
桶川町	三三	—	—	—	—	三五	三五
加納村	一、七七五	八〇	二二	三二六	三一二	一〇〇	八四〇
川田谷村	九五一	一二	四三	三三	五〇	一二〇	二五八
北本宿村	一、五四二	一三五	一三七	一三〇	一二五	二三五	七六二
馬室村	三八八	一三〇	一二	一六	二五	一六〇	三四三
常光村	二、一一五	六四	二六八	三三三	七八七	四七五	一、九二七
鴻巣町	六〇六	五〇	二五〇	三三	五〇	一五〇	五三三
田間宮村	一、四二八	九八九	一八〇	一一六	五〇	七三	一、四〇八

区分 町村名	作付面積	被害程度別面積 収穫皆無	七割以上減収	七割〜五割減収	五割〜三割減収	三割未満減収	計
箕田村	二、六九九	三六二	八三七	三六六	二七五	五七〇	二、四一〇
小谷村	一、七六七	八〇〇	五一〇	一四一	一三五	一六〇	一、七三六
吹上町	一、七八五	—	三五〇	五八八	五三五	一六五	一、六三八
宗岡村	二、四一三	—	—	一〇一	九三	一三三	三一六
内間木村	一、五〇三	—	—	三三	一一	五八	一〇一
水谷村	一、一八四	—	—	二六	一〇	七〇	一〇八
志木町	六四六	—	—	二三	一一	二五	五八
大和田町	六〇八	—	—	—	—	一〇〇	一〇〇
朝霞町	一、二一一	—	—	—	—	六〇	六〇
大和町	一、四三六	—	—	—	—	二五	二五
片山村	七二七	—	—	—	—	三〇	三〇
浦和市	六、五一〇	一	三	三	一三	九二	一一一
川口市	三、八三三	—	—	一四六	二九四	四四〇	八八〇
大宮市	三、七四九	—	—	四五	五五	七五	一七五
合計	一〇六、三一三	三、七〇四	三、二九四	三、三〇五	三、七〇五	七、一三〇	一、一三八

(2) 入間郡

区分 町村名	作付面積	被害程度別面積 収穫皆無	七割以上減収	七割〜五割減収	五割〜三割減収	三割未満減収	計
芳野村	四、八七七反	—反	二〇反	六〇反	五〇反	一七〇反	三〇〇反

区分 町村名	作付面積	被害程度別面積 収穫皆無	七割以上減収	七割~五割減収	五割~三割減収	三割未満減収	計
古谷村	四、一一三反	―反	―反	一四〇反	一六五反	九五反	四〇〇反
南古谷村	四、八九六	―	―	四〇	四〇	五〇〇	五八〇
高階村	六三七	―	―	―	二〇	一六〇	一八〇
福岡村	一、一四七	―	―	―	五〇	二〇〇	二五〇
大井村	一四七	―	―	―	―	二四〇	二九〇
鶴瀬村	一、三八七	―	―	一〇	四〇	四〇三	一、二〇〇
南畑村	三、七四〇	二〇	四〇	二三七	五〇〇	―	―
三芳村	二七六	―	―	―	―	―	―
柳瀬村	三八六	―	―	―	―	―	―
所沢町	一、〇一七	―	―	―	―	―	―
三ケ島村	一三〇	―	―	―	―	―	―
元狭山村	一一	―	―	―	―	―	―
宮寺村	三〇	―	―	―	―	―	―
金子村	一五一	―	―	―	―	―	―
東金子村	八〇	―	―	―	―	―	―
豊岡町	一三七	―	―	―	―	―	―
藤沢村	―	―	―	―	―	―	―
入間村	―	―	―	―	―	―	―
堀兼村	―	―	―	―	―	―	―

福原村	—	—	—	—	—	—	—
奥富村	九一七	—	—	—	—	二五	二五
入間川町	三二〇	—	—	—	—	一〇	一〇
大東村	二、五五三	—	—	—	四五	三八五	四三〇
山田村	三、四五三	—	—	—	三〇	二三〇	二五〇
三芳野村	二、四七五	三七二	七三〇	一、〇五〇	二七六	—	二、四二八
勝呂村	三、〇七五	一五〇	二五〇	六三五	四七〇	一、二九五	二、八〇〇
坂戸町	一、八四三	—	五〇	八〇	一七〇	一五〇	四五〇
入西村	二、三六八	—	二〇	四八	一三〇	二二三	四〇〇
大家村	九三三	—	—	一〇	二〇	二一	五一
川角村	一、〇一九	—	—	二〇	三七	二四三	三〇〇
毛呂山町	一、三六四	—	—	—	—	三三	三三
越生町	一、三三〇	—	—	—	—	一〇〇	一〇〇
梅園村	三九七	—	—	—	—	—	—
名細村	二、二七五	六〇	一〇〇	二六〇	五二〇	五六〇	一、五〇〇
鶴ヶ島村	一、〇九四	—	—	—	—	—	—
高萩村	一、二六一	—	—	—	—	—	—
高麗川村	七八六	—	—	—	一五	八五	一〇〇
高麗村	六一一	—	—	—	—	—	—
東吾野村	二三	—	—	—	—	—	—
霞ヶ関村	一、一九六	—	—	二〇	四二	三八	一九〇

町村名＼区分	作付面積	被害程度別面積 収穫皆無	七割以上減収	七割～五割減収	五割～三割減収	三割未満減収	計
柏原村	七五四反	三〇反	二〇反	一一〇反	二七四反	六六反	五〇〇反
水富村	八七二	一〇	二〇	七一	一四九	二〇〇	四五〇
飯能町	二、〇一四	—	三〇	七〇	一〇〇	四五〇	六五〇
原市場村	八三	—	—	—	—	—	—
名栗村	—	—	—	—	—	—	—
吾野村	—	—	—	—	—	—	—
川越市	—	—	—	—	—	—	—
合計	五六、一四八	六四二	一、二八〇	二、八六一	三、一二三	五九、四一	一三、八五七

(3) 比企郡

町村名＼区分	作付面積	被害程度別面積 収穫皆無	七割以上減収	七割～五割減収	五割～三割減収	三割未満減収	計
松山町	一八九反	八反	一三反	二四反	五反	一〇反	六〇反
大岡村	一五五	二九	一二	一九	六	一三	七九
福田村	二四七	六	一三	二八	三	一六	六五
宮前村	二三〇	五	一四	二七	二	一三	六三
唐子村	一七一	一三	一三	二〇	六	三	六六
菅谷村	一六〇	二	六	一九	九	一六	六二

七郷村	二三三	九	五	二六	一	一八	六〇
八和田村	二二二	八	四	一三	二	一六	五四
小川町	一三五	九	六	一三	四	一五	四九
竹沢村	七二	四	一	六	二	一二	一二五
大河村	一〇二	五	三	一二	三	一三	三五
平村	一四	一	一	一	五	一二	一二
明覚村	七四	四	三	七	二	一二	一三〇
玉川村	八六	五	三	九	三	一二	一三三
亀井村	一三三	六	二	一六	二	一五	四二
今宿村	二一一	一三	四	二六	三	一七	七三
高坂村	三三六	四八	一〇	九二	二	一八	一七二
野本村	四六〇	二一	一六	一〇三	三	一五	一六〇
中山村	三七四	一九	二〇	八〇	五	一六	一四〇
伊草村	二三三	二一	一二	五〇	二	一二	一〇七
三保谷村	三四八	二四	一八	七五	三	一三	一三四
出丸村	一七一	三九	一九	二四	五	一二	一〇〇
八ッ保村	二九五	一三	一六	六二	六	二〇	一三六
小見野村	二九八	一九	一三	六四	七	二二	一三五
東吉見村	二三三	四一	二〇	五三	五	二二	一四一
南吉見村	二八五	一四	一六	五七	六	一九	一一四
西吉見村	二六五	二一	三	四三	五	一六	八九

町村名＼区分	作付面積	収穫皆無	七割以上減収	七割～五割減収	五割～三割減収	三割未満減収	計
北吉見村	二四六反	一九反	一四反	六三反	二反	三反	一〇一反
合計	五、八六七	四四五	二九六	一、〇四三	一一六	四二七	二、三三八

(4) 秩父郡

町村名＼区分	作付面積	収穫皆無	七割以上減収	七割～五割減収	五割～三割減収	三割未満減収	計
秩父町	七二一反	二〇反	一〇反	二〇反	三〇反	五二反	一三二反
横瀬村	七七〇	二四	三六	一三〇	一九〇	三六二	七六二
芦ヶ久保村	二五	二	二	一〇	―	一	二四
高篠村	二九三	一二	一七	一六	二〇	九	七三
原谷村	一五三	五	四	一三	二六	三〇	七八
皆野町	八一	―	一	二	一	―	四
三沢村	二四一	二〇	二〇	三〇	五〇	一〇〇	二二〇
野上町	二三一	九	一	二	三二	九四	一三八
國神村	五七	二	三	五	一〇	一〇	三〇
金沢村	二七	二	―	―	一〇	一八	三〇
日野沢村	―	―	―	―	―	―	―
吉田町	五〇六	―	五	一八	三六	一八	七七

大田村	八一五	一〇	二	八	二〇	五〇	九〇
尾田蒔村	七八五	二七	三五	二四	九	六七	一六二
長若村	一七九	一〇	一	四	五	二四	四四
小鹿野町	四四四	二〇	一〇	一〇	一四	六〇	一二四
上吉田村	四〇	|	三	五	四	一	三
倉尾村	一	|	|	|	|	|	|
三田川村	一三三	六	|	|	|	一	二
両神村	一八六	二	三	五	一六	二七	五三
大滝村	一	|	|	|	|	一	一
荒川村	六八	一	|	|	七	六〇	六八
久那村	一二	二	|	三	二	六七	二四
浦山村	|	|	|	|	|	|	|
影森村	六	二	一	|	一	一	五
大椚村	三	|	|	|	|	|	|
槻川村	三一五	三	五	七	三	六	三三
大河原村	三五五	八〇	三	二三	|	四〇	二〇五
矢納村	四	|	|	|	|	四	四
合計	六、五五一	二六二	一九〇	三三五	四八六	一、〇六五	二、三五八

(5) 児玉郡

町村名＼区分	作付面積	被害程度別面積 収穫皆無	七割以上減収	七割～五割減収	五割～三割減収	三割未満減収	計
本庄町	五七四反	三五反	八五反	八六反	六五反	一二〇反	三九一反
藤田村	一,三六二	五	六	二八二	七三	三五七	一,三六二
仁手村	六八八	—	一四八	一九三	一九四	一〇九	六四四
旭村	九四八	五	—	八〇	二〇〇	五九五	八八〇
北泉村	一,八二五	二七〇	三〇〇	四〇〇	三五五	五〇〇	一,八二五
東児玉村	三,四三一	二四	八五	一〇〇	八〇五	二,二五〇	三,二六四
共和村	二,七三二	五〇	三六〇	三〇〇	二五〇	二四〇	一,二〇〇
児玉町	六四九	五〇	四五	一〇三	一四二	二八〇	六二〇
金屋村	八四六	二六	六三	一三四	二〇八	一七五	六〇六
青柳村	六四四	一八	—	一三九	三四一	一四六	六四四
若泉村	一三	一	—	一	—	一二	一三
本泉村	一二	三	六	三	—	—	二一
神保原村	六四三	一	八	二〇〇	一五〇	二八五	六四四
賀美村	四〇四	—	—	二四	一〇〇	三五〇	四七四
七本木村	八六六	—	二二	六二	八〇	一四五	三〇八
長幡村	一,二八四	—	—	—	九〇	一,二〇〇	一,二九〇
丹荘村	一,五八九	一〇	五	三六	一,四二三	四五	一,五〇八
秋平村	八一八	四〇	一〇〇	六〇	一三〇	七〇	四〇〇

区分 町村名	作付面積	被害程度別面積 収穫皆無	七割以上減収	七割〜五割減収	五割〜三割減収	三割未満減収	計
松久村	一、七四六	六六	二四四	二六七	二八七	六八五	一、五四九
大沢村	一、〇六五	三七	一二	二四	一六〇	五八五	八一八
合計	二、九八七	六五〇	一、四八八	二、四九四	五、六八一	八、一四八	一八、四六一

(6)大里郡

区分 町村名	作付面積	被害程度別面積 収穫皆無	七割以上減収	七割〜五割減収	五割〜三割減収	三割未満減収	計
吉見村	二、一七〇反	九六反	三〇〇反	六二四反	五〇反	一〇〇反	一、一七〇反
市田村	二、七八四	—	九六六	九九五	五〇一	一二三	二、五八四
吉岡村	一、五一三	—	—	三〇二	七五六	四五五	一、五一三
御正村	二、五四九	五六	五四二	二四〇	八五四	八五七	二、五四九
三尻村	一、三〇八	—	—	—	一〇	一九〇	二〇〇
奈良村	三、二七一	—	六五〇	三〇〇	一五〇	二〇	一、一二〇
長井村	三、一一七	七〇〇	二〇〇	三一七	六〇〇	三〇〇	二、一一七
秦村	一、五九八	一八〇	一、二九五	一二三	—	—	一、五九八
妻沼町	一、五六七	—	一五三	三七三	六九六	三四五	一、五六七
男沼村	七六二	一五三	三八二	七八	一三六	一三	七六二
太田村	二、九〇〇	—	五〇	一、八五〇	一、〇〇〇	—	二、九〇〇
明戸村	二、九七一	—	—	六八	九二三	一、三七七	二、三六八

町村名 ＼ 区分	作付面積	被害程度別面積 収穫皆無	七割以上減収	七割〜五割減収	五割〜三割減収	三割未満減収	計
別府村	二、七〇八反	—反	二六八反	六〇〇反	六七二反	七五五反	二、二九五反
幡羅村	一、九二七	二	二〇〇	一、一二七	六〇〇	—	一、九二九
深谷町	八五二	三	二四〇	二〇三	三九六	—	八五二
大寄村	二、五七五	—	一六〇	七三三	一、〇〇七	六六八	二、五七五
新会村	七〇	—	一〇	三一	二九	—	七〇
中瀬村	二一	一	—	一五	五	—	二一
八基村	五三三	—	二一三	三二〇	—	—	五三三
岡部村	一、九八三	四〇	七〇	四〇〇	一、四〇〇	七三	一、九八三
榛沢村	一、五一四	—	一一	一六三	七〇七	—	九八一
本郷村	七九九	—	二五	一四三	一三〇	一一七	四一五
藤沢村	四八五	五〇	六三	一三二	七三	一六七	四八五
武川村	四〇一	九	三四	三九	六二	一六三	三〇七
花園村	五九〇	二五	四二	三一三	二〇四	二三	六〇七
用土村	九三三	—	五〇	五〇	六〇〇	五〇〇	一、二〇〇
寄居町	六一二	一六	五四	五	—	四一〇	四八五
男衾村	一、二三六	二六	一三〇	三七〇	三〇〇	—	八二六
折原村	五一五	三〇	—	一一	九	二〇〇	二五〇
鉢形村	三七四	一〇	三〇	九〇	一〇	二二〇	三六〇
小原村	一、一五四	一五	二七	三八	四〇〇	—	四八〇

町村名＼区分	作付面積	収穫皆無	七割以上減収	七割～五割減収	五割～三割減収	三割未満減収	計
本畠村	一〇、七八	一〇〇	二〇〇	五〇〇	二七八	—	一、〇七八
合計	四六、八六〇	一、五三三	六、四六五	一〇、五四二	三、五四八	七、一〇三	三八、一八〇

(7) 北埼玉郡

町村名＼区分	作付面積	被害程度別面積					
		収穫皆無	七割以上減収	七割～五割減収	五割～三割減収	三割未満減収	計
忍町	八、七二〇反	—反	六〇〇反	一、二八七反	一、三四五反	五、〇五〇反	八、二八二反
羽生町	一、一九二	—	二〇	五八〇	—	—	六〇〇
加須町	九一〇	二一〇	二六五	七〇	二五〇	一〇五	九一〇
騎西町	一、一四〇	—	—	—	五六〇	五八〇	一、一四〇
不動岡町	二、三三三	—	五〇〇	五〇〇	五六三	七七〇	二、三三三
中条村	四、二〇五	二〇〇	二〇〇	—	—	五〇	四五〇
南河原村	二、八六七	—	六〇	—	一九〇	二、二二〇	二、四七〇
北河原村	一、一三〇	二三〇	—	—	五	二二三	四五八
星宮村	四、三二一	—	—	—	—	二〇〇	二〇〇
太井村	一、七〇五	五〇	一五〇	—	一、一五〇	三五〇	一、七〇〇
下忍村	三、二九〇	三五三	一、五一一	一、〇六八	三五八	—	三、二九〇
荒木村	二、四〇二	—	—	—	二八〇	九五〇	一、二三〇
須加村	二、〇三五	—	—	—	—	—	—
新郷村	二、八八〇	—	—	—	—	一、五〇〇	一、五〇〇

区分／町村名	作付面積	被害程度別面積：収穫皆無	被害程度別面積：七割以上減収	被害程度別面積：七割〜五割減収	被害程度別面積：五割〜三割減収	被害程度別面積：三割未満減収	計
太田村	四、八五〇反	—反	四五〇反	一、三五〇反	一、一五〇反	一、九〇〇反	四、八五〇反
埼玉村	二、七六二	三四一	八六三	一、〇三二	三七九	七一	二、六八六
屈巣村	二、一八五	五	八七二	五四五	四八〇	二八三	二、一八五
廣田村	一、八四三	—	二三	一〇〇	一〇〇	四〇〇	六二三
須影村	二、三〇〇	—	—	—	—	八〇	八〇
岩瀬村	一、七七三	—	—	—	—	四	四
川俣村	一、四五一	—	—	—	—	—	—
井泉村	二、六八〇	—	五	七七一	二七二	八〇〇	一、八四八
手子林村	三、五八九	五〇〇	八〇〇	二〇一	一六〇	—	一、六六一
志多見村	一、八九五	—	—	—	—	一、三九一	一、三九一
田ヶ谷村	一、五五五	—	三一	二七	八〇	一、四一七	一、五五五
共和村	二、二五〇	二六〇	七〇〇	五〇〇	四五〇	三四〇	二、二五〇
笠原村	三、七一〇	二五〇	三〇〇	七〇〇	八七〇	一、五九〇	三、七一〇
種足村	三、五一〇	—	一、二〇〇	四六八	二、一四〇	八五二	四、六三〇
高柳村	二、四一一	—	—	一六〇	三三〇	一、九三一	二、四二一
礼羽村	一、一二四	—	一〇	三〇	七〇	一、〇二四	一、一三四
樋遣川村	三、七〇三	二、七七九	七二一	—	—	二〇	三、五二〇
三田ヶ谷村	三、〇一九	一、二〇〇	九九六	五三〇	一二〇	五〇	二、八九六
村君村	一、八六〇	—	—	—	—	五五〇	五五〇

区分 町村名	作付面積	被害程度別被害面積 収穫皆無	七割以上減収	七割～五割減収	五割～三割減収	三割未満減収	計
大越村	一、九四八	八五〇	四六〇	—	三〇〇	二〇〇	一、八一〇
利島村	三、一一九	三、一一九	—	—	—	—	三、一一九
川辺村	三、三四三	三、三四三	—	—	—	—	三、三四三
東村	二、二四三	二、二四三	—	—	—	—	二、二四三
原道村	二、三七九	二、三七九	—	—	—	—	二、三七九
元和村	二、〇四六	二、〇四六	—	—	—	—	二、〇四六
豊野村	二、〇三八	九三四	一、〇二二	八	—	—	一、九六四
三俣村	三、三一三	三、一三五	一七一	七	—	—	三、三一三
大桑村	三、三五一	一、七〇〇	一、〇〇〇	三二〇	一八一	一五〇	三、三五一
水深村	四、六七九	一、三五七	一、〇七〇	二九七	九九	九九	二、九二二
鴻茎村	三、二七七	—	二〇	一、六二〇	九〇〇	七三七	三、二七七
合計	一一九、一三六	二七、四九四	一四、〇二〇	一二、〇四一	一二、七七二	二五、八七七	九二、二〇四

(8) 南埼玉郡

区分 町村名	作付面積	被害程度別被害面積 収穫皆無	七割以上減収	七割～五割減収	五割～三割減収	三割未満減収	計
岩槻町	六四一反	—反	—反	—反	—反	—反	—反
豊春村	四、〇四六	一、一〇〇	一、四〇〇	三〇〇	二四六	一五〇	三、一九六
春日部町	三、二四六	一、一〇〇	七〇〇	四〇〇	五〇〇	四四〇	三、一四〇
川通村	三、七三六	七〇〇	七〇〇	六〇〇	三三六	四〇〇	二、七三六

町村名＼区分	作付面積（反）	被害程度別面積：収穫皆無（反）	被害程度別面積：七割以上減収（反）	被害程度別面積：七割〜五割減収（反）	被害程度別面積：五割〜三割減収（反）	被害程度別面積：三割未満減収（反）	被害程度別面積：計（反）
武里村	三、九八二	一、〇〇〇	二、三〇〇	五〇〇	一八〇	―	三、九八〇
櫻井村	二、六五三	六七〇	一、五三〇	三三〇	一三〇	―	二、六五〇
新方村	二、九〇四	二、三三〇	五一〇	五〇	―	―	二、九〇〇
増林村	四、一〇七	三、四二四	三八四	二四九	―	四二	四、〇九九
大袋村	三、七〇二	七五〇	一、〇〇〇	五五〇	四五〇	三五〇	三、一〇〇
荻島村	三、五〇六	―	―	―	―	―	―
柏崎村	二、一二七	―	―	―	―	―	―
和土村	一、八九二	―	―	―	―	―	―
新和村	三、五六五	―	―	―	―	―	―
出羽村	五、二七五	―	―	―	―	二五〇	二五〇
蒲生村	三、〇四一	四五	―	―	―	―	四五
川柳村	四、三七四	一〇〇	一〇〇	一〇〇	一五〇	二〇〇	六五〇
八條村	三、九四一	一一〇	二三九	六三三	一、四一〇	八〇九	三、一九一
八幡村	二、九二一	―	―	―	―	一四五	一四五
潮止村	二、七八二	―	―	―	―	二〇〇	二〇〇
大相模村	四、二五三	―	三五	三〇	―	―	六五
越ヶ谷町	五一六	七〇	六〇	―	―	―	一三〇
大沢町	一、〇五〇	八五〇	一〇〇	一〇〇	―	―	一、〇五〇
慈恩寺村	二、四五〇	四〇〇	三〇〇	二〇〇	二〇〇	一〇〇	一、二〇〇

日勝村	二、四二七	八二〇	七七三	四二〇	三	—	二、〇三五
須賀村	二、三一七	一、五〇〇	六三二	一八五	—	—	二、三一七
百間村	二、八八八	一、四四四	九九四	四五〇	—	—	二、八八八
太田村	二、〇一〇	一、三〇四	七〇六	—	—	—	二、〇一〇
久喜町	一、〇五三	五〇〇	三九九	一五四	—	—	一、〇五三
鷲宮町	二、六四五	二、六四五	—	—	—	—	二、六四五
清久村	二、九〇九	八〇	一三〇	六〇	一五〇	一九〇	六〇〇
江面村	四、四三一	一、〇六二	一、四三三	六〇八	四一九	四〇〇	三、九二三
河合村	一、七九三	—	—	—	—	一〇〇	一〇〇
黒浜村	二、〇三三	三七〇	—	一九〇	五〇〇	二四〇	一、三〇〇
蓮田町	一、九九五	—	—	—	—	二〇	二〇
平野村	一、七八八	—	—	—	—	五〇	五〇
栢間村	二、三七八	一五〇	一三〇	一〇五	一七五	—	五五〇
小林村	二、三三〇	二三〇	三〇〇	四五〇	六三〇	—	一、六〇〇
菖蒲町	二、四三三	—	一〇〇	一〇〇	二〇〇	二五〇	六五〇
三箇村	二、七二四	一三〇	一五〇	一〇〇	四二〇	—	八〇〇
篠津村	二、九六七	一〇〇	一、〇〇〇	八〇〇	五六七	—	二、四六七
大山村	二、〇二一	—	—	—	—	—	—
合計	二四、三三一	三、九七四	一六、〇八五	七、六六四	六、六六五	四、三三六	三七、七二四

(9) 北葛飾郡

区分 町村名	作付面積	被害程度別面積 収穫皆無	減収七割以上	減収七割～五割	減収五割～三割	減収三割未満	計
栗橋町	反 四、六八〇	反 四、六八〇	反 —	反 —	反 —	反 —	反 四、六八〇
櫻田村	三、〇五三	三、〇五三	—	—	—	—	三、〇五三
行幸村	一、四四六	一、四四六	—	—	—	—	一、四四六
幸手町	一、二三三	一、二三三	—	—	—	—	一、二三三
上高野村	一、三六〇	一、三六〇	—	—	—	—	一、三六〇
高野村	二、二〇〇	二、〇九〇	一一〇	—	—	—	二、二〇〇
権現堂川村	二、二一七	一、四五一	三二一	二一	三三	二一	二、二一七
吉田村	二、七二五	二、三一六	二七三	一三六	—	—	二、七二五
八代村	五、九四八	五、六五〇	二九七	—	—	—	五、九四八
田宮村	五、一六四	四、九〇五	二五八	—	—	—	五、一六四
杉戸町	二、五六一	二、三〇四	二五六	—	—	—	二、五六一
堤郷村	二、四三六	二、一九二	二四三	—	—	—	二、四三六
幸松村	三、四六一	三、二八七	一七三	—	—	—	三、四六一
豊野村	一、七九二	一、七〇二	八九	—	—	—	一、七九二
松伏領村	五、二四四	四、九八一	二六二	—	—	—	五、二四四
旭村	五、三六九	五、一〇〇	二六八	—	—	—	五、三六九
吉川	五、五七三	五、二九四	二七八	—	—	—	五、五七三
三輪野江村	六、五七二	六、〇四六	五二五	—	—	—	六、五七二

町村名	作付面積	収穫皆無	七割以上減収	七割~五割減収	五割~三割減収	三割未満減収	計
彦成村	五、六一八	五、三三七	二八〇	―	―	―	五、六一八
早稲田村	五、五四八	五、二七〇	二七七	―	―	―	五、五四八
東和村	四、二八三	四、〇六八	二一四	―	―	―	四、二八三
豊岡村	七三〇	五一一	三六	三七	三六	一〇九	七三〇
櫻井村	二、八九四	二、七四九	一四四	―	―	―	二、八九四
宝珠花村	五一三	四三六	五一	二五	―	―	五一三
富多村	四、〇二二	三、八二〇	二〇一	―	―	―	四、〇二二
南櫻井村	三、五二五	三、三四八	一七六	―	―	―	三、五二五
川辺村	二、八三八	二、六九六	一四一	―	―	―	二、八三八
金杉村	二、一二五	二、〇一八	一〇六	―	―	―	二、一二五
合計	九五、一三〇	八九、四五四	四、八八七	三〇九	二五八	一三〇	九五、一三〇

ろ、陸稲の部

(1) 北足立郡

町村名	作付面積	被害程度別面積					
		収穫皆無	七割以上減収	七割~五割減収	五割~三割減収	三割未満減収	計
谷塚町	二反	―反	―反	―反	―反	―反	―反
草加町	―	―	―	―	―	―	―
新田村	―	―	―	―	―	―	―

町村名＼区分	作付面積	被害程度別面積					
		収穫皆無	七割以上減収	七割～五割減収	五割～三割減収	三割未満減収	計
安行村	反七五	反—	反—	反—	反—	反—	反—
戸塚村	九九	—	—	—	—	—	—
大門村	一四九	—	—	—	—	—	—
野田村	一六三	—	—	—	—	一〇	一〇
片柳村	六九	—	—	—	—	—	—
戸田町	八四	—	—	—	—	—	—
蕨町	—	—	—	—	—	—	—
美笹村	一七	—	—	—	—	—	—
土合村	—	—	—	—	—	—	—
與野町	四七	—	—	—	—	—	—
大久保村	一	—	—	—	—	—	—
植水村	五	—	—	—	—	—	—
馬宮村	二〇	—	—	八	七	—	一五
指扇村	四二八	—	六	—	—	—	六
七里村	八〇	—	—	—	—	—	—
春岡村	三七	—	—	—	—	—	—
原市町	一四九	三	—	—	—	—	三
伊奈村	三八七	五	—	—	—	—	五
上尾町	一三〇	七	—	—	—	一〇	一七

大谷村	二七八	二〇	三三	—	—	—	二〇
平方町	二四一	三三	—	三三	三	—	一三八
大石村	三二四	—	—	—	六	二	一七
上平村	三六八	五	—	—	—	三三	五八
桶川町	一六〇	—	—	—	—	—	—
加納村	三七八	—	三〇	—	一	六	七
川田谷村	五〇五	八八	一〇五	一	一	一五七	二七七
北本宿村	二、一五一	八二	—	五八	四五	五一	三四〇
馬室村	八〇六	四八二	—	—	—	五三	五三五
常光村	一五九	—	—	—	—	一〇七	一〇七
鴻巣町	一三六	—	三二	—	—	四〇	四〇
田間宮村	一三〇	七〇	—	一〇	七	三	一三一
箕田村	九〇	—	—	—	九〇	—	九〇
小谷村	三〇	一〇	—	四	三	—	一七
吹上町	五一	三五	—	八	七	—	五〇
宗岡村	—	—	—	—	—	—	—
内間木村	—	—	—	—	—	—	—
水谷村	—	—	—	—	—	—	—
志木町	八六七	—	—	八	九	—	一七
大和田町	八四九	—	—	—	—	—	—
朝霞町	三二五	—	—	一	—	—	—

区分 / 町村名	作付面積	被害程度別面積 収穫皆無	七割以上減収	七割～五割減収	五割～三割減収	三割未満減収	計
大和町	一四九反	—反	—反	一五反	一七反	—反	三二反
片山村	二八〇	—	—	—	—	二	二
浦和市	五四六	—	—	一	三	一五	一九
川口市	三八七	—	—	五	三	一〇	一八
大宮市	六〇八	—	—	一	五	六	一二
合計	二、七六〇	八六八	二〇四	一五一	二三五	五五三	二、〇〇一

(2) 入間郡

区分 / 町村名	作付面積	被害程度別面積 収穫皆無	七割以上減収	七割～五割減収	五割～三割減収	三割未満減収	計
芳野村	五六反	—反	—反	一〇反	二〇反	—反	三〇反
古谷村	二四	—	—	五	一五	—	二〇
南古谷村	二五	—	—	—	一〇	—	一〇
高階村	四七六	—	—	—	—	—	—
福岡村	一七二	—	—	—	—	—	—
大井村	五八〇	—	—	—	—	—	—
鶴瀬村	二七九	—	—	—	—	—	—
南畑村	五	—	—	—	五	—	五

村名							
三芳村	八二七	—	—	—	—	—	—
柳瀬村	六三六	—	—	—	—	—	—
所沢町	三、〇三七	—	—	—	—	—	—
三ヶ島村	一、〇八六	—	—	—	—	—	—
元狭山村	四六七	—	—	—	—	—	—
宮寺村	五四三	—	—	—	—	—	—
金子村	八一二	—	—	—	—	—	—
東金子村	三四四	—	—	—	—	—	—
豊岡町	六四四	—	—	—	—	—	—
藤沢村	四五〇	—	—	—	—	—	—
入間村	六三六	—	—	—	—	—	—
堀兼村	一、三四六	—	—	—	—	—	—
福原村	一、三〇八	—	—	—	—	—	—
奥富村	一八八	—	—	—	—	—	—
入間川町	四九八	—	—	—	—	—	—
大東村	三八一	—	—	—	—	—	—
山田村	一四	—	—	—	—	—	—
三芳野村	二一八	一〇	一一	二四	五〇	—	九五
勝呂村	二九三	三〇	三〇	五〇	一八	—	一〇八
坂戸町	三三六	—	—	一〇	一二	五	三六
入西村	二八	—	—	—	一〇	五	一五

町村名＼区分	作付面積	被害程度別面積 収穫皆無	被害程度別面積 七割以上減収	被害程度別面積 七割〜五割減収	被害程度別面積 五割〜三割減収	被害程度別面積 三割未満減収	計
	反	反	反	反	反	反	反
大家村	三三〇	—	—	—	—	—	—
川角村	二九二	—	—	—	—	—	—
毛呂山町	二三三	—	—	—	—	—	—
越生町	六四	—	—	—	—	—	—
梅園村	四	—	—	—	—	—	—
名細村	三五二	—	—	—	—	—	—
鶴ヶ島村	一、四一七	—	—	—	—	—	—
高萩村	八九六	—	—	—	—	—	—
高麗川村	七八一	—	—	—	—	—	—
高麗村	二九三	—	—	—	—	—	—
東吾野村	一三	—	—	—	—	—	—
霞ヶ関村	七一三	—	—	—	—	—	—
柏原村	五五五	二五	七〇	八八	六七	—	二五〇
水富村	二八四	—	一〇	三六	七九	五〇	一七五
飯能町	一、三二一	—	—	一〇	三七	六四	一一一
原市場村	一九	—	—	—	—	—	—
名栗村	—	—	—	—	—	—	—
吾野村	—	—	—	—	—	—	—
川越市	—	—	—	—	—	—	—
合計	三、一六三	五五	一一	一三三	三三二	一一四	八五五

(3) 比企郡

区分 町村名	作付面積	被害程度別面積 収穫皆無	被害程度別面積 七割以上減収	被害程度別面積 七割～五割減収	被害程度別面積 五割～三割減収	被害程度別面積 三割未満減収	計
松山町	三九反	五反	一反	一反	二反	｜反	九反
大岡村	一三	七	一	三	一	｜	一二
福田村	一一	五	｜	一	一	｜	七
宮前村	一三	七	一	三	一	｜	一二
唐子村	四〇	八	一	二	一	｜	一二
菅谷村	二五	四	一	三	一	｜	九
七郷村	五	一	｜	一	一	｜	三
八和田村	七	二	｜	一	｜	｜	三
小川町	四	一	｜	一	｜	｜	二
竹沢村	二	一	｜	｜	｜	｜	一
大河村	五	一	｜	｜	｜	｜	一
平村	二	一	｜	｜	｜	｜	一
明覚村	二	一	｜	｜	｜	｜	一
玉川村	九	三	一	五	｜	｜	九
亀井村	四	二	｜	一	｜	｜	三
今宿村	六	三	｜	二	｜	｜	五
高坂村	一八	六	二	三	一	｜	一二
野本村	一三	七	一	四	一	｜	一三

町村名＼区分	作付面積	被害程度別面積 収穫皆無	七割以上減收	七割〜五割減收	五割〜三割減收	三割未満減收	計
中山村	二反	一反	|反	|反	|反	|反	一反
伊草村	一	一	|	|	|	|	一
三保谷村	一	|	|	|	|	|	|
出丸村	五	三	|	|	|	|	三
八ツ保村	一	一	|	|	|	|	一
小見野村	二	一	|	|	|	|	一
東吉見村	五一	三〇	二	二	二	|	四五
南吉見村	一	一	|	|	|	|	一
西吉見村	九	三	|	|	|	|	三
北吉見村	一〇	六	|	|	|	|	六
合計	三五〇	一三	二	四	三	|	一七

⑷ 秩父郡

町村名＼区分	作付面積	被害程度別面積 収穫皆無	七割以上減收	七割〜五割減收	五割〜三割減收	三割未満減收	計
秩父町	|反	|反	|反	|反	|反	|反	|反
横瀬村	一〇	|	|	二	三	五	一〇
芦ケ久保村	一	|	一	|	|	|	一

村名							
高篠村	一〇	一	一	一	二	三	八
原谷村	四三	―	―	―	―	五	五
皆野町	三一	―	―	一	二	―	三
三沢村	四	―	―	一	一	一	三
野上町	七八	三	一	六	一〇	二四	四四
國神村	二〇	四	三	三	三	五	二〇
金沢村	三	―	―	―	三	―	三
日野沢村	二	―	―	―	二	―	二
吉田町	三三	一	一	―	一	一	四
大田村	二二	二	一	―	一	一〇	一四
尾田蒔村	三七	一	三	六	一	―	一一
長若村	五八	三	―	二	五	一三	一三
小鹿野町	二四	二	一	二	二	六	一三
上吉田村	―	―	―	―	―	―	―
倉尾村	一	―	―	―	―	―	―
三田川村	七	―	―	―	―	五	五
両神村	一〇	一	―	二	一	一	五
大滝村	―	―	―	―	―	―	―
荒川村	七六	―	一〇	―	一〇	五六	七六
久那村	―	―	―	―	―	―	―
浦山村	―	―	―	―	―	―	―

町村名＼区分	作付面積	被害程度別面積 収穫皆無	七割以上減収	七割～五割減収	五割～三割減収	三割未満減収	計
影森村	一三反	—反	—反	四反	五反	四反	一三反
大椚村	二	—	—	—	—	—	—
槻川村	—	—	—	—	—	—	—
大河原村	—	—	—	—	—	—	—
矢納村	七	—	—	—	五	二	七
合計	四八九	一八	三	三〇	五九	一五一	二八〇

(5) 児玉郡

町村名＼区分	作付面積	被害程度別面積 収穫皆無	七割以上減収	七割～五割減収	五割～三割減収	三割未満減収	計
本庄町	三一反	一五反	二反	一五反	二〇反	三五反	九六反
藤田村	三一六	七五	六一	七三	一〇八	—	三一六
仁手村	二四四	六四	五三	二五	三	三	一九四
旭村	四〇三	—	五〇	五〇	八〇	八〇	二六〇
北泉村	二八一	五	七〇	七〇	五〇	二	二〇六
東児玉村	五三	—	—	二四	—	—	二四
共和村	一五〇	—	—	—	—	三〇	三〇
児玉町	三七	—	—	—	一	八	九

町村名	作付面積	収穫皆無	七割以上減収	七割〜五割減収	五割〜三割減収	三割未満減収	計
金屋村	三五八	二〇	四九	四五	九〇	三二	二三六
青柳村	二一七	五	三	一七五	一三	二一	二一七
若泉村	三四	二	｜	七	一〇	一五	三四
本泉村	九	二	｜	｜	｜	｜	二
神保原村	一六八	｜	一〇	三〇	八〇	四九	一六九
賀美村	二三三	五五	六六	五〇	一五	四六	二三三
七本木村	四〇〇	二四	五三	八六	六二	六七	二九二
長幡村	三一七	｜	｜	｜	三	三七八	三八一
丹荘村	二五八	一〇	一二	三〇	七八	一二三	二五三
秋平村	一〇五	五	一〇	｜	一〇	｜	二五
松久村	五七	一	二	五	一一	一〇	二九
大沢村	一三八	一〇	｜	｜	五〇	｜	六〇
合計	四、二六八	二九三	四四九	六八四	七一三	九二六	三、〇六四

(6) 大里郡

町村名＼区分	作付面積	被害程度別面積					
		収穫皆無	七割以上減収	七割〜五割減収	五割〜三割減収	三割未満減収	計
吉見村	一二三反	二反	四三反	｜反	｜反	｜反	四五反
市田村	四三	｜	三六	五	一	｜	四二

町村名＼区分	作付面積	被害程度別面積 収穫皆無	七割以上減収	七割～五割減収	五割～三割減収	三割未満減収	計
吉岡村	三三反	五反	九反	四反	—反	—反	一八反
御正村	七〇	三	八	七	—	三二	五〇
三尻村	三五〇	—	—	—	—	一〇	一〇
奈良村	二一	—	—	—	一七	—	一七
長井村	一七四	六〇	一一四	—	—	—	一七四
秦村	三八五	二五〇	八五	—	五〇	—	三八五
妻沼町	一六〇	四〇	九	一七	五八	三六	一六〇
男沼村	三三五	一四二	四八	一一七	二八	—	三三五
太田村	三五	—	—	九	二六	—	三五
明戸村	一二三	—	—	五九	三五	二九	一二三
別府村	二九	—	一八	四	三	四	二九
幡羅村	四一五	—	—	三〇〇	一一五	—	四一五
深谷町	四〇	—	二〇	—	二〇	—	四〇
大寄村	五四	三	一一	一四	二四	二	五四
新会村	四〇一	二〇〇	一五〇	五一	—	—	四〇一
中瀬村	二一	一	—	一五	五	—	二一
八基村	五五一	一五〇	二三一	一七〇	—	—	五五一
岡部村	九五九	九	一二〇	三〇〇	五〇〇	三〇	九五九
榛沢村	二三二	—	七	一一八	五四	—	一七九

町村名	作付面積	収穫皆無	減収七割以上	減収七割～五割	減収五割～三割	減収三割未満	計
本郷村	四二	―	七〇	一三二	四九	一四三	三九四
藤沢村	一、九九〇	二〇	二八	五八	八九	二五一	四四六
武川村	二六六	二	六三	六〇	四二	二〇	一八七
花園村	六〇〇	二六	七六	三〇二	一六〇	―	五六四
用土村	一四〇	―	二〇	二〇	五〇	五〇	一四〇
寄居町	一三三	五	一六	四六	―	六一	一二八
男衾村	二三五	一一	四三	七〇	五二	六〇	二三六
折原村	九五	―	三〇	―	―	―	三〇
鉢形村	六七	一	五	五〇	―	―	五六
小原村	二一四	一五	―	―	―	一六〇	一七五
本畠村	二五〇	一〇〇	一〇〇	五〇	―	―	二五〇
合計	八、九二四	一、〇五四	一、三六〇	一、九七八	一、三六八	八七九	六、六三九

(7) 北埼玉郡

町村名＼区分	作付面積	被害程度別面積 収穫皆無	減収七割以上	減収七割～五割	減収五割～三割	減収三割未満	計
忍町	反 ―	反 ―	反 ―	反 ―	反 ―	反 ―	反 ―
羽生町	―	―	―	―	―	―	―
加須町	一〇	―	―	―	―	一〇	一〇
騎西町	一七	―	―	一七	―	―	一七

町村名／区分	作付面積	被害程度別面積 收穫皆無	被害程度別面積 七割以上減收	被害程度別面積 七割～五割減收	被害程度別面積 五割～三割減收	被害程度別面積 三割未満減收	被害程度別面積 計
不動岡町	九反	―反	―反	―反	五反	四反	九反
中條村	二	二	―	―	―	―	二
南河原村	―	―	―	―	―	―	―
北河原村	―	―	―	―	―	―	―
星宮村	―	―	―	―	―	―	―
太井村	六	三	―	―	―	三	六
下忍村	一三	―	―	―	―	一三	一三
荒木村	一二	―	一〇	―	―	―	一〇
須加村	八	五	―	―	―	―	五
新郷村	一七	一六	―	―	―	―	一六
太田村	二〇	―	―	―	―	二〇	二〇
埼玉村	二六〇	二	九二	八五	三五	八	二二二
屈巣村	七〇	一五	五	―	三〇	二〇	七〇
廣田村	一二六	―	一〇	三〇	五〇	一〇	一〇〇
須影村	―	―	―	―	―	―	―
岩瀬村	三	―	―	―	三	―	三
川俣村	―	―	―	―	―	―	―
井泉村	一二	二	三	四	三	―	一二
手子林村	一五	―	―	五	―	―	五

志多見村	—	—	—	—	—	—	—
田ヶ谷村	—	—	—	—	—	—	—
共和村	二一	—	三	—	八	—	二一
笠原村	—	—	—	—	—	—	—
種足村	—	—	—	—	—	—	—
高柳村	—	—	—	—	—	—	—
礼羽村	—	—	—	—	—	—	—
樋遣川村	五一	三	一七	三〇	—	一	五一
三田ヶ谷村	四〇	一〇	七	五	九	—	三一
村君村	一八	三	—	—	—	—	三
大越村	—	—	—	—	—	—	—
利島村	一七三	一七三	—	—	—	—	一七三
川辺村	七一	七一	—	—	—	—	七一
東村	一五	一五	—	—	—	—	一五
原道村	六〇	六〇	—	—	—	—	六〇
元和村	三五	三五	—	—	—	—	三五
豊野村	一五〇	—	—	一五〇	—	—	一五〇
三俣村	一五〇	—	四	四	二	二	三
大桑村	—	—	—	—	—	—	—
水深村	二六六	二一	九四	八五	三五	八	二三
鴻茎村	—	—	—	—	—	—	—
合計	一、六七七	四三四	二四五	四一五	一八九	九九	一、三八二

(8) 南埼玉郡

町村名 ＼ 区分	作付面積（反）	被害程度別面積 収穫皆無（反）	被害程度別面積 七割以上減収（反）	被害程度別面積 七割～五割減収（反）	被害程度別面積 五割～三割減収（反）	被害程度別面積 三割未満減収（反）	計（反）
岩槻町	八二	—	—	—	—	—	—
豊春村	—	—	—	—	—	—	—
春日部町	七〇	—	二五	—	—	—	二五
川通村	五	—	—	—	—	—	—
武里村	五	—	—	—	—	—	—
櫻井村	一	—	—	—	—	—	—
新方村	八	—	—	—	—	八	八
増林村	四	—	四	—	—	—	四
大袋村	—	—	—	—	—	—	—
荻島村	三	—	—	—	—	—	—
柏崎村	二五	—	—	—	—	—	—
和土村	五八	—	—	—	—	—	—
新和村	二〇	—	—	—	—	—	—
出羽村	—	—	—	—	—	—	—
蒲生村	—	—	—	—	—	—	—
川柳村	—	—	—	—	—	—	—
八條村	—	—	—	—	—	—	—
八幡村	—	—	—	—	—	—	—

潮止村	｜	｜	｜	｜	｜	｜	｜
大相模村	二	｜	｜	｜	｜	｜	｜
越ヶ谷町	｜	｜	｜	｜	｜	｜	｜
大沢町	｜	｜	｜	｜	｜	｜	｜
慈恩寺村	一五〇	｜	｜	｜	｜	｜	｜
日勝村	三八九	｜	｜	｜	｜	｜	｜
須賀村	二	五	六	｜	｜	｜	二
百間村	六七	｜	三〇	三七	｜	｜	六七
太田村	五三	｜	二四	｜	｜	｜	二四
久喜町	七	｜	｜	｜	｜	五	五
鷲宮村	一六	一五	｜	｜	｜	｜	一五
清久村	三〇	｜	｜	｜	｜	｜	｜
江面村	｜	｜	｜	｜	｜	｜	｜
河合村	一三五	｜	｜	｜	｜	｜	｜
黒浜村	一九九	｜	｜	｜	｜	｜	｜
蓮田町	一八五	｜	｜	｜	｜	｜	｜
平野村	二七六	｜	｜	｜	｜	｜	｜
栢間村	二三	｜	｜	｜	｜	｜	｜
小林村	｜	｜	｜	｜	｜	｜	｜
菖蒲町	二	｜	｜	｜	｜	｜	｜
三箇村	二七	｜	｜	｜	｜	｜	｜

区分 町村名	作付面積	被害程度別面積 収穫皆無	七割以上減収	七割～五割減収	五割～三割減収	三割未満減収	計
篠津村	三反	－反	－反	－反	－反	－反	－反
大山村	二四	－	－	－	－	－	－
合計	一、九一四	二〇	八九	三七	－	二七	一七三

(9) 北葛飾郡

区分 町村名	作付面積	被害程度別面積 収穫皆無	七割以上減収	七割～五割減収	五割～三割減収	三割未満減収	計
栗橋町	三四五反	八五反	－反	－反	－反	－反	八五反
櫻田村	二七	三	－	－	－	－	三
行幸村	三三	四	－	－	－	－	四
幸手町	四二	－	－	－	－	－	－
上高野村	五	－	－	－	－	－	－
高野村	七三	三三	－	－	－	－	三四
権現堂川村	一〇	－	－	－	－	－	－
吉田村	六	三	－	－	－	－	三
八代村	四一	六	－	－	－	－	六
田宮村	－	－	－	－	－	－	－
杉戸町	－	－	－	－	－	－	－

堤郷村	一二	一	｜	｜	｜	｜	一
幸松村	一三	｜	｜	｜	｜	｜	｜
豊野村	一二	｜	｜	｜	｜	｜	｜
松伏領村	九	｜	｜	｜	｜	｜	｜
旭村	六	｜	｜	｜	｜	｜	｜
吉川町	九	三	｜	｜	｜	｜	三
三輪野江村	五	｜	｜	｜	｜	｜	｜
彦成村	一八	八	｜	｜	｜	｜	八
早稲田村	二	｜	｜	｜	｜	｜	｜
東和村	一四	二	｜	｜	｜	｜	二
豊岡村	一三二	一四	｜	｜	｜	｜	一四
櫻井村	一	｜	｜	｜	｜	｜	｜
宝珠花村	四七	五	｜	｜	｜	｜	五
富多村	三二	三	｜	｜	｜	｜	三
南櫻井村	六七	五	｜	｜	｜	｜	五
川辺村	六〇	｜	｜	｜	｜	｜	｜
金杉村	三二	二	｜	｜	｜	｜	二
合計	一、〇〇二	一九六	｜	｜	｜	｜	一九六

は、甘諸の部

(1) 北足立郡

町村名＼区分	作付面積	被害程度別面積：収穫皆無	被害程度別面積：七割以上減収	被害程度別面積：七割～五割減収	被害程度別面積：五割～三割減収	被害程度別面積：三割未満減収	被害程度別面積：計
	反	反	反	反	反	反	反
谷塚町	一七六	—	—	—	—	—	—
草加町	一一七	—	—	—	—	—	—
新田村	八三	—	—	—	—	—	—
安行村	四〇八	—	—	—	—	—	—
戸塚村	二三九	—	—	—	—	—	—
大門村	七六五	二二	—	—	八	—	三〇
野田村	八六六	二六	—	—	九	—	三五
片柳村	一、八七三	—	—	—	—	二六	二六
戸田町	一九〇	四九	—	—	—	三九	八八
蕨町	五〇	—	—	—	二三	—	二三
美笹村	二二二	七六	—	—	—	—	七六
土合村	四四八	一六七	九四	—	—	—	二六一
與野町	七三八	—	四	—	—	—	四
大久保村	二四八	二二	九五	—	—	—	一一七
植水村	一五七	六〇	—	—	—	—	六〇
馬宮村	一七八	八五	—	—	—	—	八五

指扇村	一、六六五	―	五	四	三	―	一二
七里村	一、一六五	―	―	―	―	一七	一七
春岡村	一、〇三四	―	―	―	―	九	九
原市町	一、二六二	―	―	―	―	―	―
伊奈村	二、五七六	―	―	―	―	―	―
上尾町	一、〇一五	―	―	―	―	―	―
大谷村	一、五六九	―	―	―	―	―	―
平方町	八六六	―	一七	八八	―	―	二六五
大石村	三、二六八	四二	―	―	―	―	四二
上平村	二、一〇九	八六	―	―	―	―	八六
桶川町	一、三六五	四二	―	―	―	―	四二
加納村	二、〇三五	四二	―	―	―	―	四二
川田谷村	二、二七二	三六一	―	―	―	―	三六一
北本宿村	三、七九九	二七	―	―	―	四七	七四
馬室村	七八四	―	―	―	―	二四	二四
常光村	四九二	八六	―	―	―	―	八六
鴻巣町	二〇六	一三	―	―	―	―	一三
田間宮村	二一四	一三八	―	―	―	―	一三八
箕田村	一五四	四五	―	―	―	―	四五
小谷村	五七	四五	―	―	―	―	四五
吹上町	八〇	五四	―	―	―	―	五四

町村名＼区分	作付面積	被害程度別面積 収穫皆無	減収七割以上	減収七割～五割	減収五割～三割	減収三割未満	計
宗岡村	三一五反	—反	—反	三反	一反	四反	八反
内間木村	六三八	—	—	五	二	五	三
水谷村	六〇三	—	—	二	一	五	八
志木町	三八一	—	—	三	一	四	八
大和田町	二、六五〇	—	—	—	—	—	—
朝霞町	一、三八三	—	—	—	—	—	—
大和町	四一九	—	—	—	—	—	—
片山村	一、〇九〇	—	—	—	九	—	九
浦和市	三、三一四	一〇	二五	三一	四二	一六八	二七六
川口市	一、七六八	七四	二	五	一三	一五一	二五四
大宮市	四、一七八	—	—	七〇	三四	二一三	三一七
合計	五一、四八四	一、五六一	四一	二一一	一四六	七一三	三、〇四三

(2) 入間郡

町村名＼区分	作付面積	被害程度別面積 収穫皆無	減収七割以上	減収七割～五割	減収五割～三割	減収三割未満	計
芳野村	二八一反	一〇反	二〇反	三六反	四一反	三六反	一四三反
古谷村	四五六	一三	二〇	五〇	四七	三	一五三

町村							
南古谷村	五二七	―	―	―	六〇	八三	一四三
高階村	四八一	―	―	―	一三	七二	八五
福岡村	六五三	―	―	―	一六	七九	九五
大井村	八六九	―	―	―	四〇	二一七	二五七
鶴瀬村	三五八	―	―	―	八	七七	八五
南畑村	二四七	三	八	―	七五	二〇	一三五
三芳村	一、九〇二	―	―	―	二九	三〇一	三三〇
柳瀬村	一、五九六	―	―	―	―	二三五	二三五
所沢町	七、七五六	―	―	―	一〇二	六四三	七四五
三ヶ島村	一、五九三	―	―	―	―	六〇	六〇
元狭山村	九九七	―	―	―	―	三五	三五
宮寺村	六三九	―	―	―	―	三五	三五
金子村	一、二六〇	―	―	―	―	二六	二六
東金子村	五六三	―	―	―	―	三四	三四
豊岡町	五三五	―	―	―	―	六五	六五
藤沢村	一、〇九五	―	―	―	―	一〇〇	一〇〇
入間村	一、一九一	―	―	―	―	一七三	一七三
堀兼村	一、三二七	―	―	―	五九	三三六	三三六
福原村	一、七九九	―	―	―	八七	二七三	二七三
奥富村	三九〇	―	―	―	―	三一	三一
入間川町	四九三	―	―	―	―	七五	七五

区分 町村名	作付面積	被害程度別面積 収穫皆無	七割以上減収	七割～五割減収	五割～三割減収	三割未満減収	計
	反	反	反	反	反	反	反
大東村	一、一四一	—	—	—	—	一四五	一四五
山田村	一一一	—	—	—	—	一〇	一〇
三芳野村	六六一	三〇	三二	六四	二四	—	一五〇
勝呂村	四二一	二五	三〇	四四	二〇	一四	一三三
坂戸町	八四八	—	二〇	四〇	五〇	三五	一四五
入西村	五九九	—	—	三〇	四〇	五五	一二五
大家村	七五九	—	—	—	二〇	五〇	七〇
川角村	六七二	—	—	—	—	二五	二五
毛呂山町	一、〇四八	—	—	—	—	九〇	九〇
越生町	六一三	—	—	—	—	一五	一五
梅園村	三四七	—	—	—	—	—	—
名細村	九八七	三〇	五〇	五〇	三五	—	一六五
鶴ヶ島村	二、二一三	—	—	—	—	一四〇	一四〇
高萩村	九六二	—	—	—	—	三〇	三〇
高麗川村	一、六一七	—	—	—	—	三〇	三〇
高麗村	九三八	—	—	—	—	五五	五五
東吾野村	四〇一	—	—	—	—	三三	三三
霞ヶ関村	一、四六一	—	—	一〇	三〇	一〇三	一四三
柏原村	五九二	一〇	一八	三〇	五〇	三七	一四五

区分 町村名	作付面積	収穫皆無	七割以上減収	七割~五割減収	五割~三割減収	三割未満減収	計
水富村	五四四	五	二	二〇	二〇	八七	一四三
飯能町	二、九七九	—	—	二〇	三〇	二三〇	二八〇
原市場村	六四四	—	—	—	—	四〇	四〇
名栗村	六〇七	—	—	—	—	一〇	一〇
吾野村	六五六	—	—	—	—	三〇	三〇
川越市	—	—	—	—	—	—	—
合計	四八、八三八	一四五	二一九	三九四	八九六	四、二九一	五、九四五

(3) 比企郡

区分 町村名	作付面積	被害程度別面積 収穫皆無	七割以上減収	七割~五割減収	五割~三割減収	三割未満減収	計
松山町	九一反	—反	三反	七反	一反	一反	一二反
大岡村	六三	—	一四	六	二	一	二三
福田村	七二	—	一三	二	一	一	一七
宮前村	八三	—	一三	二	一	一	一七
唐子村	七三	—	七	三	一	一	一二
菅谷村	九一	—	一〇	二	一	一	一四
七郷村	四八	—	八	二	一	一	一二
八和田村	五四	—	六	一	一	一	九
小川町	二九	—	一〇	二	一	一	一四

区分 / 町村名	作付面積	被害程度別面積 収穫皆無	七割以上減収	七割～五割減収	五割～三割減収	三割未満減収	計
竹沢村	一八反	—反	一反	三反	二反	一反	七反
大河村	二五	—	三	一	二	一	七
平村	一七	—	一	一	二	一	五
明覚村	二九	—	—	二	一	一	四
玉川村	四〇	—	二	一	一	一	五
亀井村	三六	—	一	三	一	一	六
今宿村	三三	—	四	一	一	一	七
高坂村	六三	—	四	一	一	一	七
野本村	七七	—	九	二	一	—	一二
中山村	二五	—	三	二	一	一	七
伊草村	一五	—	三	三	一	一	八
三保谷村	一〇	—	一	一	一	一	四
出丸村	二二	—	四	二	一	一	八
八ツ保村	一六	—	五	一	一	一	八
小見野村	一五	—	三	一	一	一	六
東吉見村	一五	—	三	二	一	一	七
南吉見村	一六	—	一	二	一	一	五
西吉見村	三六	—	二	一	一	一	五
北吉見村	一六	—	四	一	一	一	七
合計	一、一二八	—	一四七	五八	二二	一七	二六四

(4) 秩父郡

町村名＼区分	作付面積	被害程度別面積 収穫皆無	七割以上減収	七割～五割減収	五割～三割減収	三割未満減収	計
秩父町	四八〇反	二〇反	八反	二五反	三一反	五五反	一四九反
横瀬村	四〇三	一〇	一五	一六	三八	六三	一四一
芦ヶ久保村	一一八	二〇	四〇	二五	三〇	三	一一八
高篠村	二八五	二	三八	六九	三三	七六	二一七
原谷村	五〇〇	三	二	五五	六〇	四	一三四
皆野町	二七〇	一五	五	五	一五	―	四〇
三沢村	二〇四	一〇	一〇	二〇	二〇	二〇	八〇
野上町	六〇九	一八	七	四	八	一九八	二四五
國神村	一九八	九	一七	四五	二七	七〇	一九八
金沢村	九八	一	―	―	―	四〇	四一
日野沢村	一七〇	―	―	―	一二〇	五〇	一七〇
吉田町	四九九	七	九	一一	四	四三	一一四
大田村	一八六	五	二	三	五	一〇〇	一一五
尾田蒔村	三九九	一六	八	一三	一九	一	六七
長若村	二四六	一〇	二	六	一五	六	三九
小鹿野町	四二二	四八	一一	二〇	三〇	二五〇	三五九
上吉田村	四二〇	六	一〇	七〇	五〇	一〇	一四六
倉尾村	二七八	三〇	一三	一三	五五	六六	一六八

町村名＼区分	作付面積	被害程度別面積 収穫皆無	減収七割以上	減収七割～五割	減収五割～三割	減収三割未満	計
三田川村	三三反	一反	｜反	｜反	｜反	一〇反	一二反
両神村	四二〇	二六	一八	二二	八八	九七	二五一
大滝村	一七二	｜	｜	｜	｜	一七二	一七二
荒川村	四五一	｜	五〇	一〇	｜	三八一	四五一
久那村	一四七	七	一	一	一六	七	三四
浦山村	八六	｜	｜	｜	｜	一七	一七
影森村	一九四	五	二	｜	七〇	六〇	一三七
大椚村	一二八	一	｜	｜	｜	｜	一
槻川村	二五五	八	一〇	七	｜	七	三二
大河原村	一四六	六	一〇〇	三	｜	五	一一四
矢納村	九〇	｜	｜	｜	｜	九〇	九〇
合計	八、二〇六	二五九	三八七	四八九	八一三	一、九〇二	三、八六一

(5) 児玉郡

町村名＼区分	作付面積	被害程度別面積 収穫皆無	減収七割以上	減収七割～五割	減収五割～三割	減収三割未満	計
本庄町	三四六反	｜反	四二反	一五反	三五反	四五反	一三七反
藤田村	四四九	七〇	一八三	一二七	六九	｜	四四九

村名							
仁手村	二二六	九五	三六	四〇	二一	二一	二一三
旭村	四七七	―	八〇	一三〇	一〇〇	一三〇	四三〇
北泉村	四六一	一五	一一〇	九〇	九三	七七	三八五
東児玉村	五二二	二〇	―	一五〇	一三〇	一〇〇	四〇〇
共和村	三四〇	三五	一一〇	九〇	六〇	四五	三四〇
児玉町	一九〇	四	一八	二八	四九	六七	一六六
金屋村	五五五	三三	二二	八〇	三九	一四九	三一一
青柳村	五〇六	七	―	三二八	一三〇	五一	五〇六
若泉村	二七六	五	三三	四	一〇〇	一五〇	二六二
本泉村	二三二	一四	四	三二	六〇	六〇	一七〇
神保原村	二九五	一	三〇	五〇	九〇	一三五	二九六
賀美村	三八三	七〇	七〇	九〇	七五	八〇	三八五
七本木村	八〇〇	三〇	四〇	五五	五八	六五	二四八
長幡村	四六六	一	二	―	五	四七二	四八〇
丹荘村	五四九	二〇	五〇	七五	三五五	五〇	五五〇
秋平村	三二五	三〇	―	―	六〇	四〇	一三〇
松久村	五一〇	三	五	六	七〇	一〇	九四
大沢村	四〇三	一一	―	―	一六〇	―	一七一
合計	八、三一一	四五三	八〇四	一、四三〇	一、七四九	一、七二七	六、一六三

(6) 大里郡

町村名	作付面積	被害程度別面積 収穫皆無	七割以上減収	七割～五割減収	五割～三割減収	三割未満減収	計
吉見村	二六七反	三反	七五反	二七反	—反	—反	一一五反
市田村	一四五	—	一〇〇	二九	七	—	一三六
吉岡村	二一〇	六〇	—	二〇	一五	五	一〇〇
御正村	四七〇	二三〇	七六	四四	—	—	三五〇
三尻村	五二〇	—	—	—	—	二〇〇	二〇〇
奈良村	一八二	—	一〇	—	九〇	一三〇	二三〇
長井村	二三〇	四五	一七四	一一	—	—	二三〇
秦村	二三三	二〇〇	三三	—	—	—	二三三
妻沼町	一三六	四〇	八	二七	四〇	二一	一三六
男沼村	三四〇	一八五	九四	二五	二六	—	三三〇
太田村	一八五	—	—	一八五	—	—	一八五
明戸村	二三三	一一五	四五	一七	五三	—	二三〇
別府村	一九五	—	二五	三	二八	二〇	一〇五
幡羅村	八〇〇	五〇	一〇〇	一〇〇	一六五	三五	四五〇
深谷町	二〇〇	二〇	四九	一六	五〇	六五	二〇〇
大寄村	二〇一	一五	三六	六八	七〇	三	二〇一
新会村	一九一	一五〇	三〇	一一	—	—	一九一
中瀬村	一六四	二九	一三五	—	—	—	一六四

区分＼町村名	作付面積	被害程度別面積					
		収穫皆無	七割以上減収	七割～五割減収	五割～三割減収	三割未満減収	計
忍町	一七一反	—反	三反	五八反	二〇反	三四反	一一四反

(7) 北埼玉郡

区分＼町村名	作付面積	収穫皆無	七割以上減収	七割～五割減収	五割～三割減収	三割未満減収	計
八基村	一八三	一〇〇	五三	三〇	—	—	一八三
岡部村	二、七〇〇	一五〇	二五〇	一、九〇〇	三〇〇	一〇〇	二、七〇〇
榛沢村	九九〇	—	一五六	二五六	三七三	—	七八五
本郷村	九五〇	—	一七八	一三一	一一〇	二一五	六三四
藤沢村	二、九八三	一三六	三三一	三〇〇	三五二	九四〇	二、〇三九
武川村	一、一一四	一〇〇	一三七	一三六	一三三	二〇二	六九七
花園村	一、九〇〇	四八	三五一	七三一	一〇八	—	一、二三八
用土村	五五〇	—	一〇〇	一〇〇	二〇〇	一五〇	五五〇
寄居町	八〇一	一六	一〇〇	一四二	—	四九九	七五七
男衾村	一、二三〇	一〇三	八三	三八〇	三三〇	三四五	一、二三〇
折原村	三七七	四〇	—	二〇	—	—	六〇
鉢形村	七二〇	一一三	一五〇	七〇	—	—	二三三
小原村	五七二	七三	—	—	—	一〇〇	一七三
本畠村	一、五七八	一〇〇	三〇〇	六〇〇	三〇〇	三七八	一、六七八
合計	二一、五四〇	二、〇〇九	三、一五九	五、四一八	二、七三九	三、三一七	一六、六四二

区分 町村名	作付面積（反）	被害程度別面積 收穫皆無（反）	七割以上減收（反）	七割〜五割減收（反）	五割〜三割減收（反）	三割未満減收（反）	計（反）
羽生町	三	—	—	—	三	—	一三
加須町	四六	—	二〇	二六	—	—	四六
騎西町	三一	—	—	三一	—	—	三一
不動岡町	九〇	—	三三	五	三〇	三	八〇
中條村	一三五	七〇	—	—	—	六五	一三五
南河原村	一〇三	—	—	—	七〇	—	七〇
北河原村	一三	一三	—	—	—	—	一三
星宮村	一一六	—	—	—	五四	—	五四
太井村	七一	二	—	一五	四四	—	六一
下忍村	一五一	四四	八七	二〇	—	—	一五一
荒木村	七五	一五	—	—	—	六〇	七五
須加村	六八	一五	—	—	—	—	一五
新郷村	一七一	—	一五	一五	—	—	三〇
太田村	三〇〇	—	—	四〇	二〇	二四〇	三〇〇
埼玉村	四九四	一〇三	一一八	一六七	六六	四〇	四九四
屈巣村	一五〇	三〇	五〇	—	四五	五	一三〇
廣田村	五〇五	—	—	—	—	—	—
須影村	二六〇	—	—	—	七〇	—	七〇
岩瀬村	八二	—	—	—	五	—	五

村名							
川俣村	一六八	—	—	六〇	—	—	六〇
井泉村	二三三	—	—	二六	—	—	二六
手子林村	一八二	一〇	一五	二五	—	—	五〇
志多見村	二三六	—	—	七	二六	—	三三
田ケ谷村	一三〇	—	—	一五	—	三四	四九
共和村	九七	—	二五	—	二四	四八	九七
笠原村	一三三	二〇	二八	三〇	二五	三〇	一三三
種足村	二〇〇	—	六〇	五〇	八〇	一〇	二〇〇
高柳村	九四	—	三一	一八	二	三四	九四
礼羽村	六二	—	—	—	三	三〇	四二
樋遣川村	一九四	一六三	三一	—	—	—	一九四
三田ケ谷村	一八八	六六	一九	二〇	三	一五	一三二
村君村	一三〇	—	—	—	—	—	—
大越村	一四三	七〇	—	一〇	—	—	八〇
利島村	五〇二	五〇二	—	—	—	—	五〇二
川辺村	四五九	四五九	—	—	—	—	四五九
東村	六〇	六〇	—	—	—	—	六〇
原道村	二一五	二一五	—	—	—	—	二一五
元和村	二六〇	二六〇	—	—	—	—	二六〇
豊野村	三〇〇	二一〇	八〇	一〇	—	—	三〇〇
三俣村	一七五	一三〇	—	二〇	二五	—	一七五

区分／町村名	作付面積	被害程度別面積 収穫皆無	減収七割以上	減収七割～五割	減収五割～三割	減収三割未満	計
大桑村	二六五反	一五〇反	九〇反	—反	一五反	一〇反	二六五反
水深村	二〇六	五八	二〇	一〇	一〇	—	九八
鴻茎村	一三九	七八	一〇	—	—	五一	一三九
合計	七、八一三	二、七四二	七四四	六七八	六七七	七一八	五、五五九

(8) 南埼玉郡

区分／町村名	作付面積	被害程度別面積 収穫皆無	減収七割以上	減収七割～五割	減収五割～三割	減収三割未満	計
岩槻町	五四一反	—反	—反	—反	—反	三〇反	三〇反
豊春村	一〇七	—	五〇	—	—	—	五〇
春日部町	四一〇	—	—	—	八八	一三二	二二〇
川通村	一四九	七五	—	—	—	—	七五
武里村	一〇八	一〇〇	—	—	—	—	一〇〇
櫻井村	八三	八三	—	—	—	—	八三
新方村	七六	七〇	—	—	—	—	七〇
増林村	一三〇	一三〇	—	—	—	—	一三〇
大袋村	八三	四三	—	—	—	—	四三
荻島村	八一	—	—	—	—	—	—

柏崎村	八一四	—	五〇	—	—	—	—
和土村	六八二	—	—	—	—	—	—
新和村	一四二	—	—	—	—	—	—
出羽村	四三	—	—	—	—	二〇	二〇
蒲生村	五五	—	—	—	—	七	七
川柳村	九九	—	—	—	—	九九	九九
八條村	二〇七	—	—	—	六四	六四	一二八
八幡村	九一	—	—	—	二〇	三〇	五〇
潮止村	二一七	—	—	—	一〇〇	三三	一三三
大相模村	七六	—	—	—	—	六八	六八
越ヶ谷町	五	—	五	—	—	—	五
大沢町	二九	—	二九	—	—	—	二九
慈恩寺村	一、〇四五	—	—	—	—	五〇	五〇
日勝村	一、二三三	—	—	—	二四〇	三六〇	六〇〇
須賀村	一七二	—	—	五四	五四	六四	一七二
百間村	四五八	—	—	一一九	一三〇	一一九	三五八
太田村	一六三	一三〇	—	—	—	—	一三〇
久喜町	五一	四五	—	—	—	—	四五
鷲宮村	一八三	一八三	—	—	—	—	一八三
清久村	一五七	—	—	—	二四	五六	八〇
江面村	二二七	一〇〇	—	—	—	三五	一三五

町村名＼区分	作付面積	被害程度別面積 収穫皆無	七割以上減収	七割～五割減収	五割～三割減収	三割未満減収	計
河合村	一、〇九七反	—反	—反	—反	—反	七五反	七五反
黒浜村	六六三	—	—	—	—	一九九	一九九
蓮田町	一、〇七六	—	—	—	—	六〇	六〇
平野村	八八四	—	—	—	—	三〇	三〇
栢間村	二四一	—	—	—	—	八〇	八〇
小林村	一三一	—	—	—	—	六五	六五
菖蒲町	一四〇	—	—	—	—	八五	八五
三箇村	一五三	—	—	—	—	五〇	五〇
篠津村	二三〇	—	—	—	八四	一四六	二三〇
大山村	一三三	—	—	—	—	三〇	一三〇
合計	三、六四二	九五七	八四	一七三	七九四	一、八七六	三、八八四

(9) 北葛飾郡

町村名＼区分	作付面積	被害程度別面積 収穫皆無	七割以上減収	七割～五割減収	五割～三割減収	三割未満減収	計
栗橋町	五四八反	五四八反	—反	—反	—反	—反	五四八反
櫻田村	二四八	二四八	—	—	—	—	二四八
行幸村	一一九	一一九	—	—	—	—	一一九

幸手町	五二	五二	―	―	―	―	五二
上高野村	四六	四六	―	―	―	―	四六
高野村	九九	九九	―	―	―	―	九九
権現堂川村	九八	九八	―	―	―	―	九八
吉田村	一五二	一五二	―	―	―	―	一五二
八代村	一一四	一一四	―	―	―	―	一一四
田宮村	五六	五六	―	―	―	―	五六
杉戸町	五五	五五	―	―	―	―	五五
堤郷村	八七	八七	―	―	―	―	八七
幸松村	一三二	一三二	―	―	―	―	一三二
豊野村	一二〇	一二〇	―	―	―	―	一二〇
松伏領村	二一五	二一五	―	―	―	―	二一五
旭村	一三六	一三六	―	―	―	―	一三六
吉川町	一三四	一三四	―	―	―	―	一三四
三輪野江村	一四七	一四七	―	―	―	―	一四七
彦成村	一七二	一七二	―	―	―	―	一七二
早稲田村	一〇九	一〇九	―	―	―	―	一〇九
東和村	一六二	一六二	―	―	―	―	一六二
豊岡村	三九一	三五五	―	―	―	三六	三九一
櫻井村	七四	七四	―	―	―	―	七四
宝珠花村	一六八	一五四	―	―	―	一四	一六八

区分 町村名	作付面積	被害程度別面積					
		收穫皆無	七割以上減收	七割～五割減收	五割～三割減收	三割未満減收	計
富多村	八八反	八八反	―反	―反	―反	―反	八八反
南櫻井村	四四〇	四一〇	―	―	一五	一五	四四〇
川辺村	二四三	一七八	―	―	五〇	一五	二四三
金杉村	一五四	九七	―	―	三六	二一	一五四
合計	四、五五九	四、三五七	―	―	一〇一	一〇一	四、五五九

第五章 食糧關係被害

第一節 主要食糧の損害

被害をうけた地域は、穀倉埼玉といわれている所であり、住民の大部分は農家であるので、農家の保有米の損害は甚大のものがあつた。これに反し政府並に食糧營團の保有食糧は、農家の損害に比し、僅少であつたことは幸であつた。

因に政府並に食糧營團の損害狀況は左表の通りである。

(1) 政府所有主要食糧の損害 (單位米石)

品名	使用可能のもの	味噌醸造用として使用可能のもの	使用不能のもの	計	見積價格
大麦	三、九二〇石	一、五三五石	五、二〇一石	一〇、六五六石	二七、九一六、八七三・六〇円
小麦	四、八八一	七六四	二、七五〇	八、三九五	九、四四九、四〇八・一六
裸麦	五〇	—	一〇	六〇	六七、六三〇・五〇
精麦	二五三	一一	一五一	四一五	五三二、一五七・五〇
小麦粉	七六六	—	三〇八	一、〇七四	一、五六四、七一一・四〇
計	九、八七〇	二、三一〇	八、四二〇	二〇、六〇〇	三九、五六〇、七八一・一六

備考　見積價格は、水害当時の價格にて算出せるもの。

(2)　縣食糧營團所有主要食糧の損害　（單位米石）

本縣營團の所有主食は、被害総計八千三百二十二石四斗五升になつており、此の見積総額は七百六十三万四千百三十八円五十二銭に算定されている。此の中には輸入食糧と内地食糧があり、その内訳は次表の通りである。

一、輸入食糧の被害

品名	被害高	見積價格	品名	被害高	見積價格
玉蜀黍粉	二四六・一八石	七三三、六八〇・〇四円	マイロ	・九二石	八六〇・〇八円
乾麺	・一三	二三四・九〇	計	二四七・二三	七三四、七七五・〇二

二、内地食糧の被害

品名	被害高	見積価格	品名	被害高	見積価格
押麦	二、八四五・八〇石	三、七八五、三五七・八五円	乾麺	〇・五八石	四四〇・〇〇円
大麦	一、一六八・九九	一、一二七、六九七・二〇	澱粉	〇・五三	二、七九七・七四
小麦	一、一七四・六八	一、三三六、五八四・一六	小麦粉	二、六八七・〇二	三九一、五〇八・四〇
裸麦	一八・三三	二〇、二八九・一五	高粱	四・四七	五、二七四・〇〇
甘藷粉	一・二九	五、二六二・〇〇	籾	一五・八四	六三、〇九八・四〇
豆類	二〇・八二	二、八五四・五〇	米	一三六・一六	一六七、一九八・八五
馬鈴薯	一〇・一一	一、〇一〇・二五	計	八、〇七四・六二	六、八九九、三六三・五〇

(3) 農家保有食糧（米）の損害（單位米石）

品名	被害高	見積價格
農家保有米	四二八、三二八・六〇石	五六、八三八・〇五四・七八円

第二節 調味食料品の損害

調味食料品は、常時配給されるものでなく、当時配給されていたもの、又は配給準備中のものがそれ〴〵被害をうけたのである。内訳は次の通りであるが、総額百三十三万二千九百五十二円二十銭になつている。

記

品名	被害高	見積價格	備考
砂糖	一二、一二六斤	二九九、五一二・二〇円	配給途上における水害損失高
味噌	七、四〇〇貫	二三六、八〇〇・〇〇	釀造家手持の数量である、この他原料の損失あり
醤油	三三八石	七九六、六四〇・〇〇	釀造家手持の数量で、この外小、麦食塩其の他の原料多数の被害あり

備考　味噌醤油等については、農家の自家釀造分も相当ある見込なるも、算入不能につき除外す。

第六章　蠶絲業關係被害

第一節　郡市別被害の狀況

秋蚕期に直面した本縣蚕絲業関係の被害狀況につきては、農家の副業として可成発展しつゝありし狀況から、其の被害も廣範囲にわたり、桑園を初め、養蚕々具製絲工場等、何れも甚大なる被害を蒙つた。殊に大利根の流域地たる、北埼、北葛並に大里の三郡は、決潰口よりの氾濫により、其の災害も甚しく、これに次ぐものに入間、比企の両郡であり、比較的少かつたのは秩父郡であつた。

猶蚕絲課が、九月二十五日現在と発表した、郡市別被害狀況は、左表の通りである。

蚕糸業関係水害状況総表（其の一）

九月二十五日現在

郡別	桑園総面積	被害桑園面積	収穫皆無換算反別	同上対桑園面積割合	桑園損害見積金額	晩秋蚕掃立数量	当初収繭予想数量	蚕児流失廃棄数量	繭減収数量	繭減収率
北足立郡	六〇二・五八町	二五〇・九町	二二三・二町	三五・二%	二、六八六、一三〇町	五〇、七四一瓦	三二、八三五貫	八、六九〇瓦	三、九一〇貫	一七・二%
入間郡	二、五八〇・〇五	五七五・四	三五一・四	一三・五	五、一六八、九六〇	二〇三、九五五	一〇一、九七七	一四、七三六	七、三七〇	七・三
比企郡	二、一五一・六七	九六八・八	六一七・〇	二八・六	二、六四〇、二九〇	一四二、五七二	六六、〇一〇	二四、七二五	一三、三〇〇	一七・四
秩父郡	一、六四五・〇八	七八・六	五七・六	三・五	一、七五二、七三〇	一〇一、三六〇	五三、七一〇	九三〇	四三一	〇・一
児玉郡	二、一八〇・三三	六三八・〇	三三一・三	一五・一	二、〇六一、九〇〇	一四一、八九〇	五六、七五六	四、〇〇〇	一、六〇〇	二・八
大里郡	四、〇九五・七八	一、三三六・二	六五八・七	一六・一	四、一九三、四九〇	二八七、六三五	一三五、四五五	三三、八九五	一四、三九〇	一〇・七
北埼玉郡	一、四三一・八三	六一九・三	五〇二・〇	三五・一	七、五八四、六一〇	九四、〇〇五	五〇、七六〇	四七、一九〇	二五、四八三	五〇・二
南埼玉郡	五六一・一九	一一九・五	七七・九	一三・八	一、八五〇、一五〇	三六、三五〇	二一、七五〇	九、四五九	五、六七五	二六・一
北葛飾郡	三四五・九三	二八〇・九	二四五・九	七一・〇	七、二九一、八〇〇	一九、六六二	一一、八〇〇	一九、六六二	一一、八〇〇	一〇〇・〇
計	一五、六〇〇・一四	四、八五七・六	三、〇五四・〇	一九・六	三五、三三〇、〇五〇	一、〇七八、〇七〇	五三一、〇五三	一五二、二八七	八二、九五九	一五・〇

蚕糸業関係水害状況総表（其の二）

郡別	繭損害見積金額	流失蚕具類数量	同上損害見積金額	製糸工場被害 生糸原料繭流失浸水数量	製糸工場被害 同上損害見積金額	製糸工場被害 建物其の他損害見積額	製糸工場被害 計	蚕具製造業者損害見積	損害総見積金額
北足立郡	一、四〇七、六〇〇円	一八、八七七点	一九五、一一五円	―	―円	―円	―円	―円	四、二八八、八四五円

入間郡	二、六五三、二〇〇	四三、四三〇	四一〇、二〇〇	—	—	一五〇、〇〇〇	一五〇、〇〇〇	—	八、三八二、三六〇
比企郡	四、四二八、〇〇〇	三八、一〇〇	三八一、五〇〇	—	—	—	—	—	七、四四九、七九〇
秩父郡	一五五、一六〇	三一、七三〇	九〇、一九〇	—	—	一五〇、〇〇〇	一五〇、〇〇〇	七四、三〇〇	二、一四八、〇七〇
見玉郡	五七六、〇〇〇	三三、九六九	八五六、九一〇	繭 三、五〇〇	九九〇、〇〇〇	七三五、〇〇〇	一、六八五、〇〇〇	—	五、二五四、一一〇
大里郡	五、三三〇、四〇〇	三三、五九六	二三七、七四四	繭 五、八〇〇 生糸 五五 其他 三五〇	五〇七、五〇〇	一、四九二、五〇〇	二、〇〇〇、〇〇〇	—	一一、六六一、六三四
北埼玉郡	九、一七三、八八〇	二三〇、〇三〇	四、九八七、四〇〇	—	—	五〇、〇〇〇	五〇、〇〇〇	—	二一、七九五、八九〇
南埼玉郡	二、〇四三、〇〇〇	二一、七四七	五八九、六四八	—	—	—	—	—	四、四八二、七九八
北葛飾郡	四、三四八、〇〇〇	五三、二〇四	一、四二四、〇〇〇	繭 五、〇〇〇 生糸 四八〇	四、三〇〇、〇〇〇	一、〇五〇、〇〇〇	五、三五〇、〇〇〇	—	一八、三一三、八〇〇
計	二九、九一五、二四〇	四六三、六八三	九、一七二、七〇七	繭 一四、三〇〇 生糸 五三五 其他 三五〇	五、七五七、五〇〇	三、六二七、五〇〇	九、三八五、〇〇〇	七四、三〇〇	八三、七七七、二九七

備考 (一) 桑園損害見積金額中には、桑葉の損害を含ます、流失、埋没、土砂流入、耕土流失、桑園の損害とす。
(二) 桑葉の損害は繭の損害見積金額中に含むものとす。
(三) 桑苗の損害は桑園損害見積金額中に含むものとす。
(四) 繭一貫匁の見積價格は三六〇円とす。

第二節　郡市別被害の各内訳

一、桑園關係の被害

桑園の被害は、縣内全域にわたり、特に利根川流域は北葛、北埼両郡が最も甚しく、荒川流域では、北足立郡が被害をうけている。

現在本県の桑園総面積は、一万五千六百余町歩で、この中被害を受けた面積は、四千八百五十八町歩で約三割に及び、この中で損害の最も甚しいのは、北葛飾郡の七十一パーセント、最も少いのは、秩父郡の三・五パーセントである。猶詳細は次表の通りである。

1. 桑園被害状況

(イ) 被害程度別面積

郡別名＼被害	桑園総面積	被害程度 減収三割未満	三割以上五割未満	五割以上七割未満	七割以上十割未満	収穫皆無	合計	同上を収穫皆無面積に換算	収穫皆無換算面積の総面積に対する割合
	町	町	町	町	町	町	町	町	%
北足立郡	六〇二・五八	八・五	二三・〇	三〇・〇	三〇・五	一五八・九	二五〇・九	二一二・二	三五・二
入間郡	二、五八五・〇五	一〇八・九	九五・二	一三四・五	一三〇・〇	一〇六・八	五七五・四	三五一・四	一三・五
比企郡	二、一五一・六七	一五〇・八	二〇二・八	二〇三・五	一三九・九	二七一・八	九六八・八	六一七・〇	二八・六
秩父郡	一、六四五・七八	一九・五	四・〇	五・〇	七・〇	四三・一	七八・六	五七・六	三・五
児玉郡	二、一八〇・三三	二三四・六	一一五・〇	一一一・〇	九三・八	八三・六	六三八・〇	三三一・三	一五・一
大里郡	四、〇九九・七八	四一〇・九	三四一・一	二六五・九	一三七・八	一七〇・五	一、三二六・二	六五八・七	一六・一
北埼玉郡	一、四三一・八三	二六・〇	八九・六	七〇・〇	六五・四	三六六・三	六一九・三	五〇二・〇	三五・一
南埼玉郡	五六一・一九	六・〇	一七・〇	六〇・〇	一三・〇	二三・五	一一九・五	七七・九	一三・八
北葛飾郡	三四五・九三	—	一四・九	五〇・〇	三〇・〇	一八六・〇	二八〇・九	二四五・九	七一・〇
計	一五、六〇〇・一四	九六七・二	九〇二・六	九二九・九	六四七・四	一、四一〇・五	四、八五七・六	三、〇五四・〇	一九・六

備考　各市は郡に含む。

(ロ) 被害種類別面積（其の一）

郡別名＼被害	桑園総面積	浸水面積	冠水 面積	冠水 要改植面積	土砂流入 面積	土砂流入 要改植面積	埋没 面積	埋没 要改植面積	埋没 復旧不能面積	耕土流失 面積	耕土流失 要改植面積	耕土流失 復旧不能面積
北足立郡	町 六〇二・五八	町 八・〇	町 一八八・二	町 —	町 三・〇	町 —	町 一三・〇	町 六・〇	町 七・〇	町 四五・九	町 四三・九	町 —
入間郡	二、五八五・〇五	二六・一	四三二・九	—	一・二	—	三・六	—	三・六	一三一・七	七八・八	—
比企郡	二、一五七・六七	一五〇・六	九〇二・八	—	—	—	四・九	四・九	—	五八・三	四〇・〇	—
秩父郡	一、六四五・七八	九三・〇	三三五・五	—	二・二	—	一・六	〇・六	一・〇	三九・五	三〇・〇	—
児玉郡	二、一八〇・三三	三九八・七	五八〇・〇	—	五・〇	—	二・〇	二・〇	—	三五・〇	三五・〇	—
大里郡	四、〇九五・七八	二一〇・一	一、二三五・二	—	一・三	—	—	—	—	八五・〇	八〇・〇	—
北埼玉郡	一、四三一・八三	二八〇・〇	四五八・三	—	一〇・五	—	七・八	七・八	—	一〇六・二	九六・〇	—
南埼玉郡	五六一・一九	三〇・〇	七九・〇	—	三・〇	—	二・〇	二・〇	—	三二・五	三〇・〇	—
北葛飾郡	三四五・九三	六五・〇	一〇四・九	—	五〇・〇	—	一〇・〇	六・〇	四・〇	八〇・〇	八〇・〇	—
計	一五、六〇〇・一四	一、二六一・五	四、〇二五・八	—	七六・〇	—	四四・九	二九・三	一五・六	六一四・一	五一三・七	—

被害種類別面積（其の二）

郡別名＼被害	桑樹流失等による全壊 面積	桑樹流失等による全壊 要改植面積	桑樹流失等による全壊 復旧不能面積	被害総面積	要改植総面積	復旧不能総面積	摘要
北足立郡	町 二・八	町 —	町 二・八	町 二五〇・九	町 四九・九	町 九・八	

郡別名＼被害	桑樹流失等による全壊 面積	桑樹流失等による全壊 要改植面積	桑樹流失等による全壊 復旧不能面積	被害総面積	要改植総面積	復旧不能総面積	摘要
入間郡	町 二・〇	町 二・〇	町 ー	町 五七五・四	町 八〇・八	町 三・六	(1)今尙冠水中の桑園相当面積あり、從つて被害程度不明なるも見込を以て調査せり。
比企郡	一・八	一・八	ー	九六八・八	四六・七	ー	(2)冠水面積中尙長期間に亘り浸水する時は被害の程度も增大するものと予想せらる。
秩父郡	ー	ー	ー	七八・六	三〇・六	一・〇	(3)土砂流入は株際迄土砂を流入したもの、埋沒は土砂崩壞、堤防決潰等に依り埋沒せるもの、耕土流失は耕土流失し根部の被害甚しきものとして調査す。
児玉郡	八・〇	ー	八・〇	六三八・〇	三七・〇	八・〇	
大里郡	四・七	二・七	二・〇	一、三三六・二	八二・七	二・〇	
北埼玉郡	三六・五	二六・五	一〇・〇	六一九・三	一三〇・三	一〇・〇	
南埼玉郡	三・〇	二・五	〇・五	二一九・五	三四・五	〇・五	
北葛飾郡	三六・〇	二八・〇	八・〇	二八〇・九	一一四・〇	一三・〇	
計	九四・八	六三・五	三一・三	四、八五七・六	六〇六・五	四六・九	

備考　各市は郡に含む。

(ハ) 損害見積額

郡別	桑葉損害 数量	桑葉損害 価額	桑樹流失、埋沒、土砂流入、耕土流失 面積	桑樹流失、埋沒、土砂流入、耕土流失 見積額	桑苗損害 数量	桑苗損害 価額	損害合計
北足立郡	貫 一四八、五四〇	円 一、四八五、四〇〇	町 六三・七	円 二、六八六、一三〇	千本 ー	円 ー	円 四、一七一、五三〇
入間郡	二四五、九八〇	二、四五九、八〇〇	一四三・五	五、一六八、九六〇	ー	ー	七、六二八、七六〇

比企郡	四三一、九〇〇	四、三一九、〇〇〇	六五・〇	二、六四〇、二九〇	―	―	六、九五九、二九〇
秩父郡	四〇、三二〇	四〇三、二〇〇	四三・一	一、七四〇、二二〇	五	一三、五〇〇	二、一五五、九二〇
児玉郡	二三一、九一〇	二、三一九、一〇〇	五〇・〇	二、〇六一、九〇〇	―	―	四、三八一、〇〇〇
大里郡	四六一、〇九〇	四、六一〇、九〇〇	九一・〇	四、一九三、四九〇	―	―	八、八〇四、三九〇
北埼玉郡	三五一、四〇〇	三、五一四、〇〇〇	一六一・〇	六、九五九、六二〇	三五〇	六二五、〇〇〇	一一、〇九八、六二〇
南埼玉郡	五四、五三〇	五四五、三〇〇	四〇・五	一、八〇〇、一五〇	二〇	五〇、〇〇〇	二、三九五、四五〇
北葛飾郡	一七二、一三〇	一、七二一、三〇〇	一七六・〇	六、七九一、八〇〇	二〇〇	五〇〇、〇〇〇	九、〇一三、一〇〇
計	二、一三七、八〇〇	二一、三七八、〇〇〇	八三一・八	三四、〇四二、五五〇	四七五	一、一八七、五〇〇	五六、六〇八、〇五〇

備考 ㈠ 桑葉一貫匁の見積價格十円とす。

㈡ 桑樹流失、埋沒、土砂流入、耕土流失の損害は内要改植反別六〇・六五町は反当改植費四、八七〇円、其の他復旧を要する二二五・三町は反当経費二、〇〇〇円として算出す。

㈢ 桑苗の損害は一本当二円五〇銭として算出す。

二、養蠶の被害

床上以上の浸水は勿論、養蚕を殆ど流失してしまつた。床下浸水の家庭でも、飼料の桑が、全然入手出來なかつたゝめ、廢棄するの外は無かつた。

猶損害の見積額は、別表詳記の通りである。

2. 養蚕被害状況調（其の一）

郡別	晩秋蚕掃立状況			水害に因る減収状況　桑葉減収に因るもの		
	蚕種掃立数量	産繭見込数量	同上見積金額	蚕児廃棄数量	繭減収数量	同上見積金額
北足立郡	五〇、七四一瓦	四二、八二五貫	八、三二〇、六〇〇円	五、六九〇瓦	二、五六〇貫	九二一、六〇〇円
入間郡	二〇三、九五五	一〇一、九七七	三六、七一一、九〇〇	四、五〇〇	二、二五〇	八一〇、〇〇〇
比企郡	一四二、五七二	六六、〇一〇	三三、七六三、六〇〇	二四、七二五	一三、三〇〇	四、四三八、〇〇〇
秩父郡	一〇一、三六〇	五三、七一〇	一九、三三五、六〇〇	五四〇	二四八	八九、二八〇
児玉郡	一四一、八九〇	五六、七六六	二〇、四三二、一六〇	一、〇〇〇	四〇〇	一四四、〇〇〇
大里郡	一八七、六三五	一二五、四五五	四五、一六三、八〇〇	二八、七五五	一三、九九〇	四、七二六、四〇〇
北埼玉郡	九四、〇〇五	五〇、七六〇	一八、二七三、六三〇	一七、一九〇	九、二八三	三、三四一、八八〇
南埼玉郡	三六、二五〇	二一、七五〇	七、八三〇、〇〇〇	四、六五九	二、七九五	一、〇〇六、二〇〇
北葛飾郡	一九、六六二	一一、八〇〇	四、一四八、〇〇〇	一三、八六〇	八、三二〇	二、九九五、二〇〇
合計	一、〇七八、〇七〇	五三一、〇五三	一八三、九七九、二九〇	一〇〇、九一九	五一、一四六	一八、四六二、五六〇

2. 養蚕被害状況調（其の二）

郡別	水害に因る減収状況							被害当時の蚕齢
	蚕児の流失其他に因るもの			計				
	蚕児廃棄数量	繭減収数量	同上見積金額	蚕児廃棄数量	繭減収数量	同上見積金額	繭減収割合	
北足立郡	三、〇〇〇瓦	一、三五〇貫	四八六、〇〇〇円	八、六九〇瓦	三、九一〇貫	一、四〇七、六〇〇円	一七・三%	四眠中

郡名								
入間郡	一〇、三三六	五、一二〇	一、八四三、二〇〇	一四、七三六	七、三七〇	二、六五三、二〇〇	七・三	四眠乃至五齢一日目
比企郡	—	—	—	二四、七三五	三、三〇〇	四、四二八、〇〇〇	一七・四	同
秩父郡	三九〇	一八三	六五、八八〇	九三〇	四三一	一五五、一六〇	〇・一	五齢一日目乃至二日目
児玉郡	三、〇〇〇	一、二〇〇	四三二、〇〇〇	四、〇〇〇	一、六〇〇	五七六、〇〇〇	二・八	四眠中
大里郡	三、一四〇	一、四〇〇	五〇四、〇〇〇	三一、八九五	一四、三九〇	五、二二〇、四〇〇	一〇・七	四齢二日目乃至三日目
北埼玉郡	三〇、〇〇〇	一六、二〇〇	五、八三二、〇〇〇	四七、一九〇	二五、四八三	九、一七三、八八〇	五〇・二	同
南埼玉郡	四、八〇〇	二、八八〇	一、〇三六、八〇〇	九、四五九	五、六七五	二、〇四三、〇〇〇	二六・一	四齢五日目
北葛飾郡	五、八〇二	三、四八〇	一、二五二、八〇〇	一九、六六二	一一、八〇〇	四、二四八、〇〇〇	一五・〇	同
合計	六〇、三六八	三一、八二三	一一、四五二、六八〇	一六一、二八七	八二、九五九	二九、九一五、二四〇	一〇〇・〇	

備考 (一) 市は郡に含ませる。
(二) 蚕児廃棄数量は蚕種掃立数量に換算したものである。
(三) 繭見積金額は繭一貫匁当三六〇円とする。

三、蠶具類の被害

蚕具類の被害は、浸水によりコンクリー製貯桑室等の破損が多く、その損害は被水地域全般に亘つて居る。

利根川流域に特に被害が大であつたのは木、竹製品の小蚕具類の流失が多く、従つて被害額の増加を見たものである。

蚕具製造業者関係は、浸水による糊附蚕具製品の損傷が大部分である。

蚕具類被害状況調

郡別	被害蚕具点数	被害見積金額
北足立郡（含大宮市）	一八、八八七点	一九五、一一五円
入間郡（含川越市）	四二、四三〇	四一〇、二〇〇
比企郡	三八、一〇〇	三八一、五〇〇
秩父郡	三、七三〇	九〇、一九〇
児玉郡	三一、五九六	八五六、九一〇
大里郡（含熊谷市）	三一、五九六点	二三七、七四四円
北埼玉郡	二三〇、〇三〇	四、九八七、四〇〇
南埼玉郡	二一、七四七	五八九、六四八
北葛飾郡	一五三、二〇四	一、四二四、〇〇〇
計	四六三、六八三	九、一七二、七〇七

備考　蚕具類＝蚕架、蚕箔、蚕莚類、蚕網、簇類、蚕籠類、給桑台等を含む。

4. 蚕具製造業者被害

一、建物の被害状況

種別	床上浸水	損害見積価額
事務所	一五坪	三二五、〇〇〇円
工場	三〇	
倉庫	二〇	

二、資材の被害状況

種別	流失	破損	損害見積償額	備考
瀫粉	七二貫	—	四三円	農林省より配給品
洋紙	—	四五〇封度	八、八〇〇	同使用不能
ボール製蛾箱	—	四、三三五ケ	二、一七五	同同（單價五円）
掃立器	—	三七九ケ	二、六三三円	農林省より配給品
散卵收容器	—	三、三七〇	六、七〇〇	同使用不能
和紙	—	（六連）二〇〇枚	二、〇〇〇	同同

四、製絲工場關係の被害

製絲工場の被害の中、其の損害の最も大きかつたのは、北葛幸手町にある須藤製絲工場であつた。該工場は、利根川氾濫の影響を受け、床上浸水三尺有余に及び、且つ長期間濁流の跳梁により、事務所は完全に倒壊し、其の他各工場も、それぐ相当の破損を生じた。

其の他深谷町橋館製絲工場、神保原大和組製絲、本庄昭栄、東武片倉製絲等、それぐ多少の損傷らけた。

猶損害の見積に対しては、別表詳記の通り

3. 製絲工場被害

生糸原料繭流失数	同上損害	建物其の他損害	同上損害金額	損害総見積金額	工場名
二十年度古繭五、〇〇〇貫流失	一、八〇〇、〇〇〇円	工務事務所三二坪全壊 事務所二四坪半壊	円	五、三五〇、〇〇〇円	須藤製糸

工場名	損害総見積金額	同上損害金額	建物其の他損害	同上損害	生繰原料繭流失数
		一、〇〇〇、〇〇〇円	繭扱場　二五坪半壊 工場　三八〇坪破損 寄宿舎　一四〇坪破損 食堂　九〇坪破損 倉庫　三〇〇坪破損 建具、畳在庫資材浸水	二、五〇〇、〇〇〇円	生糸四八〇貫流失
		五〇、〇〇〇	塀　一八〇間破損		
神保原	四二五、〇〇〇	二五、〇〇〇	石炭　三〇瓩流失	二〇〇、〇〇〇	新繭 一、〇〇〇貫 雨漏浸水
		五、〇〇〇	薪　一、〇〇〇束流失		
		一五、〇〇〇	屋根及壁　八〇坪破損 ガラス　二〇〇枚破損		
		五〇、〇〇〇	倉庫　一五坪破損		
		五〇、〇〇〇	ボイラー三煙道破損及浸水		
		八〇、〇〇〇	塀　三〇間破損 石垣　三〇間破損		
昭栄	一、二六〇、〇〇〇	三〇〇、〇〇〇	倉庫　二八〇坪損傷	七五〇、〇〇〇	新繭 二、五〇〇貫
		一〇〇、〇〇〇	原動室、ボイラー室浸水 社宅　二棟浸水		
		一〇、〇〇〇	塀　三〇間破損		
		一〇〇、〇〇〇	屋根　廿坪、壁廿坪破損		
東武			塀　五〇米破損		

地名	被害	金額	被害	金額	計
秩父			副蚕処理場　三〇坪破損 貯炭場　五〇坪破損 倉庫　一〇〇坪雨漏 寄宿舎　二〇坪雨漏	一〇〇、〇〇〇 五〇、〇〇〇	一五〇、〇〇〇
川越	数量不明なれど微害による損害あり	不明	塀　三〇坪破損 寄宿舎　八〇坪雨漏 繰糸場　一二〇坪雨漏 乾燥場　二四〇坪雨漏 汽罐場　四〇坪雨漏 煙突控線　一八〇米破損	四〇、〇〇〇 五、〇〇〇	四五、〇〇〇
豊岡			繰糸場　三六〇坪雨漏 ガラス戸　一〇〇枚破損 モーター浸水 石垣　一〇米破損	五〇、〇〇〇	五〇、〇〇〇
電元			倉庫　二六八坪 繰糸場　一九八坪 貯炭場　一〇〇坪浸水	五五、〇〇〇	五五、〇〇〇
大宮			繰糸場　三〇〇坪 揚返場　雨漏	一二、〇〇〇	一二、〇〇〇
桶川	新繭　三、五〇〇貫浸水 古繭　二、三〇〇貫浸水 生糸　一五 仕掛品　四〇 生皮革　二〇〇 比須　二〇〇	四二九、〇〇〇 三四、五〇〇 三、〇〇〇 六、〇〇〇 三五、〇〇〇	倉庫浸水に依る在庫資材 工場全建物一、一二三坪 社宅一一四坪破損及浸水 主要機械の浸水及附属器具の破損及浸水 塀　一〇〇間破損	七〇、〇〇〇 六二一、〇〇〇 七五、〇〇〇 五〇、〇〇〇	九一六、〇〇〇

生練原料繭流失数	同上損害	建物其の他損害	同上損害金額	損害総見積金額	工場名
繭　一五〇		煙道　破損 建具　浸水及破損	三〇、〇〇〇 七〇、〇〇〇		
		寄宿舎　一〇〇坪 ボイラー室　五〇坪損傷 モーター　三馬力一台 塀　一〇間 壁　一〇〇坪損傷	三〇、〇〇〇 三五、〇〇〇	六五、〇〇〇	石原
		倉庫浸水による在庫資材 セメント　二三袋 石灰　五〇袋浸水	四、〇〇〇	四、〇〇〇	共栄

総損害見積　九十三万五千円

第三節　蚕糸関係の復旧対策

生絲が、本邦随一の輸出品である限り、本縣の蚕絲業の復旧は、一日もゆるがせにしてはならない。

蚕絲課は、縣の方針に則り、本関係被害の概要を掌握すると共に、別記の如き復旧対策案を作成し、政府当局者に提示し、九項目にわたる助成金の交付方並に流失による復旧用の諸資材に関し、速急特配するよう懇請したのである。

記

蚕絲関係復旧対策案　　蚕絲課

水害を受けると同時に、別紙の如き技術的対策を指示し、指導の万全を期すると共に、速に被害の実態を調査するよう、各出先機関に対し命令した。

右により、被害の概略判明に伴い、左記復旧対策を樹立し、実現を期することゝした。

㈠ 流失、埋没桑園の改設

流失、埋没桑園及耕土流出桑園中、回復の見込なきもの総面積六〇六町五反に及び、之等桑園は、政府の助成を得て、今秋より明春迄に整地を行い、桑苗の植付を完うせんとする予定。

所要経費　二九、五三六、五五〇円

反当復旧経費基礎　四、八七〇円

内訳

整地	二、六〇〇円	勢賃二六人分一人一〇〇円
桑苗代	二、〇〇〇円	八〇〇本分、一本二円五〇銭
肥料費	二七〇円	堆肥三〇〇貫、硫安五貫
計	四、八七〇円	

㈡ 耕土流失桑園並に要改植桑園に対する肥料の特配

耕土流失し、心土及根部を露出するも、回復見込ある桑園に対しては、速に覆土すると共に、肥培をなす必要あり、又被害を受け、改植を要する桑園に対しても、肥料分を流失せるを以て、窒素質肥料、反当五貫匁程度を、政府の特配を受け配給せんとする。

所要数量　五一、五九〇貫　八三一町八反分

㈢ 冠水桑園に対する石灰の特別斡旋
冠水桑園は、極度に酸性となる爲、反当十貫乃至二十貫の石灰加用を行う必要あり、從つて政府の協力を得早急石灰の大量斜旋をなさんとす。
所要数量　四〇二、五八〇貫　四、〇二五町八反分

㈣ 流失蚕具類の購入助成並に資材斡旋
浸水養蚕家で、蚕具類を流失し、明年度よりの飼育に支障あるもの多し、之等流失蚕具の緊急整備は、明年度春蚕繭生産に多大の影響あるを以て、政府の助成を得て、購入に対し助成の途を講じ、又之等蚕具類及資材の斡旋をなさんとす。
流失蚕具類数量　四六三、七〇〇点　損害額　九、一七二、七〇七円

㈤ 流失、放棄蚕兒の蚕種代並に催青料金の全額助成
現在流失又は桑囲冠水の爲、放棄の已むなきに至つた蚕兒の蚕種換算数量は一六一、二八七瓦にして、之等の蚕種代金並に催青料金は、此の際養蚕者の負担を軽減せしめる爲、政府の助成を得て全額助成をなさんとす。
所要経費　二、二二五、七六〇円
蚕種代金　二、一七七、三七四円
蚕種一瓦当平均　一三円五〇銭（一六一、二八七瓦分）
催青料金　四八、三八六円
催青料金一〇瓦当　三円　一六一、二八七瓦分

㈥ 稚蚕共同飼育に要せる経費に対する助成

所要経費　　　六四五、一四〇円　　　六四、五一四瓦分　一〇瓦当一〇〇円

(七) 桑園肥料の繭供出数量とのリンク制を、水害地町村に対して採用せざる様、政府に要望すること。

(八) 製絲工場復旧対策

製絲工場の被害を受けたもの十二工場にして、之等に対しては速に別紙の復旧用資材の特配をなさんとす。

6. 要望事項

(一) 桑園復旧に要する経費に対しては、全額國庫助成をせられ度きこと

所要総経費　　二九、五三六、五五〇円

反当経費　　四、八七〇円　六〇六町五反歩分

(二) 要改設桑園及耕土流失桑園に対する肥料は、無償交付せられ度きこと

所要数量　　四一、五九〇貫（硫安又は石灰窒素）

反当所要量五貫匁　八三一町八反歩分

(三) 冠水桑園に対する石灰の特別斡旋せられ度きこと

所要数量　　四〇二、五八〇貫

反　当　　一〇貫　四、〇二五町八反歩分

(四) 流失蚕具類の購入助成並に資材の斡旋をされ度きこと

所要経費　　九、一七二、七〇七円

流失蚕具類数量　　四六三、七〇〇点

(五) 流失、放棄蚕兒の蚕兒の蚕種代並に催青料金に対しては、全額國庫助成せられ度きこと

所要経費　二、二二五、七六〇円

内　蚕種代金　二、一七七、三七四円

蚕種一瓦当平均　一三円五〇銭　一六一、二八七瓦分

催青料金　四八、三八六円　一〇瓦当三円　一六一、二八七瓦分

(六) 稚蚕共同飼育に要せる経費に対しては、全額國庫助成せられ度きこと

所要経費　六四五、一四〇円　一〇瓦当一〇〇円　六四、五一四瓦分

(七) 桑園肥料の繭供出数量とのリンク制は水害町村に対しては、採用せざる様取計られ度きこと

(八) 製絲工場の生絲、原料繭の流失、建物倒潰、流失其の他被害金額九、三八五、〇〇〇円に対し全額國庫助成せられ度きこと

(九) 製絲工場復旧に要する別紙資材を特配せられ度きこと

水害による緊急復興資材所要量　九月二十五日現在見込数量

区分／資材名	製糸工場用	養蚕農家用	蚕具製造業者用	計	備考
石油	九〇立	五、〇〇〇立	―	五、〇九〇立	洗油、燈火用として
釘	九〇〇瓩	一〇、〇〇〇瓩	二〇瓩	一〇、九二〇瓩	
トタン板	九〇〇枚	二〇、〇〇〇枚	―	二〇、九〇〇枚	
半田	三〇瓩	―	―	三〇瓩	トタン板に対する所要量
セメント	三三〇瓲	二五〇瓲	二五〇瓩	五八〇瓲二五〇瓩	機械据付用、貯桑室用

板硝子	三〇箱	―	―	三〇箱	
疊	一、一七〇枚	―	―	一、一七〇枚	工場工員宿舎用
普通煉瓦	二、〇〇〇ヶ	―	―	二、〇〇〇ヶ	煙道築造用
建築用木材	七〇〇石	―	―	七〇〇石	
モーター	五台	―	―	五台	三馬力四台、一馬力一台
石灰	二五〇瓲	―	一七〇瓩	二五〇瓲一七〇瓩	工場壁用として
針金	五〇瓩	(一六―一八番)一〇瓲	―	一〇瓲〇五〇瓩	製糸工場は煙突支拔用、養蚕家は蚕具蚕棚用
延鋼材	二瓲	―	―	二瓲	水槽支柱用
和紙又は障子紙	―	五〇万枚	―	五〇万枚	蚕座紙五〇%、障子紙四〇%、紙帖用美濃紙一〇%
建具用材	―	二〇、〇〇〇石	―	二〇、〇〇〇石	蚕室蚕具用
スレート	二、〇〇〇枚	―	―	二、〇〇〇枚	
ワイヤロープ	二〇〇米	―	―	二〇〇米	
瓦	六五〇枚	―	―	六五〇枚	
綿	一三〇貫	―	―	一三〇貫	
布團皮	二三〇反	―	―	二三〇反	
洋紙	―	―	ロール四五〇封度	四五〇封度	農林省よりの配給品
澱粉	―	―	並品 七二貫	七二貫	同
床板	―	―	八〇〇平方尺	八〇〇平方尺	
掃立器	―	―	三七九ヶ	三七九ヶ	農林省よりの配給品
蛾箱	―	―	四、二三五ヶ	四、二三五ヶ	同

備考　一、製糸工場は須藤幸手製糸工場、深谷橋館製糸を主として、十二工場分なり。

二、養蚕農家損害戸数は約四、〇〇〇戸と見込む。
三、現在未調査地区多く資材は増加の見込。
四、蚕具製造者は、本庄町黒岩蚕具商なり。

養蚕水害技術的対策

飼育に関する注意
一、冠水桑園の桑葉は、泥土等が附着して泥着きの儘給与すれば、収繭量、繭絲質が劣化するから、極力之を避けること。已むを得ず使用する場合は、四齢期に与えること。
二、摘桑、貯桑、給桑を通じ、桑葉の萎凋防止に努めること。
桑園に関する善後策
(一) 耕土の流失したる場合
(イ) 耕土の流失甚だしく根部の大部分露出し、覆土又は客土するも多数の労力を要し、且つ樹勢の恢復見込なき場合は、堀取り整地の上、今秋桑苗を植付けること。
(ロ) 耕土流失するも、客土又は土寄に依り、樹勢恢復する見込のものは早急に之を行うこと。
(ハ) 耕土流失すれば、肥料分流失する為、冬肥を施し、明春に於ける樹勢の恢復を図ること。
(二) 土砂塵芥の堆積したる場合
(イ) 株が埋没する程度に土砂堆積若くは塵芥堆積したる場合は、速に之を除去し、新梢の発育を促進すること。
土砂塵芥堆積少き場合は、枝條にかゝりたる塵芥を取り除き、畦の中央に敷き盛土耕耘をなすこと。
(ロ) 桑に泥土の附着したるものは、減水と共に洗滌し、樹勢の恢復する迄、摘葉を厳禁すること。

(八) 新梢の倒伏したものは、縄を以て緩く結束し、起立せしむること。

(二) 泥土及塵芥等堆積の多き桑園又は長く浸水したる桑園は、著しく酸性となるため、耕耘の際、石灰を反当十貫乃至二十貫撒布施與すること。

猶本課が、復旧対策案により実施したる主なるものは次の通りである。

(一) 流失、埋沒桑園の改設

全額國庫助成に依り左の事業を実施した。

助成金交付額　六、五〇七、〇〇〇円

桑苗購入費の二分の一補助　七二三町歩分

(二) 被害桑園に対する肥料の特配

特配数量　硫酸アンモニア　二一、二一三貫

內訳　被害激甚地区　一、三〇二町一　反当　一貫匁

被害軽微地区　一、六三八町四　反当　五〇〇匁

(三) 冠水桑園に対する石灰の特別斡旋

二〇万貫を縣農業会をして斡旋せしむ。

(四) 放棄蚕兒の蚕種代並に催青料金の助成

助成金　一、四五一、八五六円

被害蚕兒の蚕種換算数量　一三八、二七二瓦　一瓦当　一〇円五〇銭

(五) 製絲工場復旧に要する資材の特配

セメントその他復旧に要する資材を配給す。

(六) 催青所損害助成　二〇、七四一円

助成対象蚕種量　一三八、二七二瓦　一瓦当　一五銭

第七章　畜産關係被害

第一節　家畜の被害

縣内家畜の被害狀況につき、九月二十八日現在を以て縣畜産課の発表したる数字は、総見積額九千五百万円であつたが、その後各地の事情判明と共に修正が加えられ、別表の通り、大約千五百七十九万八千円に増額されている。

猶その内訳につきては、大家畜（牛馬）の四百六十八万円、中家畜（山羊、緬羊、養豚）の二百四十五万一千円、小家畜（鶏、兎）の八百六十六万七千円になつている。

被災地は北足立、入間、比企、大里、北埼玉、南埼玉、北葛飾の七郡に及び、最も被害の多かつたのは、利根決潰口流域たる北埼玉郡と、氾濫の激甚を極めた北葛飾郡とである。

両地域とも浸水が急激であつたゝめ、自体の避難に精一ぱいで、家畜の搬出にまで、手を出す余裕がなかつたゝめであろう。

因に各郡の家畜の被害狀況の内訳は別表の通りである。

一、家畜被害（昭和二十二年九月二十八日現在）

被害総額　一、五七九万八千円

(イ)　大家畜　四六八万円

郡別	家畜罹災町村数	罹災家畜数 牛	罹災家畜数 馬	罹災家畜数 計	斃死又は行方不明家畜数 牛	斃死又は行方不明家畜数 馬	斃死又は行方不明家畜数 計
北足立郡	五	五二三頭	二六〇頭	七八三頭	一頭	―頭	一頭
入間郡	四	五二七	一三七	六六四	七	―	七
比企郡	五	一、一四三	一七四	一、三一七	―	―	―
大里郡	三	四七二	九七	五六九	二	三	五
北埼玉郡	一三	一、五二三	一、二六五	二、七八八	二四	一三	三七
南埼玉郡	二五	一、七五〇	一、二六六	三、〇一六	五	四	九
北葛飾郡	二八	一、九一六	二、四五五	四、三七一	二六	三二	五八
計	八三	七、八五四	五、六五四	一三、五〇八	六五	五二	一一七
損害金額							四六八万円

備考　価格は牛馬共一頭四万円と見積る。

(ロ)　中小家畜　一一、一一八、〇〇〇円

郡別	山羊 罹災家畜	山羊 斃死又は行方不明	緬羊 罹災家畜	緬羊 斃死又は行方不明	豚 罹災家畜	豚 斃死又は行方不明	鶏 罹災家畜	鶏 斃死又は行方不明	兎 罹災家畜	兎 斃死又は行方不明
北足立郡	四七頭	―頭	四七頭	―頭	一六頭	―頭	二、四二五羽	三四五羽	一、二一五羽	一二五羽

郡別	山羊 罹災家畜	山羊 斃死又は行方不明	緬羊 罹災家畜	緬羊 斃死又は行方不明	豚 罹災家畜	豚 斃死又は行方不明	鶏 罹災家畜	鶏 斃死又は行方不明	兎 罹災家畜	兎 斃死又は行方不明
入間郡	一一〇頭	一七頭	八頭	三頭	二四頭	三頭	四、八六五羽	一、一〇八羽	八六三羽	二一〇羽
比企郡	四三	六	—	—	三	二	四、二三三	四二三	七九二	七九
大里郡	一三六	二四	一	—	一六	三	三、七七四	七四〇	一、一七一	一七〇
北埼玉郡	三〇八	一六五	二	三	二五	九	一七、〇〇五	一四、三〇八	二、二三六	二、二三六
南埼玉郡	二九七	三六	—	—	九四	一	二八、二一五	二、二三四	二、八八六	一二一
北葛飾郡	二八九	八六	一九	六	九七	五〇	三五、四八二	六、六九二	三、七九九	一、七七二
計	一、二三〇	三三四	一〇六	三	二九四	六八	九五、九九九	二五、七五〇	一二、九六二	四、七一三
被害金額		九五一万円		一三万円		一三八万円		七、七二五、〇〇〇円		九四二、〇〇〇円

備考　一頭当価格豚二万円、緬羊一万円、山羊三千円、鶏三百円、兎二百円と見積る。

第二節　家畜飼料の被害

罹災地域における家畜の飼料、即ち粗飼料資源たる藁の大部分は流失し、或は雨水泥土のため飼料としての價値を失い、又濃厚飼料である糟糠粉末は、雨水浸水のために、殆んど含水醱酵して、同様その價値を失い、給與不可能となつたのである。

畜産課において調査したる被害見積額は、大体六千百三十三万円であり、その内訳は左表の通りである。

二、家畜飼料被害

被害総額　六、一三三万円

内　訳

(1) 飼料作物　八〇万円　四〇町歩
(2) 稲　　藁　五、四五二万円　一、三六三万貫
(3) 甘 藷 蔓　五四〇万円　二七〇万貫
(4) 飼料被害　六一万円
　工場保有数一、二〇〇俵　麦糠三、六〇〇俵　農家保有四、八一二俵

第三節　畜舎の被害

畜舎（厩舎、鶏舎、兎舎）は、大体母屋と別に建築され、且つ粗造軟弱のため、破損多く、被害額も相当の打撃であつたが、大体見積額は、計一、〇五七万円になつている。

猶その内訳は、次表の通りである。

畜舎の被害調（九・二八現在）

畜別	全壊流失	見積額	要修繕	見積額
牛馬	三六棟	三万円	一、三四一棟	二九四万円
山羊、緬羊、豚	三六一	七三	一、六〇〇	八〇
鶏、家鴨其の他	一、七六〇	五二八	八〇〇	二〇
兎其の他	四、一三一箱	三万円	—棟	—万円
計		六六三	三、七四一	一、三九四

第四節　畜産水害緊急対策

水害地の家畜を急速に、尠くも被害前の数に、復活せしむることは、食糧増産上緊急を要することであるので、左記対策を本年度中に講ずる必要がある。

一、畜舎の復旧対策

畜舎復旧経費五、二一二万円なるも、農家の負担のみでは、復旧困難を予想せられるので、資材の配給を行うと共に、建築費の二分の一を助成する要がある。

補助金額　　二、六〇六万円

二、家畜の補充対策

家畜の補充所要見込数次の通り。

牛一七一頭、馬一九五頭、豚六一頭、緬羊一四頭、山羊二八六頭、鶏一七、六〇三羽、兎四、一三一羽

(1)　牛馬の補充

牛馬については、時價相当高額なるため、被害農家に於ける補給購入は、頗る困難なるを以て、政府に於て購入して被害農家に貸付け、代金は年賦償還の途を講ずる要がある。この場合の経費九一五万円、一頭当り二万五千円三六六頭

(2)　中小家畜の補充

中小家畜については、購入費の半額を助成する要あり、この場合の経費九四万円

三、飼料対策

(1) 應急対策　二一一万円

被害甚しい町村の罹災家畜に対しては、無償配給をする予定。

麦　糠　五六万円　一俵四〇円　一四、〇〇〇俵　麩　八〇万円　一俵八〇円　一〇、〇〇〇俵

藁　一〇万円　一貫　四円　二五、〇〇〇貫　輸送費　六五万円

(2) 第二次対策　八八九万円

(イ) 來春草生迄の間の維持飼料として、國より飼料の配給を受け、被害地の家畜に対し、有償配給を爲す予定

(ロ) 粗飼料不足の対策として、無災農家より、粗飼料の供出を仰ぎ、災害地の家畜に配給せんとする。粗飼料集荷費次の通り。

集荷費　二四六万円　荷造費　一二三万円

輸送費　五二〇万円　計　八八九万円

四、家畜防疫対策　一〇六万円

家畜の救護と、家畜防疫の徹底を期するため、縣に水害対策家畜救護本部を設置し、縣職員は勿論、縣農業会、縣馬匹組合聯合会の関係職員を現地に動員し、家畜防疫の万全を期している。

これに要する経費は次の通り

(1) 畜舎消毒費　九一、六四四円　(2) 血清類購入費　二三九、〇〇〇円

(3) 消耗品費　五六、二八五円　(4) 旅費　五七五、六〇〇円

(5) 輸送費　一〇〇、〇〇〇円

第八章　林野關係被害

水源地森林地帯一帶の保水力は、戰時中過伐濫伐の影響をうけて其の力を失い、流水の速度は未曾有の豪雨により、これ等裸出地表を著しく浸蝕し、小溪は悉く横溢、谷川は頓に水位の上昇を招來したのである。

かくて各地の林野は到る所崩壊の苦難を甞め、其の個所数実に一、八五〇、総面積二八七町歩を算するに至つた。この中多量の砂礫土砂流出のため、立木は悉く顚倒し、山麓の民家は崩壊し、人畜に死傷を來した所も尠くなかつた。又山麓下流地帯の田畑、橋梁、暗渠等相当数の被害があり、秩父郡下には山容も一変したかに思われる大被害も可なり各地に見受けられたのである。

次に林道の被害である。林道は一般に急峻地帯の沢沿を路面とした所が多く、かゝる関係からしてその被害も甚しく、小溪に架せる小橋梁を初め、溪水に対する排水地施設は、その八割に及ぶ破損及び流失の惨状に逢着したのである。

殊に林道の石積盛土が、急激の出水に次々と欠壊し、縣下総林道の約四割、総延長五〇有粁に及ぶ被害を受け、これがために林産物の搬出は勿論、他部落との連絡は一時停止の止むなきに至つた。

又既に焼終つた木炭及び伐採を了せる原木等の流失埋沒、貯木場に集積しつゝありし木材の流亡、更に製材工場の浸水破壊流失等、当時は交通々信不能なりしため、実狀の的確をつかむことも出來なかつたが、九月二十五日に至りその全貌が左表の如く判明したのである。

猶荒廢地の復旧については、三箇年計劃を樹て、十月初旬より先づ緊急を要するものより開始、二十二年度中林道において二、四七二、五〇〇円、荒廢地復旧一、一七三、七五〇円、何れも國庫補助により、又林道において一四、五〇〇米、荒廢地二三町歩の復旧を次々と完成したのである。

(1) 林野関係被害調査表（九月二十五日現在）

種別＼地区別		単位	秩父	入間	比企	大里	児玉	累計 計	累計 見積額
林野崩壊		町	一〇二	五〇	一〇三	九	三	二八七	五、七四〇
林道被害		箇所	二二八	三三	四二三	一三三	七六〇	一、八四六	
		米	二二、三六〇	一、六四九	一七、三三三	二、七〇二	六、七〇〇	五〇、七三三	一、七七六
薪炭関係	木炭流失	俵	五、九六五	一、一二七	三四二	六〇	七〇二	八、一九六	八二
	薪流失	束	二五、五〇〇	二、一二〇	二、〇二八	—	四、五五〇	四四、一九八	七一
	炭窯被害	基	四八〇	一〇三	一一九	九六	四一	八三九	二三九
	木炭倉庫	棟	二	—	—	—	—	二	二
木材関係	木材流失	石	一九、六二〇	三、七八〇	三、六七九	四〇	一、二八五	二八、四〇四	七一〇
	製材工場 浸水	棟	七	—	三	—	一	一一	六
	製材工場 流失	棟	二	二	—	—	—	四	七四
貯木場		坪	五七〇	—	—	—	—	五七〇	六
其の他	平地林	町	—	—	—	—	—	二一	九四
	椎茸原木	本	—	—	—	—	—	二一、三〇〇	
計		万円							八、八〇〇

備考　被害工場に関する被害内容並に見積價格は別表二において説明す。

(2) 工場関係被害調査表（十月二十日調）

林業関係の被害工場につきては、浸水工場四八、流失工場六計五四工場で、損害一、四〇九、九五〇円に達した。

猶損害の内訳は左表の通りである。

記

い、浸水工場損害調査表

地方事務所名	被害工場		被害建造物				被害機械類				傳導装置其の他の被害				損害額計
	工場数	馬力数	種類	被害度	数量	見積金額	種類	被害度	数量	見積金額	種類	被害度	数量	見積金額	
北足立	一	七・五馬力	工場	浸水	二三・五坪	―円	―	―	―	―円	傳導装置	要修理	一	一〇、〇〇〇円	一〇、〇〇〇円
入間	三	五〇・〇	納屋	同	六三・〇	七、〇〇〇	―	―	―	―	同	同	二	一一、〇〇〇	一八、〇〇〇
秩父	二一	五三九・〇	工場	同	二、一三八・〇	三五、〇〇〇	変圧機	要修理	一	一五、〇〇〇	同	同	二九	二九、〇〇〇	一一〇、五〇〇
							原動機	同	四	三一、五〇〇					
大里	一〇	一九五・〇	同	同	四九七・五	一五、八〇〇	自動バンド	同	一	三五〇	同	同	一	五〇〇	三六、六五〇
							丸鋸	同	三	五、〇〇〇	日立モーター	使用不能	一	一五、〇〇〇	
埼葛	一三	一四五・〇	同	同	三一・〇	二〇、〇〇〇	機械類	同	二一	八四、五〇〇	工具其他	同		二一、三〇〇	一二五、八〇〇
小計	四八	九三六・五			二、七五三・〇	七七、八〇〇			三〇	一三六、三五〇				八六、八〇〇	三〇〇、九五〇

ろ、流失工場損害調査表

地方事務所名	被害工場		被害建造物				被害機械類				傳導装置其の他の被害				損害額計
	工場数	馬力数	種類	被害度	数量	見積金額	種類	被害度	数量	見積金額	種類	被害度	数量	見積金額	
秩父	一	七・五馬力	工場其他	流失	五九・〇坪	一八、〇〇〇円	丸鋸	流失	一	五、〇〇〇円	其他	流失	二	三、〇〇〇円	四五、〇〇〇円

北埼玉	二	三三・〇	同	同	五一・〇	二〇〇、〇〇〇	丸鋸其他	調査未了	一四	三五、〇〇〇	モーター其他	未調査	四	三六、〇〇〇	二七一、〇〇〇
埼葛	三	九五・五	同	同	一五五・五	六二五、〇〇〇	機械類	要修理	三六	一〇八、〇〇〇	工具類	要修理	一	六〇、〇〇〇	七九三、〇〇〇
小計	六	一三六・〇			二六五・五	八四三、〇〇〇			五一	一四八、〇〇〇				一二八、〇〇〇	一、一〇九、〇〇〇
合計	三五四					九二〇、八〇〇				二八四、三五〇				二〇四、八〇〇	一、四〇九、九五〇

第九章　土木関係被害

第一節　被害の概況

今次の洪水に、土木関係の被害損傷は、農産物関係被害と共に、其の損害は実に莫大な額である。

出水と共に、県土木部は、関係箇所の情報を蒐集すると共に、技術員を現地に派遣し、綿密なる調査を行つていたが、県内無数の諸河川堀中、決潰氾濫して、流域地方を泥湖化し、損害を甚大ならしめた市町村は、別表記載の通りである。

記

1. 土木関係被害甚大地区並罹災市町村調

河川名	甚大地区	市町村名	河川名	甚大地区	市町村名
利根川	北葛飾郡	栗橋町、幸手町、杉戸町、行幸村、八代村	利根川	北埼玉郡	東村、原道村、元和村、豊野村

河川名	甚大地区	市町村名
利根川	南埼玉郡	鷲宮町、久喜町
渡良瀬川	北埼玉郡	川辺村、利島村
荒川	北足立郡	吹上町、箕田村、田間宮村、熊谷市
入間川	入間郡	柏原村、大東村、霞ヶ関村
越辺川	同	勝呂村、三芳野村
都幾川	比企郡	野本村、高坂村
市の川	同	小見野村
小山川	大里郡	榛沢村、北泉村、大寄村、明戸村
	児玉郡	藤田村、新会村
中川	北葛飾郡	櫻田村、吉田村、田宮村、櫻井村、富多村、川辺村、南櫻井村、松伏領村、旭村、八條村、吉田村

これ等罹災地区における、被害状況については、土木部において、屢次発表したのであるが、九月廿一日現在を以て、損害の概況を、次表の如く発表している。

2. 土木関係被害調 (二二・九・二一)

堤防	決潰	箇所	一六二
		延長	六、四二五
	破損	箇所	一〇二
		延長	六、八八五
道路	埋没流失	箇所	二〇五
		延長	五、五五六
	破損	箇所	二八九
		延長	二六四、三二三
橋梁	流失	箇所	一三
		延長	—
	破損	箇所	二二
		延長	—

第二節 被害と復旧所要額調

被害に対する見積額については、戦後復旧資材の入手困難のため、勢公定を上廻る價格の算定となり、数字も尨大なるものとなるが、別表総括表に記載の通り、國庫補助工事と縣單独工事とを合し、道路、橋梁、河川、砂防等の復旧箇所は、総計千六百十六箇所を算し、これに要する総経費三億二百二十五万三千三百六十九円である。
因に各工事費の所要内訳郡市別並に町村別調は、それ〴〵表一、二の通り。

記

一、國庫補助・縣單獨 縣町村災害復舊工事費各郡市別調

國庫補助、縣單独 縣町村災害復旧工事費及各郡市別調 (二二・一〇・一)

被害別／郡市別	道路		橋梁		河川		砂防		計	
	箇所	金額	箇所	金額	箇所	金額	箇所	金額	箇所	金額
川越市	一	九〇、〇〇〇円	—	—円	二	六四九、七五三円	—	—円	三	七三九、七五三円
熊谷市	一	三五、〇〇〇	二	六八一、六〇六	一三	一三、六六六、三六一	—	—	一五	一三、三八二、九六七
川口市	五	四一七、〇〇〇	二	一三五、八八三	四	七九二、二五五	—	—	一一	一、三四五、一三八
浦和市	—	—	四	三〇〇、三八九	—	—	—	—	四	三〇〇、三八九
大宮市	一	三一、〇〇〇	一	一〇一、五〇〇	—	—	—	—	二	一三二、五〇〇
北足立郡	八	三〇五、九九一	一六	五、一九九、八五七	二五	六、九五九、四三一	—	—	四九	一二、四六五、二七九
入間郡	七五	二、四七四、五三一	六三	一一、三〇〇、八一三	八五	三八、八八二、一六七	—	—	二二三	五二、六五七、五一七
比企郡	四四	一、九七三、三九〇	四〇	二、九五六、二一〇	六七	二〇、七一二、七七二	一	六四八、八一七	一五二	二六、二九一、一八九
秩父郡	一五五	五、七六九、四六九	八三	六、七一二、九四七	七	五二九、一一五	二三	九、四四〇、二〇二	二六八	二二、四五一、七三三
児玉郡	五〇	三、三九八、二七三	四三	三、三九七、六八五	五四	一五、五六四、五三三	—	—	一四七	二二、三六〇、四九一
大里郡	三七	四、四三四、六三九	三九	五、二八四、一七三	七五	四七、七二九、八三二	一	一、七四〇、四〇六	一五二	五九、一八九、〇五〇

被害別 / 郡市別	道路 箇所	道路 金額	橋梁 箇所	橋梁 金額	河川 箇所	河川 金額	砂防 箇所	砂防 金額	計 箇所	計 金額
北埼玉郡	三六	九、〇四七、一八二円	三〇	一七、〇八〇、八五九円	一三	三、三七六、一三六円	—	—円	七八	二九、五〇四、一七七円
南埼玉郡	五〇	四、七九三、五三七	五三	三、五九三、二三五	二九	一、九六六、八八〇	—	—	一三三	一〇、三五三、六五二
北葛飾郡	一三四	一八、九一七、四五七	一〇四	七、二九七、五五五	一四二	二四、八六四、四八八	—	—	三八〇	五一、〇七九、五〇〇
計	五九七	五一、六八七、四六九	四八〇	六四、〇四二、七一二	五一四	一七四、六九三、七六三	二五	一一、八二九、四二五	一、六一六	三〇二、二三三、三六九

二、國庫補助縣單獨縣町村災害復舊工事費及箇所町村別調

(1) 北足立における調

被害別 / 町村名	道路 箇所	道路 金額	橋梁 箇所	橋梁 金額	河川 箇所	河川 金額	砂防 箇所	砂防 金額	計 箇所	計 金額
土合村	—	—円	—	—円	五	七五五、〇四七円	—	—円	五	七五五、〇四七円
美笹村	—	—	一	七八八、七一九	—	—	—	—	一	七八八、七一九
戸田町	—	—	—	—	—	—	—	—	—	—
蕨町	—	—	—	—	—	—	—	—	—	—
谷塚町	—	—	—	—	—	—	—	—	—	—
草加町	一	五〇、〇〇〇	—	—	—	—	—	—	一	五〇、〇〇〇
新田村	—	—	—	—	一	三五、〇〇〇	—	—	一	三五、〇〇〇
安行村	—	—	一	五〇、〇〇〇	—	—	—	—	一	五〇、〇〇〇

町村										
戸塚村	—	—	—	—	—	—	—	—	—	—
大門村	—	—	—	—	—	—	—	—	—	—
野田村	—	—	—	—	—	—	—	—	—	—
片柳村	—	—	—	—	—	—	—	—	—	—
與野町	—	—	一	二五、〇〇〇	—	—	—	—	一	二五、〇〇〇
大久保村	一	三〇、〇〇〇	—	—	三	一四六、九二七	—	—	四	一七六、九二七
馬宮村	一	四〇、〇〇〇	一	一五八、八八一	—	—	—	—	二	一九八、八八一
植水村	—	—	—	—	—	—	—	—	—	—
指扇村	一	五〇、〇〇〇	—	—	—	—	—	—	一	五〇、〇〇〇
平方町	—	—	一	七二一、一三三	—	—	—	—	一	七二一、一三三
大谷村	—	—	—	—	—	—	—	—	—	—
大石村	—	—	—	—	一	六三八、九八一	—	—	一	六三八、九八四
上尾町	—	—	—	—	—	—	—	—	—	—
上平村	—	—	—	—	—	—	—	—	—	—
伊奈村	—	—	一	六〇、〇〇〇	—	—	—	—	一	六〇、〇〇〇
加納村	—	—	一	一〇八、二七四	—	—	—	—	一	一〇八、二七四
桶川町	—	—	—	—	—	—	—	—	—	—
川田谷村	—	—	一	四四三、七七一	五	二、五〇六、九〇九	—	—	六	二、九五〇、六八〇
北本宿村	一	六八、九九一	—	—	—	—	—	—	一	六八、九九一

町村名＼被害別	道路 箇所	道路 金額	橋梁 箇所	橋梁 金額	河川 箇所	河川 金額	砂防 箇所	砂防 金額	計 箇所	計 金額
馬室村	—	—円	一	五八六、八二四円	—	—円	—	—円	一	五八六、八二四円
常光村	—	—	一	九三、七五〇	—	—	—	—	一	九三、七五〇
鴻巣町	—	—	一	一九〇、三八八	—	—	—	—	一	一九〇、三八八
田間宮村	—	—	一	一三三、三六九	二	一、九五七、五四〇	—	—	三	二、〇九〇、九〇九
箕田村	—	—	—	—	—	—	—	—	—	—
小谷村	—	—	—	—	—	—	—	—	—	—
吹上町	—	—	一	五五九、四〇三	—	—	—	—	一	五五九、四〇三
七里村	一	二〇、〇〇〇	一	九三、七五〇	二	二三〇、〇〇〇	—	—	四	三三三、七五〇
春岡村	—	—	—	—	—	—	—	—	—	—
原市町	—	—	—	—	—	—	—	—	—	—
志木町	—	—	二	一、一八六、五九五	四	二七一、一三一	—	—	六	一、四五七、七一六
大和田町	—	—	—	—	二	四三七、九〇三	—	—	二	四三七、九〇三
朝霞町	一	二七、〇〇〇	—	—	—	—	—	—	一	二七、〇〇〇
大和町	—	—	—	—	—	—	—	—	—	—
片山村	—	—	—	—	—	—	—	—	—	—
内間木村	—	—	—	—	—	—	—	—	—	—
宗岡村	—	—	—	—	—	—	—	—	—	—
水谷村	一	二〇、〇〇〇	—	—	—	—	—	—	一	二〇、〇〇〇
計	八	三〇五、九九一	一六	五、一九九、八五七	二五	六、九九九、四二六	—	—	四九	三、四六五、二七九

(2) 入間郡における調

町村名＼被害別	道路 箇所	道路 金額	橋梁 箇所	橋梁 金額	河川 箇所	河川 金額	砂防 箇所	砂防 金額	計 箇所	計 金額
芳野村	ー	ー 円	ー	ー 円	ー	ー 円	ー	ー 円	ー	ー 円
古谷村	ー	ー	三	八二七、五八六	ー	ー	ー	ー	三	八二七、五八六
南古谷村	ー	ー	ー	ー	ー	ー	ー	ー	ー	ー
高階村	ー	ー	ー	ー	ー	ー	ー	ー	ー	ー
福岡村	ー	ー	一	一三〇、〇〇〇	ー	ー	ー	ー	一	一三〇、〇〇〇
大井村	ー	ー	ー	ー	ー	ー	ー	ー	ー	ー
鶴瀬村	ー	ー	ー	ー	一	二一、三九九	ー	ー	一	二一、三九九
南畑村	一	二九、〇〇〇	一	一五三、〇〇〇	ー	ー	ー	ー	二	一八二、〇〇〇
三芳村	ー	ー	ー	ー	ー	ー	ー	ー	ー	ー
柳瀬村	ー	ー	ー	ー	一	六〇、〇〇〇	ー	ー	一	六〇、〇〇〇
所沢町	ー	ー	ー	ー	ー	ー	ー	ー	ー	ー
三ヶ島村	一	二〇〇、〇〇〇	ー	ー	ー	ー	ー	ー	一	二〇〇、〇〇〇
元狭山村	ー	ー	ー	ー	ー	ー	ー	ー	ー	ー
宮寺村	ー	ー	ー	ー	ー	ー	ー	ー	ー	ー
金子村	一	一〇〇、〇〇〇	一	八〇、〇〇〇	ー	ー	ー	ー	二	一八〇、〇〇〇
東金子村	ー	ー	一	二一、〇〇〇	三	八〇六、四六九	ー	ー	四	八二七、四六九
豊岡町	一	四五、〇〇〇	ー	ー	五	七四一、八一〇	ー	ー	六	七八六、八一〇
藤沢村	ー	ー	ー	ー	ー	ー	ー	ー	ー	ー

町村名＼被害別	道路 箇所	道路 金額	橋梁 箇所	橋梁 金額	河川 箇所	河川 金額	砂防 箇所	砂防 金額	計 箇所	計 金額
入間村	—	円 —	—	円 —	—	円 —	—	円 —	円 —	円 —
堀兼村	—	—	—	—	—	—	—	—	—	—
福原村	—	—	—	—	—	—	—	—	—	—
奥富村	—	—	—	—	四	二、七六九、〇二三	—	—	四	二、七六九、〇二三
入間川町	一	二五、〇〇〇	一	七七一、六七六	三	一、三〇〇、二〇九	—	—	五	二、〇九六、八八五
大東村	—	—	—	—	一	二、二六二、〇四九	—	—	一	二、二六二、〇四九
山田村	一	二八、九〇〇	二	八九一、七九〇	—	—	—	—	三	九二〇、六九〇
三芳野村	—	—	—	—	六	二、九四〇、九五三	—	—	六	二、九四〇、九五三
勝呂村	—	—	二	八六、〇〇〇	一五	五、四四一、二二〇	—	—	一七	五、五二七、二二〇
坂戸町	—	—	一	二〇〇、〇〇〇	七	二、四八八、三五九	—	—	八	二、六八八、三五九
入西村	—	—	—	—	一一	一、六一一、五一三	—	—	一一	一、六一一、五一三
大家村	—	—	二	三六七、〇七五	三	一、四七一、九九三	—	—	五	一、八三九、〇六八
川角村	一	七二、五〇一	—	—	二	四四二、三五二	—	—	三	五一四、八五三
毛呂山町	—	—	二	一八二、一七六	一	二二、三三一	—	—	三	二〇四、五〇七
越生町	—	—	四	八八〇、二〇七	七	三、七五七、三八四	—	—	一一	四、六三七、五九一
梅園村	一六	二四〇、六八九	三	一二九、八七二	—	—	—	—	一九	三七〇、五六一
名細村	—	—	一	二五〇、〇〇〇	二	六九六、九一八	—	—	三	九四六、九一八
鶴ヶ島村	—	—	—	—	—	—	—	—	—	—
高萩村	—	—	—	—	—	—	—	—	—	—

町村名＼被害別	道路 箇所	道路 金額	橋梁 箇所	橋梁 金額	河川 箇所	河川 金額	砂防 箇所	砂防 金額	計 箇所	計 金額
高麗川村	一	一六、〇八四	—	—	—	—	—	—		一六、〇八四
高麗村	—	—	五	一、一五三、七〇七	—	—	—	—	五	一、一五三、七〇七
東吾野村	三	一五六、〇三一	五	三八二、四八三	—	—	—	—	八	五三八、五一四
霞ケ関村	—	—	二	四六七、五七四	一	一、一四〇、七六一	—	—	三	一、六〇八、三三五
柏原村	—	—	一	四七四、九七六	三	四、七五二、八二八	—	—	四	五、二二七、八〇四
水富村	二	一二四、九五九	一	一、〇二九、三九四	二	三、一一九、八〇八	—	—	五	四、二七四、一六一
飯能町	—	—	六	九六二、一五三	八	三、〇三四、七九〇	—	—	一三	三、九九六、九四三
原市場村	六	一一五、六九五	七	一、〇七八、六五〇	—	—	—	—	一三	一、一九四、三四五
名栗村	一七	六九四、九九六	七	六四七、二三七	—	—	—	—	二五	一、三四二、二三三
吾野村	二三	六二五、六七六	四	一三五、二六七	—	—	—	—	二七	七六〇、九四三
計	七五	二、四七四、五三一	六三	二、三〇〇、八一三	八六	三八、八八二、一六七	—	—	二三四	五二、六五七、五一一

(3) 比企郡における調

町村名＼被害別	道路 箇所	道路 金額	橋梁 箇所	橋梁 金額	河川 箇所	河川 金額	砂防 箇所	砂防 金額	計 箇所	計 金額
松山町	三	七七、一六六円	三	四二、九二七円	—	—円	—	—円	六	一二〇、〇九三円
大岡村	—	—	三	二四、〇〇〇	一	一五一、五〇〇	—	—	四	一七五、五〇〇
福田村	—	—	一	八〇、〇〇〇	—	—	—	—	一	八〇、〇〇〇
宮前村	一	一二五、〇〇〇	—	—	一	五、〇〇〇	—	—	二	一三〇、〇〇〇
唐子村	一	三、〇〇〇	二	四一四、八九〇	一三	六、四六三、四二三	—	—	一六	六、八八一、三一三

町村名＼被害別	道路 箇所	道路 金額	橋梁 箇所	橋梁 金額	河川 箇所	河川 金額	砂防 箇所	砂防 金額	計 箇所	計 金額
菅谷村	三	三八、〇〇〇円	二	七三一、四〇一円	二	四、四四三、二三〇円	—	—円	一六	五、二二二、六三一円
七郷村	一	五、〇〇〇	—	—	—	—	—	—	一	五、〇〇〇
八和田村	一	五四、〇八八	一	七〇、〇〇〇	—	—	—	—	二	一二四、〇八八
小川町	五	一〇三、五八九	五	五四七、七一五	一	三〇、〇〇〇	—	—	一一	六八一、三〇四
竹沢村	二	四一二、一〇四	—	—	—	—	—	—	二	四一二、一〇四
大河村	九	二九六、一六二	七	二七九、一三七	五	一、〇一三、八八一	—	—	二一	一、五八九、一八〇
平村	八	六三三、六〇三	—	—	—	—	一	六四八、八一七	九	一、二七二、四二〇
明覚村	一	四、〇〇〇	四	八四、五五三	二	六二五、一一四	—	—	七	七一三、六六七
玉川村	二	一〇、〇〇〇	四	三四、〇〇〇	六	六二三、五四〇	—	—	一二	六六七、五四〇
亀井村	三	四四、〇〇〇	—	—	—	—	—	—	三	四四、〇〇〇
今宿村	一	一一、六七八	—	—	二	五一七、三一五	—	—	三	五二八、九九三
高坂村	—	—	—	—	一二	三、七一三、八九六	—	—	一二	三、七一三、八九六
野本村	—	—	三	二二五、〇〇〇	五	一、六四九、八四八	—	—	八	一、八六四、八四八
中山村	一	六〇、〇〇〇	—	—	二	五二二、五五九	—	—	三	五八二、五五九
伊草村	一	一〇〇、〇〇〇	—	—	二	五二七、八五一	—	—	三	六二七、八五一
三保谷村	—	—	一	五〇、〇〇〇	—	—	—	—	一	五〇、〇〇〇
出丸村	—	—	—	—	一	五〇、〇〇〇	—	—	一	五〇、〇〇〇
八ツ保村	—	—	—	—	—	—	—	—	—	—
小見野村	—	—	二	一一〇、〇〇〇	二	六二、〇〇〇	—	—	四	一七二、〇〇〇

町村名＼被害別	道路 箇所	道路 金額	橋梁 箇所	橋梁 金額	河川 箇所	河川 金額	砂防 箇所	砂防 金額	計 箇所	計 金額
東吉見村	—	—	二	二七二,五八七	—	—	—	—	二	二七二,五八七
南吉見村	—	—	—	—	一	五〇,〇〇〇	—	—	一	五〇,〇〇〇
西吉見村	一	一六,〇〇〇	—	—	一	二六三,六二五	—	—	二	二七九,六二五
北吉見村	—	—	—	—	—	—	—	—	—	—
計	四四	一,九七三,三九〇	四〇	二,九五六,二一〇	六七	二〇,七一二,七七三	一	六四八,八一七	一五二	二六,二九一,一八九

(4) 秩父郡における調

町村名＼被害別	道路 箇所	道路 金額	橋梁 箇所	橋梁 金額	河川 箇所	河川 金額	砂防 箇所	砂防 金額	計 箇所	計 金額
秩父町	二	八〇,〇〇〇円	一	二一三,四三七円	—	—円	—	—円	三	二九二,四三七円
横瀬村	九	四八六,九〇〇	七	九一八,九八三	—	—	—	—	一六	一,四〇五,八八三
芦ヶ久保村	二一	四九二,六五三	三	五一〇,〇〇四	—	—	—	—	一四	一,〇〇二,六五六
高篠村	三〇	八三五,二四五	七	二六一,七八七	—	—	—	—	二七	一,〇九二,〇三三
原谷村	二	二五,〇〇〇	一	一〇一,五九六	—	—	—	—	三	一二六,五九六
皆野町	—	—	四	三一八,五九六	二	二九,一〇六	—	—	六	三三七,七〇二
三沢村	二	二〇,五五六	七	二六二,七七二	—	—	—	—	九	二八三,三二八
野上町	七	一七〇,五〇四	二	一九四,九八三	—	—	—	—	九	三六五,四八七
國神村	五	七四,六五二	二	一,三三一,六八〇	—	—	一	四七〇,九一三	八	一,八七七,二四五
金沢村	三	一三六,四九六	一	二五,〇〇〇	—	—	—	—	四	一六一,四九六
日野沢村	八	一六二,六九四	二	四〇,一六五	—	—	—	—	一〇	二〇二,八五九

町村名＼被害別	道路 箇所	道路 金額	橋梁 箇所	橋梁 金額	河川 箇所	河川 金額	砂防 箇所	砂防 金額	計 箇所	計 金額
吉田町	一二	五七一、八〇六円	三	六九、二〇四円	—	—円	二	二三七、八六八円	一七	八七八、八七八円
大田村	三	三四、七五一	一	七六、六一六	—	—	—	—	四	一一一、三六七
尾田蒔村	三	六〇、〇〇〇	二	二五、四八三	—	—	—	—	五	八五、四八三
長若村	四	一三二、〇二七	三	九三、四一〇	—	—	—	—	七	二二五、四三七
小鹿野町	五	一九七、八七六	二	一二八、八一五	—	—	—	—	七	三二六、六九一
上吉田村	九	五二〇、三六二	三	一九五、二六七	—	—	三	二七六、四三七	一五	九九二、〇六六
倉尾村	三	二七四、三三五	—	—	—	—	九	一、〇三九、八二七	一二	一、三一四、一六二
三田川村	四	七七、一六七	四	三一二、二四八	—	—	—	—	八	三八九、四一五
両神村	六	二五一、三八五	三	一三四、四七九	—	—	—	—	九	三八五、八六四
大滝村	二	八四、三三三	二	一二九、四七九	—	—	—	—	四	二一三、八一二
荒川村	一〇	五四六、〇八六	五	五一八、一〇二	—	—	—	—	一五	一、〇六四、一八八
久那村	—	—	一	五〇、〇〇〇	—	—	—	—	一	五〇、〇〇〇
浦山村	一一	三五九、〇五三	二	一五七、六四三	—	—	—	—	一三	五一六、六九六
影森村	一	五〇、一九九	—	—	—	—	三	一、二八七、二八三	四	一、三三七、四八二
大椚村	—	—	一	一五、〇〇〇	—	—	三	四、四四八、五一六	四	四、四六三、五一六
槻川村	一二	一二〇、六〇〇	一一	五〇二、八一四	—	—	二	一、六七九、三五八	二五	二、三〇二、七七二
大河原村	一	四、八〇〇	三	一二六、三八四	五	三一〇、〇四九	—	—	九	四四一、二三三
矢納村	二	三四、七一四	—	—	—	—	—	—	二	三四、七一四
計	一五七	五、八〇四、一八三	八三	六、七一二、九四七	七	五二九、一五五	二三	九、四四〇、一〇二	二七〇	二二、四八六、四八七

(5) 児玉郡における調

町村名＼被害別	道路		橋梁		河川		砂防		計	
	箇所	金額	箇所	金額	箇所	金額	箇所	金額	箇所	金額
本庄町	二	一七九、三〇〇円	三	二〇七、三三四円	—	—円	—	—円	五	三八六、六三四円
藤田村	二	八四、九四三	一	二三、九四三	一〇	四、七[illegible]四、九〇八	—	—	一三	五、六三二、七九四
仁手村	一	五、五〇〇	一	五四、二〇〇	—	—	—	—	二	五九、七〇〇
旭村	二	一三五、〇〇〇	—	—	—	—	—	—	二	一三五、〇〇〇
北泉村	三	一七六、〇〇〇	四	五七八、四二七	三	二、九一六、二五〇	—	—	一九	三、六七〇、六七七
東児玉村	一	三〇、五〇〇	七	九三九、〇一一	二	三、〇〇五、六七〇	—	—	一九	三、九七五、一八一
共和村	一	一五、二三四	二	七二、〇〇〇	—	—	—	—	三	八七、二三四
児玉町	一	三六、四〇〇	—	—	一	三二〇、一九九	—	—	二	三五六、五九九
金屋村	三	三五二、二〇二	—	—	二	一四五、五三三	—	—	五	四九七、七三五
青柳村	二	八一、一四八	一	四五、三七四	一	三八、〇〇〇	—	—	四	一六四、五二二
若泉村	三	一六五、六九九	二	二八、〇〇〇	—	—	—	—	五	一九三、六九九
本泉村	三	七六四、七四五	七	二九四、七一二	一	一八、〇〇〇	—	—	一一	一、〇七七、四五七
神保原村	—	—	一	一〇、〇〇〇	二	一、〇二七、一二四	—	—	三	一、〇三七、一二四
賀美村	—	—	—	—	—	—	—	—	一	—
七本木村	—	—	一	一五、五〇〇	—	—	—	—	—	一五、五〇〇
長幡村	—	—	三	一三五、〇〇〇	—	—	—	—	三	一三五、〇〇〇
丹荘村	—	—	三	四三、〇〇〇	七	三、〇五六、一八九	—	—	一〇	三、〇九九、一八九
秋平村	七	二四四、一二三	四	七五〇、四〇五	三	一四三、五二五	—	—	一四	一、一三八、〇五三

町村名＼被害別	道路 箇所	道路 金額	橋梁 箇所	橋梁 金額	河川 箇所	河川 金額	砂防 箇所	砂防 金額	計 箇所	計 金額
松久村	七	三〇七、七七六円	三	二一、七七九円	四	一三九、一二五円	—	—円	一四	六五八、六八〇円
大沢村	一	三五、〇〇〇	—	—	—	—	—	—	一	三五、〇〇〇
計	四八	三、三六三、五五九	四三	三、三九七、六八五	五四	一五、五六四、五三三	—	—	一四五	二二、三二五、七七七

(6) 大里郡における調

町村名＼被害別	道路 箇所	道路 金額	橋梁 箇所	橋梁 金額	河川 箇所	河川 金額	砂防 箇所	砂防 金額	計 箇所	計 金額
吉見村	—	—円	四	一九五、二九二円	五	一一、八六一、一三九円	—	—円	九	一三、〇五六、四三一円
市田村	—	—	—	—	四	三、二一七、九〇二	—	—	四	三、二一七、九〇二
吉岡村	三	一四一、八〇〇	三	八四、五八一	六	八、二二六、〇一九	—	—	一二	八、四五二、四〇〇
御正村	一	三〇、〇〇〇	—	—	四	九、四五八、〇三八	—	—	五	九、四八八、〇三八
三尻村	—	—	—	—	—	—	—	—	—	—
奈良村	一	四三、〇〇〇	—	—	—	—	—	—	一	四三、〇〇〇
長井村	一	三六、一九一	—	—	一	二〇〇、〇〇〇	—	—	二	二三六、一九一
秦村	一	一三、〇〇〇	—	—	二	六五、〇〇〇	—	—	三	七八、〇〇〇
妻沼町	一	一九九、九四二	一	五四、六二七	—	—	—	—	二	二五四、五六九
男沼村	一	三四、六二七	一	二〇〇、〇〇〇	—	—	—	—	二	二三四、六二七

太田村	一	二七、〇〇〇	—	—	五	三六五、八六七	—	—	六	三九一、八六七
明戸村	—	—	—	—	五	二、一六八、六四一	—	—	五	二、一六八、六四一
別府村	—	—	—	—	一	六五、二六〇	—	—	一	六五、二六〇
幡羅村	—	—	—	—	—	—	—	—	—	—
深谷町	三	一、六二二、八四〇	三	三九六、八二六	三	一二三、六四八	—	—	九	二、一三三、三一四
大寄村	一	三四、九〇六	—	—	八	九二一、三七四	—	—	九	九六六、二八〇
新会村	一	五五、〇〇〇	一	一、五七一、三三八	三	一、九四〇、七一二	—	—	五	三、五六七、〇五〇
中瀬村	—	—	—	—	—	—	—	—	—	—
八基村	一	一四、〇〇〇	—	—	—	—	—	—	一	一四、〇〇〇
岡部村	二	一、五五四、八四〇	—	—	四	二三三、一四五	—	—	六	一、七七七、九八五
榛沢村	一	五〇、〇〇〇	五	九二七、二二七	一六	四、二二七、三三九	一	一、七四〇、四〇六	二三	六、八九九、九七一
本郷村	—	—	—	—	—	—	—	—	—	—
藤沢村	一	一〇、〇〇〇	八	二九二、一四三	—	—	—	—	九	三〇二、一四三
武川村	一	四八、〇〇〇	二	六四七、三九一	一	一、五五三、七一〇	—	—	四	二、二四九、一〇一
花園村	二	四三、二四四	二	八八、五六七	—	—	—	—	四	一三一、八一一
用土村	—	—	—	—	—	—	—	—	—	—
寄居町	四	二三五、八九八	四	九九、三〇〇	—	—	—	—	八	三三五、一九八
男衾村	一	二二、五六四	二	五八七、三三八	三	八六一、七七七	—	—	六	一、四七一、六七九
折原村	二	四四、六九〇	一	七五、〇〇〇	—	—	—	—	三	一一九、六九〇
鉢形村	二	一二四、三〇〇	二	六四、六四四	—	—	—	—	四	一八八、九四四
小原村	四	八八、〇〇〇	—	—	—	—	—	—	四	八八、〇〇〇
本畠村	一	五、七九七	—	—	四	二、二五一、二七一	—	—	五	二、二五七、〇六八
計	三七	四、四三四、六三九	三九	五、二八四、一七三	七五	四七、七二九、八三二	—	一、七四〇、四〇六	一五二	五九、一八九、〇五〇

(7) 北埼玉郡における調

町村名＼被害別	道路 箇所	道路 金額（円）	橋梁 箇所	橋梁 金額（円）	河川 箇所	河川 金額（円）	砂防 箇所	砂防 金額（円）	計 箇所	計 金額（円）
忍町	―	―	―	―	―	―	―	―	―	―
羽生町	―	―	―	―	―	―	―	―	―	―
加須町	―	―	―	―	―	―	―	―	―	―
騎西町	―	―	―	―	―	―	―	―	―	―
中條村	一	二六,〇〇〇	一	七,五〇〇	―	―	―	―	二	三三,五〇〇
南河原村	一	八〇,〇〇〇	―	―	―	―	―	―	一	八〇,〇〇〇
北河原村	一	八〇,〇〇〇	―	―	五	一,五七九,九一六	―	―	六	一,六五九,九一六
星宮村	一	一二二,〇〇〇	―	―	―	―	―	―	一	一二二,〇〇〇
太井村	―	―	―	―	―	―	―	―	―	―
下忍村	三	七〇,〇〇〇	一	一五〇,〇〇〇	一	五〇〇,〇〇〇	―	―	五	七二〇,〇〇〇
荒木村	―	―	―	―	―	―	―	―	―	―
須加村	―	―	―	―	―	―	―	―	―	―
新郷村	一	一七五,〇〇〇	四	一五,九九六,一八九	―	―	―	―	五	一六,一七一,一八九
太田村	―	―	一	七五,〇〇〇	―	―	―	―	一	七五,〇〇〇
埼玉村	―	―	―	―	―	―	―	―	―	―
屈巣村	一	一〇〇,〇〇〇	―	―	一	二一,〇〇〇	―	―	二	一二一,〇〇〇
廣田村	一	八〇,〇〇〇	―	―	―	―	―	―	一	八〇,〇〇〇
須影村	―	―	一	二三,〇〇〇	―	―	―	―	一	二三,〇〇〇

村名										
岩瀬村	—	—	—	—	—	—	—		—	—
川俣村	—	—	—	—	—	—	—		—	—
井泉村	一	七〇、〇〇〇	一	六五、〇〇〇	—	—	—		二	一三五、〇〇〇
手子林村	—	—	—	—	—	—	—		—	—
志多見村	一	一三、〇〇〇	—	—	—	—	—		一	一三、〇〇〇
田ヶ谷村	—	—	—	—	—	—	—		—	—
共和村	—	—	—	—	—	—	—		—	—
笠原村	一	九〇、〇〇〇	—	—	二	二二五、四五七	—		三	三一五、四五七
種足村	一	八〇、〇〇〇	—	—	—	—	—		一	八〇、〇〇〇
高柳村	—	—	—	—	—	—	—		—	—
礼羽村	—	—	—	—	—	—	—		—	—
不動岡町	一	九五、〇〇〇	—	—	—	—	—		一	九五、〇〇〇
樋遣川村	一	一三五、四三三	二	八七、三九九	—	—	—		三	二二二、八三二
三田ヶ谷村	一	一〇〇、〇〇〇	四	五〇、八〇〇	—	—	—		五	一五〇、八〇〇
村君村	—	—	—	—	—	—	—		—	—
大越村	—	—	—	—	—	—	—		—	—
利島村	二	八六五、一〇七	—	—	三	一、〇五九、七六三	—		五	一、九二四、八七〇
川辺村	三	八六二、七〇三	—	—	—	—	—		三	八六二、七〇三
東村	四	二、四七二、九七五	一	九六、〇五一	—	—	—		五	二、五六九、〇二六
原道村	一	五八八、二一七	—	—	—	—	—		一	五八八、二一七
元和村	三	一、九二五、六六九	—	—	—	—	—		三	一、九二五、六六九

町村名＼被害別	道路 箇所	道路 金額	橋梁 箇所	橋梁 金額	河川 箇所	河川 金額	砂防 箇所	砂防 金額	計 箇所	計 金額
		円		円		円		円		円
豊野村	三	七五二、〇八九	三	四九八、四二〇	—	—	—	—	六	一、二五〇、五〇九
三俣村	二	一八五、〇〇〇	一	三一、五〇〇	—	—	—	—	三	二一六、五〇〇
大桑村	一	九〇、〇〇〇	—	—	—	—	—	—	一	九〇、〇〇〇
水深村	—	—	—	—	—	—	—	—	—	—
鴻茎村	—	—	—	—	—	—	—	—	—	—
計	三六	九、〇四七、一八二	三〇	一七、〇八〇、八五九	一三	三、三七六、一三六	—	—	七八	二九、五〇四、一七七

(8) 南埼玉郡における調

町村名＼被害別	道路 箇所	道路 金額	橋梁 箇所	橋梁 金額	河川 箇所	河川 金額	砂防 箇所	砂防 金額	計 箇所	計 金額
		円		円		円		円		円
岩槻町	—	—	—	—	—	—	—	—	—	—
豊春村	一	二〇、〇〇〇	—	—	—	—	—	—	一	二〇、〇〇〇
春日部町	三	五六、八五〇	六	二四三、二七三	—	—	—	—	九	三〇〇、一二三
川通村	二	九三、〇〇〇	一	二三、〇〇〇	—	—	—	—	三	一一六、〇〇〇
武里村	三	四七一、九六〇	一	五〇、〇〇〇	一	二五、九八五	—	—	五	五四七、九四五
櫻井村	二	一四三、四九六	—	—	—	—	—	—	二	一四三、四九六
新方村	一	二五、〇〇〇	—	—	—	—	—	—	一	二五、〇〇〇
増林村	二	四一、七〇二	一	二〇、九二四	二	一二、五六二	—	—	五	七四、一八八

大袋村	三	四四四、九六〇	一	二五〇、〇〇〇	―	―	―	―	四	六九四、九六〇
荻島村	―	―	―	―	―	―	―	―	―	―
柏崎村	―	―	―	―	一	五、〇〇〇	―	―	一	五、〇〇〇
和土村	―	―	―	―	一	一五、〇〇〇	―	―	一	一五、〇〇〇
新和村	―	―	―	―	三	四七、〇〇〇	―	―	三	四七、〇〇〇
出羽村	―	―	―	―	一	一五、〇〇〇	―	―	一	一五、〇〇〇
蒲生村	―	―	一	三五、〇〇〇	―	―	―	―	一	三五、〇〇〇
川柳村	三	一三四、九六八	二	一一六、三一七	―	―	―	―	五	二五一、二八五
八條村	一	三〇、〇〇〇	四	一一六、七八八	四	七三四、七〇五	―	―	九	八八一、四九三
八幡村	二	八〇、〇〇〇	―	―	―	―	―	―	二	八〇、〇〇〇
潮止村	一	二八、〇〇〇	二	五九八、〇〇〇	一	一〇〇、〇〇〇	―	―	四	七二六、〇〇〇
大相模村	一	六八、〇〇〇	―	―	二	九二、二二三	―	―	三	一六〇、二二三
越ヶ谷町	―	―	―	―	二	一〇〇、〇〇〇	―	―	二	一〇〇、〇〇〇
大沢町	二	九六八、〇三二	―	―	三	五四、〇〇〇	―	―	五	一、〇二二、〇三二
慈恩寺村	一	二〇、〇〇〇	―	―	―	―	―	―	一	二〇、〇〇〇
日勝村	一	二〇、〇〇〇	四	二五五、一三一	―	―	―	―	五	二七五、一三一
須賀村	二	五二、〇〇〇	四	二六五、〇〇〇	―	―	―	―	六	三一七、〇〇〇
百間村	三	四六、一〇〇	八	四六一、七四〇	一	一〇、〇〇〇	―	―	一二	五一七、八四〇
太田村	二	五三、六四二	三	一二四、七五三	―	―	―	―	五	一七八、三九五
久喜町	一	三五、〇〇〇	―	―	―	―	―	―	一	三五、〇〇〇
鷲宮町	五	一、六七四、九九八	四	八〇、〇五一	―	―	―	―	九	一、七五一、〇四九

町村名＼被害別	道路 箇所	道路 金額	橋梁 箇所	橋梁 金額	河川 箇所	河川 金額	砂防 箇所	砂防 金額	計 箇所	計 金額
清久村	一	五〇、〇〇〇円	—	—円	—	—円	—	—円	一	五〇、〇〇〇円
江面村	四	一五五、八四〇	一	一三八、〇三九	—	—	—	—	五	二九三、八七九
河合村	—	—	一	二五〇、〇〇〇	三	三二五、一一八	—	—	四	五七五、一一八
黒浜村	—	—	—	—	—	—	—	—	—	—
蓮田町	—	—	—	—	—	—	—	—	—	—
平野村	—	—	—	—	二	一四四、二〇六	—	—	二	一四四、二〇六
栢間村	—	—	一	一三〇、八六一	一	一三七、〇七二	—	—	二	二六七、九三三
小林村	一	三〇、〇〇〇	一	二〇、〇〇〇	—	—	—	—	二	五〇、〇〇〇
菖蒲町	一	二五、〇〇〇	二	二二〇、〇〇〇	—	—	—	—	三	二四五、〇〇〇
三箇村	—	—	—	—	—	—	—	—	—	—
篠津村	一	二五、〇〇〇	四	一六四、三五八	—	—	—	—	五	一八九、三五八
大山村	—	—	一	三〇、〇〇〇	一	一五〇、〇〇〇	—	—	二	一八〇、〇〇〇
計	五〇	四、七九三、五三七	五三	三、五九三、二三五	二九	一、九六六、八八〇	—	—	一三二	一〇、三五三、六五二

(9) 北葛飾郡における調

町村名＼被害別	道路 箇所	道路 金額	橋梁 箇所	橋梁 金額	河川 箇所	河川 金額	砂防 箇所	砂防 金額	計 箇所	計 金額
栗橋町	二三	七、四〇八、三六七円	四	四三二、五五六円	一八	二、六一二、七六六円	—	—円	四五	一〇、四五三、六八九円

櫻田村	九	一、六二七、四一三	一四	三八二、四三三	一	六三〇、三九三	―	―	二四	二、六四〇、二三九
行幸村	四	二七五、七七〇	―	―	四	二、八三九、二四五	―	―	八	三、一一五、〇一五
幸手町	七	三、〇六三、七七五	三	六三、六七三	―	―	―	―	一〇	三、一二七、四四八
上高野村	四	五四四、一八九	四	一八九、八九二	―	―	―	―	八	七三四、〇八一
高野村	二	三七、一四〇	―	―	―	―	―	―	二	三七、一四〇
権現堂川村	二	五〇、〇〇〇	一	四三九、四九九	三	二、三六二、六六四	―	―	六	二、八五二、一六三
吉田村	六	六四六、一五六	二	二七七、九三七	一五	四、九六〇、七六三	―	―	二三	五、八八四、八五六
八代村	四	二一六、二二一	四	一三四、八八二	六	九七七、〇〇八	―	―	一四	一、三二八、一一一
出宮村	四	七四、六六三	八	二八七、八六九	五	一二五、三八四	―	―	一七	四八七、九一六
杉戸町	二	三一六、九九二	三	二九七、七五三	二	四五、六九九	―	―	七	六六〇、四四三
堤郷村	三	三九〇、四九九	四	七六、〇四一	―	―	―	―	七	四六六、五四〇
幸松村	三	八七、六八一	一	二〇八、五九八	七	四三四、〇九七	―	―	一一	七三〇、三七六
豊野村	二	五五、〇〇〇	一	一〇、〇〇〇	五	七五、七四〇	―	―	八	一四〇、七四〇
松伏領村	四	一、五六二、四六二	九	一、七四一、八八四	二八	三、四八二、八四一	―	―	四一	六、七八七、一八七
旭村	四	二八四、一四〇	三	四五〇、一〇九	五	一、八六七、五一八	―	―	一二	二、六〇一、七六七
吉川町	五	四四二、八七〇	二	二五七、四七四	四	一、六七三、三九五	―	―	一一	二、三七三、七三九
三輪野江村	四	六五、九二八	五	一二八、九一七	―	―	―	―	九	一九四、八四五
彦成村	七	三四二、七六九	一	二二、六六二	三	六九七、六六六	―	―	一一	一、〇六三、〇九七
早稲田村	四	三六八、三四〇	六	三三〇、五〇二	―	―	―	―	一〇	六九八、八四二
東和村	七	四四三、九六三	六	四三〇、一〇八	―	―	―	―	一三	八七四、〇七一
豊岡村	一	二五、〇〇〇	―	―	―	―	―	―	一	二五、〇〇〇

町村名＼被害別	道路 箇所	道路 金額	橋梁 箇所	橋梁 金額	河川 箇所	河川 金額	砂防 箇所	砂防 金額	計 箇所	計 金額
櫻井村	二	円 一四七、二七六	―	円 ―	七	円 三九六、七三八	―	円 ―	九	円 五四四、〇一四
宝珠花村	一	二〇、〇〇〇	―	―	―	―	―	―	一	二〇、〇〇〇
富多村	一	二五、〇〇〇	六	一〇三、九九一	一〇	一九六、四八四	―	―	一七	三二五、四七五
南櫻井村	四	一六七、六一〇	九	七三八、四二七	七	一六六、五〇一	―	―	二〇	一、〇七二、五四八
川辺村	二	一三七、九六六	八	二九二、三三九	三	五二七、八四四	―	―	一三	九五八、一一九
金杉村	三	九〇、二九八	―	―	九	七九一、七四一	―	―	一二	八八二、〇三九
計	一三四	一八、九一七、四五七	一〇四	七、二九七、五五五	一四二	二四、八六四、四八八	―	―	三八〇	五一、〇七九、五〇〇

第一〇章　工場關係の被害

第一節　一般工場の被害

県内工業地帯の被害は、概して僅少に終始した。即ち西北部秩父及び飯能地区の絹織物工業地帯は、殆んど被害がなく、又南部川口、浦和、大宮の三市及び東北部東北、高崎両鉄道沿線地区の金属工業、機械工業の被害は、川口地区を除いては、同様僅少であつたことである。

右川口市は、地帯低地であるため、該地に瀦溜した水に浸され、機械器具及び資材等に相当の被害をうけた。

次に今回の被害激甚地たる埼葛地区は、忍町及び草加町を除いては密集工場もなく、一部に川口同様浸水による機械の損傷があり、運轉操作に支障があつたが、何れも資材の補給により、数日ならずしてそれ〴〵復旧を見たのである。

水害工場調査集計表（被害工場数二八四工場）二二・一〇・三現在

被害状況＼業種別		機械関係	鑄物関係	繊維関係	窯業関係	化学関係	食料品関係	木工関係	電氣業関係	其の他工業	合計
設備の被害状況	被害合数	三、二三九	一九二	四五五	八四	二〇〇	七七	一六四	変電所及発電所設備八ヶ所の被害状況は別紙	—	四、四二一
	被害の程度 修理可能	三、二〇五	一九二	四四五	八四	二〇〇	六八	一五三		—	四、三四七
	被害の程度 修理不可能	三四	—	一〇	—	—	九	一一		—	七四
	備考	浸水	同上	同上	同上	同上	同上	同上		—	浸水
建物の被害状況	流失の状況 全部流失	—	—	二	—	—	—	—	—	—	二
	流失の状況 一部流失	一	（一）	（六）	五	（九）	—	—	—	—	（一六）六
	全壊建物数	—	—	—	—	—	—	—	—	—	—
	半壊建物数	二	（一）	一	二	—	—	一	—	—	（一）六
	床上浸水数	九六	三	二三	四	九	二	一〇	二	一	一六九
	床下浸水数	一三三	七〇	一	一	—	五	一〇	六	—	二四五
	小計	二五一	九二	二七	三	九	七	二一	八	一	四二八

註（ ）内は工場建物一部の被害を示す。

第二節　賠償工場の被害

賠償工場の被害については、軍政部よりも調査方の指令があり、当時県内に散在せる工場を左表の如く七ブロックに分別し、それ〴〵調査したのであるが、一般工場同様被害は僅少であつた。

1. 被害工場及び被害額　　　　　　　　賠償課

地区別	工場数	被害工場数	工場名	所在地	被害総額
浦和	八	五	日本ピストリング與野工場	與野町	八〇、〇三八円
			関東兵器	同	一四、九五三
			三殖株式	同	五、二三七
			抽木製作	同	一、五一四
			新潟鉄工與野工場	浦和	二二、五七四
大和田志木	四	四	日興航空	大和町	一八、五〇〇
			中外火工白子工場	同	一、〇〇〇
			中央工業新倉工場	同	二、〇一一
			中外火工大和田工場	大和田町	三、三一八
川口	三	一	日本ピストリング川口工場	川口市	五七、八一三
大宮	四	—			—
川越	五	五	横河電機川越工場	川越市	三六八
			ムサシ工業坂戸工場	坂戸町	一一、六九八
			小菅産業	小川町	一〇、七二七

秩父	三	三
本庄	三	二
春日部	一	一
計	三一	二一

豊岡飛行機	入間川町	二〇、九四二
平岡工業	飯能町	六、七二三
関東産業	秩父町	三、二〇〇
秩父精機	同	六、三八二
秩父航空工業	國神村	五、六七六
深谷工業	深谷町	四、三〇七
千葉製作所	本庄町	二二、八九六
農村時計南櫻井工場	南櫻井村	一四、八七七
計		三一四、七五四

2. 被害の内容

被害の内容は、左表の通り

浸水		雨漏吹込	雨漏	吹込
河川氾濫	其の他			
二戸	八戸	一九戸	三戸	二戸

建築物関係の内容次の通り

区分	棟数	破損箇所	延坪数
屋根	七六棟	二五六	五、九一九坪
窓硝子	五八	三四〇	七九八
其の他	二	三	二五〇

機械関係の内容次の通り

区分	休止機械台数	稼働機械台数
分解手入を要するもの	三四七台	五二台
外部精密手入を要するもの	一、九〇七	七五一
軽易な外部手入を要するもの	三、八八九	一、二六七
手入を要せざるもの	三、六一六	一、一七八
計	九、七五九	三、二四八

第二章 學校教育關係被害

第一節 被害の概況

管下学校々舎の被害状況については、別記内訳状況に表示の通りなるも、特に利根本流決潰口流出下の村落東村、原道村、元和村一帯及び渡良瀬川決潰口流出下の川辺村、利島村等は被害激甚を極めたが、更に氾濫地域たる栗橋、幸手町を初め、行幸、権現堂川、八代、田宮各村の被害もそれについで甚大であつた。

縣内山間部地帯は、六一〇粍の記録的降雨が急激であつたゝめ、至る所欠壊崩壊があつたが、山崩れのために下敷となり、全壊したものに秩父郡大椚小学校泉原分校がある。今次水害における山間部は、被害が僅少に終つたのは、眞に不幸中の幸であつた。

左表1、2、3は被害の内容である。

(1) 校舎浸水状況

種別＼学校別	小学校	新制中学校	新制高等学校	計
床上浸水	四九校	三七校	六校	九二校
床下浸水	一七	一二	—	二九
計	六六	四九	六	一二一

(2) 校舎の被害状況

種別＼学校別	小学校	新制中学校	新制高等学校	計
全壊に等しきもの	四校	二校	—校	六校
半壊に等しきもの	七	四	—	一一
大破	二三	一八	六	四七
小破	三二	二五	—	五七
計	六六	四九	六	一二一

(3) 罹災校名一覧表

前表2記載の全壊六校並に半壊十一校計十七校の校名並に被害復旧の坪数は左表の通りである。

学校名	所在地	被害別	学級数	児童数	被害坪数	復旧坪数
豊田小学校	北葛飾郡栗橋町	全壊	一一	四三四	三一五坪	三一五坪
東中学校	北埼玉郡東村	同	四	一六〇	一八〇	一八〇
東小学校	同	同	七	三五七	二五七	二五七
川辺中学校	同　川辺村	同	六	二七一	四〇三	(二二)三七〇 (二三)三〇
川辺小学校	同	同	一二	五一〇	二一〇	二一〇
大椚小学校	秩父郡大椚村	同	九	二四七	八一	(二二)五〇 (二三)三一
静小学校	北葛飾郡栗橋町	半壊	一一	四二二	四五五	一五四
田宮小学校	同　田宮村	同	六	二三九	三五五	三五五
田宮南小学校	同	同	六	一七五	三五五	三五五
原道中学校	北埼玉郡原道村	同	六	二二五	三〇〇	三〇〇
原道小学校	同	同	一二	四五〇	四〇六	三五〇
元和中学校	同　元和村	同	五	一九一	二〇〇	二〇〇
元和小学校	同	同	一一	三八五	二六九	二六九
利島中学校	同　利島村	同	七	三一九	二一三	(二二)一六〇 (二三)五〇

学校名	所在地	被害別	学級数	児童数	被害坪数	復旧坪数
利島小学校	北埼玉郡利島村	半壊	一四	六五二	三〇〇坪	(二二)二四〇坪 (二三)五三〇
樋遣川中学校	同 樋遣川村	同	八	三〇九	二五〇	(二二)二〇〇 (二三)五〇〇
樋遣川小学校	同	同	一三	五九八	三三〇	(二二)二二〇 (二三)六九〇

備　考　右表最下端復旧坪数中括弧内は年度を示す。

第二節　復旧の概況

罹災校舎の復旧に関しては、國民教育の使命重大に照らし、一日も忽緒に附せしむるべきでないという立場から縣並に政府は勿論、関係市町村の当事者と密接なる連絡を取り、経済面並に資材面に関し、屢次協議を重ねたるも、今次水害に居住民の住宅は、予想以上の損傷をうけ。学校が避難所として充当され、中には半壊以上の被害をうけたる校舎が現在猶利用されつゝある点を考慮し、先づ住宅に注意が拂われ、校舎は第二義におかれた次第である。

減水につれて、各地の校舎復旧の運動も、逐日活潑になつていたが、何しろ予定していた國庫補助金が、一部二十三年度に繰延べとなり、本二十二年度の國庫補助金ですら二分の一、予定額を三分の一に減殺されて、愈々財源涸渇を余儀なくせられ、ために復旧は遅々として進捗を見ず、結局大破以上の被害六十四校の中、本二十二年度の復旧は二十九校、二十三年度に復旧したものは十六校で、残余の十九校は、應急修理によりて一時をしのぎ。来る二十四年度に於て全校修築完成の計畫を見ることになつた。

猶被害の見積額は次表1、2、3、4の通りであるが、総額三千六百二十七万二千円になつている。

(1) 机及び腰掛復旧見積額

区分 学校別	被害個数	單價	見積計
小学校	三、〇七五個	二五〇円	六六八、七五〇円
中学校	九七五	二五〇	二四三、七五〇
高等学校	―個	二五〇円	―円
計	四、〇五〇		一、〇一二、五〇〇

(2) 其の他設備々品見積額

区分 学校別	被害種別	校数	單價	金額	計
小学校	全(半)壊	一〇校	一五〇、〇〇〇円	一、五〇〇、〇〇〇円	三、七九五、〇〇〇円
	大破	二三	七五、〇〇〇	一、七二五、〇〇〇	
	小破	一九	三〇、〇〇〇	五七〇、〇〇〇	
中学校	全(半)壊	八	五〇、〇〇〇	四〇〇、〇〇〇	一、〇三〇、〇〇〇
	大破	一八	二五、〇〇〇	四五〇、〇〇〇	
	小破	一八	一〇、〇〇〇	一八〇、〇〇〇	
高等学校	小破	四	三〇、〇〇〇	一二〇、〇〇〇	一二〇、〇〇〇
計		一〇〇	四九四、五〇〇	四、九四五、〇〇〇	四、九四五、〇〇〇

備考　本表中には、運動用具として五、〇〇〇組、放送設備具一、〇〇〇個、図書五、〇〇〇冊、楽器二〇、〇〇〇台、ミシン三〇、〇〇〇台、理科器具其他八二、〇〇〇個消耗品器七、〇〇〇個等を計上せり。

(3) 校舎見積額（新築修復を含む）

種別	坪当り	小学校		中学校		高等学校		計	
		坪数	金額	坪数	金額	坪数	金額	坪数	金額
全壊	五、五〇〇円	七六四坪	四、二〇二、〇〇〇円	一六九坪	九二九、五〇〇円	―坪	―円	九三三坪	五、一三一、五〇〇円
半壊	三、〇〇〇	一、六四三	四、九二九、〇〇〇	六八九	二、〇六七、〇〇〇	―	―	二、三三二	六、九九六、〇〇〇
大破	一、〇〇〇	八、一五五	八、一五五、〇〇〇	一、九一三	一、九一三、〇〇〇	―	―	一〇、〇六八	一〇、〇六八、〇〇〇
小破	五〇〇	五、八五七	二、九二八、五〇〇	一、七二二	八六一、〇〇〇	四、四二八	二、二一四、〇〇〇	一二、〇〇七	六、〇〇三、五〇〇
計		一六、四一九	二〇、二一四、五〇〇	四、四九三	五、七七〇、五〇〇	四、四二八	二、二一四、〇〇〇	二五、三四〇	二八、一九九、〇〇〇

(4) 校地復旧見積額

校別	面積	單價	金額
小学校	一四、七七七坪	一〇〇円	一、四七七、七〇〇円
中学校	六、三七八	一〇〇	六三七、八〇〇
高等学校	―坪	一〇〇円	―円
計	二一、一五五	一〇〇	二、一一五、五〇〇

第一二章　市町村役場の被害

水禍地域内の市町村役場の被害につきては、市関係には異狀なきも、町村関係は床上浸水七十四箇所、床下浸水百六箇所で、幸倒壊は一箇所もなかつた。

猶七十四箇町村役場の復旧所要額は次表の通りである。

記

区分	基本員数	単価	計
廳舎	三、七〇〇坪	二、〇〇〇円	七、四〇〇、〇〇〇円
備品	一、〇〇〇個	一、〇〇〇	一、〇〇〇、〇〇〇
消耗品	七四ヶ町村	三〇、〇〇〇円	二、二二〇、〇〇〇円
計			一〇、六二〇、〇〇〇

次に水害に伴なう市町村財政資金所要額について、概算調査の実状は、左表の通りである。

水害に伴う市町村財政資金所要額調

区分	基本員数	単価（平均）	金額	摘要
一、一時借入金所要額			三〇、九〇〇、〇〇〇円	
一時借入金	一〇三町村	三〇〇、〇〇〇円	三〇、九〇〇、〇〇〇	○一町村平均三〇万円
二、公共施設應急復興費			一八七、八六五、五〇〇	
(一) 市役所、町村役場			一〇、六二〇、〇〇〇	○浸水町村役場数七四
○廳舎	三、七〇〇坪	二、〇〇〇	七、四〇〇、〇〇〇	
○備品	一、〇〇〇個	一、〇〇〇	一、〇〇〇、〇〇〇	

区分	基本員数	單價（平均）	金額	摘要
○消耗品	七四町村	三〇、〇〇〇円	二、二二〇、〇〇〇円	
(二)学校			三四、一四五、五〇〇	○浸水学校数一〇〇
○校舎	二一、〇〇〇坪	一、二〇〇	二五、二〇〇、〇〇〇	
○校地	二一、一五五坪	一〇〇	二、一一五、五〇〇	
○備品	一〇〇校	五八、三〇〇	五、八三〇、〇〇〇	
○消耗品	一〇〇校	一〇、〇〇〇	一、〇〇〇、〇〇〇	
(三)道路			三三、六〇〇、〇〇〇	
○市町村道	一、一二〇粁	三〇、〇〇〇	三三、六〇〇、〇〇〇	○市町村道三三、六〇〇粁の三分の一
(四)橋梁			九二、〇〇〇、〇〇〇	
○市町村道架設橋梁	九、二〇〇米	一〇、〇〇〇	九二、〇〇〇、〇〇〇	○市町村道橋梁五五、二〇〇米の三分の一の二分の一
(五)林道			一七、五〇〇、〇〇〇	
○市町村林道	五〇、〇〇〇米	三五〇	一七、五〇〇、〇〇〇	
三、予備資金			一〇、〇〇〇、〇〇〇	
合計	―	―	二二八、七六五、五〇〇	

第一三章　警察通信關係被害

第一節　颱風來と事前対策

九月十四日午後二時二十分、縣下警察署長に対し、次の如き訓令を出した。

本日の颱風警報で、万一に備え、警察の神経である通信線の被害を防ぎ、又被害箇所の急速復旧を計るため、次の措置を講ぜられたい。

1. 署轄内の警察電話線の故障発見に努め、又出來るだけ修理し、縣へ速報のこと。
2. 通信線に故障を起す電灯他線の破損防止につき、持場係員と事前連絡を行われたい。
3. 通信線に接近し烟突、火の見、樹木等、倒れ易いものゝ防止と、折損した場合の急速な取片付対策。
4. 特に通信の杜絶に備え、管內間連絡通信事項は、事前に対策を樹てられたい。

当時の通信技術職員数は、縣警察部主任技官大野親一の外技官二、巡査部長一、技手五、雇九、工手三、地方警察駐在員十箇所工手十一名合計三十二名で、この外に無線通信士技官二、囑託三、雇五、電話交換手書記一、雇十五名であつた。

主任以下数名によつて、被害應急修理用電線資材、車輛の整備と、各通信職員に待機警戒が傳達された。

第二節　被害の概況

通信被害は、予期通り各地に発生したが、特に通信杜絶の致命点となつたものは、縣警察部から縣下各警察署に通ずる幹線の集中点を、第一に破壊されたことであつた。

1. 北浦和附近の架空ケーブル電線が破損浸水し、廿一回線の幹線中縣北並に東西に及ぶ十三回線不通となり、二十九警察署の七〇%の連絡不能又は不円滑となつた。
2. 與野駅東道沿の枯松大樹倒壊し、電線路を圧し、断線混線多数発生して、幹線の大部分不通となつた。
3. 大里郡久下地先荒川堤防決潰点の電柱流失により、鴻巣、熊谷間幹線路電線十四條の断線により不通となる。
4. 鴻巣松山間馬室村地内荒川越し電柱流失し、松山、小川両署の連絡杜絶す。
5. 大宮川越間馬宮村地内荒川越し電柱流失し、川越、越生両署の連絡杜絶す。
6. 熊谷松山間吉岡村地内荒川越し電柱流失し、熊谷、松山間連絡杜絶す。
7. 兒玉大沢間河川越し電柱流失し、兒玉、寄居間杜絶す。
8. 被害の廣範に及んだものは、北埼玉郡東村利根決潰による氾濫地域一帯の幹線、加須、幸手、久喜、杉戸、越ケ谷、吉川各署管内の電話は殆んど不通又は不円滑。
9. 北埼玉郡利島村地内渡良瀬川堤防決潰により、大越、川辺、利島三村の警察電話全く不通。
10. 山崩れ、崖崩れ等により、飯能、小川、寄居、秩父、小鹿野等の各管内電話線路破損して不円滑となる。
11. 水害圏内の駐在所電話は、浸水のため電話機に故障を生じ、連絡不能のもの当時二十村以上に達した。
12. 非常持出用として、久喜、幸手地内に畜積しおきたるクレオソート注入電柱一〇〇余本流失、又は救助用の筏木に代用紛失したるもの多数あり。

猶詳細に関しては、左表の通りであるが、これ等警察通信被害の復旧費は、弐百八拾四万円であつた。

昭和二十二年九月十六日水害に依る警察通信被害狀況調　(昭和二十二年九月二十九日現在)

幹線の部

区間	電柱倒壊並流失数	流失線条 銅	流失線条 鉄	流失線条 計	本修理仮修理並未修理	記事
大宮～川越間	五本	二・四〇粁	—	二・四〇粁	仮修理	場所 荒川越
鴻巣～松山間	七	一・〇〇	一・〇〇	二・〇〇	同	同 同
鴻巣～熊谷間	一	一・八〇	〇・三〇	二・一〇	同	同 熊谷市久下地内荒川堤防附近
久喜～栗橋間	二三	三・四〇	〇・七〇	四・一〇	未修理	同 鷲宮地内
秩父警察署管内	二	〇・六〇	〇・二〇	〇・八〇	仮修理	樋口地内及吉田地内の二個所
計	三七	九・二〇	二・二〇	一一・四〇	仮修理 四 未修理 一	

板線の部

署轄	電柱倒壊並流失	流失線条 銅	流失線条 鉄	流失線条 計	本仮未修理の別	電話機損壊数	本仮未修理の別	記事
加須	（三〇％）七八本	—粁	八・三二粁	八・三二粁	未修理	五	未修理	川辺、利島、元和、東、原道
	（大越、利島、川辺間、豊野、元和、東間の二回線計上）							
杉戸	（一〇％）六三	—	七・九四	七・九四	未修理	七	未修理	八代、田宮、櫻井二、南櫻井、豊野、川辺
	（高野、須加、八代線、田宮、櫻井、豊岡線、富多、川辺、南櫻井、豊野線の三回線計上）							
幸手	（一〇％）二	—	一・〇八	一・〇八	未修理	八	未修理	栗橋三、豊田、静、櫻田、行幸、上高野

見込（未調査）

署轄	電柱倒壊並流失	流失線條 銅	流失線條 鉄	流失線條 計	本仮未修理の別	電話機損壊数	本仮未修理の別	記事
吉川 （行幸、櫻田、栗橋線計上）（10%）（彦成、戸ヶ崎、八木郷線計上）	本 一七	新 —	新 一・七〇	新 一・七〇	未修理	二	未修理	東和、三輪野江二
飯能	一四	〇・二六	〇・二六	〇・五二	仮修理	—		
児玉	三	〇・六六	〇・六六	〇・六六	同	—		
熊谷	五	二・〇八	二・〇八	二・〇八	同	—		
秩父	—	—	—	—	—	一	未修理	樋口
計	一九一	一・六五	二〇・五五	三・二〇		三	同	

保管電柱丸太の損失

署轄	流失数	記事
加須	電柱丸太 二一	利島村残置
幸手	電柱 四七	幸手町残置
久喜	同 五一	久喜町残置
計	電柱丸太 九 二九	

第一四章　砂利採取事業關係被害

砂利採取事業関係の被害については、縣直営と民間側の分があり、縣直営では、熊谷地区の三箇処、大里地区の二箇処、入間地区の二箇処計七箇処で、この損害見積額は計百十七万円であり、民間側の方は、北埼、北葛、入間、熊谷の各地区一箇処づゝ大里の三箇処計七箇処が主なる被害で、この外靑柳、長幡、勅使河原、小前田、永田、武川、皆柱、男衾、坂戸、岩沢、森戸等の小損害を加算すると、計千三百五十七万円となり、総計千四百七十四万円の損害となる。

猶これ等各地区における被害の內容並にその見積額は左表の通りである。

昭和二十二年九月二十五日增水被害による調査（直営）

被害地名	被害物件	金額	合計金額	摘要
熊谷市大字熊谷地先	軌條埋沒三五〇米復旧	五六、〇〇〇円	一九八、〇〇〇円	直営
	仮橋流失一、五六米	一〇〇、〇〇〇		
	土盛其他復旧	四二、〇〇〇		
熊谷市大字石原地先	軌條埋沒二五〇米復旧	三八、〇〇〇	六八、〇〇〇	直営
	土盛其他復旧	三〇、〇〇〇		
熊谷市大字大麻生地先	軌條埋沒二〇〇米復旧	三〇、〇〇〇	五二、〇〇〇	直営
	土盛其他復旧	二二、〇〇〇		

被害地名	被害物件	金額	合計金額	摘要
大里郡寄居町地先	軌條埋没一五〇米復旧 土盛其他復旧	二三、〇〇〇 二九、〇〇〇	五二、〇〇〇	直営
大里郡鉢形村地先	軌條埋没一七〇米復旧 土盛其他復旧	二六、〇〇〇 五八、〇〇〇	八四、〇〇〇	直営
入間郡霞ヶ関村地先	軌條埋没二〇〇米復旧 仮橋流失四〇米 土盛其他復旧	三〇、〇〇〇 八〇、〇〇〇 三六、〇〇〇	一四六、〇〇〇	直営
入間郡大東村地先	採取船一顛覆復旧 土盛其他復旧	五三〇、〇〇〇 四〇、〇〇〇	五七〇、〇〇〇	直営
合計			一、一七〇、〇〇〇	

昭和二十二年九月二十五日増水被害による調査（民営）

被害地名	被害物件	金額	合計金額	摘要
北埼玉郡川俣村地先	採取船三〇馬力流失 波止場其他復旧	二、三〇〇、〇〇〇円 五〇、〇〇〇	二、三五〇、〇〇〇円	大島戸一
大里郡妻沼町地先	採取船五〇馬力一流失 軌條埋没六五〇米 仮橋流失延一七〇米	三、〇〇〇、〇〇〇 一六五、〇〇〇 三五五、〇〇〇	三、五二〇、〇〇〇	東武興業株式会社
大里郡男沼村地先	仮橋流失一〇〇米 小舟流失七 復旧	二一六、〇〇〇 七〇、〇〇〇 四〇、〇〇〇	三二六、〇〇〇	東武興業株式会社

被害地名	被害物件	金額	合計金額	摘要
大里郡新会村地先	採取船流失三〇馬力一 仮橋延七〇米 軌條流失	円 三、二〇〇、〇〇〇 一四〇、〇〇〇 一五九、〇〇〇	円 三、四九九、〇〇〇	大利根砂利株式会社
北葛飾郡彦成村地先	採取船二五馬力一顚覆 其他	七五〇、〇〇〇 五〇、〇〇〇	八〇〇、〇〇〇	三川興業株式会社
入間郡大東村地先	採取船一陸上り 仮橋延六五米 其他	二五〇、〇〇〇 一〇四、〇〇〇 四六、〇〇〇	四〇〇、〇〇〇	西武鉄道
熊谷市大字久下地先	採取船二〇馬力一流失 軌條埋没 仮橋流失二〇米	二、二〇〇、〇〇〇 四五、〇〇〇 三二、〇〇〇	二、二七七、〇〇〇	吹上砂利合資会社
其他 青柳、長幡、勅使河原、小前田、永田、武川、皆野、男衾、坂戸、岩沢、森戸等各採取場線路埋没盛土復旧費			四〇〇、〇〇〇	
合計			一、三五七、二〇〇	

第一五章　交通關係被害

第一節　鉄道の被害状況

豪雨による國鉄の被害は、各私鉄と共に、当時凶報頻りにとび、十五日午後四時既に上越線の十二箇処をトップに各線不通十箇処、水害による故障地域二十八箇処を算し、これがために運休となりし直通列車上下とも七本に及び、猶刻々危険到來の悲電が報ぜられた。

縣内における國鉄の狀況は、東北本線の栗橋久喜間の浸水による路線の流失並に、栗橋鉄橋は濁流のため、既に橋桁残り一・七米に達し、漂流木による橋脚の危険が憂慮されつゝある一方、上越線、高崎線の北本宿、鴻巣間の土砂崩壊、吹上熊谷間の浸水、深谷高崎間の同様浸水により、不通箇所次々と発生、八高線藤岡丹荘間、児玉用土間は各道床流失、用土越生間の土砂崩壊五箇処、高麗川毛呂間の土砂崩壊二箇処等のため、各々不通となつたのである。

猶縣内における私鉄の狀況は、十五日午後五時十分ごろ信濃川発電所故障のため送電不能となり、省電を初め全電化区間全線にわたり、停電又は運行停止の外、浸水のため道床流失の影響により、東武、西武、総武、秩父、東上の各線にそれ〴〵被害があり、國鉄同様運休となつた。

現地を視察せる苫米地運輸相は、二十日開催の臨時閣議において、その狀況を報告したのであるが、それによれば被害件数はしめて八百七十八、この中線路の流失が二百三件、橋梁の流失が十六件、損害の総額大約「五億円に及ぶであろう」と。

因に各線の被害箇処内訳は次表の通りである。

線名	不通箇所	備考	線名	不通箇所	備考
東北本線	栗橋—古河間	十七日久喜一部開通	高崎線	吹上(一、〇〇〇米)鴻巣間 籠原(一、五〇〇米)岡部間	十八日午後三時開通
京浜線		十六日午後三時開通	大飯線		十六日午後一時開通

線名	不通箇所	備考	線名	不通箇所	備考
八高線	丹荘—明覚間 児玉—明覚間	十九日開通の見込 二十日開通の見込	秩父線	羽生—三峯間	十七日午前四時全通
東武（日光線）	杉戸—藤岡間	不通（見込たゝず）	西武線		全通
東武（伊勢崎線）	羽生—川俣間 加須—越ヶ谷間	十七日一部開通 不通のまゝ	東武大宮線	岩槻—川俣間	不通のまゝ
東上線	高坂—寄居間	十六日午後三時半全通	川越線		全通
武蔵野線	吾野—東吾野間	不通のまゝ	妻沼線		同

右何れも九月二十日現在の調査による。

九月二十三日現在、猶依然として不通のものは、左表の通りである。

線名	不通箇所	備考	線名	不通箇所	備考
東北本線	白岡—古河間	復旧見込たゝず	東武伊勢崎線	久喜—加須間	復旧見込たゝず
東武日光線	杉戸—藤岡間	同	東武大宮線	岩槻—川俣間	同

右の不通の中、國鉄の幹線東北本線の復旧については、今次災害の根源地大利根への、資材輸送の動脈であるだけに、一日後るれば決潰口閉鎖も又一日後れることになり、これが更に各方面の復旧に、それ〴〵影響すること等が考えられ、國鉄では、急遽應急修理班を編成し、二十四日より栗橋久喜間十粁にわたる故障地点に対し、一齊に着手、不眠不休の活動をつゞけたのである。

修理箇処は、道床十箇処、道盤流失三箇処、築堤崩壊一箇処、乗降場盛上げ流失一箇処計十五箇処であつた。第二修理班は、古利根川鉄橋下崩壊箇処百米の築堤に対し、翌二十五日一齊に着手したが、晴天がつゞき工事が順調に進行するならば、今月末には完成を見るであろうと発表、第三修理班は、最難所古利根本流日光線と交叉せる附近二箇処の修理であるが、大利根東村の決潰口閉鎖が、凡そ半分以上の進捗を見ざれば、「到底完成の域には到達し得ないのであろう」という予想であつた。

猶今次水害による鉄道関係(公私営とも)の被害並に見積額は次表の通りである。

県内敷設鉄道被害一覧表

線名	不通箇所	区間(粁)	延長(粁)	損害見積額(円)	不通月日(年月日)	開通月日(年月日)
東北線	自白岡 至古河	自四五・一九五 至五七・八二〇	一二・六二五	三三、四二〇、四九六	二二・九・一五	二二・一〇・二
高崎線	自鴻巣 至熊谷	自二六・六八五 至二九・一五四	三・一五四	二、三八五、四五七	二二・九・一五	二二・九・一九
同	自籠原 至新町	自四三・〇〇〇 至六二・九五〇	一九・九五〇	二、五四五、四九七	二二・九・一五	二二・九・一八
八高線	自寄居 至藤岡	自六七・五〇〇 至八一・七〇〇	一四・二〇〇	三三八、四九〇	二二・九・一五	二二・九・一九
武蔵野線	自飯能 至吾野	巨離 二三〇	二三〇	一、〇三五、〇〇〇	二二・九・一五	二二・九・二〇
西武川越線	入間川	同 一五〇	一五〇	五〇、〇〇〇	二二・九・一五	二二・九・一六
日光線	自杉戸 至藤岡	復線 二四・五六〇	二四・五六〇	一九、七九〇、二三七	二二・九・一六	二二・一〇・二七
伊勢崎線	自武州大沢 至加須	同 二六・一九七	二六・一九七	二、九四四、六九二	二二・九・一六	二二・九・二九

線名	不通箇所	区間	延長	損害見積額	不通月日	開通月日
			粁米	粁米	円	年月日	年月日
大宮線	自岩槻 至川間	単線	三・九四五	三・九四五	一九四、七三一	二二・九・一六	二二・一〇・一四
東上線	自坂戸 至寄居	同	一・五二三	一・五二三	六五〇、〇二五	二二・九・一六	二二・九・一八
根古屋線	自小川 至根古屋	同	三〇九	三〇九	一一、二三五	二二・九・一六	二二・一〇・六
計					六三、四六五、八五〇		

備考　國鉄の被害は、右表線路関係の外、建物関係五、九七五、九二八円、信号関係一、八二六、二三八円、電力関係四三一九七五円、通信関係二五九、七〇四円で、この被害見積額は合計八、四九三、八四五円である。

第二節　道路の被害状況

縣内道路の被害状況については、堤防の決潰、土砂崩壊、濁流氾濫の影響をうけ、橋梁の破損流亡、道路の欠壊流失に、各主要都市間の主要自動車交通路は全く不能となつた。殊に利根流域一帯の地区は、依然減水を見ざるゆえに当時の復旧も見込たゝざる状態であつた。猶該地区における九月二十日現在の最高浸水による水深は次表の通り。

地区町村	浸水当時	現在水深	平均	地区町村	浸水当時	現在水深	平均
加須―東村	一六・五〇尺分	一〇・〇〇尺分	一〇・〇〇尺分	久喜―鷲宮村	七・一〇尺分	六・四〇尺分	二・一〇尺分
幸手―静村	三・〇〇	七・〇〇	四・〇〇	杉戸―杉戸町	三・〇〇	六・五〇	三・〇〇

区間			
岩槻――武里村	三・〇〇	六・五〇	一・〇〇
越ヶ谷――新方村	一〇・〇〇	七・〇〇	四・〇〇
吉川――吉川町	一三・〇〇	一〇・〇〇	七・〇〇

次に被害区間主要道路不通箇所は次表の通り。

被害区間	事由	備考
兒玉―秩父間	本泉村地内道路決壊	但し浦和兒玉間は可能
寄居―同	羽久祇村地内橋梁流失	但し浦和寄居間は可能
入間川―飯能間	入間川架橋流失	但し所沢廻り可能
鴻巣―松山間	冠水のため	一部不通
熊谷―同	橋梁流失	但し川越、高坂唐子廻り可能
江面―久喜間	冠水のため	一部不通
加須―同	同	熊谷、羽生、加須迄可能 鴻巣、加須間可能
飯能―秩父間	道路決壊橋梁流失	
岩槻―越ヶ谷間	冠水	但し草加廻り可能
越ヶ谷―吉川間	同	草加、吉川間見込たゝず

二十三日現在における県内自動車主要道路の交通状態は、地元村民の苦闘により着々復旧したが、左表はその状況である。

道路線名	開(不)通箇所	備考
浦和―越ヶ谷間	二十二日開通	大門村地内冠水、草加廻りなりしも可能となる
同　―春日部間	同	浦和より岩槻迄なりしも現在可能となる
浦和―加須間	不通	浦和鴻巣騎西廻りは可能
同　―川越間	同	古谷村上江橋冠水、馬室村治水橋廻り可能

道路線名	開(不)通箇所	備考
川越―本庄間	十八日開通	鴻巣吹上間の冠水は十八日復旧
熊谷―松山間	不通	吉岡村橋梁流失、但し寄居廻りならば可能
同 ―小川間	同	同
同 ―秩父間	開通	羽久祇地内復旧
同 ―加須間	不通	熊谷より忍、羽生廻りは可能
川越―飯能間	同	柏原村橋梁流失、但し豊岡所沢廻り可能
同 ―越生間	開通	
同 ―大宮間	不通	馬宮村治水橋廻りならば可能
川越―鴻巣間	不通	伊草村落合橋流失
秩父―児玉間	同	本泉村地内崩壊のため、但し寄居廻り可能
同 ―飯能間	同	芦ヶ久保地内崩壊のため
久喜―浦和間	同	柳川菖蒲町廻りなばら可能
杉戸、越ヶ谷、春日部間	開通	
岩槻―春日部間	同	廿四日夕よりバス開通の見込
浦和―吉川間	同	

九月廿六日猶依然不通の箇所として発表せられたものは左の七箇所であつた。即ち

道路区間名	備考
久喜町、幸手町、栗橋町間	各間見込たゝず
杉戸町、幸手町、栗橋町間	同
川越市、桶川町間	同
鴻巣町、松山町間	同
吉川町、早稲田村、流山町、金町間	各間見込たゝず
吉川町、松伏領村、野田町	同
秩父町、飯能町間	同

註　県内堤防の決潰は、計六十二箇処、橋梁の流失は計二百五十架、道路の崩壊は計三十七箇処である。

第一六章　配電關係被害

縣内における配電関係の被害については、同会社埼玉支店の報告を参考としたが、総額二百万円の損害で、その内訳は次表の通りである。

カスリーン颱風被害調書　　関東配電埼玉支店

区分	損傷内容	数量	計
電柱	高圧流失、折損、其他	二三五本	九三八本
	低圧流失、折損、其他	七一三	
変圧器	流失、破損	四五台	四五台
電線	流失	三〇粁	三〇粁
	断線混線	四、〇四八個所	四、〇四八個所
損害総計		二〇〇万円	

第一七章　通信關係被害

本縣管内通信関係被害状況については、浦和電氣通信工事局より、詳細報告に接したが、其の内容は別表の通りである。

猶損害見積は、総額　四、二四八、七三〇円

記

1.　機械関係被害状況　　（浦和電氣通信工事局調）

昭和二十二年九月、カスリーン颱風による、機械関係の被害状況は、概ね左表の通りである。

局名	電話施設 交換機種別	電話施設 数量	電話施設 分線盤	電話施設 数量	電信施設 機械種別	電信施設 数量	室内施設 電話機（含附属品）	記事
栗橋	特一〇〇	一	二四〇	一	音單 予備	一 一	七五	
利島	特二〇	一	二〇	一	｜	｜	一一	
鷲宮	特一〇〇	一	二四〇	一	｜	｜	一八	
豊野	特六	一	｜	｜	｜	｜	四	
南櫻井	特五〇	一	一二号	一	｜	｜	二〇	交換機取外す
須賀	特三〇	一	六〇	一	｜	｜	一四	
宝珠花	特五〇	一	二四〇	一	｜	｜	一八	
松伏領	特五〇	一	二四〇	一	｜	｜	二五	
幸手	｜	｜	｜	｜	音單	一	六六	
杉戸	｜	｜	｜	｜	音單	一	四〇	
久喜	｜	｜	｜	｜	音單	一	六四	
八代	特六	一	｜	｜	｜	｜	四	
七里	〃B	一	｜	｜	｜	｜	四	
長須	特一二	一	六〇	一	｜	｜	四	
戸ヶ崎	特三〇	一	六〇	一	｜	｜	一〇	
彦成	特三〇	一	六〇	一	｜	｜	一〇	
吉川	特三〇	一	二四〇	｜	｜	｜	三〇	
春日部	｜	｜	｜	｜	｜	｜	五	
中田	〃B	一	｜	｜	｜	｜	三	
五霞	〃B	一	｜	｜	｜	｜	二	

2. 市外線路区間別被害の状況

管下線路区間別被害状況につきては、その内訳は左表の通り。

記

市外線路区間別被害明細表

浦和電氣通信工事局

区分＼区間	久喜古河間	久喜加須間	久喜鷲宮豊田間	岩槻古河間（宇ケーブル）	本庄新町間（高ケーブル）	熊谷太田間（進ケーブル）	加須大越村君間
線路亘長	一〇、七一〇米	一〇、四六〇	八、〇九六	三四、〇〇〇	六、五七八	六、九一〇	四、八一四
線路延長	三三四、一〇〇米	二五一、〇六四	六八、三六四	三四、〇〇〇	六、五七八	六、九二〇	三三、六二八
線路断長	二〇米	—	二五	二	一	一	三
線路流失	一五、六〇〇米	—	一、五〇〇	—	—	—	—
電柱 折損	鉄塔八 五	—	七	—	—	—	七
電柱 傾斜	九〇本	四〇	三〇	五〇	—	—	八〇
電柱 倒壊	三本	—	一〇	—	—	—	一五
電柱 流失	二本	—	八	—	—	—	—
支線 断線	三〇條	一〇	二〇	四〇	—	—	四〇
支線 抜上	二〇條	七〇	四〇	六〇	—	—	八〇
支線 弛み	一五〇條	一二〇	九〇	一〇〇	—	—	一二〇
腕木 流失	二〇本	—	八	—	—	—	—
腕木 折損	八〇本	一〇	一〇	—	—	—	四四
碍子 流失	一六〇ケ	—	二〇	—	—	—	—
碍子 破損	五〇〇ケ	八〇	三〇	—	—	—	七〇
ケーブル 流失	三三対四〇〇米	—	—	一〇八対三〇	—	—	—
ケーブル 損傷	—米	—	—	一、〇〇〇	一〇	一〇	—
弛度調整	三三四粁	一三五	三四	—	—	—	二

区分		区間	古河利島間	越ケ谷春日部久喜間	谷塚越ケ谷間（第一）	谷塚越ケ谷間（第二）	草加彦成戸ケ崎間	越ケ谷吉川間	越ケ谷松伏領野田間	春日部南櫻井宝珠花間	杉戸八代間	飯能原市場名栗間
線路亘長		米	五、二七一	二四、五〇六	一三、八一五	一〇、一二四	一六、二三三	五、八二七	一〇、九七七	八、九七六	五、〇三五	一六、二五九
線路延長		米	一〇、五四二	八一一、二八三	二七二、八〇五	四一〇・三一〇	七四、一一五	四四、四五七	一四五、八九六	二四、六八一	九、八四六	四五、六二一
線路断長		米	一八	五〇	一〇	一〇	七〇	三五	五六	一六	九	一〇
線路流失		米	九〇〇	—	—	—	一、八〇〇	九〇〇	七、二〇〇	二〇〇	一〇〇	二〇〇
電柱	折損	本	三	二〇	五	五	一〇	五	一八	五	三	三
	傾斜	本	一三〇	一八〇	六〇	六〇	五〇	三〇	九〇	二〇	四〇	六〇
	倒壊	本	五	二〇	一〇	一〇	四〇	二〇	三〇	一〇	五	五
	流失	本	一〇	—	—	—	二〇	一〇	八	一	一	二
支線	断線	條	三六	八〇	一〇	一〇	六〇	三〇	五三	三	八	一〇
	抜上	條	六〇	一三〇	四〇	四〇	八〇	四〇	八〇	四〇	二〇	二〇
	弛み	條	一〇〇	二四〇	一三〇	一三〇	一四〇	八〇	一三〇	七〇	六〇	一三〇
腕木	流失	本	一〇	—	—	—	四〇	二〇	三五	二	二	二
	折損	本	一〇	一三〇	一〇	四五	五〇	五〇	八〇	二〇	一六	七〇
碍子	流失	ケ	二〇	—	—	—	九〇	四〇	二〇〇	八	四	四
	破損	ケ	四〇	九六〇	一六〇	二八〇	六〇	二〇〇	四八〇	八〇	四〇	四
ケーブル	流失	米	—	—	—	—	—	—	—	—	—	—
	損傷	米	—	—	—	—	—	—	—	—	—	—
弛度調整		杆	一〇五	四〇五	一三八	二〇五	七四	四四	七二	一三	四	三

区間																	
飯能・高麗・吾野間	一三、九四一	三五、一一九	一四	二〇〇	二	八〇	一〇	二	八	二〇	一六〇	二	二四	四	五〇	―	―	一七
小川・大河原・槻川間	九、八三八	一八、四六四	一三	三六〇	三	七〇	五	四	一八	三〇	一三〇	四	一三	八	三〇	―	―	九
秩父・浦山・大滝・三峯間	二八、三一六	六五、九八五	一一	三〇〇	二〇	八一	九	二	四四	二〇	八二	四	二四	八	五六	―	―	一四
小鹿野・両神・三田川間	六、六八七	一三、五八三	四	―	三	一〇	四	―	―	八	一〇	―	―	―	三〇	―	―	六
草加・流山（放送）間	一三、四九〇	四九、九六〇	一〇	―	二	九〇	五	―	二〇	八〇	一六〇	―	一〇	―	六〇	―	―	二八
岩槻・春日部間	六、八一七	七二、八五三	五	―	二	三〇	三	―	一〇	二〇	六〇	―	五	―	二〇	―	―	三六
皆野・日野沢・三沢・大田間	二三、一七七	二一、八八六	六	―	三	四八	六	―	六	七	二七	―	六	―	五四	―	―	一〇五
熊谷・吉岡間	三、七七四	一四、〇四三	一三	―	三	二〇	一〇	―	一〇	三〇	四〇	―	三〇	―	一八〇	―	―	七
秩父・芦ヶ久保間	八、〇三七	一四、六七三	二	―	三	二四	二	―	四	四	三四	―	六	―	二六	―	―	一四
小鹿野・長若間	五、〇六一	三〇、一〇三	五	一〇〇	―	六	二	一	―	六	一三	一	三	四	一三	―	―	一五
上吉田・吉田間	八、〇七八	一六、一五六	二	―	―	一六	二	―	―	四	二〇	―	四	―	三〇	―	―	一六
計	一三〇、八一七	三、〇一一、〇一四	四三七	二九、四一〇	一四五	一、四七五	二五〇	七一	五七八	一、三〇九	二、四七五	一五〇	六七九	一七〇	三、五七八	一三対四〇〇 一〇八対三〇	一八対一〇〇〇 五四対一〇	二八対一〇 一、七四三

3. 市内電話線路被害の状況

管下市内架設電話の線路被害の状況については、左表の通りである。

市内電話線路被害調

種別＼局別	浦和	與野	大門	志木	川口	蕨	美笹	鳩谷	安行	大宮	蓮田	原市	片柳	植木	岩槻
加入者障碍数	三〇〇	九	—	一四	八八九	一〇	二	八〇	五	一五〇	五	三	三	二	五〇
ケーブル障碍数	二五	—	—	二	二〇	二	一	一〇	二	三一	二	—	—	—	二
電柱折損	三本	—	—	二	—	—	—	—	—	—	—	—	—	—	—
電柱傾斜	四五本	一八	—	三〇	一一	一〇	三	一五	五	二〇	—	—	—	—	一〇
電柱倒壊	—本	—	—	—	—	—	—	—	—	—	—	—	—	—	—
電柱流失	—本	—	—	—	—	—	—	—	—	—	—	—	—	—	—
支線断線	一五條	一〇	—	一〇	五	八	二	—	—	五	—	—	—	—	三
支線抜上	四〇條	二〇	—	一四	二〇	五	二	—	—	二〇	—	—	—	—	—
支線弛み	三〇條	二五	—	二〇	一九	五	二	—	—	三五	—	—	—	—	五
支線流失	—條	—	—	—	—	—	—	—	—	—	—	—	—	—	—
碍子破損	一二〇ケ	二〇	—	五〇	五〇	二〇	—	二〇	—	五〇	—	—	—	—	—
線條断線	二〇條	一〇	—	一〇	一一	一〇	—	三	四	二五	四	—	二	四	二〇
引込線断線	二〇條	五	—	五	二七	—	—	一	—	三〇	一	—	—	—	三
腕木破損	一〇本	—	—	—	五	—	—	—	—	五	—	—	—	—	—
線條弛み	一五〇條	三〇	—	二五	一五〇	—	—	二〇	—	三〇	—	—	—	—	—

和土	一	―	―	一〇	―	―	六	―	四	―	―	一	―	―	―
川通	二	―	―	―	―	―	一	―	五	―	―	―	―	―	―
桶川	二〇	一〇	二	一〇	―	―	五	―	一〇	―	一五〇	二〇	三	五〇	―
上尾	二〇	一〇	―	八	―	―	五	―	一〇	―	一〇〇	一〇	三	五	―
伊奈	五	―	―	―	―	―	二	五	五	―	二〇	二	―	二	―
川田谷	五	―	―	五	―	―	―	―	五	―	一五	―	―	―	―
鴻巣	五	五	―	三〇	―	―	五	五	五	―	二〇	五	三	―	五〇
廣田	一	二	―	二〇	一	―	一	一〇	一二	―	二〇	一〇	一	二	五〇
北本宿	一	一	―	五	―	―	一	五	五	―	―	―	―	―	―
箕田	二	―	―	二	一	―	二	一	一	―	―	―	一	―	―
熊谷	四五〇	二〇	五	三五	―	―	一五	二〇	三五	―	一二〇	一五	一二	八	二〇〇
妻沼	二五	六	二	一五	―	―	二	五	一五	―	三〇	八	三	三	五〇
吉岡	五	二	三	一五	―	―	五	一〇	一〇	―	二〇	五	―	五	―
武川	二	二	―	五	―	―	二	八	一〇	―	一五	五	二	―	二〇
男衾	二	一	―	―	―	―	一	五	一〇	―	―	―	―	―	―
北河原	五	二	―	二〇	―	―	五	一五	二〇	―	一〇	五	二	―	三〇
本畠	一	一	―	一〇	―	―	二	八	五	―	―	―	―	―	二〇
太田	一	一	―	―	―	―	五	一〇	五	―	一〇	二	一	二	三五
大麻生	―	―	―	―	―	―	―	―	―	―	―	―	―	―	―
奈良	一	一	―	―	―	―	―	―	―	―	―	―	―	―	―
行田	一七三	三	―	一〇	―	―	五	一〇	一五	―	二〇	一〇	二〇	五	―

局別＼種別	加入者障碍数	ケーブル障碍数	電柱折損（本）	電柱傾斜（本）	電柱倒壊（本）	電柱流失（本）	支線断線（條）	支線抜上（條）	支線弛み（條）	支線流失（條）	碍子破損（ケ）	線條断線（條）	引込線断線（條）	腕木破損（本）	線條弛み（條）
吹上	一六	二	—	二〇	—	—	—	一五	二五	—	二〇	一〇	—	—	一〇
荒木	六	—	—	一〇	—	—	一	二	六	—	二〇	二〇	—	五	—
深谷	五〇	一〇	二	一〇	—	—	—	一〇	一五	—	八〇	二〇	—	—	五〇
玉井	八	三	二	五	—	—	—	五	—	—	二〇	—	—	—	一〇
岡部	五	二	—	五	—	—	—	五	二	—	一〇	五	—	—	一〇
中瀬	二	一	—	五	—	—	一	八	一〇	—	八	—	—	—	—
明戸	二	—	—	五	—	—	—	五	五	—	一〇	—	—	—	—
本庄	二一九	四	九	三	—	—	三	—	八	—	五二	三	三	二	—
神保原	三	—	三	—	—	—	—	—	—	—	—	—	—	—	—
東児玉	二	一	—	二	—	—	四	二	二	—	—	—	—	—	一〇
七本木	二	一	三	二	—	—	—	—	—	—	—	—	—	—	—
島村	二	—	五	一	—	—	—	—	—	—	—	二	—	—	—
児玉	二〇	—	—	二	—	一	八	—	五	—	—	二	二〇	—	—
丹荘	—	—	—	—	—	—	—	—	—	—	—	二	五	二	—
大沢	—	—	—	—	—	—	—	—	—	—	—	三	二	—	—
太駄	—	—	—	—	—	—	—	—	—	—	—	—	—	—	—
草加	八	二	—	一〇	—	—	五	三	五	—	一〇	—	二	—	二〇
彦成	一〇	一	—	三〇	二	—	二〇	一〇	一五	—	二〇	二〇	五	五	三〇
戸ヶ崎	一五	二	—	四〇	五	—	三〇	二〇	二〇	—	三〇	二五	三	—	五〇

地名	1	2	3	4	5	6	7	8	9	10	11	12	13	14	15
越ヶ谷	一〇	三	｜	八	｜	｜	三〇	一五	一〇	｜	二〇	一〇	四〇	三	二〇
吉川	一〇	八	二	二〇	｜	｜	五〇	一五	二五	｜	一〇〇	二〇	一〇	二	五〇
松伏領	二六	五	一	一〇	｜	｜	三〇	二〇	一八	｜	二〇	一〇	五	二	六五
蒲生	五	二	｜	八	｜	｜	一〇	三	一五	｜	四〇	二〇	一〇	五	四〇
金杉	六	一	｜	一五	｜	｜	一〇	五	一五	｜	三〇	一〇	五	三	二〇
春日部	四〇	八	｜	一五〇	五	二	一〇〇	一〇	一五	｜	二〇〇	二六	一〇	一〇	一五〇
杉戸	二〇	五	｜	二三〇	｜	｜	二五〇	一五	二〇	｜	一五〇	二〇	八	八	一三〇
宝珠花	七	二	｜	一〇〇	｜	｜	七〇	二〇	二五	｜	八〇	二五	一〇	三	七
武里	八	一	｜	一五〇	｜	｜	｜	八〇	｜	｜	一〇〇	一六	五	｜	｜
南櫻井	二〇	二	｜	三〇	｜	｜	一〇	一五	一五	｜	五〇	二〇	二	｜	五〇
八代	四	一	｜	一〇	｜	｜	五	一〇	一〇	｜	｜	｜	｜	｜	｜
久喜	三〇	二	｜	二〇	｜	｜	五	一〇	一〇	｜	三	二〇	二〇	｜	二〇
菖蒲	五	一	｜	五	｜	｜	二	五	五	｜	｜	｜	｜	｜	二〇
白岡	三	二	｜	一〇	｜	｜	五	一〇	五	｜	｜	｜	｜	｜	二〇
鷲宮	二三	五	｜	一〇	一〇	二	一〇	五	一〇	｜	五〇	一〇	三	五	三〇
須加	四	一	｜	八	｜	｜	｜	五	五	｜	｜	｜	｜	｜	｜
豊野	二	｜	｜	二〇	｜	｜	｜	五	一〇	｜	二〇	五	三	三	三〇
大山	二	｜	｜	一五	｜	｜	五	一五	一三	｜	一〇	五	｜	｜	一〇
日勝	一	｜	｜	一〇	｜	｜	五	一〇	一〇	｜	一五	｜	｜	｜	一〇
幸手	七〇	一〇	五	一〇〇	一〇	｜	一〇	一五	五〇	｜	五〇	五〇	一〇	五	五〇
加須	一九六	三	六	一〇	｜	｜	二〇	五	二〇	｜	五〇	三〇	三〇	一〇	三〇

局別＼種別	加入者障碍数	ケーブル障碍数	電柱折損	電柱傾斜	電柱倒壊	電柱流失	支線断線	支線拔上	支線弛み	支線流失	碍子破損	線條断線	引込線断線	腕木破損	線條弛み
騎西	一〇	二	一本	五本	一本	一本	五條	一條	五條	一條	三〇條	五條	五條	二本	二條
志多見	三	一	一	一	一	一	二	一	一	一	二〇	五	一	一	一
大越	三	二	一	二〇	一	一	三〇	五	五	一	三〇	八	五	一〇	二〇
水深	二	一	一	二	一	一	五	一	一	一	五	一	一	一	二
村君	五	一	一	一〇	一	一	五	一〇	一〇	一	一五	五	一	一	一五
羽生	三	八	一	一五	一	一	五	一〇	一五	一	三〇	五	五	一	四〇
栗橋	七五	一〇	三〇	五〇	一〇	三〇	五〇	二〇	二〇	三〇	一〇〇	一〇〇	二〇	五〇	二〇〇
五霞	二	一	一	一〇	一	一	一	五	一〇	一	一〇	五	二	一	一〇
中田	一	一	一	一	一	一	一	一	一	一	一	一	一	一	一
古河	三〇	一〇	一〇	二〇	五	一〇	三〇	二〇	三〇	五	一五〇	二〇	五	一〇	一〇〇
諸川	一	一	一	三〇	一	一	二〇	五	一〇	一	一〇〇	五	一	一〇	三〇
櫻井	一	一	一	一五	一	一	五	一	一〇	一	五〇	五	一	五	一〇
利島	一〇	一	一	一〇	一	一	一	七	五	一	二〇	五	二	一	一
岡部	一	一	一	一	一	一	一	一	一	一	一	一	一	一	一
境	五	五	一	二〇	一	一	五	五	一六	一	七〇	一〇	一	五	一
八俣	三	一	一	三〇	一	一	一〇	一〇	一五	一	一〇〇	二〇	一	一	一
森戸	四	一	一	一五	一	一	五	五	五	一	二〇	五	一	五	一
長須	一	一	一	三	一	一	二	三	一	一	一	三	二	一	一
七重	一	一	一	一	一	一	一	一	一	一	一	一	一	一	一

大和	九	｜	｜	｜	｜	｜	｜	｜	｜	｜	｜	三	二	｜	｜
朝霞	七	一	｜	｜	｜	｜	｜	｜	｜	｜	｜	五	｜	｜	｜
所沢	二〇	｜	｜	｜	｜	｜	｜	｜	｜	｜	｜	八	五	｜	｜
大和田	五	｜	｜	｜	｜	｜	｜	｜	｜	｜	｜	五	｜	｜	｜
宮寺	五	｜	｜	｜	｜	｜	｜	｜	｜	｜	｜	二	一	｜	｜
所沢北野	四	｜	｜	｜	｜	｜	｜	｜	｜	｜	｜	一	｜	｜	｜
豊岡	｜	｜	｜	｜	｜	｜	｜	｜	｜	｜	｜	｜	｜	｜	｜
入間	｜	｜	｜	｜	｜	｜	｜	｜	｜	｜	｜	｜	｜	｜	｜
金子	｜	｜	｜	｜	｜	｜	｜	｜	｜	｜	｜	｜	｜	｜	｜
飯能	三七	二	｜	一	｜	｜	一	｜	二	｜	｜	｜	｜	｜	｜
名栗	｜	｜	｜	四	｜	七	｜	｜	｜	｜	一〇	｜	｜	二	｜
吾野	｜	｜	｜	一	｜	｜	｜	｜	｜	｜	｜	｜	｜	｜	｜
高麗	｜	｜	｜	｜	｜	｜	｜	｜	｜	｜	｜	｜	｜	｜	｜
原市場	｜	｜	｜	｜	｜	｜	｜	｜	｜	｜	｜	｜	｜	｜	｜
下畑	｜	｜	｜	｜	｜	｜	｜	｜	｜	｜	｜	｜	｜	｜	｜
入間川	｜	｜	｜	｜	｜	｜	｜	｜	｜	｜	｜	｜	｜	｜	｜
日東	｜	｜	｜	｜	｜	｜	｜	｜	｜	｜	｜	｜	｜	｜	｜
川越	二五〇	二〇	｜	｜	｜	｜	｜	｜	｜	｜	｜	五	三〇	｜	｜
平方	五	一	｜	｜	｜	｜	｜	｜	｜	｜	｜	｜	一	｜	｜
大井	七	｜	｜	｜	｜	｜	｜	｜	｜	｜	｜	｜	二	｜	｜
高萩	三	｜	｜	｜	｜	｜	｜	｜	｜	｜	｜	二	一	｜	｜

局別＼種別	加入者障碍数	ケーブル障碍数	電柱折損（本）	電柱傾斜（本）	電柱倒壊（本）	電柱流失（本）	支線断線（條）	支線抜上（條）	支線弛み（條）	支線流失（條）	硝子破損（ケ）	断線（條）	引込線断線（條）	腕木破損（本）	線條弛み（條）
中山	二	三	―	―	―	―	―	―	―	―	―	二	一	―	―
的場	―	―	―	―	―	―	―	―	―	―	―	―	―	―	―
大家	―	―	―	―	―	―	―	―	―	―	―	―	―	―	―
南古谷	三	一	―	―	―	―	―	二	―	―	二	二	―	―	―
松山	三五	二	―	―	―	―	―	―	―	―	―	七	五	―	―
菅谷	三	―	―	―	―	二	―	二	―	二	八	四	―	二	―
玉川	二	―	―	―	―	―	―	四	―	―	―	四	―	一	―
福田	―	―	―	―	―	―	―	五	一	―	―	―	―	―	―
平	二	―	―	四	―	―	―	―	―	―	―	四	―	―	―
吉見	―	―	―	―	―	―	―	一五	―	―	―	二	―	―	―
高坂	一	―	―	―	―	―	―	―	―	―	―	四	―	―	―
唐子	一	―	―	―	―	―	―	―	―	―	―	二	―	―	―
小川	三〇	一	―	―	三	―	―	―	―	一〇	―	―	―	―	―
八和田	一	一	―	五	―	―	五	二	二	―	一〇	二	―	―	―
大河原	一	―	―	―	―	―	―	―	―	―	―	―	―	―	―
槻川	一	―	―	―	二	―	―	―	―	―	―	―	―	―	二〇
寄居	五〇	―	三	二五	―	―	五	二	二	―	一〇	二	―	―	―
波久祇	―	―	一	―	―	―	―	―	―	―	―	―	―	―	―
秩父	六五	四	―	二三	―	―	一	三	四	―	五	六	―	五	一〇〇

浦山	一	—	一	五	—	—	一	一〇	一三	—	四	二	—	三	四〇
上田野	一	—	—	二	—	—	—	三	—	—	—	—	—	—	—
長君	—	—	—	—	—	—	—	—	—	—	—	—	—	—	—
荒川	一	—	—	二	—	—	—	三	一	—	—	—	—	—	—
大滝	—	—	—	一	—	—	—	一	一	—	—	—	—	—	—
三峯	—	—	—	—	—	—	—	—	—	—	—	—	—	—	—
芦ヶ久保	—	—	—	—	—	—	—	—	—	—	—	—	—	—	—
小鹿野	一〇	四	—	二〇	二	—	五	七	二〇	—	八	三	—	三	四〇
吉田	五	二	—	三	—	—	二	五	五	—	五	八	—	一	一〇
両神	一	一	—	一〇	—	—	五	二	一〇	—	二〇	五	—	二	三〇
三田川	一	一	—	一	—	—	—	—	—	—	二	—	—	一	三〇
上吉田	二	二	—	一〇	—	—	七	五	一〇	—	一〇	一三	—	一	—
皆野	—	五	—	一五	—	—	五	一三	一五	—	二〇	—	五	—	一〇
野上	—	二	—	一〇	—	—	三	八	一〇	—	—	—	—	—	二〇
三沢	—	—	—	—	—	—	—	—	—	—	—	—	—	—	—
太田	—	一	—	五	—	—	二	一〇	三	—	—	—	—	—	二〇
日野沢	—	—	—	—	—	—	—	—	—	—	—	—	—	—	—
坂戸	—	—	—	—	—	—	—	—	—	—	—	—	—	—	—
越生	二三	二	—	—	—	一	—	—	二	—	八	八	—	二	—
今宿	—	—	—	一	—	—	—	—	二	—	—	—	—	—	—

第一八章　人的被害

第一節　被害の概況

人命程尊いものはない。遭難者の再生は出來ない。天災として簡單に処理し、運命としてあっさり諦らめるには、余りにも死者に礼を失する感がする。

出水当時、十八日附各紙は、遭難に関し可成大きく取扱つた。一例を擧げると、

「利根川対岸利島、川辺の二村は、渡良瀬川の決潰に加えて利根の濁流を眞向にうけ、全村宛然浮島の形となり、約三千の生命が將に絶望と見られている」云々と発表。

「大利根の決潰により口元東、原道両村は、家根の見える家は一軒もなく、見渡す限り泥海化し、流失家屋三千、冠水田畑一万町歩、死者二千」と発表されている。

こえて二十三日に至り、東京毎日新聞は、本縣の人的損害に対し、死者七千、負傷一万とふんでいたが、その後の調査が進むに連れて、行方不明を傳えられていた者の消息が次々と判明した結果、死者は以外に少なく恐らく「百名前後でなかろうか」と発表したのである。

結局同日正午までに、各地よりの情報を集計した結果、死者六十三名、行方不明四百九十六名となつたのである。

こえて二十五日午前十時の調査として、各紙の発表したものによれば、死者百〇一名、負傷者二百〇四名、行方不明者四百〇七名となつており、百〇一名が今次水魔の犠牲になつたことが明瞭になつた。

死者に対しては、眞に同情に堪えない次第であり、心から冥福を祈る次第である。

猶これ等犠牲者の埋葬につきては、縣では出來る限り敬意を表し、鄭重に取扱つたが、一体につき四二〇円支出し、埋葬計一七八体、金額合計七四、七六〇円支拂つたのである。

因に郡市関係埋葬費内訳は、次表の通りである。

埋葬費調

市、地方事務所別	人員	單價	金額	市地方事務所別	人員	單價	金額
北埼玉	五二人	四二〇円	二一、八四〇円	大里	五人	四二〇円	二、一〇〇円
埼葛	九二	四二〇	三八、六四〇	児玉	七	四二〇	二、九四〇
北足立	七	四二〇	二、九四〇	川口	—	—	—
入間	六	四二〇	二、五二〇	熊谷	—	—	—
比企	一	—	四二〇				
秩父	八	四二〇	三、三六〇	計	一七八	四二〇	七四、七六〇

第二節 遭難者調

遭難者については、各市並に地方事務所を通じ、性別、年齢、職業、宿所及び原因等につき調査し、これを集計したのが左表である。

一、遭難者調（昭和二二・一一・二八調査）

地方事務所管内	性別 男	性別 女	性別 計	年齢別 十歳以下	十台	二十台	三十台	四十台	五十台	六十台	七十台	八十台
北埼	一二人	一一人	二三人	一人	二人	四人	四人	二人	三人	四人	三人	—人
埼葛	二五	二七	五二	九	五	九	七	六	六	五	三	二
入間	四	二	六	二	一	—	三	—	—	—	—	—
大里	三	一	四	一	一	—	—	—	—	一	一	—
児玉	四	三	七	一	三	二	—	一	—	—	—	—
比企	一	—	一	—	—	—	—	—	—	—	一	—
秩父	五	三	八	二	一	一	—	—	三	—	一	—
計	五四	四七	一〇一	一六	一三	一六	一四	九	一二	一〇	九	二

二、遭難者名簿（昭和二二・一一・二八調査）

氏名	性別	年齢	職業	住所	備考
					以下北埼玉地方事務所管内
神田精作	男	三六	自轉車修繕	加須町字加須	殉職（消防團員）十五日利根川決潰附近でトラック轉覆のため殉職
柴崎清	同	二四	工員	下忍村字堤根	
中村安二	同	三一	農業	豊野村字阿左間	

吉羽キヨ	女	五五	同	豊野村字新井新田	十五日夜家屋流失のため
中野福司	男	三四	同	川辺村字栄	同
同　いせ	女	五五	同	同	同
同　キイ子	同	六	同	同	同
同　スギ子	同	三	同	同	同
同　繁	同	三六	同	同	同
飯塚星次	男	三九	同	利島村字麦倉	
柿沼さも	女	七六	同	同	
牛久保栄吉	男	六三	同	同	
江森すい	女	四六	無職	同	
島田喜作	男	六三	同	元和村字琴寄	
岡田福次郎	同	七九	農業	同	
中島きん	女	六五	同	同	
鴻ケ谷ちよ	同	六五	同	同	
黒田幸次郎	男	七四	同	東村字新川通	
恩田豊吉	同	二〇	農業	東村字外記新田	
同　幸子	女	一	無職	同	
戸笈定吉	男	二三	農業	原道村字砂原	
羽島マツ	女	六五	同	同	
曾根弘一	男	三五	同	同	
竹村昭治	同	四	無職	幸手町字幸手四、四六〇	埼葛地方事務所管内

氏名	性別	年齢	職業	住所	備考
青木みち	女	四七	無職	幸手町字幸手六、二四五	埼葛地方地務所管内
山田はる	同	三七	同	同　字内國間四〇	
折原せ津	同	四七	同	同　字幸手六、二七八	
小島征夫	男	六	同	同　四、四三八	
落合さく	女	七六	同	同　三、二〇八	
中沢いせ	同	六二	同	同　四、九五五	
金子敏子	同	一	同	同　三一六	
新井三蔵	男	六六	商業	同　一、一九一	
松本幹男	同	一六	無職	同　四、三八八	
渡辺りヱ	女	八三	同	同　四、三八五	
宮崎せつ	同	二六	同	同　四、三九九	
増山せい	同	八五	同	同　字内國府間二七	
野口いき	同	七六	同	同　字幸手六、三六七	
関口やの	同	六三	同	同　四、二一〇	
山田鉄五郎	男	三一	商業	同　四、四七〇	
安喰やす	女	四一	無職	上高野村三、五四〇	
荒井てい	同	六九	同	同	
粂原サダ	同	四八	農業	幸松村字不動院野七九	
三角直子	同	三	無職	同　字牛島六、五二〇	

早川忠	男	二五	農業	同 七六九	
川尻泉太郎	同	五五	大工	旭村字上内川	
永吉その	女	五三	無職	旭村字南廣島	
秋山一太郎	男	四〇	農業	田宮村字大塚一三二	
同 かよ	女	三五	同	同	
同 さく	同	八	無職	同	
秋山五三郎	男	二一	農業	同 一五八	
飯島稔	同	三〇	同	鷲宮町字中妻一、四一四	
遠藤俊子	女	三〇	電髪業	栗橋町字伊坂	
山中盛勝	男	七	無職	同	
栗崎すみ	女	三〇	商業	同	
青木新右衛門	男	三六	雑貨商	同	倒壞家屋の下敷
櫻井市太郎	同	五三	工員	同	倒壞家屋の下敷となり一家全滅の災厄に遭う
同 はな	女	五二	無職	同	
同 明子	同	一六	同	同	
同 秀男	男	一一	同	同	
同 篤三	同	一三	同	同	
土道貞藏	同	七〇	同	栗橋町字島川	
田島正治	同	二八	農業	同 高柳	
橋本邦夫	同	二七	同	同 松永	
永井嘉吉	同	五五	会社員	同	

氏名	性別	年齢	職業	住所	備考
永井もよ	女	五〇	無職	栗橋町字松永	
同　信子	同	二六	同	同	
同　はつ	同	二二	同	同	
同　嘉夫	男	四	同	同	
同　二郎	同	一	同	同	
金子ゥメ	女	一九	農業	南櫻井村字永沼四三七	
粕谷一衛	男	二〇	学生	同　大衾七八	
山崎なか	女	六八	使丁	松伏領村字大川戸二、〇一六	
藤田龜太郎	男	二六	左官	彦成村字彦成三、一〇六	
堀切勝利	同	四	無職	同　字谷口一、二七四	
野原正明	同	四四	公吏	八代村字平野	
鷺谷守司	同	三六	農業	勝呂村島田六九九	入間地方事務所管内 鷺谷一家は十五日午後四時頃越辺川氾濫と共に逃げ後れて死亡
同　はる	女	三四	同	同	
同　浩睦	男	一〇	無職	同	
同　公子	女	五	同	同	
同　陽司	男	一	同	同	
半形照吉	同	三〇	農業	名栗村上名栗一六九	
佐藤七郎	同	一二	学童	本庄町二、八五三	兒玉地方事務所管内
同　八重子	女	一〇	同	同	

氏名	性別	年齢	職業	住所	備考
高橋和三郎	男	四七	農業	旭村字小糸一、六六五	
塚本てる	女	二四	同	東児玉村字下児玉二、五二一	
同　廣吉	男	一八	同	同	
小林球江	女	六	無職	児玉町字児玉二、〇九九	十五日午後二時豪雨のため家屋崩壊下敷となり共に死亡
同　年春	男	二〇	同	同　二、一九九	
宮崎一郎	同	一	同	市田村字高本一二二	大里地方事務所管内
小林二津	女	六八	農業	男沼村小島二、六五九	
同　貞次郎	男	七七	同	同　二、七一五	
清水仁一	同	一八	同	本畠村畠山西川	比企地方事務所管内
関根登く	女	七八	同	平村字雲河原四一四	秩父地方事務所管内
楮本治平	男	五五	同	芦ヶ久保村字芦ヶ久保九八九	九月十五日夕刻楮本一家は芦ヶ久保川氾濫とともに、住家倒壊一家下敷となり全員死亡せるもの
同　トミ	女	五二	同	同	
同　儀造	男	二九	同	同	
同　栄子	女	一六	同	同	
同　清子	同	四	無職	同	
同　栄一	男	一	同	同	
磯田浅次郎	同	七八	農業	上吉田村字石間一、五七六	十六日朝石間川を流るゝ木材の流失をとめんとし水中に飛込んだが下敷となり死亡す
斎藤勇太郎	同	五〇	同	両神村字薄	

第一九章　被害の経過概要

各地区における被害の経過については、各出張所各地方事務所各警察署より、本部へそれ〲毎日連絡があつたから、その連絡を基礎とし、水害のあつた九月十六日の当初から、減水減退を見た九月三十日迄の十五日間を、被害日誌として編輯して見た。この日誌により、県内における被害の経過概要は、大方つかみうると思う。

被害日誌

月日	時刻	報告箇所	報告事項
九・一六	五・〇〇	越ヶ谷署	大沢町方面一部浸水、大袋村方面無事。
	一五・〇〇	比企地方事務所	越辺川氾濫、出丸村全村床上浸水、三保谷村の過半床下浸水、当分排水の見込たゝず。
九・一七	二・〇〇	川口署	芝川、綾瀬川逐次減水。
	七・〇〇	幸手署	栗橋幸手方面の水位一時間五寸程度減退。
	八・〇〇	春日部署	春日部方面一時間二寸程度漸次増水。
		吉川署	松伏領大川戸地内古利根川決潰氾濫す。
			旭村地内にて、庄内古川堤防約十一間氾濫す。
	九・〇〇	栗原縣議	熊谷久下間漸次減水しつゝあり。
			秦村小山川決潰のため全村浸水、排水の見込なし。
			（熊谷土木工営所より技術者派遣調査せしむ）

月日	時刻	署名	記事
	九・〇〇	杉戸署	市田村方面地溜水のため溢水す。十六日午後五時頃、櫻井村地内浸水家屋六十戸、田畑五十余町歩の被害あり、これがため吉田村地内の土石木材の利用関係から両村相反目、紛争をつゞけつゝあり。
	九・〇〇	農務課	稲作被害状況に関し中間発表あり。（下表）

郡別	耕作面積	冠水	中流失
北足立	八、三〇〇町	二、四九〇町	一、九九〇町
北埼玉	一二、一〇〇	六、〇〇〇	一、二〇〇
南埼玉	一二、〇〇〇	三、六〇〇	七二〇
北葛飾	九、六〇〇	九、六〇〇	二、〇〇〇
計	四二、〇〇〇	二一、六九〇	五、九一〇

備考　兒玉、大里、比企は未調査、甘藷収穫予想八千万貫、減収一千万貫程度。

月日	時刻	署名	記事
九・一七	九・〇〇	杉戸署	杉戸管区内の浸水地域左の如し。 水深、百間、田宮、高野、八代、堤郷、幸松各村並に杉戸町以上一町七ヶ村 杉戸町は最高所の一部を残し、全町完全に浸水、杉戸小学校を避難所に指定、現在二七六名収容、目下猶着々増水、濁流は吉川署管内に流入しつゝあり。
	九・〇〇	幸手署	権現堂川における島川の水位は、昨夜より二尺減水したり、避難者は権現堂川堤上に約五百名程なり、食糧、飲料水欠乏せるも、濁流もの凄く連絡救助の方途たゝず。

月日	時刻	報告箇所	報告事項
九月・一七日	九時・〇〇分	幸手署	栗橋町字豊田村中里、静村字間鎌方面では、水位六尺、屋上に避難又は立木に縋り、救を求めつゝあり、婦女子の姿見えず、至急救助の必要あり。栗橋町駅附近浸水もの凄く、水勢急にして、救助困難なり、疎開者のバラック多数流失す。
	九・〇〇	岩槻署	春日部町梅田橋は刻々増水、目下毎時五寸位宛上昇、この分では午後一時頃堤防決潰の危機到来せんも測り難し。
		鳩ヶ谷署	八時三十分現在の芝川、目下一尺八寸程減退す。猶管内浸水地域は次の通り。 綾瀬、野田、戸塚、大間、新田の五村並に草加、谷塚の二町何れも六寸程減水
	九・四五	深谷署	深谷管内漸次減水、家屋現状に復しつゝあり、鉄道、深谷、本庄間下り線復旧午前七時より折返し運轉、猶深谷、熊谷間は本日復旧の見込なし、目下貨物自動車の運轉あり。
		吉川署	十七日午前五時現在、松伏領字大河原戸地内の古利根川は、長さ二町に亘り氾濫、二合半領水田地帯へ溢水の怖れありとし、村民協力必死の防水作業継続中なり。
	一一・一五	幸手署	島川決潰利根の水と合流、管内全域浸水、深き所は屋根にとゞき、流失の恐ありとし警戒中なり。最も悲惨なるは栗橋町にて、住民は屋上又は樹上に縋り、二夜以上食糧の給與不能、至急食糧をたのむ。
		福永副知事	水下に対し警告を発して欲しい。

九・一七		
		幸手の如きは水位二丈に余り、悲惨を極めている。
	春日部署	春日部岩槻間は道路上一尺位冠水。
一二・〇〇	忍土木工営所	利根の水は漸次低下していくが、渡良瀬川濁水が原道決潰口に向つて逆流し、恰かも利根の本流の如く流れている。 利根の水は利根上流高水敷より一米位低下している。
一二・〇〇	忍署	管内被害状況報告 太井村全村床上浸水、下忍村床上三百戸、床下四百二十戸 下忍村田三三〇町歩、畑一五〇町歩浸水。 原道、東、元和、豊野全村浸水。 加須町の浸水床下一尺位なり。
	越ヶ谷署	利島、川辺両村は、三國橋附近決潰のため、古河町方面へ避難したる模様なり。 管内冠水田四〇〇町歩、畑三〇〇町歩位なり、猶民家浸水床上一〇〇戸、床下二〇〇戸位なり。 古利根川氾濫のため、河水の一部は國道鉄道を越えて大袋村方面に向つて流れている。何れ元荒川の水と合流の上越ヶ谷町を襲うやも知れず。 越ヶ谷町より吉川町に至る縣道二百米程危險の箇所ありて、目下必死の防水作業中なり。
	加須署	管内浸水田畑計六、四六〇町歩中冠水田三、〇〇〇町歩、畑七〇〇町歩、堤防の決潰は利根川北埼東村大字新川通り地内三百米。渡良瀬川三國橋上流約四十米なり。
一四・〇〇	吉川署	松伏領字大河戸附近、古利根川の水と北埼より押寄せた利根の水と合流、同村

月日	時刻	報告箇所	報告事項
九・一七	一四・〇〇	吉川署	新開附近は夕刻流出進路を失い、附近一円満水軒を没し、道路の通行頗る危険の状態となれり。
		杉戸署	午後一時現在、小学校収容所における避難者は老若男女合せ計五〇〇名に及ぶ。
		幸手署	午後一時現在、幸手町附近は、今朝八時頃より幾分減水の状況で、現在までに八寸程低下している。
	一六・〇〇	越ヶ谷署	最も危険視しつゝあるは元荒川で、一時間一寸位増水しつゝあり。
		鳩ヶ谷署	午後三時現在、東武鉄道においては、管下草加駅より折返し運轉中なり。
		吉川署	庄内古川流域川辺村字水勝、金杉村字大角の両堤防は、本日正午頃欠壊し、濁流は一挙に金杉、旭両村に浸入、水深二丈に及び、三輪野江村、早稲田村方面に向つて進行中。
	二一・三五	越ヶ谷署	大沢町役場附近浸水二尺、民家床下浸水一〇〇戸なり。
		加須署	管内被害状況報告 家屋床上浸水　約五、〇〇〇戸 同　床下浸水　約一、四〇〇戸 要救護者　二、八〇〇名
九・一八	三・〇〇	吉川署	吉川町午前三時浸水二、三百戸残らず全部浸水す。二合半領殆んど浸水、三輪野江、早稲田間は道路上に達する水なれども、流れ頗る急なり。
	八・三〇	幸手署	水は幾分減じ氣味、未だ屋根迄浸つている所がある。難民は屋根に待機している。

一〇・〇〇　杉戸署　昨夕より見れば、四、五寸程度減水、今尚屋根下まで浸水している。

越ヶ谷署　管下大袋村、増林村全部冠水。

箕田村長　箕田村午前六時現在、被害状況次の通り。
　水田三〇〇町歩の中二分の一冠水
　畑　二〇〇町歩の中一五〇町歩冠水
　家屋浸水　四〇〇戸（中床上は三分の一）
　罹災者　二、五〇〇人

一〇・二〇　鴻巣署　十七日午後六時、樋川、菖蒲間橋梁冠水、交通不能となる。

吉川署　管内難民七、〇〇〇名越ヶ谷方面に待避。

越ヶ谷署　越ヶ谷、岩槻間のバスは、元荒川浸水中につき、出羽村字新田で折返し運転中なり。

吉川署　北葛戸ヶ崎溢水中で危険。
吉川町午前九時現在の被害状況
　一、〇二〇戸の中九割方悉く浸水、但し人畜に損傷なし。
　田畑冠水約五〇〇町歩なり。

九・一八　一三・〇〇　農務課　早稲田、彦成方面から南下した濁流は、東和村を経て今朝六時頃東京都に浸入した。川柳、八幡、潮止各村も浸水。死傷、行方不明併せて千数百名と推定。

農作物水害見積額（九・一八現在）　農務課

作物	作付面積	被害見積面積	被害率	減収見込	被害見積額
水稲	六三、七六二・二町	三八、七六三・一町	七〇%	五四〇、五一五石	六四八、六一八、〇〇〇円

月日	時刻	報告箇所	報告事項
九月一八日	一三時〇〇分	農務課	（下表）
		工務課	被害工場数調（九・一八現在）（下表）
		林務課	林野関係被害（九・一八現在）（下表）

農務課

作物	作付面積	被害見積面積	被害率	減収見込	被害見積額
陸稲	五、四〇三・一町	一、一七三・六町	五〇％	五、八六八石	七、〇四一、六〇〇円
甘藷	一七、〇〇〇・〇	一五、九四四・〇	六〇	一三、一二八、〇〇〇貫	一三一、二八〇、〇〇〇
蔬菜	二一、六四四・六	一五、一五一・二	三〇	一三、六三五、九九〇	二七二、七一九、八〇〇
雑穀	一五、一〇五・一	七、五五二・六	五〇	三〇、二一〇石	九、〇六三、〇〇〇
計	一三、九三五・〇	六八、五八四・五			一、〇六八、七三二、四〇〇

工務課

被害工場数調（九・一八現在）

地区別	工場数	地区別	工場数
川口	一三七	熊谷	一二〇
北埼	一五〇	南埼	二四五
本庄	七六	鴻巣	三七
計			七六五

備考　但し賠償工場は含まず。

林務課

林野関係被害（九・一八現在）

区別	被害数	区別	被害数
山林崩壊	一、一六一ケ所	木材流失	一八、六九〇石

九・一八

一四・〇〇　幸手署　第一救護所

木炭流失	一、三五〇俵
炭窯破壊	二一五基
林道崩壊	一八、六五五米
立木流失	二、五〇〇本
薪流失	二一、二五〇束

警察署前高所の道路面漸く露出す。一般軒下水深二尺程度なり。
流失家屋七八戸、行方不明十八名。

罹災人口調（一九・八現在）　食糧課

町村名	罹災人口	町村名	罹災人口	町村名	罹災人口
川辺	五〇〇人	富田	五〇〇人	南櫻井	一、〇〇〇人
幸松	一、〇〇〇	豊野	五〇〇	豊岡	三〇〇
田宮	七〇〇	杉戸	三〇〇	堤郷	五〇〇
権現堂	二、八〇〇	吉田	三、五〇〇	八代	一、〇〇〇
幸手	八、四〇〇	上高野	二、五〇〇	高野	五〇〇
栗橋	一一、九〇〇	櫻田	四、九〇〇	行幸	二、〇〇〇
須賀	一、〇〇〇	百間	五〇〇	篠津	三、五〇〇
春日部	六、四〇〇	櫻井	五〇〇	日勝	五〇〇
久喜	七、〇〇〇	鷲宮	四、四〇〇	江面	二、〇〇〇
豊春	二、五〇〇	武里	一、〇〇〇	太田	三、五〇〇

一八・〇〇　幸手署　教育部長

渡良瀬川決潰のため川辺村全戸浸水、新古河駅、古河橋の北方五〇〇米決潰のため、行方不明四名、流失家屋二〇〇戸、田畑全滅、罹災者の一部は対岸古河

月日	時刻	報告箇所	報告事項
九月・一八日	一八時・〇〇分	幸手署 教育部長	小学校に避難、他は堤上生活。 利島村全戸軒迄浸水、死者五、田畑全滅す。 栗橋町は全町浸水、流失一〇〇戸以上を認めらる。冠水一、二六〇戸（二、三〇〇戸の中）死傷者目下調査中。 宇都宮國立病院より、医師一、看護婦二出張診療に従事中なり。 茨城縣新郷村医師同様出張協力中なるも、目下飲料水欠乏し、下痢患者相当発生の見込なり。傳染病チブス患者二名、疫痢一名（死亡）発生、食料、衣料及び燃料不足、難民の窮乏甚し。 東村、数軒を残し、全部冠水、流失家屋一〇〇戸以上、死傷判明一名。 食糧事情につき、次の報告あり。 1. 川辺、利島両村は、対岸古河町にて救援中、古河小学校に四十名収容、握飯三、六八八配給。 2. 新郷小学校に一二八名収容、飯二、一二八配給。但し新郷村へ更に五〇〇名増員収容の予定なるも、保給米一日分あるのみなり。 3. 栗橋は持米なく、乳幼児の牛乳もなく、飲料水は対岸古河、新郷より運搬中。 本部にて早急手配せられたき事項 1. 事務要員の増援 2. 栗橋、東地区には、縣より何等救済が講じられない。

九・一八	二二・〇〇	加須救援本部	3. 医師及び医薬の急派急送。 4. 小屋掛材料、舟等至急幸手署に急送せられたし。 5. 警備のため水泳に巧なる警官十名程派遣のこと。 6. 茨城縣との連絡を密にするため、古川町に事務所をおくこと。 川辺、利島両村の罹災戸数計一、五〇〇戸なり。 栗橋町の被害甚大なり、要收容罹災者は大約八、五〇〇名なり。 対岸古河町の各種團体工場を総動員して救護にあたり、今夕より古河署並に各関係機関も同様総出動の上救援に努力中なり。たゞモーターボート不足のため救援意の如くならず、焦躁の感あり。 川辺、利島の罹災者は、利根、渡良瀬川の堤防上に起居、一部は小学校に避難浸水当時全戸冠水せるも、現在は屋根が露出程度に減水した。
		加須署	加須管内、午後六時現在、浸水は漸減の一途を辿り、三俣、樋遣川、大越の各方面は床上二尺程度なり。小舟で救援を擬装し、窃盗するもの各所に出没す。
		越ヶ谷水防	越ヶ谷水防團の報告によれば、管下潮止村の公衆電話は午後四時四十分不通となる。猶吉川署管内にて警察電話の可能なる箇所は、彦成第一及び金杉駐在所のみなり。
九・一九	一・〇〇	越ヶ谷署	水害後の一般犯罪状況、十六日窃盗一件十七日同一件で水害前より減少す。右は出水のため横行不能と、警察官増員による。吉川署管内は目下一件もなし。
	六・一〇	越ヶ谷署	大相模村地区一帯漸次水量増加、本村より吉川署管内に至る廣範囲に亘る、築防作業を続けつゝあり。猶電話を以て空俵一万俵申請したるも現在未着、嚴重警戒中なり。

月日	時刻	報告箇所	報告事項
月 日	時 分		
九・一九	八・四〇	越ヶ谷署	本築防を完成せざれば、管内の被害想像に余あり。 潮止村字大瀬古新田に浸水、避難者七二〇名中、一二〇名は同村潮止小学校に避難し、残り六〇〇名は中川堤防上に避難を完了、目下食糧の配給に奔走中なり。
		加須救援本部	昨夜より本日午前二時半迄に平均一尺五寸程減水。 大桑村　三尺程減水、稲穂見え初む。 水深村　最高時より三尺程減水、床上浸水程度。 三俣村　最高時より村の中程は床も出初めた。 大越村　最高時より五尺程減水。 不動岡町　最高時より二尺程減水。
	一〇・〇〇	茨城縣警察部長 幸手署	栗橋町における民家離、棄、移の総戸数は二、五〇〇戸なり。 管内水害状況は次の通り 1. 浸水家屋二、六〇〇戸、流失戸数四〇戸、流失人員一〇〇名、浸水耕地一六〇〇町歩。 2. 傳染病患者チブス二、赤痢三計五。 対岸古河、新郷より物資來援、栗橋町現在床上二尺程度、農村地域は猶減水を見ず、数日後ならん。
九・一九	一〇・〇〇	三角社教課長	午前七時加須署飯塚刑事課長と事務引継完了す。大越出張所には、北埼玉地方事務所長佐伯厚生課長外五名中村警部補外警官五名駐在す。進駐軍救援隊加須

九・一九	一〇・〇〇	越ヶ谷署

より大越に向つて出発す。

大利根堤防上に救済せられつゝあるもの次の如し。

樋遣川村　八〇〇名　原道村　四〇〇名
川辺村　八〇〇名　利島村　一、〇〇〇名
食糧補給道路は、加須、羽生、大越現地の順、元和、豊野両村へは、船、人、手、ガソリンあらば連絡可能の見込。

大桑村は昨日派遣せる連絡員帰所せざるを以て可能らし。

樋遣川、三俣両村は、床上浸水（四・五尺）次第に減水の徴あり。

目下加須署管内以外は、手の下しようなし。

罹災者二、五〇〇名中、給食可能の範囲者は約一、〇〇〇名位なり。明二十日の分より急ぎ主食搬送のこと、猶味噌、醤油、漬物あらば幸甚なり。警官二十名、至急派遣せられたし。

食糧は引続き大越出張所に送附せられたし。

現金十万円受領、其のまゝ銀行に預金す。

状況調査のため、三角社教課長（三俣）、河合魏（樋遣川）大越に急行、本日中に加須に引返す予定。

厚生省防疫官、今朝利島、川辺両村へ急行す。

トラック一台、ガソリン五本至急送られたし。右は大越、加須間の連絡に必要。

罹災地の飲料水は漸く安堵の状態。

本縣警察部長よりの照会に対し報告あり。
1.　罹災戸数六、〇五三戸（床上二、〇五三戸、床下一、二四〇戸）

月日	時刻	報告箇所	報告事項
九月・一九日	一〇時・〇〇分	越ヶ谷署	2. 罹災者数三三、五三五名（内死者三、負傷一五、行方不明三三五） 3. 耕地冠水田一、五三四反・畑九一〇反 4. 目下モーターボート四隻、小型モーターボート十隻により救出中。
	一〇・一五	越ヶ谷署	越ヶ谷署情報第五十四号を以て、次の如く報告あり。吉川署管内は、金杉村一部と吉川署一部を残し、全地域浸水、吉川署遖編の主要道路は殆んど交通不能となる。猶救助船三隻により、吉川町避難者一、一四一名なり。猶延命寺に一六五名、演武場に六六名を引続き収容す。
	一〇・四〇	越ヶ谷署	午前十時現在の交通情況次の通り。 1. 東武線は越ヶ谷折返し一時間置き。 2. 東京行バス北千住折返し。 3. 野田、吉川、岩槻バスは不通。
	一一・一〇	久喜署	久喜地区は、昨日より約七、八寸減水、現在深い所で胸、浅い所は膝迄の程度最高時より約二尺六寸の減水。 久喜町の浸水家屋は約一、〇〇〇戸なり、避難者は、小学校並に甘棠院に計五二〇名収容、米麦等の主食二日分確保しあり。本町水害対策委員会においては菖蒲町より小舟二隻、大山村より小舟三隻を借用、目下救援連絡に活動中なり。現在までに発病者一名もなし。 太田村地区は、一尺程減水、最高水深九尺位、流失家屋七〇〇戸なり、避難者は同村役場外三ヶ所にそれぐ＼収容、現在一八〇名に達せり。本村は舟艇なき

			ため、編筏の上罹災者を収容救護に活動、目下濁流は鷲宮町方面より流入、須賀村並に上高野村方面に向つて進行中なるも、漸次水勢衰えつゝあり。 清久村地区大山、平野、百間の各村は、同様昨日より一尺程減水し、漸く危険を脱せるも、一部湛水の状を呈したり。 菖蒲町地区損害なし。 江面村地区は昨日より一尺程減水、目下浸水家屋は三五〇戸位、村当局は小舟を利用し、飲料水を配補しつゝあり。 日勝、篠津地区は、昨日より七、八寸位減水、現在水深三尺位、篠津村は浸水家屋一〇〇戸位なり。 鷲宮町は、現在尚九尺位の水深あり、避難者は同町小学校並に鷲宮神社に収容中なり。 死傷者は、相当予想されつゝあるも、目下不明、加須保険所久喜分所において救護班を組織し、鷲宮方面一帯を調査中。 水害緊急対策委員会を組織し、罹災者の救護、給食に活動を続けつゝあり、本署は全員一致の態勢を取り、救護に活躍、人心動揺防止に当れり。 目下最緊急必要品は食糧のみなり。 当地へは、東北線白岡迄可能と思料す。
九・一九	一二・〇〇		田間宮村現在浸水床上一七〇戸、床下一八〇戸なり。 同村役場において炊出し開始、其の他は個人にてなす。 水は漸次減水の徴あり、人的被害なし。
九・一九	一三・一〇	秩父派遣本田事務官報告	秩父郡下の状況次の如し。

月日	時刻	報告箇所	報告事項
九月・一九日	一三時・一〇分	秩父派遣本田事務官報告	家屋倒壊　三一、流失一六、浸水二、三九九 罹災者　三五戸、人員一四三名（中死者九、負傷四） 公共施設　道路崩壊九〇、橋梁破壊二二、林道崩壊一五、六五五箇所 被　害　木材流出二〇、〇〇〇石、原木流出六、〇〇〇石、木炭流出三〇〇〇俵、炭窯破損五七〇基 耕　地　収穫皆無予想一〇〇町歩
	一三・三〇	吉川署	一時現在草加町に避難したものは五百十六名、この中相当数のもの吉川町に帰つた由なり。 正午より一時迄の水位異状なし。
	一四・三七	岩槻署	管内水害状況次の通り、岩槻地区における罹災者二、一九〇人、避難者七九九人にして、何れも小学校又は授産所等に収容、最高水深の内牧村は一丈三尺に達している。但し一時間約一寸五分程度に漸減の徴あり。目下舟艇三隻により食糧の輸送並に連絡に活躍中なり。 猶耕地の被害冠水田一、七三三町歩、畑七四〇町歩である。 粕壁は、昨夜六時頃と比較し、八幡橋、粕壁橋、新町橋の溢水も、六寸より八寸の減水、猶毎時二寸位宛減じつゝあり。 八木橋附近は浸水なし。 豊春村業平橋は昨夜より三寸程減水。 蓮田附近元荒川は、昨夜より一尺三寸位減水したり。

九・一九	一四・三八	久喜署	午前十時頃、管下日勝村字岡泉地内に浸水、隣村黒浜村字江野崎、慈恩寺村字鹿室に流入中。
	一五・〇八	杉戸署	本日正午迄の状況次の通り。 管内の水位相当減水を見たが、猶一丈に余る所あり。 死傷者須賀村一、幸松村二計三名。 宝珠花、豊岡の二村は被害より免る。
九・一九	一六・〇〇	対策本部	各村相当被害ありと思料さるゝも、目下舟艇なきため調査困難の実情にあり。 現在水害の総被害予想戸数は五四、六〇四戸、罹災人口は四三三、〇〇〇人と発表す。
	一七・二〇	加須署	管内水害情況報告 水は約五尺位減じたが、本流は猶一丈二尺位あり。 衛生状態は頗る不良、殊に飲料水の補給不円滑のため、下痢患者続出す。 舟艇の活動状況次の如し。 十八日　モーターボート二隻　普通ボート三隻　計　五隻 十九日　同　四隻　同　七隻　計　一一隻 猶一般の小舟も、各地より漸次来援、救助人員は、十八日現在八五〇名に達す。
九・一九	一七・二〇	加須署	進駐軍の舟艇による活動状況次の通り。 十八日モーターボート三隻、普通ボート三隻計六隻により、救援救出に活躍す。 罹災者の給与状態、食糧の補給には支障なきも、衣料の配給は全然なし。
	一七・四五	加須署	北埼利島村の被害状況は次の通り 罹災戸数八三五戸、罹災者四、九〇三人

月日	時刻	報告箇所	報告事項
九・一九	一七・四五	加須署	避難者は、小学校に一五〇人、川中島二階に五〇〇人、残部は堤防上に起居す古河町より舟の連絡あるも、救護充分ならず、死者は今の所五名。 猶冠水田三一〇町歩、畑三五〇町歩、倒壊流出家屋五五〇戸、浸水八三五戸なり。
九・一九	二一・五五	鳩ヶ谷署	八條用水は相当氾濫し、葛西用水も刻々増水、目下毎時五寸程上昇す。猶この調子より推定すれば、午後十一時までには、綾瀬川に合流も又考えられ、これが、流域地たる草加、谷塚、新田、大門、戸塚、野田の各町村は、居住民挙げて出動、目下防衛防水に苦闘中なり。
		岩槻署	午後六時現在春日部方面新町橋全部露出、毎時一寸五分宛漸減の徴あり。 本町における被害、浸水戸数床上三〇〇戸、床下三〇戸、水田の見込なきもの五、六十町歩位なり。 元荒川の減水二尺五寸に達す。
九・一九	二一・五五	総務部長	権現堂川村民にして、茨城縣新郷小学校に避難収容数は四三五名なり。 元和村は殆んど浸水、負傷の手当をうけるもの多し、至急これが手配を要す。
九・二〇	九・〇五	越ヶ谷署	葛西用水路は刻々増水、水勢は八條村を経由川柳方面に進出中。
	九・三〇	対策本部	本日九時現在の被害状況次の通り 被害市町村数（但し秩父郡を除く）一二一、被害戸数五四、六〇四戸、同人口概数四三三、〇〇〇人（此の中要保護人員概数二六六、〇〇〇人） 冠水面積田二九、三五七町歩、畑一六、七七七町歩

			農作物の被害見積額一、〇六八、七二二、四〇〇円 林野被害崩壊一、五五八箇所一六〇町歩 林道被害崩壊一三八箇所三九、〇〇〇米 被害工場数約七六五 土木被害道路の欠壊三〇箇所、橋梁流失三七六架 耕地関係冠水田四二、九三七町歩、畑三三二町歩 被害学校数約二〇〇校
	一〇・三〇	吉川署	今朝八時迄に市街地二寸、其他四寸減水。
		久喜署	久喜町本朝、昨日より一、二寸減水、最高時より三尺八寸減水
		越ヶ谷署	八條村地内決潰場所巾六間位に拡大す。
	一三・二〇	宇治川警部補	早稲田村目下水深一米、本朝より幾分減水。 野田町に避難せる罹災者は大約三、〇〇〇名位、大部分は縁故者に寄寓、給食者は目下四〇〇名位なり。 流山町に避難せるもの大体二、五〇〇名、中救護をうけつゝある者は七〇〇名位、猶一、八〇〇名位は堤防上に彷徨している。 千葉縣より救援の小舟は三十隻にして、日夜活躍罹災民感謝の的たりしが、本日地元危険となり、中十五隻は引上げ、残り十五隻は流山方面において、引続き活躍中。猶野田方面の救助者は五〇〇名、流山方面では約一、〇〇〇名を収容、死傷一名もなし。
九・二〇	〇・五〇	塩野防犯課長	野田方面において借受けたる救助艇二十五隻の中、十五隻を三輪野江村へ、大型八隻を早稲田、彦成へそれぞれ配置、流山方面より借受けし十五隻を三等分

月日	時刻	報告箇所	報告事項
九・二〇	〇・五〇	塩野犯防課長	してそれ〴〵配置、目下救助と給水に奔命中。 水位は昨日より五寸程減水す。 食糧は頗る欠乏し、特に東和村方面は生芋をかぢりつゝ活動中の由、救援を要す。
	一八・五七	千葉縣廳	埼玉縣よりの罹災者救護のため、野田町に救護本部を設置したる旨、電報到着す。
	一九・四五	茨城縣警察部長	本日の被害状況次の通り 幸手町の流出家屋　一〇戸　倒壊家屋　三戸　死者　二 行幸村同　八戸　同　なし　行方不明　一 上高野村同　八戸　同　二八戸　死者　二 櫻田村同　七戸　同　なし　同　なし 栗橋町同　四〇戸　同　不明　同　不明
	二〇・〇〇	吉川署	管内吉川、旭、松伏領、金杉、三輪野江、早稲田、彦成各地域の水は、若干減水の徴あり、猶水は軒下にとゞく程度の浸水。
九・二〇	二三・〇〇	対策本部	北埼利根決潰地域村落の被害人口状況は次の通り。 利島（四、六〇〇人）　川辺（三、六〇〇人）　東（二、六〇〇人） 原道（三、四〇〇人）　元和（二、八〇〇人）　計　一七、〇〇〇人
		賠償課長	浸水工場の被害状況発表（九・二〇現在） 川口地区　日本ピストリング川口工場

月日	時刻	発信	内容
九・二一	〇・四〇	熊谷署	川越地区　武蔵工業株式会社 春日部地区　農村時計製作所 被害機械浸水約二五〇台、冠水約八、〇〇〇台 特別手入を要するもの約四十パーセント 管内の浸水地域は男沼村のみにして、該村の被害は、水田二十町歩、目下水深一尺五寸にして、浸水家屋は三戸のみ。
		岩槻署	管内は五、六寸程一様に減水。
	一五・〇〇	鳩ヶ谷署	草加方面に浸水を予想し、目下綾瀬川西岸に消防團員を配置し、極力防止に努めつゝあり。午後二時半現在の増水三寸位。
		畜産課	大家畜の被害見込数（九・二一現在） 被害町村　一八、牛四三四、馬四一七計八五一頭。
	一八・二〇	村田岩槻出張所長	杉戸町、八代、幸松村の浸水状況、何れも漸次減水の徴候あり。
九・二一	二一・二〇	久喜出張所	太田村は目下全村の四分の一浸水し、小舟にて連絡をなす。鷲宮は全町浸水したるも、自動車ならば連絡可能なり。 太田村及び鷲宮町は緊急救援の要あり。
九・二二	一〇・〇〇	大越出張所	元和村被害、家屋倒壊二三、半壊一八、流失八四、橋梁流失一三、死亡四。
	一四・〇〇	岩槻署	春日部附近は減水し、浸水家屋なし。
	一四・一〇	吉川署	三輪野江村は、二尺五寸余減水したるも、猶水深六尺に及ぶ、食糧事情緊迫至急救済を要す。
九・二三	八・三〇	加須署	昨日より見て、二寸八分の減水、東村は最高水深猶五米に及ぶ所あり。
	一二・一〇	吉川署	水害による死亡者三名。

月日	時刻	報告箇所	報告事項
九・二三	一四・五〇	春日部出張所長	春日部に赤痢患者一名発生す。
	一七・〇五	久喜署	一七時上野久喜間折返し運轉す。 一二時三十分久喜浅草間同樣運轉す。 本日より久喜町全部及び江面、日勝両村の一部に送電復活す。 管内最高水深五尺二寸にして、猶浸水地域は太田、江面、鷲宮、久喜の四町村のみ。
	一八・五〇	吉川署	今朝五時より現在に至る間、約五寸減水す。
	一九・三〇	加須署	今朝四時より午後六時に至る間、約一寸八分減水す。
		久喜署	管内浸水狀況約五尺程減水す。
	二〇・五〇	金杉駐在所	金杉村地内の浸水狀況五尺より八尺程度、猶旭村四尺、早稲田村は四尺五寸、水田は六尺より八尺位。
九・二四	一九・四〇	加須署	一晝夜二寸減水、昨日と大差なし。
九・二五	一六・〇〇	対策本部	昨日の降雨により、前橋市利根川約二尺增水せる旨通報あり、直に各管内警察署に連絡す。
	一六・三〇	加須出張所	一般狀況報告あり。 加須町、樋遣川、三俣、不動岡、大桑、水深各村は減水し、床下浸水も今の所皆無。 豊野村減水し、床下浸水家屋四、五戸のみ。 元和村、床上四〇〇戸、床下六〇戸、減水量一晝夜二寸程度。

九・二五	二二・一〇	群馬県庁交換所	林務課

昨二十四日加須管内町村長会開催し、配給の適正を期するため、早急に人口の調査を決行の上、食糧営団に報告の申合をなす。

本日急救食糧の搬送を要する村名人員次の通り

村名	戸数	人員
樋遣川村	一二〇戸	六二〇人
大桑村	三〇戸	一五〇人
元和村	五一〇戸	二、五〇〇人
豊野村	一一五戸	七〇〇人
計	七七五戸	三、九七〇人

元和村は当分復帰の見込たゝず。

猶二十六日分の乾パン八千個急送せられたい。

上流降雨のため、利根川二尺程増水す。

廿四日午後七時より降出したる雨は、本日午後五時迄に坪当り二石七斗位なり

本日午後三時より四時半迄に小雨あり。

林野関係被害（九・二五現在）　林務課

種別	数量	單位	摘要
林野崩壊	二、九二七	町	二、九三八箇所、立木被害五、三三三石
林道被害	三、九七二	米	五六六箇所、橋梁二五二架

月日	時刻	報告箇所	報告事項
九月・二五日	二二時・一〇分	林務課	（下表）
九・二六	六・〇〇	久喜署	六時現在状況報告 本町は、昨日より八寸の減水、目下浸水家屋なきも、大字馬場裏水田の一部に湛水の所あり。 太田村は同様八、九寸程減水し、浸水家屋なし。 鷲宮町は、昨日より約五寸減水、市街の一部七〇戸は猶床下浸水、最高水深時に比較し、一丈余の減水で、目下町内の最深水所は約五寸程度。 傳染病患者は、太田村二名、鷲宮一名計三名にして、何れも菖蒲町隔離病舎に収容手当中。

林務課報告（九月二五日 二二時一〇分）

種別		数量	單位	摘要
薪炭	木炭流失	七、七九四	俵	
	薪流失炭	四〇、八九八	束	
	窯被害	七九〇	基	
	木炭倉庫	二	棟	八坪
木材流失		三二、四四五	石	
製材工場		一四	棟	五八三坪　一一〇馬力
其他				貯木場五七〇坪 椎茸原木二一、三一〇本

九・二六	八・三〇	久喜署	交通状態は、東武線久喜、鷲宮間は、太田村地内五〇〇米徒歩連絡で午前十時開通。 久喜幸手間は上陸用舟艇八隻運轉し連絡す。 鷲宮町減水七、八寸位、太田村地内葛西用水路は約八寸程の減水振り。 幸手町変電所は二十六日修理完成す。
	一八・五〇	加須出張所	今朝における豊野村、元和村方面の水位は一尺弱の増水なり、大桑村は約五寸の減水。
九・二七	一二・一〇	公安第一課長	現在浸水地域に生活せる住民は六、七千人程度なり　浸水家屋に起居せる罹災者は、目下収容所に収容を勧誘中なり。 決潰地点の締切工事完了が重大問題の鍵なり、早急対策樹立の必要ありと思惟す。
九・二八	八・〇〇	久喜署	本日午前六時現在、鷲宮は約五六、寸程減水す。 赤痢患者一名小林村に発生す。
	八・三〇	幸手署	浸水地域は行幸、上高野、吉田、松伏領、櫻田、幸手、栗橋である。
	一六・一〇	吉川署	管内罹災者収容状況一一、一七八名に達す。 減水状況（廿七日正午より廿八日正午に至る） 利根川（大越地内）　八寸五分程度

月日	時刻	報告箇所	報告事項
九・二八	一六時・一〇分	吉川署	中川（吉川地内）三寸三分程度 古利根川（杉戸地内）八寸五分程度
九・二九	一六・〇〇	吉川署	減水状況（廿八日正午より廿九日正午迄） 利根川（大越地内）二寸二分程度 中川（吉川地内）二寸八分程度 古利根川（杉戸地内）四寸五分程度
九・三〇	一七・一五	加須出張所	廿四、五日上流降雨のため、本日元和村床上浸水四六〇戸、床下浸水一九戸水位約二尺程度なり。

第四編　救濟救護の狀況

第一章　罹災者救援の方針

第一節　水害対策本部の設置

今次洪水の被害状況は、既に前編においてその梗概を記述したが、当時現地を親しく御視察あらせられた今上天皇は、被害の予想外なるに御一驚の御容子に見受けられて、種々有難き御下問を拜し、又九月十七日來縣した片山総理大臣は、利根川の決潰口に立ち、一望涯しなく湖沼化した埼葛地区の穀倉に眼を移すや、「これは驚いた、こう迄ひどいとは思わなかつた」と洩し、これ又意想外の感にうたれていた。これは視察者の誰もが感得する第一印象であつたであろう。

縣は、出水と同時に、水害救援対策本部を設置し、西村知事を委員長とし、各部長をそれぐ委員に擧げ、先づ罹災縣民（当時の発表は四十五万人と称す）に対し、先づ収容所避難所の設定を急ぎ、給食を考慮し、更に衣料品の補給日用品の配給に手を延ばし、現地の疾病罹症者特に傳染病の発生に留意し、負傷者の治療手当等の方策を樹て、一方建築土木関係にある仮住宅の造営及び、大利根堤防決潰口の堰止工事を急ぐことに協議を進めたのである。

今次洪水は、文字通り未曾有の損害であるだけに、救済復旧両方面も、多岐廣範にわたり、之に要する経費も巨額に達するを以て、本部では官民一体一丸の態勢を整えて出発することに決定、かくて各現地との連絡を緊密にし、損害をより尠くし、復旧をより早めることに努力したことは云うまでもない。

猶縣では、九月十七日災害救援対策に関する緊急部長会議を開き、左記決議を行い、直に活動に入つたが、その内容は次の通りである。

記

1. 食糧の應急搬送について

所轄署長又は救援対策本部長宛搬送し、配給先を明記のこと。(猶現在までの炊出米用は大約二十俵の放出である)

2. 應急食糧に関する聯合軍への依頼について

ライアン中佐より長官に言明の次第もあり、MGを通じて之が救援方を依頼すること。同時に厚生省に対しても依頼すること。

3. 大宮憲兵隊のボート借用について

大宮憲兵隊所有のボート二〇隻について、同憲兵隊において現地使用しない場合は、警察部においては全部借用の上、幸手栗橋方面に出動せしむること。

4. 衣料の配給について

今次水害の罹災者に対する衣料の補給については、被害の程度判明するまで、積極的に送附を見合せること。(猶衣料は浦和市内在庫品数は、布團二、〇〇〇枚衣服一〇〇、〇〇〇点其の他あり)

5. 其の他乾電池二百個現地救援本部へ警察部より送致のこと、及び厚生部保管の蠟燭を至急吉川署へ送附方手配のこと。

6. 臨時縣会の招集をなし、救済に対する方針をたてること。九月二十日午後一時臨時縣会を招集し、被害状況並に縣のとりたる應急措置につき報告し、当面の対策費として二千万円を計上すること。

第二節　應急措置とその対策

1. 食糧と應急措置

救援における食糧の問題は、避難所と平行して最も緊急を要するものである。縣対策本部では、十八日までに既にコッペパン十六万千七百人分の外に、乾パン八万人分を放出、十九日には大越方面に対し二万人分、岩槻方面に四万人分を、向後毎日輸送することに決定した。

猶今後の見透しとして、縣下被災者を大略四十五万三千人と算定、主食米換算一人一日二・五合宛と見て大約七千七百七十二万石を、農林省より受配の計劃を樹てたのである。

現在縣内営團手持の小麦粉は、米換算七千石相当量が川越其の他の工場にあるから、これを全部放出の都合つけば「少くも五、六日位の食糧は充分持ちこたえるであろう」とのことであつた。

次に調味料であるが、醤油一人一合として四四三、〇〇〇石、目下縣保有は八〇万石しかないから、一人五勺の前渡とし、後は本省と打合の上適正量配給の予定、味噌は一人百匁として四四、三〇〇貫を充てたが、これは一般配給用の手持があるから、充分見通しがつく。塩は一世帯五百瓦とし、七万五千世帯と見て三七、五瓲であるが、目下縣保有量四二五瓲あるから、早急に配給出來る。

次に副食物であるが、梅干類は縣に手持が少いから、本省より二二万貫の特配を受けること。罐詰は一人一ポンドを配給するとして四十三万三千ポンドであるが、二十日には四万八千ポンドの入荷があるから直に配給出來る。猶輸入罐詰六十瓲を軍政部に対し、認可申請中である。

次に乳兒病人用の乳製品一人一ポンドとして、二万五千人五万ポンド申請中であるが、應急用としては縣保有を放出ずる予定。

次に野菜であるが、國分の葱　入間の午蒡等を入手の上、特配の予定をたてゝいる。

2.　衣料品日用品とその措置

縣の衣料日用品の罹災者に対する補給計劃は、寢具九万五千組、被服は廿三万七千五百着、タオル又は手拭及び靴下足袋二十三万七千五百着、作業用軍手九万五千組、地下足袋九万五千足、チリ紙二万三千七百五十〆、燐寸百打入百九十箱、石鹼廿一万六千箇、蠟燭三万六千本、電球十四万四千箇、疊表三十五万六千二百五十枚をそれぐ商工省に申請中である。

猶配給量は、寢具は床上浸水家屋に対し、一戸当り二組宛、被服は一人一着、肌着一人一着、タオル又は手拭は一人一本、靴下又は足袋は一足宛それぐ配給の予定。

以上の外縣の手持品から寢具類約五千枚（内、毛布二、八〇〇あとは布團）衣類二万二千枚、シャツ二万三千枚、タオルなど小物類十一万五千点、石鹼燐寸鍋釜等八万三千八百箇が用意され、各機関を通じて配給の予定である。

3.　七臨時救護所の設置と保健対策

縣衛生課では、水害地に赤痢腸チブスの蔓延の憂があるので、十九日からチブスの予防注射並に赤痢の予防薬たるサルフアダイアヂンの服用を徹底的に行なうことになり、水害地の七箇地域大越、加須、菖蒲、日勝、岩槻、越ケ谷、草加の五町二村にそれぐ臨時救護所を設置し、既に編成の救護班（一班医師二名看護婦五名）をそれぐ派遣して予防に対する万全策を講じた。又発病の兆あるものは病院に送致の手配をとり、救護所は最寄の学校役場等で受付け又は設備のない所へは、天幕二千五百枚を送致し、それぐ設営の計劃を樹てたのである。

猶この外簡易収容所を設置し、舟で救出した者や、堤防上に生活し居る者を合せ、大約五万人と見積つて、各地の水際の適当な所に急設すべく、今十九日には大体の計劃が出來ている。

又生水は消毒しないと絶対に飲まぬように警告し、晒粉は既に川越松山大宮熊谷の地区へは送達され、更に水引きを待つて改めて二十瓲の晒粉を、罹災家屋全部の井戸に配分し、徹底的に消毒する方針にしている。

4. 収容所避難所の設置

避難者に対する急救措置としては、食糧と避難所であつた。堤防決潰による急激の出水に、我が家を顧る暇もなく蒼皇として命からぐ〵避難した罹災者に、先づ避難所を設置しなくてはならぬ。

当時対策本部においては、現地の実状に應じ、学校公民館を初め神社寺院等を充当する外、収容し得る余裕住宅にも連絡懇請の上、婦女老幼の収容に遺憾なきを期したのである。

因に被災地区二市八郡区における九月十五日以降十一月三日までの収容人員は左表の通りである。

避難所設置状況調

市、地方事務所別	北埼玉	埼葛	北足立	入間	比企	秩父	大里	児玉	川口	熊谷	計
九月十五日	三三三ケ所	二五三ケ所	七二六ケ所	一、一六四ケ所	三三五ケ所	二、一〇七ケ所	四ケ所	一九二ケ所	—ケ所	四一五ケ所	五、二三八ケ所
同　十六日	一、三〇九	五〇二	一、〇七六	一、一七四	三五	七五四	四	一七	—	—	五、〇三一
同　十七日	一、六七一	五三三	八八八	二一三	—	三六二	四	—	—	—	三、六六一
同　十八日	一、六七〇	五三三	五四七	二一三	—	五八	—	—	—	—	三、〇一一
同　十九日	一、六七〇	五三三	四一八	一九九	—	五八	—	—	—	—	二、八六七

市、地方事務所別	北埼玉	埼葛	北足立	入間	比企	秩父	大里	児玉	川口	熊谷	計
九月二十日	一、六六九ケ所	五二一ケ所	二九六ケ所	一九八ケ所	—ケ所	四二ケ所	—ケ所	—ケ所	—ケ所	—ケ所	二、七二六ケ所
同　廿一日	一、六六六	五一九	二七五	一九八	—	四〇	—	—	—	—	二、六九八
同　廿二日	一、六二六	五一三	—	一二四	—	四〇	—	—	—	—	二、三〇三
同　廿三日	一、五三四	五二一	—	一二三	—	四〇	—	—	—	—	二、一九八
同　廿四日	一、五二三	四九八	—	一二三	—	四〇	—	—	—	—	二、一八三
同　廿五日	一、五七四	四六一	—	—	—	—	—	—	—	—	二、〇三五
同　廿六日	一、五七四	四四七	—	—	—	—	—	—	—	—	二、〇二一
同　廿七日	一、五四九	四四六	—	—	—	—	—	—	—	—	一、九九五
同　廿八日	一、四八一	四四六	—	—	—	—	—	—	—	—	一、九二七
同　廿九日	一、四八一	四五一	—	—	—	—	—	—	—	—	一、九三二
同　三十日	一、四七三	四四六	—	—	—	—	—	—	—	—	一、九一九
十月一日	一、二五三	四四五	—	—	—	—	—	—	—	—	一、六九八
同　二日	一、二五三	四四三	—	—	—	—	—	—	—	—	一、六九六
同　三日	一、二五三	四四三	—	—	—	—	—	—	—	—	一、六九六
同　四日	一、二四六	四四二	—	—	—	—	—	—	—	—	一、六八八
同　五日	一、二四六	四二一	—	—	—	—	—	—	—	—	一、六六七

同　六日	一、二四六	四一二	―	―	―	―	―	―	―	―	一、六五八
同　七日	一、二四六	三九八	―	―	―	―	―	―	―	―	一、六四四
同　八日	一、二四六	三九八	―	―	―	―	―	―	―	―	一、六四四
同　九日	一、二四六	三九一	―	―	―	―	―	―	―	―	一、六三七
同　十日	一、二四六	三九一	―	―	―	―	―	―	―	―	一、六三七
同　十一日	一、二四五	三九〇	―	―	―	―	―	―	―	―	一、六三五
同　十二日	一、二四五	三八七	―	―	―	―	―	―	―	―	一、六三二
同　十三日	一、二四三	三八七	―	―	―	―	―	―	―	―	一、六三〇
同　十四日	一、二四二	三八六	―	―	―	―	―	―	―	―	一、六二八
同　十五日	一、二四二	三八五	―	―	―	―	―	―	―	―	一、六二七
同　十六日	一、二四二	三八〇	―	―	―	―	―	―	―	―	一、六二三
同　十七日	一、二四二	三八〇	―	―	―	―	―	―	―	―	一、六二三
同　十八日	一、二四二	三八〇	―	―	―	―	―	―	―	―	一、六二三
同　十九日	一、二四二	三七五	―	―	―	―	―	―	―	―	一、六一七
同　二十日	一、二四二	三七四	―	―	―	―	―	―	―	―	一、六一六
同　廿一日	一、二四二	三七四	―	―	―	―	―	―	―	―	一、六一六
同　廿二日	一、二四二	三七四	―	―	―	―	―	―	―	―	一、六一六
同　廿三日	一、二〇五	三七四	―	―	―	―	―	―	―	―	一、五七九

市、地方事業所別	北埼玉	埼葛	北足立	入間	比企	秩父	大里	児玉	川口	熊谷	計
同廿四日	一、二〇五ケ所	三七四ケ所	―ケ所	―ケ所	―ケ所	―ケ所	―ケ所	―ケ所	―ケ所	―ケ所	一、五七九ケ所
同廿五日	一、二〇五	三七三	―	―	―	―	―	―	―	―	一、五七八
同廿六日	七〇六	三七二	―	―	―	―	―	―	―	―	一、〇七八
同廿七日	七〇六	三七〇	―	―	―	―	―	―	―	―	一、〇七六
同廿八日	七〇六	三七〇	―	―	―	―	―	―	―	―	一、〇七六
同廿九日	五一三	三六六	―	―	―	―	―	―	―	―	八七八
同三十日	五一三	三六六	―	―	―	―	―	―	―	―	八七八
同卅一日	五一三	二六五	―	―	―	―	―	―	―	―	七七七
十一月一日	五一三	二四〇	―	―	―	―	―	―	―	―	二五三
同二日	三一八	二二五	―	―	―	―	―	―	―	―	五四三
同三日	三一八	二二五	―	―	―	―	―	―	―	―	五四三
計 日数	五〇日	五〇日	七日	一〇日	二日	一〇日	三日	二日	―日	一日	一三五日
計 人員	五九、六〇〇人	二〇、二五八人	四、二三六人	三、七三〇人	七〇人	三、五四一人	三人	三六九人	―人	四一五人	九二、二二一人
所要経費	二、七九七、〇一五円	一、〇〇八、三六三円	五六、七〇五円	四六、五七七円	一、四〇〇円	二六、七八〇円	四一五円	三、三三〇円	―円	―円	三、八四〇、五八五円

今次の大水害に、家屋家財を初め、日頃辛苦の作物まで、すべてを水魔の犠牲に供し、復旧に起上らんとする余力を失つた町村は、当時各地に数多く見られた。これ等被害町村は、世の同情に應えて、一日も早く復旧せんとし、当時自村の惨状をのべ、これに対する救援並に復旧方に関する陳情が、縣救援対策本部に届けられた。何れも肺腑を抉ぐる切々たるものがあり、本部も出來る限り要請に應じ善処したが、その中の主なるもの二、三を参考までに次に記載して見よう。

一、北埼東村外四箇村陳情書

昭和二十二年十月十六日附を以て、北埼玉郡東村元和村原道村川辺村利島村の五箇村は、連署の上左記の如き陳情書を、対策本部長宛提出したのである。

陳　情　書

今回の水害に当りまして畏くも、天皇陛下の御巡幸を辱うし親しく御見舞の御言葉を賜りましたことは吾々罹災民として全く感泣の外無いのであります。

縣内外の寄せられた御同情に対しては、有難さが骨身に徹していますが、特に進駐軍や米國アジヤ救済團体の御高配につきましては御礼の言葉にも苦しむ程であります。玆に各方面に対し深く御礼を申上げる次第であります。

如上の御芳情は吾々被害民の復興心を彌が上にも助長させて居ります。東、元和、原道、川辺、利島の各被害激甚地の村民はこの惨害を徒らに悲観することなく協力一致相互共励これが克服に精進すべきは当然のことと存じます「無よりの発財」は農聖二宮翁の教訓復旧開拓の作法であります。一切を水底に葬り去つた吾々はこの教に従つて根强き自力更生の大道を邁進すべきであります。

然し乍ら播かぬ種は生えません。その種一つすら無き現状を如何にすべきでしようか、玆に救済資金の必要があると存じます。二宮翁も荒地回復に当り緊急の措置を講ずると共に、善種金の制度を設定して復興救済の資金となし、見事其の実績を収めて居ります。

即ち吾々は、自力を緯とし救済を経とする復興対策を樹立し勇敢にこれを実行してこの未曾有の水禍を乗り超えたいのであります。

玆に別紙復興対策要領を添え謹んで陳情する次第であります。御検討の上特別の御同情を以て救済方御盡力下さるよう伏して懇願する次第であります。

昭和二十二年十月十六日

北埼玉郡東村長　粟原松壽
同　村会議長　新井利光
同　農業会長　江森茂一郎
北埼玉郡元和村長　中島林藏
同　村会議長　大塚大次郎
同　農業会長　大塚鷲信
北埼玉郡原道村長　台千知
同　村会議長　篠塚賴次
同　農業会長　同人
北埼玉郡川辺村長　松橋虎吉
同　村会議長　小堀彌太雄

同　農業会長　稲村満次

北埼玉郡利島村長　出井菊太郎

同　村会議長　新井義一

同　農業会長　山中新作

埼玉縣知事西村実造殿

東、元和、原道 川辺、利島 水害激甚地復旧対策要領

一、被害調査

種目	東	元和	原道	川辺	利島	計	備考
戸数	四九五戸	五一九戸	五八〇戸	六五〇戸	八二三戸	三、〇六七戸	
人口	二、七五〇人	二、九三三人	三、三八四人	四、〇一八人	四、八八一人	一七、九六六人	
死亡者	三	二	四	五	四	一八	
行方不明	〇	二	〇	〇	〇	二	
床上浸水戸数	四九二戸	五一九戸	五三七戸	六五〇戸	八二三頭	三、〇二一戸	
流失全壊戸数	二〇〇	九八	八六	七四	三六	四九四	
流失全壊棟数	五〇〇	一九八	一七五	八〇四	五四〇	二、二一七	
半壊戸数	二八〇	二三〇	六八	一八七	一四〇	八九五	

種目	東	元和	原道	川辺	利島	計	備考
半壊棟数	五四〇戸	四六七戸	二五八戸	六〇二戸	七八四戸	二、六五一戸	
牛馬頭数	一七五頭	一九五頭	二三〇頭	三〇〇頭	三三三頭	一、二三三頭	
牛馬死亡頭数	五	二九	七	六	三	五〇	
山羊頭数	五一	二〇	七三	七五	一二一	三四〇	
山羊死亡頭数	二五	一五	三八	四一	三二	一五一	
豚頭数	〇	二	七	六	八	二三	
豚死亡頭数	〇	八	五	四	三	二〇	
兎頭数	五〇〇	三〇八	三四二	二四二	二八五	一、六七七	
兎死亡頭数	五〇〇	三〇二	二九八	二〇八	二三一	一、五三九	
鶏頭数	四〇〇	二、五九五	六九八	一、二五八	一、五二一	六、四七二	
鶏死亡頭数	四〇〇	二、一八二	五四一	一、〇四二	一、二八二	五、四四七	
養鯉	三〇〇、〇〇〇尾	三〇〇、〇〇〇尾	二〇〇、〇〇〇尾	二〇〇、〇〇〇尾	二〇〇、〇〇〇尾	一二〇〇、〇〇〇尾	全滅
水稲	二三四町	二一〇町	二三九町	三五〇町	三一一町	一、三三四町	同
陸稲	一〇	五	六	七〇	一七	一〇八	同
大豆	二八	五〇	九三	一〇	九二	二七三	同
甘藷	二五	二五	二五	四二	五〇	一六七	同

桑園	一八	六〇	五〇	四二	六六	二三六	三分ノ一枯死
野菜	一五	二〇	一八	三〇	二六	一〇九	全滅

備考　増水決壊浸水急速なると闇夜にして水量多かりし爲め農具家具寢具衣類等の損失莫大なり。

二、復旧対策

A、緊急措置

1. 食糧の全村配給と労務加配の実施
   六ケ月の無償配給を必要とする。
2. 役畜の維持
3. 住宅の復旧
   緊急住宅の建設と住宅物置等の補修材料の配給
4. 衣類寢具の配給
5. 麦、馬鈴薯種子の準備
   馬鈴薯種子は少くも一ケ村五、〇〇〇貫必要なり
6. 生活保護法の最高度最高範囲の適用
7. 電燈電力の復旧

B、緊急措置

1. 役場の復旧と維持費

2. 学校復旧費（六三制実施を含む）
3. 耕地整理排水機場の復旧と組合の維持
4. 農業会の復旧と維持
5. 道路橋梁の復旧
6. 農具の修理と補充
7. 薪炭の準備
8. 荒地回復
9. 保健衛生
10. 減免租

C、資　金

資金の総額は村により事情を異にするも一ケ村二千万円乃至五千万円を要する見込である。而も其の大部分を救済金として中央政府並に縣に於て御同情願いたい。

1. 自力による捻出
　被害激甚地に対しては封鎖拂につき特別の措置必要
2. 救済金
3. 起　債　少額にとゞめたい。

D、恒　久　対　策

二度とこの惨害を繰り返してはならない。

1. 治　水

イ、治　山　伐採の制限と植林、砂防工事

ロ、川線の整理　江戸川の改修と放水路

ハ、堤防補強

ニ、鉄橋対策

2. 備荒貯蓄

イ、義倉の設定

ロ、備荒貯蓄組合の設立

E、方　法

1. 五ケ村復旧期成同盟の結成

2. 復旧標準部落及農家の設定

3. 三ケ年にして復旧完了のこと

二、北足立鴻巣町外三箇村陳情書

請　願　書

去る九月の豪雨に次ぐ大洪水の爲め本郡北部各町村の被害頗る甚大でありまして其の惨状誠に想像以上でありま す。殊に宮地堤の一部決潰のため鴻巣地内百余町歩の田畑を始め常光村北本宿村加納村の数百町歩に及ぶ豊穰たる美田を一朝にして濁水の狂奔に委したることは遺憾の極みであります。然して右宮地堤の復旧改修は今後の災害を未然に防ぐ上から焦眉の急を要するところ此処に関係町村長連署の上請願せし次第であります。

何卒右事情御推察の上改修費に対し格段の補助を仰ぎ度く可然御詮議の上早急水防工事に着手し得る様懇願致します。

昭和二十二年十月　　日

北足立郡鴻巣町長　栗原充次
同　常光村長　河野茂一
同　北本宿村長　木村夘之吉
同　加納村長　平井精一郎
縣会議員　田沼年次
同　小谷野常作
同　野本武一

水害対策本部御中

三、兒玉郡水害復舊對策委員會陳情書

陳情書

兒玉郡下に於ける今回の大洪水は明治四十三年の水量以上にして其の被害は各町村に亘れり。殊に郡内を横断する身馴川、志戸川、小山川、九郷用水、女堀、備前渠用水、天神川等の七水系及び郡西北部を貫流する大利根の本流は、最近河床の上昇と戰爭に依る山林伐採とに災され、縣道、林道、橋梁、堤防は各所に破壊流失を見たり。殊に耕地、桑園等の埋沒流失は実に甚大にして未曾有の損害を蒙りたり。之が復旧に関しては各町村共連日に亘り極力應急措置を講じつゝあるも、現下諸物價昂騰の折之が資材並に財源に乏しく、然も復旧は迅速を要する個所多き

に依り、縣当局並に縣議会に於ても特別の御詮議の上何分の御補助賜りたく此の儀陳情に及ぶ次第なり。

追而　別紙各町村長より提出の見積書並に水害状況調を参考として添附す。

昭和二十二年十月十八日

兒玉郡水害復旧対策委員会
委員長本庄町長　中島一十郎

埼玉縣知事殿

別紙

見積書

種別	要復旧個所	復旧費
道路	一四、六三一米	一、二〇四、四四三円
橋梁	二三九個	二、〇九二、八〇四
堤防	一、九三〇米	一、三四六、〇〇〇
小中学校々舎	四棟	一〇〇、〇〇〇
排水路	八五〇米	五五二、五〇〇円
田	三町	二、二〇〇、〇〇〇
畑	八四	四、二〇〇、〇〇〇
計		一一、六九五、七四七

水害状況調　　兒玉地方事務所調

区別	家屋				流失田畑			冠水田畑			人的損害			堤防	橋梁	道路	其の他
町村名	流失	倒壊	床上	床下	田	畑	計	田	畑	計	死	傷	行方不明	決壊	流失	崩壊	
本庄町	九戸	一〇戸	四三戸	一五三戸	二町	一町	三町	五四町	八六町	一四〇町	二人	一人	ー人	ーケ所	九ケ所	二ケ所	

町村名	家屋 流失（戸）	家屋 倒壊（戸）	家屋 床上（戸）	家屋 床下（戸）	流失田畑 田（町）	流失田畑 畑（町）	流失田畑 計（町）	冠水田畑 田（町）	冠水田畑 畑（町）	冠水田畑 計（町）	人的損害 死（人）	人的損害 傷（人）	人的損害 行方不明（人）	堤防 決壊（ヶ所）	橋梁 流失（ヶ所）	道路 崩壊（ヶ所）	其の他
藤田村	—	二	三五〇	五〇〇	一	七	八	一三七	三三九	四七六	—	—	—	五	四	二	
仁手村	—	—	五	一〇	—	—	—	六四	一六二	二二六	—	—	—	一	—	一	
旭村	—	一	—	九二	—	—	—	四五	一〇三	一四八	一	—	—	—	二	四	
北泉村	—	三三	四四	三三五	六	三〇	三六	九四	一七四	二六八	—	—	—	一〇	一六	一〇	
東児玉村	—	一	三〇	四四〇	五	八	一三	一二四	五六	一八〇	二	六	—	六	五	六	用水堀流失 二個所
共和村	—	—	五四	三七二	—	—	—	二五五	一二四	三七九	—	—	—	—	三	五	橋梁流失 小一〇
児玉町	—	二	八	一九六	—	—	—	五六	三九	九五	二	三	—	—	—	四〇〇間	
金屋村	—	—	五三	一五六	—	一	一	六七	一二四	一九一	—	—	—	五	七	五	山崩 九個所
青柳村	—	—	四	七六	二	六	八	二一六	一三二	一五八	—	—	—	—	—	—	
若泉村	—	—	—	二一	—	二	二	—	三五	三五	—	—	—	七	九	二	
本泉村	二	—	五〇	一〇〇	—	—	—	—	一三	一三	—	—	—	—	流一〇 破一〇	縣四〇〇米 村八〇	
神保原村	—	一半	三〇	三〇〇	—	—	—	六四	五六	一二〇	—	—	—	—	一	一〇ヶ所	
賀美村	—	—	三三	二六〇	—	一	一	四	二九	三三	—	—	—	—	—	三	
七本木村	—	—	七	一〇〇	—	—	—	—	四〇	四〇	—	—	—	—	一〇	二〇〇間	
長幡村	—	—	—	八五	—	二	二	七	一三	二〇	—	—	—	—	三	一〇	
丹荘村	—	一	二〇	一三〇	一	四	五	五〇	二〇	七〇	—	—	—	三	六	四	

秋平村	松久村	大沢村	計
一	—	—	三
一	一	—	三
二〇	三八	—	一、四一九
一五〇	一八五	二四	四、九三三
四	一	—	三
三	一	—	八四
二五	二	—	一〇六
二〇	六〇	七四	三九〇
二九	二四	六九	一、六五二
四九	八四	一三九	二、八六二
一〇	—	—	二〇
—	—	—	—
—	—	—	—
三	—	二五 一、六五四	—
七	三	一七	—
七〇〇米	二三ケ 七一八間	三一ケ 四五〇間	
護岸	水路 一三〇間	堰 一五ケ所	

第二章　水害對策委員會の活動

第一節　庶務部の活動

水害対策委員会は、活動を円滑ならしむるため、庶務救恤復旧治安及び調達第一第二の六部に編成し、各部に部長を置き、相互密接なる連繫を保持しつゝ、一路救済に邁進することに決定したのである。

当時被害の状況は、刻々其の範囲をひろげ、交通々信の諸機能漸次不良に陥り、各地の情報入手の方法奪われ、一時救済の手の施しようもなき状態に逢着したが、委員長の機敏な行動が実を結び、進駐軍の空中撮影の協力によりて初めて各地の事情も判明、直に本格的の救済が次々と講ぜられていつたのである。

一時交通々信喪失により、各地区及び隣接諸縣との連絡不充分のため、援助協力の要請も出來なかつた庶務部が、軍政部の協力により、敢然として立上り、各部内の一絲乱れざる活動に、食糧を初め救援物資の集荷搬送、救出避難者の収容所の設置、医療救護、人命救助等、あらゆる面に実績をあげ、更に救援救護の実績をより向上するため、所要地点に出張所を設置し、着々救済の手をひろげたが、その詳細に関しては、別記「救済日誌」によりその一端を知ることが出來るのである。

救済日誌

至　二二、九、一七
自　二二、九、二九

月日	時間	取扱箇処	摘要
九月十七日		対策本部	進駐軍上陸用舟艇に同乗の医師九名並に警官六名到着、待機す。
		吉井民生部長	第一救護本部（春日部）を岩槻に変更す。春日部停電、無電使用不可能のため。
		対策本部	九月十六日夜半進駐軍の協力により、山口貯水池のモーターボートを加須に廻送方許可があつた。猶トラック、ガソリン、運轉一切は進駐軍にて。 第二救援本部を加須署におき、飯塚刑事課長を委員長に任命する。
		同	ライアン中佐より次の連絡あり。 上陸用舟艇は十一時ごろ横浜より確答ある筈。 空中写眞を十一時にとりにゆく。
	一〇時、四〇分	同	被害地罹災者にして、疾病者軽症者の持続的服薬を必要とする者に対しては、家庭薬を無料配布す。
	一三、四〇	久喜署報	久喜、鷲宮両町長太田村長より、救援のための食糧衛生材料の配給申請があつた。
	一四、〇〇	対策本部	進駐軍より、十二人乗ボート五艘借用決定し、乗用者、医師、記者、警察官、食糧等をそれ〴〵手配、先づ加須までトラックで行き、加須より救援現地に赴く予定。

	同	警視廳より公安課救済用ボート三隻送附せる旨電あり、直に受入手続をとる。
一七、〇〇	同	第一救援本部へ、應援のため八名急派 内訳　労政課二、保険課三、教育課三
一七、三〇	茨城縣知事	埼玉縣知事宛次の電報を受く。 十七日十一時四十分発、栗橋地方多数の死傷者ある見込、罹災者約一〇〇名本縣新郷小学校に収容せるも、逐次増加の傾向にあり。
	埼玉縣知事	茨城縣知事宛次の返電をなす。 栗橋地方の被害の概況御報告を謝し、引続いて救護を懇請す。
	茨城縣知事	本縣知事宛、利島、川辺の二村全部浸水に対し、古河町において救護の万全を期しつゝあり。
		右に対し本縣知事より 本縣川辺、利島両村避難民の救護につき御同情ある御高配を深謝す。
	内務大臣	水害見舞として金壱万円を寄託す。
	間組	同様十万円を寄託す。
二〇、一〇	吉川署	千葉縣警察部より、避難民の救助その他連絡等に協力する旨の申入あり。
二一、四五	知事	千葉縣知事宛二十一時四十五分発 本縣今次の災害に際会し、北葛飾方面の罹災者に対して、避難その他につき御協力下さる由感謝に堪えず、今後何分の御援助を乞う。
	対策本部	茨城縣古河町に第三救援本部を設置し、細谷教育部長を派遣す。 第二救援隊本部（加須）より、白米十俵、小麦四十俵五五罐受領の旨報告

月日	時間	取扱箇所	摘要
九月十七日			あり。
		同	議会資料として警保局長依頼の水害状況別項の通り報告す。
九月十八日	七時四〇分	同	國立埼玉病院救護班は、本日午前七時四十五分浦和発現地へ急行。
			済生会救護班は、途中加須本部に立寄り、原道村方面に向う。
	八、三〇	同	日赤救護班第一班は、岩槻第一救護所へ出発、第二班は待機中。
			第二救援隊本部（加須）は、都合により大越村に移轉す。
		幸手署	茨城縣五霞村より野菜其の他の救援あり、又飲料水の供給もあり。
		加須署	次の救援物資を至急手配下されたし。 毛布三〇〇枚、天幕千人入分、チリ紙、蠟燭、燐寸等多数。
			罹災者は目下東、原道、川辺、利島、大越のみにて六、一三〇名を收容す。
		埼教組合	カッター乗組員十二名、加須に急行す。
		日本放送協会	床上浸水以上のラジオ聴取者の料金免除の申入あり。
	一〇、一五	安定本部	電報にて、來る廿四日和田長官水害地視察のため來縣すとの連絡あり。 G・H・Qより來縣、直に加須にむけ出発。 公衆衛生局　ネフ氏 赤十字社　ミツクラウス氏 防疫官　マータル大尉
	一〇、三〇	同	軍政部ライアン中佐は、大越方面からボートで幸手方面に下られし由。
	一〇、五〇	大宮署	大宮駅前旧倉庫では、大宮市役所大宮青年会の有志により、水難救護所を設

立し、災害地の案内義捐金の募集に努力中。

林務課

水害地に対する薪炭應急対策計劃を発表し、之れが救援に努力中なり。

薪炭應急対策　林務課

地方事務所	罹災家屋（戸）	薪（束）	木炭（貫）
北足立	二、八一〇	一一、二四〇	五、六二〇
入間	一、一四八	四、五九二	二、二九六
比企	一、一七三	四、六九二	二、三四六
秩父	一、一三一	四、五二四	二、二六二
兒玉	一、〇〇七	四、〇二八	二、〇一四
大里	一、九四五	七、七八〇	三、八九〇
北埼	八、九六二	三五、八四八	一七、九二四
埼葛	三一、八二四	一二七、二九六	六三、六四八
計	五〇、〇〇〇	二〇〇、〇〇〇	一〇〇、〇〇〇

備考　右表は、一戸当り（床上浸水以上を標準）につき薪四束、木炭二貫匁として算出す。猶薪炭については、現在五市に非常時用として蓄積したる在庫薪五万束木炭二万貫は罹災地炊出し用としてそれぐ配給出來るよう手配を了す。

一五、〇〇　**厚生省**

厚生大臣來縣見舞さる。

千葉縣知事

千葉縣より左記見舞品の寄贈があつた。

煮干八俵、乾海苔壱箱、グリマース六貫匁

一九、五〇　**鳩ヶ谷署**

越ヶ谷の罹災者五〇六名草加町へ收容す。

月日	時間	取扱箇所	摘要
九月十八日		浦和駅長	明十九日午前八時運輸大臣來縣の連絡あり。
		加須署	進駐軍のボート十隻到着す。
	二一、(時)〇〇(分)	対策本部	午後九時、各警察地方事務所救援本部宛左記の通り指令を発す。「應急食糧の配給に関しては、爾今罹災人口、配給数量並に過不足を記録に明記の上、食糧課長に報告のこと。右は末端配給の的確につき、現地調査の結果軍政部より特と指示をうけたるを以て、充分留意せられたい。」
		越ヶ谷署	古利根川流域河原曽根地区危機に瀕す急拠空俵壱千枚送附願いたい。
		同	無線三十一号を以て連絡あり。本日午前十時五十分結核予防財團法人慈正会理事長ヨセフクドヂヤツプ氏今回の水害見舞として來署、強壮剤二十八点寄贈したるを以て厚く感謝しこれが利用につきては医師と協議中、猶ドヂヤツプ氏は栗橋幸手方面にも見舞の手を延ばす予定の所、中止の上帰京さる。
九月十九日	四、四〇	同	水防工事用空俵五、〇〇〇俵乃至一〇、〇〇〇俵至急送附されたい。可否も至急知らせてほしい。
	五、一五	同	右は越ヶ谷吉川に通ずる元荒川流域大相模村地内の水防に使用、尚当方トラツク故障あり、出來うべくば運搬を熱望。空俵の調達望みありや、当方空俵あらば耕地三、〇〇〇町歩の冠水を防止出來る返事ありたし。

時刻	発信者	内容
	対策本部	本日自動車五台雇傭契約成立す。
八、三〇	同	運輸大臣來縣。
七、一〇	越ヶ谷署	吉川署宛救護用パン一万食発送せられたるも、道路溢水のため運搬不能につき、これを変更し草加町の避難者にふりむけ手配完了せり。
七、二〇	同	越ヶ谷、河原曾根堤防々衛作業として、隣村地区消防團員二百乃至三百の應援に関し、手配ありたし。 右に関し鳩ヶ谷署長に下命同署管内の消防團員二百名トラックに便乗應援に出発決定。
一〇、二〇	吉川署	吉川署管内罹災人口四万弐千八百一名であり、保有食糧見込日数あと二日限り、本日パン一万個、小麦粉七百袋受領す。農業会保管政府米千八百七十五石、この中使用可能米千四十九石八斗、保管場所吉川、彦成、旭、金杉にして、最も被害の甚大なる所は早稲田、旭、松伏領、金杉にして川辺村の罹災者避難のため給與人員二千人位の見込。
一〇、二五	第二救援部長	第二救援部長より本部長宛左記の通り報告あり。 一、本日大越出張所より給與せる食糧は次の通り

順	村名	コッペパン	握飯	計
1	豊野村	一、九四四ヶ	五〇〇ヶ	二、四四四ヶ
2	元和村	一、四三〇	五〇〇	一、九三〇
3	原道村	二、三一〇	―	二、三一〇
4	東村	一、四三〇	五〇〇	一、九三〇

月日	時間	取扱箇所	摘要
九月十九日		第二救援部長	（下記）

順	村名	コッペパン	握飯	計
5	川辺村	一、九〇〇ヶ	—ヶ	一、九〇〇ヶ
6	利島村	一、〇〇〇	—	一、〇〇〇
7	大越村	一、五〇〇	—	一、五〇〇
	計	二、四〇四	一、五〇〇	三、九〇四

備考　外に野菜、味噌、マッチ等若干現送しつつあり。

二、本日加須より配給せる食糧の追加分は次の通り。
不動岡町　二、〇〇〇ヶ　大桑村　四九〇ヶ
三俣村　二、〇〇〇ヶ　加須町　六〇ヶ

三、明日以後所要食糧次の通り
大越出張所分　七、五〇〇人分
加須　〃　五、〇〇〇人分

四、三俣村の要救護者は約一、〇〇〇人位なり。
五、各町村とも食糧の要望あり、至急手配たのむ。
六、羽生署管内よりガソリン五罐保存転換を受く。
七、岡安縣議経営の愛善寮より、布團一〇〇枚大越に搬送方手配す。
八、被害甚しき町村の分として煙草二六、九三四本明日配給の予定。
九、幸手栗橋の罹災者用の乾パンは全部発送済。

一〇、三〇	越ヶ谷署	コッペパン一万食の要求あり。 学生同盟救援隊、草加町に十名吉川町越ヶ谷町に各一名割当派遣す。
一〇、五五	吉川署	署長より、救助情報あり。 1.　本朝八時より、千葉縣警察部長指揮下の救助艇二十六隻の應援あり、目下金杉村より松伏領、旭村等を頻りに南下し、人命救助に敢闘中なり。 2.　千葉縣より引続き應援船二十計四十六隻派遣、食糧飲料水を満載補給に努めつゝあり。
一一、二七	鳩ヶ谷署	管下消防團員二四〇名は、午前十時三十分八條橋に向け出発中なり。
一一、三五	同	管下消防團員二四〇名午前十時三十分川柳村八條橋に向け出発、猶吉川署管内より罹災して草加町に収容中の人員は目下三三一名なり。
一三、〇〇	同	吉川署管内、今朝午前八時より、千葉縣警察部長指揮の下に、昨日二十六隻本日二十隻計四十六隻の乗組員は、食糧各自持参の上活躍す。
一四、〇五	塩野警視	水害救助情報（九、一九午後〇時三十分発） 1.　本日午前八時漁舟三十隻集結、中五隻は流山へ。 2.　早稲田村の難民六割（大約二、六〇〇名位）流山に避難。 3.　目下の所死亡者なし。 4.　早稲田村長は早稲田駐在所員と共に流山の救護所に待避中。
一四、二〇	北埼地方事務所	水害地方に対し、左の救援物資手配のこと。（右は商工部長の指示による。）

品名	数量	品名	数量
衣料	六〇、〇〇〇点	莫蓙	一〇、〇〇〇枚

月日	時間	取扱箇所	摘要
九月十九日		北埼地方事務所	（下表） 備考　蒲團は縣倉庫にあるだけ全部送附のこと。猶此の外の物資あらばにらみ合せ多数送附のこと。
	二一、〇〇	対策本部	進駐軍より手漕用ボートの貸與あり、左の如く分配す。 越ヶ谷署　十四隻　岩槻署　二十隻　久喜署　廿一隻　計五十五隻 右ボートは明朝七時浦和署員各一名案内の下に出発決定。
九月二十日	六、一五	越ヶ谷署	八條村堤防決潰す、消防團員の派遣要請あり。
	八、〇〇	対策本部	救護班（十八名）本日現地派遣。 予定の如く、ボート配船のため本日出発す。各九時過無事到着、臨時縣会開会、対策費として二千万円可決す。
	一〇、〇〇	栃木縣	栗橋町の罹災者に対し、栃木縣より食料として二、〇〇〇瓩、西瓜二、〇〇〇貫の寄贈あり。

品名	数量	品名	数量
蠟燭	五〇、〇〇〇本	釜	一〇、〇〇〇箇
マッチ	一〇、〇〇〇函	鍋	一〇、〇〇〇〃
手拭	三〇、〇〇〇本	洗面器	一〇、〇〇〇〃
薬罐	一〇、〇〇〇箇	雨傘	一〇、〇〇〇本
揚子	六〇、〇〇〇本	歯磨粉	六〇、〇〇〇袋
下駄	六〇、〇〇〇足		

時刻	場所	内容
	対策本部	左記の通り本部出張所を置くことに決定す。 1. 越ヶ谷出張所（吉川署管内草加町、新田村）古曳主事外七名 2. 岩槻出張所（杉戸、岩槻署管内町村）村田職安課長外四名 3. 久喜出張所（久喜署管内町村）柿沼保険課主事外七名 4. 加須出張所（加須署管内町村）飯塚刑事課長外四名 5. 大越出張所（忍署管内町村）三角社教課長外三名 6. 古河出張所　教育部長外三名 7. 野田出張所　防犯課長外三名
一〇、〇〇	同	明廿一日午前九時五十分天皇陛下行幸の予定。
	久喜署	管内十九日現在罹災の状況 罹災者　一二、九〇〇名 内訳　久喜町一、五〇〇名　鷲宮町三、五〇〇名　太田村一、八六〇名 其他（江面、篠津、栢間各村）四、八二四名 避難者　町村当局救援対策委員協力救済中のもの。 久喜町五〇〇名、鷲宮町三五〇名、太田村一七五名、其他四〇〇名 死傷者　死亡鷲宮町一名、負傷なし 罹病者　下痢患者管内八、五〇〇名、本日早朝久喜町において予防注射実施
一一、一〇	吉川署	野田町の應援隊は、本日午前中にて打切り、今後は村内消防團及各種團体等を以て、救援の任に当ることにする。國立病院防疫班出張し來り目下防疫に活動中。
一四、三〇	対策本部	農林省水産局漁船課技官伊藤茂氏來廳、救助船配船に関し打合協議する。

月日	時間	取扱箇所	摘要
九月二十日		対策本部	猶同技官に対しモーター附大型漁船は使用不可能につき、無動力舟を出來るだけ多くトラックにて輸送せらるよう要請す。
	一八、〇〇	越ヶ谷署	毛布三〇〇枚天幕二〇張到着す。 管内浸水世帯数九、二九六、猶刻々増水、地域は八條村潮止村で、屋根が見えない程度である。猶事務雑費入用につき、至急手配されたい。
	一八、〇〇	吉川署	管内避難者収容状況は次の通りである。 1. 吉川町延命寺収容所　二六一名 2. 同　演武場収容所　一七九名 3. 同　香取神社収容所　三四名 4. 旭村小学校収容所　一四〇名 計　六一四名
	一八、二五	同	本日午後二時より吉川町役場において、衛生機関対策協議会を開催決定事項次の通り 出席者医師六名、関係者五名、計十一名 1. 救護区域は一町七ヶ村とし、現在二箇所の救護所を三箇所とする。給食給水、燃料の補給は舟を利用する。 2. 傳染病発生に対する所置、現在非浸水井戸に対しても、漂白粉投入の上完全消毒すること。 チブス予防注射実施（目下チブス疑似症四名あり）衛生事項細部にわた

		り、徹底を期せしむるため印刷物配布の予定。
一九、五〇	千葉縣公安課 東谷主事	本日午後四時半頃、千葉縣東葛飾郡二川村地先渡船場附近において、救助船三隻浅瀬に乗上げ（中一隻はM・P）その後漸く離州、M・Pは松戸方面に下りたるも、他の二隻は五霞村地先に停泊中。猶本件については神田通訳を通じ軍政部へ連絡せり。
二〇、〇〇	対策本部	久喜出張所は、久喜署の隣に移轉す。
	同	北埼地方事務所宛、左記救援物資を手配す。 大　釜　大越地区　八個　栗橋地区　七個 小釜、鍋　大越地区　五個　栗橋地区　五個 其の他チリ紙二五、〇〇〇人分、石鹸マッチ若干。
	同	浦和市常盤町婦人会より左の通り義捐あり。 街頭募金現金　一五、四二〇円 衣料其の他雑品　四二点
二〇、〇〇	神奈川縣	神奈川縣より救援用舟艇三十隻明二十一日午後三時迄送附する旨通知に接す。
二一、〇〇	越ヶ谷出張所	食パン二万食、本日草加より受領す。但し毎日三万食必要につき手配乞う 猶二万個の内訳は吉川署管内、一三、六五〇個越ヶ谷署管内六、三五〇個宛それぞれ配給の予定。
二一、二〇	岩槻出張所	罹災者に対する食パンの配給状況は、左表の通りである。但し二万食分の内訳。 猶杉戸管内明日の実際所要数は、二万五千五百五十八人分である。

<table>
<tr><th>月日</th><th>時間</th><th>取扱箇所</th><th>摘要</th></tr>
<tr><td>九月二十日</td><td></td><td>岩槻出張所</td><td>
<table>
<tr><th>町村名</th><th>罹災者数</th><th>配給数</th><th>町村名</th><th>罹災者数</th><th>配給数</th></tr>
<tr><td>宝珠花</td><td>一二〇人</td><td>四八〇ヶ</td><td>豊岡</td><td>一二〇人</td><td>四八〇ヶ</td></tr>
<tr><td>吉田</td><td>二、六〇〇</td><td>二、四〇〇</td><td>櫻井</td><td>二、〇四〇</td><td>二、四〇〇</td></tr>
<tr><td>富田</td><td>二、六九四</td><td>二、四〇〇</td><td>南櫻井</td><td>五、九一〇</td><td>一、四四〇</td></tr>
<tr><td>川辺</td><td>四、二二四</td><td>二、四〇〇</td><td>豊野</td><td>三、六七二</td><td>―</td></tr>
<tr><td>幸松</td><td>六、三六六</td><td>―</td><td>粕壁</td><td>二、〇〇〇</td><td>―</td></tr>
<tr><td>豊春</td><td>一、七〇〇</td><td>一、〇〇〇</td><td>武里</td><td>三、六〇〇</td><td>一、〇〇〇</td></tr>
<tr><td>川通</td><td>六七三</td><td>一、〇〇〇</td><td>杉戸</td><td>六、八〇〇</td><td>六、八〇〇</td></tr>
<tr><td>高野</td><td>二、四一三</td><td>二、〇〇〇</td><td>八代</td><td>三、六二四</td><td>―</td></tr>
<tr><td>田宮</td><td>三、二五八</td><td>一、五〇〇</td><td>堤郷</td><td>二、五二〇</td><td>二、〇〇〇</td></tr>
<tr><td>栢間</td><td>四、八〇〇</td><td>三、五〇〇</td><td>須賀</td><td>四、四一六</td><td>三、〇〇〇</td></tr>
</table>
</td></tr>
<tr><td>九月二十一日</td><td>八、〇〇</td><td>石川縣</td><td>石川縣農地部長並に新田縣議見舞のため来縣、見舞金五万円寄附、今後も義捐金品送附確約さる。</td></tr>
<tr><td></td><td>八、三〇</td><td>三角、大越出張所長</td><td>予防注射施行済八〇〇名、本日引続き、二、〇〇〇人に施行の予定。
作業衣雨合羽百人分至急送附乞ふ。
ガソリン三罐オイル軽油三罐送附乞う。
右は早速手配所置ずみ。</td></tr>
<tr><td></td><td>一一、〇〇</td><td>茨城縣警察部</td><td>小型発動機船二十五人乗一隻幸手警察救援本部へ向け出発せしむ。</td></tr>
</table>

時刻	発信者	内容
一一、〇〇	金杉出張所	本日金杉に出張所を設け事務を開始す。
一一、四〇	吉川署	旭村駐在所警電本日復旧す。 警視廳巡査十名本日より経済防犯課長の指揮下に入る。 舟艇三隻運轉、三輪野江彦成両村へ給水給食に活動。 共産党員二名現地視察に來る。
一四、〇〇	対策本部	進駐軍並に他府縣よりの應援舟艇の現状次の如し。

地区名	進駐軍用	他府縣用	計	地区名	進駐軍用	他府縣用	計
加須	一三隻	一三隻	二六隻	久喜	二一隻	ー	二一隻
岩槻	二〇	一〇	三〇	吉川	ー	一五	一五
越ヶ谷	一四	二〇	三四	計	六八	五八	一二六

時刻	発信者	内容
	加須保健出張所	宮内府救護班本日午前十時加須に到着、直に救護に従事す。
一四、三〇	武里村村議　西沢博	武里村の被害状況報告 武里村は漸次減水し、目下床上浸水は僅少となつた。 猶保管中の玄麦の処分並に衛生消毒薬を要望帰村す。
一五、〇〇	吉川署	金杉村避難者一名赤痢にて隔離病棟收容す。
一七、三〇	同	收容所延命寺において、第一回予防注射施行す。 その結果要注意者八名あり。
一八、〇〇	竹花主事	春日部出張所に春日部地方事務所派遣員と合同本日より執務。 精米麦用動力石油並に貨物自動車二台至急送附乞う。
二〇、一〇	三角大越出張所長	食糧は予定の通り栗橋町利島、川辺、原道、東、元和各村へそれぞれ配給

月日	時間	取扱箇所	摘要
九月二十一日	時	三角大越出張所長	完了。 天皇陛下本日現地御視察遊ばさる。 高松宮殿下、總理大臣、大藏大臣、地方局長、現地視察。 栗橋町に対し、衣料、ガソリン、米、天幕等貸與す。 厚生省救援の衣料受領す。 專賣局より塩の特配あり。 浦和市より薪、縣畜産課より馬糧受領す。毛布五〇〇枚本日到着。 總理大臣より見舞として薬品受領す。栗橋及大越の物資配給管理に関し、何分の指示を乞う。
	二〇、二〇	大宮市土手宿合同青年團	大宮市高鼻町宮町土手宿合同青年團にて左記の品を災害地に搬送致したいから、トラック一台廻送されたき旨連絡があつた。 記 一、品名 1. 蒸パン　三、〇〇〇個乃至五、〇〇〇個 2. 飲料水　四斗樽入七・八本 3. 古新聞、古雑誌　数十貫 二、集荷場所並に時刻 二十二日午前八時大宮市北小学校 三、其の他、小舟を持参の予定につき、大型トラックの手配を乞う。

九月二十二日	九、〇〇	対策本部	対策本部では、罹災地全部に対し、保健衛生の徹底を促進すべく、別記の注意書を配布した。

水害地の皆様へ！

皆さんのからだのために必らずよんで下さい

みなさん、このたびは本当におきのどくでした。やつさあぶない所をたすかつて、からだも、心もつかれきつているこさでしようが、皆さんのつかれにつけこんで、色々こわい病氣がはやつては一大事ですから、皆さんのからだを守るために、このビラをよんで、色々なものが不足がちで大へんでしようがぜひこのさうりにして下さい。水がひいてからも氣をゆるめてはいけません。

一、生水を飲まないようにしましよう。

こう水のため便所も井戸も、どぶも、川の水も、ごつちやになつているから、皆さんの飲む水は、赤痢、腸チフス、パラチフスのバイ菌で一ぱいださ思わねばなりません。必らず煮て、バイ菌を殺してから飲んで下さい。水をにろこさができない時は、浄水錠を入れて下さい。浄水錠は救護班に用意してあります。なお、早く腸チフスの予防注射をして下さい。注射液は救護所にあります。

二、生のものを食べてはいけません。

食べものについているバイ菌も、かならず煮て殺して下さい。

三、飲食の前、炊事の前に手を消毒しましよう。

唯の水で手を洗つてもその水が汚ないから何にもなりません。共同で消

月日	時間	取扱箇所	摘要
九月二十二日	九、〇〇時	対策本部	毒液を作つて消毒して下さい。消毒液は救護班にあります。 四、食器を消毒しましよう。 食器類は、水で洗わずに必らず消毒して下さい。水がバイ菌でよごれているからです。 五、くさつたものを食べないようにしましよう。 くさつたものの中には色々なバイ菌がたくさんいます。体のためを思つてたべても、病氣になつては何にもなりません。 六、きもの、下着、夜具ふさんをよくかわかしましよう。 ぬれたきものは、体にごくですから、よく陽にあてかわかして、かぜをひかないようにねびえをしないように。 七、傷口は必ずきれいにすること。 きず口がきたないと、すぐうんで、なおりにくくなりますから、傷口は救護班に行つてきれいにしてもらつて下さい。す足で歩くとけがをしますからはき物をはきましよう。 八、かんたんに便所を作ること。 大小便の中にはきたないバイ菌がたくさんいます。それをあちこちにばらまかれては大へんですから必ず一ケ所にまとめて下さい。 九、井戸を消毒しましよう。 井戸は、すぐに井戸がえをし、そのあとに漂白粉を入れて消毒して下さい。使い水は漂白粉を入れて使つて下さい。漂白粉は救護班に用意して

あります。

十、家をよくかわかそう。

家の中は風通しをよくして早くかわかして下さい。殊に床下の水は、きれいにはきのけ邪魔物を取り去つて床下の風通しをよくして下さい。

このようにすれば、傳染病にかゝりませんが、一人でも傳染病の人が出たらすぐ色々な手当をし大便や、きものなどを消毒しなければ、どん〳〵ひろがりますから一人一人が次のことに氣をつけて下さい。皆のためにあなた自身のためにも。

◇下痢をしたら救護班で見てもらうこと。

赤痢や、食あたり、寢びえ等で下痢になりますが一番おそろしい赤痢ではないかと考えて必らず医者にみてもらつて下さい。特に子供は注意して下さい。唯おなかをこわした位に思つても医者にみてもらうことが大切です。下痢をしたらすぐに救護班へ行つて下さい。救護班には特効の薬が用意してあります。

◇熱が出たら必らず医者にみてもらうこと。

かぜでも熱が出ますが、高い熱の時には、腸チブス、パラチブスが多いですから、ぜひみてもらつて下さい。

早くみてもらいば本人のためだし、又早くみつかると、消毒も行きとゞいてひろがらずにすんでみんなのためになります。

厚生省
埼玉縣

月日	時間	取扱箇所	摘要
九月二十二日	九、四〇時	川口市役所	舟は全部使用中につき備上げ不可能なり。
	一三、二〇	吉川出張所	ガソリン、ドラム罐二本分至急送附乞う。
	一四、〇〇	対策本部	死体処理に関し、一齊指令ずみ。
	一五、一五	幸手署	漸次減水、最悪の場所は軒下まで浸水。
	一八、一〇	吉川署	予防注射は予定通り施行す。猶内訳は次表の通り。

施行地区	施行者数	施行地区	施行者数
吉川町	五一三	金杉村	五三〇
旭村	九〇〇	三輪野江村	五〇〇
早稲田村	三五〇	計	二、七九三

備考 松伏領、東和、彦成、三箇、各村施行ずみ。

月日	時間	取扱箇所	摘要
		対策本部	本縣では、罹災者に対し、見舞として巻煙草四九〇、〇〇〇本を現地に急送す。
九月二十三日	九、〇〇	対策本部	大里郡八基村より野菜トラック一台栗橋救援本部宛発送す。
	九、四〇	杉戸署	予防注射未済者は、約五万人以上ならんか。
	九、四五	岩槻署	管内には二階や屋根に避難しているものは一戸もない。又予防注射は目下極力実施中。
	一〇、〇〇	越ヶ谷署	管内に孤立している避難者は一名もない。予防注射は目下実施中である。
	一〇、一〇	吉川署	管内で孤立している避難者はない。予防注射は彦成村にて完了。

日時	発信者	内容
九月二十四日 一二時〇〇分	吉川出張所	吉川救済本部へ加須より舟三隻廻送の連絡をなす。
	大越出張所	本日午前十時現在、堤防上の避難者は、自炊を希望す。よつて米、麦、野菜、味噌、醬油等の手配たのむ。
	対策本部	対策本部では「水上の皆様に告ぐ」と題するビラ左記の通り配布し、これが徹底を期することになつた。 大越出張所　七〇〇　春日部出張所　一、八〇〇 栗橋出張所　一、〇〇〇　久喜出張所　一、二〇〇 金杉出張所　二、〇〇〇　越ヶ谷出張所　二、三〇〇 加須出張所　一、〇〇〇　計　一〇、〇〇〇 水上のみなさんに告ぐ 埼玉縣 今度の水が、完全に減水するには、相当の期間を要するものと思われるので、みなさんが現状のまゝ水上におられることは、非常に危険であります。 食料や飲料水などの配給も、円滑にゆかず、若し、傳染病でも発生したときは、その治療や防疫に、非常な困難を致します。又、今後大雨があつた場合には、思わぬ災害を繰り返すことにならぬとも限りません。 陸上には、みなさんを収容する施設もありますから、一刻も早く、避難せられるよう、切に御勧めいたします。 収容所は目下四箇所総員五、〇〇〇人位なり。元和村は減水し、加須よりトラック運轉可能となる。

月日	時間	取扱箇所	摘要
九月二十四日	一二、三〇	吉川出張所	コツペパン一六、五〇〇食本日午前中に配給せり。神奈川縣より應援のため派遣せし船頭十四名は涙ぐましき活動を続けつゝあり。
	一六、三〇	加須署	東村に赤痢患者一名発生す。他下痢患者七名あり。
	一九、三〇	幸手署	管内を三箇所に区分するのは不可、従來通りにされたし。
		忍署	水害地に対する救恤義捐運動は、活潑に動きつゝあり。
		対策本部	大越、久喜、加須、越ヶ谷へ各一台栗橋へ二台死体焼却用の薪運搬のこと。
九月二十五日	八、〇〇	対策本部	現地見舞として、栗橋出張所宛煙草三〇、〇〇〇本発送す。
	一四、五一	神奈川警察部長	嚮に本縣に派遣せられたる舟艇は、來る廿六日交代すべきにつき、手配方煩したし。
		大越出張所	右につき大高課長、栗橋物件課長の案内にて、吉川地区の一八隻大越地区の八隻計二六隻の交代をなす予定。
		幸手署	災害対策並に状況の報告　全村の要望事項、対策実施事項等水害地警備状況につき報告あり。
	一九、三〇	吉川署	管内総人口四二、七三三人に対し、ワクチンの予防注射実施成績は二三、五四一人にして約五〇パーセント強となる。又井戸総数六、〇三七に対しカルキ消毒剤の実施成績は一、七一七戸で、現在傳染病発生一名もなし。
九月二十六日	一〇、四〇	吉川出張所	決潰場所夜間作業のため、送電線八十間の要求あり。
	一一、〇〇	金杉衛生班	管内三個班編成、従事員約三十名、この中千葉縣より二名、埼玉縣より一名の主任医委嘱。
		学校教育課	現在の被害状況次の通り。被害市町村一四四

日	時刻	相手	内容
九月二十七日	一四、三〇	縣知事	大越出張所三角所長に対し、嚮に水害対策につき申請したる件は、地元村長、消防團長、村会議員等とよく協議の上立案せよ。
	一五、三〇	大越出張所 栗橋出張所	舟の交代並に奉仕團員の状況報告あり。 現状では、埼葛地方事務所との交通不可能につき、連絡及物資の割当等すべて別個に取扱われたし。
	一八、〇〇	岩槻署	春日部町外四ヶ村の清潔は完了す。又チブス予防注射第一回分完了す。
	二一、一〇	公安第一課長	現在水上生活の状況（報告資料） 現在床上浸水戸数は、一五、〇〇〇戸と予想せられているが、浸水の高度の者は、屋内起居も不能のため、近接堤塘の上や、高台地等に避難し、学校神社寺院等を開放し、収容所にあてる実情である。一方比較的浸水の軽度の者は、湛水の時期にかゝわらず自宅に頑張りつゞけているが、大約六七千人位でないかと思つている。 目下手配しつゝある状況。 浸水家屋内に生活しつゝある者に対しては、食飲料其の他救援物資の分配を初め、医療、防疫等についての注意を喚起しつゝあるが、之が陸上への避難については、それ〴〵収容所天幕、急造バラック等の措置を講じ、極力保健衛生に努めている。 向後の処置。 決潰地点の締切工事が完了しない限り、下流の減水は望めないから、工事の進捗に万全の措置を講ぜられたい。（政府に要望） 其の他

月日	時間	取扱箇所	摘要
九月二十七日	一二時一〇分		湛水長期を覚悟し、家屋の管理と家財の盗難防止等のため、浸水家屋内に無理に生活せんとする者増加するならん。目下猶深度丈余の浸水家屋多くたとえ減水を見るも、住家としての利用價値は、今の所見通しつきかねる実状である。
	二一、一五	久喜出張所	左記の救援物資、本日配給完了す。 燐寸　二、四二〇箱　蠟燭　一、三八〇本 鯡　二五二罐　薪　長薪一五〇束　中薪三〇束 防疫用資材本日着荷、内容は次の通り クロシン　三〇罐　DDT　五箱 クレゾール　一〇本　脱脂綿　五包 メンソレタム　一箱　スプランチンワイス　一箱 眼薬　一〇〇箇　浄水錠　三箱 ホータイ　五本
	二一、三〇	栗橋出張所	左記の品至急送荷乞う。 石鹸追加分二五〇個、煙草三万本、地下足袋一、〇〇〇足 左記の救援物資本日入荷す。 甘藷　七〇俵（浦和市民よりの見舞品） コッペパン　一〇、八八二個　昆布佃煮　若干 薪　トラック一台分 野菜　トラック四台分　（茨城縣よりの見舞品）

		精米　一〇俵　縣対策本部より 精麦　一二〇俵　縣対策本部より 衣類　五、〇〇〇点　縣対策本部より 鯡　若干　縣対策本部より 食糧営團の職員十名派遣され、出張所開設、幸手杉戸間の橋梁補強工事本日完成す。 幸手出張所は、連絡の都合上、前町長小林善次郎氏宅へ移轉す（電話幸手一五番） 栗橋には連絡員をおくこととす。
二一、五〇	吉川出張所	郷に依頼したる左記の品未着につき至急手配乞う。 石鹸一万個、薪一万束、木炭五万俵、塵紙若干。 職員、船頭、人夫配給用の煙草一万本至急送附乞う。タオル一世帯に一本宛地下足袋九〇〇足全部配給したが、従事員用若干追加送附乞う。 味噌醤油及び電線未着につき送附乞う。着荷の野菜トラック一台明日三隻の船で金杉に轉送の予定なるも、吉川へも一台送荷乞う。軽油五〇〜一〇〇ガロン至急御願いしたい。 本日入間郡柳瀬青年團より、甘藷一四六貫の寄贈あり。直に管内に分配す。
二二、一〇	栗橋出張所	本日救援物資の入荷あり。内容次の通り。 精米　一〇俵　精麦　一二〇俵 佃煮が入荷したが、二十六日以後は有償配給と聞いたが事実か否か、猶同

月日	時間	取扱箇所	摘要
九月二十七日	二二、一〇	栗橋出張所	檬粉、味噌、梅干等についても御指示を願いたい。 幸手杉戸間の志手橋開通、送荷自由なり。但し当分の間積載量二屯に制限。
九月二十八日	一一、三〇	金杉衛生班	南櫻井村に赤痢患者一名発生したるを以て、該家屋の井戸便所に対し、正規の消毒をなす。 引続き腸チブスの予防注射を実施す。 退水に伴ない、家屋井戸等の消毒を施行す。
	一五、三〇	吉川署	二合半領は、今猶水位五尺に及び、村民は廿七日夕刻より、予て決潰したる古川堤防の復旧工事に活躍す。
九月二十九日	八、二〇	金杉出張所	三輪野江村は食糧欠乏す。至急手配乞う。庄内古川の決潰地修復工事は至急を要す。
	八、四〇	吉川出張所	神奈川縣よりの應援船十二隻は、明日限り帰縣の予定につき、交替用舟至急手配乞う。
	一七、〇〇	同	神奈川縣返納の舟十二隻、運搬のためのトラック準備ありや返乞う。 醬油の配給に関し指示ありたし。
		久喜出張所	午前中太田村及び日勝村に対し、左の薬品を配給す。 DDT粉末、浄水錠、メンタム、ストランチン、ワイス、眼薬、油剤、繃帯、脱脂綿、クレゾール 管内配給用の医薬品到着す。 発疹チブス予防薬　五箱　アルコール　十五本

月日	時刻	発信者	内容
九月三十日		衛生班長	脱脂綿　百五十九組　ＤＤＴ粉末　五箱 管内チブス予防注射第二回目施行。 大宮保健所出井所長外六名、本日金杉村へ出張宮崎医師外衛生課員四名、本日彦成、三輪野江、東和各村へ出張診療に従事す。
		対策本部	昨廿八日正午より廿九日正午迄の減水量次の通り。 利根川　大越地内　二寸二分（最高時より一丈二寸二分減） 中　川　吉川地内　二寸八分（最高時より六尺七寸八分減） 古利根川　杉戸地内　四寸五分（最高時より二尺九寸五分減）
	八、〇〇	対策本部	縣では、水害地仮設住宅建設應急措置につき、第一次應急バラック計劃並に建設開始に関し厚生課より申請があり、直に水害復旧建設協力会を召集協議す。
	八、〇五	久喜出張所	水害罹災者第一次物資配給に関し、久喜町外六ヶ村の打合会を、明朝九時開催の予定。 大山及栢間両村の援護物資を左記の通り輸送す。 空俵五三七枚、藁三三束、疎朶六八束、大山より鷲宮町へ薪九七束、疎朶一二〇束、栢間村より鷲宮町へ米二俵、押麦二俵、藁一五〇束、栢間村より太田村へ薪及び疎朶自動車一台分、栢間村より久喜町へ。 衛生防疫関係（資材実施）につき報告す。 1. チブス及発疹チブス予防注射実施成績左の如し。 日勝村　チブス二回目　計　五七九名 　　　　発疹チブス　計　一〇、一三名 篠津村　チブス二回目　計　三二四名 　　　　同　三回目　計　一、九二〇名 　　　　発疹チブス　計　一、六一六名

月日	時間	取扱箇所	摘要
九月三十日	八時〇五分	久喜出張所	2. 救護診療所鷲宮町、人員内・外科計三〇名 3. 其の他 本部よりバケツ二〇〇箇到着、内五〇箇を鷲宮町に配給す。 加須町保健所々員四名許可を得て、本日より当出張所において、防疫関係に従事す。
十月一日		対策本部	應急バラック建設計劃完了。直に資材の蒐集労力の動員を行い、工事に着手す。 一、建設場所及戸数（北埼地方事務所管内） 原道村　一三〇戸　東村　二〇〇戸（但し厚生課に処理しつつあるもの三〇戸を含む） 大越村　四〇戸　豊野村　一〇戸 元和村　一〇〇戸　川辺村　一五〇戸 利島村　三〇戸　大桑村　一〇戸 二、埼葛地方事務所管内は目下調査中。
十月二日	八、〇〇	吉川出張所	コッペパン五、〇〇〇個明日中に送附乞う。 彦成村より、八月に入り全く配給がないから手配乞う。入間地方事務所よりの甘藷五十五俵送出しの件に付照会したが連絡がないから、至急連絡して欲しい。
	一三、〇〇	埼葛地方事務所	埼葛地方事務所長より、幸手事務所及栗橋出張所を十月三日から埼葛地方事務所長の指揮下に替える事に対し、福永副知事及び教育部長より話があ

月日	時刻	発信者	内容
			つたが、未だ正式に通知がこないから、至急連絡して欲しい。 右につきては、教育部長と直接打合することとの返発送す。
十月三日	一九、〇〇	道路課長	越ヶ谷野田間本日午後七時復旧したから、自動車に関係する箇所にそれ〴〵連絡されたい。 右につき食料課厚生課に連絡ずみ。
		幸手出張所	トラック三台、現地において雇傭方契約なる。縣より廻送のトラック五台中、一台は給水用として残置、他の四台は返納の予定。
		久喜出張所	煙草至急配給乞う。
		吉川出張所	松伏領金杉間の道路は今夕六時までには開通の見込。右人夫一五〇人に対し、煙草の特配方考慮ありたし。
	八、〇〇	大宮保線区	吉川三輪野江間の道路は、明日中に開通の見通しつく。 栗橋久喜間の保線工事に従事する人夫一、三〇〇名に対し、甘藷一〇〇貫の特配申入れあり。
		加須出張所	應急バラック五軒続き長屋は不便につき、二軒長屋に設計変更して頂きたし。
		春日部出張所	三日夜より給食人員四〇人である。
	八、三〇	厚生課	左記の通りそれ〴〵発送す。 春日部及び越ヶ谷積込　大越村へ　トラック二台分 同　幸手町へ　トラック二台分 同　大越村へ　トラック五台分

第二節　應務部輸送係の活動

今次水害の救済にあたり、特に苦慮の拂われたのは、輸送用のトラック（陸路）舟艇（水路）並に運轉用ガソリンであつた。救済用の食糧及び其の他の物資が、眼前に山積せられて居り乍ら、輸送用の機能不整備から、徒に拱手傍觀におかれたことが幾度繰返されたことであろう。

特に舟艇につきては、出水当初も余り問題視されていなかつたのが、未曾有の氾濫に初めて舟艇の必要が叫ばれ、本部の活動となり、漸く進駐軍の好意によりて一部借用、続いて隣接諸縣の應援となつたのである。併しことこゝに至る間の苦慮焦躁は、実に言語に絶するものがあつたであろう。

猶罹災者の移送及び救済物資の輸送に関し、期間中各地区における活動状況は、表1及び表2の通りである。

表　1　　罹災者移送及救済用物資輸送調

市、地方事務所別	トラック			舟			荷馬車			リヤカー			その他	計	
	数量	單價	金額	数量	單價	金額	数量	單價	金額	数量	單價	金額	金額	数量	金額
北埼玉	一、三二〇	一、五〇〇円	一、九八〇、〇〇〇円	一、六五〇	二〇〇円	三三〇、〇〇〇円	一、二七二	一五〇円	一九〇、八〇〇円	五二〇	一〇〇円	五二、〇〇〇円	二〇五、一四〇円	四、七六二円	二、七五七、九四〇円
埼葛	四、〇七二	一、五〇〇	六、一〇八、〇〇〇	二、八二五	二〇〇	五六五、〇〇〇	一、九〇一	一五〇	二八五、一五〇	一、一五七	一〇〇	一一五、七〇〇	四一一、七二一	九、九五五	七、四八五、五七一
北足立	一六	一、五〇〇	二四、〇〇〇	六六	二〇〇	一三、二〇〇	一三	一五〇	一、九五〇	七	一〇〇	七〇〇	二、一〇〇	一〇二	四一、九五〇
入間	一六	一、五〇〇	二四、〇〇〇	五〇	二〇〇	一〇、〇〇〇	九	一五〇	三、三五〇	九	一〇〇	九〇〇	一、六五〇	八四	三七、九〇〇
比企	五	一、五〇〇	七、五〇〇	一四	二〇〇	四、八〇〇	八	一五〇	一、二〇〇	一一	一〇〇	一、一〇〇	一、四五〇	三八	一六、〇五〇

秩父	六二	一、五〇〇	九三、〇〇〇	一	二〇〇	一	一七	一五〇	二、五五〇	二一	一〇〇	二、一〇〇	三、一〇〇	一〇〇	一〇〇、七五〇
大里	一二	一、五〇〇	一八、〇〇〇	七	二〇〇	一、四〇〇	四	一五〇	六〇〇	一五	一〇〇	一、五〇〇	八〇〇	三八	二二、三〇〇
児玉	二五	一、五〇〇	三七、五〇〇	一二	二〇〇	二、四〇〇	七	一五〇	一、〇五〇	一〇	一〇〇	一、〇〇〇	一、二〇〇	五四	四三、一五〇
川口	一〇	一、五〇〇	一五、〇〇〇	一	一	一	七	一五〇	一、〇五〇	八	一〇〇	八〇〇	一、二〇〇	二五	一八、〇五〇
熊谷	三	一、五〇〇	四、五〇〇	一	一	一	五	一五〇	七五〇	三	一〇〇	三〇〇	八七〇	一一	六、四二〇
計	五、五四一	一、五〇〇	八、三一一、五〇〇	四、六二四	二〇〇	九二六、八〇〇	三、二四三	一五〇	四八六、四五〇	一、七六一	一〇〇	一七六、一〇〇	六二九、三三一	一五、一六九	一〇、五三〇、〇八一

表2　応急救助のため必要な人夫傭上費

市、地方事務所別	月日	人員	単価	金額	使用目的	備考
北埼玉	自九・一六　至一二・一〇	一〇、〇七〇人	一〇〇・〇〇円	一、〇〇七、〇〇〇円	救護物資運搬、舟頭炊出、死体処理等	
埼葛	一	一九、八五四	一〇〇・〇〇	一、九八五、四〇〇	同	
北足立	自九・一五　至一二・一三	一、〇三二	一〇〇・〇〇	一〇三、二〇〇	同	
入間	一	一	一	一	同	
比企	九・一六	三八	一〇〇・〇〇	三、八〇〇	救護物資運搬	
秩父	自九・一五　至一〇・一八	一、三四二	一〇〇・〇〇	一三四、二〇〇	同	
大里	自九・一五　至九・一六	一〇三	一〇〇・〇〇	一〇、三〇〇	同	
児玉	一	一	一	一	一	
川口	一	一	一	一	一	
熊谷	九・一六	三〇	一〇〇・〇〇	三、〇〇〇	救助及炊出	
計		三二、四六九		三、二四六、九〇〇		

輸送関係をかえり見て

会計部長　石川正一

㈠

出水と同時に、避難に先づ舟、救済に先づ舟、家財の運搬に、部落の連絡に、急救の食糧に、飲料水に、はては山と積んだ救援物資を前にし、さて舟がなくては如何としも難いあの当時の実情、現地から舟だ舟だ、舟頼む。舟送れという悲痛な電話連絡が、ひつきりなしに対策本部にとゞく。と思うと、トラツクだガソリンだ、舟夫だ運轉手だと、毎日毎時まるで債權者が債務者を責むるが如き実狀であつた。

係員は、現地の実情に應うべく、東奔西走してこれが入手に苦心した。しかも縣内における舟の保有は何もない。農耕者用の小舟は、自用で一ぱいで、到底供出までにいつていない。これに反し、洪水の範囲は、日一日と拡がつていく。これと平行して舟の要求はいよ〳〵猛烈になる。係員は全く悲鳴をあげてしまつた。

当時対策本部でも、知事を中心に鳩首協議を重ね、舟に関する問題だけは、この際進駐軍に縋る外はないと、早速知事より、埼玉軍政部に連絡し懇請する一方、警察部長より、隣接都縣の警察部に連絡した結果、漸く目鼻がつくに至つた。

急を聞いて、徹夜して運搬して下さつた進駐軍の好意、東京都神奈川縣から、早速舟艇に舟夫をつけて、かけつけて下さつた好意には、全く感謝の言葉もなかつた。

㈡

從來本縣の水害地区における耕作農家には、毎戸小舟の保有は必ずあつたものだ。そして連年の水害には、目覚しく活動していたものである。

然るに近時大利根の堤防も強化され、洪水の心配も漸次少くなつた関係上、いつの間にやら、舟に対する関心が薄らいでしまつて、その保有も非常に少くなつてしまつた。それでたま〱今回の如き大水害に際会して、初めて「サアー舟がない」と、あわて出したものである。

今度こそ「舟の必要を痛感したことはない」と悲鳴をあげたのは、恐らく二百万縣民ばかりで無いであろう。火急の場合、万全を期するためには、無駄のようでも、或程度の舟は、個人でもつていることである。若し経済が赦せぬとあれば、部落有町村有として、必ず数隻位は確保しておきたいものである。

海なし縣の本縣に、舟の確保は一面無理かも知れないが、連年大小水害を繰返す本縣としては、舟は不可欠のものであることを、再びこゝに强調するものである。

(三)

進駐軍は、懇請と同時に舟艇を運搬、計六十四隻に及び、神奈川縣は前後二回に亘り、延五十六隻舟夫九十三名の應援があり、其の他千葉縣の四十六隻、茨城縣の十五隻等、総計百八十一隻の應援を見たのである。

猶九月二十一日現在の内訳は左表の通りである。


進駐軍並に他縣よりの應援舟艇数 (九・二一、一四・〇〇)

警察署名	進駐軍 隻数	進駐軍 内訳	其の他 隻数	其の他 内訳	計	備考
加須警察署	一三	一	一三	警視廳 三 神奈川縣 一〇	二六	
岩槻警察署	二〇	岩槻署 六 杉戸署 一四	一〇	警視廳 一〇	三〇	

警察署名	進駐軍 隻数	進駐軍 内訳	其の他 隻数	其の他 内訳	計	備考
越ヶ谷警察署	一四	吉川署 五 越ヶ谷署 五 救護用 四	二〇	神奈川縣 二〇	三四	神奈川縣分三〇隻は二十一日、一二時縣到着
久喜警察署	一七	—	—	—	一七	
吉川警察署	—	—	四六	千葉縣 四六	四六	
幸手警察署	—	—	一五	茨城縣 一五	一五	茨城縣よりの通報による
計	六四		一〇四		一六八	

右表の如く、総計一六八隻の舟艇が、日夜奮闘したが、被害が次々と拡張されるに従つて、舟も又必要に逐われ、縣においても、合板船長さ一〇米モーター附三隻を購入し、大越に一隻春日部に一隻、それに久喜幸手間に一隻を配置し、連絡輸送に激闘をつゞけた。

猶本縣教職員組合水害対策本部では、組合自身の手により舟艇を借上げ、杉戸に三隻春日部に一隻大越に四隻配置し、縣対策本部と密接なる連繋を取り、救援に輸送に活動したことには、感謝の外はなかつた。

減水後、不要の舟艇の処置については、廻漕又はトラック運搬によつて、配置転換を試み、効果のより向上に努めた。

舟の返還については、愈々不要と確認されたものより漸次返戻し、又所有者自体が持帰つたものもあつた。

神奈川縣の分は、九月二十六日に最初の三十隻、次の交替分二十六隻は、九月三十日にそれ〴〵返済した。

進駐軍関係は、十月六日埼玉軍政部の命によつて、十月八日九日の両日、現地からトラックで縣廳の前庭に運搬し、数と破損箇所を調査の上、同月十三日に先方のトラックで運んで頂いた。その際トレラーモーターも同時に返済し、借用舟艇もこれを以て一段落した。

猶縣購入の合板三隻は、湛水が退けてから、河川課に一隻農務課に一隻砂利採取事務所に一隻宛所属させた。

(四)

次に、トラックについての問題である。

本廳関係のトラック要求に対しては、会計部が交通保安課と連絡の上、要求箇所から、前日申出させて傭上げ、配車して、食糧、衣料、薪炭、舟、衛生材料其の他の救援必需物資の運搬や、援護班員等の輸送に、それぞれ支障の無いように努力した。

十月末まで、この方法によつたが、次第に所要車輛数も少くなつて來たので、それ以後は、主管課自ら傭上げることに取定めた。因に毎日傭上げしトラック一覧表は、左表の通りである。

トラック傭上げ一覧表

月日	台数	月日	台数	月日	台数	月日	台数	月日	台数
九月・一八	一台	九月・二七	三五台	一〇月・六	一五台	一〇月・一五	八台	一〇月・二四	五台
九・一九	五	九・二八	三一	一〇・七	一五	一〇・一六	一一	一〇・二五	五
九・二〇	一二	九・二九	三一	一〇・八	一四	一〇・一七	一二	一〇・二六	―
九・二一	二〇	九・三〇	二七	一〇・九	二七	一〇・一八	六	一〇・二七	四
九・二二	二六	一〇・一	二九	一〇・一〇	一六	一〇・一九	三	一〇・二八	六
九・二三	二〇	一〇・二	二六	一〇・一一	一〇	一〇・二〇	五	一〇・二九	二
九・二四	二四	一〇・三	三二	一〇・一二	一〇	一〇・二一	三	一〇・三〇	四
九・二五	一八	一〇・四	二二	一〇・一三	八	一〇・二二	二	一〇・三一	三
九・二六	四〇	一〇・五	二三	一〇・一四	二三	一〇・二三	六	合計	六四五

(五)

最後にガソリンの問題であるが、これも舟同様苦心したものゝ一である。殊に罹災地にいくにしても、水のために遠廻りしなければならぬため、平常の所要量の何倍かに当る量を消費し、且つ多数の自動車に対する配油には、係員も四苦八苦の体であつた。

最初縣にも相当の油量が有つたものゝ、忽ち使い果し、特に運輸省埼玉自動車事務所に交渉して、平常の枠とは別途の補給を貰い、そして各部課から、水害対策本部に要求せしめ、之を会計部に廻附して配給券を発行受取る順序にした。たゞ出先事務所の給油だけは、現物を直送しなければならなかつた。これが又大変で、容器の工夫と空罐の回収が思うようにいかず、実に苦労した。

殊に栗橋方面に送る軽油については、当時出水の関係で、遠く群馬、栃木、茨城方面を迂回しての輸送で、トラック三台の所要ガソリンは、往復で既に二本を使用する始末であつた。然るに毎朝毎晩ガソリンの請求は、矢のように急で、現品は不足勝で容易でなかつた。

十月に入つて、國内のガソリンの保有量が著しく減じ、縣内の配給所における手持も、遂に涸渇の狀態に陷つた。そこで会計部長は、知事の命令をうけ、運輸省資材課及び石油公團、経済安定本部等に交渉して、ガソリン船の入港をまち、本縣に対し優先配給計劃を樹てゝ貰つた。

輸送関係のため、特に配給をうけたガソリンは、会計部関係扱い分のみにても、実に一万四千七十五立であつた。

第三節　救恤部の活動

一、衛生救護班の活動

九月十五日縣内各河川は著しく増水、被害を予測した衞生課員は、夜十一時まで待機したが、何等の情報なきまゝ一抹の不安を胸に抱きつゝ退廳した。

翌朝登廳と同時に、大利根荒川を始め、各地河川の堤防陸続と決潰すと聞き、直に課員を三分し、該地域に派遣したる所、入間、比企方面は、家屋の流失及び死亡者もあるが、現在の所要救護者もなく、北足立田間宮地区は、鉄道及び仲仙道々路不通となりしも、地元救護班の手にて事足る狀況、たゞ埼葛地区に向つた救護班のみ、春日部を経て幸手町に向わんとし、途中高野村に入りし所、既に濁水滾々として南下し、水勢又急にして、到底進むことを得ずして引返したのであつた。

この日救護班は、縣編成一、日赤編成二、計三班であつたが、爾後当課が十月末日までに派遣した数は、延四百八十班の多数で、廣範囲にわたる保健衞生は、全く該班員の不眠不休の活動によつて維持されたのである。

十一月一日以降は、湛水地帯の防疫に主眼をおき、本省より防疫費の支出を仰ぎ、且つ國立病院より派遣せられたる防疫班と共に、持久的救護に終始したのである。

猶救護の実施成績は、項を逐うて説明する。

1. 救護対策の実施

一、水害のために負傷した者、病氣にて治療を必要とする者のため、一般的の救護をなすこと。

二、水害のため、衞生狀態不良につけ込む、傳染菌の撲滅に全力をつくすこと。

(1) 傳染病患者は、直に法の如く隔離收容し、汚物汚染の消毒を行うこと。

(2) 下痢患者は、直に一般患者より隔離し、サルフアダイアヂンを服用せしめ、発生防止に努めること。

(3) チブス其の他の予防注封を全縣下に実施のこと。

(4) 飲料水の供給は必ず消毒したものか又は煮沸せしものを與うること。
(5) 退水後の井戸は必ずクロールカルキを以て消毒後浚渫すること。
(6) 退水後の家屋は、其の内外ともに、クロールカルキクレゾール又は石灰にて消毒し、清洗清掃を行い、通風採光をよくし、速かに乾燥せしむること。
(7) 昆虫駆除を行うこと。
(8) ヂフテリヤ予防注射は、該液到着後実施のこと。其の他コレラ種痘は、必要を認むる時に実施のこと。

2. 救護班の活動

今次の水害に出動した救護班は、本縣を初め、東京都、神奈川縣、千葉縣、栃木縣下の國立病院、東京都、山梨縣埼玉縣の日本赤十字社、千葉縣の済生会、宮內省、横浜市、毎日新聞社派遣の救護班、埼玉縣医師会及び埼玉縣看護婦会より編成せられたる救護班等にて、十月末日現在を以て報告済みのものは計四百八十班であつた。

右四百八十班の中、國立病院及び日赤救護班は、其の装備並に係員の陣容優秀であつたので、被害甚大なる地域にふり当て、極力避難者の救護に苦闘せられたのであるが、該地帯は総じて既設家屋なく、臨設せられたバラツク又は天幕にて、かゝる不自由なる地帯に、避難者と共に起居し従事せられたことは、避難者はもとより当事者を痛く感激せしめたのである。

猶縣內医師会員による救護班は、概ね該地域を單位に活躍し、従前の患者と共に治療しうる方法を講じたものである。

3. 減水後の防疫処置

應援救護班引揚後における現地の防疫に関しては、大体一〇〇戸に対し一班の割合に衞生班を設置し、各町村に一名乃至三名の割合を以て指導員を任命し、一週一回検病的戸口査察を実施し、万一異常者を発見した場合は、直に最寄の医師に診断を受け、傳染病の早期発見に努めたのである。

猶指導員は、家屋の清潔清掃消毒昆虫駆除並に各種予防接種の業務に従事せしめたが、班設置六〇〇指導員委嘱一一一名嘱託医師一三名であつた。

4. 進駐軍の協力援助

水害発生と同時に、進駐軍は全力をあげて救護に協力せられたが、当時埼玉軍政部司令官ライアン中佐は、自ら縣救護班五班を引率現地に赴き、微細に亘る注意を與えられたのである。又連合軍司令部よりは、出水と同時にマックル大尉を派遣、ついでトーマス大尉カウフマン両氏を駐在せしめ、続いてホイラー中佐ターナー両氏を派遣、断えず衛生方面における注意を與え、保健方面に万全をつくされたのである。

又医藥に関する資材につきては、不足補顚に同情を寄せられ、治療防疫に遺漏なきよう努められ、殊にサムス大佐は、トーマス中佐と共に、親しく現地を視察せられ、直接指導に活躍せられたのは、罹災民を初め当事者を痛く感激せしめたのである。

5. 厚生省の援助

厚生省よりは、一松大臣をはじめ、伊藤次官浜野予防局長葛西社会局長其の他関係課長の視察があり、特に浜野予防局長は、前後三回出張の上、適切なる指導に活躍せられた外、館林・衣川・山田三各技官も出張せられて、種々協力を頂いたのである。

猶物資不足の折柄にもかゝわらず、予防医療の藥品資材の供給により、予想外の成果を擧げることが出來たのは、全く感謝に堪えない次第であつた。

6. 保健所の活動

出水は縣下全域にわたりたるを以て、各保健所とも先づ管下の予防救護を主眼とし、他地区まで手の及ぼしようもなかつた。殊に被害最も甚しく且つ湛水長期にわたつた三地区加須、幸手、春日部の保健所は、駐在職員も罹災者の一人であり、中には慘憺たる被害者もあつたが、何れも率先陣頭に立つて、防疫救護に奔走したのであつた。かくて水は、漸次減退し、一應防疫の完了した地区は、擧つて激甚地帯に協力の申出があり、爾來全員うつて一丸となり、着々実績の向上に邁進したのである。

7. 救護班の活動状況

出水と同時に、活動した救護班の実数は、九月十五日より十月三十一日まで計四八〇班を算し、取扱いたる患者数内科三、六三二名、外科三、二九六名其の他二、〇六三名、計八、九九一名に達し、その内訳は次表の通り。

取扱患者一覧表 自九・一五 至一〇・三一　　公衆衛生課

月日＼種別	救護班数	患者数	同上傳染病患者					計	予防注射実施人員
			赤痢	疑似赤痢	疫痢	腸チブス	其他		
自九月十五日 至九月三十日	三〇四	五、一九二	八	三〇	七	三	｜	四八	二八三、〇三三人
自十月一日 至十月十日	一〇六	二、三五八	三	｜	二	二	ジフテリヤ二 猩紅熱三 流脳一	一三	二八九、九九六
自十月十一日 至十月二十日	三八	一、四二六	二	二	｜	三	パラチブス一 ジフテリヤ二	一一	一五三、七〇六
自十月二十一日 至十月三十一日	三二	一五	一	一	三	六	ジフテリヤ二	一三	一三五、〇三八
計	四八〇	八、九九一	一四	三三	一二	一四	一一	八四	八六一、七七三

猶傳染病の水害地における発生状況につきて左に特記す。

病名＼月日	水害前 九・一～九・一五	水害後 九・一六～三〇	一〇・一～一五	一〇・一六～三〇	一一・一～一五	一一・一六～三〇
赤痢	二一	八	五	一	一	｜
疑似赤痢	一三	三〇	二	一	｜	｜
疫痢	九	七	二	三	一	一
腸チブス	一五	三	四	七	五	五
パラチブス	二	｜	一	｜	一	｜
ヂフテリヤ	七	｜	二	四	四	四
猩紅熱	｜	一	二	｜	一	｜
流脳	｜	｜	一	｜	｜	｜
発疹チブス	｜	｜	｜	｜	｜	｜
計	六七	四九	一九	一六	一三	一〇

8. 罹災地診療所設備薬品につきては、左表の通りであるが、これが入手の状況は前述の通り。

罹災地診療所設備薬品一覧表

品目＼診療所	診療所 春日部	加須	栗橋	大越	計
パンギタール注 一×五〇	一	一	一	一	四
チナトチン注 五×五	四	四	四	四	一六

品目＼診療所	診療所 春日部	診療所 加須	診療所 栗橋	診療所 大越	計
パンカイン注 一・一×二〇	三	三	三	三	一二
ピタカンフアー注 一×一〇	七	七	七	七	二八
アクリノール注 二五瓦	二	二	二	二	八
塩酸エピレナミン注 一×一〇	六	六	六	六	二四
食塩 五〇〇瓦	四	四	四	四	一六
スルフアミン 二五瓦	一〇〇	一〇〇	一〇〇	一〇〇	四〇〇
デルマトール 二五瓦	二	二	二	二	八
ベルピタール 二五瓦	二	二	二	二	八
カルモチン 二五瓦	五	五	五	五	二〇
硼酸（晶） 五〇〇瓦	七	七	七	七	二八
硼酸（末）	二	二	二	二	八
硼酸軟膏	四	四	四	四	一六
マーキユロ 二五瓦	二	二	二	二	八
ホロ軟膏 五〇〇瓦	四	四	四	四	一六
硫酸亜鉛 五瓦	二	二	二	二	八
アルコール 五〇〇瓦	一〇	一〇	一〇	一〇	四〇
オキシドール 五〇〇瓦	二	二	二	二	八
消毒用昇汞 五〇〇瓦	二	二	二	二	八
ヨード丁幾 二五〇瓦	一	一	一	一	四
リゾール 五〇〇瓦	二	二	二	二	八

苦味チンキ	二五〇瓦	七	七	七	七	二八
亞鉛絆	一ヤール	二〇	二〇	二〇	二〇	八〇
ボスミン	一〇〇瓦	二〇〇	二〇〇	二〇〇	二〇〇	八〇〇
フェノバルジタール	二五瓦	二	二	二	二	八
カルモチン錠	一〇〇瓦	一	一	一	一	四
フェナセチン	五瓦	二四	二四	二四	二四	九六
アミノピリン	五瓦	七	七	七	七	二八
重曹	五〇〇瓦	七	七	七	七	二八
塩酸エフエドリン	五瓦	一	一	一	一	四
炭酸ブアヤコール	二五瓦	一	一	一	一	四
硝ピス錠	五〇〇瓦	一	一	一	一	四
防疫用石炭酸	五〇〇瓦	五	五	五	五	二〇
ブロムナトリウム	五〇〇瓦	一	一	一	一	四
甘汞	二五〇瓦	一	一	一	一	四
含ペプ	二五〇瓦	四	四	四	四	一六
トリアノン注	二×一〇	五	五	五	五	二〇
醋酸鉛	一〇〇瓦	二	二	二	二	八
ヂキラノゲン注	二×五〇	一	一	一	一	四
塩酸プロイン注	一×一〇	一	一	一	一	四
硼酸	五〇〇瓦	二五	二五	二五	二五	一〇〇
ガーゼ	一〇米	一〇	一〇	一〇	一〇	四〇
繃帯	四裂	三〇	三〇	三〇	三〇	一二〇
繃帯	五裂	一〇	一〇	一〇	一〇	四〇

公衆衛生班

二、救護日誌

縣衛生部が、罹災地域に対し、直に医療救護に活動した状況を、次に記述して見よう。

九月十六日

利根川筋東原道新河通の堤防決潰、下流栗橋附近一帯の氾濫により、十六日午前十時縣及び日赤支部より、救護班二班を編成の上派遣したるも、濁水は既に杉戸町幸手町方面に溢れ、進行意の如くならず、怨を飲んで引揚げたのである。

荒川筋熊谷市久下、北足立郡田間宮村地内堤防決潰により、同様直に縣救護班を派遣せるに、洪水による浸水家屋多数ありたるも、医療救護の要ある罹災者は、目下の所僅少の見込である。

入間、比企、両郡下の堤防決潰により、同様十六日午前視察班を派遣調査せしも、目下の所該当者なき模様。

九月十七日

本日午前中、米軍水陸両用車を持つて、災害地向け出動予定の所、事故発生のため中止となり、改めて午後五班を編成して、米軍舟艇五隻に便乗出動した。

猶各班携行の医薬品は、應急用を初め解熱剤胃腸薬眼薬等三千人分用を準備したが、更に飲料水消毒用クロールカルキ四十瓩をも併せ携行出発せしめた。

九月十九日

目下浸水深く流水急にして、交通々信等意の如くならず、従つて現地の実情不明なるも、救恤部衛生班は着々活動範囲を拡大して行つた。

因に現在救護所を臨設し、救護に努めつゝある地区は左表の通りである。

月日	救護地区	班数	月日	救護地区	班数
九月十六日	杉戸町	二	九月十八日	日勝村	一
同	鴻巣町	一	九月十九日	菖蒲町	一
九月十七日	加須町	五	同	岩槻町	一
九月十八日	大越村	一	同	越ヶ谷町	一
同	利島村	一	同	北葛川辺村	一
同	田間宮村	一	同	草加町	一

次に防疫対策については、減水を待つて、直に井戸のクロール石灰の消毒を実施する外、浸水家屋の内外清掃を徹底的に励行し、チブス、パラチブス、発疹チブス、ヂフテリア及び種痘の接種を一齊に施行し、以て傳染病の流行を防止する予定をたてた。

猶救護所収容所とは、常に密接なる連絡を取り、患者の早期発見につとめ、蔓延を未然に防止する方法を講じたのである。

九月二十日

埼玉軍政部より、公衆衛生に関する報告の要請があつたから、左記の通り報告した。

記

1. 流行病の危険を減ずるために、如何なる方法をとつているか。

一、水災後の傳染病予防につき、九月十六日各保健所長に対し、左記事項を早急実施指導方を通牒した。

(1) 避難者収容所設置場所への注意

㈠ 被災者への飲料水は、水道水又は浸水なき井戸水等を使用のこと。
㈡ 可成飲料水に対しては、一万分の一クロールカルキ消毒後の水又は煮沸後使用のものたること。
㈢ 下痢患者有熱患者は、速に別室に隔離収容のこと。
㈣ 収容所は、便所を整備し、消毒を厳にすること。

(2) 減水後の注意

㈠ 床上床下の汚土汚物、屋外の不浄物は、速に清洗清掃に努むること。
㈡ 家屋の内外は、清潔を旨とし、特に乾燥にこれ努むること。
㈢ 井戸に対しては、クロール石灰の消毒を了した後、井戸浚渫を忘れぬこと。
㈣ 傳染病の疑のある患者発生の場合は、保健所医師に連絡は勿論、汚物は常に消毒又は焼却、以てこれが蔓延防止に努むること。

二、下痢患者の報告制度により、赤痢の蔓延防止

水害地救護班長は、下痢患者診断の場合は、直に地元市町村長に対し、赤痢注意患者として報告、市町村長は直に患者を収容し、以て病毒傳播のないように努むること。又保健所長に速報、所長は該患者に対し「サルファダイアヂン」を供給し、治療に努むると共に蔓延を防止する。

三、予防注射の施行

腸チブス、パラチブス、発疹チブス及び種痘に対し、約一五〇万人に、ヂフテリア五〇万人に対し、早急予防注射を実施するよう、各保健所長、各市町村長、各救護班長に通告即日実施を開始したのである。

2. 民衆に水を煮沸したり、其の他の処置をとるよう指示しているが、右は九月十六日付を以て、各保健所長に対し通牒を発し、各地区とも実施中。

3. 病人及び負傷者を援助しているか。

傷病者の医療救護については、浸水甚しく区域内に設置困難につき、取敢えず災害地周辺に、左記の通り開設救護中なるも、目下交通々信不能のため、これが実数等不明である。

猶退水を待ち、漸次救護所を増設し、救護の万全を期する予定である。

開設救護所名は、九月十九日記載の表通り

4. 医薬品類の手持は充分あるか。

現在縣保有のものでは不充分につき、取敢えず厚生省に対し、特別割当を要請し、左記品目の配給を受く。向後更に必要品の要請をなし、需給に支障を來たさゞるよう努めている。

医薬品、衛生材料受拂状況報告

薬品衛生材料品目	厚生省より割当量	同上到着数量（九月二十日迄）	配布数量（九月二十日迄）	差引残
消毒薬	五、〇〇〇瓩	五、〇〇〇瓩	四四瓩	四、九五六瓩
晒粉	八、〇〇〇瓩	八、〇〇〇瓩	三、五七五瓩	四、四二五瓩
ズルファチヤゾール	四〇〇、〇〇〇錠	四〇〇、〇〇〇錠	一三、四〇〇錠	三八六、六〇〇錠
浄水錠	六〇〇、〇〇〇錠	一五〇、〇〇〇錠	九七、〇〇〇錠	五三、〇〇〇錠
重曹	五〇瓩	五〇瓩	三瓩	四七瓩
アスピリン錠	二、〇〇〇錠	二、〇〇〇錠	―	二、〇〇〇錠

薬品衛生材料品目	厚生省より割当量	同上到着数量（九月二十日迄）	配布数量（九月二十日迄）	差引残
ゴム絆創膏	一、〇〇〇枚	一、〇〇〇枚	三五〇枚	六五〇枚
以下本県調達の分				
脱脂綿	—	九〇瓩	五八瓩	三二瓩
ガーゼ	—	三、〇〇〇米	—	三、〇〇〇米
繃帯	—	五〇本	五本	四五本
アルコール	—	九八本	六〇瓩	三八瓩
注射針	—	一九二本	一九二本	—

九月二十三日

救恤部衛生救護班が、水害地区に開設した救護所は、現在までに二十一地区三十六ケ所に達したが、その内容は次表の通りである。

水害地救護班一覧表（其の一）

九月二三日現在

開設場所	開設月日	班名	班員の数	備考
大越村救護所	九月十八日	國立埼玉病院	医師二、外一二	
日勝村救護所	同	國立埼玉療養所	医師二、外五	
加須町救護所	九月十九日	本省（舘林防疫官）	八	
同	九月二十二日	國立東京第一病院（三班）	医師二、外六	

同	同	同（四班）	同	
同	同	同（五班）	同	
同	同	國立世田ヶ谷病院	医師一、外九	
同	同	宮内府（一班）	医師二、外八	九月二十一日引上げ
同	同	同（二班）	同	
同	同	同（三班）	同	
草加町救護所（小学校内）	九月十九日	地元医師会	医師二、外二	罹災者帰宅　九月二十二日閉鎖
吉川町救護所（延命寺内）	九月二十一日	同	同	
同（延命寺内）	九月二十二日	國立東京第二病院	医師二、外七	
同	同	横浜市衛生局	医師二、外五	
越ヶ谷町救護所（山口病院内）	九月二十日	地元医師会	医師二、外二	
同	同	國立王子病院	医師三、外七	九月二十一日　北埼玉郡東村へ移動す
岩槻町救護所	九月十九日	岩槻町医師交代にて	医師二、外二	
菖蒲町救護所	同	日本赤十字社病院	医師二、外四	
田間宮村救護所	同	日赤埼玉支部大宮病院	同	
川辺村救護所	九月二十二日	同	同	
利島村救護所	九月二十日	國立東京第一病院（第一班）	医師二、外六	九月二十二日　静村へ移動す
栗橋町救護所（旧豊田村）	九月二十二日	國立戸塚病院	医師二、外八	
行幸村救護所	同	國立横須賀病院	医師一、外八	
東村救護所	同	國立王子病院	一〇	越ヶ谷より移動し來りたるもの
幸手町救護所	同	千葉縣柏國立病院	医師二、外六	
栗橋町救護所	同	霞ヶ浦國立病院	八	

水害地救護班一覧表（其の二）

開設場所	開設月日	班名	班員の数	備考
栗橋町救護所	九月二十一日	浦和市医師会	医師三、外五	到着不能のため直ぐ帰宅
同	九月二十二日	國立中野療養所	医師三、外七	
大越村救護所（小学校）	九月二十日	東京芝済生会病院	医師二、外四	九月二十二日帰京交代する
原道村救護所	同	國立東京第一病院（第二班）	医師一、外六	
北葛飾郡、川辺村救護所	九月十九日	南櫻井農村時計工場附属病院	医師一、外三	
千葉縣下流山救護所	九月二十日	國立所沢病院	医師一、外七	
大越村救護所（小学校）	九月二十二日	國立埼玉病院（第二班）	同	
千葉縣下野田町救護所	九月二十一日	國立豊岡病院	医師一、外四	
杉戸町救護所	九月二十三日	日赤埼玉支部小川病院	同	
同（小学校）	九月二十二日	杉戸町医師交代にて	医師三、外五	
吉田町（小学校）	同	國立柏病院	医師二、外六	

九月二十四日

罹災者救護のため、縣保有の薬品不足により、本省へ要請し受領した数量は左表の通りである。

記

薬品名	要求数量	受入数量	薬品名	要求数量	受入数量
アスピリン	六瓩	錠剤用 二、〇〇〇錠	リゾール	四、〇〇〇瓩	五、〇三六・五瓩
アルコール	二、三〇〇	一三五	重曹	一〇〇	五〇瓩

晒粉	二〇	八
脱脂綿	一、五〇〇	二〇〇
スルファチアゾール	四八〇、〇〇〇錠	四〇〇、〇〇〇錠
浄水錠	六〇〇、〇〇〇	二一〇、〇〇〇
DDT粉末	四〇、〇〇〇磅	四〇、〇〇〇磅
DDT油剤	二〇、〇〇〇ガロン	二〇、〇〇〇ガロン
発疹チブスワクチン	一五〇、〇〇〇人分	一五〇、〇〇〇人分
腸パラ混合ワクチン	一、五〇〇、〇〇〇	一、五〇〇、〇〇〇
ヂフテリヤ予防錠	五〇〇、〇〇〇	未
痘苗	一、五〇〇、〇〇〇	未

十月二日

1. 本月各救護班に搬送した薬品目数量は次表の通り。

配布先	腸パラワクチン（本）	発疹チブスワクチン（本）	DDT粉末（磅）	クレゾール（瓩）	アルコール（瓩）
戸田町	三〇〇	—	—	—	—
國立埼玉病院	三〇	—	—	—	—
與野町	一五〇	—	—	—	—
川口市医病院宝珠花救護班	一〇〇	—	—	—	—
加須保健所	四〇〇	—	六〇〇	—	—
朝霞町	三〇	—	—	—	—
越ヶ谷出張所	二〇〇	—	九二四	—	—
吉川出張所	—	—	三三〇	五	一・〇
浦和市	—	五〇	—	—	—
川俣村	三七	—	—	—	—
井泉村	五〇	—	—	—	—

配付先	腸パラワクチン	発疹チブスワクチン	DDT粉末	クレゾール	アルコール
羽生町	一五本	—本	—磅	—瓩	—瓩
手子林村	六〇	—	—	—	—
須影村	二五	—	—	—	—
蕨町	一三〇	—	—	—	—
金杉村	—	—	—	二五	—
計	五〇〇cc 七八〇 一〇〇cc 一〇、〇七	五〇〇	一、九一四	三〇	一・〇

2. 本日濾水器を配布したる町村は次の通り。

元和村、東村、栗橋町、吉川町、春日部町、幸手町

右何れも壱台宛、目下利用中、猶吉川町、春日部町には追加の予定。

3. 救護班本日出勤数は一一班にして、医療救護数は一四三名(中下痢患者一八)予防接種人員は計二〇、一二七名。

十月三日

1. 本日拂出したる医薬品は次表の通り。

土合村(北足立)	腸パラワクチン	三共	一〇〇cc	二六本
浦和市	同	北研	五〇〇cc	一、九五〇本
羽生町(北埼玉)	同	三共	一〇〇cc	二〇〇本
忍町(北埼玉)	同	同		二〇〇本
計		三共 北研		四二六本 一、九五〇本

2. 本日濾水器配置については、十月二日配送したが、更に杉戸町、大越村、原道村にも各壱台宛追加した。

3. 本日救護班出動数は計九班、医療人員一二九名中傳染病（赤痢）一名栗橋町に発生　予防接種人員七六、二四九名。

十月四日

1. 本日出動救護班は計九、医療救護人員は二二〇名中傳染病患者は、北埼川辺村にて疫痢二名、加須町にてヂフテリヤ一名、三俣村にて猩紅熱一名計四名の発生。

2. 本日の予防接種人員は計六四、三五二名。

十月五日

1. 本日救護班の出動状況は、次表の通り。

設置場所	救護班名	医師	其の他	計	設置場所	救護班名	医師	其の他	計
栗橋町	日赤大宮病院	一	四	五	権現堂川村	王子病院	一	四	五
東村	横須賀病院	一	四	五	金杉村	千葉二川保健所	一	四	五
吉田村	霞ヶ浦防疫班	―	七	七	宝珠花村	同　野田保健所	一	四	五
早稲田村	小川日赤病院	一	四	五	行幸村	横須賀病院	一	四	五
八代村	川口市民病院	一	四	五	計	九班	八	三九	四七

2. 本日衛生薬品放出状況次表の通り。

拂出先＼品目	アルコール	脱脂綿	チアントールパンタ	サルフア	トフメル	玉子薬	晒粉	スプランチソワイス	注射筒
日春部町	三竏	一竏	一箇	一箇	一箇	一箇	二五〇竏	一箇	一本

拂出先＼品目	アルコール	脱脂綿	チアントールパンタ	サルファ	トフメル	玉子薬	晒粉	スプランチソワイス	注射筒
	瓩	瓩	箇	箇	箇	箇	瓩	箇	本
栗橋町	—	—	—	—	—	—	—	七二〇	—
幸手町	—	三	一〇〇	三二	五〇	—	—	—	—
加須町	—	—	—	—	—	—	—	—	五cc 一〇
計	三	三	一〇〇	三二	五〇	二五〇	七二〇	七二〇	五cc 一〇

3. 本日予防注射人員加須保健所三、八一六人、幸手同二〇、四一五人、計二四、二三一人。

十月六日

1. 救護班の活動状況は、昨日と変化なし。
2. 本日予防接種は、春日部保健所の七、一六五人、幸手保健所の一、〇〇七名、計八、一七二名である。

十月七日

1. 本日の救護班状況は、前日と同じく九箇班なれども、其の内容に次表の如く変更あり。

設置場所	救護班名	主任医	其の他	計	設置場所	救護班名	主任医	其の他	計
栗橋町	日赤大宮病院	一	一	二	早稲田村	日赤小川病院	一	三	四
吉田村	霞ヶ浦防疫班	一	六	七	金杉村	千葉二川保健所	一	四	五
同	海員液剤病院	一	二	三	宝珠花村	同　野田保健所	一	四	五
櫻田村	横須賀病院	一	六	七	杉戸町	縣大宮保健所	一	四	五
東村	王子病院	一	四	五	計	九班	九	三四	四三

因に本日の医療救護人員は、一四六名で傳染病患者なし。

2. 本日予防接種、加須保健所四、六七七人、春日部保健所五五三人、幸手保健所四、七八一人計一〇、〇一一人である。

十月八日

1. 本日救護班は十三班出動、救護人員は二三〇名にして、傳染病患者なく、又予防接取人員は四七、三九六名に達した。

猶救護班の内容は次表の通り。

設置場所	各班病院名	主治医	其の他	計
栗橋町	日赤大宮病院	一	六	七
吉田村	國立霞ヶ浦保健所	一	六	七
	海員液剤病院	一	二	三
櫻田村	國立横須賀病院	一	六	七
東村	國立王子病院	一	四	五
早稲田村	日赤小川病院	一	三	四
金杉川辺方面	千葉二川保健所	一	四	五
宝珠花方面	千葉野田保健所	一	四	五
金杉村	大宮保健所	一	四	五
元和村	國立埼玉病院	二	三	五
	地元医師会	二	三	五
利島村	國立久里浜病院	二	四	六
大越村	羽生医師会	三	二	五
計	十三班	一八	五一	六九

十月九日

1. 出動救護班の状況は、前日と変りなし。

猶医療救護者は三二六名、この中傳染病患者は、腸チブス栗橋町、吉田村各一、赤痢春日部町、吉田村各一、ヂフテリヤ幸手町一であつた。

十月十日

1. 出動救護班の状況は三班減の十班となり、救護人員は計二一一三名、この中傳染病患者は猩紅熱田間宮村二名で、予防接種人員は九、四二二名であつた。

因に十班の内容は次表の通り。

設置場所	救護班名	主任医	其の他	計
吉田村	海員液剤病院	一	二	三
東村	國立王子病院	一	四	五
早稲田村	日赤小川病院	一	三	四
金杉川辺方面	千葉二川保健所	一	四	五
宝珠花方面	同野田保健所	一	四	五
金杉町	大宮保健所	一	四	五
元和村	國立埼玉病院	二	三	五
利島村	久里浜病院	二	四	六
大越村	羽生医師会	三	二	五
元和村	地元医師会	二	三	五
計	十班	一五	三三	四八

十月十一日

1. 出動救護班の状況は六班減の四班となり、救護人員は計三二三名にして、予防接種人員は計八、三九九名になつている。

猶救護班引揚地域の救護については、地元医師会と充分連絡を取り、治療予防に遺漏なきを期している。

十月十二日

1. 出動救護班は前日と同じく四班、救護人員は二名に減少したるも、何れも傳染病であり、腸チブス幸手より一名流行性脳炎栗橋より一名であつた。

2. 猶予防接種人員は計五、六八五名。

十月十三日

1. 出動救護班は前日同様四班、救護人員は三二九名中赤痢患者南櫻井村より一名発生、予防接種人員は一七、八二〇名。

十月十四日

1. 出動救護班は四班救護人員は一〇一名、予防接種人員は計九四〇名。

十月十五日

1. 出動救護班は四班救護人員は四名、右四名は何れも傳染病で、疑似赤痢二、腸チブス一、パラチブス一である。

2. 猶本日の予防接種数は計三、八六九名。

十月十六日

出動救護班は一班減の三班となり、本日の救護者は一名もなし。

十月十七日

十月十七日より十九日まで、記載事項なし。

十月二十日

1. 出動救護は、前日同様三班である。

2. 本日傳染病ヂフテリヤ豊野村及大越村各一名、腸チブス樋遣川村一名、計三名である。

十月二十一日

出動救護班は前日同様三班、本日南櫻井村より疫痢患者一名発生。

十月二十二日

1. 救護班は三班で医療救護者は三名であつた。この中豊春村より疫痢一名、田間宮村より腸チブス一名発生。

2. 本日予防接種人員計一一、〇一八名にして、井戸消毒は一、二〇二戸、検病戸口査察一、二六九戸である。

猶浸水家屋に対する清潔法施行数は八五〇戸にして、消毒並に昆虫駆除戸数は一八二戸であつた。

十月二十三日

1. 本日出動救護班は三班で、救護人員は二名である。何れも傳染病で、ヂフテリヤ加須町一、疑似赤痢清久村一名であつた。

2. 本日予防接種人員計八、八八九名で、井戸消毒七〇〇戸であつた。

十月二十四日

十月二十四日より二十六日まで、記載事項なし。

十月二十七日

救護班は同様三班で、医療救護人員は四名で、何れも松伏領村より発生した腸チブス患者である。

十月二十八日

本日予防接種人員は、計三三、八三一名である。

十月二十九日

本日東村より、赤痢患者一名発生す。

十月三十日

本日予防接種実施人員は、計八一、三〇〇名であつた。

十月三十一日

医療救護人員は二名で、栗橋町疫痢一名、大相模村でヂフテリヤ一名である。

水害による医療費調書

郡市別	組合数	医療費総額	件数	日数
川口市	一	三六七、三三四円	二七三	二、三四六
熊谷市	一	一三九、二六八	六一七	四、八五八
北足立郡	一六	三三三、〇〇〇	一三五	一、四五二
入間郡	一三	三三一、〇二五	二一一	四、三五〇
比企郡	一五	四六一、七一八	一、一八八	二、四〇三
秩父郡	一八	五四一、一五三	一、六三三	一六、七二六
児玉郡	一七	二六九、一一七	六八八	五、三八三
大里郡	三	二三七、二四六	三一四	三、一三四
北埼玉郡	三	五八五、九七六	一、三一五	一二、四四三
南埼玉郡	四二	九五三、〇〇〇	七、三五六	三七、九六八
北葛飾郡	二八	八五八、二八〇	一、五四五	一五、八四四
計	一九五	四、九六七、〇〇七	一三、一七三	一二四、七〇七

医療品の受入状況

医療品目	数量	単価	金額	調達先
医療薬及家庭薬	一個	一円	六〇、〇〇〇円	中央農林公益社
エレテラーゼ外六種薬	二、八五〇	一	七九、五六五	岡田介三郎
カタロール	一〇、〇〇〇	七	一一〇、〇〇〇	埼玉縣製薬株式会社
メンタローム	一〇、〇〇〇	四		
メンターム	五、〇〇〇	六	七五、〇〇〇	同胞援護会埼玉縣支部
目薬	五、〇〇〇	五		
トンプク	五、〇〇〇	四		
疾病医療費	一	一	四、九六七、〇〇〇	埼玉縣國民健康保險連合会
計	一	一	五、二九一、五七二	

第四節　復旧部の活動

対策委員会復旧部は、道路河川建築の三部門に分れ、何れも罹災民の救済に急を要するもので、各課ともその活動に目覚しきものがあつた。以下各担当部の状況を記して見よう。

一、河川課の活動

九月十五日、出水と同時に、各河川流域に関係ある工営所に打電し、総力を擧げて水防に努力するよう要請した。然るに各地の状況刻々不利にして、堤防の決潰頻々と傳えられ、損傷また計り得ざる旨報告があつたので、当部では應急工事に必要なる資材の蒐集を計劃、經済安定本部に係員を急派し、左記の物資を要請したのである。

記

品名	数量	品名	数量
空俵	一二五、〇〇〇枚	洋釘	一、二〇〇貫
縄	七〇〇貫	木材	五、〇〇〇石
竹	一二五、〇〇〇本	揮発油	一、六〇〇立
鉄銅	二、〇〇〇貫	軽油	四〇〇

九月十九日　嚮に決潰せる東村利根本流の復旧工事は、國家の責任において開始するも、縣はこれに協力する立場から、資材の蒐集に奔走、先づ空俵三、五〇〇枚、縄二〇〇貫、杉丸太五〇〇本を提供した。

九月二十日　工事用の資材不足に鑑み、更に農林省埼玉縣資材調整事務所に対し、左記の資材の供給を要請した。

杉丸太八、二五二本（一、四三四石）松丸太二〇〇本（二二石）
又内務省資材課に対しても、同様左記の如き要請をしたのである。

品名	数量	品名	数量
木材	七、〇〇〇石	モビール	八〇立
セメント	一〇〇瓩	銅材	七、〇〇〇瓩
揮発油	二〇、〇〇〇立	ショベル	五、〇〇〇丁
軽油	八〇〇	スコップ	五、〇〇〇

次に本日判明せるものに対し、災害工事箇所並に予定額を調査し、次の如く発表したのである。

災害工事箇所並に予定額　河川課

区分	災害箇所	予定額	区分	災害箇所	予定額
道路	二八二	三四、六二五、一一〇円	砂防	二五	三、〇三三、〇〇〇円
橋梁	二七一	二九、〇〇〇、五〇〇			
堤防	二三三	一〇六、六八九、二七〇	計	八一一	一八二、三四七、八八〇

註　南埼玉、北葛飾両郡ヽ、利根川、東村、渡良瀬川、川辺村地先は算入しない。

九月二十一日　天皇陛下今次水害状況御視察のため御来県、親しく現地の被害状況に御慰問のお言葉を賜わり、一同感激益々復旧に挺身せんことを誓う。
九月十九日　着手した利根川東村地内、應急工事用資材をトラックに満載して送つたが、その内容は次の通り。
空俵　三、五〇〇枚　縄　二〇〇貫　杉丸太　五〇〇本

中川堤防（南埼八條村、幸の宮地内）約二〇米決潰箇所に対する應急修復につきては、地元民約五千人出動の結果、仕事は着々進行、本日午前五時完全に締切に成功した。

九月二十二日　利根川堤防修復に要する左記資材本日輸送す。

空俵　五〇〇枚　　縄三〇貫

九月二十三日　荒川筋熊谷市久下地先同田間宮村地先荒川堤防の復旧工事は、地元民の協力を得て本日着手、猶熊谷久下地先の工事は、熊谷市を初め吹上、忍、下忍、太井の各町村が、各受持区域を定め、所謂割普請の故事にならえ、競争的に能率を高めることに申合せ、目下着々完成を急いでいる。

同　日　小山川筋明戸村地先の堤防決潰箇所の修復も、昨二十二日より工事に着手している。

本日資材の輸送につきては次の通り。

荒川筋田間宮村地先應急工事用空俵　　二、〇〇〇枚

猶荒川筋吹上地内の修復に要する資材につきては、労力方面は同町により奉仕するから、物資の供給をお願いするとの連絡があつた。

九月廿五日　破堤修復工事は、目下廿六箇所であるが、何れも地元民の献身的協力により、その進捗著しきものあり、比企郡市の川の工事の如き、既に九十パーセントの完成域に達している。

九月廿六日　修復工事用の資材を、次の如く撒送した。荒川（田間宮地区）へ縄三〇貫、入間川（勝呂地区）へ、同三〇貫、空俵五〇〇枚、兒玉地区へ空俵一、〇〇〇枚、利根川東村へ杭木一、二四八本縄三〇貫

九月廿八日　破堤修復進捗状況は次の通り。

工事箇処	進捗状況	工事箇処	進捗状況
荒川久下	四〇％	入間川三芳野	一五％
同田間宮	二九％	小山川明戸	三二％
入間川勝呂	二五％	同新会	三〇％

九月三十日　橋梁の修築工事は、地元民の協力並に資材の供給により、順調に進みつゝあるが、本日までに完成した橋梁は六箇所である。又主要路の橋梁越ケ谷及び野田間の應急工事も着々進捗中。

猶堤防應急工事も二箇所竣工し、工事の五〇％以上に達したるもの四ケ所に及んでいる。

次に復旧用資材については、当部の最も苦心を重ねつゝあるが、工事は廣範囲にわたり、資材も又廣範囲にわたる関係上意の如く入手せず、本日更に経済安定本部建設局並に内務省資材課宛左記物資の緊急要請に努めている。

品名	要請量	品名	要請量
木材	七五、〇〇〇石	鉄銅製品	五〇〇瓲
セメント	五、九〇〇瓲	鉄銅素材	五〇〇
揮発油	四五〇、〇〇〇立	ショベル	五、〇〇〇丁
モビール	二二、〇〇〇	スコップ	五、〇〇〇
軽油	四五、〇〇〇	地下足袋	一〇、〇〇〇足

十月一日　利根本流東村地先復旧工事は、目下第一締切杭打工事は完成し、第二次締切杭打を施行中で、本日現在で工事の約三〇％の進捗を見た。

十月二日　金杉村、旭村、入会内川橋一部流失のため、交通杜絶不便であつたが、去る九月三十日修築に着手して以來、地元民の協力その実を結び、愈々今夕七時より開通の運びとなり、千葉方面への往復自由となつた。
十月三日　入間川水系各河川の氾濫による今次被害の甚大なるに鑑み、地元入間川水系改修工事期成同盟会長より、促進に関する請願が届けられた。
十月七日　利根川決潰により、その直流をうけて被害激甚を極めた東村、原道村、元和村方面の実狀調査のため、復旧部土木部長は技師数名帯同詳細に亘り視察す。
十月九日　同様情況調査のため、内務省伊藤技官來縣したるを以て、土木部長案内のため現地に出張す。
猶自由党総裁吉田茂氏も來縣、篠崎技師同道現地に赴く。
十月十一日　毎時十五粁の速度で北々東に進行中の颱風は、明朝八時大島南方海上を通過の見込につき、過般決潰した箇所は、万一に備え、警戒を嚴にし、資材の流失防止に遺憾なきよう、縣下各土木工営所に通報した。
猶本日までに破堤工事の竣工したものは計三箇所、工程半以上に達したもの一一箇所に及んでいる。
十月十二日　應急工事も、官民協力其の実績を擧げているが、今後排水方面も考慮することになり、交通公安に支障なき限り、着々実施することになつた。
復旧に関し、緊急事項を中央に要望することになり、左記事項につき提出した。

1. 利根川渡良瀬川及荒川並に其の支派川の増補工事について
2. 砂防工事施行について
3. 災害復旧用資材の配給について
4. 國庫補助工事の全額若くは高率補助について
5. 長期湛水道路の補修工事の國庫補助工事に認容せられたき件について

6. 國庫補助金交付について

7. 水防其の他非常の際の通信機関拡充強化について

十月十八日　委員附託となつた災害土木復旧工事予算は、本日午前十時部長室において開催、同時に各地より提出された請願並に陳情等についても併せ審議し、種々意見もたゝかわされたが、結局原案承認となり、左表の如く本会議の可決採択となつた。因に其の費目内訳は次の通り。

費目	決定予算	費目	決定予算
道路復旧費	一六、八四九、一二八円	監督費	一一、四九四、一〇〇円
橋梁復旧費	一九、六七二、七二一	市町村土木費補助	一三、七二六、八〇〇
河岸復旧費	七九、八五四、九六〇	應急土木費	二一、三三八、三七八
堤防復旧費	六六、三六七、五六〇		
砂防復旧費	八、八二五、五四六	計	二三八、一二九、一九三

十月二十日　減水と共に工事に着手した縣内災害復旧工事は、その後鋭意進捗しているので、大体本月中に一應終了する予定である。

十月二十二日　河川工事の竣工したものは計十三箇所工程半以上に達したものは十七箇所を算するに至つた。

十月二十五日　町村補助工事の設計については、町村技術者のみにては、取纏め困難なるを以て、各土木工営所において指導督励することになつた。

十月二十六日　利根川決潰口締切工事は、その影響が大きいだけに、各方面の重大関心の的だつたが、愈々昨廿五日締切が完成された。

十月二十八日　國庫補助工事として査定を受くべき縣並に市町村の工事設計も、漸く完了を見明日申請の予定だが、その内容は次表の通りである。

災害復旧國庫補助工事査定表　（土木工営所長会議による決定）

申請費目	縣工事施行 箇処	縣工事施行 予算	市町村施行工事 箇処	市町村施行工事 予算
道路	一八八箇處	三四、四五三、五五一円	一一九箇處	一八、八〇〇、三二八円
橋梁	一〇六	三八、三二六、四七八	一八七	一四、三三七、四二〇
河川	三二九	一四四、九九八、四八〇	九	二、〇八四、五九六
砂防	一七	一二、六一五、八四六	—	—
計	六四〇	二三〇、三九四、三五五	三一五	三五、二二二、三四四
合計			九五五	二六五、六一六、六九九

十月二十九日　本日午後國庫補助工事検査申請のため係員弐名内務省に出張す。

二、道路課の活動

復旧部が開設され、道路課が全面的に活動に入つた当時、現地の浸水状況は次表の通りであつた。

利根流域浸水状況　（九月二十日現在）

地域名	町村名	最深浸水	現在の状況	地域名	町村名	最深浸水	現在の状況
加須	東村	一六・五〇尺	一〇・〇〇尺	杉戸	杉戸町	一二・〇〇尺	六・五〇尺
幸手	静村	一二・〇〇	七・〇〇	岩槻	武里村	一二・〇〇	六・五〇
久喜	久喜町	一〇・〇〇	六・〇〇	吉川	吉川町	一三・〇〇	一〇・〇〇

次に國道縣道の不通になつた箇所の中、主なるもの及びその狀況は次の通りであつた。

縣國道の被害狀況　（九月二十日現在）

路線名	不通箇所	不通の原因	開通月日
國道四号線	大沢町――栗橋町	利根川決潰による浸水	九月十七日
同　九号線	箕田村――太井村	荒川決潰による浸水	
加須――栗橋線	大桑村――栗橋町	利根川決潰による浸水及島中橋の前後流失	
菖蒲――久喜線	清久村――久喜町	利根川決潰による浸水	
久喜――幸手線	久喜町――幸手線	同	
浦和――杉戸線	岩槻町――春日部町	同	
越ヶ谷――野田線	越ヶ谷町――旭村	同	
鴻巣――騎西線	笠原村	荒川決潰による浸水	九月十六日
川越――秩父線	横瀬村	武光橋横瀬橋流失	仮橋により開通
浦和――秩父線	皆野町	橋梁流失	同
飯能――入間川線	水富村	富士見橋及笹井堰による決壊	同
児玉――野上線	秋平村	秋平橋流失	同
川越――松山線	山田村	落合橋流失	
忍町――館林線	新郷村	昭和橋流失	渡船にて開通

備考　道路の被害狀況は二百八十二箇所、橋梁二百七十一架である。

九月二十六日　國道四号線幸手町、上高野村、入会志手橋の應急工事に要する空俵五〇〇枚を本日輸送した。

九月二十七日　志手橋應急修復工事は、軍政部後援の下に、猶水深三尺に余る上高野村地内を、六十五磅軌條十三本及空俵を満載したトラックを運轉、泥水と泥土に終日死闘を続けたる結果、同日夕刻架橋完了、五噸積以内の貨物自動車の通行自由となつた。架橋完成した結果、國道四号線は全通し、東京、埼玉、栃木の交通は可能となつた。

九月三十日　重要路線たる越ケ谷、野田線、旭村地内二郷半領悪水路架設内川橋流失が確認され、直に主要資材の輸送に着手す。

十月一日　内川橋の水中工事完成、今夕七時より交通自由となり、今迄不通だつた千葉縣方面との連絡が復活され、物資の輸送が至便になつた。

十月三日　長期氾濫地域における道路の損傷は、実に惨憺たるものがあり、之が修復には巨額の経費が予想され、従來の例よりすれば、國庫補助工事とはならないが、今回は其の損傷の甚大なるに照し、國庫補助申請書を中央に提出の計劃を樹て、目下各工営所において設計取纒め中である。

十月十日　復旧部における應急工事は、地元民の協力を得て着々進捗中であるが、本日迄の状況は次の通り、

工事の竣工したもの	道路	三一	橋梁	一〇箇所
工程の半以上に達したもの	同	三	同	一箇所

十月十四日　府縣道杓子木幸手線、行幸村地内昭和橋流失により、渡船連絡の計劃を樹て、渡船の入手に就て本部に申請す。猶加須栗橋線の島中橋が、その前後とも決潰したるため、同様渡船の計劃をすゝめ、船の斡旋方を対策本部に依頼す。

十月十五日　鷲宮町地内の縣道筋は、現在猶水深五米に達し、減水の見込全くたゝざるを以て、本日渡船を利用し、交通の至便をはかつたのである。

十月二十二日　其の後の應急工事の進捗状況は次の通りである。

工事の竣工したもの　道路　五七　橋梁　二七箇所
工程の半以上に達したるもの　同　一五　同　九箇所

十月二十八日　國庫補助工事の査定をうくべき縣並に市町村工事については、縣内九土木工営所において、鋭意作成を急いでいたが、完成の上本日設計書を提出した。

十一月二日　本日より向う七日間、建設院技術官來縣し、嚮に提出した國庫補助工事設計の実地査定があり、左記の通り決定を見た。

國庫補助工事決定額

施行別	類別	提出工事予算 箇所	提出工事予算 予算	査定工事予算 箇所	査定工事予算 予算
縣施行工事	道路	一八八箇所	三四、四五三、五五一円	一八三箇所	二八、一三四、八二五円
	橋梁	一〇六	三八、三二六、四七八	一〇五	三八、四三三、〇四八
市町村施行工事	道路	一一九	一八、八〇〇、三三八	一一九	一三、二四一、六八四
	橋梁	一八七	一四、三三七、四二〇	一七四	一三、九九四、七一六

三、建築課の活動

一、建築用木材並に資材の配給状況

復旧部建築課は、九月二十五日直に活動を開始し、先づ現地の被害状況につき詳細調査し、被害の実情に即應せる應急復旧用木材の放出を計劃、現在手持の木材一万石を、各地方事務所、市役所を通じて分配することに定め、大体一戸当り平均一石宛割当配給を行つた。

因に木材割当表は次の通り。

地方事務所	割当量	地方事務所	割当量	地方事務所	割当量
北足立	一、二〇〇石	秩父	四五〇石	北埼玉	二、五〇〇石
入間	四五〇	児玉	四五〇	埼葛	三、〇〇〇
比企	四五〇	大里	一、五〇〇	計	一〇、〇〇〇

木材の割当配給と共に、建築資材についても、早急配給計劃を樹て、各関係箇所の諒解の下に資材の蒐集をなし、同様地方事務所を通じ、被災市町村にそれぞれ配給したが、その状況は次表の通りである。

水害復旧用資材割当表　（建築課）

郡市町村名	木材	セメント	釘	板硝子	電線
川口市	二〇瓩	四五瓩	一八〇・〇瓩	五〇平方尺	—瓩
北埼玉郡 利島村	五〇〇	二二五	一五〇・〇	四五〇	五
同 川辺村	一、〇〇〇	四五〇	三〇〇・〇	七五〇	四〇
同 忍町	三〇	—	三〇・〇	一〇〇	—
同 不動岡町	—	—	二六・〇	—	—
同 下忍村	一〇	—	二五・〇	四〇	—
同 樋遣川村	一〇〇	九〇	一〇〇・〇	三〇〇	—
同 三田ヶ谷村	—	—	一三・〇	—	—
同 三俣村	—	—	四〇・〇	—	—
北埼玉郡 水深村	二〇瓩	—瓩	二〇・〇瓩	—平方尺	—瓩
比企郡 小川町	二〇〇	四五	六〇・〇	五〇	—
児玉郡 本庄町	—	三一五	一〇〇・〇	四五〇	—
同 藤田村	五〇	四五	四〇・〇	—	—
南埼玉郡 豊春村	一〇	—	四〇・〇	一五〇	—
同 春日部町	—	—	四〇・〇	五〇	—
同 武里村	—	—	三五・〇	—	—
同 新方村	—	—	一八・〇	—	—
同 増林村	—	—	六〇・〇	—	—

郡	町村					
同	大袋村	—	—	三〇・〇	—	—
同	潮止村	—	—	二〇・〇	—	—
同	矢沢村	—	—	六〇・〇	—	—
同	須賀村	—	—	七〇・〇	—	—
同	百間村	—	—	七五・〇	—	—
同	太田村	三〇〇	—	一八〇・〇	四五〇	—
同	久喜町	一〇	—	一〇〇・〇	五〇	—
同	鷲宮町	四五〇	二二五	二〇〇・〇	四五〇	四〇
南埼玉郡	江面村	二五	—	四〇・〇	一〇〇	—
同	篠津村	六〇	—	四〇・〇	二〇〇	—
秩父郡	芦ヶ久保村	一五〇	二二五	六〇・〇	三〇〇	—
入間郡	勝呂村	一五〇	二二五	一〇〇・〇	三〇〇	—
同	入西村	—	—	二八・〇	—	—
同	名細村	—	—	一八・〇	—	—
同	水富村	二五〇	六三〇	二〇〇・〇	六〇〇	—
同	飯能町	一〇〇	一八〇	八〇・〇	三〇〇	—
同	名栗村	一〇〇	二二五	六〇・〇	二五〇	—
同	原市場村	一五〇	二七〇	六〇・〇	二五〇	—
同	東吾野村	五〇	一八〇	三〇・〇	一五〇	—
大里郡	吉見村	一〇	—	二〇・〇	四〇	—
同	市田村	—	—	三〇・〇	—	—
同	御正村	—	—	一五・〇	—	—
大里郡	秦村	三〇	四五	四〇・〇	八〇	—
同	男沼村	一三〇	一八〇	二〇・〇	一五〇	—
同	明戸村	一〇	—	五〇・〇	四〇	—
同	幡羅村	一〇〇	一三五	一三〇・〇	六〇〇	—
同	深谷町	—	—	七〇・〇	—	—
同	新会村	三〇〇	四五〇	一八〇・〇	六〇〇	—
同	八基村	—	—	四〇・〇	—	—
北葛飾郡	栗橋町	二、六三〇	三、二四〇	一、四五〇・八	七、四八〇	—
同	櫻田村	二六五	四四〇	二一二・八	五七〇	—
同	行幸村	七一〇	四二〇	三四四・一	二、三九〇	—
同	幸手町	一、三三〇	一、一四〇	七七八・二	四、三八〇	—
同	上高野村	七五〇	一、二〇〇	四〇六・九	一、六五〇	—
同	高野村	五〇〇	—	一八〇・〇	六〇〇	—
同	権現堂川村	五	—	四〇・〇	二〇	—
同	吉田村	二〇	—	五〇・〇	八〇	—
同	八代村	一〇〇	—	一〇〇・〇	三〇〇	—
同	田宮村	—	—	五〇・〇	—	—
同	杉戸村	二〇	—	八〇・〇	八〇	—
同	幸松村	—	—	一〇〇・〇	—	—
同	豊野村	—	—	四〇・〇	—	—
同	松伏領村	九〇	一八〇	一三〇・〇	三〇〇	—
同	旭村	三〇	四五	八〇・〇	一〇〇	—

郡市町村名		木材	セメント	釘	板硝子	電線
		石	瓩	瓩	平方尺	瓩
北葛飾郡	吉川町	—	—	六〇・〇	—	—
同	三輪野江村	二〇	四五	七〇・〇	六〇	—
同	彦成村	—	—	一〇〇・〇	—	—
同	早稲田村	—	—	七〇・〇	—	—
同	東和村	五〇	九〇	一〇〇・〇	一五〇	—
同	櫻井村	—	—	三〇・〇	—	—
同	富多村	三四〇	—	一三〇・〇	六〇〇	—
同	南櫻井村	四〇	—	八〇・〇	一〇〇	—
北葛飾郡	川辺村	一五〇	—	九〇・〇	三〇〇	—
同	金杉村	五〇	四五	四〇・〇	一〇〇	—
同	堤郷村	—	—	三〇・〇	—	—
北足立郡	田間宮村	四〇〇	四五〇	一八〇・〇	六〇〇	—
同	箕田村	—	—	一〇・〇	—	—
同	小谷村	六〇	四五	五〇・〇	一五〇	—
同	美笹村	三〇〇	五四〇	一八〇・〇	七五〇	—
計		三、一五五	三、〇六五	八、五五四・八	三八、一一〇	八五

二、救援用仮設バラック建築状況

罹災者に対する應急対策として、九月二十九日仮設バラック即時建設を計劃、民生部厚生課と協議の結果、先づ一千戸建築の目標を樹て、建設省に対し資材並に、補助金の申請をした所、諒解を得たるを以て、直に実行に移したが、当時の実情としては資材並に労力の確保が困難であつた。

然し緊急を要する問題であるので、愼重協議の結果、縣内に本社或は出張所を有する建設業社の主なるもの、高梨工務店、鹿島建設、建國、土建、高橋組、豊岡建設、島藤建設、勝村建設、戸田組、巻島組の各社をして「水害復旧協力会」を組織せしめ、水害救援復旧に対する相互協力促進をはかることに申合せたのである。

猶これが指導監督及び連絡接渉につきては、土木部長を初め建築課職員総出動の下に建設省埼玉建築出張所の協力を得て、晝夜兼行資材労務輸送に万全を期し、総計九〇四戸収容人員五、七〇二人の仮設バラックの急造を完成したのである。

因に住宅規格、建設費、地域別建設戸数等は、左記の通りである。

昭和二十二年度水害應急住宅建設状況

一、規　　格　　一棟二戸建　但し一戸当り六坪の割

二、建 設 費　　弐千百拾八万壱千六百弐拾壱円五拾銭

三、補 助 金　　壱千五百七十万千四百五拾円

四、建 設 地　　別表記載の通り。

仮設バラック建築予定地並に戸数一覧表

郡町村名		予定戸数	郡町村名		予定戸数	郡町村名		予定戸数
北埼玉郡	東村	二三〇戸	北埼玉郡	大桑村	八戸	北葛飾郡	八代村	二戸
同	原道村	一三〇	北葛飾郡	栗橋町	一四〇	同	三輪野江村	二
同	元和村	一二四	同	幸手町	二二	南埼玉郡	鷲宮町	四
同	川辺村	一二〇	同	上高野村	二七	北足立郡	田間宮村	二〇
同	利島村	三〇	同	行幸村	一〇			
同	豊野村	八	同	櫻田村	七	計		八八四

備考　建設予定一、〇〇〇戸中当局の承認せるものは六〇〇戸であつた。

第五節　第一調達部の活動

一、食糧課の應急措置

1. 主食の配給状況

罹災者に対する最適の食糧は、作製運搬等より思考して、パンに限るという点から、出水と同時に非災地区の製パン工場を動員、万般の準備を命じ、併せて食糧営團に対し、パン輸送用自動車の待期を命じたのである。

かくて手配した計劃も順序よく進み、九月十六日午後七千百食分を埼葛地方事務所の要請に應えて急送し、更に九月十七日朝七千食分のパンを再度急送した。

これより先、十六日午前八時食糧管理局に対し、乾パン二十万食の特配を申請中の所、本日午前十時貨物自動車に十万食を満載して到着、九月十七日中には既に八万食の應急特配を完了したのである。猶浦和、大宮の如き手近き製パン工場に対しては、関配に連絡臨時送電方依頼し、引続き製パンを急ぎ、同日更に四万六千食の追加配送に成功したのである。

次に舟艇不足のため、輸送不能の罹災地区に対する食糧の不足に関しては、現地において焚出しを計劃し、これに要する米三十俵、押麦五十俵をそれぐ特配したのである。

猶主食の輸送については、係員があらゆる悪條件を克復敢闘したのであるが、当時の実績は左表の通りである。

記

い、炊出実施状況調（自九月一五日　至一〇月六日　二十二日間）

ろ、炊出材料品目別調並に所要経費

は、食品給與状況調（給與人員並に所要経費）

に、食品給與品目別配給調（数量並に所要経費）

い、炊出実施状況調

市、地方事務所別	九月・一五 戸数	九・一五 人員	九・一六 戸数	九・一六 人員	九・一七 戸数	九・一七 人員	九・一八 戸数	九・一八 人員	九・一九 戸数	九・一九 人員	九・二〇 戸数	九・二〇 人員	九・二一 戸数	九・二一 人員	九・二二 戸数	九・二二 人員	九・二三 戸数	九・二三 人員
北埼玉	戸 ―	人 ―	二、三七三	一三、四一七	六、四四〇	三四、二七六	二、二四五	一三、六三一	一、三一五	七、二四〇	五三三	三、一九〇	二〇六	一、三三八	九三	五九九	三八	二六二
埼葛	戸 ―	人 ―	一〇、四二〇	五四、三二〇	四〇、三四〇	一〇二、三九一	三一、五四一	一五四、二九二	三六、〇二一	一八三、六二五	三〇、九二〇	一八二、四五一	三八、四一五	一八三、二七五	三〇、八二一	一六四、三三一	三七、七二六	一六二、四六三
北足立	戸 三二七	人 五三二	九三一	三、八四九	七〇五	三、九二〇	六四九	三、六三五	四二二	二、三三九	三六二	二、二三四	―	―	―	―	―	―
入間	戸 一、〇三〇	人 四、八六一	七六九	四、四八五	三六八	一、四八一	―	―	―	―	―	―	―	―	―	―	―	―
比企	戸 七九八	人 四、三七七	六八七	三、七三九	二九九	七八九	一四	七四	―	―	―	―	―	―	―	―	―	―
秩父	戸 三〇三	人 一、八〇四	九五	六三三	一〇	六二	一	八	一	八	―	―	―	―	―	―	―	―
大里	戸 二、八三〇	人 八、九七三	二、九二九	一一、二五七	一、三二一	五、〇七五	五二九	三、〇四六	五二九	三、〇四六	五二九	三、〇四六	―	―	―	―	―	―
児玉	戸 四四四	人 二、二五八	―	―	―	―	―	―	―	―	―	―	―	―	―	―	―	―
川口	戸 ―	人 ―	三八	一五三	四二	一四一	二八	一三一	―	―	―	―	―	―	―	―	―	―
熊谷	戸 ―	人 ―	一三〇	七八二	一二三	七八二	―	―	―	―	―	―	―	―	―	―	―	―
計	戸 五、七三二	二二、八〇五	一八、三七二	九二、六〇八	四九、六四五	一四八、九二六	三五、〇〇七	一七三、八一七	三八、二八八	一九六、二五八	三二、三四四	一九〇、九二一	三八、六二一	一八四、六一三	三〇、九一四	一六四、九三〇	三七、七六四	一六二、七二五

月日	市、地方事務所別	北埼玉	埼、葛	北足立	入間	比企	秩父	大里	児玉	川口	熊谷	計
九・二四	戸数	三四戸	一七、九五四戸	—戸	—戸	—戸	—戸	—戸	—戸	—戸	—戸	一七、九八八戸
	人員	二二九人	一二四、五〇〇人	—人	—人	—人	—人	—人	—人	—人	—人	一二四、七二九人
九・二五	戸数	四八	一八、五六八	—	—	—	—	—	—	—	—	一八、六一六
	人員	二六一	一〇三、五九二	—	—	—	—	—	—	—	—	一〇三、八五三
九・二六	戸数	—	一八、二四五	—	—	—	—	—	—	—	—	一八、二四五
	人員	—	九二、四五七	—	—	—	—	—	—	—	—	九二、四五七
九・二七	戸数	—	一八、一〇一	—	—	—	—	—	—	—	—	一八、一〇一
	人員	—	八四、四二五	—	—	—	—	—	—	—	—	八四、四二五
九・二八	戸数	—	一五、一四九	—	—	—	—	—	—	—	—	一五、一四九
	人員	—	七五、七九五	—	—	—	—	—	—	—	—	七五、七九五
九・二九	戸数	—	一四、二四一	—	—	—	—	—	—	—	—	一四、二四一
	人員	—	七四、九二五	—	—	—	—	—	—	—	—	七四、九二五
九・三〇	戸数	—	一四、〇〇一	—	—	—	—	—	—	—	—	一四、〇〇一
	人員	—	七三、五四一	—	—	—	—	—	—	—	—	七三、五四一
一〇・〇一	戸数	—	一〇、〇〇〇	—	—	—	—	—	—	—	—	一〇、〇〇〇
	人員	—	六五、二一七	—	—	—	—	—	—	—	—	六五、二一七
一〇・〇二	戸数	—	九、二四〇	—	—	—	—	—	—	—	—	九、二四〇
	日員	—	六九、三三四	—	—	—	—	—	—	—	—	六九、三三四
一〇・〇三	戸数	—	九、一五一	—	—	—	—	—	—	—	—	九、一五一
	人員	—	五四、三二九	—	—	—	—	—	—	—	—	五四、三二九

	一〇・〇四 戸数	一〇・〇四 人員	一〇・〇五 戸数	一〇・〇五 人員	一〇・〇六 戸数	一〇・〇六 人員	計 戸数	計 人員	所要経費
北埼玉	—	—	—	—	—	—	一三、三二五	七三、四四三	五一四、一〇一
埼葛	九、五四〇	五一、五四一	九、三一一	五〇、九五〇	八、〇〇一	四〇、二九八	四二七、六〇六	二、一三八、〇三三	一四、九六六、三三四
北足立	—	—	—	—	—	—	三、三九六	一六、五〇九	一一五、五六三
入間	—	—	—	—	—	—	二、一六七	一〇、八〇〇	七五、五四〇
比企	—	—	—	—	—	—	一、七九八	八、九八八	六三、九一六
秩父	—	—	—	—	—	—	四一〇	二、五一五	一七、六〇五
大里	—	—	—	—	—	—	八、六五七	三四、四四三	二四一、一〇一
児玉	—	—	—	—	—	—	四四四	二、二五八	一五、八〇六
川口	—	—	—	—	—	—	一〇八	四二五	二、九七五
熊谷	—	—	—	—	—	—	二六〇	一、五六四	一〇、九四八
計	九、五四〇	五一、五四一	九、三一一	五〇、九五〇	八、〇〇一	四〇、二九八	四五八、一七〇	二、二八八、九七七	一六、〇三三、七七九

ろ、炊出材料品目別調

市、地方事務所別	米 数量	米 金額	麦 数量	麦 金額	パン 数量	パン 金額	小麦粉 数量	小麦粉 金額
北埼玉	一三、八九四瓩	一二一、六三一円	二、三四〇瓩	一九、六五三円	一四、四一〇箇	二八、三〇〇円	—瓩	—円
埼、葛	五四八、六四〇	五、四八六、六四一	一三九、五〇〇	一、二九五、五六〇	二三二、四二〇	一、四二四、八三四	—	—
北足立	七、八八九	七八、八九二	一、三〇〇	一七、一〇一	二、二〇〇	五、六〇〇	—	—
入間	二、八五六	三四、二三七	—	—	—	—	—	—
比企	三、七五〇	三七、五〇〇	五三三	九、四一三	—	—	—	—
秩父	四一〇	四、一〇〇	一四〇	一、五六六	—	—	八六	一、二三〇
大里	二二、一一六	二二一、一六一	—	—	—	—	—	—
児玉	一、〇四一	一〇、四一〇	一四〇	一、五六八	二、〇五〇	三、六〇四	—	—
川口	一四五	一、四五〇	一〇〇	一、一二〇	—	—	—	—
熊谷	六一三	六、一三〇	—	—	—	—	—	—
計	五九九、三五四	五、九八二、一四三	一三四、〇四三	一、三四五、九八〇	二四一、〇八〇	一、四六二、三三八	八六	一、二三〇

市、地方事務所別	乾麺 数量	乾麺 金額	甘藷馬鈴薯 数量	甘藷馬鈴薯 金額	味噌 数量	味噌 金額	醤油 数量	醤油 金額	塩 数量	塩 金額	梅干 数量	梅干 金額	漬物 数量	漬物 金額	佃煮類 数量	佃煮類 金額	野菜 数量	野菜 金額	薪 数量	薪 金額
北埼玉	把 —	円 —	貫 —	円 —	一、九五〇貫	三九、六五〇円	升 —	円 —	二三七斤	二、七四三円	一二四貫	八、九八四円	二三三貫	四七、四二三円	貫 —	円 —	貫 —	円 —	三、四二一束	五五、七二九円
埼葛	—	—	—	—	二、一一四	一〇七、二七五	—	—	一五、一六〇	八二、三八二	三、七二〇	一、二六九、二三九	一、八二〇	三六七、二五一	—	—	—	—	五八、六五〇	二、九三一、一二〇
北足立	—	—	—	—	—	—	—	—	二、一三[illegible]	二、八七〇	—	—	—	—	—	—	—	—	四一[illegible]	一一、一〇〇
入間	—	—	二九三	一、八二三	二〇	一、六〇五	—	—	一四	九二八	四〇	四、〇八二	三〇	一一、〇一〇	八五	四七五	—	—	四六一	一七、五八三
比企	—	—	—	—	七	三五〇	—	—	二六	一四七	六三	五、五〇六	—	—	—	—	—	—	五〇〇	一〇、〇〇〇
秩父	四五	二五五	—	—	一五	七五四	二〇	八八〇	四〇	二二四	—	—	一七	一、七〇〇	—	—	一五六	三、一二〇	四九七	三、〇二六
大里	—	—	—	—	六四	四、七六五	—	—	二一〇	四、〇三五	—	—	一、一二四	三一、一四〇	—	—	—	—	三〇〇	九、〇〇〇
児玉	—	—	—	—	—	—	—	—	四〇	二二四	—	—	—	—	—	—	—	—	—	—
川口	—	—	—	—	七	三五〇	—	—	一〇	五五	—	—	—	—	—	—	—	—	—	—
熊谷	—	—	—	—	—	—	—	—	五	—	—	—	—	—	—	—	—	—	三四四	四、八一八
計	四五	二五五	二九三	一、八二三	四、二〇七	一五四、七四九	二〇	八八〇	一五、八八七	九三、五〇七	三、九四七	一、二八七、八〇一	三、二〇四	四三九、五二四	八五	四七五	一五六	三、一二〇	六四、五二八	三、〇四二、三七六

市、地方事務所別	炭 数量	炭 金額	其他 数量	其他 金額	所要経費
北埼玉	一、〇〇〇俵	二〇〇、〇〇〇円	—	—円	五一四、一〇一円
埼葛	一〇、〇〇〇	二、〇〇〇、〇〇〇	—	二、〇三三	四、九六六、三三四
北足立	—	—	—	—	一一五、五六三
入間	一一六	三、七〇八	—	九〇	七五、五四〇
比企	—	—	—	—	六二、九一六
秩父	五	七五〇	—	—	一七、六〇五
大里	—	—	—	—	二四一、一〇一
児玉	—	—	—	—	一五、八〇六
川口	—	—	—	—	二、九七五
熊谷	—	—	—	—	一〇、九四八
計	一一、一二三	二、二〇四、四五八	—	二、一二三	一六、〇二三、七七九

は、食品給与状況調

市、地方事務所別	九・一六 人員	九・一六 金額	九・一七 人員	九・一七 金額	九・一八 人員	九・一八 金額	九・一九 人員	九・一九 金額	九・二〇 人員	九・二〇 金額	九・二一 人員	九・二一 金額
北埼玉	二、二五〇人	一五、七五〇円	二、四六一人	一七、二二七円	二、八九〇人	二〇、二三〇円	二、九八六人	二〇、九〇二円	三、四〇〇人	二三、八〇〇円	三、四八九人	二四、四二三円
埼葛	三、一四〇	八四、九八〇	一一、一三〇	七七、八四〇	一〇、一一〇	七〇、七七〇	一〇、一一〇	七〇、七七〇	一〇、一一五	七〇、八〇五	一〇、二〇〇	七一、四〇〇
北足立	一、一四四	八、〇〇八	三、三九五	二三、七六五	二、九一五	二〇、四〇五	二、七八四	一九、四八八	二、二八四	一五、九八八	一、五八一	一一、〇六七
入間	二、〇九〇	一四、六三〇	一、五〇〇	一〇、五〇〇	三五〇	二、四五〇	九〇	六三〇	—	—	—	—
比企	二、〇八八	一四、六一六	一、四四二	一〇、〇九四	三三三	二、三三一	四五	三一五	—	—	—	—
秩父	二八九	二、〇三三	二五四	一、七七八	三	一五四	六五	四五五	—	—	—	—
大里	—	—	一五、五〇〇	一〇八、五〇〇	四〇八	二、八五六	—	—	—	—	—	—
児玉	一九二	一、三四四	二、一八六	一五、三〇二	—	—	—	—	—	—	—	—
川口	三、三六四	二三、五四八	四、三六六	三〇、五六二	一、一五一	八、〇五七	—	—	—	—	—	—
熊谷	七八二	五、四七四	七八二	五、四七四	—	—	—	—	—	—	—	—
計	二四、三三九	一七〇、三七三	四三、〇〇六	三〇一、〇四二	一八、一七九	一二七、二五三	一六、〇八〇	一一二、五六〇	一五、七九九	一一〇、五九三	一五、二七〇	一〇六、八九〇

市、地方事務所別	九月・二二 人員	九月・二二 金額	九・二三 人員	九・二三 金額	九・二四 人員	九・二四 金額	九・二五 人員	九・二五 金額	九・二六 人員	九・二六 金額	九・二七 人員	九・二七 金額	九・二八 人員	九・二八 金額	九・二九 人員	九・二九 金額	九・三〇 人員	九・三〇 金額	一〇・〇一 人員	一〇・〇一 金額
北埼玉	三、二〇〇人	二一、四〇〇円	二、七八五人	一九、四九五円	二、一八五人	一五、二九五円	一、九七〇人	一三、七九〇円	一、八〇〇人	一三、六〇〇円	一、五八〇人	一二、〇六〇円	一、三八〇人	九、六六〇円	一、〇六〇人	七、四二〇円	七四九人	五、二四三円	五〇八人	三、五五六円
埼、葛	一〇、三一九	七三、二〇五	七、四〇〇	五一、八〇〇	七、一〇〇	四九、七〇〇	六、二二〇	四三、五四〇	四、一一〇	二八、七七〇	四、一一〇	二八、七七〇	四、一〇五	二八、七三五	三、五三五	二四、七四五	三、四五〇	二四、一五〇	—	—
北足立	—	—	—	—	—	—	—	—	—	—	—	—	—	—	—	—	—	—	—	—
入間	—	—	—	—	—	—	—	—	—	—	—	—	—	—	—	—	—	—	—	—
比企	—	—	—	—	—	—	—	—	—	—	—	—	—	—	—	—	—	—	—	—
秩父	—	—	—	—	—	—	—	—	—	—	—	—	—	—	—	—	—	—	—	—
大里	—	—	—	—	—	—	—	—	—	—	—	—	—	—	—	—	—	—	—	—
児玉	—	—	—	—	—	—	—	—	—	—	—	—	—	—	—	—	—	—	—	—
川口	—	—	—	—	—	—	—	—	—	—	—	—	—	—	—	—	—	—	—	—
熊谷	—	—	—	—	—	—	—	—	—	—	—	—	—	—	—	—	—	—	—	—
計	一三、五一九	九四、六〇五	一〇、一八五	七一、二九五	九、二八五	六四、九九五	八、一九〇	五七、三三〇	六、九一〇	四一、三七〇	五、六九〇	三九、八三〇	五、四八五	三八、三九五	四、五九五	三二、一六五	四、一九九	二九、三九三	五〇八	三、五五六

	一〇・〇二 人員	一〇・〇二 金額	計 人員	計 金額
北埼玉	三三九人	二、三七三円	三五、〇三三人	二四五、二二四円
埼、葛	—	—	一四、一四四	七九八、九八〇
北足立	—	—	一四、一〇三	九八、七二一
入間	—	—	四、〇三〇	二八、二一〇
比企	—	—	三、九〇八	二七、三五六
秩父	—	—	六三〇	四、四一〇
大里	—	—	一五、九〇八	一一一、三五六
兒玉	—	—	二、三七八	一六、六四六
川口	—	—	八、八八一	六二、一六七
熊谷	—	—	一、五六四	一〇、九四八
計	三三九	二、三七三	二〇〇、五七八	一、四〇四、〇一八

に、食品給与品目別配給調

市、地方事務所別	米 数量	米 金額	麦 数量	麦 金額	パン 数量	パン 金額	小麦粉 数量	小麦粉 金額	甘藷馬鈴薯 数量	甘藷馬鈴薯 金額	塩 数量	塩 金額
北埼玉	一、七〇一瓩	一七、〇二三円	三三、三三三瓩	二六、二六一円	七、二四七瓩	二、七四二円	七六八瓩	六、一三九円	一六八貫	一、六八〇円	—	—円
埼、葛	一六、八〇四	一六八、〇四九	五七、八九一	四〇五、二三七	六一、五七六	一八四、七三〇	七、四七三	五九、七八七	五五、五九四	五五、五九四	—	—
北足立	一〇、四二三	一〇四、一一七	二、四四三	一七、一〇一	一、九〇〇	五、六〇〇	—	—	—	—	一三九	二、八七〇
入間	—	—	—	—	—	—	—	—	—	—	—	—
比企	一、八五三	一八、五二五	三四九	二、四四六	—	—	—	—	—	—	二、〇七四	三九、六六〇
秩父	四〇	三九六	五六	三九三	—	—	—	—	—	—	六五	二九
大里	—	—	—	—	—	—	—	—	—	—	—	—
兒玉	—	—	—	—	—	—	—	—	—	—	—	—
川口	—	—	—	—	—	—	—	—	—	—	一、四〇〇	五、三二〇
熊谷	—	—	—	—	—	一、八一四	—	—	—	—	—	—
計	三〇、八一〇	三〇八、〇九九	九三、一〇七	六五一、四三八	七〇、七一三	二一三、八八六	八、二四一	六五、九二六	五五、七六二	五七、二七四	三、六七八	四七、八七九

市、地方事務所別	梅干 数量	梅干 金額	鰹罐詰 数量	鰹罐詰 金額	合計金額
北埼玉	— 貫	— 円	— 個	— 円	二七二、八三四円
埼葛	—	—	—	—	八七三、三九七
北足立	—	—	—	—	一三九、六八八
入間	—	—	—	—	—
比企	—	—	三八	一、一四〇	六一、七七一
秩父	八	七七六	一六八	五、〇四〇	六、六三四
大里	—	—	四〇八	一二、二四〇	一二、二四〇
児玉	—	—	一九二	五、七六〇	五、七六〇
川口	—	—	一、一五二	三四、五六〇	三九、八八〇
熊谷	—	—	—	—	一、八一四
計	八	七七六	一、九五八	五八、七四〇	一、四〇四、〇一八

2. 調味料の配給状況

調味料としての味噌、醤油、食塩等であるが、目下醤油百八十石、味噌四万三千三百貫は、目下應急用として確保しつゝあるも、縣内の配給状況は、何れも決配勝の折から縣外よりの移入は当然考慮に入れられてをり、塩は専賣局浦和支局に連絡して、一世帯当り五百瓦の配給量の許可があつたから、直に罹災地へ輸送の計劃をたてゝいる。砂糖は、調味料としては、全然配給不能であつたが、馬宮村における粉乳一二ポンドに対し、砂糖三斤の特配を了したのみであつた。

因に粉乳については、九月十九日連絡の結果、一万六千ポンドの割当許可の通知に接したのである。

3. 副食物の配給状況

副食物としての罐詰の配給については、九月十八日連絡要請の結果、先づ農林省より四万八千ポンドの特別割当があり、更に深谷町在庫の進駐軍輸入罐詰E級及F級とも、同十九日に埼玉軍政部より放出許可の指令に接したのである。

次に漬物類梅干佃煮類は、縣内における保有において間に合せ、不足分は隣縣にそれ〲仰ぐことに計劃を進めたのである。因に十二月二日以降被災地区に対し、送荷した副食物の状況は左表の通りである。

記

輸送月日	輸送地区	配給品目	数量	輸送方法	輸送月日	輸送地区	配給品目	数量	輸送方法
十月二日	金杉出張所	漬物	二〇樽	トラック使用	十月三日	越ヶ谷出張所	佃煮 梅干	三〇箱 八〇樽	トラック使用
同	幸手出張所	漬物	二五樽	同	同	久喜出張所	佃煮 梅干	一五箱 九〇樽	同
同	春日部 杉戸 出張所	漬物	五五樽	同	同	幸手出張所	梅干	一〇〇樽	同
十月三日	大越出張所	佃煮	一二箱	同	同	春日部出張所	梅干	一二〇樽	同
同	加須出張所	梅干	六五樽	同	同	金杉出張所	梅干 沢庵	一〇〇樽 一八樽	同

4. 野菜の供出運動

水害の激甚地方では、主食は勿論野菜の收穫すら皆無の狀況なので、対策本部では、被災地帯並に軽度の地帯に対し、隣保相互愛の精神に則り、自家生産の野菜を出來るだけ多く義捐して、野菜難を緩和すべきであるとし、これが実行を期するため、別表の如き目標の下に、各地方事務所、市役所の農業会支部に対し、一齊に呼びかけることになつた。因に野菜の出荷目標は次表の通り。

蔬菜出荷目標

郡市	出荷数量	対照農家戸数	郡市	出荷数量	対照農家戸数
北足立郡	六、五〇〇	一三、〇六五	比企郡	五、四〇〇	一〇、八〇三
入間郡	一〇、九〇〇	二一、九六〇	秩父郡	二、五〇〇	一一、二五四

郡市	出荷数量	対照農家戸数	郡市	出荷数量	対照農家戸数
児玉郡	三、六〇〇	七、二一九	熊谷市	一、四〇〇	二、八七五
大里郡	六、五〇〇	一二、九九八	川口市	八〇〇	一、六二六
北埼玉郡	三、八〇〇	一一、三三六	浦和市	四〇〇	八〇七
南埼玉郡	二、四五〇	一一、一一五	大宮市	五〇〇	一、〇二八
北葛飾郡	—	—			
川越市	二五〇	五六三	計	四五、〇〇〇	一〇六、六四九

備考　出荷数量は一戸当五〇〇匁基準とす。但し秩父、南埼玉は五割、北埼玉は七割とす。

野菜不足のため、罹災地の苦難が一度報導さるゝや、縣内外より幾多の同情が寄せられ、当事者を感激せしめたが、集荷状況について一、二を左に記載して見よう。

記

北埼玉郡における野菜の集荷成績は郡内壱千五百十五貫二百匁、郡外三千八百三十六貫、計五千三百五十一貫二百匁に達したが、これが各村への配分状況は次表の通りである。

記

村名	配分量	村名	配分量
三田ヶ谷村	二〇・〇〇〇貫	原道村	九六六・〇〇〇貫
利島村	九二〇・〇〇〇	元和村	九三六・〇〇〇
川辺村	四六五・〇〇〇	豊野村	四〇・〇〇〇
東村	一、七七七・〇〇〇		

備考・郡外寄贈箇所　児玉地方事務所五五〇貫、比企地方事務所一、四七六貫、縣厚生課七〇〇貫、岐阜縣より一、一一〇貫、計三、八三六貫である。

北葛飾郡における野菜の集荷成績については、現品は殆んど隣接茨城縣並に千葉縣より移入されたが、九月二十一日より同三十日に至る十日間にわたる配給総数は、合計二万四千五百二十一貫に及んでいる。因に配給町村名並に配分量は次表の通り。

記

町村名	配分量	町村名	配分量	町村名	配分量
幸手町	八、八七〇貫	吉田村	二、二一八貫	栗橋町	四、五七七貫
行幸村	二、二二五	櫻田村	二、八七〇		
権現堂川村	一、七七二	上高野村	一、九八九	計	二四、五二一

5. 急食糧配給日誌

急救給食状況については、文字通り急を要すること〻、鮮度を失する点が先づ考えられた上、輸送が困難であつたから、係員の苦労は並大抵のものでなかつた。当時給食主任として活躍した、技師中村三善氏の日記を、左に掲げることにする。

給食日記　　技師　中村三善

九月二十二日

(一) 午前九時、食糧營團より、精米二十俵、精麦五十俵、福神漬三樽をトラックに満載し、茨城縣古河町経由栗橋町に到着、第一救援本部福永副知事の指示を受く。

食糧配給の公正を期するため、福永副知事及び教育部長、労政課長外関係者四十名参集の上協議す。

(二) 本日茨城縣より、九月二十五日迄の食糧輸送あり、直に各関係箇所に対し配給計劃を行う。

九月二十三日

(一) 本日第一救護所設置、食糧係中村技師外六名専従す。昨日配給計劃をした茨城縣よりの食糧は左表の如く立案したるを以て、本日現地に急送す。

配給計劃表(茨城縣より輸送せるもの)

配給先	主食 米	主食 麦	計	罹災者数	一人当	計
幸手町	一七一俵	二〇七俵	三七八俵	八,九三〇人	三三〇瓦	二,九四七,九〇〇瓩
行幸村	四四	五四	九八	二,三〇〇	三三〇	七五九,〇〇〇
権現堂川村	五七	七〇	一二七	三,〇〇〇	三三〇	九九〇,〇〇〇
吉田村	七八	九六	一七四	四,一〇〇	三三〇	一,三五三,〇〇〇
櫻田村	九八	一一八	二一六	五,一〇〇	三三〇	一,六八三,〇〇〇
上高野村	五一	六二	一一三	二,六五〇	三三〇	八七四,五〇〇
栗橋町	二四〇	二八八	五二八	三,四五〇	三三〇	四,一〇八,五〇〇
東村	五三	六五	一一八	二,七七六	三三〇	九一六,〇八〇
川辺村	六五	四八	一一三	三,九〇〇	三三〇	一,二八七,〇〇〇
計	八五七	一,〇〇八	一,八六五	四五,二〇六	三三〇	一四,九一七,九八〇

備考 九月十九日より九月二十五日迄の計劃支給一人一日三三〇瓦、二合三勺とす。

(二) 午後三時今後の給食に関し、茨城縣よりの援助を廿五日限り打切り、爾今縣より支給せられたき旨、対策本部に連絡し、同時に食糧営團栗橋出張所設置に関し要請した。

九月二十四日

㈠ 本日茨城縣食糧課長來縣、給食狀況につき打合をなす。
1. 主食は廿六日を以て一應打切り、廿七日以降は縣より手配する。
2. 味噌醤油は、本縣の事情不良につき、向後も補給方を依頼する。
3. 野菜も本縣よりの輸送困難につき、同様御願いする。

九月二十五日

㈡ 浦和市より米十俵麦六十俵の配給ありたるも、藏入り不能のため困難を來した。

㈠ 茨城縣より薪炭が補給せらるることになつた。

㈡ 副食物は、杉戸、久喜、食糧營團に到着の由なるも、船便なきため搬入不能、困却を重ねている。

九月二十六日

㈠ 午前十時より、本部において、各町村長と配給主任及び町村食糧營團主任等参集、諸物資配給関係に対し打合をなす。
1. 給與品は向後一切有償とする。
2. 輸送労務者は各町村で協力する。
3. 吉田村は從來通り第一救援本部より支給する。

㈡ 午後熊谷市武藏精麦工場より、精麦百二十俵送附があつたが、即日栗橋町食糧營團の倉庫に搬入する。

㈢ 久喜食糧營團より、コッペパン八千四百七十六食分の送配があつたので、八千四百食を幸手町に、七十六食を救員船便労務者に配給した。

九月二十七日

(一) 埼玉縣食糧營團職員板谷所長以下十名來橋、食糧營團栗橋臨時出張所を開設し、直に活動に入る。
(二) コッペパン一万八百八十二筒到着、直に配給計劃表を作成、明朝より罹災者に無料配給の予定。
(三) 浦和市より精米十俵麦百二十俵の送附があつた。
(四) 茨城縣より野菜トラック四台到着。
(五) 幸手杉戸間の交通復旧、本部を幸手町に移轉決定。

九月二十八日

(一) 精麦六十俵到着、栗橋食糧營團倉庫に納入、小麦粉二百八十袋杉戸より引取り、同様栗橋倉庫に搬入す。
(二) コッペパン二千五百食午後入荷、直に被害激甚地区町村に配給す。
(三) 諸物資配給容器至急本部宛返還の通知を各町村に発送す。

九月廿九日

(一) 精麦二百四十俵桶川より入荷、直に幸手營團に入倉す。猶午後更に二百四十俵の入荷あり。栗橋倉庫に搬入す。
(二) コッペパン一万五千七十六食分の入荷があつたから、直に幸手地区へ五千七十六食、栗橋地区に一万食をそれぞれ配給す。

九月三十日

(一) 精麦二百四十俵の入荷があつたので直に幸手倉庫に送る。
(二) コッペパン五千七百十食分入荷あり、幸手地区に配給す。
(三) 本日より各町村とも漸次平常に近き生活となる。

十月一日

㈠ 明二日を以て第一救援本部を閉鎖し、新に埼葛水害対策本部幸手出張所を設置に決定、同時に茨城縣より借用の容器全部の返納に対し準備す。

㈡ 精米百八十俵桶川より入荷、栗橋營團に入倉す。

十月二日

㈠ 容器返納のため、トラック四台に登載し、猿ケ島地方事務所に行く。

㈡ 古河町より薪千六百束を引取り、幸手燃料会社に搬入す。

㈢ 精麦百七十俵を幸手營團に、同六十俵を栗橋營團にそれぞれ入倉終る。

㈣ 午後七時第一救援本部職員は解散し、向後の事務一切は埼葛対策本部に引継ぐことに決定す。

十月三日

㈠ 第一救援本部職員は、引継事務完了をまち、一齊に帰廳す。

㈡ 引継事項の内容次の通り。

1. 主食について

㈠ 人口は九月十七日調査の罹災推定人口とする。

㈡ 配給基準量は、年齢別を問わず一人当り三三〇瓦（二合三勺）を以て配給する。

㈢ 期間は九月十六日より十八日迄は、茨城縣の見舞品として処理する。

㈣ 九月十九日より九月廿五日までの一週間は、茨城縣よりの救援を含め、一人当り三三〇瓦を以て無償で配給する。

㈤ 九月廿六日より十月二日までの一週間は、埼玉縣よりの食糧を以て一人当り三三〇瓦の割で有償配給する。

(六) 十月三日よりは平常通り営團配給とする。

(七) 十月三日以降は、配給人口再調査の上、食糧の手持なきものに配給する。

2. 調味料について

(一) 配給人口は九月十七日調査の罹災推定数による。

(二) 味噌醬油は、味噌一人当り一日三匁醬油を七勺の割合で無償とする。猶縣よりは粉味噌二日分を配給する。

3. 野菜について

(一) 茨城縣救援野菜は、九月十九日迄の分を無償とする。

(二) 一人一日当り七十匁の基準量で十月二日迄の分迄配給済み。

(三) 茨城縣救援有償野菜は、中村技師帰縣の上、各町村長に連絡の上徵集する。

4. 副食物について

(一) 基準については一人当り福神漬二十匁佃煮十匁梅干五匁なるも、実際は梅干二十匁佃煮十匁とする。副食物は無償である。

(三) 茨城縣よりの救援物資概算は次の通り。

1. 米及び麦　一、〇一一、八五七円
2. 野菜　二八、〇〇〇貫（此の中、六三三〇貫有償）
3. 薪炭　三四、八〇一円（以上は十万束の見積額）
4. 味噌　三〇、〇四七円
5. 醬油　四五、〇九六円

6. 莚　　三五、〇〇〇枚

7. 粉末牛乳　　九六磅

8. トラック及ハイヤー　　輸送用延五五台、乗用車一〇台

9. 輸送用トラック　　各町村にて使用したるもの　計七二四台

㈣ 食糧課が計劃配給したる状況は次表の通りである。

食糧配給基準計劃表

町村名	罹災人口数（人）	米及麦 一人当り（合）	米及麦 一日当必要量（升）	野菜 一人当り（匁）	野菜 一日当必要量（匁）	味噌 一人当り（匁）	味噌 一日当必要量（匁）	醤油 一人当り（勺）	醤油 一日当必要量（合）	漬物 一人当り（匁）	漬物 一日当必要量（匁）
幸手町	八、九三〇	二・三	二、〇五三・九	七〇	六二・五一〇	三	二六・七九〇	七	六二五・一	一〇	八九、三〇〇
行幸村	二、三〇〇	二・三	五二九・〇	七〇	一六・一〇〇	三	六・九〇〇	七	一六一・〇	一〇	二三、〇〇〇
権現堂川村	三、〇〇〇	二・三	六九〇・〇	七〇	二一・〇〇〇	三	九・〇〇〇	七	二一〇・〇	一〇	三〇、〇〇〇
吉田村	四、一〇〇	二・三	九四三・〇	七〇	二八・七〇〇	三	一二・三〇〇	七	二八七・〇	一〇	四一、〇〇〇
櫻田村	五、一〇〇	二・三	一、一七三・〇	七〇	三五・七〇〇	三	一五・三〇〇	七	三五七・〇	一〇	五一、〇〇〇
上高野村	二、六五〇	二・三	六〇九・五	七〇	一八・五五〇	三	七・九五〇	七	一八五・五	一〇	二六、五〇〇
栗橋町	一二、四五〇	二・三	二、八六三・五	七〇	八七・一五〇	三	三七・三五〇	七	八七一・五	一〇	一二四、五〇〇
救護本部	二五〇	二・三	五七・五	七〇	一・七五〇	三	七五〇	七	一七五・〇	一〇	二、五〇〇
計	三八、七八〇		八、九一九・四		二七一・四六〇		一一六・三四〇	七	二、八七二・一		三八七、八〇〇

備考　労務者に対する加配米は一日一合二勺（一六〇瓦）によること。

埼玉縣第一救援本部主食配給表　（茨城縣救援分）

町村名	九月二十一日 米	九月二十一日 麦	九月二十二日 米	九月二十二日 麦	九月二十三日 米	九月二十三日 麦	九月二十四日 米	九月二十四日 麦
権現堂川村	一〇俵	二五俵	四七俵	―俵	―俵	四五俵	―俵	―俵
櫻田村	一五	二〇	二〇	―	四〇	九八	二三	―
上高野村	一五	四〇	三六	―	―	二二	―	―
吉田村	一五	二〇	二〇	―	四三	七六	―	―
幸手町	五〇	五〇	六五	―	五六	一五七	―	―
東村	―	―	四〇	―	―	五〇	一三	一五
栗橋町	四〇	五〇	四〇	―	五〇	一七〇	一一〇	六八
川辺村	四〇	―	二五	―	―	―	―	四〇
行幸村	一〇	二五	三四	―	―	二九	―	―
計	一九五	二三〇	三二七	―	一八九	六四七	一四六	一二三

備考　茨城縣よりの救援米八五七俵、同麦一、〇〇〇俵補給分

埼玉縣第一救援本部主食配給表（縣補給分）

月日	精米 幸手	精米 栗橋	精麦 幸手	精麦 栗橋	小麦粉 幸手	コッペパン 幸手	コッペパン 栗橋
九月二十二日	二〇俵	―俵	五〇俵	―俵	―袋	―箇	―箇
九月二十四日	一〇	―	三〇〇	―	―	―	―
九月二十六日	―	―	一八〇	一二〇	―	八、六〇〇	―
九月二十七日	―	一〇	一〇〇	―	―	―	―

九月二十八日	|	|	六〇	|	二八〇	二、五〇〇	|
九月二十九日	|	|	二四〇	二四〇	|	五、〇七六	一〇、〇〇〇
九月三十日	|	|	二四〇	|	|	五、七一〇	|
十月一日	|	|	|	一八〇	|	|	|
十月二日	|	|	一七〇	六〇	|	五、〇〇〇	
計	三〇	一〇	一、三四〇	六〇〇	二八〇	二六、八八六	一〇、〇〇〇
総計	四〇俵		一、九四〇俵		二八〇袋	三一、八八六箇	

埼玉縣第一救援本部野菜配給表　其の一（入荷内容）

入荷月日	馬鈴薯	甘藷	南瓜	葱	其の他	計
九月二十一日	五二七貫	五五貫	一、〇九六貫	一貫	一貫	一、六八〇貫
九月二十二日	四五八	六七	一、二七二	一	|	一、七九八
九月二十三日	三〇	三一一	一、五一五	三四	|	一、八九〇
九月二十四日	三〇〇	三二	一、二七五	一一	五一五	二、一三三
九月二十五日	一一五	一、二四三	一、〇七七	三	|	二、四三八
九月二十六日	一九二	九一八	一、五三六	|	|	二、六四六
九月二十七日	四七九	三九八	二、〇八三	三〇	一八	三、〇〇八
九月二十八日	一一一	八九六	二、五〇五	一六五	二二五	三、九〇二
九月二十九日	三九六	七九五	二、〇七三	|	四	三、二六八
九月三十日	四七六	三二二	九六〇	|	|	一、七五八
計	三、〇八四	五、〇三七	一五、三九二	二四五	七六三	二四、五二一

埼玉縣第一救援本部野菜配給表（其の二）（配給内訳）

配給月日＼町村名	幸手町	行幸村	権現堂川村	吉田村	櫻田村	上高野村	栗橋町	計
	貫	貫	貫	貫	貫	貫	貫	貫
九月二十一日	一、六八〇	―	―	―	―	―	―	一、六八〇
九月二十二日	一、七九八	―	―	―	―	―	―	一、七九八
九月二十三日	七六五	二八一	―	―	五〇〇	―	三四四	一、八九〇
九月二十四日	五二四	三〇〇	二四〇	三〇〇	―	―	七六九	二、一三三
九月二十五日	七九二	六三二	五八二	一四四	二八八	―	―	二、四三八
九月二十六日	八二四	―	―	―	七九六	―	一、〇六六	二、六四六
九月二十七日	五二〇	二七〇	三〇四	四九六	二四〇	六七三	五〇五	三、〇〇八
九月二十八日	一、二七八	七五二	二四六	二七六	九六	九六	一、一五八	三、九〇二
九月二十九日	六八九	―	―	六三四	―	一、二二〇	七三五	三、三六八
九月三十日	―	―	四〇〇	三六八	九九〇	―	―	一、七五八
計	八、八七〇	二、二三五	一、七七二	二、二一八	二、八七〇	一、九八九	四、五七七	二四、五二一

備考　一、現品は殆ど茨城縣より入荷したるものであるが、見舞品の状況で無償で配給す。
二、一人一日当り七十匁を基準として算出したものである。
三、埼玉縣より九月二十八日南瓜五八五貫の送附があつたが、之は表外として権現堂川、上高野両村に配給した。
四、右表計劃中栗橋町は幸手町より少きは、同町に対し相当量の見舞品ありしにより手心を加えたものである。

埼玉縣第一救援本部副食品配給表　（單位樽、貫）

町村名 ＼ 月日品名	二十七日 昆布佃煮	二十八日 梅干(小)	二十八日 昆布佃煮	二十九日 梅干(小)	二十九日 粉味噌	二十九日 身欠鰊	三十日 梅干(大)	三十日 梅干(小)
幸手町	四箱	四樽	四箱	八樽	三箱	五六貫	二樽	一三樽
行幸村	二	二	二	二	一	一六	一	二
権現堂川村	二	二	二	三	一	二〇	一	四
吉田村	二	二	二	四	一	二四	二	一
櫻田村	三	三	三	五	二	三二	二	四
上高野村	二	二	二	三	一	一八	二	三
栗橋町	五	四	四	一〇	四	七六	三	一七
救援本部	一	一	一	一	｜	一〇	｜	｜
合計	二一	二〇	二〇	三六	一三	二五二	一三	四四

摘要 全部無償配給とす。但し共同炊事用個人用に分類して配分す。

埼玉縣第一救援本部食塩配給表

町村名	配給計劃 叺数	配給計劃 斤量
栗橋町	三二	一、二八〇斤
行幸村	六	二四〇
権現堂川村	八	三二〇
吉田村	一〇	四〇〇
幸手町	二三	九二〇
櫻田村	一三	五二〇斤
上高野村	七	二八〇
救援本部	一	四〇
計	一〇〇	四、〇〇〇
備考	罹災者給食用として無償配給をなす。	

埼玉縣第一救援本部大家畜飼料配給表

町村名	牛馬頭数			麸飼料	藁飼料	摘要
	馬	牛	計			
幸手町	四七頭	六頭	五三頭	四俵	四、九〇〇匁	北埼玉郡新郷村より入荷品
行幸村	三五	三五	七〇	五	四、九〇〇	
権現堂川村	九〇	一五	一〇五	八	七、二〇〇	
吉田村	一四二	七八	二二〇	一七	一七、〇〇〇	
櫻田村	二四二	一〇〇	三四二	二七	二六、四〇〇	
上高野村	三八	二	四〇	三	三、六〇〇	
栗橋町	二七〇	二〇〇	四七〇	三六	三六、〇〇〇	
計	八六四	四三六	一、三〇〇	一〇〇	一〇〇、〇〇〇	

備考　家畜飼料は全部無償配給をなす。

二、家畜飼料に對する急救措置

縣畜産課においては、家畜の粗飼料が、被害現地では全く不能のため、これが救済の目的を以て、無被害地域及び被害軽度の地区農家に対し、一戸当り二貫五百匁（小束十束以上）を目標に、出荷運動を起したのである。

即ち本運動は、九月二十六日附知事の名を以て、各関係方面地方事務所農業会支部馬匹組合支部等に呼びかけ、十月二十日迄に別表の如き集荷予想の計劃を進めたのである。

稲藁供出算出基礎

郡市＼事項	水稲作付反別	水害反別	差引出荷可能面積	農家戸数	出荷見込数（一戸二貫五〇〇）	同上査定数量
	反	反	反	戸	貫	貫
北足立郡	八、一三八・七	一、一九八・二	六、九四〇・五	六、九四〇	一七、三五〇	一七、三五〇
入間郡	五、四四七・〇	四五九・一	四、九八七・九	四、九八七	一二、四六七	一二、四六七
比企郡	五、六六〇・五	四四七・五	五、二一三・〇	五、二一三	一三、〇三二	一三、〇三二
秩父郡	六六二・八	五一・一	六一一・七	六一一	一、五二七	—
児玉郡	二、二三五・七	一三二・三	二、一〇三・四	二、一〇三	五、二五七	五、二五七
大里郡	四、七一一・五	一四七・八	四、五六三・七	四、五六三	一一、四〇七	一一、四〇七
北埼玉郡	一一、九五九・四	三、五三〇・五	八、四二八・九	八、四二八	二一、〇七〇	二一、〇七〇
南埼玉郡	一一、四三三・一	四、六四四・八	六、七八八・三	六、七八八	一六、九七〇	一六、九七〇
北葛飾郡	九、五四七・七	九、三九四・八	一七九・九	一七九	四四七	—
川越市	四九七・四	—	四九七・四	四九七	一、二四二	一、二四二
熊谷市	一、二四八・五	一二・〇	一、二三六・五	一、二三六	三、〇九〇	三、〇九〇
川口市	一、二五〇・九	一四・六	一、二三六・三	一、二三六	三、〇九〇	三、〇九〇
浦和市	六三四・三	・七	六三三・六	六三三	一、五八二	一、五八二
大宮市	三六七・六	四・五	三六三・一	三六三	九〇七	九〇七
計	六三、七八五・一	二〇、〇二七・九	四三、七八四・二	四三、七七七	一〇九、四三八	一〇七、四六四

備考　飼料は何れも義捐物資とし無償のこと。

かくて集荷成績も着々上り、中間報告として十月九日一應報告し、更に次期対処に引続き活動をつゞけたのである。

畜産関係急救実績表（十月九日現在）

飼料品目	数量	見積價格	飼料品目	数量	見積價格
表糠	一四、〇〇〇俵	三六〇、〇〇〇円	藁	一六、〇〇〇貫	一六、〇〇〇円
麩	一、〇〇〇	八〇、〇〇〇	塩	三〇俵	六、〇〇

備考　飼料運搬のためトラック二〇七台動員この経費一、一七九、五〇〇円要する見込なり。

畜産課

三、林務課の應急措置

廣範にわたる被害世帯に対し、薪炭を配給することは、物が非常にかさばることゝ、輸送用の舟車が円滑を欠くため、困難を生じたのであるが、兎に角非常炊出し用の薪炭だけでも、早急に解決の必要があるため、課員は四方に飛び廻り、先づ薪五万束木炭二万貫（四貫入れ五千俵）を目標に、縣内五市非常備蓄用のものを放出し、以て應急救済用としたのである。猶九月二十七日現在救援用薪炭輸送実施成績は左表の通りであつた。

第一次救援用薪炭輸送実施成績

林務課

輸送先	数量 木炭	数量 薪	輸送用トラツク台数	輸送先	数量 木炭	数量 薪	輸送用トラツク台数
栗橋地区	—俵	二、六一五束	七台	久喜地区	—俵	三、六五一束	八台
大越地区	—	二、四〇〇	六	金杉地区	—	五、〇〇〇	一二
加須地区	—	一、一〇〇	三	岩槻地区	四〇〇	一、六一〇	七
越ケ谷地区	—	一、二〇〇	三	吉川地区	一〇	三〇〇	二
春日部地区	—	一、二〇〇	四	計	四一〇	一九、〇七六	五二

第二次救援用薪炭輸送については、各罹災地の状況を充分調査の上、左表の如く配給したのである。

第二次救援用薪炭輸送実施成績　林務課

地区名	木炭	薪	地区名	木炭	薪
岩槻	四〇〇俵	五六六束	吉川	ー俵	三〇〇束
春日部	ー	五、八八九	鷲宮	ー	三〇〇
加須	ー	七、六五五	伊草	ー	二四〇
越ヶ谷	ー	四、三五〇	八保、出丸	ー	二〇〇
久喜	ー	六、四五三	三保谷	ー	三〇〇
忍	ー	三七〇	高坂	ー	一、九〇四
杉戸	ー	四、五〇〇	金杉	ー	三、六五九
栗橋	ー	七、〇九〇			
大越	四〇	ー	計	四四〇	四三、七七六

当時本縣へ移入すべき薪炭の輸送幹線たる東北本線は、復旧長期を要するため、福島縣其の他より移入予定の薪炭は、今の所見込がたゝなかつた。よつて農林省に懇請の上、長野縣より新な枠を受け、一方栃木縣より入荷予定の薪炭は、間々田駅迄運び、該駅よりトラックにて現地に輸送する計劃を樹て、薪炭の獲得に万全を期したのである。

かくて陸続集荷した薪炭は、木炭四、三一〇俵、薪三三〇、〇〇〇束を算し、罹災者炊飯用として、一世帯当り木炭四貫、薪五束迄を限度として特配を了したのである。

第六節　第二調達部の活動

一、厚生課の急救措置

九月十五日、颱風襲來近接の警報発せらるゝや、厚生課は、水害対策委員会の要請にもとづき、直に活動に入り、先づ水害発生の虞ありと思料せらるゝ荒川の沿岸熊谷市、吹上町、鴻巣町を初め、川口市等にそれ〴〵課員を急派せしめ、万一に備うべき避難者収容所及び食事炊出し等につき、当事者とより〳〵協議を進めていつたのである。

一面罹災者の救済、特に應急措置としての衣料品、日用品等の現配に関し、種々協議を重ね、概ね次の如き準備を了したのである。

記

1. 罹災者収容所設置左記箇所に対し、毛布及び蒲團の貸出しを完了した。
北埼玉郡　大越村　　北足立郡　田間宮村、小宮村　　大里郡　秦村、男沼村

2. 罹災者収容所設置と同時に、衣料品充足の目的を以て、岩槻、加須両町に対し、布團三五〇組、衣料三五、〇〇〇点を送致した。

3. 衣料及び良糧の円滑且つ迅速を期するため、左記の如く本部支部を設置し、係員をそれ〴〵駐在せしめた。
本部　岩槻、加須　　支部　白岡、大越、越ケ谷、権現堂川

4. 衣料其の他の物資入手に関しては、各関係箇所と緊密なる連絡を保持しつゝ、関係各省に左記の通り要望書を提出した。

現地救済物資要望一覧表　　厚生課

項目	品名	要望数	項目	品名	要望数
衣料	寝具	九五、〇〇〇組	衣料	肌着	二三七、五〇〇着

衣料	靴下又は足袋	二三七、五〇〇足
同	地下足袋	九五、〇〇〇
同	被服（上下）	二三七、五〇〇着
同	タオル又は手拭	二三七、五〇〇本
同	軍手	九五、〇〇〇対
日用品	塵紙	二三七、五〇〇貫
日用品	石鹼	二一六、〇〇〇個
同	電球	一四四、〇〇〇
同	燐寸	一九〇噸
同	蠟燭	三六、〇〇〇本
其他	疊表	三五六、二五〇枚
同	天幕	二、五〇〇張

備考　應急援護物資のみ記入す。

かくの如く準備に万全の策を講じていたが、事態容易ならざるに鑑み、水害救援対策本部が設置せられ、当厚生課担当事務は、調達部第二係組織下に活動することになり、爾來全員部署を定めて活動に入つた。

二、第二調達部の設置とその方針

(1)　罹災郡市との協力

各地の被害は逐日拡大され、救済も愈々強化の必要に迫られた当部は、救済援護を早急に具現すべく、九月二十六日市長、事務所長会議を縣会議場に開催し、指示事項として、次の四項につき、各関係部課長より説明があつた。即ち

㈠　対策委員会出張所の運営方針について
㈡　非被災市町村の救援に対する協力について
㈢　食糧配給の可及的早期の復帰について
㈣　被災救助の限界及び生活扶助について

次いで西村知事より、現地担当の事務所長は、何れも知事の權限內で事務を処理し、法的の見解や枠の問題等のた

めに、救済に対し遅滞を招來することなく、なお連絡不充分のため種々不都合な問題も起り易い故に、責任者は中央と緊密に連絡を取るよう特に要望する所があつたが、最後に事務所が数字的な問題にとらわれたり、管轄違い云々の問題で紛糾するが如きこと等ないよう、常に相互扶助の大乘精神に立脚して、應急措置に対し遺憾なきよう附言した。ついで吉井民生部長より、非被災市町村の住民に対し、心から救済に協力して欲しい旨強調、殊に罹災地は野菜と日用品には極度に不足を來しているから、各地域の農業会等に呼びかけて、どし〳〵供出して貰いたいと懇望された。次に縣保有の援護物資は、現在百九十万点あるが、差当りこの中から十八万七千点を放出し、配布した印刷物の趣旨により、一齊に配給する計劃であると附言し、更に係員より部分的の説明があつた。

因に当日配布した「水害罹災者救護物資配給要領」は次の通りである。

水害罹災者救護物資配給要領

一、配給対象

今次水害により、住宅流失及倒壊（半壊を含む）並に床上浸水等の罹災者を対象とする。但罹災の狀況により左記に分類する。

㈠　罹災甲　住宅流失及倒壊（半壊を含む）のもの

㈡　罹災乙　床上浸水深く且つ長期に亘るもの

㈢　罹災丙　床上浸水のもの

二、配給品目　別表

三、配給品割当数　別表　市並地方事務所單位

四、配給品配分の基準

㈠　罹災甲　一人宛　三品

㈡　罹災乙　一世帯宛　四品

㈢　罹災丙　一世帯宛　三品

配分は凡て無償とすること

五、配給方法

㈠　縣より市並地方事務所に対し別表品目及び数量を割当送付する

㈡　市長及地方事務所長は割当数と管下の罹災者数を罹災分類に應じ、市は直接地方事務所は町村に割当をする

地方事務所に於ては町村長より別紙様式の一により受領書を徴すること

㈢　市町村長は部内の罹災者分類に應じ現品を罹災者に配分すること

此の際罹災状況により分別に困難の場合も生ずると思うが、市町村長は其の実情に即し、適正を期する様留意せられたい

市町村長は配分の場合配給台帳を作製し記録すると共に、別紙様式の二に依り、連名受領書を徴し、地方事務所長に提出し、地方事務所長は縣厚生課に送附すること。市は直接縣に送附すること

㈣　配給はすべて混合配給とし（衣料品、台所用品）罹災甲の場合に於ては、衣料品は個人単位とし、台所用品は世帯單位とし、基準数を配給すること

猶消耗品たる食料品、マツチ、ローソク、石鹼、塵紙等の物資については此の配給より除外し領收書に記載の要なし

六、配給責任者

配給は凡て地方事務所長の責任（市は市長）に於て之を実施し、町村長は準責任者として円滑適正を期すること

七、配給品の発荷

㈠　配給品は、厚生省、商工省、縣の手持及寄贈品等各般に亘る物資であるから、既に発荷済のもの又は寄贈者直接輸送のもの等があるが、何れも縣の配給機構を経由して現地に到着するのであつて、配給品割当数はこれ等の凡てを合算したものである

仍て既に現品到着により、配給済の箇所もあると思うが、これ等の配給済品も、この基準数に加える様に注意せられたい

㈡　割当品目に多少の変更を生ずる事があるから留意せられたい

㈢　配給品は縣より市及地方事務所又は市長、地方事務所長の指定したる場所に輸送す

㈣　配給品割当は警察署の被害調査数により割出したのであるが、現在では多少の異動を生じた事と思うから、実情調査の上万全を期する様せられたい

配給品には割当数に多少余分も見て割当してあるが、不足を生じた場合は、実情により考慮の用意もあるから、罹災分類により申請せられたい（書式任意）

（別表の一）

水害罹災者救護物資受領書

郡　町村長　㊞

対象罹災者数

甲　戸　名　乙　戸　名　丙　戸　名

品名	数量	備考

昭和　年　月　日

地方事務所長殿

（別表の二）

昭和　年　月　日

市郡　町村長　印

埼玉縣知事　殿

水害罹災者救護物資受領書

罹災分類（甲乙丙別）	配給品目並数量										計	世帯人員数	世帯主氏名	印
	品名 毛布	数量 枚	品名 ふとん	数量 枚	品名 繊維品	数量 点	品名 台所用品	数量 個	品名 △△	数量 個	点			

※記載上の注意　一、世帯毎に記入のこと　二、消耗品は記入の必要なし　三、衣料類は繊維品として一括すること　四、金物類は台所用品として一括すること　五、氏名世帯主を記入のこと

（別表）

水害罹災者救護物資配分一覧表

厚生課

品名＼地区別	川口市	熊谷市	北足立	入間	比企	秩父	児玉	大里	北埼玉	埼葛
衣	八〇〇	二〇〇	八〇〇	五〇〇	五〇〇	七〇〇	二〇〇	一、〇〇〇	五、〇〇〇	一〇、〇〇〇
袴	—	—	—	—	—	—	—	—	一、六六一	三、〇〇〇
襦袢	六〇〇	—	—	—	—	四〇〇	—	五〇〇	一、六八二	二、五一三
袴下	—	三〇〇	—	三〇〇	二〇〇	一〇〇	二〇〇	三六五	八八〇	一、九〇〇
外套	四〇〇	一〇〇	—	五〇〇	五〇〇	五〇〇	二〇〇	五〇〇	四〇〇	二、五一九
毛布	一〇〇	—	二〇〇	一〇〇	一〇〇	一〇〇	—	五〇〇	一、六四〇	五、二〇〇
布團	一〇〇	—	二〇〇	二〇〇	—	—	一〇〇	四〇〇	一、六〇〇	二、〇〇〇
靴下	—	—	—	—	—	二、〇〇〇	五〇〇	一、五〇〇	一、〇〇〇	一〇、〇〇〇
靴	二〇〇	—	—	一、〇〇〇	五〇〇	五〇〇	—	一、〇〇〇	二、〇〇〇	三、〇〇〇
手拭又はタオル	—	五〇	三〇〇	六〇〇	一、〇〇〇	一、〇〇〇	一、〇〇〇	二、五〇〇	二、〇〇〇	三二、〇〇〇
巻脚袢	—	—	—	—	—	—	—	—	五二〇	—
手袋	八〇〇	—	—	五〇〇	—	五〇〇	五〇〇	五〇〇	一、四六九	三、〇〇〇
帽子	—	—	—	—	—	—	—	—	四三五	—
敷布類	—	—	—	—	—	—	—	—	八三六	—
風呂敷	—	—	—	—	—	—	—	—	九三七	—
雑嚢	—	—	—	—	—	—	—	—	九三四	—
枕覆奉公袋	—	—	—	—	—	—	—	—	九三五	一八〇
幼児服	—	—	—	—	—	—	—	—	二〇〇	二〇〇

品名										
地下足袋	二〇〇	—	三〇〇	三〇〇	二〇〇	五〇〇	三〇〇	五〇〇	二、〇〇〇	四、四〇〇
褌	—	—	—	—	—	—	—	—	—	四五〇
布團皮	—	—	—	—	—	—	—	—	—	三九六
台所用品	—	—	—	—	—	—	—	—	二、六五九	二、五〇七
庖丁	—	—	—	一〇〇	一〇〇	六〇〇	四〇〇	一、〇〇〇	一、〇〇〇	三、二〇〇
飯盒	—	—	—	—	—	—	—	—	一一〇	—
食器類	—	—	—	—	—	—	—	—	五、三二〇	—
バケツ	—	—	—	一〇〇	一〇〇	二〇〇	一〇〇	六〇〇	一、五一八	四、〇〇〇
洗面器	—	—	—	—	—	—	—	—	六五	—
鍋	—	—	一〇〇	一〇〇	一〇〇	二〇〇	一〇〇	八〇〇	一、〇〇〇	四、二〇〇
釜	—	—	一〇〇	一〇〇	一〇〇	二〇〇	一〇〇	六〇〇	一、〇〇〇	四、二〇〇
杓子	—	—	一〇〇	一〇〇	一〇〇	二〇〇	一〇〇	六〇〇	—	五、二〇〇
湯沸	—	—	—	—	—	—	—	—	—	三二五
洗桶	—	—	—	—	—	—	—	—	—	九
柄杓	—	—	—	—	—	—	—	—	—	二
計	三、二〇〇	六五〇	二、一〇〇	四、五〇〇	三、五〇〇	七、七〇〇	三、八〇〇	一三、六六五	三八、六九九	一〇四、四一〇

総計　一八一、二二四点

(2)　各郡市配分の状況

第二調達部において計劃した、最初の配分量は、総計一八一、二二四点中より一〇四、四一〇点を分配したが、九月十七日より十月三十日に至る郡市配分総量は、計五五〇、七七一点の多きに達した。

これが物資の品目並に配分量の内訳は次表の通りである。因に本表は、保護課発表の中間報告である。

自昭和二三・九・一七
至昭和二三・一〇・三〇　応急救護用物資送荷一覧表　保護課

品目＼地区別数量	北埼玉	埼葛	川口	熊谷	北足立	入間	比企	秩父	児玉	大里	合計
毛布	五、三四〇枚	五、八〇一	一〇〇	―	二〇〇	一〇〇	一〇〇	―	―	七〇〇	一三、三四一
布團	二、五八六	二、〇〇〇	一〇〇	―	二〇〇	二〇〇	―	―	一〇〇	四〇〇	五、五八六
衣	八、〇二五	一〇、四〇一	三八〇	二〇〇	三〇〇	五〇〇	二九八	一〇〇	二〇〇	九六〇	二一、三六四
袴	三、三一三	一一、〇〇六	四二〇	―	三六〇	五五〇	二〇〇	八一	―	五三九	一六、四六九
襦袢	五、二〇七	一〇、四二〇	―	―	一〇	―	―	一五〇	―	五一〇	一六、二九七
袴下	八〇五	一、四九五	六〇〇	三〇〇	一五〇	三〇〇	九九	二五〇	二〇〇	四二八	四、六二七
外套	九四六	一、八五〇	四〇〇	―	―	六〇〇	四九三	二〇〇	三〇〇	五〇〇	五、二八九
靴下	一、二二四足	三、九八〇	―	一〇〇	二、七一六	一、〇〇〇	―	二四〇	五三〇	一、二〇一	一〇、九九一
靴	一、二七三足	一、九一二	二五〇	―	―	五〇〇	五七二	二三〇	―	一、〇〇〇	五、七三七
手袋	三、二六六双	二、一一七	―	―	―	―	―	―	五二〇	七八〇	六、六八三
地下足袋	五、六〇〇足	一三、〇六四	二〇〇	―	三〇〇	八〇〇	一九九	二一〇	三〇〇	五〇〇	二一、一七三
タオル	一〇、一〇〇枚	三四、〇〇〇	二、〇〇〇	五〇	二、五〇〇	一、六〇〇	一、〇〇〇	二五〇	一、〇〇〇	二、五〇〇	五五、〇〇〇
ハンカチ	七〇〇	八〇〇	―	―	―	―	―	―	―	―	一、五〇〇
風呂敷	六八七	―	―	―	―	―	―	―	―	―	六八七
帽子	三二九箇	四三八	―	―	―	―	―	―	―	―	七六七
褌	―本	四五〇	―	―	―	―	―	―	―	―	四五〇
携帯天幕	五〇張	五六	―	―	―	―	―	―	―	―	一〇六

天幕	一八〇張	四〇五	—	—	—	—	—	—	—	五八五
脚絆	五三一組	一一	—	—	—	—	—	—	—	五四二
飯盒水筒	二〇二箇	二〇八	—	—	—	—	—	—	—	四一〇
袋類	九六六枚	八九	—	—	—	—	—	—	—	一、〇五五
枕覆	三五七	—	—	—	—	—	—	—	—	三五七
敷布	四〇〇	—	—	—	—	—	—	—	—	四〇〇
襟布	五、二三〇	—	—	—	—	—	—	—	—	五、二三〇
奉公袋	五七八	—	—	—	—	—	—	—	—	五七八
雑嚢	三一〇	一一	—	—	—	—	—	—	—	三二一
釜	一、〇四一箇	四、二六七	—	—	一〇〇	一〇〇	一〇三	二〇〇	一〇〇	五、九一一
鍋	一、〇一〇	四、二七六	—	—	一〇〇	二〇〇	一〇〇	二〇〇	一〇〇	五〇〇	六、四八六
湯沸	五〇	二六五	—	—	—	—	—	—	—	三一五
洗面器	七〇	三二	—	—	—	—	—	—	—	一〇二
洗桶	三	一九	—	—	—	—	—	—	—	二二
バケツ	一、六七八	四、〇〇八	—	—	—	—	—	二〇〇	八二	六〇〇	六、五六八
柄杓	一	一	—	—	—	—	—	—	—	二
大釜	二〇	一六	—	—	—	—	—	—	—	三六
ローソク	三〇、六〇〇本	六四、五八〇	四〇〇	—	一八〇	三五〇	四〇	—	—	—	九六、一五〇
マッチ	四九、二〇〇箇	九一、一〇〇	—	—	三〇〇	三二〇	一六〇	—	二、四〇〇	二、四〇〇	一四五、八八〇
石鹸	八、六五四	三、四三三	—	—	—	—	—	—	九、二〇〇	一四、四〇〇	六五、〇八六
懐中電灯	一三	二〇	—	—	—	—	—	—	—	—	三三
懐中電池	一七	四〇	—	—	—	—	—	—	—	—	五七

地区別＼品目・数量	チリ紙	庖丁	杓子	コンロ	食器類	合計
北埼玉	一〇〇〆	一、〇〇〇丁	—箇	二、九九七	五、三八二	一六〇、〇三〇
埼葛	—	三、二〇〇	五、二〇〇	四、七三〇	—	三四、七〇〇
川口	—	—	—	八〇〇	—	五、六五〇
熊谷	—	—	—	—	—	六五〇
北足立	—	—	一〇〇	四〇〇	—	七、九一六
入間	—	一〇〇	一〇〇	四〇〇	—	七、七三〇
比企	—	一〇〇	一〇〇	一、一八〇	—	四、七四四
秩父	—	六〇〇	二〇〇	—	—	三、一一一
児玉	—	四〇〇	一〇〇	—	—	一五、九三三
大里	—	一、〇〇〇	六〇〇	八〇〇	—	三〇、三一八
合計	一〇〇	六、四〇〇	六、四〇〇	一一、三〇七	五、三八二	五五〇、七七一

次に第二調達部も閉鎖され、救援物資配分事務は、爾来民生部保護課において取扱つたが、昭和二十三年度を以て一應締切つた。よつて保護課では、当局に報告の必要上、これ迄物資の配給をうけた、品目並に数量の報告を、郡市当事者に報告を命じたが、別表はその内訳である。猶被服寝具その他衣料品は、計四四三、二二〇点にして、台所用品日用品は、計五二六、六三〇点、総計九六九、八五〇点に達した。

因に郡市の内訳並に配分標準は、それ〳〵次表の通り。

水害罹災者に対する救護物資配給明細表（其の一）

区分＼品名	毛布	蒲團	靴
北埼玉	一〇、三四〇枚	二、三五〇	一、二七三足
埼葛	一六、七九一	二、〇〇〇	一、九一三
北足立	四五二	二〇〇	—
入間	二三〇	二〇〇	五〇〇
比企	一八〇	—	五七二
秩父	一五二	—	二三〇
大里	六〇〇	四〇〇	一、〇〇〇
児玉	六六	一〇〇	—
川口	一〇六	一〇〇	二五〇
熊谷	—	—	—
計	二八、九一七	五、三五〇	五、七三七

衣	八、〇二五枚	一〇、四〇一	三〇〇	九〇〇	二九八	三〇〇	一、一三五	二六六	八七二	二〇〇	三、六九七
袴	三、三一三	三、五〇三	一、五四九	二、七八〇	三〇〇	二八一	六六一	六六	一、一一三	—	三、五六五
襦袢	七、二〇七	一五、四二〇	一〇	—	—	二二六	五一〇	—	—	—	二三、三七三
袴下	二、八〇五	二、九九五	一五〇	三〇〇	九九	三三六	四二八	二〇〇	六〇〇	三〇〇	八、二〇三
外套	九四六	一、八五〇	—	六〇〇	四九三	二〇〇	五〇〇	三〇〇	四〇〇	—	五、二八九
靴下	一、三二四足	三、九八〇	二、七一六	一〇〇	—	二四〇	一、二〇一	五三〇	—	一〇〇	一〇、〇九一
帽子	一、一五九箇	一、四三八	—	—	—	—	—	—	—	—	二、五九七
手袋	二、三六六双	二五、六七七	一、二五〇	一、六〇〇	六〇〇	三五〇	一、二三〇	七二〇	一、一四〇	—	四三、九三三
蚊帳	三三一張	二三三	五三	四一	一三	三一	四〇	八	三	—	七五四
衣類	一〇、六九四枚	四六、五九七	二、一三一	二、六五四	一、四五四	七一五	四、一五九	一、一二六	三、一六四	一三〇	七二、八二四
眞綿製品	一〇、四五三	四二、九四三	一、七〇七	二、四五〇	一、〇二二	二二八	四五三	九九	二、一〇五	—	六一、四六〇
地下足袋	五、六〇〇足	一三、〇六四	三〇〇	八〇〇	一九九	二一〇	五〇〇	三〇〇	二〇〇	—	二一、一七三
手拭、タオル	一七、二四五枚	六一、三七一	三、八九八	三、一三九	一、九九四	八八九	六、三八八	二、〇九三	四、一八三	一八〇	一〇一、三八〇
巻脚袢	五三一組	一一	—	—	—	—	—	—	—	—	五四二
敷布類	八三六枚	—	—	—	—	—	—	—	—	—	八三六
風呂敷	九三七	—	—	—	—	—	—	—	—	—	九三七
雑嚢	九一四	—	—	—	—	—	—	—	—	—	九一四
枕覆、奉公袋	九三五	一八〇	—	—	—	—	—	—	—	—	一、一一五
褌	—本	四五〇	—	—	—	—	—	—	—	—	四五〇
天幕	一八〇張	四〇五	—	—	—	—	—	—	—	—	五八五
ハンカチ	七〇〇枚	八〇〇	—	—	—	—	—	—	—	—	一、五〇〇
飯盒、水筒	二〇二箇	二一八	—	—	—	—	—	—	—	—	四二〇

品名＼区分	北埼玉	埼葛	北足立	入間	比企	秩父	大里	児玉	川口	熊谷	計
障子紙	三、六七一本	三五、八三八	一、六三九	一、六七〇	一、六三九	六九五	四、五六九	一、五〇七	二、〇七三	二〇〇	七三、五〇〇
バケツ	一、五七〇個	三、九四八	―	―	―	二〇〇	六〇〇	八二	―	―	六、四〇〇
庖丁	一、〇〇〇丁	三、二〇〇	―	一〇〇	一〇〇	六〇〇	一、〇〇〇	四〇〇	―	―	六、四〇〇
鍋	一、〇〇〇個	四、二〇〇	一〇〇	二〇〇	一〇〇	二〇〇	五〇〇	一〇〇	―	―	六、四〇〇
釜	一、〇四一	四、二六七	二三九	二五〇	二〇三	二〇〇	―	二〇〇	―	―	六、四〇〇
マッチ	五二、〇〇〇	九八、一〇〇	一、四三〇	一、四二〇	一、一六〇	―	四、九〇〇	三、九〇〇	―	―	一六二、九〇〇
石鹸	八、六五四	三三、四三三	―	―	―	―	一五、〇一四	一〇、四〇〇	―	―	六六、五〇〇
杓子	―	五、二〇〇	一〇〇	一〇〇	一〇〇	二〇〇	六〇〇	一〇〇	―	―	六、四〇〇
食器類	五、二二〇	―	―	―	―	―	―	―	―	―	五、二二〇
ローソク	四〇、六〇〇本	七五、〇八〇	四、一八〇	五、三五〇	五、三九〇	―	―	―	五、四〇〇	―	一三六、〇〇〇
和傘	一〇、七二〇	三六、一三〇	一、八五五	二、〇二〇	一、一八五	八八〇	三、〇〇五	一、五一五	二、五一五	一七五	六〇、〇〇〇
カーバイトランプ	三九三	三五一	五四	五〇	三五	四八	三〇	二九	―	―	九九〇
カーバイト	三六	三三	五	六	三	一〇	四	四	―	―	一〇〇
合計	二三四、四七一	五六〇、〇一七	二四、三〇七	二七、四六〇	一七、一三九	七、四一一	四九、四二七	二四、一一一	二四、二二三	一、二八五	九六九、八五〇

被服寝具その他衣料品給与調（洪水による流失及び全壊分）（其の二）

品目	一戸当り配給数量	単価	配給戸数	配給総数	金額
毛布	五・〇	―円	一、一一八	五、五九八	―円
蒲団	三・〇	―円	一、一一八戸	三、三五四	―円

品目	一戸当り配給数量	單價	配給戸数	配給総数	金額
靴	〇・四	—	四四七	四四七	—
衣	二・〇	—	一、一一八	二、二三六	—
袴	一・〇	—	一、一一八	一、一一八	—
襦袢	二・〇	—	一、一一八	二、二三六	—
袴下	一・〇	—	一、一一八	一、一一八	—
外套	一・〇	—	一、一一八	一、一一八	—
帽子	〇・一	—	一一三	一一三	—
手袋	〇・五	—	五五九	五五九	—
蚊帳	〇・六	—	七五二	七五二	—
衣類	二・〇	—	一、一一八	二、二三六	—
地下足袋	一・〇	—	一、一一八	一、一一八	—
手拭タオル	一・〇	—	一、一一八	一、一一八	—
眞綿製品	一・〇	—	一、一一八	一、一一八	—
靴下	〇・五	—	五五九	五五九	—
計	三・一	一四・三三	一、一一八	二四、七八九	三、五七七、六〇〇

被服、寝具その他衣料品給与調（洪水による半壊及び床上浸水分）（其の三）

品目	一戸当り配給数量	單價	配給戸数	配給総数	金額
毛布	〇・四九	円 —	戸 三三、三三七	二三四三三七	円 —
蒲團	〇・〇四	—	一、九九六	一、九九六	—
靴	〇・一一	—	五、二九〇	五、二九〇	—
衣	〇・四三	—	二〇、四六一	二〇、四六一	—
袴	〇・四五	—	二一、四二七	二一、四四七	—
襦袢	〇・四五	—	二一、一三七	二一、一三七	—
袴下	〇・〇一	—	七、〇八五	七、〇八五	—
外套	〇・〇一	—	四、一七一	四、一七一	—
靴下	〇・〇二	—	九、五三二	九、五三二	—
帽子	〇・〇〇五	円 —	戸 三三、三三七	三三、三三七	—
手袋	〇・九二〇	—	一、九九六	一、九九六	—
衣類	一・五〇〇	—	五、二九〇	五、二九〇	—
地下足袋	〇・四二〇	—	二〇、四六一	二〇、四六一	—
手拭タオル	二・一四〇	—	二一、四四七	二一、四四七	—
巻脚絆	〇・〇〇一	—	二一、一三七	二一、一三七	—
敷布	〇・〇〇二	—	七、〇八五	七、〇八五	—
風呂敷	〇・〇〇二	—	四、一七一	四、一七一	—
雑嚢	〇・〇〇二	—	九、五三二	九、五三二	—

品目	一戸当り配給数量	單價（円）	配給戸数（戸）	配給総数	金額（円）
枕覆 奉公袋	〇・〇〇二	―	一、一二五	一、一二五	―
ハンカチ 褌	〇・〇四〇	―	一、九五〇	一、九五〇	―
眞綿製品	一・二九〇	―	四六、七二六	六〇、三四二	―
計	八・四六〇	七九・四一	三六、八三二	四一七、八四六	一三、一七五、四六〇

生活必需品給與調（洪水による流失及び全壊分）（其の四）

品目	一戸当り配給数量	單價（円）	配給戸数（戸）	配給総数	金額（円）
鍋	〇・一〇	―	一、一二八	一、一二八	―
釜	〇・一〇	―	一、一二八	一、一二八	―
バケツ	〇・一〇	―	一、一二八	一、一二八	―
庖丁	〇・一〇	―	一、一二八	一、一二八	―
杓子	〇・一〇	―	一、一二八	一、一二八	―
飯盒、水筒	〇・三七	―	四二〇	四二〇	―
食器類	二・〇〇	―	一、一二八	二、二三六	―
障子紙	三・〇〇	―	一、一二八	三、三五四	―
石鹸	二・〇〇	―	一、一二八	二、二三六	―
ローソク	五・〇〇	―	一、一二八	五、五九〇	―
マッチ	五・〇〇	―	一、一二八	五、五九〇	―
和傘	二・〇〇	―	一、一二八	二、二三六	―
カーバイト	一・八〇	―	九九〇	(二〇)K 一、九八〇	―
カーバイトランプ	〇・九〇	―	九九〇	九九〇	―
計	二七・〇七	一九・六八	一、一二八	二八、三二四	五五九、〇〇〇

生活必需品給與調（洪水による半壊及び床上浸水分）（其の五）

品目	一戸当り配給数量	單價（円）	配給戸数（戸）	配給総数	金額（円）
鍋	〇・一一	―	五、二八二	五、二八二	―
釜	〇・一一	―	五、二八二	五、二八二	―

バケツ	〇・二二	ー	五、二八二	五、二八二	ー
庖丁	〇・二二	ー	五、二八二	五、二八二	ー
杓子	〇・二二	ー	五、二八二	五、二八二	ー
食器類	〇・〇六	ー	二、九八四	二、九八四	ー
障子紙	一・二六	ー	四六、七二六	五九、一四六	ー
石鹸	一・三五	ー	四六、七二六	六四、二六四	ー
ローソク	二・七九	ー	四六、七二六	一三〇、四一〇	ー
マッチ	五・三七	ー	四六、七二六	一五七、三一〇	ー
和傘	一・二三	ー	四六、七二六	五七、七六四	ー
計	一〇・六一	一八・六〇	四六、七二六	四九八、二八八	九、四一五、七五五

第七節　治安部の活動

一、救濟の中心と治安部

今次水害において、出水前後文字通り不眠不休の中心活動をつゞけたのは治安部である。特に罹災地における防水防護の狀況、地元消防團、水防團と協力して破堤防止に死闘を続け、人命救助及び難民收容には、自己の危險を顧慮せず、率先其の任に当り、或は急湍に棹さして食糧の配給、飲料水の補給に盡し、或は保健所々員と共に現地の保健衞生に活躍し、在住民の感謝の的となつた美談は、一々枚擧するに遑がない。

嚮に対策委員会の結成を見るや、治安部は先づ現地全域の警備應援、車輛、通信、治安の五項につきて担当し、差当り被害激甚なる地域に署員の增派を計劃し、幸手管內四十名、同栗橋へ十五名、杉戶に十名、岩槻に六名、吉川に三十五名、越ケ谷に十八名、加須に二十五名計百四十九名を本部より應援し、現地における犯罪取締、特に空巢覗の盜難を初め、配給品の横取り闇流し、漂流物資の隱匿、闇商人の横行、暴利取締等に協力せしめたのであつた。

又減水に連れて發生する傳染病の蔓延に対し、これが住宅敷地內及び井戶等の徹底的消毒、罹災民全般の予防接種等に対しては、地元各關係当事者と密接なる連絡を取り、協力一致以て成績の向上をはかつたのである。

猶憂慮されていた罹災地の犯罪状況は、出水の激甚と警戒の嚴重その効を奏し、九月十六日より二十三日に至る一週間内の摘発件数は左表の通りである。

記

署名	窃盗	詐偽	恐喝	傷害	漂流物横領
川口	五一件	一件	二件	—件	—件
越ヶ谷	一二	—	—	—	—
久喜	—	—	—	一	—
寄居	一	—	—	一	—
加須	三件	—件	—件	—件	—件
松山	一	—	—	—	一
深谷	六	—	—	—	—
計	七四	一	二	一	一

註　右表の中未報告の箇所あり、幸手管内には摘発件数も相当ある模様。大宮署管内では、二十日より二十三日迄、生産地のさつま芋やみ取締を断行したが、その結果悪農七十名、悪ブローカー二名を検挙し、さつま芋千五百貫、白米二百瓩押収した。

同日熊谷署管内でも、やみ取締を実施、主として日用品、障子紙等の摘発者十四名を算するに至つた。

其の他春日部署管内の集團窃盗の一味があり、直に手配した結果、被害を免れたが、総じて浸水のため、家財をそのまゝにして避難が多いだけに、こそ泥の横行が甚しかつたのは事実であつた。

二、検問所の設置と取締

警保局では、水害地における治安維持を嚴重取締る方針の下に、九月廿一日被災地及び隣接各縣に対し、内務省警保局長名を以て指令を発した。即ち

1. 漂流物や拾得物は、出來るだけ早く所有者に返すよう処理し、一般には之を励行するよう示達する。

2. 食料品その他の救援物資集積箇処の盗難防止につとめ、その不正受配を厳重に監視する。

3. 水害地帯の盗難頻発が予想されるので、当分の間刑事警察の重点に、その防止を集中する。

被害者の弱味につけ込み、生活物資の暴利行爲及び不当思惑取扱等の徹底的取締をする。

4. 配給品の横流し、價格の吊上げを図る不正商人の監視並に摘発をする。

右の指令に接した本縣警察部では、直に対策本部治安部に連絡し、廿二日から水害地に入る九箇所に検問所を設け無用の出入防止を図るとともに、災害地から盗品持出すものの取締を断行した。

因に検問所は次の八箇所であり、同実施期間中における犯罪発生検擧実績は左表の通りである。

1. 検問所々在地　（二二・九・二二開設）

警察署名	町村名	設置場所
加須管内	大越村	1. 大越村バス停留所 2. 大越村新道路十字路
岩槻管内	岩槻町 春日部町	1. 岩槻町、幸手町間の十字路 2. 春日部、杉戸両町間古利根橋
越ヶ谷管内	越ヶ谷町	1. 越ヶ谷新石一丁目吉川間縣道入口 2. 越ヶ谷町、出羽村境
羽生管内	三田ヶ谷村	1. 三田ヶ谷村蓮台前大越入口
久喜管内	幸手町	1. 幸手町、鷲宮間十字路
鳩ヶ谷管内	草加町	1. 草加町字手代橋の袂

備考　勤労者は二乃至三名にして、交替制を取り活動す。

2. 水害地における犯罪発生検擧狀況（其の一）

（刑事部長報告）

月日	発生・検挙	窃盗	傷害	漂流物横領	横領	計
自九月一三日至九月二二日	発生	八件	一	一	｜	一〇
	検挙	一件	一	一	｜	三
九月二三日	発生	二件	｜	｜	｜	二
	検挙	｜件	｜	｜	｜	｜
九月二四日	発生	三件	｜	｜	｜	三
	検挙	一件	｜	｜	｜	一
九月二五日	発生	五件	｜	｜	｜	五
	検挙	｜件	｜	｜	｜	｜
九月二六日	発生	四件	｜	｜	｜	四
	検挙	｜件	｜	｜	｜	｜
九月二七日	発生	四件	｜	｜	｜	四
	検挙	一件	｜	｜	｜	一
九月二八日	発生	一件	｜	｜	｜	一
	検挙	｜件	｜	｜	｜	｜
九月二九日	発生	三件	｜	一	｜	四
	検挙	｜件	｜	一	｜	一

水害地における犯罪発生検擧狀況（其の二）

月日	発生・検挙	窃盗	傷害	漂流物横領	横領	計
九月三〇日	発生	三件	｜	｜	｜	三
	検挙	一件	｜	｜	｜	一
十月二日	発生	｜件	｜	三	｜	三
	検挙	｜件	｜	三	｜	三
十月三日	発生	｜件	｜	｜	｜	｜
	検挙	一件	｜	｜	｜	一
十月四日	発生	｜件	｜	｜	｜	｜
	検挙	一件	｜	｜	｜	一
十月五日	発生	｜件	｜	｜	｜	｜
	検挙	二件	｜	｜	｜	二
十月十二日	発生	｜件	｜	八	｜	八
	検挙	｜件	一	八	｜	九
自一〇月一四日至一〇月二三日	発生	｜件	｜	二	一	三
	検挙	｜件	｜	二	一	三
計	発生	四三件	一	四	一	六九
	検挙	八件	二	二四	一	三五

備考　未曾有の罹災に、その艱苦欠乏筆紙に盡し難きに際し、身公僕たる存在を忘れ、不当にも罹災者救援米を窃に横領し、遂に検挙せられたる北葛農地委員長や、同じ北葛の農業会常務理事等のありしは苦々しき限りである。この事犯に対しては、刑事部長より氏名、年齢及び犯罪内容につき報告があつたが、事情により省略することにした。

三、主食暴利取締の強化

対策本部治安部では、水害地救援作業落着と共に、爾今罹災地区における警備に重点をおくことになり、九月二十六日縣管下各署に対し、次の方針をそれ〴〵傳達したのである。

1. 生活必需物資の販賣に当り、暴利をむさぼる不当價格、賣惜しみ、買占め等の不正行爲
2. 配給諸物資を操り、各関係機関の物資を横流しする等の不正行爲
3. 暴利を目的とするブローカー等の不正商人
4. 價格の吊上げをはかるための悪徳賣買の行爲

これ等闇行爲の跳梁に細心の注意を拂い、かくの如き不正の徒輩は断じて許容せず、極力摘発檢擧につとめ、一般被災民に不安を與えることなきよう、適宜の処置を講ぜられたき旨附加示達したのである。

因に当時の闇値の一端をあげて見ると次の通り。

1. 飲料水　一升瓶一本につき　五十円乃至六十円
2. 白米　一升につき　三百円乃至四百円
3. 握飯　一箇につき　五十円乃至六十円
4 梨　一箇につき　二十円乃至三十円
5. 蠟燭　一本につき　三十円
6. 薩摩藷　一貫匁につき　五十円乃至七十円
7. 渡船（南櫻井村より幸松村まで片道）　五十円乃至六十円

次に指令に接した各署の中、最も関係深刻な地は、何と云つても大宮市である。大宮署は、東京方面より縣內各地に繰込む買出し部隊の日々激増するに鑑み、次の如き対策方針を樹立し、生産地農家に対し、嚴重なる警告を発すると共に、管下一齊取締を拡大することになつた。即ち

1. 先づ生産地に対しては、市町村農業会を通じて、自発的に闇賣の抑制に努めるよう警告し、又買出人が脅迫行

爲に出た場合は、直に最寄の駐在所に連絡せしめ、又生産地の適宜の場所に、「水害地食糧事業窮迫による買出一切お断り」の掲示板を出させる。

2. 一般に対しては、自動車の停留場、電車、汽車の各駅等の掲示板を利用して、此の際の買出しは、「事情如何にかゝわらず断乎取締る」旨の掲示をなし、一般の協力を求める。

等の間接的手段を講ずると共に、直接取締については、縣警察部の大擧出動を得て、買出部隊の集結地に應援、趣旨の徹底を期することになつた。

因に指令に接した各署九月二十二日より同三十日に至る摘発状況は左記の通りである。

記

一、取締件数　三、八四五件　人員　三、八四五人

二、送局件数　二〇一件　人員　二〇一人

右の内訳

生産業者　一一四件　業者　二二件

ブローカー　一〇件　消費者　四三件

其他　一二件

三、対象物資

米　三、二三五瓩　取引価格一升　一五〇～二〇〇円　麦　六五一瓩　取引価格一升　一〇〇～一二〇円

甘藷　九、七一七貫　同一貫匁　四〇～六〇円　馬鈴薯　三六八貫　同一貫匁　六〇～八〇円

小麦粉　一三二瓩　不明　乾麺　五一九把　不明

第八節　教育部の活動

教育関係の罹災状況については、被害篇第十二章学校教育関係被害第一節において、詳細記述の通りであるが、被害校計百二十一校中、殆ど北葛、北埼二郡によつて占められており、全く利根決潰による犠牲である。これ等学童並に生徒の中には、着のみ着のまゝ、身一つ漸くのがれたものもあり、従つて教科書、学用品は勿論、登校服すらこと欠くものも可成見受けられた。学校教育当事者は、これ等罹災者二市八郡の家庭を調査し、衣服及び学校用品等の配分に活躍したが、その実施内容は、次表の通りであつた。

1.　学用品の受入状況調

学校教育課

月日	品目	数量	単価	金額	調達先
昭和二十二年十月十五日	鉛筆	八六、八四六本	一・五〇円	一三〇、二六九・〇〇円	埼玉文具商業協同組合
同　十一月二十日	学習用ノート(小)	三一、二四七冊	三・三〇	一〇三、一一五・一〇	同
同	同(中)	一三、〇四五	三・七五	四八、九一八・七五	同
同　十一月十日	消しゴム	四四、八五四ケ	一・三〇	五八、三一〇・二〇	同
同　十一月十五日	更紙	二六、八六六帖	千枚に付 一〇四・五二	三六、八四一・八九	加須町　笠茂商店
同　十一月二十日	クレオン	二三、九四三ケ	一四・〇〇	三三五、二〇二・〇〇	川越市　山崎寛一商店
同　十二月二日	絵具	一五、一六二	二五・〇〇	三七九、〇五〇・〇〇	
昭和二十三年一月十日	手提カバン	四、〇〇六	一〇六・〇〇	四二四、六三六・〇〇	埼玉鞄嚢配給所
同　二月十日	布靴(大)	一、八五〇足	五六・五〇	一〇四、五二五・〇〇	埼玉ゴム履物卸商業協同組合

月日	品目	数量	単価	金額	調達先
昭和二十三年二月十日	布靴（中）	二、七六一足	四一六・〇〇円	一、一四八、五七七・六〇円	埼玉ゴム履物卸商業協同組合
同	同（小）	一、七五一	三二八・〇〇	五七、四三二・八〇	同
同三月六日	学習用紙	五〇、一八五帖	三・〇〇	一五〇、五五五・〇〇	加須町 笠茂商店
同三月十日	学習用ノート（小）	四九、六一四冊	三・三〇	一六三、七二六・二〇	埼玉文具商業協同組合
同	同（中）	二一、二四九	三・七五	七九、六八三・七五	同
同五月十一日	鉛筆	七八、一四四本	一・五〇	一一七、二二六・〇〇	同
同五月二十日	尺度	四一、四四四ケ	九・〇〇	三七二、九九六・〇〇	同
昭和二十四年一月三日	ランドゼル	三、六一七	九三・五〇	三三八、一八九・五〇	同
同三月七日	コンパス	二九、二五四	三・一〇	九〇、六八七・四〇	
計				三、一〇六、二二二・一九	

2. 学用品配布状況調

学校教育課

品目／地方事務所別	鉛筆	ノート	消ゴム	更紙	クレオン	絵具	コンパス	ランドセル	手提鞄	布靴	学習用紙	モノサシ	計
北埼玉	二七、三七六本	二〇、〇三一冊	六、二九一ケ	七、三八三枚	三、八七九ケ	二、七八六ケ	四、九九七ケ	一、一八八ケ	一、一六七ケ	一、八一五足	九、三三五枚	七、二九四ケ	九三、五三二
埼葛	一〇六、五五八	六九、四三九	二八、七七五	二八、二一二	一四、九九六	八、七〇〇	一七、七四四	二、〇三九	二、五二四	三、九四八	三〇、四九四	二四、〇五八	三三七、四八七
北足立	六、六二四	二、四九一	二、〇一三	六八、九三八	七九八	四二九	九〇九	一六七	一〇一	一九九	一、五九二	一、一五八	八五、四一八
入間	三、七五六	二、八三九	八三九	一六、七八〇	四八〇	五一三	八〇〇	二〇	四六	五二	一、三〇〇	九九四	二八、四一八

比企	一〇、三〇八	六、七〇九	一、八五六	三、四七一	八四〇	七八〇	一、二八一	五四	四六	八六	二、一〇〇	一、六一九	二九、一五〇
秩父	八三八	一、六七六	四一九	—	二一五	二〇四	三一五	八	一三	二〇	五八一	四二一	四、七一〇
大里	六、七三三	六、九三四	二、五二八	—	一、四四三	一、一五〇	一、八五一	一三四	一〇五	二三六	二、四〇八	三、四六二	二六、九八四
児玉	一、〇〇八	三、五三一	一、三四九	—	七四五	四三一	八七六	四	—	二	一、五〇〇	一、六一〇	一一、〇五六
川口	一、三一三	一、〇二五	六一六	二、〇八二	四一七	一一四	三五八	—	二	二	六五八	六〇〇	七、一八七
熊谷	四七六	四八〇	一六九	—	一三〇	五六	一二三	三	二	二	二二七	二二八	一、八九六
計	一六四、九九〇	一一五、一五五	四四、八五四	一二六、八六六	二三、九四三	一五、一六二	二九、二五四	三、六一七	四、〇〇六	六、三六二	五〇、一八五	四一、四四四	六二五、八三八

第九節　会計部の活動

救済に復旧に、多額を要する資金の調達に、日夜苦闘した会計部々員の労苦は、将に知る人ぞ知るで、総じて影の功労は直接表だつたものより、稍々もすれば放置され勝のものである。

火急の際における物資の調達、運搬等に要する費用は実に想像以上の費用であり、「物があつても運搬ならず、運搬整つても物が手に入らず」と云つたことは、現地では常時であり乍ら、それが宛ら会計当事者の怠慢の如く想定されて一同涙をのんだことも屡々ある。

当時当部の活躍した経済部門も複雑多岐に亘つたが、便宜上次の如く分類して報告する。

1. 支拂関係について
2. 支拂資金調達について
3. 船借上げについて

4. トラック傭上げについて

5. 廳員の給食について

(1) 支拂関係について

現金支拂（自由支拂）は、当時制限中であつたので、多量の物資をしかも急速に手に入れ、救援に遺漏なきを期するためには、相当の困難を伴なうのは当然のことである。出來る丈け前渡金制度を活用して、即金拂に支障を來たさないようにし、一方財務当局にお願いして、極力封鎖支拂の枠を取外して貰うべく奔走した。

第一回の申請は、九月二十日臨時縣会で決定した予算、今次水害應急救援費二千万円の他、厚生課、衛生課、畜産課、土木課各関係の救済費用概算見積り額をそれ〳〵計上し、九月廿七日附大藏大臣宛願出たところ、同日附を以て東京財務局浦和地方部長より、別表の通り認可があり、かくて困難を重ねつゝ澁滯していた應急復旧工事や、罹災者救助の実績が着々向上していつたのは云う迄もない。

申請金額に対する認可額（二二・九・二七）

申請課所	申請金額	指定金額	率
厚生課	二七〇、七八六、〇〇〇円	二四、〇〇〇、〇〇〇円	〇・九%
衛生課	二四、八二三、六〇〇	一三、五〇〇、〇〇〇	〇・五
畜産課	二、七九七、〇〇〇	二、〇〇〇、〇〇〇	〇・七
土木工事関係	二三、五二一、七〇〇円	三、〇〇〇、〇〇〇円	〇・一三%
水害應急費	二〇、〇〇〇、〇〇〇	二〇、〇〇〇、〇〇〇	一・〇〇
計	三四〇、九四七、三〇〇	二六一、五〇〇、〇〇〇	〇・八二

備考　土木工事に対する解除割合の少いのは、正式予算決定後改めて申請することにし、今回は土俵使用の空俵買入等のみにとゞめたものである。

第二回の解除申請は、十一月廿五日附で、別表の如く願出でを行つたのである。

災害復旧費申請認可額（二二・一一・二五）

申請課所	申請金額	指定金額	率
災害対策費（土木課）	二二四、四〇二、三九三円	一一二、二〇一、一九六円	〇・五〇%
其の他土木事業費（土木課）	二二、六四七、七四九	八、一五〇、五一七	〇・三六
災害対策費（農務課）	四、〇九一　〇六五	一、八〇五、六一〇	〇・四四
同（耕地課）	一八〇、六〇三、五三五	二七、三二六、四一一	〇・一五
同（警務課）	五五二、〇〇〇	四四一、六〇〇	〇・八〇
同（通信課）	三、四〇七、五八七	二、一二一、二五四	〇・六二
其の他通信関係（通信課）	一、二五九、〇八二	六五九、六六一	〇・五二
災害対策費（学校教育課）	一〇、六五五、三四〇	一〇、六三七、四五九	〇・九九
同（砂利採取事務所）	七六〇、〇〇六	五三一、〇〇四	〇・七〇
計	四四八、三七八、七五七	一六三、八七五、七一二	〇・三六

其の後、各課別に申請せよとのことで、各課より、それ〴〵再申請があつたが、その中次表の如き自由支拂の承認があつた。

認可項目	申請金額	自由支拂指定額	率
土木工事費	二一五、五八六、八四七円	四四、六七〇、〇〇〇円	〇・二強%
内 災害復旧費	一九四、二四八、四六七	四〇、〇〇〇、〇〇〇	
内 災害應急費	二一、三三八、三七八	四、六七〇、〇〇〇	
砂利災害復旧費	二七〇、五六〇	一三五、〇〇〇	〇・五
内 採取船費	二四〇、五六〇	一二〇、〇〇〇	
内 舟修繕費	三〇、〇〇〇	一五、〇〇〇	

昭和二十三年一月十六日以降は、封鎖支拂解除となり、爾今自由支拂となり、非常に至便になつたのである。

(2) 支拂資金について

支拂資金の調達については、九月二十日縣会において議決された水害應急費二千万円は、埼玉銀行に交渉、日本銀行浦和事務所長の斡旋で、九月二十七日日歩一錢九厘の割で借入を了したのである。

ついで十月十八日、水害復旧費が同様縣会に上程され、三億円以内の一時借入が議決されたので、前記日本銀行浦和事務所に交渉の上、縣内銀行團の協力出資で話が纏まり、十月三十一日五千万円を日歩二錢の割で借入を見たのである。

因に融通せられた銀行名並に出資せられた金額は次表の通りである。

銀行名	融資金額	銀行名	融資金額
埼玉銀行	四〇、五〇〇、〇〇〇円	三菱銀行支店	一、〇〇〇、〇〇〇円
勧業銀行支店	二、五〇〇、〇〇〇	住友銀行支店	一、〇〇〇、〇〇〇
安田銀行支店	二、〇〇〇、〇〇〇	帝國銀行支店	五〇〇、〇〇〇
三和銀行支店	一、〇〇〇、〇〇〇	日本貯蓄銀行支店	五〇〇、〇〇〇
足利銀行支店	一、〇〇〇、〇〇〇	計	五〇、〇〇〇、〇〇〇

右表の一時借入金は、年末に近づいてから、地方分與税の配布や、災害救助概算補助等があつたので、左の如くそれぐ返済を了したのであつた。

十二月二十日　　二〇、〇〇〇、〇〇〇円　（九月廿七日借入金分）

十二月二十四日　五〇、〇〇〇、〇〇〇円　（十月卅一日借入金分）

(3)　船の借上げについて

石川会計部長が、水害当時船借上げについて、非常な苦心を拂つた記録を編纂室に寄せられたが、言々切々如何に当時焦躁苦慮に終始したかゞ覗われるのである。

舟についての詳細は第四編第二章第二節に詳細記入の通りであるが、会計部の活動により、九月廿一日既に進駐軍より六十八隻、隣接都縣より百〇二隻計百七十二隻の出動を見、当時の緊急救済並に連絡に威大な効果を納めたことは前述の通りである。

借用後の船の返還であるが、行衞不明の舟、破損に対する修繕は勿論、賃貸料、船夫謝礼等につき、進駐軍以外はそれ〴〵審議の上決定、大体舟の賃貸料は一日一隻宛三百円とし、船夫一人一日二百円の外、漁業組合に対しては、本縣知事より一々鄭重なる感謝狀を贈り、謝意を表することにしたのである。

(4) トラック傭上げについて

本廳において使用の分の傭上げは、すべて会計部で責任をもつことになつた。現有廳内のトラックは、全部を登錄の上活用することゝし、不足分については、各業者からの協力をまつことゝし、配車の計劃を樹てたのである。

先づ警察部交通保安課と密接なる連絡をとり、前日請求のあつた各課に配車することを原則とし、緊急を要するものも出來るだけ融通したのである。

特に救援用物資（食糧、衣料、薪炭、舟艇、衛生材料）の輸送に関しては、支障なきよう万全を期し、十月一ぱい多忙だつた車輛数も十一月に入り減退を示し、爾後各課において随時傭上げることにした。因に配車日表は次の通り。

月日	台数	月日	台数	月日	台数	月日	台数	月日	台数
九月・一八日	一台	九月・二七日	三五台	一〇月・六日	一五台	一〇月・一五日	八台	一〇月・二四日	五台
九・一九	五	九・二八	三一	一〇・七	一五	一〇・一六	一一	一〇・二五	五
九・二〇	一二	九・二九	三一	一〇・八	一四	一〇・一七	一二	一〇・二六	｜
九・二一	二〇	九・三〇	二七	一〇・九	二七	一〇・一八	六	一〇・二七	四
九・二二	二六	一〇・一	二九	一〇・一〇	一六	一〇・一九	三	一〇・二八	六
九・二三	二四	一〇・二	二六	一〇・一一	一〇	一〇・二〇	五	一〇・二九	二
九・二四	二〇	一〇・三	三二	一〇・一二	一〇	一〇・二一	三	一〇・三〇	四
九・二五	一八	一〇・四	二二	一〇・一三	八	一〇・二二	二	一〇・三一	三
九・二六	四〇	一〇・五	二三	一〇・一四	二三	一〇・二三	六	計	六四五

(5) 廳員の給食について

罹災地における難民の給食に苦心したと同様、廳内における待機態勢にある廳員の給食にも苦心した。即ち九月十五日午前中から、廳員一同緊張の中に執務中の所、午後に入り愈々悲報到來に、直接関係ある各部課は、徹宵勤務を開始したゝめ、部は食糧課と連絡を取り、夜食給與の準備をなし、当夜は約一斗五升に及ぶ麦粥を炊いて　待機廳員一五〇名に給食した。副食物としては漬物二、三片に過ぎなかつたが、誰しも喜んで食べて貰つた。

翌十六日悲報頻々と到着、現地に派遣される廳員に対し、携行せしむる食糧を斡旋することになり、食糧事情最悪の今日、これを調整することは困難ながら、一人につき米麦混合三日分、約一升、梅干三十粒、携帯用乾燥味噌粉三袋を給與して出発せしめ、一方廳員の徹宵勤務者及び交通杜絶のため帰宅不能の廳員に対し、食糧課と合議の結果、コッペパンを給することになり、一人一食二箇宛の外、夜間十二時を期し、夜食一箇宛とし、給食に遺漏なき努力をしたのである。

災害発生後十日間は、現地派遣廳員の食糧と、廳舎勤務廳員の食糧とを併せ給與した複雑な事情は、並々ならぬ煩しさであつたが、然し廳員が三度三度無味なコッペパン二箇で満足し、寝食を忘れての犠牲的活動には、罹災者と同甘共苦の精神に應えたものでなくて何であろう。

減水と共に派遣員、廳員も次第に其の数を減じ、災害発生後一箇月間続行せられた給食関係もこゝに幕を閉ぢた。

因に本廳関係の居残者数は次表の通り。

居残給食数調　九月分　三、六三六
　　　　　　　十月分　二、〇六〇　計五、六九六

月日	人員	月日	人員	月日	人員	月日	人員
九月・一五日	一五人	九月・一六日	一六人	九月・一七日	一九一人	九月・一八日	一八八人

月日	人員	月日	人員	月日	人員	月日	人員
九・一九	二四八	九・二六	二六六	一〇・三	二〇七	一〇・一〇	一二八
九・二〇	二二八	九・二七	二九八	一〇・四	一六五	一〇・一一	七六
九・二一	二五三	九・二八	一九九	一〇・五	一二四	一〇・一二	六三
九・二二	三一六	九・二九	三〇一	一〇・六	一五三	一〇・一三	一二七
九・二三	三一一	九・三〇	二二二	一〇・七	一八一	一〇・一四	七五
九・二四	二八三	一〇・一	二五二	一〇・八	一〇三	一〇・一五	四〇
九・二五	三〇一	一〇・二	二四六	一〇・九	一〇七	一〇・一六	一三

第一〇節　其の他

1. 水害に因る第一封鎖預金の現金支拂について

東京財務局浦和地方部長より標記の件につき、次の通り指示があつた。

記

一、拂出限定

(イ) 家屋流失及全壊者に対し　一人当り千　円　一世帯五千円

(ロ) 同　半壊者に対し　同　六百円　同　三千円

(ハ) 床上浸水者に対し　同　四百円　同　二千円

二、拂出期間　罹災後参ケ月以内

三、提出書類
罹災事実、罹災者数及び被害の程度に関する市町村長又は警察署長、その他之に準ずるものの証明書
備考 被害町村判明次第漸次追加指定の見込。

第三章 各出張所の活動

第一節 加須出張所

加須は岩槻と共に、最初に計劃した所で、当時派遣せられた職員は次の通りであつた。

所長 三角社会教育課長、後半は飯塚刑事課長
所員 第一次 田沢、内田、檜山、高橋 箕輪
第二次 米山、北山、野口、猪塚、池田、福田、浅見、木村、加藤、根岸
第三次 箕輪、米山、高橋、清水、浅見、木村、小山、加藤
期間 自九月一七日至一〇月三一日
期間中活動したる事務内容は大体次の通りである。

記

九月十九日午後四時三十分熊谷進駐軍部隊ヂープ一台視察のため來署、所員の案内により現場視察、ついで三俣、大桑、豊野の三箇村を視察し、罹災者より状況聴取し、今夜より食糧、薬、日用品の補給につき、出來るだけ援助す

る旨口約せられた。

猶本日午後警視廳より、助田警部以下警官二十名救援助力のため來須したるを以て、直に大越勤務地に案内す。宿舎の件万事準備完了。

救護所設置の必要あり、差当り加須、不動岡両町にそれ〴〵準備、収容人員三、四〇〇名は大丈夫の見込である。

大越行食糧（コッペパン）一万食を満載して到着した自動車、不幸加須において故障を起し、前進不能、積載コッペパンの腐敗を懸念、取敢えず当地一帯の罹災者に臨時配給に変更、更に二、〇〇〇食分は、大桑村に廻送した。

九月二十日午後五時、三角社会教育課長外七名は、大越出張所勤務となり、直に赴任事務を開始す。

本日熊谷より天幕三十四張、羽生より軽油六〇〇立を受領す。内四〇〇立は加須出張所々有とす。

次の救援物資を要望する電報を本部に連絡す。

(イ) 毛布　各町村單位五〇〇枚宛計二、五〇〇枚
(ロ) 燐寸　十箇入包五〇〇箱　一町村に対し一〇〇箱の予定
(ハ) 蠟燭　一〇、〇〇〇本　同　二、〇〇〇本の割
(ニ) 塵紙　一〇〇締　同　二〇締の割
(ホ) 石油　一、〇〇〇立
(ヘ) 石鹸　四、〇〇〇箇　同　八〇〇箇宛の予定
(ト) 地下足袋　四、〇〇〇足
(チ) 手拭　一〇、〇〇〇本　同　二、〇〇〇枚の予定

本日トラック二台到着、要望の毛布、燐寸、蠟燭、懐中電灯等到着したるも、衛生材料未着、直に連絡す。

九月二十一日午前十時、宮内府救護班加須出張所に到着し、直に救護に従事せられた。
九月二十二日、本日収扱いたる食糧は次の通り。
(イ) コッペパン　一一、一五〇食
(ロ) 甘藷　七〇俵
(ハ) 石油　一石一斗
(ニ) 梅干　三六樽
(ホ) 粉味噌　八三五箱
備考　送状に八五〇箱と記載の粉味噌一五箱不足のまゝ到着す。
九月二十三日、本日配給せる食糧並に日用品は次の通りなるが、送附証と現物と一致せざるものがある。
(イ) コッペパン　四、二五〇食
(ロ) 薪　二〇〇束（三俣村、大桑村各一〇〇宛）
(ハ) タオル　三、九四〇本（送附証と六〇本不足）
(ニ) 煙草　六〇、〇〇〇箇
(ホ) 地下足袋　九九四足（送附証と六足不足）
(ヘ) 石鹸　二四六箇
猶本月二十五日分の食糧一万食（但し元和村五一九戸を含む）マッチ七　五〇〇箱、蠟燭一五、〇〇〇本、煉乳一〇〇〇人分（至急）DDT四、〇〇〇戸分、薪一〇、〇〇〇束　野菜一〇、〇〇〇人分、味噌、醬油一五、〇〇〇人要請す。

九月二十四日、午後三時加須管下鴻巣町において、町村長会議を開催し、食糧対策並に減水後における田畑の処置につき協議す。

又豊野村役場においても、罹災町村長（樋遣川、水深、大桑、三俣、豊野、不動岡）の招集があり、向後の食糧配給を、正常の軌道に乗せるため、要配人口を至急調査し、食糧営團と連絡の上、早急正常配給の復活を協議したのである。

九月廿五日、管下の一般状況に関し、大体次の如き報告を行つたのである。

豊野村は猶四十五戸程浸水家屋があるが、加須を初め樋遣川、三俣、大桑、水深、不動岡は全部減退した。猶元和村のみは床上四百、床下六十戸ありて、一日漸く二寸程度の減水で、当分復帰の見込がたゝない。

本日救済物資の受拂状況は次の通りである。

(イ)衣　料　受一件　天幕五〇張、拂二件　七十一枚

(ロ)食　料　受なし、拂三一、五七〇食分（昨日の残）

(ハ)日用品　受なし、拂四件一、二五六点（三箱分）

九月二十六日、降雨のため、今朝豊野、元和両村方面の水位は、一尺弱の増水を示している。

本日豊野村役場において協議せる加須町行政区町村長の要望事項は、大体次の如きものであつた。

(イ)栗橋方面の罹災地には、それぐ毛布の配給があつたが、北埼罹災地区にも同様手配せられたい。

(ロ)破損家屋修理資材を至急配送せられたい。

(ハ)野菜特に青物を配送せられたい。

(ニ)要收容所は目下交渉中なるも、家族の受入狀態は大体五百名位迄可能ならん。

(ホ)　二十七日分の乾パンは大体八、〇〇〇箇送附せられたい。

本日到着せる救済物資は、大体次の通りである。

(イ)　鰊　　　五二梱（二一八貫四〇〇匁）（埼・水共同組合より）

(ロ)　味噌漬　一本、佃煮四〇〇箱、梅干二〇箱

右の到着物資に対し、早速関係箇所へそれ〴〵配給した。内容は次の通りである。

(イ)　鰊　　　　二一八貫四〇〇匁（本日到着分全部配給）

(ロ)　コッペパン　九、一五〇食

(ハ)　副　食　品　佃煮二四〇箱、梅干二〇箱

(ニ)　乳児用品　粉乳一、二九六磅、砂糖三二四斤

(ホ)　野　　菜　南瓜三七俵、馬鈴薯七俵、甘藷五俵

九月二十七日、本日管内八ヶ町村の水位は減水の状態にあり、元和村は大約五寸減位にて、猶四三〇戸の浸水家屋がある。

本日到着せる救済物資は次の通り。

(イ)　コッペパン　五、七五〇食　行田町より廻送

(ロ)　南　　瓜　五二俵　北本宿村より

(ハ)　薪　　　　二五〇束　熊谷燃料組合より

(ニ)　蒲　　團　一、六〇〇枚　縣厚生課より

本日本部に対し、各出張所は次の要望をなす。

(イ) 物資輸送自動車用ガソリン一、〇〇〇立至急送附のこと。
(ロ) 馬糧一、五〇〇頭分至急配給せられたきこと。
(ハ) 野菜特に青物配給せられたきこと、管内一般要望。
(ニ) 食塩、味噌、醤油、梅干等を配給せられたし。
(ホ) 地下足袋を罹災世帯全部に渡るよう配給せられたし。
(ヘ) 避難者の收容所は自村内に建設せられたし。

本日当出張所勤務者として派遣せられたものは、保健課北山茂、厚生課高橋栄の二名にて、現在員は所長以下八名となる。

九月廿八日、管内八箇町村の浸水状況は次の通り

元和村は床上三五〇戸、床下五〇戸、東村は四〇〇戸、原道村は三九〇戸、床下六〇戸、川辺村は四〇戸、床下八〇戸、大桑村では床上一六戸、床下二〇戸、利島、豊野両村は床上一戸もなく、床下に数軒残すのみとなつた。目下水深最高は東村の一〇尺位である。

九月三十日、降雨のため、元和村の水位約二尺上昇、現在浸水床上四六〇戸、床下一九戸に及び、壁崩壊再度惨状を呈している。

大利根決潰口修復に要する空俵八万枚の中、內務省より三万枚補給があつたから、残り五万枚至急配送方懇請あり右工事は十月十五日までに完成の予定である。

死体焼却用薪一五〇束（一人三〇束五人分）至急手配されたし。嚮に送附せられたる薪は、一般用として配給完了現在一束もなし。

本日到着したる救済物資は次の通り。

(イ)　コツペパン　二、八五八食分（元和村行）

(ロ)　調味料味噌　八箱

(ハ)　副食用佃煮　五・二貫（二十六箱）

(ニ)　其の他　北埼笠原村より野菜三三八貫、衣料四〇七点、梅干二樽、日用品一梱、古雑誌等の慰問品あり

本日配給したる物資次の通り

(イ)　第一次應急物資三、七五六点の配給完了。

内訳　蠟燭八、〇〇〇本、マツチ九、五〇〇箱、石鹼二、八八〇箇

十月二日、本日元和村における浸水狀況は、毎日二寸程度に減水している。

本日配給せる物資は、コツペパン五、三八〇食、押麦七〇俵にして、外に加須町笠茂商店より寄贈の雨合羽三八〇枚である。

炊事用の薪要望切なるものがある。至急手配せられたし。

十月三日、元和村は全戸無燈火、夜中不便につき、石油一戸当り一合宛手配せられたし、猶主食配給に関しては元和村を除く二町五箇村は、正常配給に改めること。

本日茨城縣猿島郡鹿取村前林靑年團員十名は、小舟を操縦し、握飯五〇〇食、甘藷一二〇貫、野菜一八貫を満載し全部元和村々民に対し、懇篤なる慰問の言葉とともに、見舞品として贈呈した。

本日到着せる配給物資は次表の通り

(イ) 死体処理用薪　三〇〇束（加須燃料組合より）
(ロ) ララ物資　衣料　四三梱　石鹸三〇箱、乾パン五〇梱
(ハ) 佃　煮　三一箱（食糧営團より）
(ニ) 地下足袋　二、〇〇〇足（厚生課より）
(ホ) 釜　八〇〇箇（同　）

本日コッペパン五、九〇〇食分、白米二五俵を元和村に送る。

本日礼羽村愛泉寮岡安縣会議員より、左記金品の見舞方につき申出であり、即日被災村に贈呈したが、その内訳は次表の通りである。

記

村名	見舞金額	スープ	牛乳	衣料	野菜
東村	五、〇〇〇円	一〇升	五升	若干	ー貫
大越村	二、〇〇〇	ー	ー	ー	ー
樋遣川村	五、〇〇〇	ー	ー	ー	ー
原道村	五、〇〇〇	ー	ー	ー	ー
利島村	五、〇〇〇	一〇	五	ー	四〇
川辺村	五、〇〇〇	ー	ー	ー	ー
元和村	三、〇〇〇	ー	ー	ー	ー

註　右以外の各町村警防團員に地下足袋三〇〇足、ゴム長十五足の寄贈があつた外、九月十八日以降毎日牛乳一斗五升、スープ八升宛各町村の病人用として無償供給方の申入があつた。

十月四日、本日次の救済物資を配給す。
(イ) 主　食　乾パン五〇袋（元和村）コッペパン五、三六二食
(ロ) 野　菜　南瓜一七俵、馬鈴薯八俵
(ハ) 副食品　佃煮三一箱
(ニ) 其の他　衣類、日用品、雑貨取交ぜ八俵

第二節　大越出張所

1. 所員の活動状況

大越村に対策本部出張所を開設して以來、約五十有余日、その間文字通り血みどろの死闘を繰りひろげた、わが北埼地方事務所員、それは決して過言ではない。

九月十五日悲報頻々として到着、巷間物情騷然、久沢地方事務所長以下所員一同帰宅もせず待機の態勢である。

夜八時半頃大井村小学校南方の荒川堤防決潰、濁水滔々として忍町指して押寄せてくる報告を接受す。下忍村の被害を想起して、直に炊出の準備にうつる。

この頃管内の電話殆んど不通、たゞ利根川の安否が氣遣われ、特に川辺領一帯が心配された。事前対策が必要とあつて、石井総務課長を指揮者とし、所員数名自轉車隊を組織し、急遽現場視察に出発した。

一方佐伯厚生課長は所員数名を引具し、トラック二台に救援食糧を満載して、下忍一帯を難行し、現地の青年團、消防團に一切を委ねて帰所した。

午後五時頃嚮に特派した石井課長の一行は、悲壮の面持で帰所した。大利根の決潰、東、原道を初め元和、豊野、大桑方面は水沒し、又渡良瀬川決潰し、川辺、利島両村も同様水沒、被害の程度全く計り難く、死傷算なしとのこと又加須方面に特派した箕輪蚕糸課長も帰所、ここに洪水の大要を知ることが出來たので、急遽所長室に対策協議会を開き、救済に関する應急対策につき協議をすゝめた。

先づ本事務所に、北埼玉水害対策本部を急設し、部長に久沢所長を推薦し、加須及び大越にそれ〴〵出張所をおき箕輪、佐伯両課長を所長とし、所員には各課よりそれ〴〵選出の上、早急事務を開始することになつた。

九月十七日開設の大越出張所の陣容は次の通り。

記

北埼玉水害対策本部大越出張所　長　厚生課　佐伯課長
同　所員　山田主事
飯野囑託、渡辺囑託
杉山視学、島村
木村、春山

この日急を訴う代表者頻りに往來、急を要する場合須臾も躊躇を赦さず、コツペパン三千食分に蒲團其の他を二台のトラツクに満載の上、羽生町を一路原道村指して驀進、大越村公会堂を出張所に指定し、直に事務を開始した。

即ち村の首脳部と連絡、警防、青年各團の労力奉仕、運搬用の舟艇、食料、飲料水の分配、難民の避難收容所、保健衛生の問題等、これが解決に、東奔西走の形であつた。

日も経つに連れ、救援活動も漸く軌道に乗り、縣対策本部よりも続々要員來所し、公会堂は救済の中枢となり、附近の民家を初め社寺等要員の仮宿泊所に代用せられ、宛ら往時の戰鬪司令部の感を抱かせた。殊に救援用の食料、雑貨復旧工事の資材を満載せるトラックは、蜿蜒長蛇の如く続き、一方各地よりの見舞客陸続と殺到、これが應接に案内に所員の苦労一方ならず、中には食事もとらず、右往左往殆んど席のあたゝまる暇もなかつた程であつた。

さて今日まで出張所内外の事務は、一切北埼玉地方事務所々員の涙ぐましき活動によつて続けられたが、縣救援対策本部より、大越出張所の開設を見たるを以て、こゝに両者合体の上、新に出張所々員のメンバーを改編し、出発することになつた。

記

埼玉縣水害救援対策本部大越出張所　自 九・二四　至一〇・二

所長	縣社会教育課長	三角嘉裕
所員	総務	立岡、天笠、大沢
同	出納	春日、飯野
同	給水	渡辺、田部井、五月女
同	現地	佐藤、篠崎、渡辺、島村、細村、杉山、山田、石井
同	収容所	須崎、大沢、小菅、沼上、栗原
同	宿泊	佐藤、篠崎、水野、長山、針ケ谷、春山、石井、渡辺、小内、奥野、原田、須永、飯野
同	輸送	原田、保永

然しこのメンバーも十月三日更に改編され、十月四日より更に総指揮として、久沢北埼玉事務所長が当り、副所長

として、同所総務課長石井氏、厚生課長佐伯氏が担当することに決定、所属員を別表の如く任命したのである。

記

水害対策本部大越出張所　自一〇・三　至一〇・三一

所長　北埼玉地方事務所長　久沢実因
副所長　同　厚生課長　佐伯常盛
同　同　総務課長　石井秋義
所員　総務　館岡、天笠、秋本、佐伯、石井、須永
出納　飯野、春山
物品　針ヶ谷、吉川、長山、奥野、細井
現地　鈴木、渡辺、山田、細村、杉山、石井、小内
給水車　五月女、島村
輸送　田野井、保永
収容所　川辺、大沢、栗原、沼上、小菅
宿泊　島村、細井

猶期間中活動の主なるもの二、三につき摘録して見よう。

い、大越収容所設置状況について

大越収容所は九月十七日開設し、十月二十七日閉鎖した。その状況は次の通りである。

九月十六日、午後三時、原道村罹災者数十名堤防上に悲惨な生活をしているので、大越村救援会中島房雄書記の誘

導により來村し、大越小学校に收容したのが開所の初まりである。收容者五十一名。

九月十七日、大越村公会堂に水害対策本部大越出張所を設置し、收容所に関する事務を開始す。

九月十八日、午後二時國立病院鈴木医官外医員、從事婦計十三名來村、直に治療を開始、又済生会よりも医員外十名來村、同樣治療を開始され、一同感銘す。

九月二十日、本日より大越村大乘院を代用收容所に充当し、三十八日間延一、四四〇名を收容す。

九月二十一日、午前九時罹災者收容所の大消毒を行い、同時に環境の整理を実施する。

午後零時四十分、天皇陛下御來臨、罹災者收容所を御視察遊ばされ、慰問並に激励のお言葉があつた。

九月二十八日、大越出張所收容人員は六百五十八名である。本日民家浴場を開放して、全員入浴せしめた。この日須賀村女子青年團十二名、三田ヶ谷青年團三名の奉仕があり、加須町理髪組合奉仕隊員二十四名來村、大越收容所へ十名、利根川堤防避難所へ十四名分散奉仕した。

九月二十九日、本日收容人員五百八十名
九月　三十　日、同　　樣五百五十八名
本日三田ヶ谷青年團三名、川俣村女子青年團九名奉仕す。

十月一日、本日收容人員は計五百五十一名
猶本日三田ヶ谷青年團員三名、須影村女子青年團員十二名來村奉仕す。

十月二日、收容所現在員五百三十八名（內一名下痢患者）

猶收容所は漸次減水と共に、次第に自家に復帰しつゝあり。埼玉村女子青年團十名來所奉仕す。

十月三日、收容所現在員五百三十八名（內三名下痢患者）

星宮、中條各女子青年團四名宛來所奉仕す。

十月四日、收容所現在員五百十七名（內一名下痢患者）

荒木、須加村両女子青年團より各五名宛來所奉仕す。

十月五日、收容所現在員四百九十三名（內十名下痢患者）で、內訳元和村二十五名、東村二十七名、原道村四百四十一名である。

十月六日、收容現在員四百五十名。

十月十日、忍南部青年團員六名來所、幻燈慰安会を行う。

十月十一日、收容人員九十七世帶、四百十名、內訳原道村の八十六世帶、三百八十三名、東村四世帶八名、元和村七世帶の十九名である。

十月十三日、本日の人員九十三世帶四百二名、內訳原道村八十二世帶三百七十六名、東村四世帶七名、元和村七世帶十九名である。

十月十四日、本日の人員八十八世帶三百七十六名、內訳原道村七十九世帶三百五十三名、東村三世帶六名、元和村六世帶十七名である。

十月十五日、本日患者二名、原道村坂田富士松外二名轉出、廣田村女子青年團七名來村奉仕す。

猶從來收容者食事は、朝パン食、晝夜は普通食であつたが、十七日よりは三食とも普通食に変更の予定。

十月十六日、收容者八十三世帶三百六十七名、原道村七十五世帶三百四十八名、東村二世帶三名、元和村六世帶十六名である。

十月十七日、收容者八十世帶三百五十二名原道村三世帶復帰す。

十月十九日、収容者七十八世帯三百四十二名、原道、元和各村より一世帯宛自家復帰、本日患者二名、中一名疫痢のため三田ケ谷村隔離病舎に収容す。

十月二十日、収容人員七十世帯三百三十六名。

十月二十一日、収容人員は七十四世帯三百三十三名、内訳原道村七〇世帯三百二十三名、東村一世帯三名、元和村三世帯七名。

十月二十五日、収容人員七十三世帯三百二十名、内訳原道村六十七世帯三百十名、東村二世帯三名、元和村四世帯七名の割である。

十月二十六日、収容人員五十世帯二百三十四名、内訳原道村四十七世帯二百二十四名、東村一世帯三名、元和村二世帯七名。

十月二十七日、本日大越収容所解散し、各村に急設せる應急バラックに移轉の予定、分散内訳は次の通り。

原道村	三十四世帯	百八十名
元和村	二世帯	七名
東村	一世帯	三名
大越村	一三世帯（原道村の一部）	四十四名
計		二百三十四名

猶当出張所において、現地避難所の急設は前記大越村を初め、三俣、利島、元和、川辺、原道、東等であるが、これが設置期間及び収容人員は左表の通りである。

い、避難所設置状況調

設置場所		設置期間	日数	収容人員
三俣村	愛宕神社	自九月十六日 至同二十一日	六日	一四四人
	堀江専一宅	同	六	三八
	熊田三郎宅	同	六	二四
	平井壽雄宅	同	六	四六
利島村	飯積	自九月十五日 至同二十五日	一〇	四八七
	麦倉	自九月十五日 至同二十八日	一三	二八六
	麦倉	同	一〇	六〇〇
	柳生	自九月十五日 至同十三日	一五	六七〇
	柳生新田	同	一五	九〇
大越村	大乗院	自九月二十日 至十月二十七日	三八	一、四四〇
元和村	北平野	自九月十六日 至十月二十五日	四〇日	九〇人
	北下新井	同	四〇	六〇
	堤外不用堤	同	四〇	一六八
	琴寄新田堤	同	四〇	一五〇
	琴寄横沼神社	同	四〇	五二
	小林雄阿磨宅	同	四〇	一四八
川辺村	渡良瀬川堤上	自九月十六日 至十月三日	一八	一二八
	古河町小学校	同	一八	二五〇
	古河中学校	同	一八	九〇
原道村		自九月十六日 至十月二日	二七	一〇七
東村		自九月十六日 至同三十日	一五	二、七〇〇

ろ、仮設住宅設置状況調

設置場所	戸数	人員
東村新川通	一三二戸	七九七人
東村中渡	二四戸	一四三人

東村	旗井	七四	四四八	利島村	麦倉堤防	一〇	四七
原道村	砂山	四八	二八六	同	柳生	九	五五
同	細間	二四	一四六	元和村	北平野	一九	一〇五
川辺村	渡良瀬川堤防	一五〇	七五〇	同	北下新井	六〇	五九四
利島村	麦倉	一二	六三	大桑村	役場前	八	三六

は、飲料水の配給狀況について

濁流氾濫のため、井戸は殆ど使用不能に陥つた現地の給水は、食糧と共に苦心した所である。中にも利根口、東、原道、元和の三村渡良瀬口川辺、利島両村の給水には、輸送舟艇入手困難のため、最も苦心を重ねたものである。

左にその概況を記載して見よう。

㈠　東　村

全村民着のみ着のまゝで、堤防へと難を避けたが、翌十六日は快晴、漸く我に還つた時は頻りと渇を覚えた。幸、村の東北寄りの一角旗井地区内（栗橋省線寄りの高地）に二ケ所使用出來る井戸があつて、兎に角十六、十七の両日だけは代用ビール瓶桶甚しきは茶碗等を持つて、汲とり又は飲用する等、急場を凌ぎ乍ら只管救援を待つたものである。

然し乍ら十六日午後より、対岸茨城縣猿島郡新郷村方面より、親戚知巳等の見舞が続々來訪し、握飯及び飲料水が届けられた、これは日光街道栗橋鉄橋が通行可能だつたゝめである。

九月二十五日に至り、進駐軍の好意で、濾過器三台を運轉して、飲料水の確保につとめたが、操作未熟のため充分その効果を納めずに終つた。

九月十七日以來大越村に、水害救援対策支部が設置され、爾來救援も強力に展開されたが、決潰口を分水嶺として救援の手が届かず、災害の当初二十日頃までは、救助の大半は、対岸茨城縣に負う所が多かつたのである。即ち決潰口より新支流に流入する水勢頗る急にして、舟運の便全く失われた点と、輸送用の舟艇が全然入手出來なかつたのがその主なる原因を招來したのである。

九月二十日以降は、大越出張所より続々舟艇による飲料水の搬送があり、物資の調達も漸次活潑になり、漸く愁眉を開いたのである。

㈢ 元 和 村

本村は東村の南部に位置し、主流が村の中央を貫き、幸手町方面に指向し、全村濁流に埋沒し去つたが、唯流水の速度が東村の如く急ならず、頗る緩慢なりしことゝ、もう一つ本村の四辺に比較的高地があつたゝめ、難民は何れも高地又は親戚知己に救助を求めたのであつた。

飲料水の配給狀態は、当時全然方針たゝず、一両日中は所謂飲まず食わずの実情におかれたものが多かつた。然し男子は個別に小型の空瓶等を、板又は急造筏等にのせて、高地の井戸を頼り、飯料水の確保に大童であつた。

本村に対し、集團的組織的の救援がとゞき初めたのは、十九日頃からのことで、爾後は大越出張所より飲料水の途が開かれ、一方加須町にも出張所の開設を見たので、背後よりも救援の手がうたれ、漸く飲料水も生活の軌道にのつて來たが、一時は言語に盡し得ない難澁をくり返した。

㈢ 原 道 村

本村は東村決潰箇所利根右岸大越村よりの村邑であるが、出水來と同時に村民は、利根堤防村の高地砂原等に難をさけて蝟集し、翌十六日は近接の大越村救援会の義俠により飲料水の供給をうけ、又大越村に親戚知己を有するものは、同村を頼つてなだれ込み、救助を受けるに致つたが、大越出張所開設後の十七日以降は、同出張所の好意により消防車二台による飲料水の配與をうけ、他村に比較しさまで難儀をしなかつた。

㈣ 利島村

本村は隣村川辺の西端で、利根川と村の北境を流れる谷田川に囲繞され、川辺村と同程度の低地に位置している。十五日夜半渡良瀬川決潰と共に、濁流滔々として川辺村を一瞬にして埋沒、続いて本村も又濁水の洗礼をうけた。十六日村の救援会は、小舟又は筏を編み、村内を巡回して飲料水の補給を行つた。

本村は、往時より幾多水災の苦杯を嘗めた土地であり、従つて村民も災害に処する体験を有する所から、平素の用意も充分覚悟され、外部の救助もさる事乍ら、自力の活動にも実に目覚しきものが多々あつた。

㈤ 川辺村

村の東北境を流るゝ渡良瀬川氾濫し、遂に三國橋たもと決潰、濁流氾濫須臾にして湖底化した村民は難を渡良瀬堤防に避けた。

出水と同時に対岸茨城縣古河町では、町当局を初め各種團体、学校生徒に至るまで、打つて一丸、救援の手をひろげ当時村民感激の的だつたのである。

本村は隣村利島村と等しく、往時より水災地としての苦難を重ね、水災に対しては物心両面に対し常備を忘れず、低濕地に生活する本村民は、湖沼河濠による漁撈生活者も多数あつた土地である。今回の出水にも幾多の体験を生かし、周章狼狽せず、飲料水の如きも逸早く対岸古河町より救援の手が延べられていた。

に、救援食料及び物資の配給状況について

九月十九日、コッペパン給食状況は左記の通り。

大桑村	一、八〇〇	豊野村	七〇〇
元和村	七〇〇	三俣村	八〇〇
水深村	七〇〇	不動岡町	六〇〇

聯合軍第一騎兵第一野砲隊、豊野、三俣両村を視察し、若干の食料並に日用品を見舞として贈らる。
九月二十一日、本日昨日に引続き予防接種執行約二〇、〇〇〇人の予定、猶次の件要請す。
雨合羽不足のため、降雨時の作業困難につき、至急一〇〇人分送附下されたし。
当倉庫と事務所との距離約一里ありて、物資の輸送にトラック運轉中なるも、ガソリン不足のため意の如くならず
軽油三罐至急手配下されたし。
本日主食として、コッペパン一〇、〇〇〇食、白米十俵、麦六十俵到着したるを以て、直に配給計劃をなす。
九月二十二日、本日までに受入たるコッペパンは、累計三九、六八四食である。
堤防上の避難民は、漸次自炊を希望しているゆえ、米麦、野菜、味噌、醤油、薪、炊事用具等約五、〇〇〇人分を
対照に考慮下されたい。
堤上罹災民の仮住宅に至急電燈の設備を手配せられたい。猶毛布一、〇〇〇枚厚生課より配給ありしも、現在の罹
災者に比較して甚だ不足している。
應援の舟艇は、目下進駐軍鉄舟五隻、神奈川縣一〇隻借上げ三隻である。（元和村は加須よりトラック通行可能）
大越出張所は、川辺、利島、原道、東、元和の五ケ村である。
九月二十四日、利根川決潰箇所を見物の目的で來往する者が、このごろ頓に多くなつたから、関係箇所へそれ〴〵

示達の上、とも〲取締に善処したい。

決潰口工事者の間組、鹿島組に対する、食糧の配給に関し、何等かの指示を願いたい。

罹災者に対する衣料、寝具並に日用品は、罹災者とにらみ合せ相当数を必要とす。殊に昨今夜中の寒さはこらえ難きものあり、本日庶務課長來所したるを以て、充分懇請しおきたるも、猶一應連絡しておく。

本日受領したる救済物資は次の通り。

天幕	五〇張	藁蒲團	二九枚
日用品(各種)	三、六六〇点	炊事用鍋釜	六二点
食器類	四、一八五箇	塵紙	九箱
雑品	四、〇〇〇点	コッペパン(昨日の殘を入れて)	五八、〇三〇食

右の中二五、九〇〇食分を本日拂出す

九月二十五日、本所管下全村より、次の如き要望あり。

1. 決潰箇所締切工事の促進を図ること
2. 排水機の應急修理(特に川辺村は急を要す)
3. 食糧の全村配給実施(川辺村)
4. 流失、倒壊家屋に対する資材の緊急調達及見込
5. 衣類、毛布等の配給、各五、〇〇〇点宛
6. 石油二〇〇ガロン、蠟燭五、〇〇〇本の特配
7. 井戸消毒用晒粉八五〇世帯分の特配

8. 洗眼薬八五〇世帯人分の特配
9. 秋蒔用の野菜種子調達斡旋
10 等の調達斡旋

右に対する要望につきては、速に罹災家屋を調査し、これが配給適正表を作成の上提出せられたき旨、本部より指令す。

九月二十四日現在赤痢患者五名発生、村の隔離病舎に収容、東京第一病院出張所員の診断を受け治療中である。

本日の救済物資受拂状況は次の通り

1. 衣　類　七二点　大越収容所原道村へ
2. 日用品　一、二五六箇　同川辺村外五ケ所へ
3. コッペパン　三一、五七〇食　罹災地全部へ

（本日衣料五〇点入荷せるのみ）

九月二十六日、本日救済物資の受拂状況は次の通り。

1. 食糧関係

品名	受領数	繰越数	計	配給数	残数	備考
米	五八俵	五七俵	一一五俵	八四俵	三一俵	全災害地区に配分す
麦	六〇	二二八	二八八	一三〇	一五八	

2. 衣料関係

品名	受領数	繰越数	合計	配給数	残数	備考
携帯天幕	二〇張	三〇張	五〇張	三〇張	二〇張	原道、東、利島、川辺、元和各村に六張宛
同張幕	―	二八	二八	二八	―	
藁蒲團	―枚	二九枚	二九枚	二九枚	―枚	大越収容所に配給す

神奈川縣より應援の舟艇十隻本日引揚げ、代つて九隻船夫十一名來越直に就役す。

二十六日現在、管下各村の罹災概況は次の通り。

村名	罹災家屋 戸数	人口	流失	倒壊	人的損害 死亡	行方不明	罹災者分散状況
利島村	八三〇戸	四、九〇三人	五戸	四一戸 (半)一三一	四人	―人	利島小、中学校に一五〇名 其他柳生、麦倉、飯積堤防上に避難しあり。
利島村	六二五	四、〇一二	四二	一五〇	六	―	川辺村堤防上に二、〇〇〇戸一、〇〇〇名生活す 縣外七〇戸三五〇名 水中三五六戸二、六五〇名 川辺村小学校二五五名 対岸古河小学校九五名
東村	―	二、七八〇	八〇	四〇〇	三	―	利根川堤防上五三〇戸二、九一四名 (右は元和、利島村民を含めて)
原道村	五四七	三、三八〇	三三	一六	―	三	寺院収容所 一九三名 神社収容所 一一六名 砂山収容所 一〇七名

村名	罹災家屋				人的損害		罹災者分散状況
	戸数	人口	流失	倒壊	死亡	行方不明	
							弁天池収容所　九六名 堤防上収容所　三三〇名 縣外収容所　六名

備考　傳染病患者　利島村赤痢五名、川辺村一名　牛馬斃死　東村一五頭、原道村二頭

本日本部へ次の要請をなす。

1. 川辺村地内の排水機を至急修理のこと。
2. 家屋修理の大工職人一村三十人程度に動員（川辺、利島）及び應急資材の調達。
3. 毛布八、〇〇〇枚、蒲團三、〇〇〇枚至急配給のこと（東、原道を優先的に）
4. 秋蒔種子の配給
5. 農機具修理技術者を至急派遣のこと（利島、川辺村）
6. 燈油ドラム罐一〇本（五本は既に借用支給ずみ）
7. 障子紙四万本
8. タオル四、〇〇〇本（一世帯に一本宛）
9. 下駄八、〇〇〇足（一世帯に二足宛）
10. 石鹸八、〇〇〇箇（一世帯に二箇宛）
11. 木炭三〇俵（医療用として至急を要す）

12　地下足袋一五、〇〇〇足（大越村應援隊に支給の予定）
13　洗眼薬並にガーゼ等四、〇〇〇世帯標準に
14　薪四、〇〇〇世帯に対し相当量送附のこと
15　揮発油一、四〇三立、モビール油三五〇立、軽油五九六立
16　應急修理用板並に釘（利島、川辺村二、〇〇〇世帯の床板用）

九月二十七日、本日救済物資受拂状況は次の通り。

1. 衣料品受入天幕四五張、蒲團二〇〇枚にして、拂出天幕四五張、地下足袋七〇六足
2. 食料品受入　コッペパン一五、二九〇食、麦一七〇俵にして、拂出　コッペパン一五、八一〇食（繰越分を含む）麦一七六俵（繰越六俵）米二俵（繰越米）

九月二十九日、参議員婦人部代表奥むめお外一名現地を視察のため來所、次いで収容所を訪問し、慰問品を寄贈の上帰京せられた。

本日の救済物資の配給受拂状況は次表の通り。

1. 食糧関係

品名	受領数	繰越数	計	配給数	残数
コッペパン	一、三〇〇ヶ	四〇ヶ	一、三四〇ヶ	一、三〇〇ヶ	四〇ヶ
米	―俵	二九俵	二九俵	―俵	二九俵
麦	一八〇	一五二	三三二	一八〇	一五二

2. 衣料関係

品名	受領数	繰越数	計	配給数	残数	備考
襦袢	五〇〇枚	—枚	五〇〇枚	—枚	五〇〇枚	
毛布	二六〇	—	二六〇	—	二六〇	
地下足袋	一、六〇〇足	—	一、六〇〇足	一〇〇足	一、五〇〇足	

品名	受領数	繰越数	計	配給数	残数	備考
蒲團	五〇〇枚	一〇〇枚	二〇〇枚	二〇〇枚	五〇〇枚	厚生省配給分
被服	—點	三、七九五點	三、七九五點	三、七九五點	—	
天幕	—	一四九	一四九	一四九	—	

3. 其の他蠟燭一、六〇〇本、燐寸二、四〇〇箇、石鹼二、八八〇箇、薪二六〇把の配給物資到着し薪二〇把のみ配給す。

九月三十日。本日救済物資の受拂狀況は次の通り。

小　麦　粉　受　三〇〇袋　拂　三〇〇袋　コッペパン　受　七〇〇食　拂　七〇〇食

麦　　受　一九一俵　拂　一九一俵　蒲　團　受　五〇〇枚　拂　三枚

毛　布　　受領なし　拂　二六〇枚　地下足袋　受領なし　拂　一、三八八足

十月四日、罹災地元和、原道、東、大越、利島、川辺の六箇村は、極度に野菜が不足しているから、優先的に配給方考慮下されたい。（以上は直接厚生課に警電せしも、本部より特に促進せられたい）

十月六日、小学校に收容中の罹災者は、現在四五〇名である。目下男女青年團が毎日四〇名程度の奉仕あり。罹災者用の地下足袋並に天幕の要望あり、至急手配下されたい。

十月七日、北埼川辺村の排水機修理申請に関し、今猶何等の應答なし、秋蒔を控え至急手配方考慮下されたい。

（本件に関しては、旣に九月廿六日緊急申請のもの）

東村、原道村の浸水狀況は、現在減水して罹災者一同帰村の要望あり、バラック乃至天幕の手配を早急計劃下されたい。天幕は大体四、五〇張を要する見込。

川辺村地内の決潰地は、地元民により復旧が進められているから、至急地下足袋一、〇〇〇足を配給してほしい。

救済物資の輸送も減つて來たから、爾今加須を閉鎖し大越一本の配給（明八日から）に実施したから諒承ありたい。

蒲園について利島村より一五〇枚の要請があつたが原道、東、元和各村とにらみ合せ、一、〇〇〇枚程送つてほしい。

第三節　久喜出張所

久喜出張所に派遣せられた職員は次の通りであつた。

主　　任　　柿沼保健課主事、後半　中村主事
所　　員　　柿沼、吉田、中島、宮下、伴、山崎、人見、田中、岡田、原島
開所期間　　自九月二〇日至一〇月二〇日

期間中活動したる事務内容は大体次の通りである。

記

九月二十日、久喜食糧営團は、小麦粉一五〇袋を余すのみ、至急後送方配慮せられたい。

貨物自動車の軽油一罐至急送られたい。

猶現在の浸水状況は次の通り
1.　久喜町　浸水家屋八〇〇戸内外　最水深は四尺五寸程度
2.　大田村　同　七〇〇戸内外　同　五尺程度
3.　鷲宮町　本町七割五分は浸水昨日より三尺余りの減水を見る。
避難民は久喜町五〇〇名、大田村一七五名、鷲宮町三五〇名、其の他四〇〇名位にして、何れも救護対策委員会により、救護の万全が期せられている。

九月二十一日、鷲宮町は全町浸水、大田村は全村の四分の一浸水、何れも緊急救済の方法を講じつゝあり。

本日コッペパン一万食到着したるを以て、久喜町二、〇〇〇、鷲宮町三、五〇〇、大田村二、〇〇〇、日勝村五〇〇、江面村二、〇〇〇をそれ〴〵配給した。

次に薪炭五一〇把も到着したが、配給計劃が出來てから早急に配送する予定である。

猶幸手方面は久喜管内なりや、又学生救援班及び縣教職員カツタ班凡そ六〇名に対する給食は、縣職員並に配給してよろしきや、至急御指示ありたし。

九月二十二日、午後二時增員の十名到着、直に部署につき執務、猶現金五万円及び配給物資を受領し、左記の如くそれ〴〵処理す。

　コッペパン一〇、〇〇〇食　幸手署渡し
　薪　一、八六〇把　（久喜町五二二、鷲宮町五〇〇、大田村三〇〇、残は幸手町へ）

久喜より幸手への連絡は、船車ともに不能、よつて本日奉仕員二十数名にて、手押荷車を以て幸手町附近迄行き、更に船を以てコッペパンの運搬をなす。幸手町への初の連絡である。

午後十時タオル、マッチ、タバコ、ロウソク、地下足袋、石鹼等の救援物資到着の警電を接受す。

增員のため八名派遣され、所員計十五名となる。管内罹災世帯一一、〇〇〇戸と想定し、次の物資を至急手配下されたい。

　燐寸二〇〇箇（十箇入一包）、蠟燭二箱、煙草八〇、〇〇〇本、たをる二、〇〇〇本、地下足袋二、〇〇〇足、石鹼一一、〇〇〇箇
九月二十四日、久喜幸手縣道に渡船を計劃したから、至急優秀な船頭を派遣せられたい。猶船は進駐軍貸與の鉄舟八隻と、警視廳より貸與の一隻計九隻を充当する意向である。

九月二十五日、先日配給せられた煙草並に地下足袋は、幸手と両分したるを以て、追加分として煙草三万本、地下足袋一千足至急送附願いたい。其の他燐寸、蠟燭、燃料不足につき手配下されたい。

江面地区縣道の備前堀橋梁は、白岡への距離を四分の一に短縮するを以て、これが補強方を促進せられたい。

九月二十六日、救済物資到着したるを以て、左記の通りそれ〴〵配給す。

物資名	数量	送荷先	配給町村名
野菜	五八五貫五〇匁	食料課	久喜、太田、篠津、江面
薪	三〇〇束	燃料組合	久喜、鷲宮、太田、篠津、江面
粉乳 テンカ糖	一箱	食料課	久喜、鷲宮、江面、篠津、清久、太田、日勝
コッペパン	八、四七〇食	同	幸手

備考　蠟燭一箱、マッチ一箱、薪一五〇束、錬四貫二〇〇匁到着したるを以て直に配給計劃を立案中。

防疫係員二名、本日駐在員として來所したるを以て、直に関係箇所に連絡し事務を開始した。

九月二十九日、鷲宮町へ甘藷三〇俵、米二俵、麦三俵、藁一二〇把、太田村へ甘藷三〇俵をそれ〴〵輸送す。

管內太田村、日勝村へ衛生防疫用藥其の他を配給す。又長島縣衛生係員は、栢間、小林、鷲宮の衛生状況を視察せられた。

本日救済物資として、バケツ一〇〇箇、蒲團三〇〇枚到着。

十月一日、本日午前九時より、第一次配給物資割当並に今後の防疫対策に関し管內七箇町村長会議を開催す。

救済物資を左記の通り輸送す。

1. 三箇村より太田村へ藁一八〇束、押麦四俵、白米一俵、薪一〇〇束
2. 大山村より太田村へ藁一五〇束、粗朶薪三〇束
3. 菖蒲町より鷲宮町へ空俵三二七枚、藁四二貫

本部より左記の品到着した。

1. 食料品　粉乳二四ポンド、砂糖八斤
2. 炊事用品　釜六〇〇箇
3. 衣料品　地下足袋五〇〇足

予て借用しおきたる天幕不要につき、本日三十四張を本部に返納す。

十月二日、午後一時久喜町役場において、管下十三箇町村の防疫打合会を実施し、同三時終了解散す。

午後二時巡回診療班伊藤医師一行來所、明日より管下の予防注射並に診療に従事の予定。

本日自動車を借用して、野菜不足の太田村へ、南瓜七二八貫、芋がら二〇貫、葱四三貫、外三七貫を輸送す。

十月三日、本部よりララ救援物資二〇梱、煙草三万本送附し來る。直に配給の手配を講ず。

久喜町外六箇町村へ、釜、蒲團、地下足袋、燐寸、蠟燭、石鹸、バケツ、梅干等の配給をなす。猶太田村及び鷲宮町へは、薪及び藁を各トラック一台分宛送る。

久喜出張所は明日より、新町二丁目新二会館に移轉の予定。

十月五日、出張所主任事務を、中村主事に引継ぐ。

春岡村農業会より、甘藷二車八二俵本日入荷した。猶本品は久喜町一般に無償配給の予定である。

十月六日、原島、岡田両所員は、降雨による管下の増水状況視察のため、早朝出発せられた。

本部より救済物資として、鍋六〇〇箇送附し來る。

十月七日、管内太田、鷲宮を除く各町村は、漸次平常に復しつゝあるから、出張所の人事配置を左記の通り縮少す。

地方事務所　　二名（中村主事外一名）

縣　　廳　　一一名（金子、人見、斎藤、渡辺衛生課七）

同日午後三時中村主事に引継ぎを了し、明八日帰廳の予定。

久喜町長所員慰労のため來所、菖蒲町長平野村長より管内罹災者慰問のため、衣料品四梱の寄贈があつた。

山田厚生技官防疫事務打合のため、当分幸手保健所に駐在、本日久喜及び太田村の衛生狀況を視察せらる。

十月九日、本日救済物資の受拂狀況は次の通り

浦和市よりの見舞品コンロ、鍋、薪、佃煮、菖蒲町及び平野村よりの見舞品の衣料を、管内町村に分配す。午後本部よりコンロ四五〇箇受入。

十月十日、本日の降雨につき、鷲宮町及び太田村の狀況を調査せしも、別に異狀を認めなかつた。

水害減水後の防疫措置強化のため、臨時防疫員講習会を久喜町役場において開催、縣中村防疫主任による有意義なる指導があつた。

猶受講者は三十五名。

十月十八日、本日救済物資の配給狀況次の通り

鷲宮町、江面村へ蒲團、毛布、地下足袋等二一八点

清久村、太田村、日勝村、大山村へ地下足袋二五〇足

久喜出張所は、地方事務所長の指示により、二十日中に閉鎖し、幸手出張所と合流の上、廿一日より事務開始の予定。

第四節　幸手出張所

幸手出張所は十月三日の開設である。出水より十月二日までは、福永副知事を隊長として、縣救援本部が中心となつて、應急救助に活躍されたが、現在食糧や物資が漸く軌道に乘つてきたので、地元埼葛地方事務所に引継いだのである。猶幸手地区は、道路不通のため、連絡は舟艇によらねばならなかつた関係上、物資の輸送には非常に苦心を重ねたのである。

当時配属せられたる職員並に事務分担は次表の通り

所　長　鈴木地方事務所長
総　務　白石蚕糸課長
庶務（会計及設営をも含む）兼白石、大木、長島、酒巻
食　料　佐藤
厚生、物資　海老原、平井、金子、細沼、吉田、內田、諸田、新居、坂本
衛　生　小峯、星野、藤野、澁谷、佐々木、小原、上野
栗橋連絡所　兼海老原、早船、小川、清島、松村、只見
期　間　自十月三日至十廿五日
期間中活躍したる当時の概況は次の通りである。

記

当埼葛幸手出張所管下栗橋、幸手、行幸、権現堂川、櫻田、上高野、吉田の二町四村の避難狀況は、次表の通りで

あつた。

1. 避難者収容状況（二三・一〇・三現在）

管内の罹災戸数は、（十月二日現在調査による）流失一八九、倒壊七〇二、床上浸水五、四〇六に及び、状況により避難した世帯数は四一九、人員一、九一九人を算するに至つた。猶各町村の内訳は左表の通りである。

管内罹災状況（十月三日現在）

町村名	流失戸数	倒壊戸数	床上浸水	避難所収容 世帯	避難所収容 人員	仮小屋収容 世帯	仮小屋収容 人員	天幕生活 世帯	天幕生活 人員	縁故先避難 世帯	縁故先避難 人員	仮小屋設置希望
栗橋	一三四戸	五七〇戸	一、七四一戸	九六	四四九人	二二三	一、〇二一人	一一	一〇三人	不明	不明人	一三六
幸手	三	一六	一、八五〇	四四	一九五	—	—	—	—	六〇	同	一八
行幸	二	九	二七六	—	—	八	四〇	一	四	五	同	不明
権現堂川	—	一〇	一五六	—	—	五	二五	—	—	二	一〇	一
櫻田	五	三五	八四八	二	一〇	四	一四	一	六	一〇	不明	八
上高野	二六	五九	三七三	三	五八	—	—	—	—	四〇	同	二七
吉田	—	三	一八二	二	五	—	—	—	—	—		二
計	一八九	七〇二	五、四二六	一五六	七一七	二四〇	一、〇九〇	一三	一一三	—		

2. 管内罹災地物資輸送の状況

救援物資の輸送につきては、濁流のため道路不通となり、非常に苦心と努力が拂われたが、当時町村への連絡は次の通りであつた。

栗橋町　救援本部までは、どうやら陸路輸送が出來たが、部落への連絡は、減水なき限り不能にて、末端配給までには日時を要し苦心した。

幸手町　二部落だけ連絡不能の所があつた。

行幸村　行幸橋まで陸路輸送をなし、これより各部落までは木舟を利用して配給につとめた。

権現堂川村　堤防上をリヤカーを走らせ、専ら陸路輸送であつた。

櫻田村　本村は、部落部落が離れている関係上、村救援荷受所を数箇所指定し、奔流に木舟の連絡ではなかく困難を極め、末端までの配給には日時を要した。

上高野村　村が孤立したゝめ、村の救援荷受所まで陸路輸送は全然不能となり、舟艇に棹さしての激流突破はなかくの苦労で、一艇一日せいぐ二乃至三往復の状況であつた。

吉田村　権現堂堤防上を陸路輸送した。

猶飲料水の配給状況は、縣救援本部より、毎日トラック二台、係員二名により、十月五日まで給水が続けられた。

3.　救援物資の配給狀況

出水が急激であつたゝめ、自体避難がせいぜいで、家畜や生活物資を取出す暇がなかつたとは、激甚地罹災者の異口同音であつた。差当つて必要な救済物資衣食住の應急措置も、前述の如く輸送意の如くならず、特に末端配給には全く時日を要したので、コツペパン、野菜等著しく鮮度を失し、向後の円滑と迅速を期するため、九月五日より徹底的に配給機構の改良を行つて出發した。

だがこうした所員の苦労も、配給基準未完成を幸、該当欄に罹災用として申告配給をうくる村があり、当事者を甚しく困惑に陥らしめた例もあり、厳重示達の上反省を求めたこともあつた。

漸次減水とともに、不足を感じ初めたのは野菜であつた。幸い対岸の茨城縣猿島、境の両地方事務所の斡旋により毎日新鮮なもの丶配給をうけることになり、住民は日一日と常態を取戻して行つた。

4. 其の他

今次水害では、隣縣を初め全國より深き同情が寄せられ、罹災民一同感激したが、特に対岸茨城縣より寄せられた急救焚出し連絡用舟艇による警察官、縣吏員の活動には、筆舌に盡し得ぬ感謝であつた。これがため九月二十五日を以て出張所を閉鎖するに当り、関係深き猿島、筑波、西筑波、眞壁、結城各地方事務所の経済課長を招請し、縣より大沢総務部長、大高庶務課長臨席の上、感謝の意を表し、今後も一層の御援助を懇請して散会した。

5. 水害所見

埼葛地方事務所蚕糸課長　白石米太

今次水害は、埼葛地方事務所管内の大半にその猛威を逞しうし、当事務所も不幸被害地域の中心となり、しかも所員の半数また其の犠牲になりし関係上、救助活動の発足に、大に支障を來した事は勿論、急激の大出水のため罹災地域に対する連絡が、全く不能の状態におかれたことは、かえす〴〵も残念であつた。

これに反し、隣保相互愛に燃ゆる、対岸茨城縣猿島郡官民の終始かわらざる愛の手であつた。即ち永年水害による幾多の体験を生かし、逸早く救援の手をうち、あれもこれもとあたゝかき同情に全く縋らざるを得なかつた。

次に災害対策の問題である。災害は常に予告なしに、時、処、型態に特徴を発揮するが故に、対策にも又困難が生じる。だが数々の体験を基調に必ずや一應の目標を樹て得らるゝとも考えられる。要は救援組織の編成と之が演習とを重視して、万全の待機をなすべきである。特に痛感せるは輸送陣の强化であり、木舟、鉄舟の整備は勿論、相当强力なモーター船の用意も不可欠の準備であり、陸送用の小型、大型の車輛等も、水送用の舟艇と共に併せ肝要なる整備であろう。

次に物資の面であるが、主食、副食を始め、家庭日用品特にマッチ、ロウソク、燃料、石鹸、手拭等の確保配分の対策も又緊要である。災害時前における最少限度の確保は、本縣の如きは常に考慮されねばならぬ問題であろう。

猶最後に災害対災の根本的措置として、山林の改善に全力を傾注せねばならぬ。利根水源の荒廃は、直に水禍の直接原因を作る。山林の荒廃は断じて其のまゝ児孫に譲るべきでない。政治力を結集し、國策的見地より直に着手すべきである。

第五節　越ケ谷出張所

縣本部は、越ケ谷地区における被害狀況に鑑み、出張所を計劃し、縣職員を左記の通り派遣して事務を開始した。

職員　主任　古曳主事
　　　本部詰　見留、鶴岡
　　　情報　中村、宮野
　　　物資　高野

開始　自九月二十日至九月二十一日

事務所　越ケ谷警察署々長室

然るに越ケ谷には、九月十七日より町役場内において、既に埼葛地方事務所職員大久保主事外三名が、救済事務を担当していたので、吉田副知事及び農林部長の指示により、これを一元的に合流することゝし、同時に警察署内の縣派遣員は引上ける事にしたのである。

九月二十一日、越ケ谷出張所は、町役場において、埼葛地方事務所出張所員を中心に、職員の事務分担を行い、本日より更に新しく出発することになつた。

職員　主任　檜山主事

　庶務　森住

　配給　斎間、（後半は加藤）

　輸送　青木、江原、長野、内山、櫻井、太賀、後半　遠藤、梅林寺

　救護　春日部保健所（他に縣廳より二、三名來援す）

期間　自九月廿一日至十月二十五日

猶本日本部に対し、次の要請をなす。

1. 精米用並に精麦用の動力石油を、二、三罐至急送附願いたい。

2. 貨物用自動車（小型にてもよろしい）二台、至急御考慮願いたい。右は春日部、越ヶ谷両所において、主として物資輸送に轉用のもの。

九月二十二日、管内における罹災者数並に罹災者に対する主食配給状況は次表の通りである。

管内主食配給状況（自九・二二至九・二四　コッペパン）

町村名	罹災世帯	罹災人口	廿二日	廿三日	廿四日
越ヶ谷町	一三〇戸	五六三人	一一〇ヶ	八〇ヶ	ーヶ
大沢町	一、〇八九	五、九八八	九〇〇	ー	二〇〇
櫻井村	四五〇	二、五〇〇	九五〇	四〇	四六〇
新方村	三七七戸	二、二〇七人	六〇〇ヶ	一七〇ヶ	四六〇ヶ
増林村	八〇〇	三、五〇〇	一、一六〇	一、三二〇	一、六〇〇
大相模村	二〇	一五六	三〇	八〇	二〇

町村名	罹災世帯	罹災人口	廿二日	廿三日	廿四日
潮止村	二三七戸	一、三五一人	五五〇ケ	九〇〇ケ	九五〇ケ
八條村	一五一	一五一	三五〇	一五〇	一五〇
川柳村	三一	三六	七〇	七〇	六〇
大袋村	四二〇戸	二、七五四人	一、〇〇〇ケ	六〇〇ケ	六〇〇ケ
八幡村	三〇	一九〇	七〇	七〇	七〇
計	三、七三八	二〇、一八八	五、四〇〇	三、四八〇	四、三〇〇

第六節　吉川出張所

九月二十二日、当時越ケ谷出張所に派遣せられていた古曳主事外五名が、吉川出張所の勤務を命ぜられ、一行は直に吉川町に赴き、深井町長、遠藤署長の援助を得て町役場の楼上に事務所を開設し、且つ警電をひいて本部との連絡を密にしたのである。

因に開設当時の職員及係名は次の通りであつた。

主任　　古曳主事

所員　　庶務　見留主事、鶴岡嘱託

　　　　情報　中村嘱託、宮野技師

　　　　物資　高野並事

期間　　自九月二十二日至九月二十四日

期間は僅々三日にして、埼葛地方事務所に引継を了したから、特記すべき事項も少いが、主なるもの一、二を記述することにする。

九月二十三日、本出張所の管下は、吉川町を初め松伏領、旭村、早稲田村、三輪野江村、彦成村、東和村の一町六箇村であつて、吉川町の一部を除く他は殆んど浸水、從つて松伏領への堤防上の連絡以外は　舟艇によらねばならなかつた。

当時係員の食糧として給せられしものは、麦のみの飯に茄子漬一、二、一同不平もなく頑張り、罹災者のために不眠不休の活動を続けた。殊に船なくては如何ともし難い実情で、本部へも懇請したのであつた。然るに神奈川縣より應援の舟艇が廿一隻、それに熟練の船夫四〇名が到着した、將に天惠である。一同狂喜して出迎えた。

見渡す限りの泥海に、船夫一同休む暇もなく直に活動に入り、澁滞していた救済物資はどん〳〵片付き、実情不明の村々が次々と分明し、しかも夜遅くまで着々奮鬪した船夫には、たゞ〳〵感謝以外に何ものもなかつた。

猶本日配給した主食コツペパンは、計一六、五〇〇食分であり、午前中に管下の町村へもれなく送つた。又次の事項を本部へ要請した。
1. 主食は押麦の握飯に塩だけだから、味噌を送荷してほしい。
2. 今の所野菜が全然入手出來ないから、至急送つてほしい。
3. コツペパンは、配給困難のため、鮮度を失う嫌がある。漸次米麦に切換てほしい。
4. 電燈がつく迄蠟燭、マッチを手配してほしい。
九月二十四日、本日限りを以て埼葛地方事務所へ事務を引継ぎ、一同帰廳した。

九月二十五日、吉川出張所は、本日より次の職員組織により、新しく事務をとる事になつた。

吉川出張所職員並に事務分担

主任　埼葛地事　主事　大久保忠一
配給係　同　同　山里佐兵衛外雇一
給食係　同　同　櫻井重男
庶務係　同　雇　加藤総一外一
輸送係　縣廳嘱託　松本泰雄外二
連絡係　同　雇　大野保之
備考　十月七日吉川出張所は、越ヶ谷本部と合併し閉鎖した。

九月二十五日、旭村における決潰箇所堰止工事は、地元民の協力をまち、明後二十七日より工事開始の予定につき之に要する木材六尺丸太五〇〇本、九尺丸太二〇〇本手配せられたい。

九月二十七日、決潰箇所夜間作業に要する電線約八十間、見積の上至急送附されたい。

船頭一、五〇〇人分の所要味噌、醤油については、三日前に要請したが、今猶未着につき善処願いたい。

管下町村の早稲米収穫予想は、被害の実情より大体左表の如くであるから、向後主食の配給には適正を期せられたい。

吉川出張所管内早稲米收穫予想高　（二二・九・二七）

町村名	作付反別	予想收穫	町村名	作付反別	予想收穫	町村名	作付反別	予想收穫
吉川	六〇町	二〇町	早稲田	二〇〇町	一〇〇町	松伏領	一〇町	一町
旭	一〇	五	東和	一〇〇	五〇	金杉	一〇	五
三輪野江	八五	三〇	彦成	五〇	二〇	計	五二五	二三一

九月二十八日、管下罹災収容状況は次の通りである。

吉川出張所管下罹災者収容状況（九・二八午後四時）

町村名	場所	人員	場所	人員	備考
吉川町	吉川神社	二三人	延明寺	一五九人	
旭村	小学校	一五〇	東泉寺	五〇	江戸川堤防六〇〇
松伏領村	同	七〇	中学校	四六	
金杉村	同	二五	観音寺	二五	
彦成村	同	一二〇	延明院	二三〇	
東和村	松戸小学校	五〇	上樂寺	一〇〇	堤防二、三〇〇
三輪野江村	江戸川堤防	二、〇〇〇	其の他	一三〇	
早稲田村	流山小学校其他	三九〇	江戸川堤防	二、五四〇	其の他一、八五一
合計				一〇、八五九	

九月二十九日、三液野江村には食糧はなく、濡れた玄麦が配給された。千葉縣から一日一万乃至二万のコッペパンの外補給がなく、罹災者二万六千に対し、一日一食も廻らない実情である。

野菜はむれて腐敗し、利用價値がい少から、一層千葉縣から有償配給の手をうつて頂きたい。又水が逐次ひくから秋蒔野菜種子の配給をお願いしたい。

吉田村地内の庄内古川の決潰箇所を調査の上閉塞を進めてほしい。減水は昨日あたりで一寸程度。

燈油、蠟燭、マッチの配給を至急お願いしたい。輸送はあらゆる方面からどし〳〵してほしい。

十月一日、地元警防團、青年團、有志等百五十名動員し、松伏領より金杉村に通ずる二合半領用水の架橋工事に着手した。先づ遠藤吉川署長、上田春日部土木事務所長、大久保吉川出張所主任等先頭に立ち、部下職員を激励し、地元民と共に濁流逆巻く中を徹宵作業を続け、予定より数時間早く完成を見、爾後野田町方面よりの救援物資も、直接本縣より融通のつく便利となつた。

当管内被害状況　十月一日現在調査によれば、流失、倒壊家屋数は計十七戸、長期床上浸水二千有余戸にのぼる。

神奈川縣より應援交替舟艇は計十二隻にして、この中旭村に二隻、金杉村に一隻、吉川警察署専用三隻、吉川出張所六隻とそれ〴〵配船した。

十月五日、出水以來初めての陸路輸送である。乾パン、野菜、鍋、釜等をトラックに満載し、彦成、東和両村へ向け出発した。途中の悪道路難所を次々と下車の上補强を続け、漸く目的地に到着、村民の感謝に満ちた態度に、一層われ〳〵の努力を促すものが多々あつた。

十月七日、吉川出張所は、越ケ谷出張所と合併のため閉鎖し、同日以降の事務は越ケ谷出張所で取扱うことになつた。

第七節　岩槻出張所

岩槻は加須と共に、最初に開所した所であつたが、情況の変化に伴い、九月二十二日限り閉鎖し、春日部に合流して事務の簡捷化を図つたのである。

当時配属せられた職員は次の通りであつた。

所　長　　村田安定課長

所　員　開設当時七名　渡辺、宮内、島崎
九月廿一日増員五名
九月廿二日増員一〇名（五名杉戸へ分遣、五名春日部へ分遣）

開設期間　自九月十七日至九月二十二日

期間中活動したる概況は次の通り。

記

九月十七日、管下の被害情況は大体次の如くであつた。即ち午前十一時三十分頃、古利根川の奔流は遂に堤防を乗越えて、春日部町に浸入、目下一時間二、三寸程度に増水中。

午後一時巻原戸塚の流水は、古利根の逆流と杉戸、百間よりの流水と合流、消防團員二百余名の防禦も及ばず、原戸堀の堤防三永橋も決潰し、辛苦の美田も遂に濁流の跳梁に委せてしまつた。

家屋の浸水狀況　床上一、五〇二戸、床下四〇五戸計一、八〇七戸

田畑の冠水狀況　田一、三三〇町歩、畑六九〇町歩

橋梁流失　二箇所

堤防決潰　一箇所

避難者は春日部中学校に約八〇人、女学校に八〇人、國民学校に約一〇〇人位、現在までに人畜の被害がない。

妻沼用水関係の加納村は、隣村と協力した補修工事が成功し、決潰の危険を免れ、これがために下流各村落は今次水害の影響をうけなかつた。

九月十八日、午後五時管內の狀況は次の通り

家屋の浸水　床上一、一三一戸、床下一、六六一計二、七九二戸（但し春日部町は毎時減水しつゝあり）
田畑の冠水　田一、七四〇町歩、畑八五五町歩
橋梁流失　二箇所
堤防決潰　一箇所（他に補修一箇所あり）

猶現在川通村平野より浸水せる奔流は、慈恩寺村上野の全域を流れてその勢もの凄く、黒浜村伊豆方面は、目下巾二〇〇米、深三米に及ぶ態勢で、どん〳〵南下している。

古利根川は昨夜十一時頃より減水一尺五寸に及び、目下毎時一寸程度に減水しつゝあり、八木崎方面は武里村一の割より流入する水のために毎時〇・五寸宛増水しつゝあるを以て、この分ならば今夕岩槻新道に達するであろう。

九月十九日、春日部方面北方國道上新町橋は、最高増水期の十七日午後十時に比較し、約二尺五寸減水し、橋桁全部露出を見たのである。目下毎時一寸五分宛の減水なり。此の附近の最低地における水深は約二尺位、猶岩槻新國道上には浸水を見なかつた。但し國道両側における稲田の冠水による被害は、約五、六十町歩位ならん。

黒浜村における冠水田も漸次稲の露出を見るが、大字長崎、笹山、伊豆島の各耕地への浸水は、三尺四、五寸程度であり、幸い稲穂の冠水は免れた模様である。

目下元荒川は最高時より二尺五寸の減水である。

九月二十日、左の救済物資を至急手配下されたい。

1. 繊維類（衣料）を急送せられたい
2. 乳児用（コナミルク）同様
3. 薪八、〇〇〇束、炭五、〇〇〇俵を追送せられたい。

既送の薪炭は全部地方事務所と警察署に渡しずみ。

出張所管下の罹災者並に主食配給の状況本日分は左の通り

町村名	罹災者数	主食配給数	町村名	罹災者数	主食配給数
宝珠花村	一二〇人	四八〇ヶ	杉戸町	六、八〇〇人	六、八〇〇ヶ
豊岡村	一二〇	四八〇	高野村	二、四一二	二、〇〇〇
吉田村	二、六〇〇	二、四〇〇	田宮村	三、二五八	一、五〇〇
櫻井村	二、〇四〇	二、四〇〇	堤郷村	二、五二〇	二、〇〇〇
富多村	二、六九四	二、四〇〇	百間村	四、八〇〇	三、五〇〇
南櫻井村	五、九一〇	一、四四〇	須賀村	四、四一六	三、〇〇〇
川辺村	四、二二四	二、四〇〇	豊野村	三、六七二	—
豊春村	一、七〇〇	一、〇〇〇	幸松村	六、三六六	—
川通村	六七二	一、〇〇〇	春日部町	二、〇〇〇	—
武里村	三、六〇〇	一、〇〇〇	八代村	三、六二四	—

備考　岩槻管内三五、一〇〇人本日當園より受領の分二〇、〇〇〇食なり。

九月二十一日、管内被害状況次の通り

全般的に減水状況極めて良好、和土、新和、蓮田、柏崎、岩槻地区は、被害極めて僅少である。

杉戸地区における被害状況は、次の通り

1. 八代村　全村水田冠水、床上浸水、但し民家の倒壊なし。

2. 幸松村　不動院附近最も甚しく、現在猶軒先程度、今後減水までには二、三日を要するならん。
3. 杉戸町駅前大通日光街道完全減水、交通、炊事何れも可能、トラック百間村迄自由。

明朝出張所より小麦粉若干袋杉戸に送る予定。

九月二十二日、減水せるにつき、舟艇の使用は本日限りならん、自動車運轉用ガソリン一、〇〇〇立並に自動車二台至急手配してほしい。(右は吉田副知事に連絡ずみ)

岩槻出張所は、本日限りを以て閉鎖し、向後は埼葛地方事務所鈴木所長の指揮下に入り、春日部駐在一部を除く派遣員は村田所長と共に帰廳のこと。

第八節　春日部出張所

埼葛地方事務所では、出水と同時に、逸早く所長以下所員の陣容を整備し、各方面の情報蒐集並に救援に対する應急措置を講じ、一方縣対策本部へ連絡を取つたのである。

本部では当時岩槻に第一救援本部を開設していたが、情勢の変化により、春日部に出張所を設けることになり、九月二十二日閉鎖の上、一部派遣員は春日部に合流することになつた。

猶当時の職員並に係配置は次の通りであつた。

所　長　鈴木地方事務所長
所　員　庶　務　北原主事外十一名
　　　　物資配給　横溝主事外一名
　　　　物資受領　辻野主事外三名

杉戸駐在　新井主事外四名

縣派遣　黒川主事、藤倉主事、其の他輸送員数名

開始　九月二十二日、閉鎖十月三十一日

春日部出張所は、縣本部の出張所であり、同時地方事務所の救援本部であつたから、活動期間は最も長かつた。

主なる状況は次の通り。

九月十七日、出水以來初めて、本部より應急食糧コッペパン並に日用品、蠟燭、燐寸等が到着した。よつて直に計劃を樹て附近罹災町村へ、救助用の舟艇に満載して、配給を完了したが、未だ一食も口にしなかつた罹災民の喜びは大変なものであつた。

洪水には何としても船だ。船なくては如何ともし難い。飲料水も方々から要求があつたが、なか〳〵思うように給水が出來なかつたのは残念であつた。

九月十九日、東京都品川より、船二隻に船頭四名が應援に來て呉れた。直に救援物資を満載して、罹災地へ配給した。

九月二十二日、岩槻縣道が漸く減水、猶膝を沒する程度ではあつたが、貨物自動車は辛うじて運轉出來たので、從前舟艇による運搬も、陸路に乗換えられ、罹災各地への運搬も追々と順調になつていつた。

九月二十三日、越ヶ谷・吉川方面への自動車連絡は可能となつた。同時に東武電車も、午前七時より杉戸浅草間の運轉可能となり、交通関係は逐次順調になつてきた。

此の日與野町、河合村より甘藷の御見舞があり、直に自動車により罹災各地へ分配した。

九月二十四日、二十四日以降は、水も追々と減じ、トラックの借入、縣より輸送の應援等があり、食糧、衣料を初

め、日用品、薪炭に至るまで、滯貨を見ずにどん〱分配が出來、所員の活動も全く軌道に乗り、十月三十一日の閉鎖まで活動を続けたのである。

第九節　金杉出張所

金杉出張所における貴重な記録は、不幸にも廳舎失火の際、全部燒失したゝめ、已むを得ず、当時派遣せられた主任大沢人事課長に依頼し、同氏が記憶を辿りつゝ起草したのが、別記「金杉出張所水害記録」である。

金杉出張所水害記録

大沢　操

一、災害発生当時における北葛地区の罹災並に救援状況

(1)　利根川の決潰は、流身を一変して、本縣東南部を貫いて南下し、翌十七日には、縣南端早稲田村、三輪野江村附近は、濁流の四尺程度に達し、漸く大洪水の來襲が予知され、民心著しく不安となり、それ〲安全地帯又は屋上へ避難を開始した。

濁流は、縣東南部を貫いたため、北葛地区の救援は、非常に困難になつたので、縣救助対策本部は、十七日塩野経済防犯課長、塩野屋巡査部長、富張主事（厚生課）外一計四名をして現地に急行せしめ、これが対策の樹立に当らせた。一行は自動車にて東京小岩、松戸経由にて千葉縣廳に至り、千葉縣に救助を懇請し、直ちに流山町役場に向い救助を依頼し、流山町対岸早稲田村地内堤防上に救助本部を設け、折から流山町より派遣された警備のための消防團員と、救助作業のための青年團員の協力の下に、早稲田村長と共に早稲田村地内未避難者及び食料、家財の救出や、流山町によつて焚出されたにぎり飯の給與に徹宵努力した。

(2)　翌十八日流山小学校二ケ所を借りて、老齢者、婦女子等の避難者を収容すると共に、食糧配給を開始する。

（避難者三千人、内給食者二千人）

濁流は一時間一尺程度の割合を以て、昨夜より逐次増水し、十時頃には滔々たる海と化し、避難に遅れたものの助けを求める声が、堤上の人々の耳に響くので、流山町救援の船四艘と、昨夜より活躍中の地元の船八艘との協同により、全員必死の救助に当つた。

夕刻千葉縣東葛地方事務所より、所長外二名野菜その他の見舞品を持つて應援に來り、各方面との連絡に当つてくれることになつた。

又神奈川縣会議員一行八名災害見舞に來る。夕刻より救助範囲を早稲田、三輪野江、東和、彦成、吉川、松伏領の各町村にまで拡大し、給水、給食その他流山町やその附近の町村より贈られた避難者のための藁や、避難小屋材料を罹災者に給與するため、青年團員は三交代の徹宵救助に当つた。

(3) 縣本部においては、孤立した北葛地区の狀況が全然連絡なく不明であつたゝめ、非常に憂慮していたのであるが、十九日に至り、ようやくその狀況が杉戸警察より警視廳経由にて、縣本部に報告された。縣本部においては本部直接の救援が困難のため、千葉縣に全面的に依頼するよう指示したので、富張主事は再び千葉縣廳に赴き、救助用の船と食糧の補給並に医療救助隊の派遣方を、知事及び総務部長に懇請した。

早速船橋より、イワシ船二十四隻來援すると共に、コッペーパンや医療品が送られた。

同日金杉村、南櫻井村方面より救助の懇請があつた。これらの上流地区に対しては、災害区域が余りにも廣範のため、事実縣よりの救援の手は伸びなかつたのである。

(4) 金杉、南櫻井地区の救助の緊急性から、救助隊の一行は、流山町に救助隊支部として、塩野谷部長を残して野田町役場に來り、こゝに対策本部を設置しようとしたところ、既に野田町において、自発的に設置した天幕舎を利用して、これを本部とし、野田町及び野田町消防團の協力の下に救助に当つた。

救助の範囲は南は東和村より、北は宝珠花村に至る十三ヶ町村に及んだ。

救助の内容は、野田町及び被害町村よりの舟約四十隻により人員救助、食料及び家財道具の救出並に罹災者に対するコツペパン、燃料、野菜及び飲用水の配給である。

以上の救助に当つては、千葉縣知事、総務部長、東葛地方事務所長、野田町長、同警察署長、同消防團長、流山町長、消防團、青年團及び一般千葉縣民の絶大なる協力があつた。

北葛地区と千葉縣とは、江戸川一つを隔てゝいるにすぎない関係上親族、友人、交易関係は非常に密接な関係にあつたゝめ、この度の如き緊急事態に際しては特に多大の便宜を供与せられた。

二十日千葉縣会議長、議員團、知事、総務部長及び野田町附近の町村長の見舞があつた。

二、金杉出張所設置

(1) 二十一日救助対策上の観点から、本部を野田町より、幸い水害をまぬかれた金杉村役場に移し、こゝに改めて金杉出張所の名を以て発足した。
こゝには、管下各町村から連絡のため、昨日より駐在している連絡員も含めて、連絡並に救援に当つた。

(2) 同日南櫻井村農村時計工場に管下十三ヶ町村の町村長の参集を求め、諸種の対策を協議した。
協議内容の主なるものは食糧、被服、寝具、薪炭、日用品等の入手を始め、防疫班の編成、避難所材料の斡旋、警備等々多岐に亘るものであつたが、縣対策本部との連絡のつくまで、全面的に千葉縣に依頼することゝした。

千葉縣はこの要請に基き、更に一段と援助を強化し、物資は続々送られると共に、附近の町村よりは、野菜燃料、避難所等を送られ、又野田醤油会社よりは醤油、薪炭等を以て救援せられた。

三、吉田副知事等救援に赴く

縣吉田副知事は本部において対策樹立に当つていたが現地の事情の重要性に鑑み、二十二日係員数名と共に帰廳した。金杉村に赴き、千葉縣の應援に対する謝礼と、今後の協力方懇請並に現地に活動する人々を激励し二十四日更に窪川（庶）、福島（庶）、河野（庶）、小島（食料）、堀川（厚生）主事等は、神奈川縣より借受けた傳馬船に、若干の食料等を積込み、幾多の危險をおかして、吉川を経由三輪野江村に到着、金杉出張所駐在となつた。

一方塩野課長一行は、それと交代して帰廳した。

四、縣対策本部よりの救援路開かれ金杉出張所强化される。

(1) 縣本部と孤立した北葛一帯は、従來千葉縣よりの救援以外に、縣独自の救助はできなかつたので、本部において種々鳩首協議した。越ケ谷、春日部方面よりの輸送は絶望的であるので、先づ常磐線廻りの鉄道輸送を考えたが、緊急の用に合わぬため断念し、次に栃木、茨城廻りの自動車輸送を考えたが、これ又、相当困難であつたので、最後に大型の船を以て、江戸川を上ることが結論された。

(2) 九月二十三日、日本橋三菱倉庫の岸壁に横付けられた六十噸の船は、終日十台余のトラックを以て積込まれた米麦、ガソリン、みそ、醤油、衣類、石鹼、天幕、日用品、薪等を以て山の様に充たされた。

本部より前任者と交代服務を命ぜられた大沢（操）人事課長は竹花（調査）海老原（厚生）澁谷（社教）園部（農務）富永（経理）塩原（経理）土屋（営繕）竹内（同上）小林（営繕）稲垣（支書）小久保（同上）野口（渉外）四方田（農地）等と共に、同夜船に乗込み、払暁そこを出発、東京湾より濁流渦まく江戸川を上つたのである。

航行は流れ強きこの際特に留意し、潮の干満を利用しつゝ上つたのであるが、松戸下流殊に金町附近は流れが強く、ようやくこゝまで進んだ船も一進一退、遂には濁流に押し流され始めたのである。そこで大沢課長以下全員下船、長い太いロープ二本を船につけ発動機の廻轉に合せて全員必死の牽引をつゞけた。だが葦茂る豪雨後の泥濘地に数時間も、飢と寒さに救援を待ちわびる人々の上に想を馳せて、汗と脂と泥にまみれつゝ敢闘一進一退遂に安全地帯に引上げた。

軈て日も沒し、航行不能となつたので流山の民家の一部を借りて仮寢し、翌二十四日午前十時船は無事目的地野田町野田醬油会社の船付場に到着、直ちに金杉村青年團の應援を求めて荷下しを始め、夕刻頃には殆んど荷下しを完了した。

これより先塩野課長は帰廳、吉田副知事は一行の到着と同時に帰廳、大沢課長を中心とする新陣容下において、持参した物資の配分に当ると共に、千葉縣廳との連絡、隣接町村との交渉、種々の災害救援対策に、最善の努力を盡した。

四、金杉出張所の管轄並に救援方法

管轄は最初は多少の変動があつたが、決定的なものは、豊岡、宝珠花、櫻井、富多、南櫻井、川辺、金杉、旭、三輪野江、早稲田の十ケ村となつた。

救援のルートは金杉村役場を中心にして、早稲田村、宝珠花村に支所を設け、それぞれ対岸の野田町、流山町と緊密な連絡をとり、船で運んだ物資や見舞品の輸送は專ら千葉縣の道路によりトラック、消防自動車を利用してこれに当つた。

五、大沢（雄一）総務部長出張所勤務となる。
北葛地域の救援の困難さは同地方が湛水地帯であることによつて倍加された。縣本部は十月六日大沢部長を総指揮としてこれが救援の完璧を図ることになつた。部長は課長以下所員一同を指揮鞭撻しつゝ、救助に万全を期するため、縣本部との緊密な連絡の下、物資の入手配分等に全力を盡した、その努力の成果は忽ちにして地元民の感謝の的となつた。

斯くて部長は滯在十日間、この間救援の基礎は全く固められた。
六、被害の程度……流失、倒壊、半壊家屋相当数ある外、床上浸水床下浸水は管下全町村の殆んどに及んだ。その他堤防の決潰、道路、橋梁の破損、耕地の被害亦甚大であつた。たゞこの地区は決潰口附近と異り、避難に余裕があり、従つて人畜の被害は殆んど見られなかつたが、その反面この地区は低地であるため、長期間にわたり湛水することであつた。決潰後二十日を経過しても水害地は依然として湖水のようであり、船を操れば、稲穂は清く澄んだ水底に藻のように見え、くされかけた稲穂が棹にからんでうき上る。こうして農夫の汗の結晶は、無残にも泥土に化せられつゝある。大自然の前に立つ人間の余りにもこの弱さをつく〴〵と思う。然しパスカルの言う様に、「人間は弱い乍らも考える葦である、科学の力が人間の営みを悲しみの中に葬り去らしめぬ」ことを祈念しつゝ救援の努力を継続した。
七、その後の救援状況……江戸川渡航の船便はその後二回あり、続いて茨城廻りの自動車も廻送せられ（片道一日を要す）＝物資の供給も潤沢となり、縣内外からの見舞客、見舞品も次第に増加し、仕事は忙しいながら、合理的に迅速に処理せられた。
八、所長交代……大沢総務部長、大沢人事課長、竹花主事以下多数は、福島賠償課長以下数名に勤務を譲り、十月十六日縣廳へ引揚げた。

第四章　隣接都縣の協力

今次水害に関し隣接諸縣が、救済救護の各方面にわたり、献身的協力に接したことは、当時当事者を痛く感激せしめた所であるが、その中特に同情を寄せられた神奈川縣、千葉縣、茨城縣について、当時の概況を記述することにする。

第一節　神奈川縣の救援船派遣について

二十日内務省公安課第一課長発、神奈川縣公安課長傳達として、次の電報を接受したのである。

記

船三十隻、乗組員六十三名、二十五台のトラックで、横浜二十一日十時出発、埼玉縣に向う、指揮者臼井警部予定通り二十一日正午縣廳到着、直に現地に分遣し、或は救援に或は輸送運搬に或は連絡に、不眠不休の活動を続けたのである。

二十五日神奈川縣警察部長より、次の如き電話を接受した。

記

先に貴縣に派遣せる舟艇は、來る二十六日次の如き要領により、交代せしめたいから、準備方御手配乞う。

一、交替船は二十六隻にして、九月二十六日午前九時横浜発十一時三十分頃縣廳に到着の予定。

二、郷に派遣せる舟艇三十隻及び船夫六十三名は、派遣自動車を利用して引揚げたいから、車輛の配分、舟艇集結及びこれが積込等について御指示願いたい。猶加須署管内十隻分の引揚は、遠隔地のため空車七台を先行せしめたいから御案内を乞う。

三、交替船は九月三十日まで派遣する予定。

四、連絡係として、当廳公安課佐藤警部補、小柴巡査部長を派遣駐在せしむるゆえよろしく願いたい。

右加須、服部間の中継を接受した本縣警察部長は、直に手配し、二十六隻の中十八隻を吉川に、八隻を大越にそれぐ予定し、前者は大高課長、後者は栗原特殊物件課長が案内することになつた。

猶当時活躍した漁業会並に乗組員の氏名は次表の通りである。

埼玉縣救援船派遣名簿

名称所在地責任者氏名	派遣期間	派遣船の数	派遣船夫氏名
			長崎銀二　岩崎正太郎　磯野源三　佐藤由松　忍足喜八郎　佐藤武久　佐藤富太郎　須藤欣治 鈴木浜吉　岩沢豊治　池田林藏　久保正一　佐藤音吉　鈴木春夫　佐藤三郎　鈴木鶴一 茅野三二　鈴木一男　池田征治　茅野光男　長崎一夫　岩崎松五郎　吉野次郎　金井勘治

名称所在地責任者氏名	派遣期間	派遣船の数	派遣船夫氏名
中区本牧町四ノ一〇五四 本牧漁業会 佐藤佐一	自九月二十一日 至九月二十六日	三〇隻	池田四郎　佐藤甚一　須藤音吉 佐藤八五郎　平野鉄五郎　岩沢義藏 鈴木只雄　長崎直次　鈴木峰夫 小泉秀吉　落合弘　忍足公一 佐藤仙次郎　落合初五郎　茅野長五郎 松坂德次郎　岩崎彌太郎　佐藤民之助 忍足菊一　石井龜吉　須藤高四 茅野年男　鈴木春吉　成田芳藏 吉川三郎　柴田政信　池田金太郎 小倉道太郎　石田猛　安藤勇 鈴木浜吉　鈴木龜太郎　根岸啓三 早川辰夫　高木倉吉　佐藤茂 土屋友吉　福谷與一　福谷久夫 （六三名）
平塚市須賀二〇〇一 平塚市漁業会 鳥海源一	自九月二十六日 至九月三十日	五隻	若林三郎　後藤鉄三　松本実 高山邦男　松本泰一　田中万吉 （六名）
大磯町南下町一四二六 大磯町漁業会 石井庄太郎	同	五隻	石井庄太郎　小島德藏　二挺木福次郎 上村栄　山下道雄　山下春吉 （六名）

所属	日数	隻数	乗組員
二宮町山西八三七 二宮町漁業会 松本末吉	同	二隻	西山光次郎 脇積雄 （二名）
足柄下郡前羽村前川 前羽村前川漁業会 三木竹治	同	五隻	北村七郎 市川時次郎 川口伴次郎 西山明 遠藤由藏 小沢由藏 （三隻）
横須賀市小坪四九一 小坪漁業会 高橋德藏	同	三隻	高橋德藏 一柳雪藏 一柳新吉 一柳五郎吉 （四名）
横須賀市小坪三五一 岡村信太郎	同	三隻	淸藤勉 太田勇 山下義一 （三隻）
横須賀市佐島五五九 佐島芦名漁業会 福本爲次	同	三隻	田中常吉 福本鉄五郎 福本納裕 （三名）
小計	四一日 延四一日	五六雙 延三一〇雙	九三名 延五二八名

備考　右乗組員及び漁業会の表彰式は、十二月九日午後三時より神奈川縣廳知事控室において挙行せられ、本縣並に警視廳、東京都より左記の通り出席せられた。
警視廳より四名、東京都より五名
本縣より　吉田副知事、三郎丸副出納長、小森主事、杉崎主事、寺尾主事、敎養課長
因に感謝状に金壱封宛授與（船一日三百円、船夫一日二百円の割）

第二節　千葉縣の救援について

九月十五日十二時四十五分千葉縣より本縣宛左記の如き電文を接受した。

記

埼玉縣よりの罹災者救護のため、野田町に救護本部を設置し、被護に万全を期しつゝあり。

右電文を接受した本縣では、感謝とともに引続き救援懇請の電報を発送したが、こえて十八日午後一時五十分千葉縣警察部長より、本縣警察部長宛左記の如き報告に接したのである。

水害罹災者の救護について（第一報）

今回颱風による被害は頗る甚大にして、貴官の労苦察するに余あり。

首題の件に関し、貴管下と江戸川を以て堺せる金杉、松伏領、旭、三輪野江、早稲田の各村住民大約二万人は、水魔の凶手を遁れて目下江戸川堤防に避難し、逃げ損じた住民は樹木又は屋上に救を求めている。これに対し当管下野田、松戸両警察署中心となり、隣接町村消防團及び水防團は、水深二米に及ぶ濁流を侵してこれが救助に死鬪中なるも、舟艇少きため十二分の成果を擧げ得ざる憾あり。

避難者の中、本縣に緣故者なきものは、大体当町小学校を避難所として収容する予定であり、猶一部は流山町にも収容する予定である。本日正午現在収容数は九十五名にして、逐日増員の形勢におかれている。

本縣民生部長は、部員を引率して野田町に出張し、救護に関する協議をすゝめている。

千葉縣の本縣に寄せられたる同情に関しては、塩野防犯課長並に宇治川警部補の報告を取纏め、記載することにする。

野田町より、食糧、飲料水、薪炭等あらゆる面の救済を受けたが、特に感謝に堪えないのは救援用の舟艇であつた。当時野田町の奔走により、大小傳馬船三十隻の斡旋を受けたが、此の中十五隻を三輪野江村方面へ、大型八隻を早稲田村方面へ、七隻を彦成方面へそれ〳〵配置し、消防團員、水防團員の大活躍を展開せしめた。

流山町よりの救助用舟艇は十五隻であつたが、五隻宛三等分の上それ〳〵救助に盡したのである。

四十五隻の舟艇が、一身を犠牲にしての乗員の敢闘に、救援の実績は着々とあがり、吉川警察管下一帯にわたる人命の救助、家畜の救出及び食糧の運搬は勿論各種連絡に対し、当時現住民をして感謝の的たりしは、敢えて贅言を要しない所である。

因に避難所野田町及び流山町の状況は次の通りである。

1. 野田町避難所

野田町避難所は、金杉村及び三輪野江旭両村の一部が避難し、総数三、〇〇〇名に達したが、大部分は親戚緣故者をたより、小学校に収容されたものは僅々二〇〇名に過ぎない、猶野田町より給食を受けている者は約四〇〇名位である。

2. 流山町避難所

流山町避難所は、早稲田、東和、三輪野江三村の一部が避難して居り、大体二、五〇〇名位である。猶給食者は七〇〇名位にて、約一、八〇〇名位は堤防上を彷徨している。避難所の保健衛生については、流山町医師会が協力これに当つている。

猶野田町役場より、当時活躍して頂いた記録が寄せられたので、次に掲げることにする。

一、埼玉縣水害救助記録

千葉縣野田町

1. 出水の狀況

九月十七日、対岸埼玉縣松伏領、金杉村境を流るゝ新川氾濫し、危險なりとの急報に接す。当町の狀況はさして危險を感ぜざるを以て、出動應援と決し、先づ野田、越ヶ谷線國道の豊橋の流失防止に使用する空俵の要請に應えて、食糧營團より第一回二百五十枚、第二回八十俵を提供した。

見渡す限りの美田は、一朝にして濁流に見舞われ、刻一刻增水、奔流は一擧に旭村方面へ拡大されていつた。何しろ出水は急激であつたことゝ、未曾有の水量のため、水深一丈五尺に及び、民家の大部分は軒先までつかり、甚しき所は屋上に迄及んだ。

永年住み馴れた自家を去るに忍びず、屋上に匍匐したまゝ頑張つている者も少なくなかつたが、各種各様の家財道具が、取残されたまゝ濁水に浮動する有様は悲惨であつた。

2. 野田町消防團急援隊の出動

午前十二時、出水必至と見た当消防團は、幹部の非常招集を行い、第五分團をして先づ金杉村の急援を命じ、本部員も若干出動したが、以外の大洪水に一驚、全團員を招集し、人命の救助を第一に活動を開始した。

先づ清水公園所在のボート四隻を茂木邦吉氏より借用、農業会のトラックにて急送、更に私有の小舟という小舟、急造の筏まで運搬し、屋上或は樹上に縋つて救を求むる住民の救助に当つた。

これより先、金杉一帯の危險傳わるや、近接の町村より應援隊が陸続到着したが、舟艇不足と水湍急なるため、救出作業意の如くならず、これに反し日は刻々暮れていくのであつた。

午後午後六時頃、嚮に救援に出動した町工夫高木善三郎外二名の消息なく、之が救助のため出発した小川巡査外一名も亦消息を絶ち、一同不安の中に勇躍これが救出を願い出たものがあつた。それは團員の秋山芳雄氏外数名であつた。あらゆる艱難を克服し、将に決死的救出作業も成功、午前二時三十分全員無事救われたのである。

本日人命救助に成功した数は三十名に及んだ。

3. 野田町水害救助本部の設置

当町は、水害の益々拡大さるゝを予想し、救助本部を町役場におき、部長に戸辺町長を推擧し、救助、救護、給食調査、庶務の五係をおき、各係員を配置し活動に入つた。

猶本部設置に協力した電灯会社の電灯施設、野田醬油会社のカーバイトランプの提供、食糧営團のトラック輸送等数々の努力が拂われた。

又罹災者収容所における、野田醬油会社の醬油一斗樽十本、薪トラック一台分を初め、焚出しのため率先手傳を申出た町長夫人を初め、青年團員の協力には、眞に感謝せずにいられなかつた。

因に本部員各係々員の分担は左表の通り

水害罹災者救助事務配置表

本部	係	係員	附記
総務 戸辺町長	救助係	◎清宮課長 警防團副團長 外警防團員 並に保安課員 若干	警防團と協力し舟艇其の他により救出をなすこと

本部	係	係員	附記
吉沢助役 高梨警防團長 内田收入役 主任 清宮課長 附 斎藤技術員	救護係	◎岡本課長 磯部書記 角書記 外厚生課員	罹災者救護所を設置して罹災者の救護に従事する 救護記錄
	給養係	◎深井課長 戸辺(昇)主事 木原書記 経済課員の一部と小学校職員若干	罹災者に対する医療並に配給品の給與並に出動警防團員及各係に対する諸給養必需品の調達及給與に従事する
	調査係	◎小倉課長 金子書記 戸辺(一)書記	各罹災状況の調査（損害程度見積）及見舞其の他の資料蒐集に従事する 尚町議による調査員と緊密なる連絡を必要とする
	庶務係	◎小沢課長 高梨書記 染谷書記	各種受付救助救護に必要な用度の調達並に各係より報告せられた情報の記録をなすこと

備考

一、各係は必要ありと認められる事項は悉くこれを町長に報告と同時に庶務係に連絡のこと。

一、救助係以外の係員は、毎日午前八時より一名乃至三名程度出動することゝし、其の員数は救護本部の状況により係長が定めること。

一、各係は緊密なる連絡協調をなし、事務遂行上遺策なきよう努めること。

一　経済課及税務課の課員は他の係の應援を求められた時は、課長と協議の上要求係に應援すること。
一、各課長は一般事務澁滞なきよう細心の注意を拂つて執務せしめること。
一、夜間の勤務表は別に総務課で割当てる。晝間の者との交替時限は午後五時より翌朝午前八時とすること。
◎印は係長を示す。

4. 舟艇陸続到着、救援の全面的展開

徹夜して警戒に当つていた消防團員は、十八日未明既に万般の準備を整え、救助作業を開始した。
(1) 鄕村消防團は、自村のトラツクにて渡船を運搬直に救助を開始した。
(2) 七福村消防團は傳馬船二隻、川間村は同三隻何れも野田町トラツクにて運搬し來り、直に救助に出動した。
(3) 旭村消防團は、野田町トラツクにて、傳馬船を運搬、同様出動した。
本日の救助作業は、到着の舟艇により、大に実績を擧げた外、浸水家屋に頑張りつゝある住民に、飲料水、握飯の分配に活躍した。
(4) 大山一郎氏より舟二艘、小林一郎氏より一艘借上げ、共に救援に活動した。
野田醬油会社より給水用トラツクを借用し、飲料水を着々現地に輸送することが出來、大に難民の要望に應える事が出來た。

増水狀況前日と変らず、猶警戒を要するを以て、各分團より二名、本部員五名を殘し、一部引揚ぐ。

明くれば十九日、午前六時、一分團拾名宛本部全員出動引続き活動に入る。本日は給水給食を主とし、已むを得ざる事情のものに限り救助するも、場合によつては医療班の出動をも求むることにした。

午前十時警察署より手配中の海舟二十二隻到着、一同欣喜雀躍、直に消防團、警察官を乗船せしめ、徹底的に救助に当ることにした。

午後五時、疲労甚しき團員を一先づ引揚げしめた。猶本日までに活躍したる救助隊員数及救助実績は左表の如くである。

記

1. 本日（九月十九日）迄の救助人員　延　五、四〇〇人
2. 内燃料補給者　延　三、五〇〇人
3. 医療救護者　延　一六〇人（中五名収容）
4. 收容救助人員　一、七二五人
5. 町内轉入者　五三一人
6. 野田町罹災者　五十四戸　二八〇人
　　内　避難者　十戸　五〇人

翌二十日、前日指示により出動したる警防團員並に青年團員は次の通りである。

記

團名	員数	團名	員数
野田町警防團第一分團	一二名	野田町警防團第六分團	九名
同　第二分團	一五名	同　第七分團	一二名
同　第三分團	一〇名	野田青年文化会	七名
同　第四分團	一五名	野田青年團	二〇名
同　第五分團	一五名	計	一一五名

猶隣接村より應援の警防團員数は左表の通り

記

團名	員数	團名	員数	團名	員数
旭村警防團	二五名	梅郷村警防團	二五名	福田村警防團	一〇名
七福村警防團	五七名	川間村警防團	一〇名	計	一二七名

本日埼玉縣災害救援対策本部金杉出張所設置されたるを以て、残務を引継いだ。但し猶給水の必要あるため、両者談合の上、二十二日まで毎日二回に亘り運搬することに取定めた。

野田町水害罹災者救助本部は、本日を以て一應解散の形をとり、新に野田地方対岸水害対策本部を設置し、本部を町役場におき、石川調整課長を本部長とし、野田及び二川両地区に出張所をおき、罹災地各村の分担をそれぞれ決定指揮者は罹災地の町村長とする申合をしたのである。

因に二十一日以降の本部構成表は次の通り。

野田地方対岸水害対策本部構成表（昭二三・九・二一）　本部　野田町役場

本部名	構成員氏名	出張所名	構成人員	分担区域	備考
野田地方対岸	野田警察署長 野田町長 野田保健所長 野田町会議長 野田消防團長	野田地区出張所	唐鎌警部補 野田、新川、梅郷、七福川間各町村長 罹災地各町村長	三輪野江村 旭村 松伏領村 金杉村 川辺村 南櫻井村	罹災地各村の受持は各出張所に於て適宜其の分担を定めて構成人員中の町村長指揮者とせられ度い

本部名	構成員氏名	出張所名	構成人員	分担区域	備考
水害対策本部	物資調達係 縣係官 本部長 石川調整課長 本部付 清藤主事	二川地区出張所	金子警部補 関宿、二川、木間ヶ瀬各町村長 罹災地各町村長	富多村 宝珠花村 櫻井村 豊岡村 田宮村 八代村 吉田村	田宮、八代、吉田村は杉戸管内にして救助は一應分割地先にて実施のこと

5. 救助本部の出動人員並に救援資材数

い、人的関係

1. 野田町役場吏員　延　二一二名
2. 同　警察署員　同　一五一名
3. 各警防團員（隣接村も含む）　同　一、一三一名
4. 官公吏　同　一〇四名
5. 各種團体　二〇四名

ろ、運輸関係

1. 自動貨車　同　五六輛
2. 舟艇　同　一八〇隻

は、救援物資

1. 小麦粉　一五噸
2. 米及麦　八三二瓩
3. 甘藷　一五〇俵
4. 粉乳　一、五〇〇人分
5. 野菜　トラック積にて　五輛
6. 燃料　一、〇〇〇束
7. 醤油　二〇樽

に、其の他

千葉縣八幡町より白米十三俵、甘藷一〇俵、蓮五俵の慰問の寄贈があり、現地において直接配給した。猶日用品、蠟燭、マッチ、牛乳、蒸し芋等枚擧に遑がない。

第三節　茨城縣の救援について

十七日午前十一時四十五分茨城縣知事より本縣知事宛報告第一報として、次の如く電文の着配があつた。

貴縣側被害狀況

境古河警察署を通じそれ〴〵貴官に連絡せるも、本縣猿島派遣隊よりの報告によれば、栗橋地方は甚大なる被害と多数の死傷ある見込、罹災者約百名、本縣新郷小学校に收容逐次增加されつゝあり。

同日午後一時更に次の如き電報を受く。

本縣古河町対岸貴縣川辺、利島の二村全部浸水に対し、古河町においては、役場、警察署及び警防等全町一体となり、炊出飲料水、マッチ、薪等の給與に万全を期しつゝあり。

右に対し、本縣知事より、茨城縣知事並に古河町長宛に感謝と引続き救援懇請の電報を発送した。

十九日二十一時三十七分、次の如き受信があつた。

栗橋、川辺方面の救護については、貴縣宛既報の通りなるが、本日埼玉第三一〇貴電により、幸手、栗橋地帯へ船約十五隻を呼び、警察官大内練習場長外警視一、巡査部長三〇名名を特派し、救護にあたらせることにしたから報告する。

九月二十日茨城縣警察部長より、本縣警察部長宛、救援狀況第六報として、左記の如く報告に接したのである。

記

1. 本日八時三十分境警察署出発、船かり出しのため約二時間を要し、古河、栗橋を経て十一時頃幸手町貴縣水害対策本部出張所を訪問、現地よりの要請にもとづき直に活動を開始す。

2. 携行品並に十人乗船十五隻を貨物自動車三台に登載し、救助用の握飯八〇〇名分（米一石分）飯米十俵、野菜若干も別動車で同道する。

3. 救援警備に就ては、現地到着後でなければ、具体策も樹てられないが、大体調査、輸送、設営、救護の四班を編成し、遅難希望者は、五霞村を収容所にあて、應援隊は本夕より当分五霞村役場、農業会、寺院等に合宿の予定である。

4. 救助船にはすべて茨城縣何〇〇号と印せる小旗を掲揚し、船一隻に対し警官一、船夫一を乗船させる予定。

同日午後六時十五分、救援狀況第七報を以て、更に次の如き報告が、同様本縣警察部長宛寄せられたのである。

一、本日午前十時三十分幸手警察署到着、福永副知事幸手警察署長と協議の上、次の如く活動を開始した。

(1) 第一次到着の舟艇八隻に巡査部長一名、警官二名を乗船せしめ、管内櫻田村へ三百名分、行幸村へ四〇〇名分高野村へ五〇〇名分の應急食料及び飲料水を登載し、正午それ〳〵出發せしめた。

(2) 本縣より持參した白米七俵は、幸手署にて炊出しをして配食した。

(3) 救護班員は、幸手町において施療を開始した。

二、現地は何れも罹災者のみで、他を救援する余裕全くなく、且つ舟艇不足水勢急なるため、未だ孤立無緣の村落が各所にある。即ち

幸手署管內　櫻田村、上高野村、吉田村

加須署管內　原道村、元和村、東村、川辺村、利島村

杉戸署管內　八代村、田宮村

右の中一部は古河署管內及び境署管內に避難している。

三、救援物資としては、食糧、燃料、マッチ、蠟燭、毛布の類、施設として通信線、電燈線、救護用として医藥、医療品類は緊急を要するものなるが、猶舟艇舟夫の增員方につき御考慮賜りたし。

二十一日十一時二十分茨城縣警察部長宛、本縣依頼電報に対する返電を受領す。

記

極力手配中なるが、本縣の水害も甚大なるため、取敢えず小型機船（鉄舟二十五人乗）本日幸手警察署救援本部に向け出発せしむるにつき報告す。

猶所用のガソリンは後日請求するにつき御厚配願いたし。

千葉茨城両縣は、自縣も莫大なる損傷を蒙り乍ら、燃ゆるが如き隣保愛に、終始一貫、本縣の救援救護に活躍を続けられしは、実に感謝の言葉もなく、特に対岸隣接の猿島地方事務所関係者特に古河町、新郷村、五霞村の一町二村の各関係者、諸團体の方々には、直接救援に敢闘、全員不死身の活動に、幾多の尊い人命は、次々と安全地帯に救出せられ、当時の新聞、ラヂオに幾多の美談が報導されたのである。

猶猿島郡新郷村々長内田晃氏、古河町長小池宗次郎氏、五霞村長よりそれぐ救援狀況に関する詳細の報告を頂いたから、次に記載することにする。

一、埼玉縣栗橋方面水害應急救援狀況

茨城縣猿島郡新郷村

本村は古河警察署長中田駐在所主任（栗橋対岸）の指導を仰ぎ、各種機関を動員し、左記の如き救援隊を組織し、罹災者の救援に努め、進んで見舞品を贈呈した。

救援隊編成――本部
1. 救助班
2. 医療班
3. 炊出班
4. 給水班
5. 收容班

一、救助班の活動

本班は本村消防團員を以て編成し、水勢急なる利根本流の濁流中を縦横に渡渉し、栗橋町及び附近住民が、或は屋上に、或は樹上に、救を求むる左記の人員を救出するに成功、実に決死的作業であつた。

出動月日	救出人員	動員舟艇	備考
九月十六日	一一名	—隻	栗橋町
九月十七日	一二〇	三〇	栗橋町及其の附近
九月十八日	八〇	二一	同　島中、狐塚等
九月十九日	一三〇名	三二隻	栗橋町中里等
九月二十日	一二二	二四	同
計	四六三	一〇七	同

二、医療班の活動（主任　小出医師担当）

1. 班編成
   - イ組　應急診療所開設及診療
   - ロ組　現地において診療
   - ハ組　現地よりの患者運搬

各組とも連繋を密にし、施療防疫に万全を期す。

2. 出動人員及び期間

九月十六日より二十日まで五日間毎医師一、衛生部員一一名

3. 診療成績　内科一〇一名、外科一七名計一一八名

三、炊出班

本班は九月十六日より十八日まで三日間延五十一名の従事員により、左記の救援資材を使用す。

米十七俵、甘藷五俵、食塩二貫匁、薪百四十束

四、給水班

村内竹田産業古河工場従事員一同給水に従事すると共に、同字村内第四六八消防分團員よりも、貨物自動車による陸路と、舟艇による水路の二方面より、それ〴〵補給す。

猶給水は九月十六日より十九日まで四日間で、従事員は両者延五十四名である。

五、収容班

村立小学校三棟七教室を収容所に充て、九月十六日より十月三日に至る十八日間、栗橋町及び東村の罹災者計四七五名を収容し、食糧並に患者の診療に活動した。

猶収容所における保健衛生に留意し、収容者全員に対し予防接種を施行した。

六、見舞金品

本村より罹災町村役場を通して贈呈したる金品は左表の通りである。

品目	数量	贈与先	品目	数量	贈与先
現金	六、三四〇円	栗橋町、東村、川辺村	小麦	八斗	栗橋町、東村、川辺村
精米	四斗入 二俵	同	甘藷	四〇三俵	同
精麦	一五	同	馬鈴薯	二	同

二、埼玉縣川辺領方面水害救援状況

茨城縣古河町

一、はしがき

㈠ 古河町から水害救援を実際上実施したのは、川辺、利島、海老瀬及び東、栗橋の一町四ヶ村である。（但し海老

瀬村は群馬縣）
㈡ 救援の初期に於ては、対岸川辺、利島、海老瀬の三ケ村、後期に於ては栗橋町と東村とである。
㈢ 救援の内容は、給水、炊出、医療、生活必需物資、輸送、消毒、仮收容、傳染病患者收容及び見舞品（現金を含む）等である。

二、水害発生当時の現況について

昭和二十二年九月十六日は、連日の豪雨により、各河川は刻々増水、遂に渡良瀬川も正午頃相当の増水を見た。川辺村民の一部は、早くも避難を始め、午後八時頃迄には大体古河町内の緣故、親類等の民家に婦女子を移していた。この頃、消防團員は、一齊に出動して、堤防の警戒に当つていたが、水勢愈々強く、午後十時頃は、毎時三尺位の増水を示し、全く危険の狀態に入つた。古河町に於ては全町民に非常警告を発し、一戸一名は必ず堤防を守るべく、又家族、家財等は各自適当に処理しておくようそれ〴〵傳達したのである。併し降雨依然止まず、活動も思ふようには出來なかつた。午後十一時頃から堤防の溢水始まり、附近の民家は爭つて避難を開始したが、團員は堤防の警戒に死闘をつゞけ、さながら戰場の觀を呈した。「人事を盡して天命をまつ」という言葉は、丁度其の当時の狀況をそのまゝ表現する文字である。対岸の川辺、利島の両村も亦同様であつたと思われる。

十一時半前後、川辺村地先に異様の大音響を耳にした。もしや堤防決壊ではあるまいかと思つたが、水勢はげしく現場に行くことが出來ず、たゞ三國橋の一隅から想像するに過ぎなかつた。間もなく減水の徵が現われ、いよ〳〵決壊を確認すると共に、其の程度、箇所等に対し決死的調査を開始し、漸く十二時頃に至り大体のことが判明した。即ち川辺・利島の両村が完全に水中に沒したことを知つたのだ。水防から直に救援態勢に切替えるべく、関係者が急遽参集したのが將に零時半、これから午前三時迄人命救助、給水、仮收容等敏速に完了し、現場に立つたのが午前四時頃であつた。

三、第一次救援の状況（九月十七日より三日間）

夜來の豪雨はからりと晴れて、非常に暑い日が続いた。午前四時第一救援隊は、人命救助を目的として、先づ現場の状況を視察に出た。然し乍ら最も困つたのは船がないことであつた。默々として水中に沒した民家を見乍ら、之に近づくことが出來ない。釣舟程度では水勢が激しくて駄目だし、之に代る大形の舟が欲しいが無い。漸くのこと発動機船二隻を入手して兎に角午前中に大体の目的を達した。然し当時川辺村役場では、水中に沒していて連絡が出來ず止むを得ないので堤防上に避難している村民を対象として、第一次救援をすることとなり、午後一時から給水と炊出しを開始した。給水で一番困難したのは、自分の屋根に避難している者に対してどうするかということであつた。水難に経驗のある両村民も、余り急激の出水に身を避けるのみに汲々として一ケの器物も身にしていないので、其の場限りの給水に終つてしまう。さればといつて瓶、水筒等の手配は間に合わず、非常に難儀した。又水を船に積込むことも一苦労で、約半分は途中で失われる実情であつた。水道のない古河町では民家の井戸から一々汲み上げ、両村民に配給をすることは並々ならぬ苦心で、凡そこの方面に動員された人数丈でも数千名に上つたであろう。主として学生、青年、主婦、消防團員が之に当つたが、この作業だけでも約一週間も続いた。後に之を組織化し、大体運搬は消防自動車及船で、これには消防團員が当り、大樽にくみ込む作業は主として青年と学生が当つた。一方食糧の手配であるが、十六日夕食から、十七日晝食迄、殆んど食べていないので、取敢えず十七日晝食から夕食迄一戸五人を標準として、大体五〇〇戸分を炊出し、配布し終つたのが同日午後九時頃であつた。

幸い古河町には飯島、須藤両製糸工場があつたので、両氏の好意により炊出作業は一切お願いし、三日間完全に炊出の出來たことは、先づ特筆すべきものである。かくして救援事務に当つた者は、全町各戸一名は必ず自発的に、其の他は学生、町内青年團、工場有志等であり、凡そ第一日に出動された者だけでも八千人を下らない情況であつた。自動車のある者は自動車、舟のある者は舟、オート三輪車のある者は三輪車といつたように、各々救援に必要なる資材器具を持ちより、しかも自発的に次々と行われたのは非常に美わしい風景であつた。かくして二十日頃迄は毎日同様に救援作業がくりかえされた。

四、避難民の仮収容所の設置

第二日目からは、救援態勢を永続化する必要を認め、古河町立中学講堂を仮収容所に当て、主として川辺村民の収容に努めた。この施設は十月上旬迄続いたが、最低三〇、最高八〇の家族を上下しつゝ、約半月程世話した。其の間衣食に関する一切の救援は勿論、慰安復興の面も相当に考慮した。この方面は一切中学校の教職員と生徒が担当せられた。特に美しいのは中学校附近の民家から、子供のおやつ、野菜等主婦の心づくしの数々が毎日食膳をにぎわしたことである。古河町婦人会員は、洗濯衣服のつくろいのため、毎日数名の婦人が之に当つたことである。

五、古河町水難救助隊の発足

丁度暑中休暇で、帰省していた専門学校、大学の学生諸君を中心として、自主的に標記の如き組織を結成し、専ら町の施策に協力すると共に、自ら現地を歴訪して医療、衛生方面に全面的の努力を拂つてくれた。特に医学生は町医一色仁氏と共に医療班に加わり、幼兒、婦女子等の檢診、施藥、消毒に約二週間程奉仕された。全村の井戸を消毒したのも悉くこの方々の手によるもので、大水害の割合に傳染病患者が非常に少なかつたことも、蓋し故なきに在らずと申されましよう。

この民間團体は、暫く古河町江戸町に事務所を置き、役場とタイアップして、漸次青年男女の協力を得、救援第二期以後の仕事を担当せられたので、町民及避難民の感激深きものがあつたと思う。

六、近隣町村の應援

新郷を除く西部各町村（香取、勝鹿、岡郷、櫻井の四ヶ村）は、十六日水防作業以來、切なる應援を願つていたが特に第二次以後の救援については、心づくしの金品迄相当におくられている。其の主たるものは野菜、雑穀、薪炭、甘諸、馬鈴薯、衣類等で、悉く現地迄之を輸送して、村当局に直接手渡して頂いたのである。栗橋町、東村方面にも同様應援を願つたが、実に銘記せねばならぬことゝ思う。

七、第二次以後の救援概況について

九月二十日以後を第二次と称するのであるが、やゝ持久戰に入つた形で川辺、利島、海老瀬の差当り救助を要する用務を終つて、其の後は専ら物資の手配に入つた以後のことである。

丁度この頃、栗橋町、東村方面では、専ら対岸新郷の厄介になつていたが、なにしろ村の人口が少いので、あらゆる物資に不足を來たし、更めて古河町にこれが救援方の依頼があつた。古河町では、全然その状況を知らなかつたがたしか九月十九日頃と思う。埼玉縣より副知事の來訪があり、この際如何なる方法でもよいから、是非とも救援をたのむという話があつた。そこでこの要望にこたえて速座に引受け、約一週間に亘り要求される物資を手配し、着々輸送に当つた。其の主要なるものは米、麦、甘諸、馬鈴薯を含む主食と、塩、味噌、醬油、ソース等を含む調味料をはじめ副食物としては鑵詰類、干魚等で、この外油、牛乳、砂糖乃至雑貨類等もあつた。中でも主食の問題についてては非常に困難を來し、古河町に配給すべき主食までも提供して之に当てたため、其の後古河町民に配給する主食の操作が出來ず、あべこべに古河の住民が他町村から救済してもらわなければならぬ結果となつてしまつた。漸く月末頃各地の早場米をかき集め、やつと其の急場をしのいだが、月六、〇〇〇俵を必要とする古河町としては一番大きな打撃であつた。

八、善隣愛の結晶一品供出

これより先、町と民生委員会の発案により、各戸一品供出運動が起り、川辺、利島、栗橋、東を救えのスローガンで、実用品の募集に当つた。勿論品物のない者は見舞金でも結構であつたが、出來るだけ品物を必要としたので、大体五日間に約五万点を集めた。衣料、食器、下駄類、炊事用具、文具類、古雑誌、新聞等トラック三台にそれぞれ満載して関係町村に見舞したもので、現在其の目録を見るにつけても、如何に心をこめて供出したかゞうかゞわれて嬉しいのである。

三、埼玉縣幸手町方面救援狀況

茨城縣猿島郡五霞村

本村は、東村地先堤防決潰により、危険は免れたものゝ、対岸埼玉縣幸手町、栗橋町方面は、利根決潰氾濫により全く孤立の狀態に陥り、堤防上に多数の避難民を見ては、「須臾も猶余を赦さない」と直に村当局者は、権現堂川村に、水害救援本部を設置し、村長を本部長に推し、全村民協力一致、これが救済に活動を開始した。

然るに、連絡輸送には、先づ船が必要なので、村内の小舟を徵発し、白米十俵、薩摩芋一千貫を、それぞれ小舟に分載の上、消防團員が決死の勇を鼓し、逆巻く濁流を漕ぎ、次々と堤上に陸上げして、食料の補給に努むる一方、飲料水の補給にも努めたのであつた。

第五章　災害費國庫補助と精算

昭和二十二年十月三十一日附國庫補助申請に対し、十二月十二日附厚生大臣より、一金九千九拾七万四千四百八拾八円を補助する通牒に接したのである。

猶補助金使途明細に関しては、昭和二十三年十月十八日附を以て、厚生省社会局長宛提出したが、其の内訳は左記の通りである。

二三保護発第二二六号

昭和二十三年十月十八日

埼玉縣知事　西　村　実　造

厚生省社会局長殿

昭和二十三年度災害救助費國庫補助精算に関する件

昭和二十二年十二月十一日発社第一五六号通牒に基く標記精算書曩に御提出済の処別紙の通り変更になつたから再提出致します。

別　紙

昭和二十二年度災害救助費國庫補助精算書

埼　玉　縣

一、災害救助のため支出したる経費総額内訳別紙の通り

金八千七百参拾五万八百八拾七円参拾六銭也

二、右に対する國庫補助所要額

金七千参百八拾六万五千九百九拾八円六拾弐銭也

内　訳

昭和二十一年度に於ける縣の還付税額並びに標準賦課率で算定した地租附加税、家屋税附加税及營業税附加税の合計額金千七百弐拾七万弐千円の(イ)百分の五を超え百分の五十以下の金額に対する百分の五十金参百八拾八万六千弐百円、(ロ)百分の五十を超え百分の百以下の金額に対する百分の八十金六百九十万八千八百円、(ハ)百分の百を超える金額に対する百分の九十金六千参百七万九百九拾八円六拾弐錢也

三、國庫補助配賦額

金九千九拾七万四千四百八拾八円也

四、差引過剰額

金千七百拾万万八千四百八拾九円参拾八錢也

救助の実施に要した経費算出內訳

区分	員数	單價	金額	備考
避難所費	延 二、一三三、六五八人	一人一日当り 一・八〇円	三、八四〇、五八五・一六円	收容人員九二、七六七人の二三日分
焚出費	延 二、二八八、九七七	七・〇〇	一六、〇二三、八三九・四五	罹災人員四二一、六六七人の中九九、五五〇人の二三日分
食品給與費	二〇〇、五七四	七・〇〇	一、四〇四、〇一八・〇〇	流失、倒壊、床上浸水、半壊に依る罹災人員四二一、六六七人の中六六、八五八人の三日分
被服其他生活必需品費	—	—	四六、七二八、四一四・六一	
流失倒壊分	三、一七一戸	三、七〇〇・〇〇	一一、七三二、七〇〇・〇〇	
半壊床上浸水	四一、一七一	八五〇・〇〇	三四、九九五、七一四・六一	
医療及助産費	—	—	五、五〇四、四九九・二三	

区分	員数	単価	金額	備考
医療	一六、八二四人	三二四・六七円	五、四六二、三九一・一二円	
助産	一七三件	二四四・八〇	四二、一〇八・〇〇	
埋葬費	一六八	四二〇・〇〇	七四、七六〇・〇〇	
運搬費	—	—	一〇、五二八、八一六・五三	
自動車	延 五、五四一台	一、五〇〇・〇〇	八、三一二、〇〇〇・〇〇	
舟	延 四、六二四隻	二〇〇・〇〇	九二四、八七一・四〇	
荷馬車	延 三、二四三台	一五〇・〇〇	四八六、五八五・八七	
リヤカー	一、七六一	一〇〇・〇〇	一七六、一二八・〇〇	
保管料	—	—	五〇、三五三・八二	
燃料	—	—	一三、九二六・五九	
損料	—	—	一〇、一一〇・七三	
其他	—	—	五五五、八四〇・一一	
人夫賃	延 三二、四六九人	一〇〇・〇〇	三、二四六、九五四・四〇	
合計			八七、三五〇、八八七・三六	

二三保護発第二二二六号

昭和二十三年八月二十六日

埼玉縣知事　西　村　実　造

厚生省社会局長殿

昭和二十二年度災害救助費國庫補助精算に関する件

昭和二十二年十二月一日発社第一五六号通牒に基く標記精算書別紙の通り提出致します。

昭和二十二年度災害救助費國庫補助精算書

埼　玉　縣

一、災害救助のた支出したる経費総額内訳別紙の通り

金八千七百六拾参万六千参百六拾九円九拾弐銭也

二、右に対する國庫補助所要額

金七千四百拾弐万弐千九百参拾弐円九拾弐銭也

内　訳

昭和二十一年度に於ける縣の還付税額並びに標準賦課率で算定した地租附加税、家屋税附加税及び営業税附加税の合計額金千七百弐拾七万弐千円の(イ)百分の五を超え百分の五十以下の金額に対する百分の五十金参百八拾八万六千弐百円、(ロ)百分の五十を超え百分の百以下の金額に対する百分の八十金六百九拾万八千八百円、(ハ)百分の百を超える金額に対する百分の九十金六千参百参拾弐万七千九百参拾弐円九拾弐銭

三、國庫補助配賦額

金九千九拾七万四千四百八拾八円也

四、差引過剰額

金千六百八拾五万千五百五拾五円八銭

別紙

救助の実施に要した経費算出内訳

区分	員数	単價	金額	備考
避難所費	延 二、一二七、二八六人	（一人一日當り）一・八〇円	三、八二九、一一五・一六円	收容人員九二、四九〇人の二三日分
焚出費	延 二、二七九、六五四	同 七・〇〇	一五、九五七、五八一・四五	罹災人員四二一、六六七人の中九九、一一五人の二三日分
食品給與費	二〇〇、五七四	同 七・〇〇	一、四〇四、〇一八・〇〇	流失、倒壊、床上浸水、半壊による罹災人員四二一、六六七人の中六六、八五八人の三日分
被服其他生活必需品費	―	―	四七、二三〇、一四三・四九	
流失倒壊分	三、一七一戸	（一戸當り）三、七〇〇・〇〇	一一、七三二、七〇〇・〇〇	
半壊、床上浸水分	四一、七六一	同 八五〇・〇〇	三五、四九七、四四三・四九	
医療及助産費	―	―	五、五〇二、六九九・三三	
医療	一六、八二四人	（一人當り）三二四・六七	五、四六二、三九一・三三	
助産	一六三	同 二四七・二八	四〇、三〇八・〇〇	
埋葬費	一七八件	（一件當り）四二〇・〇〇	七四、七六〇・〇〇	
運搬費	―	―	一〇、四三四、七九九・二〇	
自動車	延 五、五一八台	（一台當り）一、五〇〇・〇〇	八、二七七、八〇〇・〇〇	
舟	四、五一〇隻	（一隻當り）二〇〇・〇〇	九〇二、一一五・四〇	
荷馬車	三、一七五台	（一台當り）一五〇・〇〇	四七六、二六三・八五	
リヤカー	一、七一七	同 八〇〇・〇〇	一七一、七八八・七〇	
保管料	―	―	五〇、三五三・八二	

燃料	―	―	一三、九二六・五九
損料	―	―	一〇、一一〇・七三
其の他	―	―	五三三、四四〇・一一
人夫賃	三三、〇三三人	(一人當り)100・00	三、三〇三、三五四・四〇
合計			八七、六三六、三六九・九二

昭和二十二年度歳出災害対策費決算調書　抜萃

款、項、説明種目	予算現額	決算額	予算殘額 翌年度繰越額	予算殘額 不用額	附記
第十一款　災害対策費	一二七、五〇〇、〇〇〇・〇〇円	八七、六三六、三六九・九二円	―	三九、八六三、六三〇・〇八円	
第二項　救助費	一二七、五〇〇、〇〇〇・〇〇	八七、六三六、三六九・九二	―	三九、八六三、六三〇・〇八	
第一目　収容施設費	五、四四五、〇〇〇・〇〇	三、八二九、一一五・一六	―	一、六一五、八八四・八四	
○避難所費	五、四四五、〇〇〇・〇〇	三、八二九、一一五・一六	―	一、六一五、八八四・八四	
第二目　焚出費	四一、一一三、九三七・〇〇	一五、九五七、五八一・四五	―	二五、一六五、三五五・五五	第四目被服其他へ △二、三七〇、四六三円流用
第三目　食品給與費	八、八四七、六三〇・〇〇	一、四〇四、〇一八・〇〇	―	七、四四三、六一二・〇〇	
第四目　被服其他生活必需品費	四七、二三〇、一四三・〇〇	四七、二三〇、一四三・四九	―	〇・五一	第二目焚出費より 二、三七〇、四六三円流用
第五目　医療及助産費	五、五〇二、七〇〇・〇〇	五、五〇二、六九九・二三	―	〇・七八	第七目運搬費より 四、六〇二、七〇〇円流用
第六目　埋葬費	八四、〇〇〇・〇〇	七四、七六〇・〇〇	―	九、二四〇・〇〇	
第七目　運搬費	一五、三九七、三〇〇・〇〇	一〇、四三四、七九九・二〇	―	四、九六二、五〇〇・八〇	第五目医療及助産費へ △四、六〇二、七〇〇円流用
第八目　人夫賃	三、八七〇、二九〇・〇〇	三、三〇三、二五四・四〇	―	五六七、〇三五・六〇	

厚生省第　　　号

埼　玉　縣

昭和二十二年十月三十一日二二厚收第九〇三号申請の災害救助のため要した費用に對する國庫補助の件昭和二十二年度において金九千九拾七万四千四百八拾八円を補助する。

昭和二十二年十二月十二日

厚生大臣　一　松　定　吉

茨城縣に支拂いたる災害救助費費用弁償についての調

次に昭和二十三年三月二日附、茨城縣より救助應援費弁償額として、本縣より支拂いたる総額一、七七九、四〇三円六五銭に對し、疑義を生じ司直の手を煩わしたが、その内容は次の通りである。

一、費用弁償額

昭和二十三年三月二日付求償額一、七七九、四〇三円六銭の請求ありたるに依り、調査の結果、同年三月二十日同金額を縣職員持参直接茨城縣に支拂つた。其の内訳は左の通りである。

記

種目	金額	備考	種目	金額	備考
一時避難所費	二三八、〇一五・〇〇円		運搬費	三五五、六四三・九九円	自動車　延一九一台 舟　延五一一隻
焚出費	八〇九、七五四・六六		人夫賃	三七〇、七五〇・〇〇	
医療及助産費	五、二四〇・〇〇		計	一、七七九、四〇三・六五	

二、茨城縣の本求償額に対する騙取事件顚末
別紙の通り（茨城縣民生部長回答書類写）
三、縣の処理方法及対策
本求償金は、正当の求償額であると認定し、支拂いを完了したので、第二項の事件解決次第処理したい。
（写）

昭和二十四年五月十二日

茨城縣民生部長

埼玉縣民生部長殿

埼玉縣應援の災害救助費について

四月二十五日照会の右について、左記の通り其の概要を通報いたします。

記

昭和二十二年九月の関東、東北風水害に際し、栗橋附近の堤防決潰により、利根の濁流は主として埼玉縣の平野に流れこみ、その罹災者数万が本縣側堤防に避難して來たので、本縣としても出來得る限りの應援をしたことは、御承知の通りであります。この應援に参加しました町村は、本縣猿島郡古河町、新郷村、勝鹿村、櫻井村、香取村、靜村岡郷村の七ケ町村であります。

この應援に要した費用については、昭和二十二年九月二十六日、社発第一、四三二号社会局長通牒により、災害地縣と協議の上、当該縣に求償することが出來ることとなつたので、当時の熊谷民生部長以下三名が貴縣に赴き、支拂証拠書類其の他について打合をとげた。然し應援した町村に対しては、制規の手続を了する迄、その補償を延引することが出來ぬ事情があつたので、取敢えず本縣の水害関係予算を流用、猿島地方事務所を通じ、立替支出を爲し置き

其の精算額一、七七九、四〇三円六五銭を支拂い、証拠書類の写を添えて、貴縣に求償し、其の全額を收受し、本縣の予算に定額戻入した次第であります。而るに昭和二十三年四月頃古河町に於て、町民反対派の会田某外二、三の町会議員が右求償金額中、古河町取得分五五五、七四九円の中には、正当に求償し得る額以外に、勤労奉仕、見舞品を換算した所謂奉仕的金額が含まれていると騒ぎ立て、遂に小池町長を告発するに至りました。よつて本件は、司直の手に移り、取調の結果、前記求償額の中には、左記金額が勤労奉仕、見舞品等を換算され、騙取したるものとして、熊谷前民生部長始め猿島地方事務所長渡辺仲治、古河町長小池宗次郎、新郷村長内田晃、勝鹿村長尾花治兵衛、岡郷村長諏訪大助、櫻井村長高橋欣一郎、香取村長永塚外記、靜村長金久保佐七の九氏の起訴を見たのであります。

記

勤労奉仕、見舞品等を換算したと目される金額九四一、七六二円一七銭

内訳

古河町	四二一、九七〇円〇〇	勝鹿村	六、七四三円八〇
岡郷村	五八、八三七円〇〇	櫻井村	七九、五四二円〇〇
香取村	一二七、四六六円二五	靜村	九、二七五円〇〇
新郷村	二三七、九二八円一二		

右起訴に基き、水戸地方裁判所にて審理の結果、熊谷前民生部長は、前記金額を関係町村長に、正当に求償して、補償さるべき金額であると誤認させて、騙取せしめた事実ありとの廉で、起訴されたもので、渡辺猿島地方事務所長外関係町村長は騙取の意思なく、熊谷前民生部長の指示のまゝ当然貰えるものと錯覚し、動いたものとして、無罪の判決を受けた次第であります。而し現在は熊谷前民生部長に関する控訴審継続中で、最後的決定に到つていない。

尚前記分と目される金額の中でも、或る町村に於ては当初より補償さるべきものと信じていたものもあります。

第五編　復讐とその對策

第一章 縣の對策

今次水害は、埼玉縣史上未曾有の災厄であつて、罹災の範囲も全縣下に及び、罹災者数も大約四十三万人を算するに至つた。

かゝる廣範囲に亘る罹災地の復興再起並に援護を図るには、予想以上の莫大なる経費を要することは明瞭である。縣対策本部においては、出水以來常時愼重協議を重ね、早急復旧に目標をおきたるも、すべては資金が先決問題であり、これが獲得には、二百万縣民の愛郷心に訴え、相互扶助の隣保愛に燃ゆる、純情々熱の昂揚に努むることが大切であり、これに対する具体案の作成も、各関係者により、着々進められたのである。

第一節 復興と縣民運動

一、埼玉縣水害復興委員會の設立

十月九日部長会議の席上、水害における被害者の救護及び復旧に関し、促進と万全を期するため、埼玉縣水害復興委員会設立の議が起り、先づこれに対する第一手段として、水害復興縣民運動を展開し、本運動を一層活潑ならしむるため、これに関する具体的要綱の審議に入り、種々意見の交換があり、次で埼玉縣水害復興委員会の規程につき、逐條討議で進められ、大体その成案を見たのである。

十月二十八日、水害対策本部事務局長より、同日午後一時副知事並に部課長等を、縣会議場に招集し、これが実行運動に関し、予て立案による計劃概要を提示し、それぐ意見を徴したる後、更に水害復興委員会の機構について発表し、これに所属する委員並に幹事をそれぞ〳〵委嘱したのである。

因に水害復興縣民運動の要綱、同委員会の構成機関及び團体、埼玉縣水害復興委員会構成並に代表員数、それに伴なう委員幹事の氏名は、別項記載の通りである。

1. 水害復興縣民運動要綱

(一) 実施機関

い、主体　埼玉縣水害復興委員会

イ、本部を縣廳内におき、支部を各市及び地方事務所内におく。
ロ、本部長には知事、支部長には市長又は各地方事務所長があたる。
ハ、本部には運動実行委員会を設け、運動の実施推進の母体とする。
ニ、委員会は別表記載の機関並に團体等を以て構成する。

ろ、協賛

イ、各関係官廳
ロ、各関係機関
ハ、各関係各種團体
ニ、各新聞雑誌通信社
ホ、放送協会

(二) 実施期間

昭和廿二年十一月一日より向う六箇月間

㈢　実施事項大別

い、普及宣傳

ろ、援護資金の募集

は、援護物資の募集

に、奉仕的労働力の募集

㈣　実施の要領

い、普及宣傳の方法

イ、街頭宣傳

ロ、映画館においての幕合宣傳

ハ、映写会の開催

ニ、災害実情の図解説明（地図及び統計書）

ホ、災害写眞の移動展覧会

ヘ、講演会の開催

ト、兒童作品（主に習字）の募集と街頭展示

ろ、義捐金募集の方法

イ、街頭募金（托鉢（タクハツ）を含む）

ロ、映画館等の幕合募金

ハ、市町村役場に義捐箱の設置

ニ、其の他（委員会構成團体表附記欄参照）

は、援護物資の募集方法

イ、一戸一品以上の供出勧奨

ロ、其の他（委員会構成團体表附記欄参照）

㈤ 義捐金品の処置

委員会を開催して協議決定

㈥ 経　費

募金額中より支弁

㈦ 其の他

い、義捐金の成績に就ては、毎週一回郡市別に其の額の統計を発表することにする。（埼新紙上）

ろ、右の外受入の都度新聞発表する。物品に対しても同様措置する予定。

は、其の他本運動に賛し実行したる一切の個人活動、團体活動については詳細記録し之を保存することにする。

2. 委員会構成機関及び團体

順	関係箇所名	運動要領	順	関係箇所名	運動要領
1	縣会関係	講演其の他	5	民生委員代表	講演その他
2	衆参議員	同	6	興業組合	幕合宣傳、募金、一日收益の寄附
3	市町村長代表	同	7	教育会	兒童作品の募集、街頭募金、バザー開催、罹災兒童への学用品拠出
4	報道機関代表	同	8	宗教聯盟	托鉢及び街頭募金

順	団体名	内容
9	馬匹組合	競馬による収益金寄附、競馬場における募金
10	商工業組合	製品及び収益金の寄附
11	労働組合	労力奉仕
12	農民組合	労力奉仕、農具、飼料の寄附
13	教員組合	職場拠金
14	職員組合	同
15	農業会	野菜飼料等の計劃救援及び義捐金
16	林業会	燃料の計劃救援及び義捐金
17	銀行團	店内義捐箱の設置、義捐金
18	婦人会	一品寄附
19	男女青年團	労力奉仕隊の選出及び物資の持寄
20	自動車組合	水害従事自動車賃の一割寄附又は持寄物資の奉仕的輸送
21	土建組合	寄附金
22	理髪業組合	一日収益の寄附、奉仕班の派遣
23	結髪業組合	同
24	医師会	診療班、義捐金
25	歯科医師会	同
26	薬剤師会	同
27	看護婦会	診療班
28	露天商組合	義捐金
29	社会事業團体	寄附金

3.　埼玉縣水害復興委員会構成並に代表員数

順	係名	各機関團体名	員数
1	会長	縣廳、知事	一
2	委員	縣会関係	八
3	同	衆参議員	一六
4	同	市長	五
5	同	地方事務所長	八
6	同	町村長代表	七
7	同	農業会代表	一
8	委員	林業会代表	一
9	同	商工業代表	二
10	同	金融関係代表	三
11	同	食糧調整委員代表	一
12	同	報道関係代表	八
13	同	農地委員代表	一
14	同	農民組合代表	三

順	係名	各機関團体名	員数
15	委員	労働組合代表	四
16	同	婦人代表	一
17	同	青年團代表	一
18	同	社会事業團体代表	一
19	同	宗教團体代表	一
20	同	衛生團体代表	一
21	委員	教育團体代表	一
22	同	運輸関係代表	一
23	同	電力関係代表	一
24	同	特別官廳関係	六
25	同	縣廳側	二
計			八五

4. 埼玉縣水害復興委員会委員幹事名簿

職名	氏名
委員	
知事	西村実造
縣会議長	松本倉治
縣会副議長	永塚勇助
縣会議員	轟安雄
同	石川栄一
同	森田正雄
同	加藤松年
同	田沼年治
同	眞中麟
衆議院議員	川島金次
衆議院議員	田島房邦
同	佐瀬昌三
同	馬場秀夫
同	松永義雄
同	田口助太郎
同	師岡栄一
同	山口六郎次
同	青柳高一
同	松崎朝治
同	古島義英
参議院議員	小林英三

職名	氏名
参議院議員	荒井八郎
同	天田勝正
同	石川一衛
浦和市長	松井計郎
熊谷市長	鴨田宗一
大宮市長	津川辰政
川越市長	伊藤泰吉
川口市長	大泉寛三
縣町村長会長 朝霞町長	荒井雅次
入間郡町村長会長 大家村長	吉川與一
比企郡町村長会長 松山町長	荒井喜兵衛
兒玉郡町村長会長 本庄町長	中島一十郎
秩父町村長会長 秩父町長	諸武三郎
大里郡町村長会長 御正村長	馬場栄一
埼葛郡町村長会長春日部町長	岩崎隆
埼玉縣農業会長	関根久藏
埼玉縣林業会長	平沼彌太郎
浦和商工会議所会頭	大塚作太
秩父セメント株式会社々長	大友幸助
日本銀行浦和事務所長	橋本勝
日本勧業銀行浦和支店長	大西清久
埼玉銀行頭取	山崎嘉七

職名	氏名
埼玉新聞社専務	板谷幸太郎
朝日新聞社浦和支局長	佐山忠雄
毎日新聞社浦和支局長	伊藤実
讀賣新聞社浦和支局長	久戸忠夫
共同通信社浦和支局長	青木富雄
日本経済新聞社浦和支局長	大沢龜太郎
東京新聞社浦和支局長	月館竹四郎
時事新報社浦和支局長	船橋行雄
埼玉縣食糧調整委員	諸口会三
縣農地委員会議長代理	中田彌重
入間郡入西村長	吉村参弌
日農縣連副会長	山本富嘉
全農縣連副会長	宮崎菊次
埼玉縣教職員組合副組合長	門平哲裕
労働組合総同盟 埼玉連合会々長	江部賢一
埼玉縣民主團体協議会	後藤壽文
埼玉縣地方労働委員（労働者側）	小口賢三
浦和市婦人会常任理事	堀内八重野
縣青年連絡協議会常任理事 蕨町青年團代表	高橋庄次郎
社團法人埼玉育兒院長	加東田教美
法光寺住職 伊奈村々会議員	別所弘因
埼玉縣医師会長	仲田一信

職名	氏名	職名	氏名
縣教育会副会長	西川好明	教育部長	細谷健治
埼玉縣運輸組合理事長	中沢定之助	農林部長	沼本謙二
関東配電埼玉支店長	上木順吉	商工部長	新原安郎
内務省関東土木出張所長	加藤伴平	土木部長	長久保信夫
東京商工局埼玉事務所長	矢部兵馬	農地部長	大庭実
農林省埼玉資材調整事務所長	清水茂輔	警察部長	古屋亨
東京鉄道局浦和自動車事務所長	多久孝三郎	会計部長	石川正一
東京鉄道局上野管理部長	久田富次	秩父地方事務所長	須川夏太郎
東京財務局浦和地方部長	阿部達一	入間地方事務所長	荒井益美
副知事	吉田忠一	北足立地方事務所長	石川四十一
同	福永健司	北武蔵地方事務所長	増野一吉
幹事		比企地方事務所長	松葉義治
総務部長	大沢雄一	北埼玉地方事務所長	久沢実因
民生部長	吉井則清	埼葛地方事務所長	鈴木隆
衛生部長	山口謹人		

5. 埼玉縣水害復興委員会規程（二二、一〇、一八）

第一條　昭和二十二年九月の本縣水害の救護及び復旧等に関する重要な事項を調査審議し、綜合的施策の推進を図るため埼玉縣水害復興委員会を設置する。

第二條　委員会は会長及び委員を以て組織する。

第三條　会長には知事が之に当る。
第四條　会長は会務を総理する。
会長が事故あるときは会長の指名する委員がその職務を代理する。
第五條　委員は知事が任命又は委嘱する。
第六條　委員会に幹事及び書記若干人を置く。
幹事及び書記は縣吏員その他の者より知事が任命又は委嘱する。
幹事は会長の命を受け会務を掌理する。
書記は会長の命を受け庶務に従事する。
第七條　本規程に定めるもののほか必要な事項は会長が之を定める。

二、第一回水害復興委員會

第一回水害復興委員会は、昭和二十二年十月二十一日午後一時より、埼玉縣会議場において開催、委員六十八名中五十名出席、先づ知事挨拶について、本委員長より本委員会設置に至るまでの経過概要について説明し、委員各位の全面的協力方に関し要望あり、終つて大沢幹事より、縣の主なる水害対策の概要について、予て配布したる印刷物により縷々説明あり、各委員より切実なる質問続出、委員長初め各関係幹事よりそれ〴〵所管事項の説明があつた。

次いで協議事項に入り、委員長より「委員会実施事項について」別案「市町村各種團体等実施事項」案によつて、縣民運動の展開に関する意見を徴したる所、満場一致原案に賛成、向後は官民一体の態勢を以て、强力なる運動を促進する事を申合せ、午後四時四十分散会した。

猶当日出席せられたる各委員に対し、委員会委員長より配布したる印刷物は次の通りである。

記

1、水害復興委員会規程並に委員会名簿
2. 昭和二十二年九月大水害の概要
3. 主なる水害対策の概要
4. 大水害に関する中央への要望事項
5, 市町村各種團体等実施事項案

以上五項目にわたる内容の梗概を次に記載して見よう。

1. 「委員会規定並に構成委員の名簿」は、前述記載の通りにつき省略。
2. 「昭和二十二年九月今次大水害」の概況は第二編の内容につき省略。
3. 主なる水害対策の概況

総務部関係

事業名	予算額	説明
一、水害復興委員会費	一〇〇、〇〇〇円	今次水害による救護及び復旧等に関する重要施策を調査審議し、総合的水害対策の推進を図るを目的とし官民合同の委員会を結成する。
二、治山治水委員会費	五〇〇、〇〇〇	水害除去の根本方策樹立の爲専門的委員会を結成し徹底的な調査研究をなさんとする。

一、救助費	一二七、五〇〇、〇〇〇	この経費は災害救助法に基く今次水害の救助費と、罹災者の保護に要する経費で内訳は次の通りである。 1. 避難所費 五、四四五、〇〇〇円 2. 焚出費 四三、四九三、四〇〇円 3. 食品給與費 八、八四七、六三〇円 四四五、〇〇〇人の三日分 4. 被服其の他生活必需品費 四四、八五九、六八〇円 布團、毛布等約三十種現物給與に要する経費 5. 医療及助産費 九〇〇、〇〇〇円 6. 埋葬費 八四、〇〇〇円 7. 運搬費 二〇、〇〇〇、〇〇〇円 8. 人夫賃 三、八七〇、二九〇円
二、應急仮設住宅建築費	四五、〇〇〇、〇〇〇	罹災者収容施設として一戸六坪三万円程度のものを一、五〇〇戸水害地に建設する計画である。
三、傳染病予防費	二〇、八五九、五四三	災害地域の傳染病予防に要する経費で内訳は次の通りである。 1. 予防接種費 四、五四七、二一八円 2. 消毒費 二、六一一、二三五円 3. 昆虫駆除費 一二、〇二〇、〇〇〇円 4. 予防及治療薬品費 七二九、五四〇円 5. 諸費 九五一、五五〇円

土木部関係

事業名	予算額	説明
一、道路復旧費	一六、八四九、一二八円	復旧個所　一二七箇所
二、橋梁復旧費	一九、六七二、七二一	同　六六箇所
三、河岸復旧費	七九、八五四、九六〇	同　一二五箇所
四、堤防復旧費	六六、三六七、五六〇	同　二一九箇所
五、砂防復旧費	八、八二五、五四六	同　一四箇所
六、市町村災害土木費補助	一三、七二六、八〇〇	道路一三三箇所、橋梁一二九箇所、河岸二箇所、堤防一七箇所、計二八一箇所の市町村土木復旧事業費二二、八七八、〇〇〇円に対し六割の補助をなする。
七、應急土木費	二一、三三八、三七八	緊急復旧を要する道路九箇所、橋梁六一箇所、河岸二箇所、堤防四七箇所の應急復旧費

農地部関係

事業名	予算額	説明
一、耕地復旧事業費補助	七二、七〇八、五三五円	水害による荒廃田　七、五二六反、畑　六、七四七反の復旧事業費七六、五三五、三〇〇円に対し國庫九割、縣五分、地元五分の負担区分を以てこれが復旧をなさんとす。
二、公共施設復旧事業費補助	一〇〇、九八九、七九〇	農道　九〇、二二九間、水路　一〇五、六五九間、堤塘　五、七〇九間護岸　七、一五四間、井堰一一二箇所、溜池一六箇所、橋梁六一〇

三、北川辺領排水事業費	一、四二〇、〇〇〇	箇所、樋管二八四箇所、揚水機二六箇所等の復旧事業費総額一〇六、三〇五、〇四二円に対し、國庫九割、縣五分、地元五分を以て復旧せんとす。 渡良瀬川堤防の欠壊によつて利島村地内にある揚水機は浸水の爲使用不能となつたのでこれが復旧を縣直営にて施行するもの。

農林部関係

事業名	予算額	説明
一、農事試験場復旧費	七〇、二五五円	農事試験場越ヶ谷分場の應急復旧費。
二、移植麦苗床設置費補助	一、一三六、〇〇〇	水害で作付不能の地帯の植付用として非水害地方に一二、五〇〇坪の移植苗床を設置せしめるため、これに対する補助金を交付しようとする。
三、麦種子購入費補助	二、三三三、二六五	流失麦種子の購入費に対し助成するもの。
四、雑穀種子購入費補助	四五、〇〇〇	流失秋冬作の雑穀種子の購入費に対し被害の甚大なる農家に重点的に助成をなすもの。
五、種馬鈴薯購入費補助	九、七三五、三七五	流失又は腐敗せしめた農家に対しその購入費について被害の甚大なるものに重点的に助成をなすもの。
六、蔬菜種子購入費補助	二、二二〇、〇〇〇	収穫皆無地に対し種子購入費の助成をなすもの。
七、農用薬剤購入費補助	六〇〇、〇〇〇	減水直後麦及び雑穀に対し害虫発生防除のため薬剤購入費一、二〇〇町歩分に対する全額助成するもの。
八、電動機及び農機具修理班編成活動費補助	一四〇、〇〇〇	水害の電動機及び農機具を急速に簡易修理なさしめる活動費に対

事業名	予算額	説明
	円	し助成する。
九、稲藁及藁工品確保補助	一、五〇〇、〇〇〇	災害地に於ける藁工品復興のための稲藁の確保及災害復興に必要な藁工品の出荷促進費に対し助成する。
十、縣営養魚場復旧費	四、〇九一、〇六五	災害を受けた名細、三俣、利島、慈恩寺の四縣営養魚場の復旧費 池修理費　二、八二三、六一六円 土砂整理費　三三三、七五〇円 親鯉購入費　四八二、五〇〇円 管理小屋復旧費　四五一、一九九円
十一、飼料救援費	二、一一〇、〇〇〇	被害甚大なる町村の罹災大家畜に対して急援の飼料を無償で配付する経費。
十二、家畜防疫費	一、〇六九、〇〇〇	減水直後の家畜防疫をなすための経費。
十三、家畜預託費補助	五〇〇、〇〇〇	水害のため一時飼養困難となつた牛馬を短期予託してこれら所有者を救援しようとする助成費。
十四、縣営林道復旧費	一、二〇六、〇〇〇	被害甚大なる箇所中本年度施行予定分　一、八一七米に対する復旧費。
十五、補助林道復旧費	三、四九九、二〇〇	被害の甚しい箇所中本年度施行予定分　一、九一八九米に対し國よりの五割補助に加えて縣費一割助成をなすもの。
十六、荒廃林地復旧費	三、七〇〇、〇〇〇	被害甚大なる箇所中本年度施行予定分一八町五反に対する復旧費
十七、救済用薪炭輸送費	一、九九四、〇〇〇	罹災者に対する救済用薪炭の縣外より移入の縣内着駅と災害各地間の輸送費の助成。
十八、炭窯復旧費補助	八〇〇、〇〇〇	水害により被害を受けた炭窯八〇〇基の復旧促進のため一基につ

		き一、〇〇〇円宛の助成をなすもの。
十九、桑園復旧施設費補助	一、〇〇〇、〇〇〇	流失又は埋没した桑園の改設を要するものゝ復旧桑苗購入費に対して重点的に補助せんとする。
二十、蚕種助成費	五〇〇、〇〇〇	水害のため放棄した養蚕家に対し種代の一部を助成せんとする。

教育部関係

事業名	予算額	説明
一、縣立学校復旧費	三、二五二、〇〇〇円	杉戸農業、幸手実業、久喜高女、越ヶ谷高女、川口工業等の水害復旧に要する経費。
二、校舎復旧補助	一三、七三二、七二五	小学校、新制中学校、青年学校八十四校の水害校舎の復旧費九一五五一、五〇〇円に対し本年度実施分二七、四六五、四五〇円の二分の一を國庫の補助を得て助成する。
三、学用品給與費	三、九九七、三四〇	小学校、新制中学校の床上浸水以上の罹災兒童及生徒四四、八二〇名に対し被害の程度に應じ重点的に学用品を現物給與せんとする。
四、学校給食費	三、四〇六、〇〇〇	床上浸水以上の罹災小学校兒童に対しミルク、ジュース等を給食せんとする。

警察部関係

事業名	予算額	説明
一、警察署復旧費	九二、〇〇〇円	水害により被害を受けた久喜、幸手、杉戸の各署建物の復旧費。
二、駐在所復旧費	四六〇、〇〇〇	被害甚だしい派出所、駐在所四十六箇所の復旧費。
三、警察電話復旧費	二、八一五、五八七	水害により被害を受けた通信線路一四一・一粁、駐在所電話機二七台、警察署交換機四台の復旧費。
四、非常無線設置費	五九二、〇〇〇	水害救援連絡用として縣下五箇所に無線通信の施設をなすもの。
合計	六六二、三〇九、七七三	

4. 昭和二十二年九月大水害に関し中央に対する要望事項は次の通り

総務部庶務課
会計部 関係

要望事項	要望先	経過及び意見
一、今次水害に伴う各種復旧工事費及應急対策費（市町村負担共）は原則として全額國庫負担とすること。 今次水害による復旧應急関係経費は総額概算十八億円に上り内本年度所要額は六億九千万円を見込んでいる。 右に対する國庫補助金は現在の補助率の適用により計算するときは四億円程度であつて差引二億九千万円が縣費負担となるのであるが窮迫せる今日の本縣財政をもつてしては約三億円にのぼる巨額の経費を負担することは到	内務省、大藏省及関係各省	本件については各部課において夫々関係各省に対して要求中であるが國庫財政の現状に鑑み相当強力なる運動を展開する要があると思う。 現在までのところ中央の明答を得るまでに至つていない。

要望事項	要望先	経過及び意見
底不可能なことは論を俟たない。仍つて政府は既定方針に捉われることなくこれが全額を國庫負担とするよう劃期的措置を講ぜられたい。		
二、災害債の急速なる許可と元利國庫補給 全額國庫負担困難なる場合の縣起債については、速かに許可されると共に元利の全額の國庫補給として将來の縣財政に対する圧力を軽減するよう措置すること。	内務省、大藏省及関係各省	
三、低利資金の融通及びこれに対する利子國庫補給の措置を講ずること。 災害復旧應急関係経費の全額が國庫負担となるとして國庫補助金交付までの間緊急支出に充つるため低利資金融通の途を講ずると共に利子相当額の補助を要望する。融通希望額は大体三億乃至四億円程度を予定する。	内務省、大藏省及関係各省	
四、地方銀行よりの融資に関しては日本銀行において積極的に援助すること。	大藏省	
五、災害対策関係経費については自由支拂の措置を講ずること。	大藏省	

総務部地方課（町村財政関係）

要望事項	要望先	経過及び意見
一、罹災町村に対する昭和二十二年度地方分與税の繰上げ	内務省地方局	概ね要望に副うよう措置が講ぜられる見込

要望事項	要望先	経過及び意見
反対		み。
二、昭和二十二年度地方分與税の増額分與に当つては今次水害の罹災市町村に対しその財政力の喪失又は損耗並びに復旧、應急費起債に伴う負担増等を分與基準に加えると共に更に絶対額の増額を考慮せられたい。	内務省地方局	目下折衝中なるも現行法の下においては実現困難の点あり。更に交渉を進めつゝあり
三、市町村災害債に対し元利補給の途を講ずること。 災害復旧費に対する全額國庫補助については別途要望の通りであるが國庫補助交付までの間のつなぎ資金としての緊急融資に対する利子及事業費の全額國庫補助不可能の場合における地方債に対する元利償還額はその全額を國庫において補給されたい。	関係各省	
四、緊急融資の方法については速かに具体的の指示を與えられたい。國庫補助交付までのつなぎ資金として緊急融資を要するもの市町村分として二億三千万円程度の見込なり。	大蔵省	
五、罹災市町村及水利組合歳入欠陥債承認 本年度罹災市町村及水利組合はその財源を喪い復旧、應急事業に対する支出は勿論経常費の支出にも大障害を及ぼす実情に鑑み繰入欠陥債を承認せられたい。	内務省	
六、生活保護法及市町村農地委員会関係経費の前渡	厚生省 農林省	

此の種経費は従來交付の時期が遅延するので市町村において之が経費の支拂に常に困難を來している実情に鑑み今後は速かに現金の前渡方取計はれたい。特に罹災市町村については格別の考慮を望む。		

民生部厚生課関係

要望事項	要望先	経過及び意見
一、罹災者用應急バラック建設資材の割当並びに建設資金の全額國庫補助 要求戸数　三千戸（一棟二戸建一戸六坪） 資　金　九千万円（一戸三万円） 資　材　別表（省略） （目下八七〇戸を建設中であるが、之は業者の手持資材を一時立替充用せしめている）	戰災復興院、農林省	本件に関しては資材の一部（木材 二〇、〇〇〇石、釘 四、五〇〇瓩、疊七 五〇〇帖）の割当をうけたがなお不足分につき更に強く要望する要がある。建設資金の國庫補助金交付に関しては中央の方針が明示されるまでに至つていない。
二、罹災者住宅要補修資材の割当 半壊、床上浸水戸数のうち被害の特に甚だしいもの二五、四〇五戸分 資　材　別表（省略）	戰災復興院、農林省	本要求に対しては釘 二二、五〇〇瓩の外割当未済。割当未済分については戰災復興院において現物化或は資材の「ワク」を調達中なるも実際に幾何の割当があるかは全く未定である。
三、生活保護法による市町村負担金を國庫処弁さすること 罹災町村の財政極度に窮迫しているので、市町村負担に	厚生省	今後強力に要求せんとす。

要望事項	要望先	経過及び意見
係る分の財源捻出は全く困難である。		
四、罹災者救護物資の特配 品目数量別表（省略）	商工省、農林省	別表（省略）の通り一部分の割当があつた外未決定につき更に促進を要す。

教育部関係

要望事項	要望先	経過及び意見
一、校舎及教員住宅復旧費 一〇、八五五万円（一一九校総坪数 三、二五二坪）に対する全額國庫補助	文部省	折衝中
二、校地、実習地（四六〇、八七五坪）復旧費四、六〇九万円に対する全額國庫補助	文部省	折衝中
三、小学校、新制中学校設備復旧費 二、七五六万円に対する全額國庫補助 大破以上の学校に対し設備復旧	文部省	折衝中
四、消耗品（医薬品、一般消耗品）補充費三二七万円に対する全額國庫補助	文部省	折衝中
五、罹災教職員援護費六四七万円に対する全額國庫補助 罹災教職員 一、二八二人に対し一人 五、〇〇〇円 傷病者 六人に対し一人 一〇、〇〇〇円	文部省	折衝中
六、罹災児童生活援護費 六、一三〇万七千円に対する全額國庫補助	文部省	折衝中

罹災児童 五八、〇五九人、学用品、被服支給費 五七、九〇一千円及学校給食費（一人一〇〇円） 三、四〇六千円

農林部農務課関係

要望事項	要望先	経過及び意見
一、災害地授産のため自村外から移入する藁工品原料藁の運賃に対する國庫補助原料藁四一〇万貫	農林省農政局	若干補助ある見込なるも補助率未定。県外二六〇万貫の移入については側面的に援助を願いたい。（新潟、千葉より 移入）
二、藁工品の移入に対する國庫助成	農林省農政局	國庫助成は困難なるも卸値をもつて縣に供給される見込。 現在莚一七万枚、縄一七万貫の割当があつたが残余についても特別に考慮を願いたい。目下大蔵当局と折衝中で決定に至つていないようであるが、被災農家を再起させるため是非共お願いしたい。
三、災害激甚地に対する米麦、雑穀、蔬菜種子代金の全額國庫助成 大麦 二、三八八石 小麦 一、一二二石 水稲 八、八〇〇石 陸稲 四八〇石 大豆 一、三二〇石 その他 九〇石	農林省農政局	

要望事項	要望先	経過及び意見
四、種馬鈴薯の移入増加割当と購入費全額國庫助成 災害地用　一、七三三、〇〇〇貫 自　給　三六、〇〇〇貫 既割当　六七五、〇〇〇貫 不　足　一、〇二二、〇〇〇貫	農林省農政局 食糧管理局	増加割当については目下農政局と食糧管理局との間で折衝中で補助金の点については決定に至つていないようであるが、是非とも不足分の増加とこれ等の災害地用　一、六九七、〇〇〇貫の購入については　全額助成の要がある。
五、甘藷種藷の購入助成 一八〇、〇〇〇貫	農林省農政局 食糧管理局	未だ判然しないが、災害地の甘藷は種用に供するもの絶無で全部購入の必要があるので全額または半額助成を是非とも要望する。
六、流失肥料の補充配給	農林省農政局	水害地の流失肥料については目下調査中であるが、是非共補充配給を要する。
七、農業復旧用資材の特配	農林省農政局	燈火用、主食加工用、農機具修理用等の油類、農事電化復旧用、農機具修理用、農用建物復旧用の諸資材及び流失農機具の補給配給等を資材調整事務所を通じ要求してあるが災害地復旧のため是非実現を要望する。

農林部畜産課関係

要望事項	要望先	経過及び意見
一、畜舎復旧費國庫補助	農林省畜産局	所要経費の三分二、二、二二二万二千円の

経費は総額 三、三三三万円と見積られるも農家の負担のみでは復旧困難を予想せられるを以て之が建設に要する資材を農林省より特配を仰ぐと共に右復旧建築費の三分の二を國庫より助成願いたい。		國庫補助要求中。
二、家畜補充斡旋費國庫補助 斃死した後家畜補充費及斡旋輸送費に対し國庫補助を仰ぎたい。 ㈠ 大家畜補充費 総額一、八三〇万円の三分の二の國庫補助一、二二〇万円 ㈡ 右購入の斡旋及輸送費所要経費一一六万八千円の全額國庫補助 ㈢ 中小家畜の購入補充費 総額二〇六万二千円の二分の一國庫補助一〇三万一千円	農林省畜産局	斃死せる大家畜牛一七一頭、馬一九五頭の購入費に対し農林省より三分の二の國庫補助申請中。 大家畜購入に際し之が斡旋輸送に要する経費を斡旋主体である縣農業会、縣馬連に全額補助致したい。 豚、緬羊、山羊等中小家畜の購入費に対し國庫補助申請中。
三、家畜離散防止対策費國庫補助 水害のため一時飼養困難となりたる牛馬の所有者を救護し農業経営の運営を全からしむるため馬にありては縣馬連、牛にありては縣農業会をして予托の受渡をなさしめんとす。予托牛馬に対し管理費及家畜保険料の全額國庫補助を仰ぎたい。	農林省畜産局	管理費及保険料の全額國庫補助要求中。
四、器具救援対策費國庫補助	農林省畜産局	

要望事項	要望先	経過及び意見
今回の水害により流失せる農家の牛馬荷車購入費に対し二分の一の國庫補助を仰ぎ罹災農家の負担を軽減せんとす。 所要経費　三六〇万円 右の二分の一國庫補助一八〇万円		
五、調査指導費國庫補助 所要経費　三〇万円の全額	農林省畜産局	
六、飼料救援費國庫補助 (一) 飼料應急費補助 災害の甚しい地帯に一時應急的に飼料を無償を以て特配致したので之に要する経費に対し全額國庫補助を仰ぎたい。 所要経費　二一一万円の全額 (二) 粗飼料対策費補助 災害の應急的飼料配給の外稲藁、甘藷蔓等の粗飼料を急速に救援する必要があるので無災害地の大家畜に無償を以て配給し罹災家畜　一三、五〇八頭を急援せんとす。 之が爲に要する粗飼料の荷造集荷輸送費の全額國庫補助を仰ぎたい。	農林省畜産局	

要望事項	要望先	経過及び意見
七、家畜防疫費國庫補助 家畜防疫の徹底を期するため縣農業会、馬匹組合の獣医師四〇名を動員し、三班編成として現地に於て家畜衛生に従事中であるので之が衛生防疫に要する経費に対し全額國庫補助を仰ぎたい。 所要経費　一〇六万九千円の全額	農林省畜産局	

農林部食料課関係

要望事項	要望先	経過及び意見
一、水害救援食料の急速なる割当	農林省	別紙要求数量（省略）に対し相当の割当があつたがなお未入荷分の急速なる出荷並に不足分の割当を強力に要望する。
二、輸入罐詰の放出	埼玉軍政部	要望通り入荷済である。

農林部蚕絲課関係

要望事項	要望先	経過及び意見
一、桑園復旧費全額國庫助成 荒廃桑園六〇六町復旧費二九、五三七千円の全額國庫補助要求	農林省	本省においては九千万円を計上罹災府縣の復旧助成を企図しているが右は目下審議中であるので本縣に対する助成額は不明なり。目下審議中なるも無償交付は困難の如く有

要望事項	要望先	経過及び意見
二、要改設桑園及耕土流失桑園に対する肥料の無償交付 要求数量　四一、五九〇貫（硫安換算）	農林省	償特配の形において進んでいる模様なり。数量は相当減額せられるものと思う。
三、冠水桑園に対する石灰斡旋 要求数量　四〇二、五八〇貫	農林省	見透し困難。
四、流失蚕具類の購入費助成 要求額　九一七・三〇〇円 四六三、七〇〇点	農林省	見透し困難。
五、流失、放棄蚕児の蚕種代並に催青料金助成 要求額　二、二二五、七六〇円 （一六一、二八七瓦分）	農林省	强力に交渉中なるも國庫助成は相当困難。
六、稚蚕共同飼育に要する経費助成要求 要求額　六四五、一四〇円 （六四、五一四瓦分　十瓦当一〇〇円）	農林省	交渉中なるも実現困難。
七、水害地に対する桑園肥料と繭供出量とのリンク制除外	農林省	可能性を認められる。

農林部林務課関係

要望事項	要望先	経過及び意見
一、要復旧林道　三八、四一五米の復旧費　一、四〇五万円に対し最低八割の國庫補助	林野局	國庫補助は五割程度の見込。

要望事項	要望先	経過及び意見
二、新生荒廃林地二八七町歩の中要復旧工事面積一七〇町歩の総工費 三、四〇〇万円に対し最低九割の國庫補助	林野局	現行補助率六割程度は可能の見込。
三、被害炭窯八〇〇基（総数の八割）の復旧費三二〇万円の全額國庫補助	林野局	製炭業が公共事業でないため安本では補助を困難視している。
四、林道、荒廃林地、炭窯の復旧工事用各種資材の確実な配給	林野局	炭窯復旧用セメント 二、四〇〇袋の所要に対し僅かに五〇袋の割当があるのみ。

商工部関係

要望事項	要望先	経過及び意見
一、賠償工場及一般工場復旧資材割当（別表省略）	商工省（木材は農林省）	
二、罹災者救護物資の特配（民生部厚生課関係の項四の通り）	商工省、農林省	

土木部関係

要望事項	要望先	経過及び意見
一、利根、渡良瀬及び荒川並びに支流川の増補工事の急速実現と恒久的対策の樹立 今次の水害は全く内務省直轄河川本堤の欠壊によるもので、治水並びに民生安定上非常な惨禍をうけたのである	内務省國土局	折衝中

要望事項	要望先	経過及び意見
が、此の点については將來において十分なる対策を講ずる要がある。		
二、砂防工事費の増額 今次水害の一原因は戰時中濫伐された水源山間部の土砂崩落、その他にあるをもつて恒久的砂防工事の急速実施の要がある。	内務省國土局	折衝中
三、災害復旧工事用資材の割当 緊急施行を要する今次水害復旧工事用資材の申請通り急速割当を要する。特にセメントは砂防並びに橋梁その他構造物の復旧に絶対欠くべからざるものである。	内務省國土局	折衝中
四、復旧費の全額若しくは高率補助 水害復旧事業の実施については、土木關係國庫補助事業のみにおいても三億円を超える見込み。加うるに縣單市町村工事亦実に巨額に上るをもつて、これが経費については、全額若しくは全額に近い國庫補助金の交付を要望する。	内務省國土局	折衝中
五、湛水長期にわたる地域の道路補修工事を國庫補助工事として認め施行すること 利根の欠壊による長期湛水地帯の國府縣道の修補に要する経費は、相当巨額に達する見込であり、縣費のみをも	内務省國土局	折衝中

要望事項	要望先	経過及び意見
ついては到底支弁し得ないので之等は國庫補助工事中に加え速かに復旧を要する。		
六、國庫補助金の急速交付 地方團体財政力の低下に鑑み國庫補助金は年度内に速かに交付されたい。	内務省國土局	折衝中
七、罹災者救済のため特殊技術を要するものゝ他 地元請負を認め、つとめて地元労力の利用を図ること。	内務省國土局	折衝中
八、道路工事執行に関する随意契約の制限を緩和し緊急復旧の実をあげること。	内務省國土局	折衝中
九、國庫補助工事の査定の簡素化並びに工事竣工認定関係書類の簡素化	内務省國土局	折衝中

農地部耕地課関係

要望事項	要望先	経過及び意見
一、耕地復旧事業費に対する高率補助 耕地並びに公共施設復旧費五億七百余万円に対する高率補助特に利根川関係被害地域の事業費については、全額國庫補助を要望する。	農林省開拓局	本件については一應現行補助率（耕地五割公共施設六割五分）により既定予算中より支出し、明年三月頃高率補助決定を俟つて追加交付の見込みなるも、補助率の増加については相当強く要求しない限り実現はむづかしいと思われる。
二、耕地復旧事業費に対する國庫補助金の前渡	農林省開拓局	前項と同時に要求折衝中。

要望事項	要望先	経過及び意見
地方團体の財政力消耗に伴ひ國庫補助金の急速なる交付を要する。		
三、工事用資材の急速なる現物割当 要求資材 鋼材 九五〇屯 セメント 一五、〇〇〇屯 木材 八〇、〇〇〇石 石油類 一七〇竏 その他	農林省開拓局	本要求に対しては未だ割当通知に接しない状況である。更に強く要望の要あり。 なお引続き折衝中。
四、耕地復旧事業実施に伴う市町村水利組合、耕地整理組合等の負担額に対しては緊急融資の措置を構ずること。高率國庫補助金決定までの間における受益者負担（事業費の三割五分程度）額の財源については別途國において考慮方要望せんとす。	農林省開拓局	折衝中
五、労務者用作業衣、地下足袋その他必需物資の特配	農林省開拓局	折衝中

警察部関係

要望事項	要望先	経過及び意見
一、小型救命艇設備費に対する全額補助 二〇馬力二艘一〇〇万円の全額	内務省	今後新に要望せんとす。
二、警察通信設備復旧費の全額國庫補助及び資材割当	内務省	

銅	七、八〇〇瓩
鋼	二四、七〇〇瓩
鉛	五二〇瓩
セメント	二、三〇〇瓩
木材	九三〇石
工事費	三、四〇八千円

5. 市町村各種團体等実施事項（案）

に関する概要は次の通りである。猶本案は、土地の被害の特性に應じ、伸縮自在のものである。

実施事項	主たる実施團体等	備考
◎一般的事項		
一、罹災者の援護並に水害復興に関する縣民運動の展開 今次未曾有の水害に際し罹災者の援護と災害の急速なる復興に関しては挙縣一致綜合力の発揮に俟たなければならない。仍て茲に全縣民の同胞愛に立脚せる一大縣民運動を展開せんとす。	報道機関	
二、中央に対する要望事項の実行促進	衆、参議員連盟	衆参議員へ情報々告のこと。
三、罹災者の慰安 映画会、紙芝居、童話会等の開催等	縣社会事業関係 教員組合関係	
四、義捐金の募集強化促進		

実施事項	主たる実施団体等	備考
一般募集、街頭募集、各種事業益金寄附等	市町村長会	
切手の発賣	社会事業関係	
五、救恤品の募集	労働関係	
衣料、寝具、燃料、履物、その他日用品等	宗教関係	災害資料を各府縣へ送附。活動写眞を撮
厨房具その他家庭用品等	商工関係	ること。
各家庭一品持寄り運動		
六、野菜の供出運動	農業会	
七、中古莚（厚莚）の供出運動	農民組合	
◎罹災農家の援護に関する事項	市町村農民組合	
一、稲藁の各戸供出運動	同	
二、家畜飼料の各戸供出運動	同	
三、家畜預託の斡旋	同	
四、農耕作業に対する労力援助	同	
◎復旧事業に関する事項		
一、労務の提供と地元市町村民の協力	市町村農業会	
二、被害関係町村の労力作業隊編成	村農会	
三、復旧工事器具機械及手持資材の一時貸與		
四、復旧資材の完全輸送		
◎学校、教育に関する事項	教員組合	
一、罹災校授業開始と寺院等の解放	市町村	

事項	担当
二、罹災児童に対する物的援助	
◎その他	
一、罹災地の点燈及工事用電氣施設の拡充と手続きの簡易化	関東配電
二、復旧事業資金の緊急融資	金融機関
三、予防注射の励行	医師会
罹災傳染病院、隔離病舍の復旧	市町村

三、第二回水害復興委員會

昭和二十三年三月三十一日午後一時より、縣会議場において、第二回水害復興委員会を開催、当日縣側より災害復旧事業並に義捐金の配分状況に関し、左記の通り報告したのである。

1. 主なる災害復旧事業の経過

い、土木部　道路橋梁河岸堤防砂防市町村土木費補助事業

ろ、農地部　耕地復旧及び公共施設復旧事業

は、農林部　縣営林道復旧事業補助林道復旧事業荒廃林地復旧事業

に、教育部　縣立諸学校復旧事業市町村立諸学校復旧補助事業

ほ、國家地方警察縣本部　警察署駐在署復旧事業警察通信施設復旧事業

2. 義捐金及び救援物資（有償及び無償）の蒐集並に配分状況に就て

四、第三回水害復興委員會

水害復興委員会は、前述の通り昭和二十二年十月廿一日第一回会議が開催され、翌二十三年三月三十一日第二回会議につゞいて四月十五日第三回会議が開催せられ、昭和二十二年度における復興状況が、縣側より発表せられたのである。

即ち四月十五日午後一時より、縣会議場において開催せられ、委員長より「昭和二十二年度災害復旧状況につきて」と題し、別記の通りの報告をなし、次いで耕地課長及び土木部長よりそれぞれ所管事項に関し、詳細なる報告があつたが、これに関し各委員より切実なる質問があつた。

最後に政府に対する要望事項として、次の三項を満場一致可決して散会した。

政府に対する要望事項

一、國庫補助金の速かなる全額交付

二、昭和二十二年度災害復興費の高率補助並に工事用資材の完全配給

三、各河川に対する防災工事の國庫補助の增額

次に委員長並に耕地課長、土木部長の報告事項につき、順を逐うて記載することにする。

1. 昭和二十二年度災害復旧状況につきて　委員長

昭和二十二年九月本縣に襲來した暴風雨に依る土木関係の被害を費目別に見ると、國庫補助災害復旧費が弐億七千百八拾五万九千余円（一、〇〇一箇所）縣費単独災害復旧費が四千万円（六一五箇所）災害應急費が（縣費）壱千弐百拾弐万壱千余円（一一六箇所）で其の総額は参億弐千参百九拾八万余円（一、七三二箇所）の多きに達するのであります。

而も之等の內大部分は何れも急施を要する工事なので昨秋十一月國庫補助災害復旧工事箇所の査定終了後鋭意之が

完成に努力した結果約壱億七千弐百万余円の工事を起工する事が出來、其の内壱億五千弐百五万参千余円の工事を竣功せしめる事が出來たのであります。

然るに昭和二十二年度に於ては諸種の事情に依り右金額に対する予算措置を講ずる事が出來ず、僅かに國庫補助金を第三・四半期に壱千五百万円、第四・四半期に五百万円計弐千万円を得たのみで、此の外に起債認可額が四千百弐拾五万円、予算外措置として地方融資金が壱千七百万円で、その総額七千八百弐拾五万円を予算化したのみに過ぎません。

此の支拂可能額を前述の竣功総額に比する時は其処に七千参百八拾万参千余円と云う金額が不足を來し、工事は完成したが支拂をする事が出來ぬと云う現象を生じたのであります。

次に國庫補助災害復旧工事のみについて考えた場合、その復旧費弐億七千百八拾五万九千余円に対し補助額は約此の三分の二ですから、その金額は壱億八千九拾八万壱千余円となるのでありますが、三月末日現在に於ける竣功額が壱億参千八百四拾七万五千余円にして、之に対する補助額は九千弐百参拾壱万六千余円でなければならない筈なのでありますから、然るに現在迄の補助金は弐千万円のみでありまして、約七千弐百参拾壱万六千余円の金額が不足となる分であります。

右の如く國庫補助金の交附が少なかつた結果として、参千万円の年度内施行予定を致しました縣費單独災害復旧工事は之に対する起債額を國庫補助災害復旧工事に流用致した関係上、殆んど施行する事が出來なかつたのであります。

そこで本年度に於ては、此の末着手の縣費單独災害工事と此の外に約壱億円の國庫補助災害工事とを竣功せしめ、明春三月迄には少くとも全災害工事の約八五%を完了させる予定でありますので、此の壱億円に対する國庫補助額は約六千六百万円となりますから、昭和二十二年度の國庫補助金の不足額七千弐百参拾壱万六千余円と合計致しまして昭和二十三年度に於ては壱億参千八百参拾壱万六千余円の補助金は是非とも獲得しなければならないこと丶なるのであります。

以上は災害復旧工事の現況でありますが、今次水害に鑑み、單に災害箇所を復旧するだけでは、到底、治水の万全は期し得られませんので、各河川に対し、全面的に災害防禦工事を施行する必要を感じましたので、昨年來約壱千万余円の施行計画を樹て、取敢えず年度内に其の七〇%の増補工事を完成せしめることが出來ましたが、本年度に於ては之等を國庫補助工事として認可して戴く様努力致し度いと存じます。

昭和二十二年度災害復旧費調

区分	予算額		竣功額		未竣功額		摘要
	個所	金額	個所	金額	個所	金額	
國庫補助災害復旧	一、〇〇一	二七一、八五九、七一二円	三三三	一三八、四七五、四二五円	六六八	一三三、三八四、二八七円	
縣費單独災害復旧	六一五	四〇、〇〇〇、〇〇〇	三	一、四五六、四七六	六一二	三八、五四三、五二四	
縣費單独應急工事	一一六	二二、一二一、四六五	一一六	二二、一二一、四六五	—	—	
計	一、七三二	三三三、九八一、一七七	四五二	一六二、〇五三、三六六	一、二八〇	一七一、九二七、八一一	

昭和二十二年度災害復旧費財源調

区分	竣功額	財源					摘要
		國庫補助	縣費	起債	融資	計	
國庫補助災害復旧	一三八、四七五、四二五円	二〇、〇〇〇、〇〇〇円	—円	七、五〇〇、〇〇〇円	一七、〇〇〇、〇〇〇円	四四、五〇〇、〇〇〇円	
縣費單独災害復旧	一三、五七七、九四一	—	—	三三、七五〇、〇〇〇	—	三三、七五〇、〇〇〇	
計	一五二、〇五三、三六六	二〇、〇〇〇、〇〇〇	—	四一、二五〇、〇〇〇	一七、〇〇〇、〇〇〇	七八、二五〇、〇〇〇	不足額 七三、八〇三、三六六円

2. 水害復旧耕地事業の現況につきて

耕地課長

水害復旧費用総額四億六千五百万円を、三ヶ年で完了する援助計画を樹立した。即ち農民が実施する復旧事業費総額に対し、縣が九五％を補助す計画であるが、この内九〇％は國の補助金を縣に受け入れて交付する計畫である。縣はこの計畫に基いて、農林省に補助を懇請して居つたが、農林省より交付された補助金は、予算外契約分を含めて五千三百三十六万六千円であつて、三月末実施額一億三千八百十一万一千円に対する三七％に相当するのである。

農村は、現下の高物價其の他水害による悪條件を克服して、本年植付期迄に、出來得る限り完成させようとして、復旧に全力を傾注している。この実施計画額を一應最少限度に見積つて、二億三千万円とする。

災害耕地復旧費について

一、昭和二十二年度事業計画予定

総額　一億八千八百三十二万五千円

内訳

耕地復旧事業	七千六百五十三万五千円
公共施設復旧事業	一億二百九十七万五千円
北川辺領排水事業	三百三十三万円
地方事務費	五百四十八万五千円

二、竣功実績

総額　一億三千八百十一万一千円　（七三％）

内訳（事業別）

耕地復旧事業　四千七百三十四万円（六一％）
公共施設復旧事業　八千四百六十五万九千円（八二％）
北川辺領排水事業　二百九万円（六二％）
地方事務費　四百二万二千円

同上に対する財源内訳
國庫補助（九割）　一億二千四百二十九万九千円
縣債｛補助該当（五分）　六百五十九万九千円
北川辺領排水事業（一割）　二十万九千円
地方事務費（一割）　四十万二千円｝

三、財源確定額
総額　五千六百二十一万八千円
内訳
國庫補助金　三千五百五十六万四千円
縣債　二百八十五万二千円
國庫債務補償　千七百八十万二千円

四、竣功実績に対する財源不足額
不足額計　七千五百二十九万一千円
内訳

國庫補助金　七千九十三万三千円
縣　　債　四百三十五万八千円

3. 災害土木費について　土木部長

昭和二十二年度事業計画予定
総　額　一億七千二百万円也
内　訳
國庫補助災害事業　一億五千万円也
縣單独事業　二千二百万円也

一、竣功実績
総　額　一億五千二百五万三千円也
内　訳（事業別）
國庫補助災害事業　一億三千八百四十七万五千円也
縣單独事業　一千三百五十七万八千円也
同上に対する財源
國庫補助金　九千二百三十一万六千円也
縣　　債　五千九百七十三万七千円也

三、財源確定額
総　額　七千八百二十五万円也

内　訳

國庫補助金　二千万円也

縣　　債　四千一百二十五万円也

國庫債務負担額　一千七百万円也

四、竣功実績に対する財源不足額

不足額計　七千三百八十万三千円也

内　訳

國庫補助金　七千二百三十一万六千円也

縣　　債　一百四十八万七千円也

因に当日出席せられたる委員の氏名は次表の通り。

記

現職	氏名	現職	氏名
本縣選出衆議院議員	田口助太郎	本縣選出衆議院議員	松崎朝治
	松永義雄		青柳高一
	川島金次		関根久蔵
	田島房邦		佐瀬昌三
	師岡栄一		古島義英
	山口六郎次		馬場秀夫

参議院議員		小林英三
		平沼彌太郎
		天田勝正
		石川一衛
縣議会	議長	松本倉治
	総務部委員長	轟安雄
	土木部委員長	桑田愛三
	農地部委員長	猪鼻精壽
	議員	石川栄一
	同	永塚勇助
市長会	浦和市長	松井計郎
町村会	会長	荒井雅次
	副会長	荒井万平
	同	眞中麟
商工会議所会	頭	大塚作太
埼玉縣廳	縣知事	西村実造
	副知事	吉田忠一
	総務部長	大沢雄一
	土木部長	長久保信夫
	農地部長	大庭実
	庶務課長	大高義賢
	地方課長	廣岡壽
	農地課長	山下平
	河川課長	神保敏夫
	経理課長	宮下栄作
	審議室主任	小森郁郎
	耕地課主任	寺田正次
		石井保

五、水害復興委員會支部設立

1. 郡市における設置状況

昭和二十二年十月二十一日、縣会議場において発足した、埼玉縣水害復興委員会は、愈々十一月一日より向う六箇月間、官民一体の態勢を以て、前記の実施内容を以て活躍することになつたが、当時委員長より、実施上留意を要す

るものとして、次の三点が擧げられた、即ち

一、各地方事務所及び市役所毎に支部を設置するには、実施に当つては、支部町村各種團体は、相互密接なる連絡を保ちつゝ活動してほしい。

二、既に実施(復旧救済)中のものは、計劃通り着々実施して支障ないが、其の結果及び実施事項は、必ず支部長に連絡してほしい。猶今後の実施事項は、可成本趣旨により実施せられたい。

三、現品の運搬は、支部において実施するにつき、連絡せられたい。

かくして郡市においては、それ〴〵支部設置を見たのであるが、次いで十一月廿四日附縣復興委員会委員長名を以て、各郡市長宛、水害復興委員会支部設置並に支部の実施状況について、報告の要請が発せられた、報告の内容は次の通りであつた。

記

一、復興委員会支部設置の規程

二、同支部構成委員名簿

三、設置以降における実施状況

2. 各支部活動状況

各支部の報告内容は次の通りである。

(1) 埼葛支部活動状況

い、水害復興委員会埼葛支部第一回委員会

十二月八日、春日部小学校において、支部設立準備委員会を開催し、鈴木所長より支部設立に関する経過概要の報

告があり、直に支部長副支部長の選擧に入り、支部長に鈴木隆副支部長に岩崎隆深井誠一の諸氏当選、次いで委員の委嘱があつた。

因に当日配布したる印刷物は次の通りである。

記

イ、水害復興委員会埼葛支部規程案

ロ、同委員会支部委員名簿

ハ、水害対策の概要

ホ、縣に対する要望事項

イ、埼玉縣水害復興委員会埼葛支部規程案（二二、一二、八）

第一條　昭和二十二年九月の本縣水害の救護及び復旧等に関する重要な事項を調査審議し総合的施策の推進を図るため埼玉縣水害復興委員会埼葛支部を設置する。

第二條　本会は前條の目的を達成するため左の部を設くるものとす。

一、総　務　部

㈠　請願陳情

㈡　他の主管に属しない事項

一、農林土木部

一、経　済　部

㈠　食糧関係に関する事項

㈠ 物資の配給等に関する事項

一、教育部

第三條　本支部委員会は支部長及び委員を以て組織する。
第四條　支部長、副支部長は委員会が之を選定する。
第五條　支部長は会務を総理する。
　支部長が事故あるときは副支部長其の職を代理する。
第六條　部会は其の目的を達成するため部長を互選す。部長は部務を掌理する。
第七條　委員、部員は支部長が之を委嘱する。
第八條　支部委員会は幹事及び書記若干人を置く。
　幹事及び書記は縣吏員其の他の者より支部長が委嘱する。
　幹事は支部長の命を承け会務を掌理する。
　書記は支部長の命を承け庶務に従事する。
第九條　本規程に定めるもの丶外必要な事項は支部長が之を定める。

ロ、埼玉縣水害復興委員会埼葛支部委員名簿

支部長	埼葛地方事務所長		鈴木隆
副支部長	埼葛町村会長	春日部町長	岩崎隆
同	縣会議員	吉川町長	深井誠一
委員	同	久喜町長	佐久間鎭雄

同　　　　　　　石川伊久
同　岩槻町長　町田憲
同　　　　　　　君塚皎
同　　　　　　　石井保
同　　　　　　　永塚勇助
同　　　　　　　上原孝助
同　　　　　　　荒井政太郎
同　　　　　　　栗原増太郎
越谷行政支会長　出羽村長　島村孝太郎
幸手行政支会長　幸手町長　栗田龜造
杉戸行政支会長　南櫻井村長　小川文章
農業会南埼支部長　瀬尾哲太郎
農業会北葛支部長　船川亮
農民組合長（日農）　宇田川程良
同　（日農）　石川弦
同　（無）　山崎次男
食糧調整委員（縣）　遠藤長一郎
同　（縣）　武里村長　白石重右衛門

同	（南埼）	須賀健吉
同	（北葛）	日向繁雄
農地委員	（南埼）	青木寅吉
同	（北葛）	堀井長太郎
権現堂川用水管理者	田宮村長	中村忠愛
耕地整理組合長	（旭村）	鈴木斧太郎
関東配電越谷出張所長		金森勝三
婦人團体	幸手幼稚園長	中村とみ
同	岩槻町槻の友会副会長	関根千鶴子
土木工営所長		上田為三郎

埼玉縣水害復興委員会埼葛支部委員名簿

部名	部員
支部長	鈴木隆
副支部長	岩崎隆
同	深井誠一
總務部	町田憲 君塚晙 小川文章
	瀬尾哲太郎 須賀健吉
	石井保 永塚勇助 上原孝助 石川伊久

農林土木部	
青木寅吉	荒井政太郎
堀井長太郎	栗原増太郎
中村忠愛	島村孝太郎
鈴木斧太郎	栗田亀造
金森勝三	
上田為三郎	

経済部	教育部
船川亮	佐久間鎮雄
宇田川程良	中村さみ
石川弦	関根千鶴子
山崎次男	
日向繁雄	
遠藤長一郎	
白石重右衛門	

八、水害対策の概要

○林務関係復興対策

木材小口需用管内割当

第一次　三千石　第二次　一万二千石　計　一万五千石

○厚生関係復興対策

(1)　衣料品配給

第一次

衣料　七二、九三七枚　履物類　一三、三一五足

金物類　一八、八六七点　計　一〇五、一一九点

第二次

毛布	一〇、九〇〇枚	股下	一、五〇〇枚
雨具	八、四〇〇枚	略帽	一、〇〇〇点
襦袢	五、〇〇〇枚	計	二六、八〇〇点

(2) 自轉車等配給

自轉車	一二八台	リヤカー	五六台
タイヤー	一、三〇〇本	チューブ	一、三〇〇本

(3) 應急仮設住宅

栗橋町 一四〇戸　幸手町 一六戸　上高野村 二七戸　行幸村 一〇戸　櫻田村 七戸

鷲宮町 四戸　旭村 三戸　八代村 二戸　三輪野江村 二戸　計 二一一戸

〇土木関係復興対策

國庫補助工事

種別	縣工事 箇所	縣工事 工費	町村工事 箇所	町村工事 工費	計 箇所	計 工費
道路	五七	一四、〇一一、八二〇円				
橋梁	二三	三、九七八、八七六				
河川	一三二	二三、二三二、七〇一				
計	二一二	四一、二二三、三九七	一三七	一一、九一七、二二六円	三四九	五三、一四〇、六二三円

二、縣に対する要望事項

◉　総務部関係

要望事項及び理由

一、復旧事業に対する労力の提供と地元町村民の協力

愛村の念に訴え地元民の協力により完全堅牢な工事を図ると共に之に賃金を獲得せしめ生活の安定を計らしめる。

二、疊、障子紙の確保

浸水により疊は腐蝕し使用に堪えざるのみならず入手困難なる事情なるを以て一括低廉なる斡旋を望む、障子紙についても同様切望する。

三、燈火用燃料確保について

電力規制により暗黒の日々を送り乍らも水害復旧其の他に点火欠く可からざるを以て油脂類の確保を望む。

四、事業資金の特別融資

災害復旧應急関係事業は耕地、土木の復旧を第一とし其の他に於ても多額の融資を必要とし全額國庫補助の急速なる交付を望むものであるが、それまでのつなぎ資金として緊急に融資せられることを望む。

五、電力規制と確保について

現下の電力事情にては各種の事業に大支障を來しつゝあるを以て消費規制の徹底を図ると共に最少電圧点火の送電を望む。

◉　農林土木部関係

一、耕地及び土木工事の復旧促進

逼迫せる食糧事情に鑑み耕地、土木の復旧を促進し以て來年の收穫を確保すると共に交通を復旧せしめ併せて再度の水害を防禦する。

◉ 経済部関係

一、轉落農家の食糧完全配給

穀倉地帯の全滅により地元供出にては配給不可能にして然も事態の特有性にかんがみ遅配欠配は作業に至大の影響あるのみならず生活上の不安甚だしきを以て完全な適量配給を望む。

二、農家副業藁工品原料確保

縣下生産の八割を占むる北葛南部一帯の原料皆無となりたるもその技術の優秀者に賃金を得しめるため原料藁の絶対必要量確保を望む。

三、被害家屋復旧資材完全配給

小口需用に対しさきに一万五千石の木材配給ありたるもなお不足を感ぜられるので増加割当をせられる様のぞむと共に釘、針金等も完全配給をせられんことを望む。

四、肥料貯溜槽用セメント資材特配

主として中南部地帯は肥料不足の折柄東京及び其の近郊より屎尿を確保し來りたるも槽は流失若くは破損したるを以て食糧増産上應急復旧の要あり。

五、薪炭確保

寒冷の季をむかえるも罹災者はすべて手持薪炭を烏有に帰し、加うるに数年來の濫伐により、管内に於ては薪炭材乏しく管外よりの確保を望む。

六、水害町村の供米報償に換るべき肥料の特配

供出僅少となりたるも肥料入手困難の折柄特に農家平均供出量の報償に相当する程度の特配を望む。

◉　教育部関係

一、学校々舎復旧促進

狭隘をかんぜられ加うるに設備不完全の折柄今次水害により破損甚だしく教育の完全を計るため復旧促進を望む。

ろ、水害復興委員会埼葛支部第二回委員会

昭和二十三年三月六日第二回委員会を春日部小学校において開催、支部長より客年十二月八日第一回委員会の決議に基づき、要望事項を同月十一日知事並に縣会議長に提出したる所、概ね採択せられたるも「現下の経済事情よりすれば、一層本運動の強化を図り、所期の成果を擧げたい」旨の報告があり、次いで左記事項に関する協議を遂げたのである。

因に当日次の如き印刷物が、参考として配布せられた。

イ、水害救援金品一覧表（既配及配分計劃中のもの）

ロ、罹災学齢児童生徒就学奨励用品給與について

ハ、水害見舞金寄贈者調

協議事項並に経過概要

㈠　水害見舞金処分について

浦和市第一婦人会外三十一團体（又は個人）より、寄贈を受けたる一〇一、五八二円六三銭の処分について、三種の案の中、罹災甲に対しては一人三点とし、同乙に対しては一世帯四点とし、同丙に対しては同様三点として算出す

べき第三案により算出し、各町村長宛割当送附することに決定す。

(二) 水害復旧工事地元資金につき軽易に官営融資相成度の件

町村の件町村の経済事情及び事務の繁雑下に鑑み、簡易に融資出來得る途を知事において拓き、早急救援出來うるよう懇請することに決定す。

(三) セメント需要量配給申請について

委員長より、目下町村における貯溜槽は、過般の水害により流失又は大破し、大部分は新設の要あり、現在までに事務所へ申請分は、計三千八百九十二袋に達している。」と報告、之に対し各委員より、増産途上にあるわが郡においては一日も看過することが出來ない。縣に対し早急配給するよう要望に意見一致す。

(四) 裸供出の農家に対し、飼料完全配給申請について

裸供出の農家に対し、調製用として配給せらるゝ玄米により、浮び上りたる糠は、從來政府に返還したるも、水害罹災の農家にとりては、家畜の飼料として轉用も余儀なき次第と想像する。向後は之を要配農家に受配せしむる方途を拓かれるよう、縣に懇請することに決議す。

は、水害復興委員会埼葛支部第三回委員会

昭和二十三年三月三十一日、第三回委員会を開き、左記事項につき報告したのである。

記

1. 避難所設置並に仮住宅設置狀況
2. 炊出実施狀況
3. 炊出材料品目別の狀況

4. 食品給与状況
5. 食品給与品目別配給状況
6. 遭難者埋葬状況
7. 罹災者移送及救済用物資の輸送状況
8. 應急救助のため必要な人夫傭上状況
9. 助産に関する状況

右の中、避難所設置状況並に炊出実施状況の調査のみ、左に掲げることにする。

1. 避難所設置状況調　（昭和二四、三、三一）

南埼玉郡

町村名	日数	人員	所要経費	町村名	日数	人員	所要経費
春日部町	三一日	三一四人	七〇五円	久喜町	三七日	二、六六一人	九、〇七九円
武里村	八五	三、六七〇	一一、一九〇	鷲宮町	一二	一、一四八	―
櫻井村	一三	二一一	二、五〇〇	小林村	六	一八〇	三、二〇〇
新方村	一二	四七四	一、九〇〇	篠津村	三三	四六八	一〇、九〇〇
増林村	七〇	三、一三二	六、一〇八	栗橋町	一八九	一七、九六六	九、〇四七
川柳村	五	四一〇	一〇、四七〇	行幸村	六〇	二、四三〇	―
八條村	一七八	二、三九二	三、四七五	幸手町	三六八	八、六八六	一四、一三五
潮止村	八	一、二一五	四、九九〇	上高野村	二三	八八五	三、五四〇
越ヶ谷町	五〇	一、九八七	一五、七一九	高野村	八〇	四、三三四	六、六〇〇
太田村	八	六二	七二〇	八代村	八三	二、〇七六	―

町村名	日数	人員	所要経費
田宮村	一二四日	五、三四五人	五、三四五円
杉戸町	四二	四、七一八	八、一〇〇
堤郷村	一四	一、一四七	三、一五九
幸松村	九八	八、九九九	三、八五二
豊野村	—	六、五八七	—
松伏領村	四〇	三、二一四	六、六一五
旭村	三九	一、五二八	一一、五三五
吉川町	一二〇	二二、九四九	一五、七二九
彦成村	五九	四、一〇〇	一三、八〇〇
早稲田村	一一日	二九七人	四、八七五円
東和村	八六	二六七	六、〇七〇
櫻井村	七七	一、五四九	二一、七〇〇
宝珠花村	二二	三四〇	二、六八〇
富多村	四	三六	三八〇
南櫻井村	一七二	四、三七二	五、六九八
川辺村	一六五	五、二七〇	八、五〇五
金杉村	三九	一、〇二七	一一、〇七〇
計	—	一〇八、一二二	一六二、四三五

2. 炊出実施状況調

南埼玉郡

町村名	戸数	人員	経費
武里村	六〇三戸	三、一三六人	一四、四五七円
櫻井村	六三九	一、六五〇	三五、六四〇
新方村	九〇	四七四	二、七五〇
増林村	二九六	一、〇四〇	六、一〇八
川柳村	八五	四一〇	四、六〇〇
八條村	三六九	四、五〇七	一三、二七二
潮止村	四七四	二、七〇二	二五、四〇〇
越ヶ谷町	二二八	九九六	三、二四八
百間村	七七〇戸	四、〇五〇人	四一、八六〇円
太田村	七七九	三、八六三	一一、二五二
久喜町	六三五	二、七六三	二九、五五八
鷲宮町	一二四	四六九	三、三〇七
江面村	一、二七〇	七、九〇〇	五八、二〇〇
小林村	三、四八六	二一、四二〇	四二、三一〇
篠津村	一、〇三六	四、九一〇	三四、三七〇
栗橋町	一六、一〇二	一三七、八二二	六〇七、五二四

行幸村	八〇	四八〇	二、四〇〇
幸手町	三三六	一、六八〇	五三、七三二
高野村	一八七	八二三	一〇、二九九
田宮村	三五二	一、六七六	七、二五二
杉戸町	一、五七五	七、五八一	一三、八四二
松伏領村	三一六	一、五〇〇	一〇、六三〇
旭村	二六三	一、九五四	一五、三三〇
吉川町	一、四五七	九、〇七四	三、六五八
早稲田村	二、二四七	一、三八〇	二七、八四三
東和村	—	—	三、〇八六三
櫻井村	一一三	五六二	三、七一〇
南櫻井村	一、七七九	九、九六一	二〇、四二四
川辺村	二、一一二	一一、九三六	一二、八〇四
計	二五、九一八	一九八、八四九	八三八、三一一

(2) 北埼玉支部活動状況

い、水害復興委員会北埼玉支部設置状況について

十月二十一日開催せられたる縣復興委員会に出席したる久沢所長の報告をかね、翌二十二日羽生町役場において、対策委員会常任委員会を開催し、左記事項について協議したのである。

協議事項

一、水害義捐金町村配分に関する件

二、救援用衣料品町村配分に関する件

三、同救援用食料（主食副食物）配分に関する件

四、其の他緊急を要する件

右に関し、左記の通りそれぐ決定、直に手配することになつた。

一、義捐金については、郡下町村から寄せられた同情金七十一万二千八百円の中、被害の激甚だつた利島、川辺、東

原道、元和の川辺領五箇村に対し、計参十一万円を優先支給のこと。
猶義捐金の使途については、五箇村の水害復興期成同盟会にに一任すること。
二、義捐物資については、右五箇村の罹災者に全面的に振向ける外、豊野、大桑両村へも、右五箇村に準じ、分配の手続をなすこと。
三、食糧の中主食（白米、押麦）は、大越出張所にて消費したる分に対し、先づ補給し、残りは前記五箇村を中心に配分するも、極貧者及び罹災者の被害程度を充分にらみ合せたる上、配分の公平を期すること。
四、其の他、縣復興委員会本部支部設置に関し、規程の作成、機構並に人的配置につき所長に一任し散会したが、協力團体の範囲を次の通り決定した。
地方事務所、地元縣会議員、町村代表、土木工営所長、職業安定所長、埼銀支店、労働組合協議会、関東配電、運輸業代表、東武鉄道、報道関係、警察署長、税務署長、見沼葛西両用水路改良事務所長、各婦人團、消防團、青年團、宗教團、土建組合、醫師会、教員組合、商工会、燃料組合

ろ、支　部　規　定

決定した支部規定は次の通り。

埼玉縣水害復興委員会北埼玉支部規定

第一條　昭和二十二年九月本縣水害の救護及復旧等に関する重要事項を調査、審議し、綜合的施策の推進を図るため埼玉縣水害復興委員会北埼玉支部を設置する。
第二條　本会は前條の目的を達成するため左の部を設くるものとす。
一、総　務　部

㈠　請願陳情
㈡　他の主管に属しない事項
一、経　済　部
㈠　食糧関係に関する事項
㈡　物資の配給等に関する事項
一、教　育　部
第三條　本支部委員会は支部長及委員を以て組織する。
第四條　支部長、副支部長は委員会が之を選定する。
第五條　支部長は会務を総理する。
支部長が事故あるときは副支部長其の職を代理する。
第六條　部会はその目的を達成するため部長を互選する。
部長は部務を掌理する。
第七條　委員、部員は支部長が之を委嘱する。
第八條　支部委員会には幹事及書記若干名を置く。
幹事及書記は縣吏員その他の者より支部長が委嘱する。
幹事は支部長の命を承け会務を掌理する。
書記は支部長の命を承け庶務に従事する。
第九條　本規程に定めるもの丶外必要な事項は支部長が之を定める。

は、北埼玉水害復興委員会名簿
決定した委員名簿は次の通り。

北埼玉水害復興委員会委員名簿

支部長	地方事務所長	久沢実因
副支部長	郡町村会長	眞中麟
副支部長	郡農業会支部長	腰塚長三郎
委員会委員	忍町長	奥貫賢一
委員会委員	羽生町長	小川清助
同	太井村長	清水藤次郎
同	井泉村長	須藤昌一
同	下忍村長	荒井賢一
同	新郷村長	樋口宗八
同	中條村長	曾根勝次郎
同	手子林村農業会長	台卯一郎
同	埼玉村長	関口七三
同	屈巣村長	藤村篤治
同	笠原村長	梶山喜三郎
同	加須町長	神沢茂吉
委員会委員	騎西町長	柿沼万之輔
同	不動岡町長	神田宗吉
同	礼羽村長	武藤計一
同	原道村長	台于知
同	東村長	栗原松壽
同	元和村長	中島林蔵
同	川辺村長	松橋虎吉
同	利島村長	出井菊太郎
同	水深村長	神田一郎
同	縣会議員	眞中麟
同	同	吉野一之助
同	縣会議員	森田正雄
同	同	大藤暉一
同	同	岡安正庫
同	同	田島実衞

総務部長　眞中麟　教育部長　神田一郎
部員　奥貫賢一　部員　関口七三
同　小川清助　同　神田宗吉
同　神沢茂吉　幹事　北埼玉地方事務所　石井総務課長
経済部長　田辺喜太郎　同　茂木経済課長
部員　荒井賢一　書記　地方事務所総務課　増田主事
同　樋口宗八　同　永沼主事
同　武藤計一

に、支部設置後における活動状況について

本郡川辺領の如きは渡良瀬大利根決潰口に直面し、その被害も頗る惨状を呈したが、北埼玉救済委員会では、氾濫直後の九月十七日より向う一箇月間に亘り、救済委員会全員一致協力、鋭意活動を続けたのである。

さて今回水害復興委員会北埼玉支部として改組後も、毫も救済復興の手をゆるめず、支部長を初め、各部係委員は原住民の協力により、文字通り官民一体の態勢を以て、或は救済に、或は復興に、着々実績を擧げ、中にも今次災害中の激甚地川辺東一帯の復旧は、縣内外の同情により、予期以上の成績を見たのは、喜ばしき限りであつた。

猶当支部は、十一月一日を以て発足、翌年四月三十日満六箇月の期間を以て完了し、一先づ予定の目標に到達したが、特に耕地並に公共施設の復旧に就ては、水害復興委員会北埼玉支部の援助により、地元民が協力これに当り、着々復旧の進捗を見たが、中にも元和、原道、東の三村は、大方減水を見た十二月一日、種々協議をすゝめた結果、新に耕地復旧組合を組織し、組合長に原道村長曾根不二丸氏を推し、耕地の復旧・道水路の復旧新設に、鋭意活動を続けたのである。然るに曾根組合長は、業半にして不幸病氣のために斃れ、後任として同じく原道村より谷口伊兵衛氏就役、更に復旧を全面的に急いだのである。

猶現在の進行状況については、何れも完了に近づきつゝあるが、中にも東村だけは、当時の被害面積三百三十余町歩（その中砂丘池沼の轉落地約五十余町歩、地形の変轉百五十町歩）に対し、大約九十パーセント迄その復旧を完了したのである。（二四、一一、二二現在）

次に道水路の復旧及び新設については、被害五万九千百十七間の中、約五割は原形を失い、その殆どが新設同様の作業が続けられたのである。又用排水路も今回新に各一本宛新設せられ、橋梁のかけかえ修復十数箇所、門扉数箇所の修復も、何れも前記同様九十パーセントの成功を納めたのである。（二四、一一、二二現在）

(3) 入間郡支部活動状況

い、支部設置規程次の通り。

記

第一條　昭和二十二年九月の本縣水害の救護及復旧等に関する主要なる事項を審議し、総合的施策の推進を図り、且つ縣水害復興委員会に協力するため入間郡支部を設置する。

支部事務所は入間地方事務所内におく。

第二條　本支部は支部長及委員を以て組織する。

第三條　支部長には入間郡町村長会長がこれに当る。

第四條　支部長は本部の事務を総理する。支部長事故ありたる時は支部長の指名した委員がその職を代理する。

第五條　委員は支部長が委嘱する。

第六條　支部に幹事及書記若干名をおく。幹事及書記は縣吏員及其の他の者より支部長が委嘱する。
幹事は支部長の命を受け支部の事務を掌理する。書記は支部長の命を受け庶務に従事する。

第七條　本規定に定めるものの外必要なる事項は支部長が之に当る。

ろ、支部構成員の名簿は次表の通り。

記

役名	現職名	氏名	役名	現職名	氏名
委員長	入間郡町村長会長 大家村々長	吉川與一	委員	鶴瀬行政支会長	当麻憲之
委員	農業会入間支部長	細田栄藏	同	所沢行政支会長	新井万平
同	縣会議員	大谷國道	同	入間川行政支会長	石川求助
同	同	長谷部秀邦	同	豊岡行政支会長	井ヶ田酉之助
同	同	松岡弘基	同	坂戸行政支会長	仲田彌重
同	同	桑田愛三	同	飯能行政支会長	細田栄藏
同	同	宮崎菊次	同	越生行政支会長	関根要一
同	同	新井万平	同	川越税務署長	池沢貞三
同	同	石川求助	同	川越土木工営所長	山下芳丸
同	同	新井義光	同	入間郡医師会長	斎藤公平
同	中部行政支会長	関根卯九	同	武藏貨物自動車株式会社	桑田愛三

役名	現職名	氏名
委員	日本農民組合入間地方区聯合会長	河村義一
同	西武蔵委員会々長	宮崎菊治
同	同　副会長	小林菊治
同	西部木材林産組合長	堀江泰助
同	入間木材林産組合長	井上竹吉
同	埼玉縣森林組合聯合会入間支部長	市川宗貞
同	埼玉燃料林産組合入間支部長	新井長治
同	水利組合主事	伊藤邦助
同	入間郡教員組合執行委員長	馬場武義
委員	入間郡聯合青年團長	諸井茂
同	西武木材林産組合川越支部長	鈴木勇作
同	川越小運搬組合長	松本徳太郎
同	高麗村々長	岡村良太郎
同	川越警察署長	金沢計一
同	所沢警察署長	柴崎清作
同	飯能警察署長	田口五十二
同	越生警察署長	大泉健亮

は、支部設置以降の実績

第一回復興委員会において、各委員より実行運動に関し、活潑なる意見の交換があり、爾來各町村より報告に接したが、十二月中の成績は次の通りである。

記

㈠　義捐金品の募集狀況

義捐金は、各町村の非災農家は勿論、在住民の同情があり、十二月中のみにて総額一万四千七百二十七円に達し、義捐品は二千七百点の衣料が、委員会に届けられた。又家畜の飼料たる藁の供出についても、各地区より積極的の應援があり、今回は九千五百五十三貫に達したが、猶陸続集荷を見つゝあるのである。

猶決潰箇所三芳野村堤防三箇所、勝呂村同一箇所の復旧は、当局者並に地元民協力の下に、何れも二十三年度中に完成を見、水富村外五箇町村の道路の破損及び橋梁の流失、山の崩壊等十数箇所の復旧も、同様完了を見たのである。

(4) 川越支部活動状況

本市における水害復興委員会川越支部設置に関しては、直ちに設置運動を起し、先づ規程の作成及び支部構成員の人選に着手し、特に構成委員は、従來の名誉委員でなく、極力実行の旺盛なる人士を詮衡し、全市一丸強力なる運動を展開すべく申合したのである。

第一回の委員会においては、先づ救援金品の募集を各團体中心に呼びかけ、又中古莚の供出につきては各戸より出來る丈け多くを望む計劃をたて、、実施を試みたのである。

因に支部規程並に委員の氏名活動内容は次の通り。

い、埼玉縣水害復興委員会川越市支部規程

第一條　昭和二十二年九月の本縣水害の救護及び復旧等に関する重要な事項を調査審議し総合的施策の推進を図るため埼玉縣水害復興委員会を設置せられたるにより之が運営を分担するため川越市支部を設ける。
支部事務所は川越市役所内に置く。
第二條　支部は支部長及び委員を以て組織する。
第三條　支部長には市長が之に当る。
第四條　支部長は支部事務を総理する。
支部長が事故あるときは支部長の指名する委員が其の職を代理する。

第五條　委員は支部長が委嘱する。

第六條　支部に幹事及び書記若干人を置く。

幹事及び書記は市吏員其の他の者より支部長が任命又は委嘱する。

幹事は支部長の命を承け支部事務を掌理する。

書記は支部長の命を承け庶務に従事する。

第七條　本規程に定めたるものの外必要な事項は支部長が之を定める。

ろ　埼玉縣水害復興委員会川越市支部委員（順序不同）

支部長	川越市長	伊藤泰吉
委員	市議会議長	松山莊次郎
同	同副議長	須永酉馬
同	縣議会議員	染谷清四郎
同	市議会議員（財）	飯野昌八
同	同（教）	石川秀夫
同	同（厚）	橋本四郎
同	同（教）	樋口政一
同	同（土）	鈴木勇作
同	川越商工会議所会頭	渡辺吉右ェ門
同	川越市農業会長	内田猛晋
同	日本赤十字社縣評議員	神山義男
同	川越新聞記者会（朝日）	石田隆
同	同（埼玉）	飯島謙輔
委員	川越新聞記者会（読賣）	鎌田義太郎
同	同（毎日）	田村寛
同	同（経済）	長尾政明
同	川越市連合青年團長	関口正鑅
同	川越市婦人会長	榎本園子
同	川越市消防團長	井坂一郎
同	川越市医師会長	吉川英作
同	西部木材林産組合川越支部長	鈴木勇作
同	川越市土建組合長	神田庄五郎
同	川越駅長	高木元正
同	農事実行組合長	志藤好太郎
同	同	久保田房吉
同	同	小沢一作
同	川越土木工営所長	山下芳丸

委員	関東配電川越営業所長	小木曾四郎	委員	川越市衛生組合長	佐藤又藏
同	川越警察署長	金沢計一	同	川越市立第一中学校長	井上房吉
同	川越工場協会長	山口義雄	同	縣教員組合川越支部	若林隆三
同	川越地方経済復興会議長	飯田勇雄	同	縣食糧営團入間出張所長	小島金三
同	日労総同盟川越地方連合会	原田惣之助	同	縣燃料林産組合川越配給所	横川三郎
同	川越地方労働組合連合会	沼本泰	同	川越市体育協会長	柿田亀之助
同	川越市民生委員会議長	馬場祐作	同	埼玉銀行川越支店長	大野欣一
同	川越市佛教團幹事	金剛秀一	同	全日本農民組合川越支部	筋野喜三郎

は、復興委員会の活動内容

本市は同胞愛に立脚せる縣民運動に対し、全面的に活動する事に決し、全市に呼びかけ、左記事項を実施したのである。

㈠ 義捐金募集に関する强化促進運動

一般募金については、市、市議会、民生委員協議会、市内各学校、市内各会社工場、各業者組合、各政党、佛教團各地域青年團等により、それぞれ募集を開始し、街頭募金については、佛教團市吏員等が、市内繁華街各劇場等にて市民に呼びかけ、その間篤志者の積極的寄附等があり、総額十二万三千四百四十五円二十銭に達した。

㈡ 義捐物資の募集について

義捐物資については、衣料品、寝具類、燃料、履物、厨房諸道具、其の他につき、一家庭一品を標準に、それぞれ持寄運動を、町内会中心に実施し、大約二千余点を蒐集したのである。

右何れも縣対策本部長宛発送を了した。

(5) 大里支部活動状況

本郡における支部設置に関しては、十月三十一日熊谷中学校講堂において、管下町村長を初め農業会長の参集を求め、協議の結果、縣復興委員会本部の方針に基づき、大里支部設置を満場一致の下に可決し、別項記載の通り支部設定並に支部役員の詮衡を終り、更に実際運動につき、種々意見の交換があり、午後三時解散した。

猶当日、復旧資材の一部として、全村藁の供出を申合せ、十一月一日より翌二十三年三月末日まで集荷したが、其の実数量は別表の如くであつた。その他堤塘の修復、耕地の復旧、資材の斡旋、配給品の分配等につき、支部各部員は、それぞれ活潑なる活動を続けた。

記

村名	藁	其の他	村名	藁	其の他
吉見村	五四〇・〇貫		大寄村	三、一〇〇・〇貫	中古莚 二七五枚
吉岡村	五〇四・〇		新会村	二三六・〇	
御正村	四九五・〇		中瀬村	二九〇・〇	
三ケ尻村	一、一三一・九		八基村	一、二七三・〇	
奈良村	四四二・〇		本郷村	九一八・〇	
秦村	八一八・〇		武川村	三四〇・〇	
妻沼町	八五〇・〇		用土村	六〇〇・〇	
太田村	八四〇・〇		折原村	六七二・〇	中古莚 二一〇
別府村	一五四・〇		鉢形村	四五三・〇	
幡羅村	四一四・四		計	一四、〇七一・三	四八五

備考　未供出町村、市田、藤井、男沼、明戸、深谷、岡部、榛沢、藤沢、花園、寄居、男衾、小原、本畠

埼玉縣水害復興委員会大里郡支部規程

第一條　昭和二十二年九月の水害の救護及復興等に関する重要な事項を調査審議し綜合的施策の推進を図るため埼玉縣水害復興委員会大里郡支部を（以下委員会支部と称する）設置する。

第二條　委員会支部は支部長副支部長及委員を以て組織する。

第三條　支部長には大里郡町村長会長之に当る。
支部長は会務を総理する。

第四條　副支部長は支部長が委嘱する。
副支部長は支部長を補佐し支部長が事故あるときは其の職務を代理する。

第五條　委員は支部長が任命又は委嘱する。

第六條　委員会支部に顧問を置くことが出來る。
顧問は委員会の推薦により支部長が委嘱する。

第七條　委員会支部に幹事及書記若干人を置く。
幹事及書記は縣吏員其の他の者より支部長が任命又は委嘱する。
幹事は支部長の命を受け会務を掌理する。
書記は支部長の命を受け庶務に従事する。

第八條　本規定に定めるものの外必要な事項は支部長が之を定める。

水害復興委員会大里支部委員

支部長　馬場栄一　幹事　秋山慶策　幹事　井田武夫
副支部長　綱島憲次　同　矢島定吉　同　外町村長八名
同　山岸彌平　同　大谷齊三　書記　細田勝三
幹事　日向喜平　同　若旅進一　同　原一郎
同　古沢彌作　同　田中亥子壽　同　滝上壽一
同　古沢光雄　同　河田彌太夫

(6) 比企支部の活動状況

十一月十七日午前九時、松山町役場会議室において、各関係要人の参集を求め、比企郡水害復興委員会支部設立に関する協議をすゝめ、満場一致を以て比企支部設置を決定、先づ支部規程役員の委嘱についで、直ちに本年度内における運営計劃につき、委員の忌憚なき意見を交換し、別記の通り決定の上、午後一時散会した。

記

一、水害復興委員会比企支部規程
二、水害復興委員会比企支部委員名簿

一、埼玉縣水害復興委員会比企支部規定

第一條　昭和二十二年九月の本縣水害の救護及び復旧等に関する重要な事項を調査審議し綜合的施策の推進を図るため埼玉縣水害復興委員会比企支部を設置する。

第二條　委員会は支部長及委員を以て組織する。

第三條　支部長には比企郡町村長会長が之に当る。
第四條　支部長は会務を総理する。
支部長が事故あるときは支部長の指名する委員が其の職を代理する。
第五條　委員は支部長が任命又は委嘱する。
第六條　委員会に幹事及書記若干人を置く。
幹事及び書記は比企地方事務所吏員其の他の者より支部長が任命又は委嘱する。
幹事は支部長の命を受け会務を掌理する。
書記は支部長の命を受け庶務に従事する。
第七條　本規程に定めるものゝ外必要な事項は支部長が之を定める。

二、水害復興委員会比企支部委員名簿

支部長	比企郡町村長会長松山町長	新井喜兵衛
委員	縣会議員	松本倉治
同	同	新井秀治
同	同	猪鼻精壽
同	同	坂崎登
同	衆議院議員	山口六郎次
同	比企郡町村長会 菅谷部会頭福田村長	栗原進一
同	同 小川部会頭小川町長	小菅英作
同	同 玉川部会頭玉川村長	関口英三
同	同 川島部会頭中山村長	島村邦治
委員	比企郡町村長会 吉見部会頭南吉見村長	吉沢太一
同	農業会比企支部長	伊藤徳三
同	朝日新聞社	蟇目憲一
同	毎日新聞社	大木武雄
同	埼玉新聞社	新井五郎
同	食糧調整委員	清水鉄三
同	同	中村武一
同	民生委員	工藤実参
幹事	比企地方事務所長	松葉義治
同	比企地方事務所総務課長	高田喜代勝

幹　事　比企地方事務所厚生課長　高田喜代勝　幹　事　農業会比企支部経済課長　福田耕吉
同　　　同　経済課長　逸見　章　同　同　蚕糸課長　正木益一
同　　　同　土木課長　荒川信男　同　同　畜産課長　荒井俊雄
同　　　同　林務課長　今成政利　書　記　比企地方事務所総務課　木村幹次
同　　　同　農地課長　杉村惣藏　同　同　厚生課　池田　照
同　　　農業会比企支部総務課長　矢沢啓重郎　同　同　経済課　長谷部茂作
同　　　同　農産課長　大谷五郎　同　比企郡町村会　島田福治

十一月二十五日午前九時、松山町役場会議室において、復興委員会比企支部第二回協議会を開催し、復興に要する救済物資の割当並に救済資金の配分等に関し、被害地の状況とにらみ合せ、適正処置を取ることに決定した。

翌十二月十日午前九時、同様会場において、第三回協議会を開催し、各罹災地の現状報告を求め、それに應ずる復興措置を急ぐことに話を進め、活潑なる意見を交換午後一時解散した。

(7)　兒玉支部活動状況

本郡における支部活動状況については、十月廿一日縣会議事堂において決定した対策事項につき、帰任後直ちに関係当事者を兒玉地方事務所に参集を求め、協議の結果、先づ当支部設置に関する規定、同構成委員の委嘱、実施事項等を決定の上、早急復興に努むることになつた。

規約及び組織の状況は左の通り。

記

い、兒玉郡水害復旧対策委員会規約

ろ、構成委員名簿

は、活動内容

い、兒玉郡水害復旧対策委員会規約

総則

第一條　本委員会は兒玉郡水害復旧対策委員会（以下單に委員会という）と称える。

本委員会の事務所は埼玉縣兒玉地方事務所内にこれを設ける。

第二條　本委員会は昭和二十二年九月十五日のカスリーン颱風による被害に対し兒玉郡として綜合的復旧計画を樹立し、擧郡一致これが復旧の促進を図るを以て目的とする。

役員

第三條　本委員会に左の役員を置く。

委員長	一名
副委員長	四名
委員	五十六合
顧問	若干名
参与	若干名

第四條　委員長は兒玉郡町村長会長を以てこれに充てる。

副委員長は兒玉地方事務所長、縣農業会兒玉郡支部長、本庄警察署長、兒玉警察署長を以てこれに充てる。

委員は兒玉郡各町村長、兒玉郡各町村農業会長、兒玉地方事務所各課長、縣農業会兒玉郡支部各課長、兒玉郡町村長会書記を以てこれに充てる。

顧問は児玉郡選出の衆議院議員、参議院議員にこれを委嘱する。

参與は児玉郡選出の縣会議員にこれを委嘱する。

第五條　委員長は委員会の事業を主宰し委員会を代表する。

副委員長は委員長を輔佐し委員長事故あるときは委員長の職務を行う。

委員は委員会の事業の計画及推進に当たる。

顧問及参與は委員長の諮問に應じ又は其の委員会の事業について意見を述べ又は委員会を指導鞭撻する。

組　織

第六條　本委員会にその事業を分掌するため左に掲げる各部を置く。
庶務部（事務に関する事項）
経済部（米、麦其の他食糧対策に関する事項）
厚生部（援護救済に関する事項）
耕地部（耕地復旧対策に関する事項）
土木部（道路、河川、橋梁復旧対策に関する事項）
各部に部長一名実行委員若干名を置く。
第七條　各部の部長は町村長、町村農業会長よりなる各部の実行委員においてこれを互選する。
各部の実行委員は委員中より左に掲げる者を以てこれに充てる。
庶　務　部
児玉地方事務所総務課長、児玉地方事務所税務課長、縣農業会児玉支部総務課長、児玉郡町村長会書記一名

経済部
藤田村、東兒玉村、七本木村、共和村、丹莊村、秋平村、若泉村、各村長及び農業会長、兒玉地方事務所経済課長、兒玉地方事務所蚕糸課長、縣農業会兒玉郡支部農産課長、蚕糸課長、畜産課長

厚生部
兒玉町、神保原村、賀美村、金屋村、各町村長及農業会長、兒玉地方事務所厚生課長、視学、縣農業会兒玉支部経済課長

耕地部
旭村、北泉村、松久村、長幡村各村長及農業会長、兒玉地方事務所耕地課長、兒玉地方事務所農地課長、縣農業会兒玉部部農産課長

土木部
本庄町、本泉村、青柳村、大沢村、仁手村各町村長及農業会長、兒玉地方事務所土木課長、耕地課長

第八條　部長は実行委員と共に担任事項につき計画の樹立及其の推進に当る。

経費

第九條　本委員会の事業を運営するために要する経費は兒玉郡各町村及各町村農業会においてこれを負担する。

補則

第十條　本委員は一應水害復旧の完了する迄存続するものとする。

ろ、構成委員名簿

委員長　本庄町長　中島一十郎　副委員長　兒玉町々長

副委員長　地方事務所長　顧問　外縣議三名
顧　問　石川一衞　委員　各町村長
同　関根久藏　同　地方事務所各課長
同　靑柳高一　同　各農業会長

は、活動内容

当支部は、復旧に関し、官民一体一丸となり促進を続け、予期以上の実績を擧げたが、期間六ケ月間を経過した四月末日、最終委員会の席上水害発生当日以降の活動狀況につき、左記の如き詳細な報告を了したのである。

記

1. 避難所設置の狀況（九、一五―九、一六）
2. 炊出実施狀況調（九、一六）
3. 同材料品目別調
4. 家屋の流失全壞者に対する應急衣料給與調
5. 同　床上浸水者に対する應急衣料給與調
6. 家屋の流失倒壞者に対する生活必需品給與調
7. 同　半壞並に床上浸水者に対する生活必需品給與調
8. 埋葬数及び費用調
9. 罹災者移送及び救済用物資の輸送費調
10 助産狀況取扱調

(8) 秩父支部活動状況

本郡における水害復興委員会は、縣本部の方針に準拠し、各関係者の參集を求め、先づ支部規定の審議を終り、直ちに役員の詮衡を行つたが、満場一致を以て、別項記載の如く決定発表された。

次いで規定に基づき、活動の内容を検討したが、期間中に活動した主なるものは次の通りである。

記

い、救護物資、義捐金等の町村別目標による数量金額等を協議し、これが蒐集に努力す。

ろ、薪炭類を、各村割当供出に活動し、多数縣本部へ送致した。

は、復旧用の木材を多数提供した。

一、埼玉縣水害復興委員会秩父郡支部規定

第一條　昭和二十二年九月の本縣水害の救護及復旧等に関する主要な事項を審議し綜合的施策の推進を図り且つ縣水害復興委員会に協力するため秩父郡支部を設置する。

支部事務所は秩父地方事務所内に置く。

第二條　本支部は支部長及委員を以て組織する。

第三條　支部長には秩父地方事務所長がこれに当る。

第四條　支部長は本部の事務を総括する支部長が事故ありたる時は支部長の指名した委員がその職を代理する。

第五條　委員は支部長が委嘱する。

第六條　支部に幹事及書記若干名を置く。幹事及書記は縣吏員その他の者より支部長が委嘱する。

幹事は支部長の命を受け支部の事務を掌理する。

書記は支部長の命を受け庶務に従事する。

第七條　本規定に定めるもの丶外必要な事項は支部長が之に当る。

二、役員委嘱名簿

役職	職名	氏名	役職	職名	氏名
委員長	秩父地方事務所長	須川夏太郎	委員	上吉田村長	多田正雄
同	同　昭和二二、一一、五より	檜山行夫	同	倉尾村長	守屋源一郎
副委員長	秩父郡町村会長　秩父町長	諸　武三郎	同	三田川村長	富山時政
同	埼玉縣農業会秩父支部長	井上市太郎	同	野上町長	村田義六
委員	秩父町長	諸　武三郎	同	両神村長	岩崎幸十郎
同	横瀬村長	浅見万作	同	大滝村長	山中一郎
同	芦ヶ久保村長	町田與志平	同	荒川村長	新井重勝
同	高篠村長	若林省三	同	久那村長	引間六郎左衛門
同	原谷村長	小池善作	同	影森村長	浅見廣治
同	皆野町長	門平文作	同	大椚村長	清水道治
同	三沢村長	野沢新作	同	槻川村長	関口兒玉之輔
同	國神村長	久米弁作	同	浦山村長	新船松江
同	金沢村長	四方田福三	同	大河原村長	高山福六
同	日野沢村長	門田與作	同	秩父町農業会長	井上市太郎
同	大田村長	中田関藏	同	横瀬村農業会長	加藤佐助
同	吉田町長	新井雄平	同	芦ヶ久保農業会長	町田憲治
同	尾田蒔村長	風間新太郎	同	高篠村農業会長	内田幸次郎
同	長若村長	今井爲吉	同	皆野町農業会長	吉田光久
同	小鹿野町長	浅見義佐	同	吉田町農業会長	守岩亀二

委員	尾田蒔村農業会長	島田代三郎
同	長若村農業会長	前野保三
同	小鹿野町農業会長	茂木茂三郎
同	上吉田村農業会長	多田正雄
同	倉尾村農業会長	浅香幾三郎
同	三田川村農業会長	幡磨義雄
同	野上町農業会長	林直一
同	両神村農業会長	岩崎幸十郎
同	大滝村農業会長	横田亀吉
同	荒川村農業会長	新井幸十郎
同	久那村農業会長	山中武市
同	影森村農業会長	堀口浅次郎
同	大椚村農業会長	野口清次
同	槻川村農業会長	高田千星
同	浦山村農業会長	原島亀作
委員	大河原村農業会長	篠沢杉次郎
幹事	秩父地方事務所総務課長	栗田喜平
同	厚生課長	進藤十三
同	昭和二二、一一、五より	多比羅圭三
同	林務課長兼経済課長	角田直記
同	農地課長	町田雄
同	蚕糸課長	鎌田辰次
同	税務課長	島崎武富
	埼玉縣農業会秩父支部次長	宮谷芳治
同	総務課長	高橋武
同	農産課長	関田和三郎
同	経済課長	飯島清
同	蚕糸課長	秋葉幸一
同	畜産課長	堀込慶基
	秩父郡町村会主事	浅見嘉一郎

(9) 熊谷支部活動状況

熊谷市では、嚮に結成を見た、熊谷市水害対策委員会をそのまゝ復興委員会の名称に改め、縣本部の方針に則り、活動を続けたのである。

猶当時の規定並に役員の名簿は、別項記載の通りである。

熊谷市水害対策委員会規約

第一條　本会は熊谷市水害対策委員会と称す。

第二條　本会の事務所を熊谷市役所土木部内に置く。
第三條　本会は熊谷市に於ける水害対策の万全を図るを以て目的とす。
第四條　本会に左の役員を置く。

委員長　一名
副委員長　三名
顧問　若干名
委員　若干名
幹事　三名

第五條　委員長は市長の職にある者を、副委員長は助役及消防團長、市会土木常任委員長の職にある者を以て之れに充つ。

顧問は地元衆議院議員、縣会議員、警察署長及び土木工営所長の職にある者に市長委嘱す。

委員は市会常任土木委員及消防委員其の他委員長の推薦により委嘱す。

幹事は市土木部長、土木課長、消防課長の職にある者に委員長委嘱す。

第六條　委員長は第三條の目的を達成する爲に上司と連絡の上委員会の運営を行う。

委員長事故ある時は副委員長之を代行す。

顧問は適時委員長の諮問に應ずるものとし、幹事は委員長の命により会務に從事す。

以上

熊谷市水害対策委員会委員名簿

委員長 鴨田宗一
副委員長 志村徳太郎
同 石山啓次郎
同 江田佐平
第一分團地区委員 串田八郎
同 雲田太一
同 近藤義次
同 中山金作
同 秋山誠忠
同 新井政一
同 今村嘉三郎
同 水谷國三郎
同 小肥連吉
同 石井隆壽
同 青木善次郎
同 関口源衛
同 松崎延次郎
同 中村嘉一郎
第二分團地区委員 堀口熊五郎
同 川上徳太郎
同 新井登吉
同 柏崎直治

第二分團地区委員 神山鉱二郎
同 新井英美
同 風間清五郎
同 山崎壽
同 島野喜之衛
同 近藤唯一
同 吉田夘吉
同 吉田清作
同 根岸鍋太郎
第三分團地区委員 岩下辰藏
同 青木顯壽
同 小林種三
同 橋本鍋吉
第四分團地区委員 龍前與一郎
同 棚沢時松
同 龍前重藏
同 中村重吉
第五分團地区委員 飯田参彌
同 田口恒次
第六分團地区委員 小林久三
同 四分一忠治
同 沼尻芳丸

第七分團地区委員 岡田実
同 佐藤孫市
同 藤井経太郎
同 井瀬貴徳
第八分團地区委員 新井金夫
同 菅谷昇太郎
同 吉野武四郎
同 黒沢定四郎
第九分團地区委員 飯田喜久雄
同 飯田喜一
同 秋山福太郎
第十分團地区委員 持田吉藏
同 森田新五郎
第十一分團地区委員 柳沢照明
同 関福太郎
同 坂本明
同 柴崎辰藏
同 矢島兼吉
同 茂木直松
同 福島儀助
同 松村満

⑽ 北足立支部活動状況

い、水害復興委員会北足立支部設置状況について

昭和二十二年十月二十三日、北足立地方事務所において、委員会を開催し、委員会支部規程並に役職員の委嘱につき協議の結果、左記の通り決定を見たのである。

記

一、埼玉縣水害復興委員会北足立郡支部規程

第一條　本支部は埼玉縣水害復興委員会の下部組織として昭和二十二年九月の本縣水害の救護及び復旧等に関する事項を実施する爲に設置する。（以下單に支部と称す）

第二條　支部は支部長及び委員を以て組織する。

第三條　支部長は町村長会長が之に当る。

第四條　支部長は支部の事務を総理する。

支部長が事故あるときは町村長会副会長が其の職を代理する。

第五條　委員は支部長が之を委嘱する。

第六條　支部の会議は委員会と称す。

委員会に幹事及び書記若干人を置く。

幹事及び書記は地方事務所職員其の他の者より支部長が之を委嘱する。

第七條　幹事は支部長の命を受け会務を掌理する。

書記は支部長の命を受け庶務に従事する。

第八條　本規程に定めるもの丶外必要な事項は支部長が之を定める。

附　則

本規定は昭和二十二年十一月一日より之を施行する。

二、北足立支部役職員名簿

支部長	北足立郡町村長会長朝霞町長	荒井雅次	同	同	鴻巣支会長鴻巣町長	栗原光次
委員	同　副会長與野町長	茂木喜之	幹事	埼玉縣北足立地方事務所長		石川四十一
同	同　同　桶川町長	松永錄郎	同	同	総務課長	石山栄之進
同	同　蕨支会長　蕨町長	浅賀正弘	同	同	厚生課長	横溝義之
同	同　草加支会長草加町長	野口太七	書記			吉野增男

ろ、水害復興委員会北足立支部第一回委員会

(一)　北足立地方事務所会議室において、十一月十三日開催し、次の諸件について協議す。

(二)　協議事項

(1)　義捐金並に衣料の醵出に関する件

(2)　耕地復旧促進に関する件

(3)　水害見舞金分配に関する件

(11)　川口支部活動狀況

本市は、比較的被害僅少なりしため、改めて水害復興委員会川口支部を設置せず、たゞ当時川口市水害救済委員会の役職員が、該運動期間中引続き努力しただけであつた。

第二節　被害都縣の復旧対策

一、東京都主催の關係知事會議

九月二十九日午前十一時四十九分、東京都知事より本縣知事宛、左記の通り無電を接受す。

記

十月二日午前十時より東京都知事室において水害対策に関する関係知事会議を開催する関係資料持参され主管課長帯同の上出席乞う猶出席人員を至急無電を以て連絡乞う。

二、關東各都縣知事會議

「今次関東地方の大水害の禍因は、一面利根川の決潰にあることは論を俟たない所である。よつて関係都縣知事会議を開催し、根本的治水策を討議し、且つ罹災復旧の促進を計劃し、関係都縣知事名の下に、強く政府に要望し、之が実現を期待するものである。」との趣旨から、愈々十月二十八日東京都安井知事並に埼玉縣西村知事発起者となり各関係知事に対し、次の如き招請狀を発送したのである。

災害関係知事会議開催について

災害復旧の促進と將來の水害の徹底的防除方策の樹立（利根川関係）を國家に要望することについて、左記により関係知事会議を開催しますから、御繁忙中恐縮ですが、是非御出席を御願い致します。

尚出席者数至急埼玉縣知事宛御通報願上げます。

記

一、日　時　十一月六日（木）
二、場　所　埼玉縣廳
三、参　会　東京、千葉、茨城、群馬、埼玉、栃木、他に内務省地方國土各局長、大蔵省主計局長の出席を求むる予定
四、日　程
1. 会　議　午前十時開会――正午閉会
2. 視　察　午後一時発利根川の決潰箇所及び水害激甚地の視察
3. 懇　談　午後五時　知事公舎
かくて、予定の如く十月六日左記の順序により、会議が進められたのである。
1. 東京都知事安井誠一郎氏の挨拶
2. 各都縣知事水害狀況の說明
3. 各都縣提出の議案の協議
4. 中央への要望事項の決定
5. 閉　会
因に当日の会議に出席したる代表者に配布したる印刷物は左記の通りである。

記

(一) 会議の時間割

十一月六日知事会議行事予定表　　　埼　玉　縣

時間	場所	行事予定	摘要
一〇・〇〇	知事室	参集	随員休憩所は副知事室総務部長室とする
自一〇・二〇 至一二・〇〇		会議	
自一二・〇〇 至一二・三〇		昼食休憩	
一二・三〇			
一四・〇〇		北埼玉郡東村決潰箇所着	○往路 浦和—大宮—岩槻—春日部・幸手—栗橋—東
自一四・〇〇 至一四・三〇	東村	決潰箇所附近視察	○帰路　往路に準ずる
一四・三〇		決潰箇所発	
一六・〇〇		縣廳帰着	
自一六・三〇	知事公舎	懇談	埼玉縣知事招待晩餐

(二)　参会都縣並に代表者氏名

記

都縣	代表者氏名	計	倍席者	小計
内務省	岩沢國土局長 中尾技官 柏村財政課長	三	四	七
大藏省	河野主計局次長 小池事務官	二	—	二
東京都	安井知事 住田副知事 坪田河川課長 柱山地方係長 神原主事	五	行政課長 行政係長 係員 三	八
群馬縣	北野知事 立神土木部長 大図庶務課長 青木秘書課長	四	—	四
茨城縣	越村副知事 大野土木部長 飯田林務課長 下村耕地課長 塩畑主事	五	—	五
千葉縣	石橋副知事 飯島河港課長	二	一	三
栃木縣	小平知事 興津総務課長	二	一	三
埼玉縣	西村知事 吉田副知事 福永副知事 大沢総務部長 長久保土木部長	五	一	六
全國知事会	郡事務局長	一	一	一
合計		二九	一〇	三九

㈢ 各都縣提出議案と会議の状況

十一月六日午前十時より、縣廳知事室において開会、劈頭岩沢國土局長より

「今度の水害は、百年に一度のもので、復旧に要する工事費の如きは、上流下流の各関係都縣が、公平にそれぐ

分担する責任がある。実施を急ぐ当面の問題としては、被害堤防の修築並に補強であるが、増補修復工事費國庫補助としては、各都縣の被害程度國税納入額等の資料によつて、それぐ算定を急いでいる。」
との説明があつた。
次いで千葉縣より、栗橋上流より印幡沼に至る昭和放水路の開拓についての質問に対し
「農林省案による印幡沼附近約三千町歩の内水排除工事と、内務省案の大放水路開拓案との両案を合置して、一石二鳥をねらう綜合計劃を樹てたい。猶本年度における出水の防除方法としては、江戸川の改修工事を必要とするが川底の掘下げや増巾は直に出來ないから、関宿にある洪水堤の改修を実施して、水流の安定を図ることが大切である。向後二度と惨害を繰返したくない決意をもつているが、堤防補強の完遂は一に予算の増強により決定するものである。」
と縷々説明があつた。ついで本縣長久保土木部長の質問に対し
「埼玉縣の妻沼用水の改良工事は、当局でも是非実施する予定である。」
と解答があり、更に群馬縣より提案せる、治山の重点である砂防工事費に対し、各関係都縣の共同負担に対する要請に対し、河野主計局長より、特に財政援助の点に関し
一應急救助費復旧費は、総計五十二億円であるが、その中災害関係は四億円であり、今次七月より九月に至る被災に関する補助金は二億円であり、これは應急復旧工事の進捗程度により、來年度の予算に影響することは勿論であるから、追加予算又は予備金は是非取りたいと思つている。猶昭和十三、十六年の水害でもそうであつたが、水害当時は、上下を擧げて騒いで居り乍ら、二、三年も経つと関心が全くなくなり、絶えず注意する積極性のないのは遺憾である。」

と懇々注意があつた。それに対し西村縣知事は

「災害復旧は、向後の供出に直接影響する重大問題なれば、復旧には是非万全を期せられたし。」

との懇請があり、大蔵省側より

「各縣とも堤防の維持費は甚だ僅少である。かゝる点も今次被害の一因とも見らるゝが、総じて補助があればやるなければやらぬというような消極的態度はすてゝ、もつと当事者全体の積極性が欲しい。」

との應答があつた。

最後に、柏村財務局長は、各縣要望の資金融資の問題について、次の如き説明をしたのである。

「國庫補助は低率に行けるように考慮した、縣負担の事業については、起債の面は確実に枠を取る積りである。又低利に行なうようにしたい。災害による税の減收については、特別附加税で出來るだけ考慮したい。來年度の分もこれでいくらか補助出來ると思つている。」云々

かくて協議は十二時三十分終了したが、各都縣要望事項は、一括の上中央に提出することに決定し、一行は晝食後廳舎前に集合、午後一時利根川決潰口を視察の上同四時帰廳散会した。

知事会議々案　　　　埼玉縣（二二・一一・六）

中央に要望事項

㈠　利根川放水路開鑿工事施行の件

今次の異常出水は、利根川の許容水量を危くし、今後予測し得ない水害を未然に防除するため、既に內務省に於て計画されている取手町地先より船橋市に至る利根川放水路開鑿工事を施行して洪水の調節を図ることが最も合理的施策と認めらるゝので、此の際万難を排して急速に実施されたい。

㈡　内務省直轄河川改修区域の増補工事施行の件

今回の出水によつて利根川本堤並に渡良瀬川本堤決壊により本縣は非常な災害を蒙り、治水並に民生安定上、大なる支障を來たすので、之れが緊急対策として本省施行に係る利根川、渡良瀬川、江戸川、烏川、神流川等各河川に対し増補工事を速かに施行して恒久的治水対策を講ぜられたい。

㈢　縣施行中小河川の増補工事並に防災工事に対する高率國庫補助の件

利根川水系に属する福川、小山川、唐沢川、身馴川、志戸川等は、今回の増水に全面的溢水を生じ、治水上支障を來たしたので、次期出水前に堤塘笠置並に局部改修又は河狀整理等國庫補助により、増補工事及び防災工事として施行するが從來の低率補助では、完全を期することは困難であるから今後は高率補助に改められたい。

㈣　砂防設備費増額の件

利根川水系に属する身馴川、志戸川、唐沢川上流は、今次の豪雨出水によつて著しく破壊され、次期出水前に災害対策として砂防工事を施行したいから、砂防設備費の増額を認められたい。

㈤　長期湛水の府縣道修補費に対し國庫補助を認むる件

利根川決潰により長期湛水によつて著しく破損された國府縣道の修補に要する経費は巨額に達するので、縣費のみの負担では到底完全を期せられぬので從來はこの種の工事に対しては國庫補助の対象にならなかつたのであるが、今回は特に國庫補助に認められたい。

㈥　水防施設費に対し國庫補助を認むる件

今回の出水に際し、水害予防組合並に地元消防團は多大の資材と人力によつて極めて危險な場合に於て献身的努力の結果防水に成功した幾多の実例に徴し、水防の重要性と奬励の見地から、之等水防施設に対し國庫補助されたい。

(七) 水防其の他非常の際の通信機関拡充强化の件

今回の出水によつて特に痛感されたことは、水害の爲一般通信機関の障害によつて、水防事務の連絡並に災害狀況の聽取を迅速に期し得なかつたので今後水防其の他非常の際に充分な使命を果し得る通信機関の確立强化を期せらるゝよう考慮されたい。

東京都外五縣水害対策知事会議要望事項（案）

一、利根川放水路開鑿工事の施行
二、內務省直轄河川の改修並增補工事の施行
三、利根川下流の河積拡大工事の施行
四、砂防設備対策の樹立
五、災害対策予算の增額
六、災害復旧事業の全額國庫負担
七、國庫補助決定の促進と補助金の前渡実施
八、低利資金の融通
九、復旧工事用資材の特配
一〇、水防其の他非常通信機関の拡充强化
一一、工事施行の際に於ける関係都縣の意見の聽取

陳情書

昭和二十二年九月十六日関東を襲つた大水害の被害関係都縣である東京都外五縣知事は十月六日埼玉縣廳に於て今次災害の復旧促進と將來の水害防除方策に付会議致しました結果次の各事項を強力に要望することに決定しましたので茲に陳情してその急速なる実現を期待します。

昭和二十二年十一月十一日

東京都知事　安井誠一郎
埼玉縣知事　西村実造
群馬縣知事　北野重雄
千葉縣知事　川口爲之助
茨城縣知事　友末洋治
栃木縣知事　小平重吉

内務大臣殿
大藏大臣殿
農林大臣殿
経済安定本部総務長官殿
衆議院議長殿
参議院議長殿
厚生大臣殿
戰災復興院総裁殿

要望事項

一、利根川に対する根本計画の樹立

今次の異常出水は、利根川の許容水量を危くして、未曾有の水害を発生せしめたのであるが、今後再び斯る不祥事を繰返さぬよう次の諸施策の急速なる実現を期せられたい。

1. 水源地方の植林と砂防との根本的対策を樹立し、水源各支川より本流に放出せらるゝ土砂を極力防止すること。
2. 水源地方の砂防設備は、國の直轄工事とするか、又は全額國庫補助の措置を講ずること。
3. 上流部の適当な地点に多数の高堰堤を築造し、洪水を調節すると共に利水、発電等の用に供すること。
4. 利根川の計画、高水流量は、今次最高の洪水流量を採用すること。
5. 昭和放水路の開鑿。
6. 江戸川々巾の大拡張。
7. 関宿下流の計画洪水量を安全に流下せしむるよう、河積の拡大、沈積土砂の浚渫を施行すること。
8. 霞ケ浦高水位の低下を圖る爲、内水排除工事を速急に実施すること。
9. 銚子河口の整備工事を実施すること。

二、内務省直轄河川の改修、増補並びに直轄改修区域の拡大等

今次の出水に鑑み、内務省直轄河川である利根川、荒川、渡良瀬川、江戸川、烏川、小貝川、神流川等の改修、堤防の嵩上げ補強工事等を速かに施行せられたい。尚利根川上流沿の上、澁川間を直轄工事区域に編入せられたい。

三、農林土木関係諸施設の復旧促進

用排水、耕地、農用公共施設及び林道等の農林土木関係の復旧工事は、地方公共團体に於て施行するものが多いの

であるが、國に於ては経費の負担、所要資材の優先的割当等の措置を講じ、工事の促進に特別の援助を與えられたい。

四、災害対策予算の增額

今回災害対策費として、國会に提出せられた追加予算の額は、二十二億余円と聞くのであるが、この程度の予算では到底満足な災害対策事業を遂行することは出來ない。勿論年度内の事業消化能力、資材の不足等の面よりも考慮しなければならない点はあるが、地方に於ける災害復旧工事には、特別の資材を多く要せずして、緊急に実施し得る工事も尠くないのであるから、更に災害対策予算の追加增額を図られたい。

五、災害復旧工事費の全額國庫負担

今次災害の復旧は到底地方財政の負担に堪え得ないところであるから、道路、橋梁、河川、耕地、用排水施設、林道其の他一切の災害復旧事業は、原則として全額國庫負担の根本方針をとられたい。若しこの方針をとり得ない場合は、別に地方財政援助の方法を講じて、事実上最高率の補助を実施するようせられたい。

六、國庫補助対象工事の拡張

災害應急工事或は長期湛水に依つて破損された國、縣道の修補工事等は、從來國庫補助の対象にならなかつたのであるが、今回は被害甚しき為、その経費の巨額に達するの事情に鑑み、特に國庫補助の対象として之を認められたい。

七、國庫補助決定の促進と補助金前渡の実施

復旧工事は何れも急速に実施を要するので、國庫補助は可及的速かに決定せられたい。若し國庫補助の正式決定までに相当の時日を要することが避け難いときは、補助見込額の範囲内に於て、前渡するの方法等を講ぜられたい。

八、低利資金の融通

地方費に於て負担しなければならない災害復旧費に就いては、優先的に低利資金融通の方途を講ぜられたい。

九、復旧工事用資材其の他の特配

復旧工事用資材及び之等の工事に従事する労務者用必需物資の特配を図られたい。尚被害農家及び商工業者等に対する必需資材、資金等の融通斡旋に就いても、特別の措置を執られたい。

一〇、水防其の他非常通信機関の拡充强化

今次の出水によつて特に痛感されたことは、一般通信機関の障害に依つて、水防事務や災害情報の連絡が充分に出來なかつたことである。今後は水防其の他非常の際には、充分にその使命を果し得る、特別な通信機関の確立を図られたい。

一一、災害関係都縣の意見聽取

災害復旧計画の樹立並に実施に当つては、利害影響の最も深い関係都縣の意見を充分に聽取せられ、これを尊重するようせられたい。

第三節　地方治水連盟の発足

未曾有の大被害に対する復旧には、巨額の経費と莫大な労力を要する。戰後日猶浅く、諸々の資材入手困難なるのみならず、労力の面も又不充分なる今日、復旧も又容易ならざるものがある。現在の復旧実狀は、たゞ掛声のみに終り、遅々として少しも進捗しない。

然し乍らこれをその儘放任せんか、又は漫然とたゞ傍観せんか、再度不祥を招來することは、火を見るより明らかである。

罹災地における原住民が「これではいかん」「二度と水害を繰返すな」「復旧を急げ」と悲壮な叫びを擧げ、敢然と起上り、罹災地区中心に、治水期成連盟の発足を見たことは、時局柄最も喜ばしき次第である。

特に本縣における大利根治水の根本策については、縣下関係有識者により、着々準備が進められ、昭和二十三年二月十二日栗橋町役場において、準備委員会が開催せられ、眞摯なる意見の交換があり、向後会の運営を一層具体化し実現を急ぐことを申合せ、午後三時散会した。

因に当日可決した大会の目標並に参加区域大会の時期其の他については、次の通りである。

利根川治水埼玉縣大会準備委員会記錄

一、日時　昭和二十三年二月十二日　午前十一時――午後三時

一、場所　栗橋町役場

三、出席者

北葛飾郡栗橋町縣会議員　石井保　同　忍町縣会議員　森田正雄

同　町長　石塚宅之助　北埼玉郡忍町長代理　石島秋

同　町会議長　関貞三　同　南河原村縣会議員　吉野一之助

同　南櫻井村長　小川文章　同　利島村長　出井菊太郎

北埼玉郡豊野村縣会議員　眞中麟　大里郡新会村縣会議員　石川栄一

同　代理　小川喜左衛門　同　奈良村縣会議員　野中彦十郎

同　羽生町縣会議員　大藤暉一　同　深谷町助役　持田眞作

南埼玉郡久喜町縣会議員　佐久間鎭雄　　同　　植原孝助
北葛飾郡杉戸町縣会議員　永塚勇助

四、会議
A、挨拶　石井縣議地元として挨拶す
B、経過報告　石川縣議
埼玉縣治山治水委員永塚、石川、出井三氏の間に利根川治水埼玉縣大会開催の議しば〳〵談合あり、二月五日石井、眞中、森田、永塚、石川縣議、栗橋、本庄、妻沼町長（男沼）利島、川辺村長等栗橋工事事務所に於て松村所長と利根川堤防嵩上問題につき協議の際大会を栗橋町に於て開催すべく準備委員会を二月十二日栗橋町役場に於て行うの件決定す。
C、協議　石川縣議大会の性格につき意見を発表し質疑應答の後左記事項決定す。
1. 大会の目標
イ、應急増補工事費十億の獲得と嵩上の自興的断行
建設院は三ケ年五十億の経費で利根川應急増補工事遂行の計劃を樹てゝいる、而して昭和二十三年度に十億を必要としているにも不拘政府は漸く其の一割の少額を認める程度なりと聞く。即ち利根川治水上の大問題なり。依つて埼玉縣利根川沿岸同志相図り大会を開きて其の決議により十億の支出を政府に要望すると共に應急増補工事足下の問題である堤防嵩上を自興的に解決せんとするものである。
ロ、治水綜合対策の樹立と利根水系の大同團結
利根水系全線にわたつて各種各様の治水運動が起つている、この全運動が徹底して始めて利根治水の目的が

達成せられるのである。従つて利根一都五縣水系の住民全体が大同團結して大政治力を結集各地の目標を打つて一丸とした治水綜合対策の樹立と之が実行につき政府に要望すべく猛然起たなければならない、又治水上利害の相反する場合も随分多いからよく犠牲を忍び合うためにも全体の見透しと和合の力が大切である。

八、治水團体の結成と目的の完遂

あの水害を忘れてはならない二度とこの惨害を繰り返してはならない、然しのどもと過ぐれば暑さを忘れるのが常である。即ち治水團体を結成して目的完遂までは不断の運動を続けなければならない、利根治水埼玉縣期成同盟と利根川治水期成同盟との誕生の必要が玆に存する。

2. 参加区域　利根川沿線五郡兒玉、大里、北埼、北葛、南埼但し荒川流域を除く
3. 大会の時期　新内閣成立直後
4. 大会の場所　栗橋町小学校々庭
5. 名　　称　利根川治水埼玉縣大会
6. 大会の結果生るゝ團体　利根川治水埼玉縣期成同盟
7. 主体を町村長とし知事、地方事務所長、縣議、代議士（地元関係）土木部長、利根川工事部長、栗橋所長を顧問とす。
8. 委員制度とする　委　員　各町村長、委員長　副委員長
常任委員　本庄、神保原、深谷、妻沼、明戸、忍、羽生、加須、樋遣川、南櫻井、松伏領、幸手、栗橋
議　長　出羽、粕壁、江面
9. 経費、一ケ町村平均千円、大会当日持参

10　参加人員　二千人
11　十時集合、十一時開会
12　弁　士　各党一名（縣議、代議士）町村代表若干
13　接待、適当地元斡旋
14　宣言、決議、規約準備のこと

現在縣内において発足したるこの種團体は、計七を算するに至つたが、何れも眞摯な目的團体であり、各所期の目的完遂に、全力を傾注し、活動を続けている。

因に七團体の名称は左記の通りである。

1. 一都五縣利根川治水連盟
2. 埼玉農協治水対策委員会
3. 大里兒玉利根治水連合会
4. 羽生領利根川治水同盟
5. 川辺領五箇村水害復旧期成委員会
6. 関東治水議員連盟
7. 一市三町廿箇村荒川改修期成同盟

備　考　以上の外入間川改修連盟（川越市役所）全國河川砂防協会（縣土木部内）があるが、報告なきため略す。

一、利根川治水連盟の結成（一都五縣）

水害復旧に対する政府の消極的態度に、蹶起した一都五縣提唱の利根治水工事完遂を期する推進母体たる「利根川治水期成連盟大会」は、四月十一日水害の激甚地たる北葛飾郡栗橋町栗橋小学校々庭において開催された。

折しも春風にしづ心なく散敷く櫻花を踏んで、東京都高梨副知事外関係者一〇〇名千葉縣柴田副知事外同三〇〇名群馬縣北野知事外同三〇〇名茨城縣より友末知事外同四〇〇名栃木縣堤知事外同五〇〇名、それに本縣より西村知事を初め治山治水委員会員衆参議員関係町村等約一、〇〇〇名其の他農民代表等三、〇〇〇名参集、会場には「堤防を守れ」の幟其の他被害地農民の血の叫びを掲げたプラカードでおゝわれた中に、定刻栗橋町会議長関貞三氏開会の辞に開始された。

劈頭議長の推薦を行い、地元埼玉縣会議員石川栄一氏を満場一致で決定し、先づ野溝國務大臣より「自治財政の困難の折柄二十二年度予算には、復旧費に充分の期待が添えかねたが、二十三年度には各大臣協力の上、必ず上程して期待に添うよう努力する」旨の挨拶があり、それより石川議長より、今大会結成までの経過報告があり、桑田土木委員長より規約の朗読があり、満場の拍手を浴び、こゝに利根治水期成連盟は、前途多難な一歩を踏出したのである。

ついで石川議長より、大会の決議による実行運動として、來る十六日午前十時衆議院々庭に埼玉一〇〇名群馬四〇名茨城三〇名千葉五〇名東京四〇名計三〇〇名よりなる代表者の参集を求め、これを五班に編成の上、総理大臣を初め各大臣議会各政党軍政部各関係官廳を歴訪の上、一大陳情をなすことを図り、万雷の如き拍手裡に決定したが、午後二時よりは列席大臣並に衆参議員等と、一都五縣の縣民大会に移り、活潑なる質疑應答を展開し、大会は盛況裡に終了した。

因に大会役員名簿、規約並に当日の大会宣言決議事項は次の如くである。

㈠　利根川治水期成連盟役員名簿（本縣関係者）

理事長	東京都会議長	石原永明
副理事長	埼玉縣会議長	松本倉治
常任理事	兒玉郡本庄町長	中島一十郎
同	大里郡深谷町長	安部彦平
同	北葛飾郡栗橋町会議長	関貞三
同	同　南櫻井村長	小川文章
同	北埼玉郡利島村長	出井菊太郎
同	南埼玉郡久喜町長	佐久間鎮雄
同	埼玉縣会副議長	永塚勇助
同	同　議員	石川栄一
同	同	石井保
同	同	間中麟
同	同	桑田愛三
理事	兒玉郡神保原村長	加島貫一郎
同	同　丹莊村長	坂本久実
同	同　旭村長	久保英次郎
同	同　仁手村長	中野岩吉
同	同　藤田村長	松本正嘉
同	北埼玉郡利島村長	出井菊太郎
同	北埼玉郡羽生町長	小川清助
同	同　忍町長	奥貫賢一
同	同　加須町長	神沢茂吉
同	大里郡妻沼町長	橋本粂茂
同	同　明戸村長	倉上源次郎
同	同　男沼村長	横倉喜久郎
同	同　秦村長	船田義逸
同	南埼玉郡八條村長	岡田貞三
同	同　百間村長	伊草盛一
同	同　出羽村長	島村孝太郎
同	北葛飾郡杉戸町長	高島熊次郎
同	同　栗橋町長	池田保次
同	同　吉川町長	安井武夫
同	同　幸手町長	栗田亀造
評議員	各都縣関係区市町村長及市町村会議長	
参与	各都縣國縣会議員	
顧問	埼玉縣知事	西村実造
幹事	幹事長埼玉縣土木部長	長久保信夫

(二) 利根川治水期成連盟規約

第一條　本連盟は利根川治水期成連盟と称する。

第二條　本連盟は利根川治水の完璧を期し、改修工事の速かなる実施を強力に推進するため関係六都縣民一致結束して大運動を展開する。

第三條　本連盟は埼玉縣、群馬縣、栃木縣、千葉縣、茨城縣、東京都の関係六都縣民を以て組織する。

第四條　本連盟は本部を利根川工事部（栗橋町）内に置く。

第五條　各都縣には支部を置くものとする。

第六條　本会に左の役員を置く。

一、理　事　長　一　名

二、副理事長　五　名（各縣一名宛）

三、常任理事　若干名

四、理　　事　若干名（府縣行政支会長、地方治水会長、治水功労者）

五、評　議　員　若干名（市、区、町村長及議長）

六、参　　与　若干名（都縣國会議員、都縣会議員）

七、顧　　問　若干名（衆、参議員、國土計画委員長、災害対策委員長、予算委員長、各都縣知事、関東地方建設局長、河川協会長、砂防協会長）

八、幹　　事　都建設局長、各縣土木部長、利根川工事部長、関東建設局工務部長、企画部長

第七條　理事長、副理事長は総会に於て選擧する。

其の他の役員は理事長が委嘱する。

第八條　理事長は連盟を代表して統理する。

副理事長は理事長を補佐する。

第九條　理事は理事会を組織し本連盟の運営に当るものとする。
常任理事は連盟運動に常時從事する。
第十條　評議員は評議員会を組織し大会に代つて重要事項を審議決定する。
但し評議員会には他の役員も参画するものとする。
第十一條　幹事は理事長、副理事長の命を承け連盟の常務を処理する。
第十二條　連盟大会は必要に應じ随時之を開き目的貫徹のため要務を議決する。
第十三條　本連盟に書記若干名を置き理事長之を命免する。
書記は幹事の命を承け会務に從事する。
第十四條　本連盟の経費は区、市、町、村の分担金及縣補助金寄附金を以て之に充当する。

附　則

本連盟は第二條の目的達成までの間存続する。

本連盟設立当初の役員は発起人の推擧により第一回総会に於て決定する。

㈢　宣　言

昭和十年の洪水量によつて計劃された、利根川の治水工事は、大東亞戰爭という一大障壁のために中止となり、遂に有史以來の大水害を惹き起して、巨億の富を水中に沒し、数多の人畜を犠牲に供したのである。

吾々はあの水害をあの惨禍を、夢にも忘れてはならない、そして関東沃野の生みの親である、懐しく偉大な大利根の眞の姿を、一日も早く取戻すことに努力したい。

即ち建設院の利根川緊急増補工事、三ケ年五十億計劃実現のために、昭和二十三年度において、先づ十億円の予算を獲得したい、然るに政府は、財政難を理由に、極めて少額の予算を考慮する程度と聞いているが、これは実に利根川治水上の大問題である。茲に被害民相謀つて大会を開催し、十億円の獲得に力強く邁進すると共に、自興的に緊急嵩上工事を断行して洪水期に備えるものである。

吾々は更に利根川の治水を根本的に解決するために、利根川本支流派川の全部に亘り、治山治水綜合対策の樹立と其の実行を政府に要望して、利根川水系一都五縣が総立となり、速に恒久根治の大策を遂行し、永遠に沿岸人心の不安を絶ちたいのである。

そして吾々は、目的の貫徹する迄、堅忍持久この運動を継続する決心である。

右宣言する。

昭和廿三年四月一日

利根川治水期成連盟大会

㈣ 決議事項

決　議

一、災害復旧費の絶対獲得

一、緊急増補工事費二十三年度分十億円の獲得

一、利根川本支派川の治山治水綜合対策樹立と強力なる実施

右決議する。

昭和二十三年四月十一日

利根川治水期成連盟大会

㈤　利根川治水期成連盟実行運動の狀況

昭和二十三四年度における実行運動の狀況は左表の通り

年月日	主催者並に開催地	陳情先	経過概要
二三・四・一二	治水期成連盟本部 東京國会	松平参議院議長 芦田総理大臣 西尾國務大臣 北村大藏大臣 野溝國務大臣 竹田厚生大臣 富吉逓信大臣 船田國務大臣 岡田運輸大臣 一松建設院総裁 苫米地内閣官房長官	四月十一日栗橋大会において決議したる陳情に三要項を各要路に提出のため、一都五縣の大会実行委員二五〇名は四班にわかれてそれ〴〵陳情作戦に入る。 猶当日芦田首相は陳情に應えて 「大会の趣旨は一松建設院総裁から聞いて諒承した、最後的には政府が引受けるから、復旧工事に関しては、しつかりやつて貰いたい。」云々
二三・四・二一	治水期成連盟常任委員会 東京建設院水政局長室		常任委員会開催し 聯合軍司令部、関係都縣選出衆参議員内閣各大臣に陳情のこと。
二三・四・二二	同 各縣代表	聯合軍司令部 モスラー氏 リツチエー氏 テーマン氏	聯合軍総司令部モスラー氏（財政部門）リツチエー氏（農業部門）第八軍テーマン氏に詳細陳情し、善処方を要望した。
二三・四・二四	同	西尾國務大臣 野溝國務大臣 苫米地内閣官房長官 一松建設院総裁	第二次陳情
二三・四・二七	副理事長松本倉治	常任理事	四月十二日請願洩れの分に対し陳情

年月日	主催者並に開催地	陳情先	経過概要
二三・五・一九	東京衆、参両院面会室 同　松本倉治 幹事長長久保信夫	幹事 常任理事 幹事	水害復旧費國庫負担の件並に入間川水系改修工事促進に関し、関係各廳に意見書陳情
二三・五・三〇	建設院関東地方建設局長 加藤伴平 同竣工式協賛会長 西村実造	本縣関係分 國会議員(一六) 縣会議員(六〇) 其他縣関係者(六六)	東村新川堤において利根川堤防復旧工事竣工式挙行
二三・六・二	理事長石原永明 建設院水政局 次長室	常任理事 幹事	一、公共事業費の増額内定に伴なう利根川増補工事及び災害工事予算の獲得について。 二、経済安定本部への陳情
二四・六・一一	理事長石原永明 古河町宝泉閣	常任理事	建設大臣及び安本長官両氏に対し、利根川災害復旧工事視察を懇請し、現地の実情を詳細に視察御検討を懇請の予定を以て、常任理事会を開催す。
二四・一〇・六	理事長石原永明 東京都 道府縣会館	常任理事 幹事	一、臨時國会に対処し、昭和二十二年度同二十三年度災害復旧残工事費約六億円本年度キティ颱風による災害復旧費二億四千万円を獲得する運動について。 二、利根川改訂改修計劃実現のため、年次計劃を立案し、通常國会に提案議決し、初年度工事費として最少限五十億円の予算化を要望し、実現を期する運動について。 三、利根川根本的改訂改修計劃並に災害復旧工事費の直轄工事に対する地方分担金並に縣分担工事費の激増を予期せらるゝ

二四・一一・一七	理事長石原永明 建設省 政務次官室	幹事長高野宗久	際、関係都縣財政窮乏の現状に鑑み、起債費の拡大を承認し災害復旧と防災工事の促進を図られるよう要望し、実現を期する運動について。 十月六日常任理事会の決議により臨時國会両院に対して、請願の予定 「利根川治水期成連盟は一都五縣民を代表して、利根川治水の完璧を期するために、臨時國会並に廿五年度通常國会に対し、要望事項（四項）が必ず実現せらるゝよう謹んで請願致します。」
二五・一・一〇	理事長石原永明 前橋市群馬会館	常任理事 理事 幹事	一、二十五年度当初予算に盛られた利根川治水費の増額運動を行なう。 二、これ迄別個に利根川の治水運動を行つてきた治水連盟と治水協会が合同で予算増額運動を初める。 三、一月下旬前橋市で開く治水大会の下打合の三項目を協議する。

二、埼玉農協治水對策委員會（十月十九日）

埼玉農協治水委員会は、縣内治水運動中、最も活溌に展開されたる運動であつて、恒久的治水工事貫徹を期せんため、十月十九日浦和市農業協同組合会議室において、対策委員会を開催し、会長の挨拶についで、座長を推擧し、常任委員会提出案件処理其の他について報告を終り、直ちに協議にうつつたが、当日の議題は次の通りである。

記

一、協議事項

(イ) 政府並に國会に対する当面の運動方針

(一) 利根川、荒川、入間川、改修計画による補正予算並に二十五年度予算獲得の件

(二) 荒川を十大河川と同列に編入要望の件

(三) 河川法一部改正要望の件

(ロ) 縣並に縣議会に対する当面の運動方針

(一) 河川堤防等管理に付防災費増額要望の件

(二) 荒川、入間川、治水治林対策に付縣に促進要望の件

(三) 利根川、昭和橋、扛上工事要望の件

(四) かんがい排水施設に関する要望の件

(ハ) 関係機関との連絡協調方針

(一) 東武鉄道会社に対する陳情の件

(二) 利根、荒川、入間、三河川改修による移轉者に対する措置の件

(三) 河川敷耕作轉換指導方針の件

(四) 農協治水と土地改良事業実施に関する件

(五) 治水と生産増強運動に関する件

(二) 其の他

二、本委員会における、事業計劃は次の通り

㈠　事業計画書

治水計画を綜合的に達観し、治山、砂防、発電、上下水道、工業用水、農業用排水、舟運、漁業、砂利採取、交通橋等、河川の維持管理に関係を有する、凡ゆる施設機関との連絡を密にして、治水の恒久対策に重点を置き、概ね左の六つの原則に従い、縣内のみに止まらず、必要と認める時は、隣接都縣と提携して目的の達成を図る。

一、治水の恒久應急対策の樹立
一、治水政策に対する建議協力
一、治水関係事業の綜合的促進
一、治山治水に関する調査研究
一、治水思想の啓発
一、其の他必要なる事業

昭和二十三年度に於ては残余日数少く、準備的活動期間であるので別紙收支予算の如く十一万円を計上する。

昭和二十三年度予算

收入の部

科目	金額	備考
負担金	二〇、〇〇〇・〇〇円	指導連合会事業費
補助金	三〇、〇〇〇・〇〇	縣補助金
寄附金	六〇、〇〇〇・〇〇	各農協連寄附金

計	一一〇、〇〇〇・〇〇	

支出の部

科目	金額	備考
事務員嘱託費	一〇、〇〇〇・〇〇円	事務員四名手当及び旅費
会議費	三〇、〇〇〇・〇〇	
連絡費	四〇、〇〇〇・〇〇	委員活動費
通信消耗品費	一〇、〇〇〇・〇〇	
調査研究費	一五、〇〇〇・〇〇	
予備費	五、〇〇〇・〇〇	
計	一一〇、〇〇〇・〇〇	

㈢ 埼玉農協治水対策委員会規約

第一条　此の会は埼玉農協治水対策委員会と称し事務所を浦和市埼玉縣指導農業協同組合連合会内に置く。

第二条　此の会は治水及び農業水利に関する恒久應急対策を樹立し他の諸團体との連絡を密にして國及び縣の施策と協調して治水の完璧を期するを目的とする。

第三条　此の会は第二条の目的を達成する爲左の事業を行う。

1. 治水の恒久應急対策の樹立
2. 治水政策に対する建議協力
3. 治水関係事業の綜合的促進

4. 治山治水に関する調査研究
5. 治水思想の啓発
6. 其の他必要なる事項

第四條　此の会は委員五十二名を以て構成し全員委員会とする。

第五條　此の会に会長一名、副会長四名、常任委員若干名、監査委員若干名を置く。

会長は此の会を代表し会務を統理する。

副会長は会長を補佐し会長事故ある時は之を代理する。

第六條　此の会に顧問を置く事が出來る。顧問は常任委員会の推せんに基ずき会長が之を委嘱する。

第七條　会長、副会長及び常任委員で常任委員会を構成する。常任委員会は委員会の議決に基き会務運営上の問題を審議決定し会務を執行する。

第八條　監査委員は此の会の会計を監査する。

第九條　会長、副会長、常任委員及び監査委員は委員の互選にする。

第十條　役員の任期は二ケ年とするが重任を妨げない。

第十一條　委員会及び常任委員は会長が招集する。

第十二條　此の会に事務局を設け局長一名局員三名とし会長が之を任命する。事務局は会長の命を受け事務に従事する。

第十三條　此の会の経費は負担金補助金及び寄附金その他で支弁する。

第十四條　会計年度は毎年四月一日に始まり三月三十一日迄とする。

第十五條　此の規約は設立の日から実施する。（昭和二十四年二月九日設立）

㈢　埼玉農協治水対策委員名簿

会長	指導連会長	武正総一郎
副会長	元縣会議員	石川栄一
同	北埼玉郡利島村長	出井菊太郎
同	熊谷市長	鴨田宗一
同	信連北葛支所長	船川亮
監査委員	販連常務理事	湯本総一郎
同	指導連北足立支所長	森田連一
常任委員	北足立郡美笹村農協組合長	水村恒三
同	同　田間宮村農協組合長	岡崎德衛
同	指導連入間支所長	井ヶ田酉之助
同		忍成豊仔
同	比企郡松山町農協組合長	田中実
同	同　北吉見村農協組合長	小岩井幸七
同	秩父郡横瀬村農協組合長	柳善三郎
同	指導連秩父支所長	岩崎幸十郎
同	北葛飾郡栗橋町会議員	平井豊作
同	指導連兒玉支所長	杉山宜俊
同	兒玉郡北泉村長	井上壽郎
同	指導連大里支所長	増田良吉
常任委員	大里郡吉見村農協組合長	須藤保平
同	同　長井村農協組合長	大島信
同	熊谷市久下農協組合長	三友初二
同	北埼玉郡下忍村農協組合長	須永甫
同	同　新郷村長	樋口栄八
同	同　樋遣川村農協組合長	田辺喜太郎
同	指導連北埼玉郡支所長	荒川次郎
同	同　南埼玉郡支所長	恩田理三郎
同	縣会議長	石川伊久
同	南埼玉郡栢間村第一農協組合長	三須善雄
同	指導連北葛飾郡支所長	岡安栄
同	北葛飾郡権現堂川村農協組合長	巻島繁
同	北葛飾郡早稲田村農協組合長	豊田嘉ヱ門
同	指導連専務理事	島村祐一
同	信連専務理事	青鹿四郎
委員	縣河川課長	神保敏夫
同	同耕地課長	西村太郎
同	同砂利採取事務所長	大高義賢
同	同水利組合管理者	増山芳郎

委員	利根川上流改修事務所長	高野宗久	委員	熊谷市長	鴨田宗一
同	荒川工事々務所長	宮田隆一郎	同	元縣会議員	石川栄一
同	購連副会長	岡野成憲	同	大里郡寄居町第一農協組合長	田島善作
同	販連常務理事	湯本聰一郎	同	北埼玉郡羽生町長	小川清助
同	指導連会長	武正総一郎	同	忍町長	奥貫賢一
同	養蚕連専務理事	森田新五郎	同	利島村長	出井菊太郎
同	厚生連専務理事	廣田之準	同	信連北葛飾郡支所長	船川亮
同	縣農業共済保険組合長	関根久藏	同	購連北葛飾郡支所長	石山勉
同	指導連北足立郡支所長	森田重一	事務局長	指導連経営部農地課長	川島吉壽
同	入間郡芳野村農協組合長	松岡弘基	事務局員	同　農地課副参事	河田豊
同	入間郡三芳野村	原次郎	同	同	田中福
同	比企郡八ッ保村農協組合長	矢部顯一	同	農地課技手	鳥羽正一
同	兒玉郡仁手村農協組合長	海沢甚三郎			

三、本委員会活動経過概要

㈠　埼玉農協治水対策委員会活動の経過に就いて

この委員会は、縣下農業協同組合を中核として、全縣的に強力な治水対策を確立する爲に誕生し、日尚浅いながら発足以來各方面に猛烈な活動を展開して來た、今その経過のあらましをのべよう。

㈠　昭和二十四年二月九日

埼玉農協治水対策委員会結成大会並に第一回委員会を、浦和市開拓民会館に開催、別紙の様な趣意書と事業計画書、収支予算、規約審議の役員の互選等を行い、左の決議をなした。

1.　百万人署名運動展開に関する件

2. 水害予防組合法制定促進に関する件
3. 河川改修費予算の増額に関する件

㈡ 昭和二十四年二月十四日

結成大会の決議に基き、直に第一項の百万人署名運動展開に関する手配をなし、全縣下農民に趣旨徹底せしめ、GHQ、政府、國会へ提出する爲、五部宛作成する様示達した。

㈢ 昭和二十四年二月十八、十九日

関信地区生産指導連合会長会議が栃木縣に開かれたのを機会に、関東各縣に対し、議題提出協議の結果各縣の事情異なるものがあるので、後日持寄り協議をすることに決定した。

㈣ 昭和二十四年三月一日

第一回常任委員会を開き、予算執行、委員会活動方針、水系別部会設置等に関し協議し、活動の目標を、署名簿に上る利根川荒川治水予算獲得に重点を置き、三月十日迄に署名を取りまとめることを決定した。

㈤ 昭和二十四年三月十二日

利根川治水期成連盟埼玉支部と本委員会との合同研究会を、浦和市役所会議室に開催、利根川上流工事々務所長、荒川工事々務所長の両河川に関する実情及計画説明を聴取し、左の各項目に就き研究協議した。

1. 荒川改修予算と計画遂行の実情
2. 同 熊谷市久下新川部落移轉問題
3. 同 北足立郡田間宮村地先横堤に関する検討
4. 利根川栗橋附近鉄道橋梁と護岸工事の問題

5. 大治水計画の実施可能性の問題
6. 治水予算の重点的実施要求方策の検討
7. その他

終つて、懇談会に移り、縣出身衆参両院議員との連絡懇談会の日程を、三月十七日開催に決定し、各委員交々起つて熱烈な要望演説をなし、縣会議員側からも、全面的協力の発言があり、自主的治水対策の一法として、川柳植樹運動の展開を全縣運動とする決議がなされた。

(六) 昭和二十四年三月十七日

縣出身衆参両院議員との連絡懇談会を浦和市精養軒に開催、各議員に対し、資料を提供し、要望事項として、二十四年度利根川予算二十四億円、荒川二億円絶対獲得に努力される様要望し、國会開会の三月二十二日を期し、議会に請願並に総理大臣に対し陳情すること。尚別途埼玉軍政部を通じて、連合軍最高司令部へ嘆願書を提出することを申合せ散会した。事務局はこゝに於て陳情團編成署名簿整理、その他連絡事務等に大童の活躍となつた。

(七) 昭和二十四年三月二十二日

別紙請願書陳情書及び議員全部に対する要請書と、五十三万七千名の署名簿をもつて國会へ請願し、尚総理大臣官邸に於て、増田官房長官に面会、代表から縷々陳情した。

國会では、参議院議長應接室に於て、益谷建設大臣、石坂建設委員長、参議院の天田勝正、石川一衞、荒井八郎、平沼彌太郎、衆議院側山口六郎次、青木正、清水逸平、渡辺義通、高田富之、高間松吉、阿左美廣治、大泉寛三、原蔵一の諸氏と会見、次いで第五控室で、佐藤民自党政調会長に陳情した。

建設大臣増田官房長官の陳情に対する答弁は、取立てゝ特記するほどのものなく、予算の許す範囲に於て善処したいと月並の言葉であつた、一同は縣出身議員と、今日の運動に就いて協議し、早急に縣民大会を開催することを申合せ日程を終つた。

(八)　昭和二十四年三月三十一日

年度の最終日を縣民大会とし、浦和市埼玉会館に於て盛大に擧行、会場のスローガンには次の様な大文字をかゝげ大会の氣勢をいやが上にもあおつた。

一、縣民の大同團結による治水工事の貫徹
一、利根川二十四億円荒川二億円の治水予算絶対確保
一、防災ダム築造と土地改良の徹底
一、山林愛護と川柳植樹運動の展開
一、農民による自主的治水方策の確立

大会は午前十一時開始、午後一時に滞りなく終了、別紙決議文を可決して、直ちに國会に代表二十五名を送り、猛運動を展開したのである。

(九)　昭和二十四年四月五日

北葛飾郡宝珠花村小学校に於て江戸川沿岸治水対策協議会開催

(一〇)　昭和二十四年四月九日

委員会荒川部会から、荒川に関し建設省へ陳情、内海政務次官、目黒河川局長、米田治水課長と面会し、荒川の特殊事情につき、二十四年度二億円の予算計上を迫つたところ、河川の予算の枠が圧縮されているので、期待に添えるかどうか言明出來ない旨の返答であつた。

㈡　昭和二十四年四月十三日

利根川治水期成連盟常任理事会が、東京小石川の後楽園涵徳亭に開催され、本委員会も之に参加し、利根川予算獲得に付、國会に請願書を提出、偶々参議院建設委員会開催中へ代表を送り陳情、衆議院では、議長に対し同様陳情して日程を終つた。

以上本委員会活動の経過を説明したが、昭和二十四年度予算の内、河川費の枠が公共事業費の三三・七％である点は、政府の治水にに対する認識の程度を語るものではあるが、明治三十三年当時、國の総歳入が八千八百万円であつたのに対し、利根川改修費を二千万円計上した事を想起すれば、当時の為政者の見識の高邁さをうかがうに充分である。

本委員は、今後も政府並に國会を監視して、治水予算獲得の活動を続け、尚縣内外の各種團体と連絡を密にして、治水政策の强力なる推進を図る。

㈡　請　願　書

私共埼玉縣農民は利根川荒川二大河川の恩恵によつて農業を営んで居りますが一面この河川による累年の水害には実に甚大な損害と犠牲を拂わされて居ります。

國に於ける治水計画は遅々として進捗せず私達は毎年出水期の洪水不安におびやかされ一日も安き心地はないのでありますことに於て過般來縣下全農民を擧げて恒久的治水工事貫徹を期する爲め署名運動を続けて來ました。

本日その百万人署名簿を添えて左記各項目の即時実現方に就き両院の御協賛を得度くことに請願致します。

記

一、利根川改修工事費として昭和二十四年度に二十四億円計上すること。

二、利根川栗橋鉄道橋吊上工事と併行して同東武鉄道橋の吊上工事を実施せしむること。
三、利根川護岸工事の完成に万全を期すること。
四、荒川上流改修工事費として昭和二十四年度に於て弐億円計上すること。
五、荒川改修計画による未完成工事を昭和二十四年度出水期迄に必ず行うこと。

以上

昭和二十四年三月二十二日

埼玉県浦和市仲町二丁目九一番地
埼玉農協治水対策委員会
会長　武正総一郎
副会長　石川栄一
同　鴨田宗一
同　出井菊太郎
同　船川亮
外　五三七、〇〇〇名

決議

我々埼玉縣農民は、國の重要河川たる利根川及び荒川其の他関係河川に対する治水工事が、遅々として進捗せず、山林濫伐と相俟つて年々災害を繰返し、其の爲莫大な損失と犠牲を支拂いされつゝある現状に鑑み、速かに之が打開策として、根本的治山治水工事の即時実現を要望し、曩きに政府並に國会に対し、縷々陳情請願したところであるが、更に全縣民大衆の名に於て、左記事項の実現を期す。

記

一、政府は昭和二十四年度に於て利根川関係二十四億円、荒川関係最低二億円の予算を計上し災害復旧残工事を速かに完成せしめ恒久的治水工事を進捗せしめること。

二、右に関連し利根川栗橋附近鉄道橋、國道橋等の吊上工事並に河巾拡張工事は優先的に実施すること。

三、荒川上流改修と入間川合流附近未完成工事は本年出水期迄に完成せしむること。

四、荒川上流防災ダム利根川護岸工事を特に重点的に取上げ実施すること。

右決議する。

昭和二十四年三月三十一日

埼玉縣治山治水縣民大会

四、埼玉農協治水委員会対策活動結果報告並に打合会　昭和二十四年五月二十七日　於日赤支部

一、開会の辞

一、会長挨拶

一、活動結果報告

一、会計報告並に監査報告

一、打合協議事項

(イ)　利根川、荒川本年度工事施行方針について

(ロ)　追加予算対策について

(ハ)　今後の運営及び活動方針について

㈡ 其の他

一、閉　会

治水委昭和二十三年度収支決算報告

収入の部

科目	予算額	決算額	増減	備考
負担金	二〇、〇〇〇・〇〇円	一三、〇〇〇・〇〇円	△七、〇〇〇・〇〇円	△は減
寄附金	六〇、〇〇〇・〇〇	六〇、〇〇〇・〇〇	―	
補助金	三〇、〇〇〇・〇〇	―	△三〇、〇〇〇・〇〇	補助金未収
計	一一〇、〇〇〇・〇〇	七三、〇〇〇・〇〇	△三七、〇〇〇・〇〇	

支出の部

科目	予算額	決算額	増減	備考
事務員嘱託費	一〇、〇〇〇・〇〇円	―	△一〇、〇〇〇・〇〇円	
会議費	三〇、〇〇〇・〇〇	九、一六五・〇〇	△二〇、八三五・〇〇	
連絡費	四〇、〇〇〇・〇〇	五一、六〇〇・〇〇	一一、六〇〇・〇〇	委員活動費
通信消耗品費	一〇、〇〇〇・〇〇	四、六八〇・〇〇	△五三、二〇〇・〇〇	
調査研究費	一五、〇〇〇・〇〇	―	△一五、〇〇〇・〇〇	
予備費	五、〇〇〇・〇〇	―	△五、〇〇〇・〇〇	
計	一一〇、〇〇〇・〇〇	六五、四四五・〇〇	△四四、五五五・〇〇	

収入決算額　七三、〇〇〇円　支出決算額　六五、四四五円　差引残　七、五五五円　二十四年度へ繰越

治水委事務局経費調

一、通信費

(イ)文書発送　七〇五通　三、五二五円

(ロ)電話　三七〇通　五、五五〇円

小計　九、〇七五円

二、消耗品費

(イ)ワラ半紙　七、三五〇枚　五、一四五円

(ロ)原紙　一二三枚　九八四円

(ハ)印刷雑費　五〇〇円

小計　六、六二九円

三、局員活動交通費四人(川島、田中、河田、羽鳥)

合計　一九、六八四円

指導連負担額

一、荒川工事予算明細表

参照　昭和二十二年度　一八二万円　昭和二十三年度　二、三五〇万円　昭和二十四年度　五、五五〇万円

昭和二十四年度配賦予算調　(二四・四)

費目	金額	場所	土量、延長	概算
一、改修工事費	四〇、〇〇〇、〇〇〇円	入間郡古谷村地先堀鑿及築堤	七〇、〇〇〇立米 三〇〇米	一二、二〇〇、〇〇〇円
		比企郡出丸村赤城樋管改築	内法巾一、八高二、三米 延二四米	二、六〇〇、〇〇〇
		熊谷市及吹上町堀鑿及築堤	一〇〇、〇〇〇立米 一、五〇〇米	一二、七〇〇、〇〇〇
		市田吉岡村築堤	七〇、〇〇〇立米 一、五〇〇米	一〇、〇〇〇、〇〇〇
		熊谷市久下新川部落移轉		二、五〇〇、〇〇〇

費目	金額	場所	土量、延長	概算
二、災害費	一五、五〇〇、〇〇〇円	入間郡古谷村堤防	二〇、〇〇〇立米	三、三〇〇、〇〇〇円
		大里郡市田村堤防	一〇、〇〇〇立米 一、〇〇〇米	一、七〇〇、〇〇〇
		津田新田護岸	一五〇米	四、五〇〇、〇〇〇
		同右堤防護岸	八〇〇米	六、〇〇〇、〇〇〇
合計	五五、五〇〇、〇〇〇			

右の外入間川筋

改修費　二一、五〇〇、〇〇〇円　入間川越辺川合流点、落合橋下流、右岸山田、芳野村、左岸伊草、三保谷村

災害費　八、〇〇〇、〇〇〇円　出丸村地先

河川敷堀鑿　築堤　一、五〇〇米　二七、八〇〇、〇〇〇円

伊佐沼頭首工改築工事　一、〇〇〇、〇〇〇円

府川仮橋　七〇〇、〇〇〇円

福田部落移轉　二、〇〇〇、〇〇〇円

護岸工事

伊草村地先　三〇〇米　一、七〇〇、〇〇〇円

芳野村地先　三〇〇米　六、三〇〇、〇〇〇円

一、利根川工事予算明細表

参照　昭和二十二年度　概三六、〇〇〇万円　昭和二十三年度　三、〇七〇万円、三、七八〇〇万円
昭和二十四年度　五〇、四〇四万円
昭和二十四年度配賦予算調　（二四・四・一四）

費目	河川別	金額	工種	土量	概算
一、増補工事費	利根上流	七八、二〇〇、〇〇〇円	栗橋引堤	三〇〇、〇〇〇立米	五〇、〇〇〇、〇〇〇円
			嵩上	二〇、〇〇〇米	四、〇〇〇、〇〇〇
			境下流嵩上	五〇、〇〇〇立米	一〇、〇〇〇、〇〇〇
			渡良瀬遊水池	八〇、〇〇〇米	一六、〇〇〇、〇〇〇
	利根下流	八〇、〇〇〇、〇〇〇	利根運河		
			堀鑿	一二〇、〇〇〇立米	
			築堤	三三三、〇〇〇米	四〇、〇〇〇、〇〇〇
			護岸	一、〇九〇米	
			浚渫	五〇、〇〇〇立米	
			西舍野村		
			堀鑿	二五〇、〇〇〇立米	三八、〇〇〇、〇〇〇
			築堤	二七〇、〇〇〇米	
			富多村築堤	六六、〇〇〇米	二、〇〇〇、〇〇〇
	小貝川附替	一五二、〇〇〇、〇〇〇	小貝川附替	二〇〇、〇〇〇米	四〇、〇〇〇、〇〇〇
			同堤防補強	二〇〇、〇〇〇米	二二、〇〇〇、〇〇〇
			浚渫	一、一四〇、〇〇〇米	四五、〇〇〇、〇〇〇
			導水埋	二〇〇米	二〇、〇〇〇、〇〇〇
			堤防嵩上		
			築堤		二五、〇〇〇、〇〇〇
小計		三一〇、二〇〇、〇〇〇			

費目	河川別	金額	工種―土量―概算
二、災害復旧工事費	全川	七〇、〇〇〇、〇〇〇円	上流分二十二年九月災害
		四五、三〇〇、〇〇〇	同　二十三年九月災害
	江戸川	二、五四〇、〇〇〇	
		一一七、八四〇、〇〇〇	
三、臨時工事費	1. 利根上流	四〇、〇〇〇、〇〇〇	
	2. 同　下流	二〇、〇〇〇、〇〇〇	
	3. 江戸川	一六、〇〇〇、〇〇〇	
小計		七六、〇〇〇、〇〇〇	
合計		五〇四、〇四〇、〇〇〇	

三、大里兒玉利根治水連合會（十一月一日）

利根川の水魔を断つ大里兒玉利根治水連合会結成大会は、十一月一日正午より、妻沼町歓喜院にて擧行、福永副知事赤木参議院國土計劃委員長地元選出の衆参縣議員等二十有余名参集、大里兒玉利根沿岸関係三町廿二箇町村長農業会長同組合長消防團長等八十余名出席、橋本妻沼町長の開会の辞、安部深谷町長の経過報告、中川本庄町会議長の司会で、会則及び役員を選定

「利根川治水根本対策樹立は、緊急の義務であつて、吾々は之が目的完遂のために、全力をつくして努力する。」

との宣言決議を満場一致可決し、次いで阿部深谷町長より

「今回の大水害から自分達が救われたのは、一面から見れば下流の北埼南埼北葛三郡民の犠牲によるものともいえる、若し下流東村の堤防が決潰しなければ、必ずや児玉郡仁手村又は大里郡中瀬妻沼の堤防が決潰したと思う、そうしたならば惨禍は、今回の水害に倍したかも知れぬ、従つて私は利根沿岸の町村民は、この根本方針の樹立する迄は、安心して眠ることは出來ないのみならず、流域村民の子孫は滅亡の一途を辿るのみである。」

と熱弁を奮い、向後は流域本民が互に協力して関係当局者に対し、本日の議決事項を送達し、根本対策に力強く踏出した。

因に会則並に要望事項は次の通り

大里郡北部治水事業期成同盟会々則

第一條　本会は大里郡北部に於ける治水事業の完璧を図るを以て恒久的目的とし、今次水害に依る堤塘、道路、橋梁等の應急復旧工事の急遽完成を期するを当面の目的とす。

第二條　本会の事務所を深谷町役場に置く。但し臨時事務所を新会村役場内に置く。

第三條　本会は大里郡北部の治水に関係深き左記町村を以て組織す。

深谷町、妻沼町、藤田村(児玉郡)、榛沢村、本郷村、岡部村、藤沢村、八基村、大寄村、中瀬村、新会村明戸村、幡羅村、別府村、太田村、長井村、奈良村、秦村、中條村(北埼玉郡)、北河原村(北埼玉郡)、男沼村

第四條　本会に左の役員を置く役員の任期は満二ケ年とす。

一、顧　問　若干名

二、会　長　一　名

三、副会長　二　名
四、常務委員　四　員
五、常任委員　各町村長
六、委　員　町村会議長、農民組合長、農業会長、消防團長

第五條　本会は毎年一回役員総会を開き大里郡北部の治水に関する状況報告、意見交換、対策協議をなすものとす。
第六條　常任委員会は必要により其都度これを開くものとす。
第七條　本会の経費はこれを常任委員会の承認を経て各町村に賦課徴集するものとす。
第八條　本会は毎年一回事業並に会計報告をなすものとす。

大里郡北部水害應急工事要望に関する件

一、小山川

1. 堤塘

右岸　明戸村大字新井　決潰一ヶ所　八〇米
左岸　新会村大字高島　決潰一ヶ所　六五米
大寄村大字上敷免、唐沢堀合流点　両岸破損
左岸　児玉郡藤田村大字堀田　決　潰　一三〇米
　　滝岡橋上流部
　　西田橋の上下流　決潰二ケ所　五三〇米

外に身馴川、志戸川、藤治川、決潰箇所それ〳〵数ケ所あり。

2. 橋梁

小山川下流　新会村明戸村入会神明橋　流失
小山川　大寄村矢島堰橋梁　流失
小山川　榛沢村西田橋　流失

二、唐沢堀
深谷町地内　堤防決潰一ヶ所
藤沢村地内　砂防工事全壊
上唐沢合流点　決潰
外二橋梁流失　四ヶ所

三、清水川
放流樋門附近の改修工事

大里郡北部治水恒久工事要望に関する件

一、小山川全線に亘る堤塘の危険性増大による堤高三尺以上の築立補強並に復旧工事、河身の浚渫工事
二、福川堤塘の増強並に洪水排除工事
三、唐沢堀堤塘の補強と上下唐沢川の改修工事
四、小山川神明橋の架換及入川橋（大寄村大字高畑地内の補強工事）
五、小山川洪水排除の樋門新設
1. 新会村大字下高島神明橋附近
2. 八基村大字大塚深谷境縣道附近

用排水改修工事要望に関する件

一、小山川洪水排除の樋門新設
　1. 新会村大字下高島神明橋附近
　2. 八基村大字大塚境深谷縣道附近
二、備前渠取入口の浚渫並に大改修
　藤田村地内決潰三ケ所の補強工事
　大寄村大字矢島、矢島堰の根本改修
　全線数ケ所に亘る決潰補強工事
三、北河原用水路をして完全なる用排水路に改め両岸の堤防増築工事
四、備前堀の下流たる道灌堀の余剰悪水を直接利根川に放流する排水樋門の新設

四、羽生領利根川治水同盟（十一月二日）

羽生領十七町村利根川治水同盟結成式は、十二日午後一時より、北埼玉郡樋遣川小学校において、西村知事、長久保土木部長、地元選出衆参両議員、及び羽生町外十七町村長村議農業会長等三百有余名参集、眞中縣議々長席につき、清原樋遣川村長の開会の辞につぎ、会則を決定、会長に小川羽生町長、副会長に出井利島村長田辺樋遣川農業会長を推し、西村知事激励の辞、長久保土木部長より「関係町村の全面的協力を要望す」との挨拶があり、終つて「利根川の根本治水工事の起工を要望す」との決議を満場一致可決し、今次水害の惨状、沿岸疲弊の現状を請願書と共に木村内相及び衆参両院関係方面に送達し、利根治水運動の第一歩を根強くふみ出したのである。

五、川邊領五ケ村水害復舊期成委員會（十一月十四日）

今次災害の震源地であり、被害の最も激甚であつた北埼玉郡川辺領、即ち東、原道、元和。川辺、利島の五箇村水害復旧期成大会は、十一月十四日原道村小学校々庭において開催せられ、縣よりも西村知事及び長久保土木部長が参列せられた。

荒廃した千二百余町歩の耕地を背景とし、住家の約四分の一は倒壊流失して、現在住むに家なく耕すに農具のない悲惨な境遇におかれている。今や現地で各々自力更生を誓い、断乎起上つた川辺領五箇村の農民の意氣は、将に天を衝くの氣慨がある。

当日の大会において、燃ゆるが如き熱弁を奮つた。各村代表の叫びは、雄々しくも又悲痛なものがあり、眞に川辺領農民魂の一端がうかゞわれてうれしかつた。

猶大会の決議文中に「一日二時間宛多く働くと共に仕事に対し工夫を凝らすこと」の一項は、從來この種の陳情あるいは要求において、全く反省されなかつた点であり、五箇村の指導者が、十分理解と認識の上に、一致團結復旧への奮起を熱望してやまない次第である。

因に当日の決議文（六項目）並に、川辺領五箇村復旧期成委員会規約は、別記の通りである。

記

1. 決議事項（早急実施を満場一致可決）

㈠ 耕地の復旧、全額國庫負担とすること。

㈡ 役場、学校、農業会、消防團の復旧と維持を急ぐこと。

㈢ 被災融資々金を、末端まで早急行渡らすこと。

(四) みんなが一日二時間宛多く働くと共に、不断の工夫と改良をはかること。

(五) 野菜、薬工品、採種等の指定地にされたきこと。

(六) 堤防のかさ上げを即時着手されたきこと。

2. 川辺領五ケ村水害対策委員会規約

川辺領五ケ村水害復旧期成委員会規約

第一條 本会を川辺領五ケ村水害復旧対策委員会と称す。

第二條 本会の事務所は利島村役場内に置く。

第三條 本会は今次五ケ村の水害に就て緊急の措置を講ずるを以て目的とす。

第四條 本会は第三條の目的を達する爲め左記事項の貫徹に邁進す。

一、決壊箇所の應急工事　二、浸水せる排水機の應急修理

三、食糧全村配給の至急実施

四、流失(出)せる家屋倒壊せる家屋の資材至急調達と技術の用意

五、建築許可制の緩和　六、衣類毛布等の配給

七、石油、ローソク、マッチ等の特配　八、井戸消毒のさらし粉配給

九、イゴミ付着の燃料使用により眼病を予想しての眼薬用意

一〇、傳染病予防　一一、野菜の不足による栄養失調対策(野菜種子の準備)

一二、救護法(生活保護法)の廣範囲最高度の適用

一三、減免租の訴願　一四、麦馬鈴薯種子の準備

一五、牛馬飼料の特配
一六、牛馬の調整
一七、牧草種子の配給
一八、農機具の修理と調達
一九、電燈電力の復旧
二〇、來年五月迄の築堤
二一、來年洪水期迄の堤防補強工事完成
二二、六三制教育に対する縣並に國の特別考慮
二三、遍照寺山への倉庫設置
二四、犠牲者の供養
二五、教化布陣
二六、流失品の調査と回收
二七、燃料対策
二八、其の他

第五條　本会に左の役員を置く。
委員長　一　副委員長　三　理　事　若干　書記　若干
第六條　本会に左の小委員会を置くと共に、必要により分科会を置くことを得。
土木、経済（農事、生活）、学務
第七條　本会は村長、議長、農業会長を中心とし、各種機関代表及村長の推薦せる委員を以て構成す。（約百五十名）
第八條　本会は当分十の日の午後一時より委員会を五、十の日の午前八時より小委員会を開く。
第九條　本会は会務の円滑なる遂行を計るため本村を五区に分ち班長及組長を置く。
第十條　本会の経理は救済会罹災救助と一致せしめ取扱者は收入役とす。
第十一條　本会の目標は主として自力更生の精神により之を貫行するものとす。
第十二條　本会の活動は川辺領五ヶ村と円滑なる連絡を保つものとす。

六、關東治水議員連盟（十二月十五日）

本縣や群馬茨城等の関東水害縣代議士で構成されている関東治水議員聯盟では、十月初旬利根川渡良瀬川上流地帯の実地調査を行い、研究の結果、十五日院内において総会を開き、根本方針を決定、おそくも來年度には着工する方針に一致した。右の計劃によれば

上流地帯に対しては、砂防の一方法として植林事業の促進を図り、利根川上流に二箇所、渡良瀬川に六箇所、鬼怒川に一箇所、外に上流河川にダムを築造すること。

中流地帯に対しては、渡良瀬川と利根本流の合流点の無理を取除き、水流に従つて下流に向け、江戸川入口は上流に向けて切開を行い、関宿野田間の放水路の拡大強化、千葉縣布左町の狭小部から東京湾に到る放水路の開拓を図ること。

下流地帯に対しては、霞ケ浦北浦の排水路を拡張し、利根川河口は銚子西方から九十九里浜に放水路をつくり、右を二線とすること、利根川河床を全面的にほり下げること。

等であり、経費は全額國庫負担をたて前とし、一部を事業公債により補顚の方針で、この方針が採択されゝば、本縣の治水にも大きな成果のあることは勿論である。

七、一市三町廿ケ村荒川改修期成同盟

熊谷市久下の決潰現場を中心として、吹上から熊谷市内荒川大橋までの七粁余が、対岸市田村より見ると大分低地になつており、昨年の大水害以來関係一市三町廿ケ村が、荒川改修期成同盟を結成し改修促進に努めたが資金難に着工実績擧らず、四月二十一日埼玉軍政部へイワード中佐並に西村知事が來熊、現地を視察の上「期日までに是非完成させてほしい」と激励した結果、地元民の奮起となり、久下水害復旧連盟委員長三友初二氏同副委員長三友儀平氏消

防圍久下第八分團長萱谷昇太郎氏等協議の結果、工事費の一部を地元民により捻出することに決定、借り集めた資金二十万円を二十四日鴨田市長に手交、之が動機となり北岸各部落よりも立替金捻出の声が高まり、改修工事が継続促進されることになつた。

第四節　埼玉縣治山治水委員会設立

一、その趣旨

治山治水の恒久的根本策を科学的に究明し、以て百年の計を樹立せんとして、新に埼玉縣治山治水委員会の計劃が十一月十三日部長会議の席上、設置案に対する審議が進められたのである。即ち

1. 昨年の慘禍を再度繰返さゞるよう、この際各專門家による科学的研究と、各方面の建設的意見とを徴すること。
2. 治水の根本は治山にあること。然るに現状は余りにも荒廢し、植造林が等閑に附されていること。
3. 從來内務省河川出張所は、利根荒川ともに現存して居たが、多年の泰平に馴れて、稍々怠慢の感があつたこと。
4. 太平洋戰以來、刹那的施設にのみ終始し、予算を減額、概して軽視せられたる嫌があつたこと。

等が、話題の中心をなし、今回新設される委員会は、あく迄も縣当局独自の見地にたち、先づ第一計劃として荒川の治水大事業に極力邁進する決意を固め、之に関する規程を設け、大体次の如き日程による実施を見たのである。

埼玉縣治山治水委員会実施事項

年月日	実施事項
二二・一一・一三	治山治水委員会新設について計劃

年月日	実施事項
二二・一一・二七	治山治水委員会設置並に委員の詮衡
二二・一二・　四	同委員会早急開催申合
二二・一二・一一	本日午前十時縣会議場二階自由党控室において、第一回委員会を開催す
二二・一二・二七	荒川流域実地調査計劃発表
二三・　一・一〇九	荒川流域筋実地調査のため各委員出張
二三・一二・二三	利根川流域実地調査計劃発表
二三・　二・三四	群馬縣管内利根川筋実地調査のため委員出張
三二・　二・一八	本日午前十時より前回の場所において、第二回委員会を開催し、各委員の調査分担事項について、それぐ協議す
二三・　二・二〇	埼玉縣治山治水委員会運営について決定、各委員にそれぐ通告す（部門別委員も決定発表）

二、埼玉縣治山治水委員會規程

第一條　埼玉縣における恒久的治山治水計画の樹立を図るため埼玉縣治山治水委員会（以下委員会という）を設置する。

第二條　委員会は前條の目的を達するため、左の事業を行う。

一、治山治水計画の樹立に関し、必要な事項を調査研究する。

二、治山治水に関し、縣の諮問に應じ又は建議する。

三、前二号の外、委員会の目的を達するため必要な事業。

第三條　委員会は、会長一人及び委員若干人を以て組織する。

第四條　会長は知事をもつて之に充て、委員は知事が任命又は委嘱する。会長が事故あるときは、委員たる副知事が
　その職務を代理する。
第五條　委員会に、幹事及び書記若干人を置き、知事が任命又は委嘱する。
第六條　本規程に定むるものの外、必要な事項は会長が之を定める。

三、第一回治山治水委員會

治山治水の根本策を科学的に究明せんとする縣治山治水委員会第一回初会合は、十二月十一日午前十時より、縣会議場二階自由党扣室において開催、委員二十一名中十五名出席、先づ西村知事より本委員会の趣旨について説明があり、本縣の治山治水策の根本的樹立につき、各委員の格別の御支援を頂きたき旨の挨拶があり、ついで長久保土木部長大庭農地部長より、大水害の概況並に從來の水害の発生的原因について説明があり、之に対する根本的方策につき各委員に意見を徴したる所、各委員はそれぐ〵專門的立場において意見を交換、中にも新藤、石川、石川栄、出井、大沢柿原、高橋、秋葉、松井各氏より、誠意ある発表を見たが結局結論に到達せず、午後三時三十分をもつて閉会とした。

猶本委員会における建設的意見としては、利根川の堤防のかさ上げについては、農閑期を利用し、農民の熱意と予算とをにらみ合せて積極的に推進をはかる一方、荒川の治水計劃については、縣独自の立場で対策を樹てることが強調され、向後委員会の運営についても、必要によつては小委員会を設け、專門的立場から更に深く掘下げて恒久策をたてる事が必要となし、委員一行は來春九、十の兩月、荒川流域の実情調査をすることにした。

因に委員並に幹事の氏名は次の通り

埼玉縣治山治水委員会委員幹事名簿

委　員　衆議院議員　佐瀨昌三　委　員　参議院議員　天田勝正

委員	参議院議員	石川一衛	委員	縣林業会長	平沼彌太郎
同	縣会議長	松本倉治	同	縣林業副会長	柿原康治
同	縣会副議長	永塚勇助	同	北埼玉郡利島村長	出井菊太郎
同	縣会議員	桑田愛三	同	副知事	吉田忠一
同	同	石川栄一	同	総務部長	大沢雄一
同	内務省関東土木出張所長	加藤伴平	同	土木部長	長久保信夫
同	東京農地事務局事業部長	宮本邦彦	同	農地部長	大庭実
同	参議院議員	赤木正雄	幹事	庶務課長	栗原浩
同	東大教授	島田錦藏	同	地方課長	大高義賢
同	東大農学部教授	秋葉満壽治	同	河川課長	神保敏夫
同	治山治水協会副会長	田中八百八	同	耕地課長	西村太郎
同	請負業	高橋嘉一郎	同	林務課長	山根寅一郎
同	大宮市	新藤元吉	同	審議室主任	小森郁郎

1. 荒川流域の実地調査

第一回委員会において決定を見た荒川の実地調査は、予定の通り昭和二十三年一月九日十日の両日決行することになつた。

荒川の改修工事については、昨夏七月以來熊谷吹上間十二箇市町村が荒川改修促進連盟を組織し、縣に請願しつゝあつたが、今回の大水害により内務省もこの問題を重視し、地元の希望に副うべく研究をつゞけている、但し土盛二米は下流とのバランスも取れず、結局一米程度の上置に決定を見なければならず、実施も地元労力の面と予算とをにらみ合せ、本年中案外早く完成を見るであろうということである。猶一行の日程は次の通り

い、視察日程

イ、日時、昭和二十三年一月九、十日

順	視察市町村	実地調査箇所
第一日	1. 縣廳前	午前十時自動車にて出発
	2. 北足立郡馬宮村	治水橋附近
	3. 熊谷市久下	荒川堤防決潰箇所
	4. 熊谷市	晝食
	5. 同	荒川大橋附近
	6. 大里郡武川村	六堰用水取入口
	7. 秩父郡野上町	長瀞附近
	8. 秩父町	宿泊
第二日	1. 秩父町	出発
	2. 秩父郡荒川村	荒川橋附近
	3. 同　大滝村	落合附近
	4. 秩父町	晝食
	5. 縣廳前	帰着

ロ、参加者、委員十六名幹事五名計二十一名

ハ、備考　本視察委員協議の結果、更に利根川の実地調査も併せ行うことに決定す。

2. 利根川流域の実地調査

イ、日時、昭和二十三年二月三、四日

順	視察市町村	実地調査箇所
第一日	縣廳	出発
	前橋市	日輪寺村(白川)敷島村(沼尾川)
	伊香保町	木暮旅館宿泊
第二日	伊香保町	出発
	大胡町、伊勢崎町	荒砥川、廣瀬川
	舘林町、古河町、東村	渡良瀬川、利根川
	縣廳	帰着

ロ、参加者、委員十三名幹事六名計十九名

四、第二回治山治水委員會

二月三日四日両日、利根川実地調査の際決定を見た、第二回治山治水委員は、予定通り二月十八日午前九時三十分縣会議場自由党控室において開催、各委員の荒川利根川実地調査にもとづく分担事項その他につき、協議を進めたのである。即ち

1. 既に実地の調査により、一應河川の狀況調査完了したるを以て、本委員会の目的とする治山治水対策樹立上、便宜河川耕地山林の各専門部門に分け、各委員の担当をそれぐ振当てたこと。
2. 向後は三部門毎にそれぐ調査研究を依頼することゝし、必要に應じ各部門毎の小委員会を開催すること。
3. 前項により、各専門部門における対策の大綱が決定された上、全委員会の開催により、綜合的対策を決定すること。但し専門部門における大綱決定前と雖も、必要ある時は全員委員会を開催すること。

困に当日決定を見た部門的担当者の氏名は次の通り

埼玉縣治山治水委員会部門的担当者氏名一覧

順	別	役	氏名
1	河川部門	委員	佐瀬昌三
		同	石川一衛
		同	桑田愛三
		同	加藤伴平
		同	赤木正雄
		同	高橋嘉一郎
		同	出井菊太郎
		幹事（河川課長）	神保敏夫
2	耕地部門	委員	永塚勇助
		同	石川栄一
		同	宮木邦彦
		委員	秋葉湯壽治
		同	新藤元吉
		幹事（耕地課長）	西村太郎
3	山林部門	委員	天田勝正
		同	松本倉治
		同	島田錦藏
		同	田中八百八
		同	平沼彌太郎
		同	柿原康治
		同（兼）	赤木正雄
		幹事（林務課長）	山根寅一郎

五、治山治水委員會各専門部報告

第二回治山治水委員会において、専門部員の氏名が決定され、爾來各委員によりそれ〴〵調査が進められていたが、愈々腹案も大体完了を見、今回その報告が委員会に寄せられたのである。

1. 河川部門報告

一、総　説

本縣の地勢は、西は秩父山岳地帯に属し、北は利根川、東は江戸川を以て群馬、栃木、茨城、千葉の各縣を境とし、荒川は中央を貫流し、東漸するに従い、平坦なる関東平野の一部沃野を構成している。

縣内には、以上の大河川の外、之に流合する中小河川を併せ、河川法準用以上のもの五十八にして、其の総延長一、〇一四粁に及び、改修は大体に於て終了し、水利の便は開けているが、近年水源地方山林の濫伐によつて、山相の荒廢著しく、爲に各河川の流量は驚異的に増大しつゝある関係上、大半の河川は、断面拡張を要する実情に到り、颱風期に於ける豪雨によつて、連年水害を受けざるを得ない悪條件を負わされている。

中にも昭和十年、十三年、十六年、二十二年、二十三年は、関東一帯に水害を招いていたが、其の都度大なる惨禍を被つている。特に昭和二十二年九月の出水に際しては、既改修の利根川に於て、東村地先の堤防約四百米に亘つて決潰し、濁流は遠く東京都にまで浸入し、各所に激烈な被害を及ぼしたことは、今更ながら戦慄せざるを得ない。斯の如く既改修河川に於てすら安全性を失している現在、況や未改修河川、或は工事中の河川に於ても、根本的な計画を全面的に再検討せられなくてはならないのである。我々は此の生々しい体験によつて、技術的研究を高度に発揮し、縣民の総意によつて関係当局を動かし、速かに國土計画の樹立と実施とにより、日本再建を強く推進しなければならぬと信ずる。

二、直轄河川改修について

(一) 全般的事項

本縣には、國直轄改修河川として利根川、江戸川、渡良瀬川、荒川、入間川等があるが、之に合流する中小河川の改修も、本流の改修が行われねば、其の効果は充分発揮することが出來ぬし、又本流によつて受ける被害は、それだけ甚大であるので、何を措いても先づ直轄河川の改修を、急速に完成せしめなければならない。

昭和二十二年九月の大水害に鑑み、関係各方面に強く要望すべき事項を擧ぐれば左の如くである。

(イ) 治山、治水、利水に関する一元的行政機構の推進と、綜合的な國土計画の急速な樹立並にこれが実施を図られたし。

(ロ) 災害防除に対する國家的組織の確立並に通信進絡其の他災害防除の人的、物的施設の整備及拡張を急がれたし。

(ハ) 他府縣に関係ある治山、治水、利水対策について聯合協議会を設置し、之が運営に推進されたし。

(ニ) 大幅なる河川費(改良費、維持費)砂防費の計上と資材の優先的配当並に工事力の増强を計られたし。

(ホ) 水源本支流より下流に放出された大量の土砂を早急に処理されたし。

(ヘ) 関係府縣に於て、水源の保全涵養即ち溪流、山腹砂防の完璧を期すると共に植林を行い、土砂流下を扞止されたし。

(二) 利 根 川

既往の計画洪水流量(昭和十年増補計画、利根川、烏川合流点一〇、〇〇〇立米毎秒)を遙かに越えた昭和二十二年九月洪水を見るに至つた以上、これまでの洪水計画を再検討し、速かに其の対策を講ずる必要が生じた。

それには先づ今回の洪水量（利根川、烏川合流点、推定一七、〇〇〇立米毎秒）によつて、新たな流量配分を行わなければならぬ模様である。勿論これを決めるためには、技術的條件の外に、政治的経済的諸條件について、詳細に比較検討を行わなければならない。

特に利根川右岸にある本縣は、古昔の利根川の流路であつた大落古利根川があるように、伏流水は断えず旧河道を流れつゝあると推定され、而して本縣側に於ては、利根川通りの何れの地点が決壊しても、縣内は愚か遠く東京都にまで被害を及ぼすことは、明治四十三年及び昭和二十二年の洪水に徴して明かな事実である。

然るに、昭和十四年以來実施された利根川増補工事は、本縣関係区域に於て計画の約一割乃至二割進捗せるのみで、戰爭によつて中絶の所、今次の大水害を受けるに至つたのである。故に今後の計画に当つては、左記事項を考慮し、洪水に対する危険負担を公平にすることである。

(イ) 栗橋町より井泉村に至る間の緊急増補工事を早期実施されたし。

(ロ) 川辺村、利島村地内堤防増補工事を急施されたし。

(ハ) 改修計画を樹立するに当り小山川、福川の排水を速かにするよう考慮されたし。

(ニ) 護岸水制工の修理補強を急施されたし。

(ホ) 川辺村、利島村地內、渡良瀬川堤防の増補工事を急施されたし。

(ヘ) 利根川架設四号國道橋（栗橋町）扛上工事を施行されたし。

(ト) 利根川架設東武日光線鉄道橋（東村）扛上工事を施行されたし。

(チ) 利根川架設東武本線鉄道橋（川俣村）扛上工事を施行されたし。

(三) 江戸川

本川は縣の東端を流れ千葉を境とし、明治四十四年直轄河川として起工し、昭和五年竣功したのであるが、利根本流と共に漸次流量の増大を來たし、昭和十年及び十三年洪水の最大流量を標準として、昭和十四年増補工事に着手したが、利根川と同様全体の約三割程度の進捗に過ぎない狀態である。本川はその昔徳川幕府が、江戸を水禍より護る爲に、利根本流を銚子に落す大改修をしたものであつて、近時利根川本流筋であると喧傳され、利根川治水上、大きく「クローズアップ」されて來たものである。然るに今亦、利根の本流を流すとすれば、東京都は毎年水害に見舞われることになる。

從つてこの大きな課題を解決する爲には、先づ以て適當な計画を樹立し、流量配分によつて洪水に対する危險負担の公平を期することである。本川につき要望すべき事項は左の通りである。

(イ) 野田橋より上流、江戸川流頭に至る間の堤防嵩上工事を急施されたし。

(ロ) 宝珠花陸閘より上流、江戸川流頭に至る間の断面拡張工事を実施されたし。

(ハ) 全川に亘り高水敷の掘鑿と低水路の浚渫をされたし。

㈣ 荒　川

大正七年以降実施された荒川改修工事は当初十ケ年継続事業として、昭和二年迄に竣功の予定であつたが、諸種の事情により五ケ年延長された。即ち、昭和七年に再び五ケ年間延長され、昭和十二年竣功の予定であつた所戰爭其の他の事情により今尚完成を見るに至らない。其の間数回の災害に遭遇したが、特に昭和二十二年九月の洪水に於て甚大な被害を被つたのである。

而してその水害の原因については、山林の濫伐による水源山地の荒廃等直接重大な原因もあろうが、改修工事の遲延と、戰時中の維持不完全による所以も又見逃せない事実である。

何れにしても今次の異常出水は、計画洪水量（武川村五、五七〇立米毎秒、赤羽橋梁四、一七〇立米毎秒）の再検討を必要とし、堤防嵩上、高水敷及低水路の修整、洪水調節の機能等、其の根本的問題を、再検討し且つ急速に実施しなくてはならぬ。左にその必要なる事項を擧げ、強く要望するものである。

(イ) 昭和二十二年九月の出水狀態に鑑み、改修計画の再検討をされたし。

(ロ) 荒川本流の改修と共に入間川改修工事を急速に実施されたし。

(ハ) 河水統制事業を実施されたし。

三、中小河川改良について

縣下に於ける河川法準用河川は四三ケ川、其の総延長六七七粁に及んでいる。其の內縣東北部の緩流河川は、大体改修済であるが、中部並に急流河川は、未改修河川に属している。

然しながら、既改修河川とは謂い、近時流量增大と、河川費の制約によつて、動もすれば荒廢の一途を辿りつゝある現狀に於ては、未改修河川と同様な結果を齎している。このことは今後中小河川改修計画の再検討は勿論、特に河川維持費の予算的処置が講ぜられなくてはならない。政府は昭和七年以降中小河川改修の振興を図り、半額國庫補助によつて、縣費支弁河川に対し、一定計画に基く改修工事の助成をしているが、本縣に於ては昭和七年より四ケ年継続事業として、市野川、和田吉野川の改修を施行した。

又小山川及び市野川（既改修河川の上流）に対し、昭和二十二年度予算二二〇万円並に昭和二十三年度一、三六〇万円を以て改修を続行している。

尙昭和十四年に着工した芝川改修工事は、戰爭の影響に依つて目下中絶されている河川の重要性に鑑み、再開を強く要望されるので、下流東京都と協議の上、改修再開を痛感される。

四、災害防除施設工事について

河川の屈曲整正、水路浚渫、断面拡張、堤防補強等の工事が、災害防除施設として、本格的に取上げられ、昭和二十二年度二五七万円、同二十三年度一、四四七万円を以て実施中であるが、在る二十二年九月の洪水に際し著しい効果を発揮しているので、今後之等の工事は、大いに振興する必要が認められる。中小河川改修工事施行上要望すべき事項。

(イ) 芝川改修工事を急速に実施されたし。（下流、東京都についても併行して促進すること）

(ロ) 中小河川改修に対し高率、高額國庫補助並に資材を優先的に配当されたし。

(ハ) 災害防除施設に対し、高率、高額國庫補助並に資材を優先的に配当されたし。

(ニ) 中小河川の維持費に対し、高率、高額國庫補助されたし。

五、砂防工事について

今次の水害に鑑み、砂防工事の要は極めて現実に痛感された。即ち山林の濫伐によつて、荒廢した水源山地の復旧は、この砂防以外に途はない。本縣に於ては大正五年以來、主として荒川水源地帯にこの工事が施行され、昭和二十二年度一五四万円、同二十三年度一、一二五万円実施された。

連年の水害に際し、その効果を如実に発揮し、又被害を最少限度に止めているが、砂防設備なき溪流の被害は、今更ながら甚大であるので、從來の砂防計画より一歩前進して、災害対策砂防の急施の必要を痛感し、左記事項を要望するものである。

(イ) 砂防工事に対し高額國庫補助並に資材を優先的配当されたし。

(ロ) 特に災害対策砂防工事に対しては、大巾なる國費計上並に資材を優先的に配当されたし。

六、荒川河水統制について

荒川水利並に洪水調節の目的にて、荒川河水統制調査を、昭和二十三年度に予算三〇万円（國庫補助一五万円）を以て、調査中であるが、今後に於ても、根本的な治水対策事業として続行する。

㈠ 調査事項

(イ) 氣象調査

(ロ) 流量調査

(ハ) 水源踏査

(ニ) 洪水調節比較調査

(ホ) 利水調査

㈢ 要望事項

工事を速かに実施されたし。

七、鉄道橋扛上工事について（直轄河川区域以外のもの）

㈠ 唐沢川架設（高崎線鉄道橋）（深谷町）

㈢ 天神川架設（八高線鉄道橋）（松久村）

右の鉄道橋は狭隘にして、増水の場合排水不能に陥り、治水上極めて重大であるので急速に扛上工事を施行されたい。

八、決　議　書

近年水源地方の荒廢と降雨量の増大によつて、縣内各河川の洪水流量は著しく激増しつゝある現状に鑑み、治水の根本的新計画を樹立すると共に之を急速に実施し、民心を安定せしめ、経済再建を強く推進しなければならぬ。

一、全般的事項

(イ) 災害防除に対しては國家的組織のもとに法的、物的施設の整備拡充を早急に確立されたし。

(ロ) 大巾なる河川費砂防費の計上と資材の優先的配当並に工事力の増強を図られたし。

(ハ) 治水思想を教育敎化に求め不断恒久の対策となし文化的民主的に治水を解決する様措置せられたし。

二、直轄河川改修について

(一) 利根川及江戸川

(イ) 利根川新改修計画によつて、根本的治水対策を期すると共に、改修によつて失われる貴重な耕地其の他に対しては、政治的、経済的並に民生安定上至大の影響あるを以て地元民の納得する対策を樹立し、急速に実施されたし。

(ロ) 利根川及江戸川改修工事は工費至大なるに付、國庫負担を増額し、地元負担の軽減を計られたし。

(ハ) 利根水系一都五縣の中、その治水、利水に最大の関係を有つ埼玉の特質に鑑み、利根治水綜合対策を樹立し、他に先んじて主動の立場に立ち、之が解決に当る様常に積極性を堅持せられたし。

(二) 荒　川

(イ) 昭和二十二年九月の出水に鑑み、改修計画を再検討すると共に、荒川本川及入間川改修工事を早急に実施されたし。

(ロ) 横堤の特失について再検討を加えられたし。

三、中小河川改良工事について

㈠　中小河川改良及維持に対し、高率、高額國庫補助並に資材を優先的に配当されたし。

四、災害防除施設工事について

㈠　災害防除施設に対し高率、高額國庫補助並に資材を優先的に配当されたし。

五、砂防工事について

㈠　砂防工事に対し高額國庫補助並に資材を優先的に配当されたし。

荒川河水統制について

　工事を速かに実現されたし。

右決議す。

　昭和二十四年二月十四日

埼玉縣治山治水対策委員会

河川部委員

衆議院議員　佐瀬昌三

参議院議員　石川一衛

縣会議員　桑田愛三

利島村長　出井菊太郎

建設省関東地方建設局長　井上清太郎

土木部長　長久保信夫

2. 農地部門報告

昭和二十三年三月二十三日、治山治水委員会分科会を農地部長室において開催し、左の三件について実地調査をすることに決定したのである。即ち

一、利根川及び荒川水系の現況について

二、両水系の災害防止対策について

三、両水系の農業水利改良綜合計劃について

同年四月五日より同月十四日に至る十日間、東大農学部教授秋葉満壽治、同岩崎代志治、東京農専教授内藤利貞三氏指導の下に、現地の視察調査を行い、種々研究を重ねたる結果、次の如き結論に達したのである。

以下概況を次に記載して見よう。

一、利根川荒川両水系の現況とその災害防止対策について

先づ両主流を中心に、用水不足地と排水不良地との二つに大別し、その原因を追究する一面、これが災害防止の方策を樹立して見よう。即ち左表1及び2は、当部委員の調査したるものである。

1. 用水不足地区に対する所見

現況				災害防止対策案
種別	原因	水系又は河川名	地区名	
河川改修不備によるもの	水位低下によるもの	利根川	権現堂川用水外二ヶ用水	揚水機設備により補給対策を行う必要がある。
同	同	江戸川	中島用水	同
同	同	同	麻生用水	同
同	同	同	二合半領用水	同

種別	原因	水系又は河川名	地区名	災害防止対策案
同	同	同	新田用水	同
同	流心変化によるもの	利根川	備前渠用水	取入位置を変更する。
同	流量過少によるもの	入間川	入間北部第二用水	貯水池築造を要する。
同	同	同	荒川右岸用水	地下水利用又は貯水池築造を要す。
同	同	荒川	大里用水	貯水池築造を要する。
灌漑設備の不完全なるもの	頭首工、水路不備	越辺川	川島領用水	頭首工及び水路の改良を必要とす。
同	導水路不備	利根川	備前渠用水	水路の一部移設を必要とす。
同	水路不備	同	見沼代用水	水路改修を必要とす。
同	同	同	葛西用水	同
同	同	見沼代用水	新川用水	同
用水源なきもの		荒川	中仙道筋天水田地区	利根川に水源を求めて灌漑設備をなす。
同		同	鴨川、中央排水路筋、天水田	見沼代用水路改修による。

備考　本調査は緊急を要するもののみを収録した。猶詳細調査するとせば多数の該当箇所を発見するであろう。

2.　排水不良地区に対する所見

現況				
種別	原因	水系又は河川名	地区名	災害防止対策案
排水樋門の開閉不充分によるもの	利根川の増水によるもの	福川	福川下流の排水不良地区	中條堤避菅開閉の協定を必要とす。

現況				災害防止対策案
種別	原因	水系又は河川名	地区名	
排水樋門の開閉不充分によるもの	利根川の増水によるもの	中川	羽生領及び島中領	権現堂堰（上宇和田堰）の撤去による。
河水の逆流によるもの		福川	福川下流	排水機又は流域変更を要する。
同	荒川の増水によるもの	荒川	芝川	
同	同	同	中央排水	各放水路新設によつて中川放水路に排水するを要す。
同	同	同	鴨川	
同	中川の増水によるもの	中川	大落古利根川	
同	同	同	元荒川	中川の改修により水位低下を要する。
同	同	同	庄内領	
排水口不充分によるもの		荒川及入間川	川島領	排水口の増設及び排水機設置を要す。
地区内水路不十分なるもの		新河岸川	不老川	水路改修を要す。
同		市の川	市の川上流	同
同		小山川	女堀	同
同		同	児玉北部	同

備考　用水不足地区同様、調査すれば猶多数あるであろう。

以上の外、灌漑排水を共に改良を要すべき地区を調査すれば、尚多数発見しうると思う。これ等は何れも應急的手段のものであるから、根本的な綜合対策が討議されなければならぬことは当然である。

二、利根川荒川両水系の農業水利改良綜合計劃について

水利の綜合計劃は、河川と流域を最もよく知ることである。即ち河川と流域とは有機的連繋があるから、洪水を防止し、水をよく利用するためには、流域全体に亘つて、水に対する機能を十二分に調査し、これを調整することが大切である。然し他に山林河川の両部門があつてそれぞれ専門に研究しているから、たゞ農地部門としての立場から結論したものを左に記載することにする。

猶解説の都合上、本縣の地勢上よりして、秩父山林地帯、畑地帯及び水田地帯の三種に分類し、以下この順によつて記載して見よう。

1. 秩父山林地帯

この部分は秩父古生層及び第三紀層を基礎としているから、雨水の滲透能力も少く、土地の傾斜も総じて急である。

これに加えて本縣内では多雨地帯であつて、平地帯に比較して一倍半乃至三倍に及ぶ雨量がある。故に荒川水系の治水は、本地帯に握られていると云つても過言ではない。故にこの地帯では雨水の貯溜を心掛け、林地の整備は勿論、山狭を利用して貯水池を築造する等、何れも目下の急務である。

貯水池の予定地としては、同地方に最適の所数ケ所を擧げることが出來るが、その中最大容積を見込むものに大滝村大字大達原の地区で、若しこゝを開発するとせば優に一、二億立方米の大湖水は容易であり、灌漑用水水量調節洪水防止としては勿論、発電として電力厚生の面も一層拡大され、一石三鳥の利得が考えられる。

因にこれが設置計劃は、表(一)及び(二)の予定

表(一) 秩父貯水池概要

順	項目	摘要
1	堰堤型式	コンクリート重力堰堤溢流型
2	設置予定位置	秩父郡大滝村大字大達原地内
3	水系及河川	荒川水系――荒川
4	堰堤の目的	灌漑用水調節、洪水防止、発電用
5	堰堤上流の流域面積	340.72km²
6	平均年雨量（十ヶ年間）	1,456.4mm
7	年平均流量	372,080,456m³
8	最大洪水量	6,640.0m³/sec
9	最大渇水量	1.91m³/sec

表(二) 秩父貯水池計劃表

順	項目	第一案	第二案	第三案
1	計劃貯水位の標高	470m	458m	433m
2	同　水面積	3,840,000m²	3,430.000m²	2,580,000m²
3	同　最大貯水容積	242,000,000m³	200,000,000m²	121,000,000m³

4	堤頂迄の最大高	154m	142m	117m
5	溢流堰堤の高	144m	132m	107m
6	上下流面の法（上流 下流）	1:0.10 1:0.78	1:0.10 1:0.78	1:0.10 1:0.78
7	堤頂の幅	8m	8m	3m
8	同　長	354m	324m	262m
9	堤体の材料	粗石コンクリート	同　左	同　左
10	同　体積	1,789,630m³	1,392,890m³	735,544m³

以上計劃の下に、貯水池を築造するとせば、荒川の全流域一一パーセント洪水量の約二〇パーセントを調節し得られるから、洪水の被害を免かれるのみでなく、荒川本流に沿う灌漑も又不可能となり、大里用水地区外十地区にわたる一万町歩の用水不足は忽ち解消され、更に第一次発電量約一万余キロ総量三万キロ余を発電することも容易である。なお荒川支流においても、中小貯水池築造箇所も多々あるから、これを合理的に開発するとせば、水に対する解決は、前同様可能性は充分あると信ずる。

2. 畑地帯

本地帯は主として洪積台地であり、埴土、埴質壌土、礫石壌土或は火山灰土からなつている。この地帯では概して野水の害を受ける所が多い。例えば不老川、女堀地域等は、その著しい例であるが、土性の大部分は、空隙率三〇乃至五〇パーセントの範囲にあるが、耕作土においては尚これ以上の高率を有する所もある。従つて日雨量一五〇粍程度は、土中に滲透されるが、それ以外の水は野水となつて流出するものである。

猶この地帯の排水につきては、その地域における雨水の吸收能力と、地下水等の関係とをにらみ合せて、施設を合理的に考慮せば、畑地としての治水機能は充分発揮できる許りでなく、下流方面の水害を取除くことも出來るのである。風害は水害と同様常に考慮に入れなければならぬが、防風林の設置を初め、畦桑畦茶等の植栽も、忽諸に附してはならぬ問題である。

3. 水田地帯

本縣の東北部はこの地帯に属し、大部分沖積地であつて、土壌中の空隙には期待することが出來ない。だが水田の畦畔を確立し、雨水を一時貯溜するとすれば、治水機能を十二分に発揮させることが出來る。殊に耕地整理等によつて畦畔の整正、溝畔の築立及び畦道の整備を実施し、稲の生育時期を目前に控えて、その被害防止を考慮する時は、降雨量の三〇〇粍位迄は、充分貯溜せしむる可能性があるから、延いて下流の負担を軽減するばかりでなく、他の地区からの流出流去をも一時阻止することが出來、治水上大きな役割を果すことになる。

なお水田地帯は平坦であるから、河川や水路に充分な勾配を與えることが困難であり、河川の水位に左右される場合が極めて多いから、水田地帯の大部分を占めている中川、綾瀬川、芝川中央排水路及び鴨川の流域は、利根川、江戸川及び荒川の水位に関係ないよう水利系統を変更して、排水計劃を樹てることが必要である。

曾て建設省並に本縣土木部において、㈠中川の改修　㈡綾瀬川の改修　㈢芝川放水路新設の外、中央排水路及び鴨川流域の一部を芝川放水路に排水しうるよう計劃したが、何れも実施の必要があり、特に中川の改修のみは緊急実現出來るよう努力すべきである。

4. 結　論

以上は三地域の特性に從つて、治水機能を発揮させる方法につきての概略であるが、併しこれ等の三地域の特性をして、相互的関連性を発揮させなければ充分でない。関連を図る施設とは、云うまでもなく水路の掘鑿である。即ち貯水池によつて洪水調節をはかると同時に、発電によつて動力機能を円滑ならしめ、用水不足地に導入して灌漑を便ならしむることである。

畑地及び林地では、雨水を滲透せしめて、地下水を豊富ならしめ、これを井戸及び集水渠等によつて、生活又は生産の面に利用し、最後に悪水として排水路に流下せしむることである。かくの如く各地域の水を、有無相通ずる原則に準拠し、水の出てくる根源根幹をつきとめて、合理的範疇的対策を講ずることが最も大切である。

河川の流域は一定不変なものでない。河川がその態形を変える度に、流域もその行を共にしている。治水の対策は河川ばかりでなく、流域全体の変化を掴むことである。刻々胎動しつゝある河川の生命を、常に治水の対策に織込んで行くことが大切である。

3. 山林部門報告

近年頻発する水害は、水源地帯山林の荒廃に根本の原因をおいている「水を治めんとするには先づ山を治めよ」の金言の通り、先づ山を治むることを根本対策としなければ、下流の河川を改修し堤防を堅固にしても、遠からず再びその災害を繰返さなければならない。埼玉縣の水害の原因も戦時中の濫伐による水源山岳林の荒廃に起因するところ甚だ大きいのである。よつて速急に治山計画を樹立しこれを強力に実行に移すことを緊要とする。

治山計画は　(1)水源荒廃地の復旧計画　(2)保安林の整備計画　(3)造林計画、以上の三つの主要項目に分つて樹立するを適当とする。尚一般民有林の施業を調整し、良好な林相を維持せしむることが治水上に顕著なる効果をもたらすものなる故計画施業の実現を期することが重要である。

一、水源荒廃地の復旧計画

山地治山事業は明治末期以降、第一期治水事業及び同第二期治水事業の施行によりこれが実行に努力してきたが、現状はなお九五八・四町歩の荒廃地を残している。これを放置するときは、荒廃の度を急速に進めるを以て、前記の九五八・四町歩のうち昭和二十三年度実施完了予定の六一・六町歩を除く八九六・八町歩につき向後三年間に別表の年度計画を以て荒廃地復旧の事業を施行する。事業の内容は、土木的並に造林的手段を併用して、山腹および溢川の安定と森林の造成とにより、國土の保安を図るものである。これは同時に土地利用度の増大と資源の維増殖にも資することになる。事業の施行に当り留意すべき事項は、

(一) 廣範な禿赭地にして下流の安全のために放置しておけない地帯を優先して対象とすること。荒川本支流の各川並に神流川の流域各所に該当地帯がある。

(二) 資材、労務、経費の面より見て、現実に実行可能の計画を立案すること。前号に述べた優先順位の選定は、純技術的の見地からであるが、その実際の施行は本号の主旨により、地域的配置を調整することが適切である。

(三) 野溪の土砂流出を防止する工事は、低堰堤主義を採ること。

(四) 発電その他利水の用に供するためのダムを設置する場合は、出水時の下流の高水位を調節しうるよう考慮を拂うこと。

山地治山施設事業年度別計画　自昭和二十四年至昭和二十六年

流域河川	年度別	新設		補修	
		面積	経費	面積	経費
	昭和二十四年	三〇〇・〇町	六〇、〇〇〇、〇〇〇円	六〇・〇町	一二、〇〇〇、〇〇〇円

荒川	昭和二十五年	二五〇・〇	五〇、〇〇〇、〇〇〇	五〇・〇	一〇、〇〇〇、〇〇〇
	昭和二十六年	一三〇・〇	二六、〇〇〇、〇〇〇	三〇・〇	六、〇〇〇、〇〇〇
	計	六八〇・〇	一三六、〇〇〇、〇〇〇	一四〇・〇	二八、〇〇〇、〇〇〇
利根川支流神流川	昭和二十四年	一〇〇・〇	二〇、〇〇〇、〇〇〇	二五・〇	五、〇〇〇、〇〇〇
	昭和二十五年	八〇・〇	一六、〇〇〇、〇〇〇	二五・〇	五、〇〇〇、〇〇〇
	昭和二十六年	三六・八	七、三六〇、〇〇〇	三〇・〇	六、〇〇〇、〇〇〇
	計	二一六・八	四三、三六〇、〇〇〇	八〇・〇	一六、〇〇〇、〇〇〇
合計	昭和二十四年	四〇〇・〇	八〇、〇〇〇、〇〇〇	八五・〇	一七、〇〇〇、〇〇〇
	昭和二十五年	三三〇・〇	六六、〇〇〇、〇〇〇	七五・〇	一五、〇〇〇、〇〇〇
	昭和二十六年	一六六・八	三三、三六〇、〇〇〇	六〇・〇	一二、〇〇〇、〇〇〇
	計	八九六・八	一七九、三六〇、〇〇〇	二二〇・〇	四四、〇〇〇、〇〇〇

備考　一町歩復旧費二〇〇、〇〇〇円（旧ベースに依る）

参考　埼玉縣荒廃林地の現状　昭和二十三年十月現在

調査年月	面積	單位	備考
昭和二十二年四月	七一四・〇	町	防災調査資料に依る
昭和二十二年九月	二〇八・四	同	発生せる水害調査に依る
昭和二十三年九月	三六・〇	同	同
計	九五八・四	同	
昭和二十三年度実施事業	六一・六	同	
殘	八九六・八	同	

年度	面積	経費	備考
昭和十二年	一四・〇町	二四、八〇〇円	（工事費のみ）
	六・一	一七、八二〇	昭和九年発生水害
昭和十三年	六・二	一三、四三〇	
	二〇・八	五二、六五〇	昭和十三年発生水害
昭和十四年	六・七	二四、七九九	
	一三・二	六一、五六〇	昭和十三年発生水害
昭和十五年	一二・八	二五、二九八	
	一七・四	五一、八四〇	昭和十三年発生水害
昭和十六年	二・五	二五、三〇〇	
	一四・三	七四、六五六	昭和十三年、十六年発生水害
昭和十七年	一五・五	二五、〇二二	
	三五・〇	一二七、四七〇	昭和十三年、十六年発生水害
昭和十八年	三五・〇	四三、三七四	
	九・八	一七、六五九	昭和十三年、十六年発生水害
昭和十九年	一一・七	二九、〇九八	
	一六・八	三七、七四一	昭和十三年発生水害
昭和二十年	一五・四	四〇、三五七	
昭和二十一年	一四・五	四三三、五一二	
昭和二十二年	四三・三	一、六六七、一九八	
	二三・〇	二、二三五、四八八	昭和二十二年発生水害
合計	三三四・〇	五、〇二九、〇七二	

二、保安林の整備計画

本縣に於ける保安林は土砂扞止林、水源涵養林、防風林等五千八百余町歩あるが、戰時戰後の强度伐採によつて施業の秩序が乱れ、保安林としての機能を失つたものが各地に存する。よつて治山治水の綜合的見地から、既存保安林の実体を調査してその存否の根拠を明確にすると共に、併せて右の見地から新規要編入地域を策定し、なお保安機能の最高度の発揚並に生産性の昂揚を内容とした施業方法を確立し、保安林の保護管理を徹底するため保安林標識を整備するを要する。

㈠ 既存保安林の現況調査

(1) 所在区域の確認

(2) 現在の地況、林況の調査

(3) 保安林台帳の整備

㈡ 整　備　調　査

(1) 既存保安林の要不要存置の検討

(2) 新規要編入地域の調査

治水上に関係ありと見られる林野約五万町歩に対して、別紙年度別計画に基き調査し、治水上の関係の有無を検討する。

㈢ 施業方法の確立

(1) 施業方法の確立

保安林の機能を発揚し生産性を昂揚せしむるに適当した技術的施業の方法を確立してこれに拠らしむる。

(2) 施業指定の励行および監督

戰時戰後は保安林の監督取締がやや弛廢した傾向があるので今後はこれを励行する。

(3) 開墾制限地の取扱

保安林强化と併行して開墾制限地を整備し、完全なる取扱を期する。

(四) 治山監督職員の充実

治山監督の專任職員を二名本廳內に配し、出先機関の監督取締を督励するよう職員の充実を図ること。

(五) 保安林標識の整備

保安林標識の現存するもの殆どなく、一般人が保安林を識別すること不可能な状態であるのでこれを整備する。

(別表)　保安林整備事業年度別計画表

年度	調査予定面積		國有林	合計
	奥地保安林	其の他保安林		
昭和二十三年	四、二七〇町	七二〇町	一、七三〇町	六、七二〇町
昭和二十四年	一〇、〇九〇	一、三五〇	二、九五〇	一四、三九〇
昭和二十五年	九、八八〇	一、三七〇	—	一一、二五〇
昭和二十六年	六、五五〇	一、二七〇	二、〇八〇	九、九〇〇
昭和二十七年	六、五三〇	一、〇四〇	—	七、五七〇
計	三七、三二〇	五、七五〇	六、七六〇	四九、八三〇

一、保安林整備調査予定計画（奥地林）

年度	流域別	面積 民有林	面積 國有林	町村名
昭和二十三年	荒川支流大洞川	四、二七〇町	一、七三〇町	大滝村
昭和二十四年		一〇、〇九〇	二、九五〇	
内訳	荒川支流中津川	七、八六〇	二、四七〇	大滝村
	同　大血川	二、二三〇	四八〇	同
昭和二十五年		九、八八〇	—	
内訳	荒川支流赤平川	三、〇二〇	—	両神村
	同　赤平川（薄　川）	三、四五〇	—	同
	同　赤平川（三田川）	三、四一〇	—	三田川村
昭和二十六年		六、五五〇	二、〇八〇	
内訳	荒川支流浦山川	三、七二〇	一、三八〇	浦山村
	同　安谷川	二二〇	七〇〇	荒川村
	同　入間川（名栗川）	二、六一〇	—	名栗村
昭和二十七年		六、五三〇	—	
内訳	荒川支流赤平川（藤倉川）	二、八〇〇	—	倉尾村
	同	一、五八〇	—	上吉田村
	利根川支流神流川	七六〇	—	同
	同	一、三九〇	—	矢納村
合計		三七、三二〇	六、七六〇	

二、保安林整備調査予定計画（奥地林以外）

年度	流域別	面積	町村名
昭和二十三年		七二〇町	
内訳	荒川	六二〇	原谷四〇　皆野五〇　三沢一五〇　野上二五〇　寄居一〇〇　國神三〇
	横瀬川	一〇〇	高篠一〇〇
昭和二十四年		一、三五〇	
内訳	荒川	六〇〇	荒川二〇〇　影森二五〇　久那五〇　秩父五〇　尾田蒔五〇
	赤平川	二九〇	長若一〇〇　小鹿野一五〇　太田四〇
	横瀬川	三三〇	横瀬八〇　芦ヶ久保二五〇
	藤倉川	一三〇	吉田一三〇
昭和二十五年		一、三二〇	
内訳	入間川支流名栗川	三三〇	名栗二三〇　原市場六〇　飯能四〇
	同　越辺川	六〇	毛呂二〇　越生五　梅園三五
	同　槻川	二二〇	槻川一五〇　大河原四〇　大河二〇　竹沢一〇
	同　都幾川	三五〇	平一〇〇　明覚一〇　大椚二二〇　玉川二〇
	同　高麗川	三六〇	吾野二八〇　高麗二〇　東吾野六〇
昭和二十六年		一、二七〇	
内訳	荒川	七〇	金沢七〇
	利根川支流神流川	三三〇	若泉三〇〇　青柳一〇　金屋二〇
	同　身馴川	五六〇	秋平三〇　本泉四五〇　金沢八〇
	同　志戸川	三一〇	大沢三〇〇　松久一〇

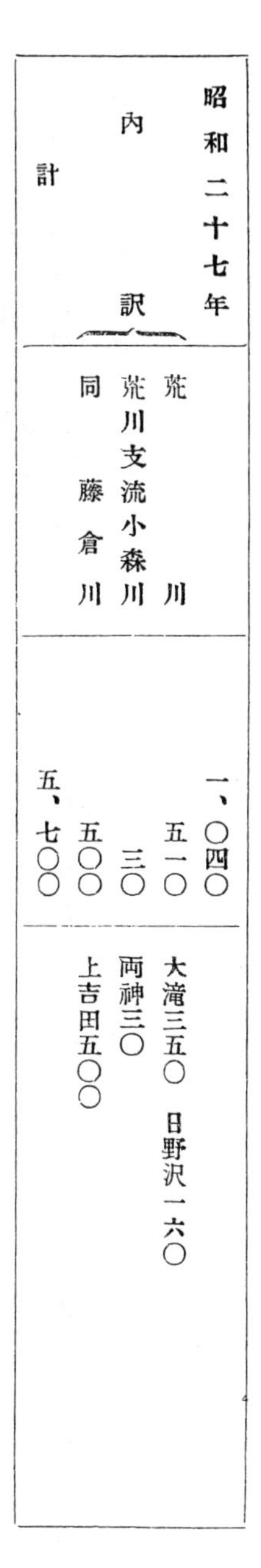

昭和二十七年		一、〇四〇	
内訳	荒川	五一〇	大滝三五〇　日野沢一六〇
	荒川支流小森川	三〇	両神三〇
	同　藤倉川	五〇〇	上吉田五〇〇
計		五、七〇〇	

三、造林計画

本縣における民有林野は推定面積十二万町余あり。内針葉樹林四万五千町余（三七％）濶葉樹林七万五千町歩余であつて、これを郡市別に示すと別表の通りである。

入間郡地区は、人工植栽の針葉樹林多く、今後もこの比率を維持するを以て足り、一般に針葉樹林を増す余地なく、却つて一部には薪炭林の増殖を適当とする地域もある状況である。

秩父郡地区は、本縣の治水上ならびに林産計画上、最も重要な地区なるにも拘らず、劣等樹種の占むる山林面積はなお廣大に亘る。故にこの地区は針葉樹四〇％、濶葉樹六〇％の割合を目標にして、劣等樹種林約一万三千余町歩を針葉樹林に改良するを要する。

比企、兒玉、大里各郡地区は地勢土質その他の関係により針葉樹林改良よりも薪炭林の増殖、特に櫟林の改良に重点をおくべきである。地区別の右の方針に基き、昭和二十三年度以降五ケ年間に一万一千町歩の造林を別表の造林年度計画に則つて実施すべきである。

秩父入間の両郡下を初め大部分の山林は、治水に関係ある地域にあるから、造林計画の遂行こそは本縣の治山治水対策として重要である。しかし造林計画の遂行には今日幾多の隘路がある。故にたゞ漫然と年度計画を策定するだけでは、これが実現を期しうる性質のものでない。実施対策として、次の諸項に留意することが必要である。

㈠　山林開放のデマと開拓関係による山林所有者の杞憂を除くよう法的措置を講ずることを政府に要望しその実現を図ること。

㈡　植樹祭等の記念行事を行ない、山林緑化の縣民運動を展開し、山林の恩恵を再認識せしめ、一般の協力を要請すること。

㈢　市町村、学校、森林組合その他の團体林の経營実施を強力に推進指導すること。

㈣　造林事業は國家公共的性質を有する緊急事業なる点に鑑み、実際造林費の五割程度の補助金を仰ぎうるよう補助金制度を実情に即せしむる措置を講ずることを政府に要望すること。補助金の額は苗木代相当額に達するを目安とすべきである。

㈤　造林資金の融資については造林事業の特殊性に照應する長期低利のものたらしめ、造林資金の融資に補助金的性格を加味せしむること。

㈥　要すれば縣廳造林の制度を活用し、全体としての造林面積の増加に努めること。

㈦　造林用樹苗の確保は、造林事業振興の前提要件であるから、努めて縣内産樹苗の増産を図らなければならない。（幸にこれは達成し得られる見込である）

㈧　別項に記載する如く森林組合指導技術者の充実を図り、施業案に基く運営を期すると共に造林各種技術の指導奨励に当らせること。

（別表）

㈠　民　有　林　野　の　現　況

郡市別	全面積	針闊別比率				備考
		針葉樹林	比率	闊葉樹林	比率	
入間郡	二九、三二八町	一六、九七八町	五五%	一三、三五〇町	｜%	A地区
秩父郡	六一、五〇三	一三、八五六	二〇	四七、六四七	｜	B地区
比企郡	一三、三六三	六、三三四	五〇	六、〇二九	五〇	C地区
児玉郡	四、八一四	一、九〇三		二、九一一		
大里郡	五、六五四	三、一五〇		二、五〇四		
その他	六、八一〇	二、九〇〇	四三	三、九一〇	五七	主として平地林
計	一二〇、六七三	四五、一二一	三七	七五、五五一	六三	

㈢　民有造林五ヶ年計画

年度	新植	同上内訳			天然下種補整	計
		連年伐採跡地	伐採造林未済地	粗悪林改良		
昭和二十三年	一、四〇〇町	六〇〇町	二〇〇町	六〇〇町	三〇〇町	一、七〇〇町
昭和二十四年	一、八〇〇	六〇〇	二〇〇	一、〇〇〇	三〇〇	二、一〇〇
昭和二十五年	二、〇〇〇	六〇〇	二〇〇	一、二〇〇	三〇〇	二、三〇〇
昭和二十六年	二、二〇〇	六〇〇	二〇〇	一、四〇〇	三〇〇	二、五〇〇
昭和二十七年	二、二〇〇	六〇〇	二〇〇	一、四〇〇	三〇〇	二、五〇〇
計	九、六〇〇	三、〇〇〇	一、〇〇〇	五、六〇〇	一、五〇〇	一一、一〇〇

（参考表）

㈠　既往十ケ年間における植伐実績表

年度	伐採面積			人工植栽面積		
	針葉樹	濶葉樹	計	針葉樹	濶葉樹	計
昭和十三年	七九〇町	五、三一〇町	六、一〇〇町	八九五町	一八〇町	一、〇七五町
昭和十四年	九〇五	六、七〇五	七、六一〇	九五五	一六〇	一、一一五
昭和十五年	八三〇	七、一〇〇	七、九三〇	八九〇	一八五	一、〇七五
昭和十六年	九三八	七、九七二	八、九一〇	九九六	一六〇	一、一五六
昭和十七年	九六〇	八、一五五	九、一一五	八八五	一六二	一、〇四七
昭和十八年	九〇五	七、七四〇	八、六四五	九〇八	一二〇	一、〇二八
昭和十九年	八九五	七、一〇五	八、〇〇〇	一、一〇四	一五〇	一、二五四
昭和二十年	八九二	七、三五〇	八、二四二	五九二	八〇	六七二
昭和二十一年	九〇二	七、五二八	八、四三〇	六七三	一二〇	七九三
昭和二十二年	八三五	七、八一五	八、六五〇	六九五	八七	七八二
計	八、八五二	七三、七八〇	八二、六三二	八、五九三	一、四〇四	九、九九七

㈡　針葉樹伐採跡地に対する造林未済面積調表

年度	伐採面積	植栽面積	未済面積	備考
昭和十八年	九〇五町	七五五町	一五〇町	昭和十七年度以前における伐採跡地については造林未済地
昭和十九年	八九五	七七五	一二〇	

昭和二十年	八九二	五九二	三〇〇	はないと思ふ
昭和二十一年	九〇二	六二八	二七四	
昭和二十二年	八三五	五二七	三〇八	
計	四、四二九	三、二七七	一、一五二	

四、森林施業の計画化

私有林の経営は永らくの間殆んど何等の計画もなく、所有者の恣意に放置せられてきたため、過伐早伐の傾向に陷り、これが荒廢林地を生ずる因となつた。これは独り林産物の生産保続を害するだけでなく治水上寒心に堪えぬものがある。これが対策として速かに施業案を編成し、施業をこれに拠らしめねばならぬ。從來の施業案は折角編成されても、そのまゝ棚上げされた弊を免れなかつたが、今後はこの実施を確実ならしめるため左の実施対策を考慮すべきである。

㈠ 施業案の編成

本縣は政府の方針に基き、森林組合を有し、施業案を存せざる町村には植伐案を編成せしめることとし、昭和二十一年度以降これに着手し、さらに二十二年度より二十六年度迄五年計画を以て、別表の如く実行中である。かゝる事業は引延がちの傾があるが万難を排しても計画通りの進捗を図るよう、必要な措置を講じなければならない。

㈡ 施業案編成までの暫定措置

施業案編成を終了するにはあと三年間を要するが、この間無計画な施業を放任出來ぬから、編成終了までの間次の暫定措置を講ずる。

(1) 幼令林の伐採を制限又は禁止する措置を講ずること、原則として濶葉樹は十年生以下針葉樹は二十五年以下

(2) 市町村毎に立木伐採計画を樹てさせて、毎年度の伐採造林箇所の指定を行う。

のものゝ主伐を禁ずる。

(三) 森林組合の整備強化

計画施業の担当機関は森林組合であるから、これら森林組合が強化されねば計画施業の実施を期待出來ない。要すれば既存森林組合を統合することにより、組合実力の整備充実を図ることも適当である。

(四) 各種林業助成の組合への重点主義

森林組合の施業の実行を容易ならしめ、且これを援助するため造林、林道等に対する國庫補助金、縣費補助金は施業案に予定されたものに重点補助する。

(五) 木材薪炭の生産割当の合理化

各町村に対する木材薪炭の生産割当は、施業案による標準伐採量を基準にしてこれをなし、從つてその当然の結論として、縣に対する國の生産割当もこの量を絶対に超えぬよう政府に要請する要がある。

(六) 森林組合技術員設置補助の拡充

從來の補助金は極めて少額であつたので、これを大巾に引上げ、有能なる技術員が充分に活動しうるように仕向けること。

(一) 縣に専任の職員をおくこと。

計画施業の推進のため専任職員をおいて、施業案の編成計画、施業の監督、森林組合の指導等の職務に当らしめる。

(別　表)

施業案編成検討植伐案編成五ケ年計画

年度	編成面積	検討面積	植伐案編成面積	計	備考
昭和二十一年度編成済	四、三三一町	—町	—町	四、三三一町	入間郡原市場村、梅園村
昭和二十二年度編成済	二、〇七一	一、七五〇	—	三、八二一	入間郡名栗村外四ヶ町村
昭和二十三年度編成中	一三、三四九	一、五七八	五、七七三	二〇、七〇〇	比企郡大河村外二〇ヶ町村
昭和二十四年度	一六、四四六	一、九三五	三、七五五	二二、一三六	大里郡寄居町外二三ヶ町村
昭和二十五年度	三一、〇三一	一九六	—	三一、二二七	秩父郡両神村外一〇ヶ町村
昭和二十六年度	二四、〇六一	—	—	二四、〇六一	秩父郡大滝村外五ヶ村
計	九一、一九〇	五、四五九	九、五二八	一〇六、一七七	

「再　掲」

二十一年度、二十二年度編成ずみ、運用中のもの……………一七、〇五三町歩

二十二年度編成中のもの………………………………………二〇、七〇〇町歩

五　未墾地開墾と治水との関係

食糧増産と土地合理的利用とを目標とする開拓事業は國家の要請に基くものであるが、その選定に適地を誤ると、いわゆる稔らざる農地となつて食糧増産に役立たないのみか、治水上に悪影響を及ぼして、水源一反の開墾が流域百町の本田を荒廃せしむる虞なしとしない。かゝる場合には、食糧増産にも、土地の合理的利用にもならない。

本縣の水源地帯は概ね地勢急峻であつて、開墾に適せざるのみか、土地崩壊と土砂流出を惹起する公算大なる地帯である。かゝる地帯でありながら、國策に順應して、既に開墾予定地に編入されたる箇所が相当あり、今日において

は最早やその余地を残していない。

本年九月一日に農林次官通牒により、今後の開拓政策は、目標面積に拘泥することなく、眞に適地のみを買収することゝし、更にその適地選定には林業技術者を参加せしめて、愼重を期することを定めている。從來の買收予定地にして当事者の意見が一致しないため懸案の案件に対しては、この通牒の主旨に從つて善処し、開拓が治水に悪影響を及ぼさざるよう留意しなければならない。

六、治山治水委員の所見

治山治水委員会河川部門委員北埼玉郡利島村々長出井菊太郎氏は、昭和廿四年二月十四日開催せられたる同委員会の席上、年來抱懐せる所見「利根川治水綜合対策」と題し、別記の通りの発表があつた。

利根川治水綜合対策

北埼玉郡利島村長　出井菊太郎

私は生れて十五才になるまでに、明治四十三年を最後に、五回の水害に遇つている。村中で二階の助つた家が、数戸を出ないという有様で、其の惨状は筆舌のよく盡し得ないものであつた。それが河川改修の結果、一昨年カザリン洪水の時まで、四十ケ年近くの間無事に過ぎたのである。そのため利根沿岸の大衆は、みな治水のことを忘れていた。

水害は忘れた頃に來る。

と言はれているが、カザリン洪水は其の言葉の通りに、突如押し寄せて來たのである。忽ち利根治水に対する関心が潮の様に高くなつて來た。

ダムだ―放水路だ―引堤だ―植林だ―砂防だ―予算をどうする―代議士の責任だ―利根の資源の開発だ―利根治水についての方策は、識者の間で盛に論ぜられるに至つた。水害地に育つた私にはヂッとしていられない。

先祖から受け継いだ洪水にいどむ、五体の血潮をしぼつて、治水に関する着眼の要点を述べ、世の批判を仰ぐと共に、私自ら治水運動に挺身する指針としたいのである。

一、災害復旧工事

決潰箇所の復旧を完全にすることが先づ第一である。土波打歌、杭打歌を高らかに、郷土を荒廃から救うのだという情熱で、工事を急がなければならない。堤防破損箇所の修理も、地元の町村が、自興的に工事を進める態度でやらなければならない。荒れた護岸工事についても、予算や材料の関係があるので、石垣やコンクリートだけを考えずに、柳を挿すことにしたい。春の一日、男女青年、小中学生総出で挿すことにしたら、数年を出でずして、其の目的が達せられると共に、川に新緑の美観を添え、又燃料として刈り取ることも出來る。流水を規正して護岸の役目を、間接に果している水制も、年來の洪水に荒されて、殆ど正体がない。これ等の緊急を要する災害復旧の工事に対しては、官民協力一致、予算の捻出工事の円滑な進捗に、努力して行きたいのである。

二、應急増補工事

洪水敷と川底が年々上昇している。現在の堤防が堪え得る洪水量は、五千七百立方米であるが、カザリン洪水は、実に一万七千立方米であつた。即ち利根堤防の壽命は、既に盡きているのである。之が対策として、川底の浚渫を急がなければならない。然し予算やこれに要する機械などは、この仕事にちやんとブレーキを掛けている。そこで堤防の嵩上を應急の措置とするより外に仕方がない。これも日本の経済事情が落付くまで、地元民が自興的に実施することを原則とするより外に道がない。尙一万七千立方米の洪水量は、要部の引堤を必要とするのである。引堤による犠牲に対しては、宅地と耕地の換地、適当の移轉費などを條件としなければならない。宅地耕地の捻出には、耕地整理、沼沢の埋立等があるが、之に対しても政府が十分面倒見てやる必要がある。更に開拓地へ入植させることも一方法である。尙鉄橋を上げなければならない。カザリン洪水の時にも。鉄橋の上流に決潰が多い実例に徴しても、その必要なことが明かである。又洪水の調節を使命とする。遊水地附近にも決潰が多いが、その堤防の特別の强化も忘れてはならない。足利桐生附近の度重なる水害についても、急速の措置を必要とする。

三、緑の山を

治水は治山にあり

と言われている。先づ植林を急ぎたい。赤城山などは、砂防林を数本鉢巻させるがよい。苗木と賃金の高いのに驚かず、施業案を樹て、之を強行しなければならない。山林解放を恐れて、植林を控えている現状は、急速に改めなければならない。又保安林を設定して、伐採を制限し、官民協力之が監視を怠らないやうにしたい。緑の山の美しさを、洪水や渇水を防ぐ出発点としたい。尙莫大の予算と労力を覚悟して、砂防を完成させたい。更にダムを設置して、洪水渇水の調節に備え、発電に利用し、養魚観光施設をなす等資源の開発まで考えて見たい。

四、根本対策

一万七千立方米の洪水量を、如何に処理するかということが中心問題である。即ち上流山間部の豪雨を、三千立方米だけダムによつて捕促し、一万四千立方米を本流に入れ、渡良瀬の水を合せるに当つて、谷中遊水地により調節すると共に、五千立方米を江戸川によつて、東京湾へ放水させ、鬼怒川、小貝川を合せるに及んで、田中遊水地により調節すると共に、之を昭和放水路によつて、三千立方米だけ、東京湾へ導くことだ。即ち山間地帯三千、江戸川五千、昭和放水路三千の流量を負担することである。利根治水七百六十四億、二十ケ年計画の主眼もこゝにあるのである。百五十億を要する昭和放水路、百三十億の江戸川、百億の上流山間部のダムは、誠に大きな事業で、日本経済の安定、沿岸民の特別の熱意を必要とするのである。又昭和放水路、江戸川開鑿に伴う犠牲者、ダム建設の爲め、移轉を要する住民の取扱も、住宅地、耕作地、移轉費等十分の考慮を拂わなければならない。

五、水防訓練

水害は忘れた頃に來る。カザリン洪水は、約四十ケ年間利根改修の効果を、信じ続けて來た時に発生した。堤防は決潰しないものといふことが、常識になつた時に洪水に見舞われた。海岸の津波、山間の山崩れと同じやうに、利根沿岸の洪水は、避け難いものであることを常識としなければならい。不断の水防訓練の必要がこゝにあるのである。先づ第一に、治山治水の思想を、教育に培うための教科書を編纂する必要がある。すでに岩手縣では、北上川について、読本を出版しているという。水防團を強化充実させると共に、水防工法の体得、水防法の趣旨の徹底を急がなければならない。又颱風の研究をして、新聞ラジオ等により、洪水量を判断するまでになることが必要である。更に水防司令部を設置して通信網を張り、上流から下流へ、流量速報の措置を講ずることにせねばならない。

六、利根資源の開発

関東の大平野は、利根川によつて造られたものだ。万畦の水田も、村も町も、密接不離の関係によつて生れている。これに一段の検討を加えて、新たな天地を開拓したい。

1. ダムによる発電

利根上流山間部に、建設された洪水調節のためのダムを発電に利用する時、四万三千キロワツトの電力を得ることが出來る。山間地帯、低地部、都市各々之に即應した事業に利用する時、農村の電化、工業地帯への豊富な電力の供給、東京近郊鉄道網電化への貢献等枚擧に遑ないであろう。更にダムを養魚地として、観光地として、生かすこと、水道源となすこと等は勿論である。

2. 堤防と洪水敷の草で酪農を

利根水系全域に亘る堤防の草は、決して少ない分量ではない。更に洪水敷を利用して、牧草の種子を播く時、数万頭の乳牛を飼育することは、恐らく困難ではないであらう。荒川地域の猶原氏、坂東大橋附近の仁手村等の乳牛飼育は、その先駆をなすものである。生乳、バター、チフズ、牛肉等の生産により、沿岸民の食生活を改善し、更に都市に向つて之を供給することが出來る。即ち沿岸民の経済生活に対しても、其の寄與する所は実に多大なものがあるのである。又牧草の中に美しく咲く花は、沿岸裏作地帯の油菜、レンゲ等と共に、蜜蜂による採蜜に少なくない好影響を與えることであらう。かくて乳の村蜜の里が、沿岸の各所に出現する。

3. 護岸の柳を

護岸のために挿した全線の柳を刈り取つて行李となし、燃料となす時、其の経済的價値も、決して馬鹿に出來ないものであらう。又沿線水辺の長蛇の新緑は、利根の名物として大きく浮び上ることであろう。

4. 沼沢の埋立と造陸

沿岸各所に沼沢がある。下流には霞ケ浦、印旛沼等相当大きなものがある。之を川底浚渫による土砂と、放水路開鑿による莫な土量とによつて、埋立をなし耕地を造成したい。又東京湾北岸の造陸も可能であると思う。

5. 田畑の灌漑と排水

関東平野利根沿岸に開けている田畑への灌漑排水の現状は、決して理想的のものではない。樋管、用排水路の立て方、山間部の森林やダムの能力発揮の如何によつては、田畑の現状を一変させることが出來る。用排水路の改善による増田と、二毛作田の造成とは決して困難なことではない。更に耕地整理を隈なく実施したならば、増産は期して待つべきものがあるであらう。

6. 利根資源開発の資本

以上列記した事業をなすに当つて、必要とする資本は、恐らく数百億に上るであらう。然し利根水系沿岸数百の農業協同組合の預金を合資する時、更に一都五縣はもとより、政府の助勢（見返資金）を得るならば、其の実現はあながち夢ではないであらう。其処には間違なく米國のテネシー天國が出現する。埼玉農協治水連盟の大使命もこゝにあると思う。

七、治水團体の結成と活動

水を治める者は國を治める

あのカザリン洪水の惨害を忘れてはならない。よろしく沿岸民大同團結、利根治水百年の大計を樹立しなければならない。即ち治水團体を組織して、爲政者と技術者を鞭撻し、二十ケ年七百六十四億計画の実現と、之に伴う資源の開発に精進しなければならない。明治二十四年治水王田中正造等と共に、同志を募つて率先治水建議案を議会に提出した湯本義憲利根河線の改修に努力した、斎藤珪次、小久保喜七、出井兵吉等の事蹟並びに之に協力した、諸先輩の奮闘を忍びながら、代議士も縣議も技術者も大衆も、一致團結自奮自励、この大目的の貫徹に向つて猛進することにしたい。利根治水連盟、埼玉農協治水連盟等の使命も亦大なるものである。

第二章　國家の對策

第一節　災害都縣の要望と対策方針

本縣では、十月十八日開かれた定例縣会において、災害復興費の全額六億九千万円を、國庫において負担すべき要望の議案を上提したが、之が詳細にわたる請願文が中村委員長によつて朗読され、満場一致可決した後、請願委員として中村、佐山、永塚、加藤の四議員が選任せられ、十月二十二日陳情書を中央政府に提出したのである。因に政府並に國会に提出した請願八項目は次の通りであつた。

1. 災害復興費全額國庫負担の件
2. 復興資材の資金の補給に関する件
3. 利根川、荒川、渡良瀬川三川の根本治水調査会設置の件
4. 利根川、荒川並に支派川入間川、小山川等の堤防増強並に補强工事遂行の件
5. 砂防林の緊急指定並に補强工事遂行の件
6. 利根川決潰による地域の完全排水と耕地復旧工事の急速遂行の件
7. 被害甚大なる小学校に対する急速復興の件
8. 被災者應急住宅の急造並に厚生施設充実の件

さて右の要望は、十一月五日首相官邸において、本縣同様政府に要望した東京都、茨城、群馬、栃木、山梨の各代表者と、政府側より片山首相、西尾官房長官、伊藤厚生次官、安本高野建設局長、永野副長官等出席、種々懇談の後

大体次の如き諒解が成立した。

1. 災害救助物傳染病予防法に基く救助金の全額國庫補助については、既に各府縣に内示済で、埼玉縣は九千四十万円が決定している。

2. 農林関係土木事業費を、國庫負担で急速に実施する外、配給食糧と農家保有米の流失被害に対し、特に確保の道を講ずる件に就ては、國庫の負担は、國庫の許す範囲内において補助する方針である。流失食糧は、法定の許す量で配給を確保する。

3. 災害土木國庫補助法による最高率の補助があつても、それだけでは到底なし遂げられないから、全額國庫負担となされたき件については、普通の補助率として取扱う。但し現地調査を充分行い、地租、所得等を勘考して財政援助の方法をとる。

埼玉縣の全額國庫負担は頗る困難ではあるが、現地の実情を忖度し、大体八〇%乃至九〇%の補助が出來ると思う。

4. 治山治水に対して政府は、一元的な機構を構成して欲しいとの要望は、目下建設院が主体となつているので、將來この方向に進むよう努力する。

5. 其の他略す。

第二節　縣の災害土木費と國庫補助

内務省は、災害都縣の要請に應え、今次災害復旧に関し鋭意考究を続け、先般都縣代表者の請願に基づき、愈々専門技官数名を本縣に派遣し、十一月二日より八日まで一週間にわたり縣土木部調査になる復旧箇処一千二十件につき調査したのである。

該申請工事費は、計二億七千五百万円であつたが、其の中大約六％減の一千一箇処約二億六千二百万円が査定圏内に入格したのである。中市町村工事費三千万円、縣負担工事二億三千二百万円で、之に所要事務費八％を繰入れて、二億八千万円が裁決されたのである。

猶縣負担工事中國庫負担は六百箇処に対し、総数の三分の一が補助となり、町村工事費も三分の一の一千万円が國庫負担になつたのである。普通補助と云えば一割乃至二割減が、査定の際の常識であつたが、本縣の罹災の情況と睨合せて、六分減という特別な考慮が拂われたことである。

因に本縣の災害土木工事総計表中、縣工事、市町村工事並に其の仕訳は、それ〴〵左表の通りである。

昭和二十二年災害土木工事総計表

一、縣工事

種別	要求		検査	
	箇所	金額	箇所	金額
道路	一九二ヶ所	三五、二二一、六八六円 内應急 一、三二四、五一五	一八六ヶ所	二八、八五七、七六三円 内應急 一、三二四、五五一
橋梁	一一〇	三九、〇二八、三六五 内應急 五、九三三、五五八	一〇九	三九、一三五、〇二一 内應急 四、一七二、〇九八
河川	三七二	一五五、一〇六、八二三 内應急 三、七三六、四一五 未成 六八、九六五	三六九	一五二、一六三、七六九 内應急 三、七二〇、二六四 未成 六八、九六五
砂防	一八	一三、二七六、七七九 内未成 四二二、八五七	一八	一一、三一四、四二五 内未成 四二二、八五八
計	六九二	二四二、六三三、六五三 内應急 一〇、九九四、四八八 未成 四九一、八二三	六八二	二三一、四七〇、九七八 内應急 九、二一六、九一三 未成 四九一、八二三

二、市町村工事

種別	要求 箇所	要求 金額	檢査 箇所	檢査 金額
道路	一三〇ケ所	一九、八一三、六四六円	一三〇ケ所	一三、九〇九、二〇六円
橋梁	一八五	一四、五八七、四五二	一七七	一四、二四四、二八五
河川	一二	二、二五七、五四七	一二	二、一四二、三九四
計	三二七	三六、六五八、六四五	三一九	三〇、二九五、八八五
合計	一、〇一九	二七九、二九二、二九八 内 應急 一〇、九 四、四八八 内 未成 四九一、八二二	一、〇〇一	二六一、七六六、八六三 内 應急 九、二一六、九一三 内 未成 四九一、八二三

一、道路

仕訳表

種別	要求 箇所	要求 金額	檢査 箇所	檢査 金額
道路	一二ケ所	五、五二八、四七四円	一一ケ所	八、七九九、八八二円
府縣道	一八〇	二九、六九三、二一二 内 應急 一、三三四、五一五	一七五	二〇、〇五七、八八一 内 應急 一、三二四、五五一
計	一九二	三五、二二一、六八六 内 應急 一、三三四、五一五	一八六	二八、八五七、七六三 内 應急 一、三二四、五五一

一、橋梁

種別	要求 箇所	要求 金額	検査 箇所	検査 金額
國道	一ケ所	二五、五二八円	一ケ所	二五、五二八円
府縣道	一〇九	三九、〇〇二、八三七 内應急 五、九三三、五五八	一〇八	三九、一〇九、九九三 内應急 四、一七二、〇九八
計	一一〇	三九、〇二八、三六五 内應急 五、九三三、五五八	一〇九	三九、一三五、五二一 内應急 四、一七二、〇九八

一、河川

河川別	要求 箇所	要求 金額	検査 箇所	検査 金額
神流川	二ケ所	一、〇四二、一〇〇円	五ケ所	二、七七七、三二九円
鳥川	五	二、七七七、三〇九	二	一、〇二七、一二四
小山川	二〇	一〇、七九七、五八二 内應急 七、二〇六、六三一	二〇	一〇、六九九、九三八 内應急 七、二〇九、六三一
身馴川	一四	二、七一一、二〇二 内應急 五三三、八八〇	一四	二、六三一、二五四 内應急 五三三、八八〇
志戸川	二一	六、〇六三、四七〇 内應急 一一八、五八三	二一	五、一九三、七四九 内應急 一一八、五八三
唐沢川	一	五二、六四八 内應急 五二、六四八	一	五二、六四八 内應急 五二、六四八
福川	一一	二、〇八九、三七一	一一	二、〇七二、三九九

河川別	要求 箇所	要求 金額	検査 箇所	検査 金額
谷田川	三ケ所	一、〇八三、一九四円	三ケ所	一、〇五九、七六三円
中川	一二一	二二、七二四、七一二（内應急 一九五、八六三）	一二一	二二、五二二、五五四（一九五、八六三）
元荒川	六	四八六、四六五	六	四八六、五二九
大落古利根川	五	三〇六、〇五九（内應急 三、四〇四）	五	三〇五、六三九（内應急 三、四〇四）
綾瀬川	一	七四、四三六	一	七四、四三六
荒川	三九	五三、五七一、二五三（四一一、四八一）	三八	五三、一一一、五三七（内應急 四一一、四八一）
和田吉野川	三	五二一、二二八	二	一五六、二四一
市野川	五	二、四八九、四〇二	五	二、四九〇、九八三
槻川	八	一、三四〇、四四五	八	一、二六九、九三〇
都幾川	二四	八、九二六、六七三（内應急 七四四、四三六）	二四	八、九二五、〇八二（内應急 七四四、四三六）
高麗川	一二	四、〇〇七、四六五（内應急 四一、二一二）	一一	三、七一五、八五七（内應急 四一、二一二）
越辺川	三三	一二、三八四、七〇六（内應急 一、一八八、六七三）	三三	一二、〇四四、一六三（内應急 一、一七二、五二一）
入間川	二六	二〇、二九〇、一六八（内應急 九二、四九一）	二五	一九、四四〇、六〇七（内應急 九二、四九一）
霞川	一	二六八、七二九	一	二六六、八一〇
柳瀬川	四	五七八、二八七（内未成 六八、九六五）	四	五八〇、二七七（内未成 六八、九六五）

新河岸川	二	一三〇、一四六	二	一三〇、一四六
鴨川	五	三八九、七七四 内應急 一一三、一一四	五	三八九、七七四 内應急 一一三、一一四
計	三七二	一五五、一〇六、八二四 内應急 三七三、四一六 内未成 六八、九六五	三六八	一五二、一六三、七六九 内應急 三、七二〇、二八〇 内未成 六八、九六五

一、砂防

河川別	要求		検査	
	箇所	金額	箇所	金額
藤倉川	六ヶ所	九四一、九七五円	六ヶ所	八九九、八二七円
小川	一	一〇〇、八四九	一	九六、四三七
吉田川	一	一六二、八六八	一	一六二、八六八
押堀川	三	一、二八六、七九九	三	一、二八七、二八三
都幾川	三	六、七〇三、六一八 内未成 四二二、八五七	三	四、九七七、三三三 内未成 四二二、八五八
槻川	二	一、六七九、三五八	二	一、六七九、三五八
唐沢川	一	一、七四〇、三七九	一	一、七四〇、四〇六
日野沢川	一	六六〇、九三三	一	四七〇、九一三
計	一八	一三、二七六、七七九 内未成 四二二、八五七	一八	一一、三一四、四二五 内未成 四二二、八五八

第三章　復舊と永年對策

第一節　体驗と復旧対策

復旧については、罹災各町村とも、眞劍にその対策が講じられた、向後は姑息的一時的対策でなく、再びかゝる被害を被らざるよう永年の対策を樹てた所が多い。それには資材と金と労力とであるが、それ以上故老の体驗が取上げられて、着々実績をあげつゝある所が尠くない。

即ち今次大水害に、美田千二百町歩の中、二百町歩の被害で喰止めた比企郡吉見領四箇村は、全く体驗より出発した防水対策であつた。明治四十三年の大水害時に、吉見領は立毛殆んど水腐に期した体驗から、今次荒川堤防の低所三ケ所を各三米宛を時前に嵩上げをしておいた。それはしかも村民の奉仕作業であつたが、それが立派に生きた訳である。

次に大里郡市田村は、昭和十三年の水害に荒川堤防決潰、これがために村民の犠牲者三十八名、流出家屋三十一戸浸水家屋五百戸を出した同樣苦い体驗から、今次水害には「堤防死守すべし」と全村一丸となり、こぼれる濁水を完全に防止し得たのである。即ち同村々長大島氏は、出水と同時に非常召集を行い、村民配給用の空俵六〇〇枚各戸非常防水用の空俵千四百枚を全部土俵に作り、堤防の龜裂防止に使用し、更に自家用の疊まで持出して防禦を続け、遂にことなきを得たのである。

かくの如き体驗の発表は、痛く縣民を動かし、復旧対策に强く反映されたことは云う迄もなく、その中大里郡秦村の記錄を参考までにこゝに登載することにする。

秦村は年來の水害に深き反省を求め、今次水害に際しては、詳細に亘り終始記錄に納め、村長船田義逸氏は附近六箇町村長と協議し、その原因を明かにし、こゝに旧福川堤防の撤去を計劃、縣及び軍政部に対し懇請の上、同地方住民三万人と耕地一千町歩を、永遠に水害より救うべく、左記の如き体驗を提げて、具体的猛運動を起すに至つたのである。

猶秦村の出水当時の略図並に、誓約書陳情書は左記の通り。

誓約書

今次水害による妻沼町外奈良、長井、秦、中條、北河原の湛水被害は頗る甚大にして、全耕地冠水の秦村を筆頭として奈良、長井、妻沼、中條、北河原の一部冠水となり冠水日最大は五日間、耕地の最深一丈五尺に及んだ。由來今日迄の治水計画なるものは、防水に主力を注ぎ專ら堤防の構築增強に之れ務めたる結果、今次大水害の如く福川を中心として、大利根の大堤防と中條堤防とは、完全に妻沼町外五ケ村の耕地を水に浸したのである。斯くの如く区々たる治水計画は今次の如く一朝有事の際は部分的に一大湛水となるか、然らずんば北埼玉郡東村の如く大堤防の決潰となり、一大修羅場を現出し、目もあてられぬ大惨害を呈するに至るのである。かゝる見地よりして、我等利害を同じうする隣接一町六ケ村は、一致協力し治水利水の完璧を期するため、本協議会を開催するに至つたのである。

由來今回の湛水除去に関する解決の道は他なし。

一、北河原用水路を完全なる用排水路に改め両岸の堤防增築

二、備前堀の下流たる道灌堀の余剰悪水を直接利根川に放流する排水樋門の開設

此の二大政策の完成により、大里、北埼玉両郡下の治水は完全に成功し、関係町村民は水禍より永久に離脱し得る

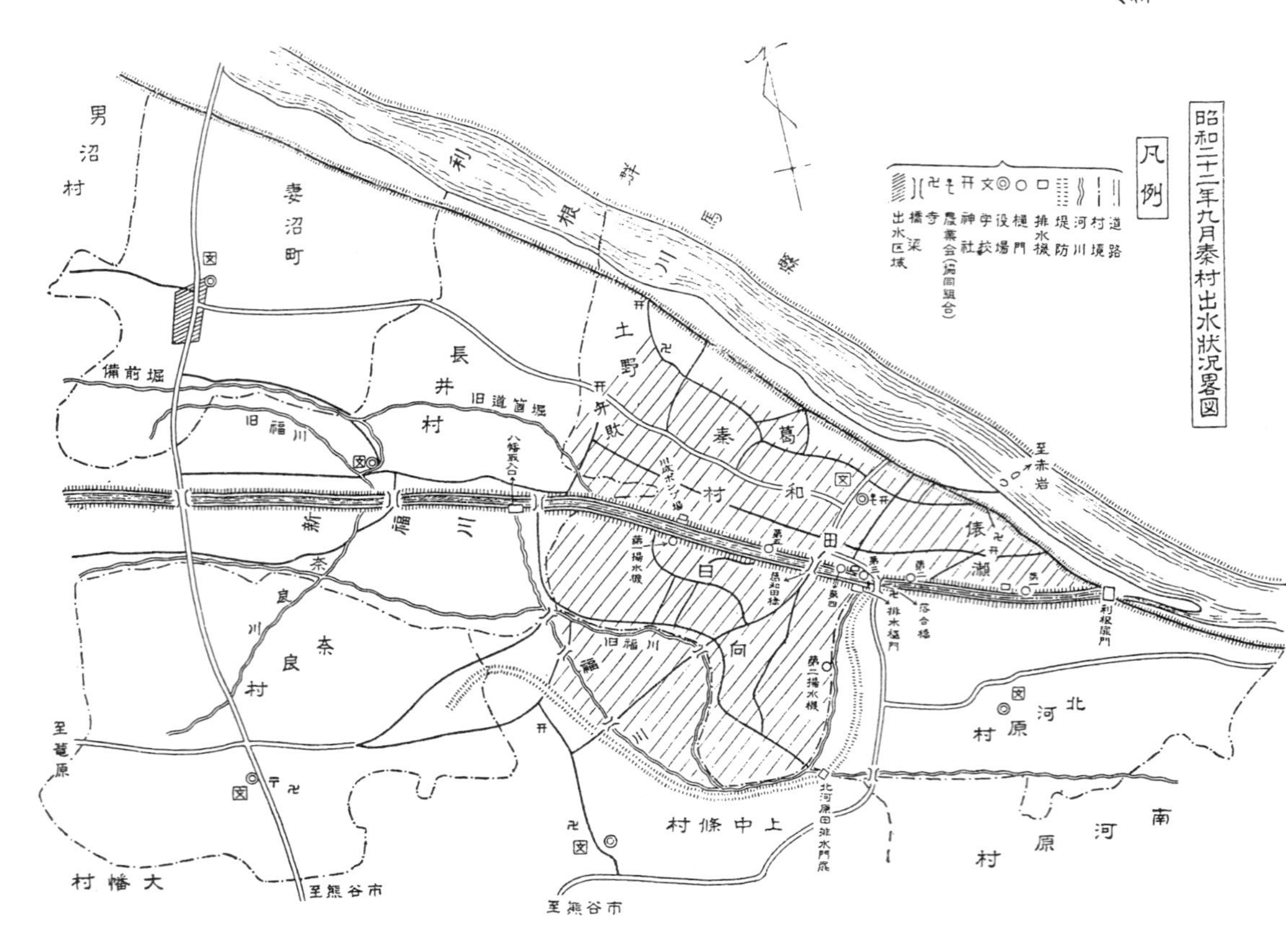
昭和二十二年九月秦村出水状況略図
凡例
道路
村境
河川
堤防
排水機
樋門
役場
学校
神社
農業会
寺
橋梁
出水区域
利根川
群馬県
男沼村
妻沼町
長井村
備前堀
旧福川
旧道箇堀
新福川
奈良川
奈良村
大幡村
上中條村
北河原村
南河原村
土野
弁財
秦村
葛和田
日向
俵瀬
第一揚水機
第二揚水機
昭和橋
落合橋
排水樋門
利根水門
北河原田排水門扉
至赤岩
至熊谷市
至熊谷市

こと丶確信する。

今回大里北部水害復旧対策期成同盟会を新会村に結成せらるゝに当り、下流民として之に参加するは勿論、小山川堤防即時强化による上流水の処理と同時に、一朝流水の場合に於ける下流湛水の被害を防がん爲関係町村は一致團結して前記二項目の施策の実現を期するものである。

右声明する

昭和二十二年九月二十六日

右

秦村長　船田義逸

妻沼町長　橋本条茂

長井村長　大熊五郎

奈良村長　福田市郎

中條村長　曾根勝次郎

陳情書

謹みて埼玉縣軍政官ライアン中佐殿に申し上げます。

治水問題の解決は民生安定の基礎であり、政治の要諦であることは今更申すまでもない所であります。

今次未曾有の大水害を被りたる我等妻沼町外六ケ村民は、治水の根本対策実施により永久に水禍の惨害を除去せられんことを希ひ、実情を披瀝して貴官の御賢慮を煩さんとする次第であります。

由來秦村を最末端とする福川下流地域に於ける今回の水禍は大利根の堤防と中條堤防とに挾まれたる地域であつて面積約一千余町歩、人口約三万の土地に湛水せるものにして、其の水源は福川及備前堀を主流とせるものであります。年々水禍に悩まされたる関係町村民は、明治、大正、昭和を通じ、数十年に亘りて此の水禍を逃れん為巨額の費用と莫大の労力とを費して部分的に治水事業を完成したものであります。中にも之が中心被害地たる秦村の如きは一大耕地整理を断行し電力による用排水設備三ケ所、自在排水口大小七ケ所を有する大工事を完成している。しかるに尚今回の如く一大湛水を成す所以は強大なる二大堤防に囲繞せられ、排水設備不充分なるに因由せるものと信じます。此の為耕地の冠水は夏作物の完全腐敗を来すに至り、浸水家屋千余戸を算するに至りました。斯くては我々三万民衆は今や生計の道なく路頭に迷わざるを得ないのであります。

右事情を御憐憫の上、速かに恒久的治水対策として左記二項目の実現を期待するものであります。

一、廃堤たる中條堤防の撤去

二、上流より集湛せる悪水の利根川放流排水樋門の開設

此の二大施策を速かに断行せらるゝ事によつて大里、北埼玉両郡下三百年来の懸案たる治水は完全に成功し、関係三万の民衆は永久に此の水禍より離脱し得らるゝことゝ確信いたします。

元来中條堤防は往古利根川の水禍を逃れん為時の忍領主安部豊後守所領安堵の為外民の犠牲を無視し、暴威を以て築堤せるものにして、当時は小堤なりしも、其の後水害の度毎に上下流民の争いを外にして補強増築せられ、今日の如き大堤防を為すに至つたものであります。

然るに政府は明治四十三年の大水害に鑑み、大正年間利根川の大改修を断行し、併せて其の支流たる福川の治水も完成し、今や中條堤防は無用の障害物と化したのであります。然るに封建制度の遺物たる此の中條堤防が、内務省の廃堤宣言にも拘らず、未だ以て撤去し得ざる所以は、名を帝都たる大東京地域に、水禍の波及するとの口実による下流民の策動、奏功せる結果でありまして、眞に遺憾とする次第であります。今や新日本建設と共に民主々義

時代となり、封建制度拂拭せらるゝの時不合理極まる上中條堤防を速かに撤去せられ、我等関係三万民衆の安定を図られんことを切望して止みません。

過般埼玉縣知事並に関係各方面に陳情致し、目的貫徹を要望しました。就きましては玆にライアン中佐殿に懇請し貴官の御盡力により速かに縣当局をして是れが実現を図られる様御配慮願い度く、別紙図面を添え謹みて陳情致します。

猶此の機会に於て関係各町村長一同貴官に対し最大の敬意を表します。

昭和二十二年十一月　日

右

秦村長　船田義逸
妻沼町長　橋本条茂
長井村長　大熊五郎
奈良村長　福田市郎
中條村長　曽根勝次郎
男沼村長　横倉喜久次郎
太田村長　岩崎貞作

埼玉縣軍政官　ライアン中佐殿

第四章　復舊對策と經過の概要

今次水害は、湛水時長期にわたりしため、復旧も又長期に及び、その間対策本部は、資金と資材と労力にあらゆる苦闘を続けた。

本章には、この間の事情を詳記する予定であつたが、前編において、必要に応じ、その都度記載して來たから、こゝにそれを省略し、代つて復旧対策日誌、九月十四日の降雨より、九月三十日の減水を見た十七日間の記録を掲げ、以て大方の参考に供することにした。

復旧対策日誌（自九・一四至九・三〇）

九月十四日（日）

1. 各警察署長に対し、次の如き訓達を至急電話により連絡す。

㈠　九月十四日午前十一時発表の暴風警報に基き、電話障害となるべき物件其の他の除去並に其の虞あるものの速報方につき

㈡　其の他管内の警備方につき

2. 暴風警報に基き、電話障碍に要する修理物資の整備を期し、万一の場合に備う。

九月十五日（月）

1. 午後一時副知事室に各部報導主任会議開催され、次の事項につき指示す。

㈠　風水害の情報又は之が対策につき指示したる場合は、これを報導室に遲滯なく連絡すること。

(二) 連絡員招集の通知を受けし場合は、直に副知事室に参集出來うるよう手配しおくこと。

(三) 今後の情報は拡声器により通知する。

2. 廳員の臨時宿泊所は、旧武徳殿附属弓道場に設備す。

3. 午後八時颱風襲來により左記の通り通信障害あり。

東北線、奥羽線、本庄線、秩父線、忍線、松山線、深谷線、加須線、大宮線、久喜線、杉戸線、川越線、越生線

4. 午後九時三十分、直に架線の点検に努め、障碍箇所を発見して善処す。

5. 各河川刻々増水のため、左の冠水橋はそれぐ撤去されし由、土木工営所長より連絡あり。

記

線名	所在町村名	河川名	架橋名	撤去時刻
鴻巣松山線	馬室村	荒川	御成橋	午後七時・三〇分
川越鴻巣線	川田谷村	同	太郎右衛門橋	同 一二・〇〇
同上尾線	平方町	同	開平橋	同
同鴻巣線	三保谷村	入間川	釘無橋	午前 九・三〇
浦和川越線	古谷村	荒川	新上江橋	同 一一・〇〇
同調布線	美笹村	同	笹目橋	同 一〇・〇〇
同松山線	北本宿村	同	荒井橋	午後 七・三〇
大宮志木線	大久保村	同	羽根倉橋	午前 一一・〇〇
松山坂戸線	高坂村	都幾川	高坂橋	同 五・〇〇
桶川坂戸線	勝呂村	越辺川	天神橋	同

6. 午前九時道路課長は、埼玉軍政部を訪問、颱風來襲による各河川の増水氾濫の虞あるを以て、万一の場合に対する緊急処置として、道路交通の系統等に関し、詳細打合の上帰廳。

猶本日午後七時三十分、「北足立郡田間宮地内荒川の堤防決潰す」との悲報あり。

九月十六日（火）

1. 災害対策部を置き、課員交替により事務を分掌す。
2. 災害対策本部出張所を緊急設置し、廳員を派遣して連絡事務を担当せしむ。
3. 縣内の電話障害状況に関し、主務省に報告す。
4. 午後十一時三十分、内務省より無電機到着配置す。

㈠ 固定機　縣　廳　内　担当者　石田技官

㈡ 移動機　粕壁—岩槻—越ケ谷　担当者　土谷技官外四

加　須　櫻井技官外三

5. 移動無電機視察のため、GHQセコム氏外一名來縣。
6. 利根決潰の報に接し、直に本縣及び日赤支部救護班を出発せしめたるも、杉戸幸手間浸水甚しきため不能、空しく引揚て帰る。
7. 荒川決潰の報に接し、本縣救護班を派遣せしも、箕田村に至り浸水甚しきため、作業不能空しく引揚ぐ。
8. 入間、比企地方状況視察のため、係員を派遣す。
9. 耕地課長を入間、比企、大里各郡に出張を命じ、被害状況を調査せしむ。
10 各地よりの情報を蒐集し、農林省及び食糧管理局に速報すると共に、農作物水害対策要項を決定し、縣下各関係機関に対し、周知方指示す。

11 水害甚大につき、非常対策として木材の調達薪炭の配給等に関し、関係諸團体に連絡、急速準備態勢をとるよう指令す。

12 道路課長は福永知事と同道、幸手方面の被害状況調査のため出発、午前十時半同町に到着せるも、刻々増水のため帰路を阻まれ、同地に滞留す。

13 関係土木工営所長より、左記の如く橋梁流失の旨連絡があつた。

記

順	線名	所在町村名	架橋名	流失状況	備考
1	川越秩父線	横瀬村	武光橋	木桁橋長三六・七米	横瀬川
2	同	同	横瀬橋	同　四〇・三米	同
3	秩父甲府線	影森村	押堀橋	同　七・七米	
4	浦和秩父線	皆野町	木橋	同	
5	飯能入間川線	水富村	富士見橋	橋脚八基流失	
6	本庄寄居線	松久村	天神橋		
7	児玉野上線	秋平村	秋平橋		
8	岩田秩父線	三沢村	三宮司橋		
9	忍館林線	新郷村	昭和橋	五径間流失	利根川
10	的場入間川線	入間川町	昭代橋	四径間流失	入間川
11	川越松山線	山田村	落合橋	七径間流失	同
12	高坂毛呂線	毛呂山町	越辺川橋	四径間流失	越辺川

14　軍政部より左の指示を受く。

㈠　橋梁の流失破損、道路堤防の決潰等の場所には、交通禁止迂回道の指示等、適切なる措置を早急講ずること。

㈡　川越松山線落合橋、入間川飯能線昭代橋の一部流失に関し、軍より資材を支給す、早急復旧に努むること。

㈢　國道九号線箕田村地内出水による交通不能の部分には、至急路面の両側に竹棒を樹て、巾員の標識をなすこと。

㈣　減水と同時に砂利撒布をなすよう準備のこと、猶その際自動車を必要とする場合は、進駐軍において貸與す。

㈤　川越東京線及び熊谷市大和町間の道路も、可及的速に修復のこと、落合橋流失に伴う資材は軍において提供する。

㈥　進駐軍の必要路線中災害を受け復旧を要するものには、資材を支給すべきにつき、其の旨申出ること。

九月十七日（水）

1.　利根川の決潰箇所についての詳細未だ判明せず、其の復旧は内務省の直轄であるから、該省で万全の措置を講ずることゝならん。

2.　荒川久下村の決潰箇所は、逐次減水して水位も逐次下つて來たので縣土木部において直に復旧に着手した。

3.　來る二十日災害対策臨時縣会招集に決定す。

4.　明十八日午前八時災害対策のため、臨時閣議開催の予定につき、本縣より西村知事出席して、狀況説明の筈。

5.　議会報告資料に関し、内務省公安廳第一課より、之が報告書の作成につき依頼あり。

6.　縣下警察電話被害狀況につき、綜合調査をなし、不通箇所たる川越熊谷両署に無線機の取付をなす。

7.　午前八時舟艇五隻を用意し、栗橋並に幸手方面に出動せる救護班は、各班とも医藥品の外一、〇〇〇人分の下熱剤、胃腸藥、目藥等の家庭藥を携行し、罹災者にそれ〲分與したるが、猶飲料水、消毒用としてクロールカルキ十瓩宛準備の上、給水に万全の策を取つた。
因に本救護班は三班編成の上活動に従事した。

8. 小山技師は本日ライアン指導官と共に、荒川破堤箕田村地内の出水箇所を視察す。

9. 罹災地区に左記の通り薬品を配布す。（保険課）

罹災地区	配給先	配給薬品	
		クレオソート	救急薬
北埼玉	忍町関係組合外二十四組合	一、七五〇函	二五函
同	今井印刷工場外四十六事業所	九〇	八〇
北足立	美笹村関係組合外十二組合	五二〇	一三

10 農務課においては、課内対策協議会を開催、農作物並に種子、農機具、肥料等につき、種々具体策を樹て、且つ敷物用稲藁、厚莚等の移入につき、新潟、富山、滋賀各県にそれ〴〵予備交渉をなす。

11 新五万束、木炭五千俵を災害地用として配給完了す。

12 午後一時商工部長は、賠償課長を帯同、川口市内における罹災工場の視察をなす。

九月十八日（木）

1. 內務省通信課長佐藤技官、無電状況視察の爲來縣。

2. 左記の通り救護所開設す。

開設場所	名称	班数	開設場所	名称	班数
大越村	國立埼玉病院	一	田間宮村	日赤支部	一
同	済生会	一	日勝村	國立埼玉療養所	一
同	埼玉病院	一	大越村 利島村	國立東京第一病院	一

3. 利根川沿岸地帯の救護は、意の如くならざるため、腸チブス、パラチブスの予防注射を千葉、茨城両縣知事にあて、実施方指令を厚生大臣に要請す。猶本縣知事よりも重ねて依頼す。

4. ライアン指導官教育部長ともに栗橋町視察のため出張。

5. 前日に引続き、左記の通り救急薬品の現送をなす。

地区別	配給先	配給薬品	
		クレオソート	救急薬
大里	吉見村関係組合外十六組合	六八〇函	一七函
同	池田自動車修理工場外六十六事務所	一三五	一〇〇
児玉	本庄町関係組合外二組合	六〇	三
比企	北吉見村関係組合外六組合	二八〇	七

6. 蚕糸課長は、本日農林省蚕糸局へ出頭、本縣の蚕糸業関係の被害状況を報告の上、之が善処方につき要望をなす。

㈠ 災害養蚕者に対する蚕種代金の全額助成

㈡　流出及び改植に要する桑苗代金の全額助成
㈢　養蚕必需物資の特配を考慮すること
㈣　製糸工場復旧に要する資材の特配を考慮すること
㈤　蚕糸業会より支出の助成金一億七千万円を即時支拂うこと

九月十九日（金）

1.　一應有線電話開通したるにつき、内務省派遣の無線電話班の活動を中止す。

2.　本日左記の通り救護所の増開設をなす。

開設場所	名称	班数	開設場所	名称	班数
菖蒲町	日赤支部	一	草加町	地元医師会	一
岩槻町	地元医師会	一	川辺村	農村時計製作所	一
越ヶ谷町	同	一	加須町		三

3.　ライアン指導官より、次の如き指示あり。

㈠　避難所の便所の設備と救護について充分なる設備をなすこと。
㈡　チブス予防接種及び種痘の実施は、出水部落を第一とし、漸次全縣民に施行のこと。
㈢　飲料水は消毒後與えること。
㈣　ＤＤＴの至急配付
㈤　傳染病発生の際は、直に警電を以て、縣衛生課に連絡のこと。

㈥　当日の予防注射実施成績は、翌朝まで必ず縣衛生課に報告のこと。

4. 農地課より耕地復旧に関し、別表の通り発表あり。

昭和二十二年度水害耕地復旧調査表（昭二二・九・一九現在）

埼玉縣耕地課

事務所別	耕地 数量 田（町）	耕地 数量 畑（町）	耕地 金額（円）	公共施設 数量（間）	公共施設 数量（ヶ所）	公共施設 金額（円）	摘要 水路（間）	道路（間）	橋梁（間）	堰堤（間）	溜池（間）	樋管（間）	堤塘（間）	堤塘（ヶ所）	護岸その他（間）	護岸その他（ヶ所）
大落	一三〇	四〇	六、八〇〇、〇〇〇	五六、九二五	七八	四二、三九〇、〇〇〇	四五、九二五	八、八〇〇	六八	六	ー	ー	ー	ー	二、二六〇	ー
北川辺領	ー	七四七	五二、二九〇、〇〇〇	ー		二五、〇〇〇、〇〇〇		調査中推定に依る								
二合半領	ー	二三五	四、七〇〇、〇〇〇	五、〇〇五	九一	二、六八〇、〇〇〇	二、七五〇	一、九二五	三五	五	ー	五〇	一、六五〇	三三〇	一	ー
葛西用水	ー	四〇〇	二、〇〇〇、〇〇〇	八、八〇〇	一三三	一六、〇六〇、〇〇〇	八、二五〇	ー	五〇	ー	ー	八〇	ー		三	五五〇
寄居	一八	二	一、六〇〇、〇〇〇	一三、九〇〇	九二	一〇、二〇〇、〇〇〇	九、九〇〇	四、〇〇〇	三五	五〇	七	ー	ー		ー	ー
神流川	二〇	三〇	七〇〇、〇〇〇	三、六一〇	二六	五九〇、〇〇〇	二、一一〇	一、五〇〇	八	六	五	ー	ー		七	ー
見沼代用水	五	三	一五〇、〇〇〇	九、一〇〇	一四〇	一、九二〇、〇〇〇	三、〇〇〇	一、六〇〇	一〇〇	一五	七	二五	二、五〇〇		ー	二、〇〇〇
櫛挽ヶ原	二	一	一三〇、〇〇〇	一、二七六	六	四〇〇、〇〇〇	八二五	四四〇	ー	ー	ー	ー	ー		ー	二
滑川	九〇	ー	二、二五〇、〇〇〇	一、七六〇	三	一、四九〇、〇〇〇	一、一〇〇	ー	三	ー	ー	ー	四九五		ー	一六五
浦和	一〇〇	三〇	四六〇、〇〇〇	七、二七五	二一	二、一五〇、〇〇〇	五、〇〇〇	二、〇〇〇	一〇	五	ー	ー	ー		六	二七五
川越	七〇	三〇	五〇〇、〇〇〇	八二五	二七	七、七〇〇、〇〇〇	八二五	ー	二	二五	ー	ー	ー		ー	ー

松山	二〇 ｜	一、〇八〇、〇〇〇	二、九一五 八三	七、五〇〇、〇〇〇	一、五四〇	一、三七五	五一	二〇	四	八	｜	｜
秩父	一五 一三一	九、一一〇、〇〇〇	七、六〇九 二九一	一五、三三〇、〇〇〇	一、四八五	五、四〇九	二七六	八	五	二	｜	七一五
岩槻	七〇 三〇	五〇〇、〇〇〇	六、三三五 六	一〇、四三〇、〇〇〇	五、三三五	一、一〇〇	六	｜	｜	｜	｜	｜
春日部	一、〇〇〇 ｜	四〇、〇〇〇、〇〇〇	｜	七〇、〇〇〇、〇〇〇		調査中推定に依る						
熊谷	二五 三五	二、四〇〇、〇〇〇	一、七六〇 一七	一、四五〇、〇〇〇	五五〇	一、一五〇	一〇	｜	二	五	｜	五五
備前渠	｜ ｜	｜	一、二二五 二	三、五〇〇、〇〇〇	一、一〇〇	｜	｜	｜	｜	一	六〇	一 五五
計	二、九三七 三三二	三四、六六〇、〇〇〇	三八、三〇〇 一、〇一六	二八、七七〇、〇〇〇	八一、五八五	二八、三〇四	六六〇	一四〇	三三	一七一	四、七五〇	一八 一、〇二六

合　計　三四三、四三〇、〇〇〇円

附記　利根本流全部管内に流入中、締切までに一日四百万円程度の損害を惹起するものと決めらる。

北川辺領、春日部両事務所管内は、目下湛水中にして調査不能、復旧費は猶増大する見込み。

復旧費僅少のもの及び復旧不可能のものは除く。

5. 農林課村本技師を林野局薪炭課へ派遣し、薪炭の縣外應援方に関し懇請したる所、長野縣より薪五万束、木炭一万俵の手配を受く。

6. 破堤應急修理資材として、忍土木工營所に対し、杭、丸太三、〇〇〇本、足場丸太二、〇〇〇本、竹材一六、八〇〇本の緊急供給方を、縣木連及び竹材林産組合へ指令す。

7. 將來水害罹災民收容のため利用しうる賠償工場内の余裕箇所を調査し、直に建築課に連絡す。

地区別	賠償工場	余裕箇所	棟数	地区別	賠償工場	余裕箇所	棟数
川口	日本ピストリング	講堂	一棟	秩父	秩父航空	作業場	一棟
川越	横河電機	作業場	九	熊谷	熊谷航空	同	一
同	武蔵工業	倉庫	一	春日部	農村時計製作所	同	四

九月二十日（土）

1. 臨時縣会開催せられ、災害対策費として二千万円支出方決定す。

2. 午後十一時五分鳩ケ谷警察署長より次の報告あり
八條村幸宮地内中川決潰地点の修理に関し、高橋組請負可能の意見あり、之が資材運搬着工の予定、大概十時間位にて完成の予定である。

3. 午後五時三十分水害地を視察したる木村内相は再び來廳打合をなす。

4. 水害対策要務激増のため、水害地方面に左の回線の増発を図る。
㈠ 羽生線を加須止りとし、忍線を羽生より加須に延長。
㈡ 加須より縣廳に至る間二回線となす。

5. 水害対策事務激増のため、昨十九日各出張所に合計二十五名増派したが、更に本朝廳員の執務態度に関し、各課に通牒を発し、事務の促進を要請する所があつた。

6. 腸パラワクチン三、七四八・六五立入荷したるを以て、忍、大宮、熊谷各保健所、岩槻日赤越ケ谷各班に計四〇・

七立急送す。

7. クロール石灰入荷したるを以て、熊谷、忍、大宮、川口各保健所及び黒浜療養所へ計一、五〇〇瓩急送す。

8. 神奈川縣より濾水器二箇を借用、即日吉川、杉戸両町に急送の上利用す。

9. 厚生省より「水害地の予防」と題する注意書到着したるを以て、明日逐次減水地より配送の予定。

10 農林省より「耕地復旧事業の補助稟請を九月中に提出せよ」との内報に接したるを以て、直に手配をなす。

11 農業復旧対策に関し、縣農務課、農事試験場、農業会の関係者を以て、調査班を編成、來る二十二、三の両日現地の視察をなし、二十五日具体的対策を樹立する事に決定す。

12 賠償課においては、縣下を浦和、本庄、秩父、川越、志木、大和田の七ブロックに分割、係員を派遣し、保全手入の强化、資材の要求之に伴う予算の請求等に関する指示をする一方、各工場に対し被害狀況の調査を命じたのである。

九月二十一日（日）

1. 午前十時、天皇陛下行幸、同二十分羽生、大越方面における狀況視察のため出発あらせらる。

2. 午後三時四十分鳩ケ谷署長より次の如き報告あり

八條村中川地点の堤防決潰地点の修復は、凡そ三十米であり、本朝より着工したるを以て、大概午後八時迄には完了の見込なり。

3. 同五時十五分高松宮殿下及び片山総理大臣來廳、同五時三十分帰京せらる。

4. 同午後九時越ケ谷署長より報告あり

中川堤防廿一日午後五時三十分修復完了せり。

九月二十二日（月）

1. 午前二時三十分越ケ谷署長より報告あり

櫻井、新方両村方面は、相当減水の模様、八條村の決潰地点は、二十一日午後五時三十分修復を了せり。

2. 同十時三十五分吉川出張所より報告あり

本日午前十時吉川出張所を、吉川町役場内に開設せり。

3. 同正午吉川警察署長より報告あり

杉戸町へ廻送の予定の舟艇三隻、目下減水のため使用不可能となれり。

4. 同流山町派遣の國立病院救護班を、金杉出張所専属とするよう交渉せり。

5. 主要道路交通狀態に関し、交通保安課より調査発表あり。

6. 午後三時二十五分指令

岩槻出張所を廃止し、春日部へ移轉。

7. 同九時十分吉田副知事より、次の如き連絡あり

金杉方面は、思つたより良好なり、農林部長派遣の必要なし。

九月二十三日（火）

1. 明二十四日午前九時商工大臣來縣の旨電話あり。

2. 午後七時十分久喜出張所より連絡あり

東北本線は久喜迄開通す、猶久喜――鷲宮間は自動車通行可能なり。

3. 來る二十五日（木）午前十時より、縣会議事堂において、市長、地方事務所長会議を開催し、今次水害に対す

る復旧対策につき打合をなす予定、縣側よりは各部長並に、食糧、衞生、厚生、河川、道路、建築、総務、会計の各課長出席のこと、猶各資料準備の旨通達。

4. 各出張所における担任町村区域を決定発表す。

九月二十四日（水）

1. 午前九時和田安本長官、商工大臣及び西尾官房長官共に來縣、罹災地を視察す。

2. 吉川出張所を廃止することとし、古曳主事一行帰廳す。

3. 午後一時二十分金杉出張所より連絡あり

東和村江戸川堤防河川用粗朶七百把中五百把同村燃料用として許可する旨內務省所管箇所より連絡ありし由。

4. 「水上の皆さんに告ぐ」の傳單を、各出張所宛左記の通り発送す。

大　越	七〇〇	栗　橋	一、〇〇〇	金　杉	二、〇〇〇	加　須	一、〇〇〇
春日部	一、八〇〇	久　喜	一、二〇〇	越ケ谷	二、四〇〇		

5. 午後一時五十分加須警察署長より左記の通り連絡があつた。

北埼玉水害対策委員会は、應急措置の一策として、郡內の出資力あるもの三万戸に対し、一戸当三十円平均と衣類一点宛の醵出と雜貨類は随意寄附ということに決定した。

九月二十五日（木）

1. 午前十時より市長、地方事務所長会議開催、各地災罹狀況の聽取と、其の対策について協議し、午後一時解散。

2. 午後四時半吉川出張所より次の如き連絡あり

決潰箇所（旭村字十一軒）を修復すると、此の辺一帶の高地は復帰出來るから、明後二十七日より工事にかゝりたい、就ては之に要する木材を懇請する。

先　二　寸　六　尺　五〇〇本

同　　　　　九　尺　二〇〇本

3. 午後六時久喜出張所より次の如き連絡あり

㈠ 江面地区内の縣道備前堀の橋梁は、両側とも決潰しているも、此の橋梁は白岡地区への距離を四分の一に短縮し得るもので、現在徒歩にて渡橋は可能であるが、之を自動車の通ずるよう補強方を依頼。

㈡ 幸手署管内の久喜、幸手間の縣道は、一部船便に依るも、之を陸路で通じうるよう、道路の修理を依頼、右一、二とも小工事にて可、猶視察を速急要望。

九月二十六日（金）

1. ライアン指導官は、利根川決潰口東村地内の堤防應急工事現物の督励をなす。

2. 交通復旧状況に関し、交通保安課より次の如き発表あり

㈠ 鉄道方面不通箇所

い、東北本線　久　喜――古　河　間

ろ、東武日光　杉　戸――藤　岡　間

㈡ 道路にして自動者通行不能箇所

い、久　喜――幸　手――栗　橋　間

ろ、杉　戸――幸　手――栗　橋　間

は、川　越――桶　川

に、川　越——鴻　巣——松　山

ほ、吉　川——早　稲　田——流山及金町

へ、吉　川——松　伏　領——野　田

と、秩　父——飯　能

3. 二十三、二十五、二十六の三日間、農林省各局派遣の小川技官外六名本縣の災害狀況を詳細調査の上帰京。

4. 縣農務課、農業会並に種苗会社協議の結果、應急用蔬菜種子、山東白菜一〇石、小松菜一五石、ほうれん草一〇〇石、小蕪十石、体菜一〇石、計百四十五石を、十月一日迄に東京及び横浜より引取り、農業会各支部にそれぞ〱配給することに決定す。

5. 本年播種の麦作付面積割当会議の席上、各地事経済課長に対し、水害対策用麦種子三、一三五石の配給方につき指示す。

6. 農林省蚕糸局小林技官、四日間にわたる詳細なる視察を完了し帰京す。

7. 縣内木材林産組合長の参集を求め、次の事項を指示す。

(一) 應急用木材小口割当につき、之が運営に万全を期すること。

(二) 應急用木材建築用一六〇、〇〇〇石、土木用七、〇〇〇石に対し、速急完全供木を期すること。

8. 久喜地区救援用薪七〇〇束を大宮より供給す。

9. 長野縣より移送の薪炭輸送に関し、二十七日以降毎日貨車十五輛宛廻送の連絡あり。

10 林野局より罹災者一戸当り薪四束宛の割当配給の指令に接す。

九月二十七日（土）

1. 午後六時杉戸、幸手間の幸手橋は、軍政部の援助をうけ、二十七日午後六時三十分よりトラック通行可能、之により幸手、栗橋、古河間も連絡可能となる。
2. 幸手、栗橋、古河間は二噸積トラック運轉可能となりたるを以て、明二十八日より栗橋救援本部を幸手に移動の予定の由連絡あり。
3. 予て決定したる市長、地方事務所長等による、災害現地の合同視察は、トラック二台に便乗出発した。

猶一行の氏名並に情況報告は次の通り。

大越現地視察班名簿　九月二十七日（トラック二台使用）

郡市別	氏名
川越市	伊藤市長、松山市会議長、筋野農業会長
熊谷市	鴨田市長、商工会議所会頭、市会土木常任委員長外委員一名
川口市	宮田経済兼民生教育部長、内田市会議員、向井市会議員
浦和市	松井市長、岡田市会議長、大塚商工会議所会頭
大宮市	津川市長、須田市会議長、町田農業会長
◎市部計	一六名
北足立郡	石川地方事務所長、松永桶川町長、星野北足立農業会支部総務課長
入間郡	荒井地方事務所長、井ヶ田豊岡町長、入間農業会支部長

比企郡	地方事務所厚生課長、松山町長代理
秩父郡	須川地方事務所長・諸秩父町長、井上農業会支部長
兒玉郡	地方事務所総務課長、町村長会副会長、兒玉農業会支部長
大里郡	綱島地方事務所長、町村長会長、大里農業会支部長、耕地課長
◎郡部計	一八名
縣計	三四名

市長、地方事務所長等水害地視察について復命

一、月　日　九月二十七日

二、場　所　北埼玉郡大越村、原道村、東村（利根川堤防決潰箇所）及び災害対策大越出張所

三、視察者　各市長、各地方事務所長、各市会議長、各郡町村長会長、各市郡農業会支部長、但し災害地を除く

（職氏名別紙の通り）

四、視察の概況

㈠　午前九時トラック二台に分乗（若干の救援物資を積載す）縣廳を出発、正午頃原道村利根川堤防に到着、岡安縣会議員の案内で堤防上の避難住民の状況及び浸水の現状等、想像に絶する惨憺たる水害の実況を見る。ついで利根川堤防決潰現場に至り、滔々と流れ入る濁水と見渡すかぎり水没せる村落を望んで災禍の容易ならざるを発見、一方決潰口の閉塞作業（杭打込工程七分通り）を見る。

㈡　午後一時三十分大越出張所に至り、晝食を取り、久沢北埼玉地方事務所長等から管内町村の被害の状況及び罹

災者の救済について説明あり、旁々縣民の熱誠なる同情と援護を懇請さる。
㈢　午後三時現地出発、午後五時帰廰す。
㈣　視察者の意見又は発言の主なもの
(イ)　秩父郡農業会支部長井上市太郎氏
〇薪炭類は加須駅留で送ろうと思う。

〇義捐金で毛布等を購入して送りたいと考えるがどうか、毛布相当多量入手出來る見込がある。
(ロ)　入間地方事務所長（車中で）
義捐金其の他救援物資の取扱を縣で統一する必要がある、さもないと取扱團体等が無統制に現地へ送達し、罹災者に公平に渡らなくなるおそれがある、（某町では既に二回に亘つて直送した事実がある）。尚入間郡では次のようにすることに申し合せた。
一、各町村の義捐金はすべて郡町村長会で扱い、縣に届けること。
二、義捐金以外の救援物資はすべて農業会が扱い、これを縣に報告して縣の指図に依つて処分すること。
五、其の他
㈠　救援物資は被害の程度の最も甚しい方面を適確に把握して適切に支給されねばならない。
（等しく流失又は浸水と言つても、東村、原道村、元和村等と利島村、川辺村とは、狀況が若干違うようであるし又越ヶ谷、吉川方面は更に違うものがあるように思われる。
㈡　大越出張所は完全な倉庫がないので、大量の物資を集積するには適さない（立岡主事談）
㈢　救援物資が町村当局を経て罹災者の手に渡るまでに、若干紛失する場合があるので、それには縣の職員が一人づゝ町村を受持ち、その配給の適正に行われるよう指導することが必要である。

昭和二十二年九月二十七日

埼玉縣主事　一ノ瀬佐一
同　小野寺信行
同　古川喜治
同　小名木喬

4. 大里郡深谷町において、縣下蚕種製造業者の水害対策会議開催す。
5. 罹災地区久喜、越ケ谷、春日部、大越、栗橋、加須の六区に対し、薪二千四百五十束を分配完了す。

九月二十八日（日）

1. 水害のため林道約五〇、七三三米決潰、林産物搬出不能につき、之が復旧対策樹立のため、取敢えず入間、児玉両地区へ技師三名派遣す。
2. 福島縣より緊急移入の薪炭、古河に毎日三〇貨車、間々田に一〇貨車輸送の連絡あり。
3. 婦人代議士の一行本日罹災地視察。

九月二十九日（月）

1. 東京都知事より次の如き無電を接受す。

「十月二日東京都知事室において、水害対策に関する関係知事会議を開催する、関係資料及び出席人員を至急無電をもつて連絡せられたい」

2. 越ケ谷地区土木工事用杭丸太一〇〇本供給方を、縣木聯に指令す。

3. 金杉地区に対し、救援用薪七〇〇束を急送す。

4. 吉川地区に対し、同様七〇〇束を急送す。

5. 栗橋地区に対し、同様七、〇〇〇束の輸送に関し、輸送用のトラックを茨城縣へ派遣す。

6. 災害地農機具修理班は、本日左記の通り編成出発す。

㈠ 農業用電動機修理班　十四班、九月二十九日より出動

㈡ 農機具修理班　　　　九班　十月一日より出動

猶修理を要するものは、指定工場へ搬入、全修理をなす予定。

九月三十日（火）

1. 本日午前十一時より縣会議場において、農林災害対策委員会開催し、災害に対する善後策並に政府に対する要望等につき協議す。

2. 大越出張所医療用木炭五〇俵、熊谷市より供給方埼玉燃料へ指令す。

3. 川越土木工営所へ、左記の通り應急土木工事用杭丸太至急供給するよう手配す。

㈠ 西武木材林産組合より　　四百六十八石

㈡ 西川木材森産組合より　　同七百三十九石

㈢ 入間木材森産組合より　　百〇三石

第六編　協力と慰問

第一章　全國民の同情

今次の大水害は、近世稀に見る水害だけに、その損害も又莫大であつた。殊に廣範囲にわたる、罹災者の悲惨な実情は、当時各地の新聞に詳細掲載され、又日々ラジオを通して、全國的に次々と放送された。これがために、縣内外の隣人愛同胞愛による切実なる同情が、次々と本縣に寄せられ、見舞の電報を初め、遠路態々慰問使や慰問團を派遣せられ、或は衣料や食糧薪炭等の應急物賛をわざ〱搬送しくる等、救済に復旧に、物心両方面にわたる同情に対しては、全く感激の外はなかつた。

殊に同情の中には、可憐な幼稚園の園兒が、おやつを節約した零細な醵金や、小学校の兒童が、雨中メガホン片手に、街頭に呼びかけたものや、法衣に身を固め、近縣を戸毎に喜捨を集めて廻つた托鉢等、当時当事者をして、痛く感激せめたものである。

本章には、これ等全國より寄せられた慰問の電文や、慰問使労力奉仕團の來往、義捐金品を寄せられたる各種團体並に個人の氏名を一々銘記し、以て感謝の意を表することにした。

第一節　慰問電並に見舞状

未曾有の大被害が、新聞やラジオにより、一度全國各地に傳わるや、慰問電報やお見舞の書簡が、連日縣対策本部に寄せられたが、こゝにその主なるものを掲載し、以て感謝の意を表することにした。

一、慰問電

月日	発信者	本文
九月十八日	三重縣副知事	謹みて大水害のお見舞申上げると共に貴官の御活躍を祈る。
	日本自由党	水害見舞のため議員カゲツジュンセイマツノライゾウ二名を派遣す。
九月二十日	廣島縣呉市長	未曾有の水害に対し深甚なる御同情と御見舞を申上ぐ。
	千葉縣知事	埼玉縣よりの罹災者救護のため野田町に救護本部を設置し救護に万全を期しつゝあり。
九月二十一日	奈良縣知事	貴管の水害見舞として金二万円を送金した向後の御健闘を祈る。
	農林次官	今次の水害に対し、ちう心お見舞申上ぐると共に、復興に全力を盡くされんことを祈る。
	茨城縣知事	十八日より数班編成の上利根流域栗橋方面に対し出動し、防疫並に救援に従事す貴官の御健闘を祈る。
	小野田市長	今次の水害甚しき由憂慮に堪えず、罹災者の困難察するに余りあり、取敢えず御見舞申上ぐ。
	新潟縣	水害をお見舞し猶御健闘を祈る。
	鳥取縣商工課長	謹みて今回の風水害の御見舞を申上ぐ。
九月二十九日	大分縣知事	貴地方風水害甚大の趣ちう心より御見舞申上ぐ。
十月二日	岐阜縣知事	十月三日午前十時水害見舞のため代表を派遣するよろしくたのむ。

十月七日	大阪府知事 川崎市長
	水害慰問のため十月十日府会議員三名廳員数名を派遣するから よろしくお願い申す。 八日水害見舞にゆく。

二、見舞状

其の一

京都青果物統制株式会社々長

謹啓

今朝各新聞紙の報導する所によれば、錦地の水害は殊の外夥しい由、誠に驚いて居ります。穫り入れを目捷に控え、更に青果物関係の栽培発育と卸出荷の季節の事とて、その被害も亦大きく、現下食糧事情の下御貴官の御心労の程拜察致されます。

今後御復興には、更に種々御心労の多い事と存ぜられますが、邦家再建と食糧事情への貢献のため、折角の御努力と御奮闘とを切に御願い申上げます。

参上親しく御見舞申上げる筈の所、取急ぎ書面を以て御見舞申上げます。(原文のまゝ)

敬具

昭和二十二年九月十七日

其の二

日本林業会々長　大村清一

拜啓

陳者今次の豪雨は、貴縣下全般に亘つて、近年未曾有の大災害を各方面に及ぼし、就中産業方面に対する被害が甚大の趣を拜承致し、再建日本の復興に、格段の御努力を致されつゝある貴職を初め、関係各位の御心痛の程、拜察申上げ衷心御心配申上げる次第であります。

茲に不敢取以粗楮御見舞申上げますと共に、折角御自愛の上、これが復旧のため、最善の努力を盡されますよう切に祈り申上げます。（原文のまゝ）

拝具

昭和二十二年九月十九日

三重縣二見町々会議長　中村忠吉

其の三

謹啓

過日は貴管下一帯にわたり未曾有の水禍を被らる。

即ち十四日の颱風は、豪雨を伴い、河水の増嵩に備へた縣民必死の努力も空しく、遂に堤防は各所に決潰して、禾穀穣々の利根の流域を冒し、更に奔逸して人家を衝き、家財の流失人畜の損傷擧げて数うべからず、其の損害又測り知れざると聞く、屋上に上りて救を求め、舟艇に棹して避難するの状を新聞に見て、其の惨状察するに余りあり更に幼児両親を失いて、路上に嘘欷するに至りては、実に慄然たるものあり。

此の間被害を最小限度に止めんと、凡百の策を施され、又罹災者の救済に治安の維持に施療に不眠の活動を続けられし当局に、感謝を捧げると共に、不幸災厄を被りたる縣民各位に、同情の念禁ずる能はず。

茲に議会の議決を以て、恭しく御見舞申し上ぐると共に、今後縣民各位の復興再建に懸命の力を盡されんことを希む。


右取敢えず以書面御見舞申上ぐ。（原文のまゝ）

敬具

昭和二十二年十月一日

其の四

静岡縣田子村長　山　本　理　八

謹　啓

九月十五日以來の時ならぬ水魔は、利根川堤防の決潰に端を発し、東関東一円は、四十数年來の類なき大水害に遭遇しましたが、特に貴縣下における人畜家屋の被害と、廣大なる田畑の流失とは、予想以上の惨狀にある御様子、今更乍ら驚嘆致して居る次第であります。

被害者各位の眞情に想ひを致します時、現世情なるが故に、その苦難は如何に深刻なるものが推察するだに誠あまりあるものがあります

思へば、今回の水害の全國民に與へたる影響は、たゞ單なる驚愕のみに非ずして、貴縣穀倉地の收穫に依れる次期二十二米穀年度の食生活好轉を期待して居た丈に、その憂愁の念は又一入のものがあると感ずる次第であります。

特に本村は、伊豆半島の一角に位置する一漁村の故に、主食生産は極めて僅少のため、常時貴縣並に他府縣の御援助に頼つて居りました関係上、全村民の感謝の念は又予想以上絶大なるものがあつたのであります。

從つて今回の貴縣の災害に對しては、より以上の同情と報恩の念とを寄せ、その復興の一助ともならばと、乏しき食生活のうちより擧つて供出してくれました產物を送り、村民の氣持に代へて、御慰問申上げた次第であります。

宜敷く縣知事殿より、本村民の微衷を被害者各位に、御傳声下されて、その意欲增進の資に供じ下されば、誠に幸甚の至りに思います。

末筆乍ら寸言を以て、慰問に代る次第であります。

敬　具

昭和二十二年十月十日

（原文のまゝ）

第二節　慰問團の來訪

水害慰問のため、遠路を介せず、交通不便をものともせず、わざ〳〵代表團を派遣し、又は代表者を送り、激励の

言葉に添えて多額の見舞金や救援物資の贈與をうけたのであるが、其の中の主なる來訪官廳及び團体関係は次表の通りである。

記

月日	代表團体名	來訪者職氏名（敬称略）
九、一六	日本社会党	縣選出議員松永、馬場、川島各代議士、外選出議員、加藤、林。大竹各代議士 党本部 成本南常
	自由党	花月純誠、牧野寛索両代議士、縣選出田口助太郎
	縣会	白戸、中村、高須、高橋議員
	参議院	國土計劃常任委員赤木正雄
九、一七	厚生省	厚生大臣一松定吉、社会局長葛西嘉資、防疫技官椎名惠三、薬務技官新井守一、物資課畠中課長
	日本放送協会	報道部主任三戸久雄
	農林省	農林次官楠見義男、開拓局長笹山茂太郎、農林技官金沢幸三、農林事務官清水茂輔
九、一七	内務省	内務大臣木村小左ェ門、内務次官斎藤昇、企劃課長渡辺光、東京土木出張所細田爲治
	内閣	内閣総理大臣片山哲、官房長官西尾末廣
九、一八	文部省	文部次官有光次郎、文部政務次官永江一夫、施設局長伊藤日出登、資材局第二課長宮川孝夫
九、二〇	内務省	内務大臣木村小左ェ門、國土局長官岩沢忠恭
	運輸省	上野管理部長久田富治、東京地方施設部長黑田宇宙、
	東京地方専賣局	局長代理

月日	団体名	氏名
九、二〇	毎日新聞社	社会事業團主事新井専三
		米國赤十字社 フアデーナンド・ミクローズ
	三菱商事株式会社	運輸部長　寺尾一郎
	勧銀本店	副総裁　山田義見
	勧銀浦和支店	次長　尾花信和
	埼玉銀行	頭取席　星野享昭
九、二一	大蔵省	栗栖蔵相、小池政務次官、東京財務局長湯地謹爾郎、東京地方専賣局長秋元順朝
	日本銀行	太田理事、総務部長佐々木直、調査役郡井勇
	農林省	農相　平野力三
	内閣	片山首相
	日本自動車株式会社	営業主任　八木恒雄
	小川赤十字病院	事務長　茂木峯雄
	放送協会浦和支局	主任　大古田一雄
	宮崎家政女学校	幹事　宮崎一彌
	日本労働総同盟埼玉連合会	争議部長　田口賢治
九、二一	日農埼玉聯合会	争議部長　山田賢治
	埼玉縣教育会	事務局次長　星野正一
九、二二	富士興業株式会社	営業部長　中川行雄
	強靱繊維工業株式会社	代表取締　宮城銈之助
	日本発送電株式会社	庶務課長　八木博臣
	理研映画株式会社	ニュース主任　大峯晴
九、二三	東武興業株式会社	専務取締役　小谷武夫
	日本合板船株式会社	常務取締役　織田信太郎
	帝國化工戸ケ崎工場	工場長　中須賀年一
九、二四	参議院	副議長松本治一郎、外技術員二名
	内務省	内務大臣　木村小左衛門
	厚生省	予防局長浜野規矩雄、社会局長葛西嘉資
	内閣	官房長官　西尾末廣
	内閣水害対策委員会	委員　六名
	商工省	水谷商工大臣外二名
	経済安定本部	和田長官　外八名

月日	代表團体名	來訪者職氏名（敬称略）
九、二四	建設局	計劃課長 深谷克海
九、二五	内務省	内務政務次官林連、土木試験所長安藤畯一
	株式会社富島組	所長 屋代幸彦
	日本基督教團本部	牧師 白水萬里
九、二七	連合軍司令部	公衆衛生局長サムス大佐 外四名
九、二八	婦人代議士團	奥、山杉、高良、木内、井上宮城、赤松、紅露の八名
	恩賜財團母子愛育会	副会長 新居善太郎
九、三〇	向島引揚更生連盟	常任理事 江原勝壽
	金光教関東教務所	総務主任 藤原爲之助
	株式会社白木屋	家具主任湯山武太郎、裝飾主任中村良輔

月日	代表團体名	來訪者職氏名（敬称略）
一〇、三	勧業銀行	副総裁
	岐阜縣	慰問代表
一〇、六	福島縣	慰問團縣会議員 外三名
一〇、九	内務省	伊藤技官
	國会	自由党総裁 吉田茂
一〇、一〇	長野縣	厚生課長 夏目五郎
一〇、一五	栃木縣	山林部長 塚野忠三
	茨城縣	農地部長 戸島寛
一〇、二〇	愛知縣	民生部長 古尾久雄
	横浜市	市会議員 本郷金作 外一名
一〇、三〇	石川縣	農地部長 古郡節夫 外一名

第三節　團体（個人）の労力奉仕

今次の水害が未曾有の被害であつたゝめ、縣内は勿論隣接諸縣の各種團体個人が、積極的に、献身的に、救済に復興に、それぐ協力奉仕が続けられ、当事者を痛く感激せしめたが、中にも日本赤十字社同胞援護会厚生会民生委員聯盟宗教聯盟の各支部の関係者、教員組合、各新聞社、其の他報導機関、現地警察署、消防團、水防團、婦人團、男女青年團の活動が最も目覚しく、中等諸学校、小学校の生徒児童も、あげて協力したことは感謝に堪えぬ次第であつた。

こうした廣範囲のしかも長期にわたりし災厄の中には、全く一身を犠牲にして健闘せしものや、自家の流失をよそに奮闘した数々の奇談美談は、幾度か繰返されたことであろう。

猶労力奉仕に寄与せられた縣内外の主なる團体(個人)は次表の通りである。

一、縣内の状況

郡市名	町村字名	團体(個人)名	奉仕内容
南埼玉郡	江面村字下山	日下部万作	自家用の船を無償提供の上自ら船頭として活躍罹災民の救出に努力
	同	遠山藤五郎	
	大山村字大山	福岡計一	
	菖蒲町	遠藤静一	船頭として、警察と協力、救援物資輸送、交通連絡、屍体収容等更に久喜警察の依頼に應じ婦女子の避難に大活躍をなす。
	同	杉山峯吉	
	同	高橋誠一	
	岩槻町	岩槻消防團	春日部に出動、目覚しき活動をなす。
	越ヶ谷町	越ヶ谷医師会	診療班編成、小舟に材料を満載し増林大袋新方櫻井大沢の各村を巡回す。
	春日部町	粕壁中学校	輸送方面に協力、延人員三十七名

郡市名	町村字名	團体（個人）名	奉仕内容
南埼玉郡	春日部町	教員組合春日部班	河野校長を中心とする給水救護の二班は同地区の救済に活躍す。全教員出動物資の輸送に協力す。猶予防注射班として、女教師十四名も現地に活躍す。
北埼玉郡	大越村	大越消防團	救助警備交通整理に奉仕延人員一、三八五名に及ぶ。
		大越男子青年團	食糧運搬救助船操縦連絡其の他に奉仕延人員三八四名。
		同　女子青年團	炊出し、収容に助力、其他延二三八名、職員上級生徒は
		大越中学校及び同小学校	収容所の世話（受付、配給、炊事、運搬連絡）をなす。 職員奉仕　延人員一六六名 生徒　延人員三四四名
		大越村母の会	衛生、炊事其の他延人員一二五名。
	須影村	須影村婦人会	会員総人員一八〇名一團となり救済慰問に活躍す。
	不動岡町	不動岡中学校	一人二合宛醵出せし米一石四斗を小舟に乗じ、被災地に分配し廻る。
	岩瀬村	岩瀬青年團	被害地へ奉仕、男五七、女一一、計六八名。
	三田ヶ谷村	三田ヶ谷青年團	トラックの運轉、交通整理にあたる。
	羽生町	羽生町青年團	被害地手傳延人員八四名。
	須加村	須加村青年團	物資集積地雑役奉仕男五四、女一二、計六六名。
	井泉村	井泉村青年團	同　男五五、女一二、計六七名。
	川俣村	川俣村青年團	同　男五五、女一一、計六六名。

郡	町村	奉仕者	摘要
	須影村	須影村青年團	同　男五一、女一二、計六三名。
	下忍村	大井村青年團	同　男三九、女二六、計六五名。
	新郷村	新郷村青年團	同　男四〇、女一四、計五四名。
	加須、騎西、不動岡町	理髪業組合員	被災地住民に対し、無料散髪奉仕。
	加須町及大越三田ヶ谷樋遣川村	國立埼玉病院防疫班	チフス予防注射、DDT撒布、井戸水の消毒、下痢患者に対する防疫の奉仕。
	利島村、川辺村	東京第一病院第五班	同
	東村	國立王子病院	同
	原道村及豊野、大桑村	東京第一病院第一班	同
	加須町	光明寺住職	ライアン指導官現地調査の際宿舎案内等の世話をなす。
北葛飾郡	幸手町	幸手教員組合	物資輸送に関し協力奉仕す。
		同　消防團	難民救助物資輸送に奉仕す。
		同　青年團	舟艇を操縦し、水上輸送に奉仕す、志手橋仮架橋に対し全員決死的作業に活躍す。
		幸手女子青年團	炊事並に雑役に奉仕す。
		義語屋旅館	縣救護班現地派遣員の設営に関し、格別の斡旋をなす。
	栗橋町	栗橋消防團	物資の輸送に関し、協力奉仕す。
		竹島駅長	ライアン指導官栗橋調査のため出張の際案内役を努む。

郡市名	町村字名	團体(個人)名	奉仕内容
北葛飾郡	金杉村	関東土木出張所	縣救護班に対し、宿舎其の他の便宜を與う。
		金杉消防團	難民救助物資輸送に努力す。
		同 青年團	消防團を補佐し活動す。
		同 女子青年團	炊事雑役に活動す。
	権現堂川村	巻島繁	ライアン指導官現地調査出張の際案内其の他に関し活躍す。
比企郡	小川町	日農比企郡支部	トラツク運轉、物資輸送に協力奉仕。
	中山村	中山村青年團	中山村字正直部落床上浸水のため飲料水に窮したるを、小舟に飲料水を満載し、各戸に配分す。
	伊草村	伊草村青年團 三保谷村消防團	両者協力、字釘無に渡船場を開き、交通に支障なからしむ。
	大川村飯田	小川炭業所	出水のため採掘不能となりしを、石川二郎外一二〇名の工員は無料奉仕の上、再掘に到達。
入間郡	名細村	農業会従事員三名	主事補眞仁田竹雄、事務員高柳多一、吉田武雄の三名は村民初島多一、田幡義一と共に、同会倉庫内の麦一二八俵を水没寸前に搬出成功す。
秩父郡	荒川村	荒川青年会	團長横井氏を中心に、連日罹災家屋、田畑、道路等の修復に労力奉仕をなす。
北足立郡	鳩ヶ谷町	鳩ヶ谷青年会	元荒川堤防の危険の報あるや、直に全員出動し、堤防の防衛に奮闘、遂に決潰を免れ、三百有余町歩の水田に事なきを得たり。

市名	町村名	團体（個人）名	奉仕内容
浦和市		教員組合浦和本部	加須幸手方面救済のため、ボート選手十四名出動、カッターを操縦し活動す。
		日本社会党埼玉支部	水上輸送に協力す。
		新生みよし会藝能部	廿八日から三日間部員各地に出演し義捐金募集に活躍す
		埼玉新聞巡映班	各地に巡回映画を開催し、同様募集に活躍す。
大宮市		大門町青年会	帰郷不能の旅行者多数収容し、食事其の他に活躍す。
川越市		小仙波青年会	久津間八郎君外五十有余名は、水害地勤労奉仕として、十月一日から比企郡川島領、入間郡勝呂、三芳野、名細等におけるDDT撒布に活躍す。
		大仙波青年会	
		杉下町青年会	

二、縣外の状況

縣名	町村名	團体（個人）名	奉仕内容
茨城縣	猿島郡	猿島地方事務所	罹災民の救護に関し特別の盡力をなす。
		香取町長	同
	同郡境町	境警察署	同
	同郡古河町	古河警察署	栗橋、川辺、利島、東各村の避難民一二〇名を古河町中田小学校に収容す。栗橋町の罹災者に対し、三、六八〇食の握飯並に飲料水を、毎日二隻の船を利用し補給に努力する外、日用品をも急送す。
		同消防團	
		同中学校	
		同小学校	

縣名	町村名	團体（個人）名	奉仕内容
茨城縣	猿島郡古河町	古河女学校	
		同医師会	
	同郡新郷村	新郷消防團	前記古河消防團と協力の上罹災者の救済に盡力す。（猶十七日新郷小学校に避難した縣人は約一〇〇名に及ぶ）
		同中学校	
		同小学校	罹災者救護に関し格別の盡力を受く。
		同農業会	同
	同郡五霞村	五霞消防團	幸手町の罹災民に対し、先づ薩摩芋壹千貫米十俵を船につみ、食糧の面に盡力す。
		同中学校	
		大久保利見	五霞村駐在所巡査として、救済方面に努力す。
	同郡古河町	飯島雷助	罹災者救済に当り格別の奉仕をなす。
		須藤英一郎	同
		飯島利	ライアン指導官現地調査の際案内役をなす。
	水戸市	縣警察部	舟艇十五隻に警官三十一名何れも臨時舟夫として派遣し救済に鋭意協力す。
神奈川縣	横浜市	本牧漁業会	神奈川縣は、本縣の被害に逸早く救援の手をさしのべ、先づ縣警備課では、直に沿岸漁業会と密接なる連繫をさり、九月廿一日臼井警部補指揮の下に、傳馬船三十隻に舟夫六十二名、警官三名を派遣、更にこれが交替として同廿六日に同様二十六隻に舟夫三十一名を派遣、右何れも身の危険を顧みず或は連絡に或は輸送に或は救援に大活動をなす。猶出動中目覚しき活動により神奈川縣より表彰を受けたるものは岡村信太郎氏以下七名なるが、右
	平塚市	平塚漁業会	
	大磯町	大磯漁業会	
	二宮町	二宮漁業会	
	横須賀市	小坪漁業会	
	同	佐島漁業会	
	足柄下郡前羽村	前川漁業会	
	横須賀市小坪	岡村信太郎	

	横浜市中区本牧町	佐藤佐一	の中岡村氏は縣の指令をまたず、個人として奉仕参加したものにて、現地においても常に率先勇躍活動したるものである。
	横須賀市小坪	高橋德藏	
	同 佐島	福本爲次	
	大磯町南下町	石井庄太郎	
	二宮町小西町	秋本米吉	
	平塚市須賀通	鳥海源一	
	足柄下郡前羽村	三木竹治	
群馬縣	邑樂郡千江田村	新井敏平	川辺、利島両村救援のため派遣された縣吏員一行の窮状に同情し、自己所有の発動汽船二隻を率先提供の上、渡航に便宜を與う。
千葉縣	野田町	野田町役場	1.小舟三十余隻を出動せしめ、先づ罹災者三八五名を野田小学校に収容、これが食料として救助米六俵を提供更に調味料醬油、味噌等多量を配與す。
		同警察署	2.帆船六十隻を出動の上松伏領、旭村の救援に活躍す。
		同消防團	3.金杉村の危險を察知するや、直に小舟を動員して、婦女老幼約一、〇〇〇名を十九日朝野田警察署に避難せしむるに成功す。
		同保健所	4.越ヶ谷町危殆に瀕するや、大型舟艇二十五隻を急遽出動せしめ、約一、〇〇〇名を無事避難せしむ。
	流山町	流山町役場	避難民の収容に努力す。
		吉場耕右ェ門	
		坂口栄吉	
	松戸市	東葛飾地方事務所	江戸川筋北葛飾郡金杉、松伏領、旭、三輪野江、早稲田地区の住民は、江戸川堤防上に避難したが、逃げ後れた
		松戸保健所	

縣名	町村名	團体(個人)名	奉仕内容
	松戸市	松戸警察署	住民の危険を憂慮し、松戸地方事務所同警察署と共に奔走、傳馬船を総出動の上、これが救助に当り、先づ流山小学校へ、九十五名の収容に努力した。
東京都	金杉町 佃島町 芝	金杉漁業会 佃島漁業会 芝漁業会	小舟並に舟夫を派遣、救済に協力す。
		東都自家用自動車組合	トラック一、五〇〇台運轉手と共に提供し、救済に協力す。

第二章 義捐金品の公募

惨憺たる被害に対する同情は、一面各種團体の蹶起を促すことにもなり、ひろく金品の公募が計劃せられたのである。中にも各地の新聞社並に教育宗教厚生民生の各種團体の積極的活動には、感謝に堪えないものが多々あつた。

本縣においても、罹災者を一日も早く救済せんとし、町村長会及び非罹災地域の同情があつたが、更に本縣日赤支部、同胞援護会埼玉縣支部、埼玉縣厚生会、埼玉縣宗教聯盟、埼玉縣民生委員職盟、埼玉新聞社の六團体の代表者は、緊急協議を重ねたる結果、埼玉縣水害救援連絡委員会を結成し、縣水害救援対策委員会を、極力援助する目的を以て、義捐金を周く公募することに決定し、九月二十日を期し、直に活動に入つたのである。

先づ埼玉新聞社は、同紙上を通じて、これが公募を発表し、同情を求めたる所、北は東北、北海道より、南は中國、四國、九州の一円にわたり、多額の同情が陸続と寄せられたのである。

本章には、これ等同情の内容を義捐金及び義捐品の二つに区別し、節に改めて発表することにした。

第一節　義捐金の状況

義捐金の状況については、畏くも　天皇陛下現地御視察の砌、多額の御見舞金御下賜の御沙汰があり、厚生省を初め、都道各府縣並に縣内町村長会非災害地域等の同情を加え、今次水害義捐金総額は、壱千四百拾参万八千五円四拾八銭に達したが、その内訳は次表の通りである。

記

一金壱千四百拾参万八千五円四拾八銭也　（義捐金総額）

内訳

一金参拾弐万八千円也	御下賜金
一金壱百四拾八万七千六百拾六円八拾銭也	東京都
一金壱百拾参万五拾円也	千葉縣
一金参拾弐万参千七百八拾五円五拾銭也	神奈川縣
一金七千八百五拾円也	茨城縣
一金壱千円也	栃木縣
一金拾万五千百九円也	福島縣
一金弐拾四万七千五百円也	新潟縣
一金参千円也	山形縣
一金弐拾壱万参千七百四拾五円五拾五銭也	長野縣
一金拾四万九千六百弐拾壱円五拾七銭也	静岡縣

一金壱百参万四百参拾四円弐拾弐銭也　愛知縣
一金拾五万五千弐百八拾六円也　岐阜縣
一金四拾弐万八百四拾壱円八拾五銭也　三重縣
一金参拾壱万七千四拾参円也　富山縣
一金弐拾九万七千四百八円参拾九銭也　石川縣
一金八万七千百円也　福井縣
一金拾五万八千四百四拾七円九拾六銭也　滋賀縣
一金壱百拾参万壱千五百五円六拾壱銭也　京都府
一金四拾壱万弐千五百四拾七円五拾五銭也　大阪府
一金参万五拾円也　奈良縣
一金弐千六百五拾九円也　兵庫縣
一金四万八千八百参拾八円也　和歌山縣
一金参万壱千百円也　岡山縣
一金八千百弐拾六円五銭也　廣島縣
一金四千五拾円也　山口縣
一金参万九千円也　鳥取縣
一金壱万八百六拾九円也　福岡縣
一金参万参百弐拾円也　熊本縣
一金拾五万百拾九円也　佐賀縣
一金参万五千四百九拾参円也　長崎縣
一金参万円也　大分縣

一金参万八千百参拾五円拾参銭也　宮崎縣
一金参万八千五百五拾八円五拾参銭也　鹿児島縣
一金四万円也　徳島縣
一金四万円也　高知縣
一金弐拾万百拾五円七拾銭也　愛媛縣
一金五万五千百九拾八円八拾銭也　北海道
小計八百五拾壱万弐千五百六拾壱円弐拾壱銭也
一金九拾九万壱千八百四拾四円九拾八銭也　厚生省
一金四百六拾参万参千五百九拾九円弐拾九銭也　縣内一般
合計壱千四百拾参万八千五円四拾八銭也

猶右の金額中、縣内一般の醵出金四百六拾参万参千五百九拾九円弐拾九銭の内訳は次の通りである。

記

一金壱百九拾壱万六千百五拾弐円参拾銭也　町村長会募金
一金壱百八拾九万四千参百弐拾五円弐拾七銭也　縣内一般同情金
一金八拾弐万参千百弐拾壱円七拾弐銭也　同上匿名者同情金
計四百六拾参万参千五百九拾九円弐拾九銭也

因に町村長会募金の内訳並に縣内一般同情金の内訳は左表の通り

1. 町村長会募金郡別内訳表

郡市名	町村数	金額
北足立郡	一五町二五ヶ村	五八六、六四三・六〇円
入間郡	七町四〇ヶ村	五七〇、〇〇〇・〇〇
比企郡	二町二三ヶ村	一四九、六三三・〇〇
秩父郡	五町二四ヶ村	一四五、八〇〇・〇〇
児玉郡	二町一八ヶ村	五二、二六九・〇〇
大里郡	二町二一ヶ村	一二六、七七七・七〇
北埼玉郡	五町二九ヶ村	一九三、二四二・〇〇
南埼玉郡	三町一二ヶ村	七一、〇六七・〇〇円
北葛飾郡	全町村罹災	
小計		一、八九五、四三二・三〇
奈良県町村会		二〇、〇〇〇・〇〇
福岡県鞍手郡町村吏員		七二〇・〇〇
小計		二〇、七二〇・〇〇
総計		一、九一六、一五二・三〇

2. 一般同情金郡市別内訳表

郡市名	義捐金額
浦和市	五九八、八七四・四六円
川口市	一四一、九二二・五五
大宮市	一九八、八五三・一三
熊谷市	一四〇、五四一・四五
川越市	一七五、四三〇・六七
北足立郡	一五五、九二七・〇六
入間郡	七二、八八二・三一
比企郡	二二、二五一・〇五円
秩父郡	一九六、九一四・五〇
児玉郡	二二、四六九・三〇
大里郡	二二、〇八五・一三
北埼玉郡	五八、八〇六・六七
南埼玉郡	八七、三六六・九九
計	一、八九四、三二五・二七

備考　北葛飾郡は全地域罹災のためなし。

かくの如く、多額の同情が寄せられたが、この同情の中には、中小学校の男女児童が、雨の日風の日もきらわず、メガホン片手に、或は街頭に、或は駅頭に、雨にぬれ、埃にまみれ、稚声を張上げて、路行く人に呼びかけたものや可憐な紙芝居人形芝居を以て街頭に進出し、観劇者の同情にうつたえたコドモ会や、或は法衣を身にまとい、托鉢募金に乗出した寺僧や、巡回映画や移動演劇を実演しつゝ、同情に訴えた美談は、一々枚擧に遑がない。

こゝに縣内における事例二、三を擧げて、重ねて感謝の意を表したい。

1ノ㈠　東京都学童の報恩募金

戰時中、北葛、南埼、北埼方面に疎開していた、東京都の千代田区、神田区六校の学童達は、本縣の水害ニュースを見て「今こそ昔の御恩返しをする時だ」と許り、九月二十日、二十一日の両日、前記六校（若林、今川、練馬、佐久間、千櫻、橋本）の学童は、早朝都内の繁華街に進出、それ〴〵街頭募金を開始、殊にガード下や、駅前等に、メガホン片手に、滲み出る血の叫びに、道行く人の同情が次々と寄せられ、総計二万円に達したので、九月二十五日、荏本今川中学校長と共に、足利睦夫君等九名の代表者が來縣、木村教育課長を訪問の上義捐金を寄託した。猶義捐金と共に、雑記帖三百二十冊、鉛筆六グロースをも合せ寄托した。

1ノ㈡　大宮市大成の学童「子供の座」の勇金

大宮市大成町子供座の一行は、九月二十八日のお休に、同座の創始者大沢武郎先生指揮の下に、男女十五名一團となり、水害地義捐金募集人形芝居子供座を開演、同日午前十時より夕方三時過まで、大宮駅頭において熱演を続け、観劇者の同情を求めたが、同日の収益金七百八十三円八十五銭を、石井勇君、内田昭君が持参寄託した。

2　川口市立南中学校の募金

川口市南中学校では、今次水害には、校舎全部軒下まで、浸水の被害を受けたにもかゝわらず、義捐金募集の計劃を樹て、女生徒二百名を動員し、坂口教官陣頭に立ち、九月十八日、十九日、二十日の三日間、地元川口市を初め、赤羽、池袋、新宿の各駅前並に有楽町、銀座等の繁華街に進出し、街頭に呼びかけ、総計一万円に及ぶ同情を得たので、同校三年生星野道子、同山田幸枝さんの両名が、救援連絡委員会を訪問して寄託した。

3　浦和市立常盤中学校の募金

浦和市立常盤中学校男女生徒は、罹災地の氣の毒なお友達に、「せめて学用品の一端に、募金でもして送ろうではないか」と相談一決、九月二十日より、浦和市内駅前十字路の街頭に進出、義人に呼びかけたが、二十二日までに努力の義金が、合計一万六千九百二十円六十七銭に達したので、校長先生に報告し、直に救援連絡委員会に寄託することになり、岡崎武雄、三木良子さんの両名が、斎藤先生と共に同道、その手続を了したのである。

4　移動音楽会と一品供出

浦和市災害対災本部樂團すみよし会藝能部では、合唱、独唱、舞踊等をやり乍ら、浦和市を中心に、九月二十八日から三日間各地を巡回することに決し、トラック上に簡易なる舞台を設備し、諸道具を満載したトラクを適当な所に停車の上、附近町民に呼びかけ、水害地救援一品供出運動に努力し、数千点に及ぶ義捐品の蒐集に成功し寄托した。

5　托　鉢　美　談

北足立郡野田村國昌寺住職中山國廣師は、水害地救済の托鉢を決意し、九月二十六日早朝より、黒染の法衣に身を固め、読経を口誦しつゝ、東京都板橋区、大宮市、浦和市等を、戸毎に喜捨を集めて廻り、六、七、八の三日間に合計八百七十二円六十銭に達したので、一先づ救援連絡委員会に寄託した。

猶今後も引続き托鉢募金を続ける旨、堅き決意をほのめかし、欣然として引揚げて行つた。

托鉢義捐については、縣佛教会では非災寺院の全僧侶を動員し、当時着々活動したが、九月二十九日第一回分として、金壱千円の寄托申出があつた。

6　移動映画班の募金

埼玉新聞社では、出水と共に、報導陣の强化を図り、各地の情報を迅速に報導する一面、常に罹災者の救済に盡力しつゝあつたが、今度官民各團体と協力し、水害救済義捐金募集に乘出し、その一策として、埼玉新聞社移動映画班を活用し、基金募集に当ることゝした。

猶この映画会では、大衆向の外、縣下各地の水害狀況の実写を行い、大方の同情を募ることにしたが、九月二十二日より十月末日までの映写日程は次の通りである。

記

1　北足立郡　朝霞、志紀、蕨、鳩ケ谷、岩槻、桶川各町、植水、大久保、美笹、大門、野田、片柳、七里、小室原市、北本宿の各村

2　入間郡　高階村

3　南埼玉郡　黑浜村

4　大宮市　大砂土

因に埼玉新聞映画班の寄託した募金は、六回に分けて分納したが、合計二万一千円に及んでいる。

第二節　寄託者の名簿

縣内外より寄せられた同情に対し、縣内は、管下五市八郡に、縣外は、都道府縣別に分類し、左表の通り発表した。

猶縣外は、一都一道二府二十九縣に及んでいる。

義捐金寄託者名簿

（敬称略）

一、縣内の部

1. 浦和市

團体及個人名	金額（円）
埼玉新聞社従業員一同	一、四三〇・〇〇
東口マーケット従業員一同	四、五〇〇・〇〇
引揚厚生会マーケット	一、〇六〇・〇〇
代表者 宮嶋久藏	七七・七〇
運動用具工業協同組合	一、〇〇〇・〇〇
白幡中学校 生徒代表 福田日出夫	六、四二八・六二
埼玉女子師範清和寮一同	一五、四三四・四一
埼玉新聞社水害義捐金募集映畫班第一回分	三、五〇〇・〇〇
同 第四回分	三、〇〇〇・〇〇
文藏青年同志会	二、三三四・五二
埼玉縣職員消費組合	三〇〇・〇〇
埼玉師範学校男子部	五、二八四・八五
浦和市役所職員組合	一、〇〇〇・〇〇
浦和銀座仲見世商店一同	七九〇・〇〇
埼玉縣佛教会興文丈	一、〇〇〇・〇〇
故 関根 孝	一、〇〇〇・〇〇
領家青年会第二支部	二、一二一・二七
日本授産保健婦協会縣支部	四、〇〇〇・〇〇
同 第二回分	三、〇〇〇・〇〇
同 第五回分	三、〇〇〇・〇〇
高砂第一婦人会	四、六五〇・〇〇
北浦和学生会一同	一一〇・〇〇
大和婦人会	二、七七三・二九
上木崎マーケット睦会一同	二、〇六〇・〇〇
浦和銀座仲見世鮮魚部商店一同	三〇〇・〇〇
日本社会党浦和支部	一、〇〇〇・〇〇
第一高女職員生徒一同	五、六九七・一〇
浦和食肉商協同組合	二、四〇〇・〇〇
佐藤ゑえ子	六〇〇・五五
同 第三回分	五、〇〇〇・〇〇
同 第六回分	三、五〇〇・〇〇
浦和市連合青年会	二、二七五・〇〇
浦和露天商飲食店一同	一、〇八〇・〇〇

浦和婦人会岸町分会　一四五・〇〇
栗原とし　二〇〇・〇〇
埼玉縣結髪聯合組合　一、〇〇〇・〇〇
坂東裕　三〇〇・〇〇
埼玉縣砂利販賣組合　五、〇〇〇・〇〇
埼玉縣食糧営團　五、〇〇〇・〇〇
埼玉縣職員組合連合会　二〇、〇〇〇・〇〇
三室青年会員一同　一、五九九・〇〇
埼玉縣傳動機工業協同組合　一、〇〇〇・〇〇
東亞紡織労働組合浦和支部　五、〇〇〇・〇〇
常盤中学校職員生徒一同　一六、九〇二・六七
新家製作所従業員一同　一、〇〇〇・〇〇
日本電産埼玉支部当日救済会協力金　八、〇四〇・〇〇
日本電産埼玉支部所沢映画会収益金　一七、一〇〇・〇〇
日本電産埼玉支部川越映画会収益金　一九、六七三・五〇

宮崎家政女学校　九、〇〇六・五〇
浦和市露天商組合　四、八八〇・〇〇
埼玉縣中古衣類商組合　一〇、〇〇〇・〇〇
松井浦和市長寄托　二七、七九五・九四
埼玉縣教職員総連合会　二〇、〇〇〇・〇〇
北足立地方事務所長　八、三三四・〇〇
新生農村明朗会三室支部　八一〇・〇〇
長唄舞踊みつぎ会　三、九二〇・五〇
毎日新聞浦和支局　一一、〇八〇・二三
白菊婦人会員一同　六、〇一一・〇〇
農美会従業員一同　一、二七〇・〇〇
加藤禎三　五〇〇・〇〇
日本電産埼玉支部川口映画会収益金　六、三五八・五〇
日本電産埼玉支部所沢映画会協力金　一、一三〇・〇〇
日本電産埼玉支部川越映画会協力金　一、〇〇〇・〇〇

常盤婦人同志会　一五、二三〇・〇〇
浦和市小中学校児童一同　八二二・〇〇
埼玉縣指定地料理店組合　三、〇〇〇・〇〇
浦和市第一婦人会　五、〇〇〇・〇〇
日本労働組合埼玉縣連合会　五、〇〇〇・〇〇
天理教埼玉教管長　一〇、〇〇〇・〇〇
新生農村明朗会本部主幹今井富美雄　三〇〇・〇〇
埼玉縣興業組合　二〇、〇〇〇・〇〇
埼玉縣会　五〇、〇〇〇・〇〇
軍政部主催部市別婦人懇談会出席者一同　七〇〇・〇〇
双恵日曜学校職員生徒一同　一〇〇・〇〇
日本電産埼玉支部松山映画会収益金　六、七〇〇・〇〇
日本電産埼玉支部協力金　五、〇〇〇・七六
日本電産埼玉支部飯能映画会収益金　一二、八〇〇・〇〇
日本電産埼玉支部秩父映画会収益金　一六、四五〇・〇〇

團体及個人名	金額
日本電産埼玉支部秩父分会映画会協力金	円 一、三〇二・四〇
日本電産埼玉支部本庄分会映画会收益金	二、五六六・九五
惣明幼稚園職員園兒一同	六一八・五〇
三室農友同志会	五〇〇・〇〇
千流瓶花はちす会員一同	一、〇〇〇・〇〇
共同通信浦和支局員一同	一〇〇・〇〇
計	五九八、八七四・四六

2. 川口市

團体及個人名	金額
本町青年團員一同	四、五三八・二六
及川なを	三〇〇・〇〇
川口市役所職員組合女子部	二、六五八・五九
川上静男	三〇〇、〇〇
川口新地料理店組合内	一、〇〇〇・〇〇
南町青年会員一同	一、五〇〇・〇〇

團体及個人名	金額
日本電産埼玉支部熊谷分会映画会收益金	円 一、五九〇・六三
埼玉師範附属小学校六ノ一組	三、七六二・四五
北和青年会一同	四五九・七〇
浦和ひさし会	一〇〇・〇〇
婦人矯風会浦和支部	三〇〇・〇〇
埼玉縣南建具工業協同組合	一、〇〇〇・〇〇
川口婦人会 代表 岩田政子	三、〇〇〇・〇〇
川口市役所職員組合	三、八四〇・〇〇
川口市南中学校 代表 星野道子	一〇、〇〇〇・〇〇
第一青年会員一同	一、〇〇〇・〇〇
川口博愛婦人会員一同	五〇〇・〇〇
川口青い鳥会	七六五・五〇

團体及個人名	金額
日本電産埼玉支部蕨分会映画会收益金	円 二四、一七一・〇〇
片山廣子外弐名	二九三・九二
埼玉俳句連盟 代表 浜田紅兒	三二五・〇〇
農林省埼玉資材調整事務所	五〇〇・〇〇
三室青年文化クラブ	四一五・〇〇
浦和市第一婦人会 代表 河津喜代子	三、〇〇〇・〇〇
川口露天商銀座会一同	二、〇〇〇・〇〇
川口学生会 代表 並木八郎	一、八五九・二〇
芝青年民主倶樂部	三、三三一・七五
飯塚小学校五年四組有志	六四・〇〇
十二月田青年会一同	一、〇〇〇・〇〇
川口市飯留会社々員一同	一、〇〇〇・〇〇

ミドリ軽音樂團一同	一、〇七四・六五	飯塚一丁目青年会一同	一、七一五・〇〇	川口市浴場組合	二、〇〇〇・〇〇
川口市MT樂團	五、〇〇〇・〇〇	川口菓子商協同組合	三、〇〇〇・〇〇	横曽根青年会一同	三一〇・八一
川口土砂商業組合	一、六〇〇・〇〇	本町四丁目青年倶樂部	四、〇九七・〇〇	川口鋼鉄商組合一同	一〇、四〇〇・〇〇
川口市産婆会	三〇〇・〇〇	興友会代表 市川正	一〇、〇〇〇・〇〇	本町小学校内六年二組児童一同	五、四二七・三五
北町青年会員一同	一、〇二八・〇〇	新興倶樂部	二、一五六・〇〇	仲町青年倶樂部	二、六九〇・〇〇
川口理髪営業組合一同	五、〇〇〇・〇〇	川口生花商組合	一、〇〇〇・〇〇	北町青年会外二会合同	三、〇五八・九〇
商工省燃料研究所労働組合員一同	三、五〇〇・〇〇	新井町青年会一同	一、〇〇〇・〇〇	神根町青年会一同	九七〇・〇〇
彌生町青年会一同	一、〇〇〇・〇〇	川口機械器具工業協同組合	八、九三〇・〇〇	山野八藏	五〇〇・〇〇
鳩ヶ谷新生会三和支部	六三〇・〇〇	本門佛立宗昭妙寺住職	五、四八五・一四	元郷小学校六年二組桑原三品子外二名	六一六・六〇
南幼稚園皆美会一同	五〇八・七〇	川口きさらぎ俳句会代表 今井紫秋	五〇〇・〇〇	埼玉労働学校生徒一同	二、一三二・七五
川口高女職員生徒一同	一〇、〇〇〇・〇〇	根岸女子青年会一同	二〇〇・〇〇	浦寺婦人会有志	三、六八二・〇〇
吉沢庄左ェ門外三名	三、〇〇〇・〇〇	東都自動車鳩ヶ谷営業所	六八〇・〇〇		

計 一四一、九二二・五五

3. 大宮市

望月辰太郎	一、〇〇〇・〇〇	常盤婦人会	三、五〇〇・〇〇	大宮佛教会代表 須田貫好	一、〇〇〇・〇〇

團体及個人名	金額
大宮速算学院一同	一、三六七・〇〇円
藤田賢治	五〇〇・〇〇
小林靖司	三、〇〇〇・〇〇
清水常吉	五〇〇・〇〇
小櫻子供会一同	六〇〇・一六
大宮市農地委員会	二、〇〇〇・〇〇
東仲町文化会	一、〇〇〇・〇〇
大宮婦人睦会	一、一六〇・〇〇
國川旅館従業員一同	一、五〇〇・〇〇
大宮華道会	八〇〇・〇〇
櫻木青年会少年部	一、二二二・三〇
若人会々員一同	五〇〇・〇〇
赤十字病院職員一同	七八〇・〇〇
大宮市役所吏員一同	二、五七〇・〇〇
櫻木小学校五年A組	九六七・二〇
大宮商工会議所会頭 小林利忠	五、〇〇〇・〇〇

團体及個人名	金額
大門町青年会	一、三七九・五〇円
天沼青年会 代表 星野耕一	二、七五二・五〇
大宮共樂会員一同	一、〇〇〇・〇〇
大宮市宮原青年分会	二〇〇・〇〇
愛仕幼稚園一同	四五〇・〇〇
宮本彰劇團	一、〇〇〇・〇〇
吉舗青年会員一同	二、二〇四・〇〇
今羽実行組合 村田喜作外十七名	一、三八〇・〇〇
宮原青年会大谷別所支部	一、〇〇〇・〇〇
むさし茶会々員一同	五〇〇・〇〇
並木上町倶樂部	一、四九二・〇〇
埼玉水産物卸商協同組合	一〇、〇〇〇・〇〇
大宮みなみ会一同	五、〇〇〇・〇〇
月明院	五〇〇・〇〇
立正四恩堂小林龍信	一、一四〇・〇〇
三橋青年会一同	一、六九三・四五

團体及個人名	金額
新興会大門仲店一同	二、〇〇〇・〇〇円
原市消防團員一同	七、三三〇・〇〇
大宮女子商業一、二年生徒	六六五・〇〇
大宮市宮原婦人会	一、〇〇〇・〇〇
安樂寺婦人会	五〇〇・〇〇
田中浦十郎	一〇〇・〇〇
大宮市第四中学校職員生徒一同	一、九七一・九〇
大宮華道会門下生一同	二五〇・〇〇
松原初枝	二〇・〇〇
宮原小学校一同	六八〇・〇〇
みつもん講大宮支部	一、五七四・一〇
大宮清掃同業組合	三、〇〇〇・〇〇
大宮古物商組合員有志	二、五〇〇・〇〇
昭立産業株式会社	五〇〇・〇〇
文化青年青春倶樂部	二、〇〇〇・〇〇
三橋小学校一同	三五五・五〇

寄付者	金額
大宮商工会議所常議員 大坪龍夫	五、〇〇〇・〇〇
大宮繊維製品小賣同業組合	三、〇〇〇・〇〇
日用品雑貨商業協同組合	二、〇〇〇・〇〇
東邦自動車大宮工場	二、〇〇〇・〇〇
東亞工業株式会社	一、五〇〇・〇〇
大宮鶏卵商協同組合	一、〇五〇・〇〇
大宮古物商協同組合	一、〇〇〇・〇〇
大宮時計眼鏡商協同組合	一、〇〇〇・〇〇
大宮葬祭具商協同組合	一、〇〇〇・〇〇
菓子商工業協同組合	一、〇〇〇・〇〇
敷島産業株式会社	一、〇〇〇・〇〇
小運搬商業協同組合	五〇〇・〇〇
大宮飲食店組合第二部	三〇〇・〇〇
大宮染色業協同組合	二五〇・〇〇
田中硝子工業所	一〇〇・〇〇
氷川神社参拝者有志	八三二・七五
飲食店組合第三部会	三、〇〇〇・〇〇
大宮旅館業組合	二、〇九〇・〇〇
小口油肥株式会社	二、〇〇〇・〇〇
泉自動車工業株式会社	二、〇〇〇・〇〇
大宮洋服商協同組合	一、五〇〇・〇〇
大宮土建協同組合	一、〇〇〇・〇〇
大宮理髪業協同組合	一、〇〇〇・〇〇
大宮ラヂオ電氣商協同組合	一、〇〇〇・〇〇
大宮マーケット	一、〇〇〇・〇〇
廣沢可鍛鑄鉄工業株式会社	一、〇〇〇・〇〇
大宮飲食店組合第一部	五〇〇・〇〇
埼玉燃料林産組合大宮配給事務所	五〇〇・〇〇
大宮乳母車商協同組合	三〇〇・〇〇
大宮農産種苗商業組合	二〇〇・〇〇
大宮市	二八、三〇七・二四
大砂土青年会一同	五〇〇・〇〇
大宮青果物組合一同	三、〇〇〇・〇〇
大宮自轉車商業協同組合	二、〇〇〇・〇〇
富士写眞光機株式会社	二、〇〇〇・〇〇
埼玉木工精機株式会社	二、〇〇〇・〇〇
大宮豆腐商協同組合	一、五〇〇・〇〇
水産物卸商業協同組合	一、〇〇〇・〇〇
大宮金物商協同組合	一、〇〇〇・〇〇
大宮結髪業協同組合	一、〇〇〇・〇〇
大宮生花商協同組合	一、〇〇〇・〇〇
日東食糧株式会社	一、〇〇〇・〇〇
大宮桶工業協同組合	五〇〇・〇〇
日本製罐株式会社	五〇〇・〇〇
石井木材工業株式会社	三〇〇・〇〇
大宮印判業協同組合	二〇〇・〇〇
氷川神社々務所	五、〇〇〇・〇〇
中田喜平	二〇・〇〇

團体及個人名	金額
岡野コード製作所埼玉工場員一同	円 六五〇・〇〇
大成町子供村代表 石井勇	七八三・八五
片倉織維研究所女子排球部員一同	五〇〇・〇〇
東邦寮員一同	二〇〇・〇〇
將棋大成会大宮支部	二、五〇〇・〇〇

團体及個人名	金額
北小学校五年生梅組有志	円 五七四・四五
大宮小学校六年自治会	四、二七九・四九
片倉纖織研究所従業員有志	三四三・一五
安田生命相互会社大宮支部員一同	一〇、〇〇〇・〇〇

團体及個人名	金額
大成町八雲青年会親友共進会	円 二、三三六・七九
市立第一中学校二年三組	九一五・八〇
大宮地区青婦対策部	五三五・〇〇
日進青年会一同	一、四〇〇・〇〇

計	一九八、八五三・一三

4. 熊谷市

團体及個人名	金額
廣瀬青年会東支部	一、〇〇〇・〇〇
熊谷高等女学校四、五年生募金係	二八、三五四・〇四
埼玉ゴム履物卸商業協同組合	三〇、〇〇〇・〇〇
熊谷食品商業協同組合	二、〇〇〇・〇〇
熊谷第一中学校三年生一同	五、七〇九・七〇
熊谷労政事務所コンクール益金	六九八・〇〇
玉井寺	三〇〇・〇〇
青木泰藏	一、〇〇〇・〇〇
熊谷市役所寄托義捐金	三三、八一四・三二
埼玉縣製麵協同組合	一、〇〇〇・〇〇
熊谷商工学校安西貞夫外有志	四、七八一・七〇
熊谷市力士会開催相撲大会募金	四九六・一五
熊谷生命保險協会	五、六〇四・三〇
熊谷音樂同好会	二、〇〇〇・〇〇
熊谷古物商協同組合	一〇、〇〇〇・〇〇
大正大学埼玉縣人会代表 大島見順	一、〇一四・三八
玉井男女青年会支部	一、〇〇〇・〇〇
成田青年会第二支部	一、〇〇〇・〇〇
熊谷女子商業四年生一同	二、〇〇〇・〇〇
熊谷市立高女生徒一同	三、〇〇〇・〇〇
熊谷地区労働組合連合会	五、七六八・八五

計　一四〇、五四一・四五

5. 川越市

宮木商会	一、〇〇〇・〇〇	川越市婦人会	二、六四〇・八〇	川越耕作実行組合	五、〇〇〇・〇〇
川越市卓球聯盟	五〇〇・〇〇	脇田青年会一同	三、〇〇六・一六	遠藤ナカ	一〇〇・〇〇
内山幸次郎	三〇〇・〇〇	友愛塾生徒一同	三六三・〇〇	川越市義捐代表伊藤泰吉	一三、九七九・九二
川越市長	一〇〇、〇〇〇・〇〇	中原青年会一同	四一〇・〇〇	社会党西部支部青年部	一〇、〇〇〇・〇〇
川越製絲従業員組合	五〇〇・〇〇	川越交友倶楽部	一、三七〇・〇〇	初雁子供会一同	二五五・〇〇
西小仙波衛生委員一同	五〇〇・〇〇	川越自由主義学生倶楽部	三〇〇・〇〇	川越第一中学三年生有志	六六四・〇七
東郷堂	二〇〇・〇〇	川越製絲株式会社	一、〇〇〇・〇〇	川越小、中学校職員生徒一同	二四、一四四・三七
川越主食組合員一同	一、五〇〇・〇〇	蓮馨寺参籠者有志	二四八・〇〇	日清製粉川越工場員一同	一、〇〇〇・〇〇
将棋大成会川越支部	五〇〇・〇〇	川越市廓町青年会	一七〇・〇〇	三久保青年会	一、四九八・〇〇
宮下青年会	二、一五九・六五	喜多院観音経読誦会	六〇六・〇〇	伊佐沼青年会	五〇〇・〇〇
川越市立高女校職員生徒一同	一、〇一五・七〇				

計　一七五、四三〇・六七

6. 北足立郡

團体及個人名	金額（円）
大門婦人会	一、〇〇〇・〇〇
原市青年会第一支部原市父兄会一同	一、一五〇・〇〇
中里新生婦人会	三、五〇〇・〇〇
大洋商事労働組合	二五〇・〇〇
中川母の会一同	八〇〇・〇〇
小野川吉太郎	五〇〇・〇〇
阿部子之吉	一、〇〇〇・〇〇
國産金属伸延合資会社々員一同	五、〇〇〇・〇〇
東洋時計上尾工場従業員一同	一〇、〇〇〇・〇〇
志木朝霞鮮魚商組合	一、〇〇〇・〇〇
志木中学校有志	三四二・四五
組合立青年学校生徒一同	一、三〇〇・〇〇
白子精機従業員一同	四五〇・〇〇
鴻巣服装学院一同	一、〇〇〇・〇〇

團体及個人名	金額（円）
原市青年会第二支部原市父兄会一同	五、一五五・〇〇
上新町若衆会	五〇〇・〇〇
與野第一小学校職員児童一同	二、七一〇・三七
南中丸青年会一同	一、一〇〇・〇〇
御蔵青年会	一、〇〇〇・〇〇
伸管工業株式会社従業員一同	二〇、〇〇〇・〇〇
日本通運成増事務所	一一〇・〇〇
白鳥こども会 代表 長崎丈郎	三〇〇・〇〇
東邦産業株式会社従業員一同	一、〇〇〇・〇〇
志木実行組合一同	八四〇・〇〇
吉沢フク	一〇〇・〇〇
遍照講三和支部	八、一九〇・〇〇
大和青年会一同	一、五〇〇・〇〇
馬室婦人会睦会一同	一、五〇〇・〇〇

團体及個人名	金額（円）
原市青年会第三支部	二、〇三五・〇〇
與野小学校ＰＴ会	六、三三七・五五
松野産業與野工場女子従業員一同	三三五・〇〇
中川実行組合青年会母の会一同	二、〇〇〇・〇〇
杉田茂	一、〇〇〇・〇〇
朝霞町國立病院炊事部一同	二〇〇・〇〇
同朝霞連合青年会	五〇〇・〇〇
埼玉学園金工科工員一同	五〇〇・〇〇
埼玉タイムス社寄托義捐金	二七、八〇一・三五
志木中学校有志	五四四・四五
島田青年会	五五九・九五
春岡青年会一同	二、八七三・五〇
國立埼玉療養所患者自治会	二、八〇〇・〇〇
塚本青年会	三七八・〇〇

北越製紙戸田工場労働組合	一、五六〇・〇〇	戸田青年会員一同	一、五八九・五〇	植水青年会募金	六一九・二五
植水青年会員一同	一、〇二二・〇〇	小川松太郎	五〇・〇〇	安行村青年会素人演藝大会公演収益金	一、〇四八・〇〇
安行村吉蔵新田実行組合	六五〇・〇〇	安行中学校職員生徒一同	八一三・〇〇	高島屋工業株式会社	五二〇・〇〇
高島屋工業労働組合青年部	一九〇・〇〇	高島屋工業労働組合女子部	一二六・五〇	青空俳句研究会	一〇〇・〇〇
蕨青年会長高橋庄治郎	一、六四五・三五	曙会員一同	一〇〇・〇〇	水谷青年会第一支部	一、〇〇〇・〇〇
水谷青年会第二支部	一、〇〇〇・〇〇	大和田中学校生徒一同	一一一・〇〇	金子又次郎	三〇〇・〇〇
吹上青年会代表大沢操	四、〇〇〇・〇〇	ヘンミ計算尺白子工場従業員一同	三、三五〇・〇〇	文化クラブ通勤員一同	三〇〇・〇〇
大門青年会中支部	二〇〇・〇〇	國昌寺	一、九〇〇・八四	野田青年会員一同	六、九三七・〇〇
大久保青年会	一、八三二・〇〇	上平青年会	二、八〇〇・〇〇	斎藤彦七	一、二〇〇・〇〇
和土青年会	一、八〇〇・〇〇				
計	一五五、九二七・〇六				

7. 入間郡

山口公民館	一、〇〇〇・〇〇	沖縄縣人会埼玉支部	一〇、〇〇〇・〇〇	北田豊常会	二〇〇・〇〇
久米男女青年会	五〇〇・〇〇	所沢連合青年会	四、五〇〇・〇〇	引揚同胞厚生会所沢分会	一、二二二・〇〇
福岡同志会員一同	三、〇六三・六〇	福岡男女青年会一同	二、五九〇・〇〇	福原青年会	二、二四〇・〇〇

團体及個人名	金額	團体及個人名	金額	團体及個人名	金額
福原女子青年会	一、八〇〇・〇〇円	篠崎與助	一〇〇・〇〇円	三ヶ島学生会	三五〇・〇〇円
女子青年会第五女子部代表 新藤末子	一、〇〇〇・〇〇	三ヶ島青年会一同	五、五六五・〇〇	吾野村青年会	二、二〇〇・〇〇
入間川消防團員一同	三〇〇・〇〇	入間川厚生会	二、〇〇〇・〇〇	豊岡中学校一ノ二組太田外七名	七五〇・〇〇
豊岡青年キリスト運動員一同	一、〇〇〇・〇〇	元狭山中、小学校生徒一同	二、五四九・二一	高麗青年会一同	三〇〇・〇〇
農民組合飯能出張所	一、四四七・五〇	藤原儀平	一〇〇・〇〇	井田又七	一、〇〇〇・〇〇
川角農民組合	一、三二三・〇〇	柳川長太郎	一、〇〇〇・〇〇	東金子青年会	二、一九六・〇〇
高萩下宿若連一同	五〇〇・〇〇	高萩青年会支部一同	六八九・〇〇	島崎つる子	五〇・〇〇
霞ヶ関ゴルフ場進駐軍要員一同	三、七〇〇・〇〇	永久保男女青年会	九六七・五〇	三芳野役場庶務課	三〇〇・〇〇
南畑文化倶樂部	五〇〇・〇〇	柳瀬青年会	一、〇六六・五〇	大井青年会	一、〇〇〇・〇〇
南畑村海外引揚同胞互助会	五三〇・〇〇	金子村縁会代表 加藤秋利	三、二一五・〇〇	高階青年会第五支部	一〇〇・〇〇
高階生活共同組合	三、三〇〇・〇〇	高階青年会代表 新井利一	一、〇〇〇・〇〇	高萩青年会	二、三八三・〇〇
内山被服工業坂戸従業員一同	三、二八五・〇〇				
計	七二、八八二・三一				

8. 比企郡

團体及個人名	金額	團体及個人名	金額	團体及個人名	金額
竹沢青年会	五〇〇・〇〇	平青年会	六八〇・〇〇	野本村 島田春吉	一〇、〇〇〇・〇〇

寄付者	金額	寄付者	金額	寄付者	金額
全逓信従業員小川分会	五〇〇・〇〇	小川佛教会支部	一、五七三・一五	小川青年会大塚分会一同	七四一・四〇
ヘンミ計算尺松山工場従業員一同	一、〇五〇・〇〇	松山青年会一同	三、一四五・五〇	佛教会代表武田孝顯	一、三九六・〇〇
西浦徳次郎	七〇・〇〇	母の会々員一同	一、〇〇〇・〇〇	菅谷青年会	五六五・〇〇
小川高女同窓会	一、〇〇〇・〇〇				
計	二二、二五一・〇五				

9. 秩父郡

寄付者	金額	寄付者	金額	寄付者	金額
秩父町朝鮮人連盟	一、〇〇〇・〇〇	秩父露天商組合	一、〇〇〇・〇〇	日本キリスト教團秩父教会婦人会	一五〇・〇〇
日本キリスト教團秩父教会青年会	一五〇・〇〇	秩父厚生授産場従業員一同	一五〇・〇〇	秩父第一小学校依田ユキヱ外五名	八〇〇・〇〇
秩父日本文化タイムス社	二〇、〇〇〇・〇〇	秩父織物商工業組合外二十五組合	四一、五四〇・〇〇	水害復興委員会秩父支部	一〇〇、〇〇〇・〇〇
ヘンミ計算器株式会社	五、〇〇〇・〇〇	ヘンミ計算器秩父工場従業員一同	一、七五〇・〇〇	大倉電氣株式会社	五、〇〇〇・〇〇
大倉電氣秩父工場従業員一同	一、七五〇・〇〇	武州木材株式会社親交会	四〇〇・〇〇	秩父農林学校職員生徒一同	三〇〇・〇〇
秩父セメント工場労働組合一同	一〇、一九〇・〇〇	秩父引揚者厚生会	七〇・〇〇	堤織物工場従事員一同	二〇〇・〇〇
荊込青年倶樂部	五六〇・〇〇	武甲青年会	一、二六五・〇〇	三沢婦人同盟	五二〇・〇〇
金沢青年会	五二〇・〇〇	久那青年会	一、〇〇五・〇〇	浦山青年会	五〇〇・〇〇

團体及個人名	金額	團体及個人名	金額	團体及個人名	金額
城田博雄	三〇・〇〇円	旭十一郎	二〇〇・〇〇円	長瀞保勝会観月祭	四〇〇・〇〇円
長瀞同志会演藝大会收益金	二、四六四・五〇				
計	一九六、九一四・五〇				
10 兒玉郡					
本庄佛教会一同	五、〇〇〇・〇〇	台町青年会	一、六八一・三〇	仁手農業会青年部	三、三二三・〇〇
泉会々員一同	二、一〇〇・〇〇	大沢佛教会一同	二、七八一・〇〇	曉同志聯盟	一〇〇・〇〇
仁手男女青年会一同	三六一・五〇	兒玉郡戦災者連盟	五〇〇・〇〇	愛郷同志会々員一同	四、六二二・五〇
青果物組合代表 須永篤三	二、〇〇〇・〇〇				
計	二二、四六九・三〇				
11 大里郡					
男衾佛教会	二、〇〇〇・〇〇	下郷中央養蚕組合	一、八〇〇・〇〇	小原青年会	四、三〇五・〇〇
寄居青年振興会	一、二七七・六三	寄居古物商組合	一、〇四〇・〇〇	大寄青年会	五〇〇・〇〇
武川青年会	三五一・〇〇	深谷高等女学校職員生徒一同	一〇、〇〇〇・〇〇	西城青年会員一同	三六五・五〇
集福寺	一〇〇・〇〇	農業会元宿支部	三四六・〇〇		
計	二二、〇八五・一三				

12 北埼玉郡

羽生青年文化会 八〇〇・〇〇
音無婦人会々員一同 一、二〇〇・〇〇
昭和被服工業会社従業員一同 一、一〇五・〇〇

白坂巳之吉 三、〇〇〇・〇〇
田沼春吉 一、〇〇〇・〇〇
曙産業労働組合一同 一、五八六・五六

羽生青年文化会 二、一九〇・〇〇
露天商妻沼支部 五九〇・〇〇
荒井田青年文化連盟 一、〇〇〇・〇〇

忍町消防第一分團 五〇〇・〇〇
持田青年会 一三、一三一・四六
北埼漬物工業協同組合 二、〇〇〇・〇〇

強力足袋株式会社 一〇〇・〇〇
中條佛教会 一、〇〇〇・〇〇
内外繊維株式会社 一、〇〇〇・〇〇

春田氏 一四四・五〇
田代氏 三〇・〇〇
埼玉銀行幸手支店 二〇〇・〇〇

総武通運幸手支店 一、〇〇〇・〇〇
幸手農業会病院 二、〇〇〇・〇〇
加須劇場株式会社
呉光産業株式会社 三、〇〇〇・〇〇

田ヶ谷青年会 三〇〇・〇〇
下種足青年民主倶樂部 二、一五三・〇〇
水声明和会一同 六、〇〇〇・〇〇

川島金重 一〇〇・〇〇
石田昌子 二〇〇・〇〇
南河原青年会第一支部 一、〇〇〇・〇〇

南河原婦人会 一、〇〇〇・〇〇
荻原義雄 五〇〇・〇〇
北埼玉村会議員一同 二、三〇〇・〇〇

儘田産業株式会社 二、八七五・〇〇
星宮青年会 一、〇〇〇・〇〇
荒木村消防團 二五〇・〇〇

桑崎青年会 五二七・〇〇
鴻茎村役場吏員一同 四、〇二四・一五

計 五八、八〇六・六七

13 南埼玉郡

柘植豊治 一〇〇・〇〇
草加町二丁目青年会 五〇〇・〇〇
荻島青年同志会 一、〇〇〇・〇〇

團体及個人名	金額
渡辺製作所	円 二、〇〇〇・〇〇
岩槻佛教会支部	一一、九一九・三五
岩槻文化会	一、一八〇・〇〇
下大崎青年会	五〇〇・〇〇
浜野宗平	一、〇〇〇・〇〇
今井與右ヱ門	五、〇〇〇・〇〇
黒浜療養所患者自治会	五〇〇・〇〇
自轉車リヤカー協同組合久喜支部	三、〇〇〇・〇〇
笹久保青年会	四〇〇・〇〇

團体及個人名	金額
荻島村青年同志会砂原支部	円 一、二二〇・〇〇
日光商工社員一同	一〇、〇〇〇・〇〇
岩槻IDC会	六四〇・〇〇
菖蒲町青年会	五、〇〇〇・〇〇
関東教区キリスト教信徒会一同	二、〇〇〇・〇〇
多々粂三郎	三、〇〇〇・〇〇
八幡村 杉田亀三	一〇、〇〇〇・〇〇
押田祐美	二〇〇・〇〇
粕壁桐材協同組合一同	五〇〇・〇〇
下栢間青年会	一、〇〇八・八〇

團体及個人名	金額
荻島村長	円 四、〇〇〇・〇〇
蓮田北部青年会	一、〇〇〇・〇〇
株式会社秋葉組	一、〇〇〇・〇〇
菖蒲町長	五、〇〇〇・〇〇
河上住太郎	一、二六八・八四
日本キリスト教團関東地区水害救済委員長	三、〇〇〇・〇〇
上組青年有志代表 河上八左ヱ門	二、〇〇〇・〇〇
黒浜青年連盟	三、〇〇〇・〇〇
春日部町加藤政吉	二、五〇〇・〇〇
新和青年会	三、九三〇・〇〇
計	八七、三六六・九九

二、縣外の部

1. 東京都

内務大臣 一〇、〇〇〇・〇〇
品川区長 七〇、〇〇〇・〇〇
荏原衛生婦人会長 八、〇〇〇・〇〇
千代田婦人会 四七、〇〇〇・〇〇
読賣新聞海外同胞引揚援護会 二五、〇〇〇・〇〇
神宮司廳 一、〇〇〇・〇〇
大倉電氣澁谷工場従業員一同 一、七五〇・〇〇
大高三千助 五〇〇・〇〇
東京都知事 四〇〇、〇〇〇・〇〇
間組代表松崎一夫 一〇〇、〇〇〇・〇〇
今川中学校 二〇、〇〇〇・〇〇
千代田区疎開学童一同 四〇、〇〇〇・〇〇
京橋昭和小学校 一、〇〇〇・〇〇
日蓮宗々務院社会部 二、一四五・九三
朝日新聞社後援共同募金 二、〇〇〇・〇〇
穗風会(孤兒自治会) 二〇〇・〇〇
河川協会 一、〇〇〇・〇〇
鹿島組 一〇〇、〇〇〇・〇〇
一ツ橋中学校 二三、五二四・〇〇
千代田区議会 四〇、〇〇〇・〇〇
東京新聞社 四〇〇、〇〇〇・〇〇
全日本民生委員聯盟内全國社会事業大会出席者 七、〇〇二・〇〇
読賣新聞社募金浦和支局扱 一八七、四九四・八七

計 一、四八七、六一六・八〇

2. 千葉縣

千葉縣知事 一、一〇〇、〇〇〇・〇〇
古所青年協進会 五〇〇・〇〇
成田不動尊新勝寺 一〇、〇〇〇・〇〇
布鎌消防團 四、〇〇〇・〇〇
水害募金協力会 一五、五五〇・〇〇

計 一、一三〇、〇五〇・〇〇

3. 神奈川縣

神奈川縣知事 一〇〇、〇〇〇・〇〇
鎌倉市長 二〇、〇〇〇・〇〇
横須賀市長 八〇、〇〇〇・〇〇

團体及個人名	金額
川崎市長	六〇、〇〇〇・〇〇円
横浜市民有志	二〇、〇〇〇・〇〇
メリーギザード孃	二、〇〇〇・〇〇
川崎大師信徒團一同	二、八七〇・五〇
計	三二三、七八五・五〇
4. 茨城縣	
鈴木貫太郎	五〇〇・〇〇
筑波山神宮々司	二、〇〇〇・〇〇
計	七、八五〇・〇〇
5. 栃木縣	
栃木縣某氏	一、〇〇〇・〇〇
計	一、〇〇〇・〇〇
6. 福島縣	
福島縣知事	一〇〇、〇〇〇・〇〇

團体及個人名	金額
横浜市長	一〇、〇〇〇・〇〇円
神奈川新聞社	二五、〇〇〇・〇〇
曽氏青年会	九一五・〇〇
大橋静馬	五〇〇・〇〇
共栄製陶株式会社	一、五〇〇・〇〇
佛教和光会	三、九〇九・〇〇

團体及個人名	金額
神奈川縣民生委員連盟	五〇〇・〇〇円
別所青年会	五〇〇・〇〇
川崎大師手間寺	二、〇〇〇・〇〇
幸島日農支部	一五〇・〇〇
佛教連合会代表 山野義豊	三、二〇〇・〇〇
新労農実行組合	一〇〇・〇〇

佛教同志会　五〇〇・〇〇　三沢新坑労働組合　一、〇〇〇・〇〇

計　一〇五、一〇九・〇〇

7. 新潟縣

新潟縣知事　二四七、〇〇〇・〇〇　小中川消防團　五〇〇・〇〇

計　二四七、五〇〇・〇〇

8. 山形縣

米沢新聞社　三、〇〇〇・〇〇

計　三、〇〇〇・〇〇

9. 長野縣

長野縣知事　一八五、三九八・四〇　伊那高等女学校自治会　一五、六六六・五五　長野縣廳職員一同　一一、一六〇・五〇

岩野青年会一同　一、五二〇・一〇

計　二一三、七四五・五五

10 静岡縣

静岡縣知事　五〇、〇〇〇・〇〇　静岡市長　一五、〇〇〇・〇〇　清水市長　四、二四二・七〇

掛川高等女学校職員生徒一同　二三、二〇〇・〇〇　土肥小学校兒童一同　一、〇〇〇・〇〇　伊東市佛教会一同　三、〇〇〇・〇〇

團体及個人名	金額（円）	團体及個人名	金額（円）	團体及個人名	金額（円）
清水市小沢はつ外十八名	四四、八一〇・四二	鈴木和泉	二五〇・〇〇	原町八分園（男女青年会）	五〇〇・〇〇
太田功	一九〇・〇〇	大井川下駄協同組合支部	九二〇・〇〇	三軒屋青年会	五〇〇・〇〇
増田勝政	二〇〇・〇〇	志太郡佛教会	二、〇〇〇・〇〇	千歳区青年会	七〇六・〇〇
藤枝小学校A組	七七〇・〇〇	藤枝酒類販賣組合	八六〇・〇〇	電産労働藤枝支部	一〇四・七五
藤枝警察署寄託分	一、三六七・七〇				
計	一四九、六二一・五七				
11 愛知縣					
愛知縣知事	六九一、七七五・〇〇	中部日本新聞社	三三七、〇九五・二二	日本新聞社多治見支局	一、四六四・〇〇
地藏寺住職	一〇〇・〇〇				
計	一、〇三〇、四三四・二二				
12 岐阜縣					
岐阜縣知事	四五、五五〇・〇〇	岐阜市立第四中学校	九、七三六・〇〇	岐阜タイムス東海夕刊社	一〇〇、〇〇〇・〇〇
計	一五五、二八六・〇〇				
13 三重縣					

三重縣知事 四一七、四三一・〇〇
宇治山田市市立第二中学校 九一〇・八五
三重縣会議長 二、〇〇〇・〇〇
宇治電三重縣津区青年婦人部 五〇〇・〇〇
計 四二〇、八四一・八五

14 富山縣

富山縣知事 三一七・〇四三・〇〇
計 三一七、〇四三・〇〇

15 石川縣

石川縣知事 五〇、〇〇〇・〇〇
関東風水害救援委員長 五七、四〇八・三九
関東地方水害救援石川縣委員長 一九〇、〇〇〇・〇〇
計 二九七、四〇八・三九

16 福井縣

福井縣知事 二〇、〇〇〇・〇〇
関東東北水害救援福井縣協議会長 六七、〇〇〇・〇〇
福井市立高女、塚谷小倉両嬢 一〇〇・〇〇
計 八七、一〇〇・〇〇

17 滋賀縣

滋賀縣民生部教育部 二〇、〇〇〇・〇〇
滋賀縣会議長 一、〇〇〇・〇〇
中古衣類商業組合 二〇、〇〇〇・〇〇
滋賀新聞社 一一七、四四七・九六

團体及個人名	金額	團体及個人名	金額	團体及個人名	金額
計	一五八、四四七・九六				
18 京都府					
京都府知事外六團体	八〇〇、〇〇〇・〇〇	京都府内五市長	二五〇、〇〇〇・〇〇	市立小学校兒童職員一同	七〇、〇〇〇・〇〇
民主党京都支部青年部一同	六、二四七・一一	相楽地方民生委員聯盟	五、二五八・五〇		
計	一、一三一、五〇五・六一				
19 大阪府					
大阪府知事	一四〇、〇〇〇・〇〇	大阪府	二二〇、九二一・八三	大阪府中等学校文化聯盟桃山中学校外三十三校職員生徒一同	五一、六二五・七三
計	四一二、五四七・五五				
20 奈良縣					
奈良縣知事	二〇、〇〇〇・〇〇	米田貞吉	五〇・〇〇	天理教々管長	一〇、〇〇〇・〇〇
計	三〇、〇五〇・〇〇				
21 兵庫縣					

伊川谷中学校生徒一同　二、三五九・三〇　揖西小学校六年B組一同　三〇〇・〇〇

計　二、六五九・〇〇

22　和歌山縣

和歌山新聞社　四七、一三八・〇〇　黒江青年團一同　七〇〇・〇〇　金剛峯寺　一、〇〇〇・〇〇

計　四八、八三八・〇〇

23　岡山縣

岡山縣知事　三〇、〇〇〇・〇〇　金光教本部　一、〇〇〇・〇〇　井上其子　一〇〇・〇〇

計　三一、一〇〇・〇〇

24　廣島縣

廣島連合青年会　五、五〇〇・〇〇　市立第一中学校　五三三・〇〇　青年同盟女子青年会　一、九四三・〇五

匿名氏　一五〇・〇〇

計　八、一二六・〇五

25　山口縣

小野田化学工業従事員　三、〇〇〇・〇〇　山口縣農業会　七五〇・〇〇　キャンプ従業員一同　三〇〇・〇〇

計　四、〇五〇・〇〇

團体及個人名	金額	團体及個人名	金額	團体及個人名	金額
	円		円		円
26 鳥取縣					
同胞援護会鳥取縣支部関東風水害鳥取縣連絡委員会	三九、〇〇〇・〇〇				
計	三九、〇〇〇・〇〇				
27 福岡縣					
小竹町青年会	七、八〇〇・〇〇	三里校区聯合青年会	三、〇一九・三六	八木利幸	五〇・〇〇
計	一〇、八六九・〇〇				
28 熊本縣					
熊本縣知事	三〇、〇〇〇・〇〇	桑原続	三二〇・〇〇		
計	三〇、三二〇・〇〇				
29 佐賀縣					
佐賀縣知事	一五〇、〇〇〇・〇〇	大山中学校・	八九・〇〇	嬉野小学校久保、湯下孃	三〇・〇〇
計	一五〇、一一九・〇〇				
30 長崎縣					
長崎縣知事	三〇、〇〇〇・〇〇	川棚青年会中組岩立支部	三、九一三・〇〇	市立第三中学校	一、五八〇・〇〇
計	三五、四九三・〇〇				

31 大分県

大分県知事 三〇、〇〇〇・〇〇

計 三〇、〇〇〇・〇〇

32 宮崎県

宮崎県知事 三八、一三五・一三

計 三八、一三五・一三

33 鹿児島県

鹿児島県知事 三〇、〇〇〇・〇〇　鹿児島婦人会 八、〇〇〇・〇〇　光徳寺子供会 五五八・五三

計 三八、五五八・五三

34 徳島県

徳島県知事 三〇、〇〇〇・〇〇　民生委員徳島支部 一〇、〇〇〇・〇〇

計 四〇、〇〇〇・〇〇

35 高知県

高知県知事 三〇、〇〇〇・〇〇　高知市長 一〇、〇〇〇・〇〇

計 四〇、〇〇〇・〇〇

36 愛媛県

愛媛県知事 一七〇、〇〇〇・〇〇　愛媛県青年聯合会長 三〇、〇〇〇・〇〇　市立高津小学校 一五一・七〇

計 二〇〇、一五一・七〇

團体及個人名	金額	團体及個人名	金額	團体及個人名	金額
	円		円		円
37 北海道廳					
佐藤下駄工場親和会	五、〇〇〇・〇〇	札鉄帯廣分会生活部	一九八・八〇	函館新聞社	五〇、〇〇〇・〇〇
計	五五、一九八・八〇				

第三節　義捐品の狀況

義捐救恤品の同情も、義捐金と共に、多数寄託されたのであるが、中には新聞により、直接現地へ送包荷せられたものもあり、縣內における市町村各團体は勿論、縣外都道府縣の各種團体より寄せられた数は、莫大なものであつた。

特に義捐品の募集については、婦人團体の活動が目覚しく、主食一握運動、甘藷一貫運動と称し、食糧救済に、或は一品供出運動と称し、一家庭纖維品一品宛を蒐集し、主として衣料救済に活躍した團体があつた。

殊に可憐なのは、学童生徒の小包慰問であるが、中には中古衣類の中に、菓子や学用品をしのばしたものや、米や学用品の中に金子を入れ、更に激励の慰問文が入つている等、そゞろ涙を誘ういじらしきものが沢山あつた。

猶これ等募集に活躍した美談の一、二を、左に記載することにする。

1. 主食一握供出運動

秩父郡郵便局長薗田氏は、今次水害救援の一策として、秩父局在職の男女全員一〇七名と申合せ、各自一握宛の主食を持寄り、九月二十四日罹災地に送つたが、これと前後して、北埼不動岡中学校では、全校生徒に主食一合供出の運動を試み、集つた白米麦数石を現地に慰問し、北埼地方事務所は、非災地農家に、一農家一升の供出運動を続け、白米百五石七升、押麦二十石一升を、それ〴〵罹災地に分配した。

2　甘諸一貫運動

北埼玉郡須影村婦人会長新槇美那子さんは、嚮に利根川土手の救済に、男子ばかりが出動するのを、女が默つて見ていていゝ筈がない、「女は女の同胞を救いましよう」と全会員百八十名に呼びかけ、慰問救済を行うことに決定、第一回救済は、サツマ芋二百貫を被災地へ送ることとなり、一人一貫供出運動を続けている。

猶同会は、更に会員を数班に分け、救護班慰問班を編成し、別働隊として出発の計劃をたてゝいる。

3　救援袋募集運動

縣農業会主催の下に、縣下全域にわたり、募集した救援袋は、意外の反響を呼び、十月十五日までに既に三万六千五百六箇の集荷を見、猶陸続と寄贈が続けられている。此の中最も好成績を擧げたのは、入間郡の一万八千箇で、救援袋の內容も、纎維品、雜穀、日用品等が多く、毎日各郡支部ごとに、トラツクを以て現地に輸送しているが、一台につき精々一千箇に過ぎず、目下五十台のトラツクを徵発し、係員は不眠の監視と取扱いに、うれしい悲鳴を擧げていた。

第四節　寄託者の名簿

同情の內容が、食料、衣料、復旧資材、日用品等多岐に亘り、一々品目品種を明記することが出來なかつたので、大目のみを記入し、義捐金同様大小洩れなく記載した。

猶縣內は五市八郡であるが、縣外は一都二府二十三縣に及んでいる。

因に內訳は次表の通り。

義捐品寄託者名簿

一、縣内の部

1 浦和市

團体及個人名	品目	数量
常盤町婦人会	衣類	四〇点
同	日用品	八点
市立高等女学校	衣類其の他	一、五〇二点
同	日用品	四一点
同	学用品	八〇点
同胞援護会	古雑誌	四二貫八〇〇匁
同	雑品	六函
同	日用品	四函
浦和市役所	衣料	二、三三〇点
同	日用品	四五三点
同	食器類	七二〇点
同	其の他	九六〇点
同	日用諸雑品	五梱
同	玩具其の他	七函
同	医療諸品	六梱
東亞紡織労働組合支部	甘諸其の他	九二俵
	衣料品及医薬品	六梱

團体及個人名	品目	数量
曽我文五	醤油の素	五〇〇本

2 川口市

團体及個人名	品目	数量
川口愛童会	小間物	二二点
同	学用品	二二〇点
南町青年会	大鍋	六一個
川口履物組合	下駄	三一五足
飯塚青年会	日用品	七八七点
川口市役所	野菜	三〇〇貫
川口市長	同	一〇〇貫
同	学用品	七八七点
同	日用品其の他	二、六〇七点
川口農業会	野菜	一、一〇〇貫
同	雑貨	一、三七五点
川口市鋳物組合	鍋釜類其の他	六一〇点

3 大宮市

團体及個人名	品目	数量
大宮小学校	衣類	八点
大宮市長	甘諸	二俵
同	雑品	六梱

寄贈者	品目	数量
大宮市第一中学校三年生一同	学用品	一八点
大宮市役所	古新聞	二〇〇貫
大野精麦工場	麦糠	三〇俵
市立南小学校職員生徒一同	学用品、紙	一三七点 二束
4 川越市		
川越市役所	古新聞	一二〇貫
入間地方事務所	同	五〇貫
長島精麦工場	麦糠	一五〇俵
森甚精麦工場	同	一五〇俵
若狭精麦工場	同	五〇俵
5 熊谷市		
大里青果物統制組合	南瓜、馬鈴薯、甘藷	一、三二〇貫
大里郡農業会	同	三、九〇〇貫
松本米穀精麦会社	麦糠	一〇〇俵
松崎精麦工場	同	三〇俵
理研工業熊谷工場	同	三〇俵
高附精麦工場	同	六〇俵
藤間精麦工場	同	一〇俵
熊谷市役所	古新聞	一一六貫
6 北足立郡		
白梅婦人会	衣料	三梱
同	食器類	一梱
星野梅子	衣類	八点
志木商業学校	学用品	一包
志木部会	古新聞	一五〇貫
金子精麦工場	麦糠	三五俵
山川屋食糧工場	同	五〇俵
朝霞聯合青年会	煙草	一包
農事実行組合	押麦及白米	二俵
指扇中学校	古新聞	三貫九一〇匁
桶川町役場	衣類	七点
桶川農業会	甘藷	四五俵
合資会社柳内商会	麦糠	一五〇俵
朝霞荒井雅次	衣類	七点
與野町役場	甘藷	一〇二俵
大和田町役場	南瓜馬鈴薯	七九俵
大門村青年会	甘藷	一三俵
大門村婦人会	衣料	四四二点
川田谷農業組合	甘藷	五九俵
伊奈村園藝組合	南瓜	八〇〇貫
岡田精麦工場	麦糠	四〇俵
草加農業会	蔬菜	四九六貫
草加中、小学校	古新聞	三二貫七〇〇匁
馬宮村役場	古新聞雑誌	六貫八〇〇匁
昭和産業上尾工場	麦糠	一五〇俵

団体及個人名	品目	数量
加藤精麦工場	麦糠	七〇俵
小池精麦工場	同	六五俵
長谷川精麦工場	同	三〇俵
平方食品会社	同	三〇俵
谷塚中小学校	古新聞雑誌	四貫一〇〇匁
武陽実業学校	同	二貫
新田中小学校	同	三貫一七〇匁
鴻巣中学校	同	五〇〇匁
7 入間郡		
入間農業会	藁	七、五五三貫
農業会入間支部	野菜	八二〇貫五〇〇匁
所沢町役場	衣類	二、三〇〇点
所沢精農同志会	甘藷	一四俵
所沢青年会	甘藷其の他	八俵
斎藤精麦会社	麦糠	二〇〇俵
高麗村役場	薪	一、二二〇束
宮寺農業会	甘藷	四〇俵
鶴瀬村役場	同	八〇俵
福岡村役場	同	八〇俵
大井村役場	同	一五俵
鈴木精麦工場	麦糠	六〇俵
田島孝精麦工場	同	四〇俵

団体及個人名	品目	数量
狭山精麦工場	麦糠	三〇俵
田島精麦工場	同	五〇俵
増田精麦工場	同	四〇俵
田島豊精麦工場	同	三〇俵
田島孝精麦工場	同	三〇俵
秋葉精麦工場	同	一〇〇俵
小島精麦工場	同	六〇俵
芳野小学校	古新聞雑誌	二貫二三〇匁
福岡小学校	同	六貫二〇〇匁
大井小学校	同	五貫四〇〇匁
高階小学校	同	一貫八〇〇匁
鶴瀬小学校	同	八貫
三芳小学校	同	二貫七〇〇匁
三ヶ島中学校	同	二貫八〇〇匁
元狭山中学校	同	一貫七五〇匁
金子中学校	同	九貫六五〇匁
東金子中学校	同	九貫一〇〇匁
堀兼中学校	同	一五貫
奥富中学校	同	五貫
入間川町立入間川中学校	同	一〇貫二〇〇匁
三芳野中学校	同	四貫八〇〇匁
大家村中学校	同	八貫六〇〇匁

寄付者	品目	数量
梅園中学校	同	四貫一五〇匁
高萩中学校	同	四貫
高麗川中学校	同	二貫一五〇匁

8 比企郡

寄付者	品目	数量
松山町役場	衣類	一九点
同	野菜	六〇六貫
同	藁	五〇貫
松山母の会一同	型パン	三箱
町立高等女学校有志	学用品	一一三点
	小間物	二二二点
大岡村役場	野菜	四五〇貫
同	藁	二六四貫五〇〇匁
宮前村役場	野菜	五二七貫
同	藁	八一八貫
唐子村役場	衣類	一一貫九〇〇匁
同	野菜	六一六貫
同	藁	六〇〇貫
菅谷村役場	衣類	一貫九八〇匁
同	野菜	五五〇貫
同	藁	六〇〇貫
七郷村役場	同	五五〇貫
八和田村役場	野菜	一九五貫
同	藁	四五〇貫
小川町役場	同	三〇貫
小川町役場	野菜	四四俵
同	薪	七九六束
竹沢村役場	藁	四〇〇貫
玉川村役場	同	一六六貫
大河村役場	野菜	四四〇貫
同	藁	二六六貫
明覚村役場	野菜	二四〇貫
亀井村役場	同	一〇〇貫
同	藁	三九六貫
今宿村役場	衣類	二〇九点
八ツ保村役場	藁	三五〇貫
高坂村役場	衣類	一六貫五〇〇匁
同	日用品	七五点
同	野菜	六〇〇貫
同	藁	三五〇貫
野本村役場	衣類	三四点
同	野菜	五四二貫
同	藁	一八〇貫
小見野村役場	衣類	一六〇点
同	野菜	一、〇九三貫
同	藁	四〇〇貫
東吉見村役場	衣類	二三八点
同	野菜	六五三貫

團体及個人名	品目	数量
同	藁	三二三貫
南吉見村役場	野菜	六六九貫
同	藁	八九二貫
西吉見村役場	野菜	三六四貫六〇〇匁
同	藁	四〇〇貫

二、縣外の部

1 東京都

團体及個人名	品目	数量
今川中学校	学用品	一箱
三洋商会	薬品各種	一五箱
中村滝製薬会社	スプランチンワイス錠	二、一六〇包
塩野義製薬会社	医薬品	三〇梱
非太製薬会社	エンテラーゼ錠	一〇〇包

2 神奈川縣

團体及個人名	品目	数量
関口屋本店	下駄	一梱
中津川婦人会	米及麦	四俵
同	衣類	一梱
同	梅干	一箱
下曽我婦人会	同	一樽
横須賀市長	衣類	一三梱

團体及個人名	品目	数量
北吉見村役場	野菜	五六五貫
同	藁	八二〇貫

9 秩父郡

團体及個人名	品目	数量
江口精麦工場	麦糠	三〇俵
小鹿野精麦工場	同	一五俵

團体及個人名	品目	数量
神奈川縣社会事業協会事業部	洗桶	五〇箇

3 千葉縣

團体及個人名	品目	数量
鴨川自給製塩組合	食塩	二俵
勝山自給製塩組合	同	一俵
天津自給製塩組合	同	一俵
豊畑自給製塩組合	同	一俵
南三原自給製塩組合	同	一俵
岩井自給製塩組合	同	一俵
江見自給製塩組合	同	一俵
宮浦自給製塩組合	同	一俵
白子自給製塩組合	同	一斗五升
木更津自給製塩組合	同	四俵
鳴浜自給製塩組合	同	一三俵

寄贈者	品目	数量
千葉縣知事	煮干	八俵
同	甘藷	六〇俵
同	野菜	五〇貫
同	薪	一五〇束
野田町長	醤油	一〇〇本
同	野菜	二六俵
同	甘藷	一〇〇俵
同	下駄	一五足
野田町丸源市場	野菜	三〇〇貫
関宿、木間瀬、二川村	同	四八七貫
町村長会	同	一〇〇俵
梅郷村長	薪炭	一〇〇束
八幡町長	白米	五俵
同	甘藷	五俵
同	薪炭	若干
八木村長	甘藷	八四俵
同	薪	七〇束

4 福島縣

寄贈者	品目	数量
鈴木特殊硝子製造会社	食器其の他	一〇、〇〇〇点

5 栃木縣

寄贈者	品目	数量
栃木縣廳	干パン	二、〇〇〇瓩

6 長野縣

寄贈者	品目	数量
松代町長	南瓜其の他	八五俵
諏訪地方事務所	植木	九〇束
同	衣類其の他	一三梱
長野縣廳	苹果	五〇貫
同	味噌及味噌漬	三〇樽

7 静岡縣

寄贈者	品目	数量
静岡市長	木製筆入	五梱
静岡市教職員組合	学用品	六梱
清水市長	衣類其の他	五梱
静岡市役所職員一同	下駄	一三梱
跡見喜惠子	衣類	二包
田子村役場	干魚	七箱
江馬中学校一年生一同	学用品	九梱
大井川下駄工業協同組合	下駄	一八梱
下田製塩組合	食塩	五俵
東海種苗園	大根種	七升

8 愛知縣

寄贈者	品目	数量
蒲郷村役場	瀬戸物	二一梱
豊島小学校	学用品	一梱
地方経済復興会	福神漬	三樽
有松男女青年会	薬品	三梱
同	衣類	一梱
海部地方事務所	南瓜其の他	二俵

團体及個人名	品目	数量
愛知縣知事	陶器類	三四八俵
9 岐阜縣		
岐阜縣知事	米及麦	二三俵
同	薬品	二箱
同	陶磁器	一二〇梱
同	陶器類	四、〇〇〇箇
長良小学校	薬品	一箱
同	学用品	一梱
笠原陶磁器工業組合	陶磁器	四〇梱
土岐津陶磁器工業組合	同	三九梱
下石陶磁器工業組合	同	三二梱
肥田陶磁器工業組合	同	四四梱
岐阜縣西部陶磁器商業協同組合	同	二七俵
加茂地方事務所	白米	六〇瓩
同	大豆	二俵
同	学用品	一〇〇点
福地頼三	菓子	一箱
太田村婦人会	梅干	一樽
相生村婦人会	草履	五七〇足
福岡村女子青年会長 田口さゑ	衣料	一梱
10 三重縣		
伊勢寺小学校	南瓜	一〇俵
櫛田小学校	食糧其の他	二梱
多氣地方事務所	衣類什器	一梱
大淀女子青年会	雑品	一梱
中原小学校六年生一同	学用品	一梱
林勝藏	箸	一梱
市立第二小学校	学用品	一梱
11 富山縣		
富山縣知事	家庭薬	五梱
富山縣廳厚生課	雑品	三梱
縣会議長前田治吉	南瓜	七、八〇〇貫
北陸軽金属株式会社	アルミニューム釜	一〇〇箇
成美青年会	雑品	四九箇
下新川農業会	野菜	一三九俵
雄山町農業会	南瓜	二俵
12 石川縣		
石川縣知事	衣料其の他	一五梱
天援堂製薬会社	医薬品	一梱
13 福井縣		
市立高等女学校	草履	一五足
	学用品	一三点
某女学生	学用品	一包

福井縣廳　子供用シャツ　一梱

14 滋賀縣

教職員組合婦人部　慰問品　一箱

15 大阪府

大阪府知事　燐寸　一二箱

大阪商工会議所会頭　晒粉　五〇〇本

一戦災者　眞綿チョッキ　一着

南上町城内小学校　慰問品　二梱

中谷八五郎　鍬　一〇丁

16 兵庫縣

山本富次郎　代用マッチ　一五梱

ムネ製薬会社　万金膏　一梱

17 京都府

京都府知事　衣類　一四梱

京都市長
商工会議所会頭　石鹸　一一梱
町村会長　漬物　二樽
同胞援護会京都支部長　台所用品及
厚生援護会長　其他雑品　三梱
民生委員聯盟会長

中京新聞社　もづく漬　一樽

兒童食品玩具協同組合　玩具　一六箱

18 和歌山縣

南小学校三年B組　学用品　一梱

修徳高女三年生一同　同　一梱

海草中学三年生一同　同　一梱

黒江青年会　救恤品　三箱

印南青年会　麦及米　五俵
衣類其他　一〇梱
海草類　一七梱

19 岡山縣

總社町役場　衣類、履物　六梱

大和村役場　蒲團　一〇梱

大和村農業会　同　一四梱

眞金町役場　衣類　一個

岡山製薬会社　万金膏　一、二〇〇枚

岡田村役場　雑品　一梱

倉敷市役所　同　二個

兒島地方事務所　陶磁器　一梱

兒島市長中塚六太郎　衣類　七八点

20 廣島縣

第一中学校　学用品　二梱

西小学校　同　二梱

東婦人会　雑品　一三梱

豊島小学校　学用品　一梱

鹿島小学校五年生一同　同　一梱

團体及個人名	品目	数量
向島西小学校	同	一包
呉古物商組合一同	古衣類	五梱
21 山口縣		
豊浦小学校	衣類	一梱
厚狹町長	麦	一俵
小野田市長	衣類	三梱
牟礼小学校	衣類学用品	一梱
22 鳥取縣		
関東地方水害救援鳥取縣連絡委員会	支那鍋	一一〇箇
同胞援護会鳥取支部	鉄鍋	四〇箇
日赤鳥取支部	ランドセル	五〇箇
民生委員聯盟	日用品	四〇〇点
鳥取縣宗教聯盟	日用品	二〇〇点
	学用品	九六点
義方小学校六年一組	学用品	一包
鳥取縣知事	鍋、其の他	七梱
23 島根縣		
團体及個人名	品目	数量
市教育民生部長	衣類	一包
島根縣水産組合	干鰯	五俵
島根縣厚生課	被服外	一梱
松本食品第二工場	昆布	一梱
太田町婦人会	衣類其の他	一梱
川戸村有志	同	一梱
24 福岡縣		
古賀農村連盟	麦	二俵
25 鹿児島縣		
鹿児島婦人会	衣類	二梱
	瀬戸物	一、二〇〇箇
26 高知縣		
同胞援護会高知縣支部	衣料其の他	三梱
高知縣知事	家庭薬	五梱
27 其の他		
匿名氏	学用品	一包

第三章 義捐金品の分配

第一節 郡市別配分の状況

義捐金については、前項記載の通り、総計壱千四百拾参万八千五円四拾八銭であったが、縣対策本部並に救援連絡委員会では、種々協議を重ねた結果、これが分配の基準を樹立し、且つ現金と物資との二つに分け、次表の通りそれぐ分配したのである。

1 義捐金の分配

総計二、一五六、五〇〇円の内訳次表の通り。

支給金額	金品別	配分箇所	支給金額	金品別	配分箇所
八四、〇〇〇円	現金	北足立郡	五四、〇〇〇円	現金	秩父郡
二一、〇〇〇	同	比企郡	三六、五〇〇	同	大里郡
二六、〇〇〇	同	児玉郡	八一七、〇〇〇	同	南埼玉郡 北葛飾郡
一、〇五八、〇〇〇	同	北埼玉郡			
六〇、〇〇〇	同	入間郡	二、一五六、五〇〇		計

2 物資の分配

総計一一、九八一、五〇五円四八の内訳は次表の通り。

支出金額	配給物品購入代	支出金額	配給物品購入代
六八三、四〇〇・〇〇円	障子紙購入代	三、〇二七、六二五・〇〇円	衣料購入代
三〇、〇〇〇・〇〇	パン購入代	一、九六八、〇〇〇・〇〇	蒲團、蚊帳、毛布等購入代
一五、〇〇〇・〇〇	タオル購入代	一九二、一一四・九八	水害應急仮設住宅補強工事並に附属工事費

支出金額	配給物品購入代
三二、八五五・〇〇円	御下賜金配分並に送金料
三、〇七二、二一五・〇〇	罹災者中生活困窮者配給物資購入費一部交付金
二三、八二五・〇〇	應急仮設住宅電灯外線工事費
二二四、〇〇〇・〇〇	應急仮設住宅移轉費
二、一五〇、〇〇〇・〇〇	災害應急用輸送車購入及び修理費

支出金額	配給物品購入代
三七七、〇一八・六〇円	輸送費
六、二六七・六〇	切手代
一七九、一八四・三〇	会議費及廣告料
一一、九八一、五〇五・四八	計
一四、一三八、〇〇五・四八	金品合計

義捐物資については、現地の実情に應えて、急救用救援用をそれぐ急送し、被害の程度を掛酌して、適正配分したが、何れも現地所管箇所に一任したのである。

猶救援連絡委員会においては、次の如き標準を以て、二十二年十二月十日、それぐ罹災者に贈つたのである。

記

1　家屋流失及び家屋全壊者に対しては一戸当り壱千円宛とする。

2　家屋半壊者に対しては、毎戸五百円宛とする。

3　床上浸水以上の家屋に対しては、其の被害程度を考慮の上、衣料毎戸一品宛分配する。

4　床下浸水以上全戸に対しては、障子紙四枚張り一本宛を分配する。

次に縣が、現地の救援に着手して以來、今日（昭和二四、三）に至るまで、郡市に対し配分した救済物資は、被服寢具及び其の他衣料関係諸品は、計四四三、二二〇点、生活必需品主として鍋釜台所用品日用品其の他計五二六、六三〇点にして、其の内訳は別表一、二に記載した通りである。

表一　被服寝具その他衣料品の配布状況調

民生部保護課

種別＼事務所別	北埼玉	埼葛	北足立	入間	比企	秩父	大里	児玉	川口	熊谷	計
毛布	一〇、三四〇	一六、七九一	四五二	二三〇	一八〇	一五二	六〇〇	六六	一〇六	—	二八、九一七
蒲団	二、三五〇	二、〇〇〇	二〇〇	二〇〇	—	—	四〇〇	一〇〇	一〇〇	—	五、三五〇
靴	一、二七三	一、九一三	—	五〇〇	五七二	二三〇	一、〇〇〇	—	二五〇	—	五、七三七
衣	八、〇二五	一〇、四〇一	三〇〇	九〇〇	二九八	三〇〇	一、一三五	二六六	八七三	二〇〇	二三、六九七
袴	三、三一三	三、五〇三	一、五四九	二、七八〇	三〇〇	二八一	六六一	六六	一、一一三	—	一三、五六五
襦袢	七、二〇七	一五、四二〇	一〇	—	—	二二六	五一〇	—	—	—	二三、三七三
袴下	二、八〇五	二、九九五	一五〇	三〇〇	九九	三二六	四二八	二〇〇	六〇〇	三〇〇	八、二〇三
外套	九四六	一、八五〇	—	六〇〇	四九三	二〇〇	五〇〇	三〇〇	四〇〇	—	五、二八九
靴下	一、二二四	三、九八〇	二、七一六	一〇〇	—	二四〇	一、二〇一	五三〇	—	一〇〇	一〇、〇九一
帽子	一、一五九	一、四三八	—	—	—	—	—	—	—	—	二、五九七
手袋	二、三六六	二三、六七七	一、二五〇	一、六〇〇	六〇〇	三五〇	一、二三〇	七二〇	一、一四〇	—	四三、九三三
蚊帳	三三一	二三三	五三	四一	一三	三一	四〇	八	三	—	七五二
衣類	一〇、六九四	四六、五九七	二、一三一	二、六五四	一、四五四	七一五	四、一五九	一、一二六	三、一六四	二三〇	七二、八二四
地下足袋	五、六〇〇	一三、〇六四	三〇〇	八〇〇	一九九	二一〇	五〇〇	三〇〇	二〇〇	—	二一、一七三
手拭タオル	一七、二四五	六一、三七一	三、八九八	三、一三九	一、九九四	八八九	六、三八八	二、〇九三	四、一八三	一八〇	一〇一、三八〇
巻脚袢	五三一	一一	—	—	—	—	—	—	—	—	五四二
敷布	八三六	—	—	—	—	—	—	—	—	—	八三六
風呂敷	九三七	—	—	—	—	—	—	—	—	—	九三七

種別 ＼ 事務所別	北埼玉	埼葛	北足立	入間	比企	秩父	大里	児玉	川口	熊谷	計
雑囊	九一四	―	―	―	―	―	―	―	―	―	九一四
枕覆本公袋	九三五	一八〇	―	―	―	―	―	―	―	―	一、一一五
褌	―	四五〇	―	―	―	―	―	―	―	―	四五〇
眞綿製品	一〇、四五三	四二、九四三	一、七〇七	二、四五〇	一、〇三三	二二八	四五三	九九	二、一〇五	―	六一、四六〇
天幕	一八〇	四〇五	―	―	―	―	―	―	―	―	五八五
ハンカチ	七〇〇	八〇〇	―	―	―	―	―	―	―	―	一、五〇〇
計	九九、三六四	二六一、〇二一	一四、七一五	一六、二九四	七、三三四	四、三七八	一九、二〇五	五、八七四	一四、二三五	九一〇	四四三、二二〇

表二　生活必需品々目別配給状況

民生部保護課

種別 ＼ 事務所別	北埼玉	埼葛	北足立	入間	比企	秩父	大里	児玉	川口	熊谷	計
鍋	一、〇〇〇	四、二〇〇	一〇〇	二〇〇	一〇〇	二〇〇	五〇〇	一〇〇	―	―	六、四〇〇
釜	一、〇四一	四、二六七	二三九	二五〇	二〇三	二〇〇	―	二〇〇	―	―	六、四〇〇
バケツ	一、五七〇	三、九四八	―	―	―	二〇〇	六〇〇	八二	―	―	六、四〇〇
庖丁	一、〇〇〇	三、二〇〇	―	一〇〇	一〇〇	六〇〇	一、〇〇〇	四〇〇	―	―	六、四〇〇
杓子	―	五、二〇〇	一〇〇	一〇〇	一〇〇	二〇〇	六〇〇	一〇〇	―	―	六、四〇〇
水筒、飯盒	二〇二	二一八	―	―	―	―	―	―	―	―	四二〇
食器類	五、二二〇	―	―	―	―	―	―	―	―	―	五、二二〇

事務所別＼種別	障子紙	石鹸	ローソク	マッチ	和傘	カーバイト	カーバイトランプ	計
北埼玉	一三、六七一	八、六五四	四〇、六〇〇	五二、〇〇〇	一〇、七二〇	三六	三九三	一三五、一〇七
埼葛	三五、八三八	三二、四三三	七五、〇八〇	九八、一〇〇	三六、一三〇	三三	三五一	二九八、九九六
北足立	一、六三九	—	四、一八〇	一、四二〇	一、八五五	五	五四	九、五九二
入間	一、六七〇	—	五、三五〇	一、四二〇	二、〇三〇	六	五〇	一一、一六六
比企	一、六三九	—	五、三九〇	一、一六〇	一、一八五	三	三五	九、九一五
秩父	六九五	—	—	—	八八〇	一〇	四八	三、〇三三
大里	四、五六九	一五、〇一四	—	四、九〇〇	三、〇〇五	四	三〇	三〇、二二三
児玉	一、五〇七	一〇、四〇〇	—	三、九〇〇	一、五一五	一四	二九	一八、二三七
川口	二、〇七二	—	五、四〇〇	—	二、五一五	—	—	九、九八七
熊谷	二〇〇	—	—	—	一七五	—	—	三七五
計	六二、五〇〇	六六、五〇〇	一三六、〇〇〇	一六二、九〇〇	六〇、〇〇〇	一〇〇	九九〇	五二六、六三〇

第二節　ララ救援物資本縣配分の状況

今次水害に対し、遠くアメリカよりの救援があつた。即ち在日ララ中央委員会では、遠く本國に呼びかけ、蒐集した救援物資を、取敢えず、関東地区埼玉・茨城・群馬・栃木の四縣に対し、應急救援用物資を支給することに話を纏め、本縣に対しては、九月二十二日早々衣料食料其の他が到着、中央委員会より、委員として、ローズ女史、マツキロップ神父バット女史等が來縣、二十三日現物をそれぐ現地に搬送、被害の実情を酌量の上、分配することになつた。

猶一行のため、縣でも、廣岡厚生課長を、案内かたぐ現地に派遣し、世話せしむることになつた。

因に、ララとは、アジア困窮者救済公認團体の略称であり、アメリカにおける社会事業、宗教関係を初め労働関係等十三團体からなるものである。
本縣に割当てられたララ救援物資の内訳は次の通り。
1 食料（粉乳、罐詰、乾葡萄、ウドン粉、米粉等）関東四縣配分二百五十噸の五分の一。
2 衣料（大・小人用洋服並に毛布類）同一五、〇〇〇の三分の一。

第四章 感謝と表彰

前述の如く、本縣における今次罹災に対して、縣内外の團体並に個人の同情と協力につきては、電報書簡によつてそれぞれ感謝の意を表し、更に知事名を以て、鄭重なる感謝状をもれなく発送したのである。

第一節 感謝の電報

隣接都縣の涙ぐましき救援に対し、本縣知事より、取敢えず感謝の電報を発送したが、発送先並に電文は次の通りである。

記

月日	宛名	電文
九月十九日	栃木縣知事	本縣栗橋方面の救援を深謝す。本縣より栗橋への連絡は全く杜絶し居るにつき、貴縣より鉄道輸送にて栗橋鉄橋留栗橋町長宛御発送願いたし。（右は救援物資寄贈に関する返電）

九月二十日	千葉縣知事 野田町長	本縣の罹災者救援のため特に野田町に救援本部を設置せし旨承り感謝に堪えず、尚此の上とも格段の御盡力を御願い申し上ぐ。
同日	野田警察署長 茨城縣五霞村長 古河警察署長 新郷村長 古河町長	同文
九月二十二日	茨城縣知事	本縣現地派遣員の調査によれば栗橋、川辺、利島の救援に関しては貴縣古河町、新郷村の絶大なる御配意により万全の救護を実施せられ居る由にて感謝に堪えず、衷心御禮申上ぐると共に尚この上とも格段の御厚配を御願い申上ぐ。
九月二十四日	茨城縣知事 同猿島地方事務所長	連日の救援を感謝し併せて今後尚一層の御援助を願う。
九月二十五日	茨城縣猿島郡 境警察署長 千葉縣香取郡 香取町長	本縣罹災民の救護に関し格別の御援助を賜り感謝に堪えず、尚この上ともよろしく御願い申上ぐ。
同日	関東土木事務所長	御敢闘を謝す、締切工事の一日も早く完成せんことを御願いし全面的協力を誓う連絡は在栗橋福永副知事にせられたし。
九月二十六日	栃木縣知事 群馬縣知事	本縣罹災民の救護に関し種々御援助を賜り厚く御禮申上ぐ。
同日	茨城縣猿島郡 新郷農業会長	今次水害の救護に関し種々御高配に預り感謝に堪えず、尚今後とも宜敷御願い申上ぐ。

月日	宛名	電文
九月二十六日	茨城縣猿島郡 新郷小学校長 同中学校長 古河小学校長 古河町飯島雷助 千葉縣松戸市 松戸警察署長 同流山町長 同香取町長	本縣罹災者の救護に関し格別の御高配を賜り感謝に堪えず、尚今後とも宜しく御願い申上ぐ。 「尚流山の部長派出所へもこの旨御傳え乞う」
	茨城縣古河町 飯島利	ライアン中佐一行の現地調査の節は格別の御配慮に預り有難く延引乍ら厚く御禮申上ぐ。

第二節　感謝の謝狀

縣内外の同情に対しては、到着と同時に一々謝狀を発送したが、改めて別記の如き感謝狀を、知事名を以て、洩れなく発送したのである。

拝啓

嚴寒の砌益々御清栄の段大慶の至りに耐えません

陳者当縣今次の水害に当りましては格別の御芳志を賜り誠に有難く感激の極みであります、御芳志に就きましては御

趣旨を体して罹災者の應急生活援護の資に供すると共に御高志を銘して永く縣史に留め御厚情にお應へ致し度存じます

御承知の通り今回の水害は稀有の慘禍でありましてその被害は全縣下に亘り罹災者は四十二万数千建物の流失倒壞浸水等は八万数千戸を数え各種被害の見積額は約百億円に達する見込であります

之等罹災者の救援災害の復旧作業に対しましては万遺憾なき方策を講じて居りますが幾多の困難に遭遇し容易ならぬのがあると存じますが幸にして四十数日に亘る長期浸水も政府の御努力と各方面の絶大なる御支援と御助力に依りまして去る十月二十五日利根川決壞の仮締切も漸く完了し一應その應急処置を了えることが出來まして今後の復旧促進に一段の光明を認むることを得まして喜ばしく存ずる次第であります

何卒今後共更に御支援を賜りたく偏にお願い申上げます

右略儀ながら不敢取寸楮を以つて感謝の微衷を表し厚くお禮申上げる次第であります

昭和二十二年　月　日

埼玉縣知事　西　村　実　造

第三節　感謝の表彰狀

縣內外の各種團体並に個人にして、義捐金品に対し、特に盡力されし方々に対し、感謝の表彰を行つたが、その內訳は左表の通りである。

記

区分　團個別／金品	救護品 團体	救護品 個人	計	見舞金 團体	見舞金 個人	計
縣内	一七五件	六件	一八一件	一九四件	四二件	二三六件
縣外	一三〇件	四件	一三四件	一四一件	一〇件	一五一件
計	三〇五件	一〇件	三一五件	三三五件	五二件	三八七件

備考　匿名者は個團不明につき算入せず。

第七編　功績と表彰

今次未曾有の大水害に、尊き人命の救助は勿論、出水時における防水に、捨身の態勢で文字通り不眠不休の活躍を続け、或は多額の私財を放出して防水資材に充当し、或は眼前の危険を全く忘れ、敢然として濁流に飛込み、数千町歩の美田を水魔の跳梁より救つた数々の美談は、当時現住民より痛く感激の的となつたものである。

これ等の義人義挙は、縣内外の警察官を初め消防團、水防團、青年團、各種團体の廣範囲にわたり、これに対し内務省を初め、本縣よりそれ〳〵鄭重なる表彰があつた。本誌は更にこゝに氏名並に内容の一端を掲載し、罹災縣民と共に、感謝の誠を心から捧げたい。

猶こゝに発表した以外に、隠れたる篤志家や、発表を好まざる無名の義人も沢山あつたであろう。筆者は心から義人洩れを詫びると共に、天神地祇に熱き合掌をさゝげ、武藏埼玉の健全なる発展を共に倶に祈ろうではないか。

第一章 政府の表彰

今次洪水に出動し、防水に警備に、更に濁流中捨身の覚悟で人命救助に当りたる、縣警察練習所第二百四十九期教習生は「その功績抜群にして、一般警察官の模範たり」とし、十月十四日時の内務大臣木村小左衛門殿より、警官功労章令により、賞狀を授與し表彰されたが、これが表彰狀並に功績内容は次の通りである。

記

表彰狀（写）

埼玉縣警官練習所
第二四九期教習生一同

第七〇号

右は本年九月十六日の水害に際し、罹災地所轄の処に非常應援を命ぜらるゝや、一致團結して水防及び人命救助に決死的活動をなしたる功労抜群である。

仍つて警官功労章令により、賞狀を授與し之を表彰する。

昭和二十二年十月十四日

内務大臣 正五位 勳三等 木村小左衛門

一、功労の概要

本月十四日來の豪雨は、未曾有の降雨量を示し、縣民必死の水防作業も遂に空しく、十六日未明利根川流域北埼玉郡東村地內の堤防決潰し、縣下北埼玉、北葛飾、南埼玉の三郡下を泥水海と化し、幾多の尊い人命と多数の人家尨大な家財道具等を流失せしめ、その慘狀洵に目を蔽うものがあつた。当時警察官は之が救出救護其の他警備に晝夜の別なく盡瘁し、今尙懸命の警察活動が継続されて居るが、教習科生の活動狀況の大要は次のとうりである。

㈠ 幸手警察署應援隊

九月十六日午前八時三〇分、幸手警察署に非常應援を命ぜられた教習科生三十一名の一隊は、教官を隊長として、貨物自動車を以て幸手署に急行したのである。この時已に滔々たる濁流は、途中の縣道を沒し、橋梁を浸す狀況であつたが、一行はこれを强行突破し、辛うじて目的地に到着したのである。爾後刻々の增水により、同署は水中に孤立し、他との交通は全く杜絕するに至つた。万一教習生の行動が一瞬たりと躊躇逡巡して機敏を欠いていたら、幸手署は警備力の不足により、今回の被害を一層甚大ならしめたことは火を見るより明である。

現地に至るや、所轄署員は十五日夜半より、夫々現場に出張、担任業務に就いた。然し浸水のため署との交通を遮断され、帰署不能となり、これがため署警備本部の警備力は極めて不足を來し警察活動も意の如くならざる狀況に陥つた。加之力と頼む舟艇は手近になく、拱手傍観の外なき折柄、偶々濁流中に繋留されていた舟艇を目撃し、直に捕縄を以て互に体を結び合い舟に近づきて之を獲得、水流秒速実に八米の濁流中に敢然として出動、高地や屋上に逃れ、又は樹上に於て助けを求める罹災者の救出に、或は給水に、給食に、全く身の危険をかえりみず決死的活動を爲し、續々救出したが、其の数実に弐百有余名に上り遂に收容にも場所なく、一時は署留置場迄使用するの已むなきに至つた狀態であつた。

この外教習生は、上司の指揮に從い、一糸乱れない活動を連日連夜続行し、或は小舟を操つて管内各町村及び隣接茨城縣との連絡にあたり、或は濁流腹部を沒する道路上を强行渡渉して、各種の警備防疫其の他に今尙献身的活動を爲しつゝあるのである。

㈡ 越谷、吉川両署應援隊

利根川堤防を破つた濁流は、逐次下方の農村を呑み、町を侵して縣東北部の穀倉地帯一円を併呑し、その水勢衰えることなき狀態であつた。九月十六日午後一時、再度警察練習所教習生に対し、越谷及吉川両署に非常應援命令が発せられたので、殘留三十九名は、教官を隊長として、現地に急行し、消防團員、水防組合員の陣頭に立つて、自から俵を担ぎ鍬を振つて古利根川、元荒川の水防に懸命の努力を爲し、遂に增水氾濫するや、二階屋上等に水魔を逃れて、飢餓と不安に戰慄しつゝある罹災者の救助は勿論、家財或は牛馬等の救出と、水中に殘留する罹災民の給食等に、慣れぬ舟を操つて、決死的活動を爲し、救助者の数は百数十名を算するに至つた。更に之が了れば、自轉車隊を組織して、悪路と濁水を冒して、医療品を各町村に運搬、傳染病の予防接種其の他の防疫業務に專心する外、水害地の警備、防犯に將又情報の蒐集等に、寢食を忘れて活動しつゝあるのである。

二、參考事項

今回の水害は廣範且つ深刻であつて、罹災地所轄署員は、何れも十五日夜來夫々の現場に至り、分担業務に從事中、附近一帶の浸水に遭い本署との連絡を杜絶され、そのため警察力は極めて僅少の狀況にあり、而も近隣一帶の著しい浸水のため、他からの應援派遣も亦不可能となつたので、若し敎習生の迅速なる應援と決死的活動がなかつたなら、多数の罹災者を見殺しにし、その被害をより一層甚大ならしめ、延ては警察の威信も全く地に墜ちたであらうことは想像に難くないのである。然るにかくも甚大な水害にも拘らず、人命の犧牲は僅かに八十三名（二十九日現在）に止め得たことは、これ全く敎習生の迅速勇敢無比の決死的活動による所多く、当時縣民の賞讃と感謝の的となつて居り、行賞の價値充分と認められる。

第二章　縣の表彰

人命の救助並に防水に關し、身の危險を省みる暇もなく、敢然として濁流に跳込み、私有財產に目もくれず、公共の爲に何かはあると、多量の資材を惜しげもなく提供し、部下全員を引率し、自ら水中に投じ、率先防水に死鬪したこれ等節義に殉じた範疇的縣人、それはすべて本縣より賞狀に金壱封を添えて表彰した。

第一節　人命救助と表彰

九月十五日出水以降同二十一日に至る一週間、縣内各地における人命救助者に対し、西村本縣知事よりそれぐ表彰があつたが、其の內訳一般人四十二名警察官五名計四十六名であり、その氏名及び狀況は左表の通りである。

記

郡市別	一般人	警察官	計
兒玉郡	四	─	四
秩父郡	四	─	四
入間郡	八	一	九
北埼玉郡	一	─	一
南埼玉郡	九	二	一一
北葛飾郡	一一	一	一二
川口市	四	一	五
大里郡	─	一	一
計	四一	六	四七

1. 人命救助者(一般)氏名並に状況一覧表

郡市別	救助日時	救助者宿所氏名	被救助者宿所氏名	救助状況
兒玉郡	九・一五 后〇、三〇	東兒玉村字関 平野多三郎(三四) 同 高橋重雄(二二)	東兒玉村字関 田島伊平(一三) 妹 ハツ(一)	同郡東兒玉村字関田島伊平(一三)が、妹ハツ(一)を脊負い、志戸川用水橋を渡らんとして轉落、濁流中溺死せんとするを、両名着衣のまゝ濁流中に跳り込み、無事救出す。
兒玉郡	九・一五	本庄町三、八九〇 中島光太郎(三四) 同 四、〇六〇 田子玄次郎(三六)	兒玉郡本庄町二、七九五 須永義雄(一七)	本庄町四、〇六〇地先、久城堀中の濁流におちこみ、折柄の奔流に将に溺死せんとするを、両名観衆の中より躍り出て、敢然と水中に身を投じ、無事救出す。
秩父郡	九・一五 后四、〇〇	吉田町下吉田六、七一七 引間孝道(五〇)	吉田町字下吉田 田村フミエ(三二) 三女 節子(三)	吉田町井上川の濁流中に誤つておち込みし、三女節子を救わんとし、身も又濁流に押流され、両名水中に苦闘中を見、直に濁流におどり込み無事両名を救出す。
秩父郡	九・一五 后三、三〇	吉田町下吉田三、八〇九 白石修(二五)	吉田町三、七九〇 市川保一(四二)	吉田川急激に増水、避難準備のため家財整理中の吉川保一一家は、遂に避難し損れ、折柄一挙に押寄せし濁

郡市別	救助日時	救助者宿所氏名	被救助者宿所氏名	救助状況
		吉田町下吉田三、八九二 河村正一(二五)	妻 晴子(三七) 長男 利雄(一〇) 長女 美津子(八) 三男 稔(二)	流に、屋内は忽ち浸水、多数家族を抱え、救を求むる悲鳴に、両人これを救助すべく決意し、ロープを確と身体に結び、濁流におどり込み、一人々々を次々と対岸に運び、遂に一家五名無事救助する。
入間郡	九・一五 后六、〇〇	古谷村字古谷四、二九六 鈴木幸次郎(六三) 同 岸野正吉(五五) 同 岸野正吾(三三) 同四、八六 沼野彌太郎(四七)	古谷村字上古谷四、〇八七 澁谷仙吉(七七) 外二名	十五日折柄の暴風雨に氾濫せし、荒川の沿岸古谷川越縣道上約五十米の間は水位六尺に及び、当時同所を渡渉中の澁谷外二名は、奔流に行手を阻まれ、進退の自由を失い、附近の電柱及柳樹に縋り、救を求める悲鳴に應え、鈴木氏等附近より小舟を借りだし、暗夜を侵して激流と苦闘し、辛うじて三名の救出に成功す。
入間郡	九・一五 后二、三〇	古谷村字小中居六九六 永堀善兵衛(四五) 同 高柳亮眞(五〇) 外警官一	古谷村古谷五、三九五 関根ユリ(六三) 外六名	古谷村は荒川の氾濫により、一挙に濁流に水没、逃げ後れた関根ユリ外六名(三戸三家族)は、屋上に匍上り、声を限りに救を求むるも、水勢急にして近づくことが出來ない。これを目撃した永堀氏等は、駐在警官に急報すると共に、小舟を借りあるき、折柄の暗がりを声を便りに小舟を進め、幾度か轉覆の危險を脱し、辛うじて救助に成功した。
入間郡	九・一五 后三、三〇	古谷村字上古谷四、九六二 鈴木幸次郎(六三) 同 七、七四二 恩田勇太郎(四九)	同前	同前(協力せしもの)

秩父郡	九・一五 后三、三〇	芦ヶ久保村一、〇九五 赤岩喜三郎(四九)	芦ヶ久保村八三八 赤岩キヨ(三八) 長女モト(四)	芦ヶ久保川氾濫し、避難しそこねた赤岩キヨは、家屋内に浸水した濁流中に、長女モトを抱き、失身状態に陥りしを、濁流を渡渉して無事救助に努む。
北埼玉郡	九・一六 前八、三〇	南河原村字南河原 加藤保男(一九)	南河原村字南河原 橋本美惠子(七)	北河原用水中に陥込み、將に溺死せんとする美惠子を無事救出す。
南埼玉郡	九・一六 后一〇、四〇	百間村字山崎二八〇 金子一夫(一九) 同 一四八 早川昭助(一九) 同 一五〇 渡辺武郎(二二) 同 五三 青木太喜(二三) 同 一五一 坂巻昭(二二)	百間村字金原一五六 野本光吉(二三)	百間村字山崎二八〇番地、金子泰助方北方約二百五十米地点の濁流中に救を求むる悲鳴を耳にす。上記五名は直に救助せんとし、先づ小舟の入手に奔走懐中電灯を便りに現地を探し求め、幾度か轉覆の危機を脱し、樹上に縋り、殆んど失神状態の本人を救上げ自宅に連れかえり、介抱蘇生せしめたものである。
北葛飾郡	九・一六 前八、三〇	行幸村字円藤内七六九 青木泰治(二〇)	同上番地 大出芳子(八)	島川堤防に避難の途中、宝積院前において、折柄の激流に押流され、溺死せんとするを、本人かけつけ無事救出す。
北葛飾郡	九・一六 前一一、〇〇	栗橋町字島川三三 関田友吉(五五)	栗橋町字島川三三五 堀越はな(四九)	島川地先避難の途中、濁流の爲に身体の自由を失し、漂流中を發見、單身救助に努め、心身全く喪失の狀態を、予て心得の人工呼吸により見事蘇生せしむ。
北葛飾郡	九・一六 前一一、〇〇	栗橋町字栗橋五三 関田友吉(五五)	栗橋町字栗橋五三 笠原ウノ(五〇) 同 タネ(二二) 同 五四 野村佐平(五三) 同 モト(四五)	栗橋町急激の氾濫に、避難すべき舟艇もなく、急造の筏を編み、上記四名一團となり、辛うじて避難の途中、編筏不幸にして解体し、四名濁流中に苦悶中を目擊した本人は、これ又筏にて單身これに近づき、あらゆる苦鬪をつゞけ、無事四名を救助す。

郡市別	救助日時	救助者宿所氏名	被救助者宿所氏名	救助状況
				当時在住民賞讃の的となる。
北葛飾郡	九・一六 后二、〇〇	栗橋町字中里一、二九七 新井常治(三六)	栗橋町字中里四二 佐々木トメ(四二)	濁流氾濫のため、急ぎ村内香取社境内に退避したる所ここも又濁流押寄せ、刻々増水、遂に吾身も余す所なく、頸部を濁水中に現すのみとなつた。漸く危険を脱したも束の間、頻りに救を求むる悲鳴に小舟を探し求め現場に漕ぎつけ、濁水に苦悩中の本人を無事救出す。
北葛飾郡	九・一六 前一〇、〇〇	栗橋町字中里八九一 小林宮治(四〇)	栗橋町字伊坂一、一四六 山中サク(一六)	急襲の濁流に住家と共に押流され、途中家屋解体のため、身は濁流になげ出され漂流中を、たま／＼桐の木に取縋ることが出来、救を求めつゝありし声に、直に小舟を操り、本人の救出に成功す。
北葛飾郡	九・一六 前一一、〇〇	栗橋町字新井五八五 遠藤初太郎(三二)	栗橋町字島川三四九 土道シヅ(九) 同 信雄(六)	自家は遂に流失し、戸主貞藏は不幸犠牲となりしも、孫シヅ及び信雄の両名は、漂木に縋り悲鳴をあげつゝ漂流中、これを目撃せし本人は、單身水中に身を投じ溺死寸前の両名を無事救出す。
北葛飾郡	九・一六 前八、三〇	栗橋町字栗橋三、六五〇 大熊米吉(五四)	栗橋町大字伊坂六七四 青木はる(五二) 同 いよ子(三三) 同 昭子(二二) 同 茂(七) 関ツネ(四二) 田村和一(四三)	栗橋町字小右ェ門地内に漂流中の上記青木一家四名及隣家の二名は、頻りに救を求めしも濁流ものすごく應ずるものがない。この時本人は、直に附近の小舟を借受け、身の危険を顧みず漕出し、幾度か轉覆の危険を巧に乗り切り、全員無事小舟に救上げて、安全地域に辿りついた。

北葛飾郡	九・一六 前一〇、〇〇	栗橋町字伊坂九六七 村井隆次(四二)	栗橋町字伊坂一、〇〇一 野村芳子(三七) 外近隣者計十二名	栗橋町字伊坂地内に押寄せし濁流のため、野村芳子外近隣者十二名は、急激の奔流に逃場を失し、一同屋根に匍上り、頻りに救を求めたが、水勢ものすごく、誰一人とし手を下すものがない。本人は断乎意を決し、急造の筏を編み、これを繰り出し、筏上に次々と救上げ、全員救出に成功す。
北葛飾郡	九・一八 前九、〇〇	行幸村字松石五五〇 野村芳松(四八) 小島勇(二六)	栗橋町字高柳 田島精三(二四)	栗橋町字狐塚香取神社境内に避難中刻々増水身体の自由を失し、樹木によぢ上り、救を求むること実に一昼夜、芳松氏急遽救援に思いたちしも小舟なく、漸く借受けて救出を計劃、隣家の小島氏外二名の協力を得て小舟を操り、樹上に縋りつき、半死半生の本人を漸く救助し得たのである。
北葛飾郡	九・一八 前一一、三〇	豊岡村宮前 小林忠造(四二)	同上番地 平野新次(三一)	古利根川岸において、誤つて濁流中に轉落し、将に溺死せんとするを目撃した本人は、其のまゝ河中に飛込み救上ぐ。
南埼玉郡	九・一八 后七、〇〇	潮止村大瀬一、四一六 森井浅五郎(四一) 同 古新田二六〇 田口常七(三七) 潮止分署巡査 浜中茂(二六)	潮止村字大瀬一、四九七 高橋トク(七六) 外二十一名	字大瀬地内中川堤防決潰し、字大瀬古新田両部落は忽ち水没、逃げ損れたる字大瀬部落一、四九七高橋トク(七六)外二十一名(七戸分家族)は、屋根裏にて頻りに救を求め悲鳴が洩れ来るも、暗夜の濁流で誰一人として手を下すものがない。この時断乎たる決意の下に、小舟を探出し、これに便乗して、悲鳴の家を指して小舟を操り辛うじて辿りつくや、勇を鼓して屋根を打破

2. 人命救助者（警察官）氏名並に状況

郡市別	救助日時	救助者宿所氏名	被救助者宿所氏名	救助状況
				り、次々と救出し、全員無事安全地帯に送致し、村民感激の的となる。
南埼玉郡	九・一八 后七、〇〇	潮止村字大瀬七八 細谷儀三郎（四八） 同 臼倉松次郎（五五）	同上大字大瀬一、四六五 蓮見吉太郎一家四名	同前濁流中に逃げ後れたる字大瀬一、四六五蓮見吉太郎一家四名は、同様屋根裏に匍上り、頻りに救を求むる悲鳴をきゝつけ、暗中小舟を繰り、身の危険も忘れ同様屋根裏を打破り、全員救出に成功す。
川口市	九・一六 前三、〇〇	川口市本町一ノ一八 新井勝治（五五） 同市金山町二六 福田登明（二二） 同 三三 鈴木義隆（二二） 川口警察署巡査 羽鳥傳次郎（三三）	川口市金山町一 浅野清（四八）	川口市荒川堤外善光寺附近は、折柄の豪雨のため大氾濫、十五日のこの日には殆んど避難したが、逃げ損じた浅野は、濁流のために身体の自由を失い、附近樹上に縋り、頻りに救をよんだ。日既に没し、暗夜の救助に誰一人應ずるものがない。この危急に敢然名乗り出した上記三名は川口警察勤務の羽鳥氏と共に、附近繋留の小舟を借受け、幾度か轉覆の危難をきり抜け、悲鳴の樹上に辿りつき、疲労と困憊のため、半身不髄の浅野を無事救出した。
川口市	九・一六 后三、三〇	川口市青田町一、一六〇 鈴木八州男（二二）	川口市元郷町一ノ一九三六 林信男（六）	芝川の濁流に落入り、将に溺死せんとする現場にかけつけ、無事救出す。

郡市別	救助日時	救助者宿所氏名	被救助者宿所氏名	救助状況
川口市	九・一六	川口警察署 羽鳥傳次郎（三二年）	浅野清（四八）	荒川堤外に逃げ後れた浅野清を濁流中に身を挺して救助す。（既前記載）
大里郡	九・一五	深谷警察署第二区駐在員 外山幸藏（二三年）	深谷町字深谷二五 柴崎重瓊（三九）	区内柴崎重瓊が、肺炎のため臥床、折柄の大氾濫のために、残留婦女子のみにて避難し得ず、一家困憊中これを耳にした外山巡査は、水深四尺の濁流中を、重態の本人を脊負い、家財の搬出に應援する等、警官としての本務を遺憾なく発揮す。
南埼玉郡	九・一五 九・二〇	鷲宮第一駐在所 針ヶ谷守次（三八年）	管区内住民一般	鷲宮管区内の大氾濫が急激であつたゝめ、住民はたゞ自身の避難にのみ汲々中を、針ヶ谷巡査は自身及一家の危殆を顧みずを常に率先難民の收容に救済に死闘し、管区内一人の犠牲者をも出さなかつた。
南埼玉郡	九・一八	潮止分署巡査 浜中茂（二六年）	高橋トク（七六） 外二十一名	詳細前述
北葛飾郡	九・一六 九・二〇	栗橋第四駐在所 黒須春松（三二年）	管区内住民一同	自己一身一家の安否を顧みず、管区内難民の救援救護に当り、事生命に関する事件には常に率先これに当り無事犠牲者を出さゞりしは、同巡査の苦闘を物語るものである。

第二節　水防特別功労と表彰

今次水害における出水前後の防水警備の状況に関しては、第二編において既に詳記の通りであるが、当時各地所在の警察署消防團を初め、地域水防團青少年團及び各種團体が、率先水防に協力し、偉大なる功績を擧げているのである。本欄には数ある功績の中、特別の功労があり、特に本縣知事より賞狀を授與せられたる團体及び個人につきてのみ登載することにした。右表彰は個人四團体四計八であるが、この外警察官の水防協力者にして表彰せられたもの七名をも併せ記載した。

記

1. 水防特別功労者（一般）氏名並に狀況

郡市別	活動日時	奉仕者氏名	奉仕者宿所職業	活動狀況
北足立郡	九・二一	宇田川善藏（四七年）	草加町字手代 材木商	八條地内中川堤防危險に瀕す、当時宇田川氏水防團員として出動、私有の杭材一〇〇本を無償提供して防禦に努むる外自らも率先陣頭に立ち作業を督励して遂に防止に成功す。
北足立郡	九・二一	小林廣吉（四七年）	草加町日吉町一、二九二 酒類商（草加町会議員）	八條地内中川堤防三箇所に亘り決潰、これが閉鎖作業に率先小舟を操縦し、濁流中の危險を顧みず、防止作業に苦闘をつゞけ、遂に決潰口の閉鎖に成功す。
北足立郡	九・二一	日向野吉一郎（四三年）	草加町日吉町一、一一三 鉄工業	自己所藏のアングル鉄材多数を無償提供し、足場用の資材を助け、自らも又水防作業に盡瘁し、日夜努力の結果、閉鎖を容易ならしめたのである。
北足立郡	九・一六 九・二〇	清水玄次郎（五五年）	草加町氷川一、四四九 土工夫	元荒川瓦曾根の堤防が、幾度か決潰の危機にさらされたが、其の都度激流中に飛込み、洩水箇所の探究につとめ、閉鎖作業を迅速ならしめたのである。当時並居

				る消防團員すら逡巡中を、率先この挙に出でしは、実に本人の犠牲的精神の旺盛を物語るものである。
北足立郡	九・二一	上林忍松（四五年）	草加町神明町五一 埼玉厚生運輸株式会社々長	自己所有のトラック三台を無償提供し、中川堤防決潰閉鎖用の資材運搬に、自らハンドルを握り日夜活躍し閉鎖を容易ならしめたものである。
北足立郡	九・二一	新居銀之助（五六年）	草加町住吉町七五 埼玉染布株式会社社長	前記八條村地内中川堤防危険に瀕するや、部下六十名を引率して現場に出動し、防水に閉鎖に捨身の苦闘を続け、全員協力一致の成果は、遂に喰止の促進を生む。
北足立郡	九・二一	高梨滝蔵（四二年）	草加町高砂町三五 高梨工務所	高梨氏保有の杭木一〇〇本を無償提供して、閉鎖を助け、部下三十五名を引率して小舟を操り、土俵の積込杭打の作業等部下を督励して、以て閉鎖の促進をはかる。
北足立郡	九・二一	高橋庄司（三四年）	川口市字新郷六七八 土木建築業	高橋組長以下二十名率先前記工事に参加し、消防團員すら辟易する中を、断乎水深五尺有余の濁流中に飛込み、土俵を積み、杭打に決死の活動を続け、閉鎖工事の促進をはかる。

2. 水防特別功労者（警官）氏名並に状況

署別	日時	奉仕警官氏名	勤務箇所	奉仕状況
北埼玉郡加須町	九・一四 九・二〇	市川幸作（二七年）	利島村駐在所	利島村は川辺村渡良瀬決潰のため大氾濫、住民は避難

署別	日時	奉仕警官氏名	勤務箇所	奉仕状況
				に大混乱を來したが、同巡査は決潰前後の水防作業に区民とよく協力し、自身一家の安否を顧みず職務の遂行に完璧を期す。
北埼玉郡加須町	九・一四 九・二〇	岩田覚之進（二八年）	原道村駐在所	原道村は利根決潰口に当り、水防に関しては、一身一家を顧みず、率先村民の陣頭に立ち、日夜苦闘す、決潰後も救援救護の面に死力を盡す。
南埼玉郡岩槻町	九・一四 九・二〇	山内森市（三三年）	武里村駐在所	武里村駐在員として、一身一家を顧みず、前者と同様水防に努力す。
北葛飾郡幸手町	九・一六以降	福地半平（四三年）	幸手署刑事係	出水前後常に陣頭に立ち、水防に苦闘す。
北葛飾郡幸手町	九・一六以降	荻野玉男（三九年）	幸手署巡査	九月十六日午前三時、水防のため櫻田村に派遣せらるゝや、常に一身を犠牲にして、あらゆる敢闘を続け、終始一貫遂に其の目的を達成す。
北葛飾郡吉川町	九・一六以降	増山修藏（四三年）	吉川署巡査	終始水防に努力し、特に神奈川縣應援の舟艇十六隻の引取に、身の危險を冒して之に当り、荒川の激流を敢然突破、重責を果す。
南埼玉郡岩槻町	九・一六以降	大須田富次（四一年）	新和駐在所	妻よし(三五)は産後身体すぐれざる上、三男二女の子女養育に当つていたが、たま〳〵今次の大水害に、夫大須田は水防に東奔西走、家事を顧みる暇もなく、新和

				駐在所不在中の事務を一切担当し、これがために疲労甚しく、十一月一日遂に用便後心臓痲痺で倒れてしまつた。大須田氏は訃報に接しても私事であると自若として少しも動揺せず、職務遂行後、漸く帰所したる次第である。警察官として本行動は賞しても猶余りあるものがある。

第三節 其の他功労と表彰

署別	日時	奉仕警官氏名	勤務箇所	奉仕状況
南埼玉郡岩槻町	九・一七	斎藤喜市（四五年）	慈恩寺村駐在所巡査	今次大水害に際し、区内に耕地を繞り、水騒動惹起、各関係農民達は、手に手に鍬鋤或は日本刀迄持出し、互に待機、大事に至らんとしたが、これを早期に聞込みし斎藤巡査は、事態容易ならずとし、本署に急報、本署より應援を得て事態を事前に鎮圧す。
北葛飾郡杉戸町	九・一六	荻野敏満（三五年）	富多村駐在所巡査	勤務駐在所の冠水に遭遇するや、時を移さず直に書類を整理して、先づ安全の箇所に移し、床上実に三尺に及ぶ駐在所を最後迄死守し、一方罹災者の救援救護に献身的努力を傾注す。
北葛飾郡杉戸町	九・一六	飯沢源藏（四七年）	百間村駐在所巡査	罹災者の救援救助に努力する外、管内一町十四ヶ町村に対する、縣の救援物資の配分輸送に、献身的努力をなす。

第八編　結　語

本誌の結論として、本災害を契機に結成された、埼玉縣災害救助隊の結成経過と、運営計劃要領を掲載することにする。

本縣では、今次の大水害を機会に、今後かゝる災厄單に水害のみならず震害火害に遭遇することがあつても、聊かも狼狽することなく、之が防止に之が救済に万全の策を樹立する必要から、埼玉縣災害救助法に基ずき、災害救助隊を編成することになり、関係当事者の間にこれが審議を続けていたが、愈々その議も熟し、二十三年四月廿八日先ずこれが計劃要領の発表を見たのである。

即ち縣に災害救助隊本部をおき、下部組織として各地方事務所各市に支隊を、各町村に分隊をそれぞれ設け、災害を未然に防護する一面、不幸災害の発生した場合にも、直に應急救助に出動することになつた。

猶救助隊には、應急救助に関する必要な台帳は、常時本隊を初め各支、分隊にも備付け、公用從事令書交附の対象、從事員の名簿、避難所、救護所、應急救助用資材、生産業者の台帳等、毎月末日現在をもつて、本隊に報告する義務を有し、本隊は被害狀況に應じて、随時総合救援を実施し、其の狀況対策を関係当局及び軍政部に報告すると同時に、埼玉縣災害救助対策協議会に附議し、関係機関に連絡することになつている。

次に本隊は、隊長を知事に、副隊長を副知事とし、部長は縣部長又は日赤縣支部の中から、隊長之を任命することになつている。

因にこれが組織並に機構の大要は次の通りである。

記

一、総務厚生部

1. 各部総合連絡

2. 應急救助の一般
3. 災害に関する記錄
二、消　防　部
1. 災害情報に関する事項
2. 災害救助のための市町村消防の連絡
三、衛　生　部
1. 医療防疫関係
四、経済部第一部
1. 救助物資中、食品に関する事項
五、経済部第二部
1. 救助物資中、生活必需品に関する事項
六、技　術　部
1. 施設々備の應急修理
七、公　安　部
1. 國家警察の管轄区内の警備情報
2. 警察事務
3. 市町警察との連絡
八、輸　送　部

1. 救助物資の輸送

九、協　力　部

1. 團体の協力活動の連絡統制

以上所管を九部にわけているが、各支隊は地方事務所長又は市長がこれを定めることになつている。猶支隊長は事務所長、市長、副隊長は総務課長助役をもつてこれにあて、各隊附の係長は事務所長又は市長がこれを命ずることになつている。

分隊も支隊同様町村長が編成し、隊長副隊長は町村長又は助役がこれに当ることになつている。又係員も前同様町村長がこれを命ずる。任務として救助の実施に従事するは勿論、各分隊との連絡にも当ることになつている。

かくて本隊における各職の人的配置及び埼玉縣災害救助対策協議会委員の委嘱を発表し、昭和二十四年四月一日埼玉縣災害救助隊運営要綱五章三十七條を制定、同時に救助隊運営計劃の完成を見たのである。

因に縣では昭和二十四年四月一日附、埼玉縣災害救助隊編成要綱並に同災害救助隊活用計劃と題し、八十八頁にわたる小冊子を刊行した。

完

昭和二十二年度埼玉縣水害誌編纂経過概要

昭和二三、二、一五
同　　　二、二三

本日附を以て、河合壽三郎埼玉縣水害誌編纂事務嘱託を命ぜらる。

昭和二十二年埼玉縣水害誌編纂委員会規程並に埼玉縣水害誌編纂委員会常任委員会運営要領の両案に関し、知事の決裁を受く。猶両案文は次の通り

記

昭和二十二年埼玉縣水害誌編纂委員会規程案

第一條　埼玉縣水災誌編纂委員会以(下委員会という)は昭和二十二年九月の洪水による埼玉縣管内水害誌を編纂することを目的とする。

第二條　委員会に委員長一名、委員若干名をおく、委員長及び委員は知事がこれを委嘱する委員長は会を代表し会務を処理する。

第三條　委員中より常任委員若干名を委嘱する、常任委員は連絡会議に出席し、編纂業務に協力する。

第四條　委員会は重要なる会務につき知事の諮問に應じ又は必要なる事項を建議する。

第五條　委員会は必要により幹事若干名をおき編纂を補佐せしめることが出來る。

附則　委員会の事業は昭和二十三年二月に起り事業の完結を以て終るものとする。

埼玉縣水害誌編纂委員会常任委員会運営要領案

第一條　埼玉縣水災誌編纂委員会(以下委員会という)は「埼玉縣水害誌編纂委員会」

同　　二、二五

規程第三條により設置する。

第二條　常任委員は縣廳内各部（総務、農林、土木、農地、経済、民生、衛生、教育、警察、会計）より一名、各地方事務所より一名、記者倶樂部より一名、とする。但し必要ある場合は市町村吏より委嘱することが出來る。

第三條　委員会に編纂室を設け編纂に関する專任事務員を委員長が委嘱する。

第四條　委員会は必要に應じ毎月一回会議を開き編纂に関する事務を討議する。

第五條　編纂に関する複雜なる資料の蒐集並びに原稿の執筆に関しては編纂室專任事務員がこれを担当する。

第六條　原稿はすべて常任委員会々議の討議を経て委員長に提出し検閲を受けるものとする。

第七條　検閲を受けたる原稿は直ちに製本する。

第八條　委員会は編纂事業の完成をまち知事の許可を経て解散する。

規程に基づき、左記の如く委員十名並に幹事十名の委嘱あり。

委員長　総務部長　大沢雄一
委員　民生部長　吉井則清
同　衛生部長　川上六馬
同　教育部長　細谷健治
同　農林部長　沼本謙二
同　経済部長　新原安郎
同　土木部長　長久保信夫

同　農地部長　大庭　実
同　警察部長　井上康夫
同　会計部長　石川正一
幹事　庶務課長　栗原　浩
同　地方課長　大高義賢
同　特殊物件課長　栗原昌一
同　社会教育課長　塚原千尋
同　報導室主任　武田　熙
同　縣立図書館長　韮塚一三郎
同　縣嘱託　稲村坦元
同　社会教育課嘱託　小川元吉
同　審議室主任　小森郁郎
同　編輯事務専任　河合壽三郎

埼玉縣水害誌編纂計劃並に編纂目次両案に関し委員会に提出し決裁をうく。猶計劃案文は次の通り

埼玉縣水害誌編纂計劃案

一、水害誌の編纂には水害関係の写眞をも蒐集し之を附録として同時編輯する。
二、編纂に必要なる資料は別記「資料蒐集箇処」と密接なる連繫をとり正確精密なるものを採る
三、水害誌は水害の状況を詳細に登載するは勿論なれども進んで今回の水害を巨細

昭和二三、二、二六

に検討の上其の対策に就ても詳記する

四、水害誌取材の統計は、水害の惨状に直結するものより多く計上し正確を主眼とする

五、附錄写眞帖写眞蒐集に関しては、各関係箇処は勿論民間側よりもひろく募集し眞に水害の記錄的惨状を物語り且つ写眞を通し社会的教訓性あるものより多く選択採用する

六、文章は新仮名遣による口語体とし仮名は平仮名とする

七、文章は徒に美辞難句の羅列に終始することなく簡潔平易を旨とする

同　三、一五　編輯資料に関し、罹災地市所長宛依頼狀を発送す

同　四、二八　熊谷測候所を訪問し、当時の天氣図其の他参考資料を受く

同　五、二一　建設院栗橋出張所を訪問し、当時の資料を受く

同　五、二五　各市所長宛依頼の原稿未着につき督促狀を発送す

同　五、三一　五月十日附依頼の原稿未着につき関係市町村長宛督促狀発送す

同　六、二五　第一回編纂委員(幹事を含む)会を開催し資料の蒐集担当整理等につき打合をなす

同　七、二三　第二回編纂委員会を開催し資料の蒐集並に執筆者増員方につき協議す

同　八、二三　第三回編纂委員会を開催し、災害当時関係せられたる各職員の参集を求め、資料提供に関し懇談す

同　八、三〇　災害の激甚地北埼埼葛両地方事務所代表者の出縣を求め、活動狀況の報告方につき打合をなす

同　九、一五　知事より在日アメリカ進駐軍の協力方に関する資料登載につき申入れあり

年月日	事項
昭和二三、一〇、〇六	附録写眞帖編輯のため、報導室主事小谷野竹司氏並に日大藝術科講師弓削重久氏を幹事として委嘱す
同　一〇、〇八	第四回編纂委員会を開催す
同　一〇、〇九	原稿未着のため本日より地方出張をなす
同　一〇、二六	縣廳々舍不幸祝融の災にあい全焼す、予て各課に依頼しおきたる各課活動状況並に各出張所関係の原稿殆んど烏有に帰し、向後の執筆に一大支障を來す
同　一一、〇七	第五回編纂委員会を開催し、写眞の内容につき懇談す
同　一一、一七	第六回編纂委員会を開催し、専任幹事より編輯経過概要に関し報告あり、次いで写眞の採択に関し、各委員幹事の意見を聴取す
同　一二、一五	第七回編纂委員会を開催す、弓削嘱託より蒐集したる写眞につき報告後、再度採択に関する打合をなす
昭和二四、〇一、一〇	依頼の原稿未着箇所多く、編纂事務遅々として不進、更に依頼状を直送する事に決定す
同　三、一〇	罹災地二市八郡に対し被害状況の原稿未着のため督促をなす
同　三、一七	本廳各部課長宛資料の提出方を懇請す、猶先般提出方連絡しおきたる地方出張所の活動状況の原稿未提出につき出張所責任者に督促す
同　四、一四	第七回編纂委員会を開催し、昨年度における編輯の経過概要並に新年度における計劃概要に関し報告、各委員より指示あり、猶目下の所執筆者は一人なるを以て外一

	名増員し併せて事務助手女一名採用の件等附議す
同　四、二一	公私営鉄道関係の被害状況につき、各関係箇所に依頼状を発送す
同　五、一八	編纂委員長大沢雄一氏、本日縣知事として公選せらる
同　七、〇五	救済編の原稿未着につき、督促状を二市八郡に発送す
同　七、一四	関東配電より当時の被害状況に関する原稿到着す
同　八、〇九	二市八郡に原稿の督促状を発送す
同　九、一四	各課原稿未提出につき督促す
同　一〇、二四	茨城縣古河町訪問、当時の救援状況に関する原稿を委嘱す
同　一一、〇九	千葉縣野田町訪問、同様依頼す
同　一一、一〇	神奈川縣廰訪問、舟艇應援につき、当時の状況を聴取す
同　一二、〇七	罹災地郡市に原稿督促状を発送す
同　一二、二七	第八回水害誌編纂委員会を開催し、編輯の経過概要報告の上、原稿未提出箇所に対する督促依頼につき打合をなす
昭和二五、〇一、〇八	原稿未着につき、懇請状を発送す
同　二、一三	秩父地方事務所より原稿到着す
同　三、二二	第九回編纂委員会を開催し、本誌並に附録写眞帖の検閲を受く、猶原稿　一、八〇〇枚写眞七十四葉なり
同　三、二三	浦和市原山、埼玉通信所より原稿到着す

昭和二五、〇三、一三	北足立地方事務所より復興委員会支部状況の原稿一部提供あり
同　三、三一	川口市復興委員会支部状況の原稿一部到着す
同	北埼玉地方事務所より同支部活動状況の追加分到着す

正誤表

頁数	行	脱落 正	脱落 誤	誤植 正	誤植 誤
(序文)三	一一			報道	報導△
(本文)五	四	大金侍従長	大金□従長		
五四	七	天場のきれた	天場のき□た		
六〇	四			襲いくる	襲え△くる
一九五	九			斎藤一布	斎藤一郎△
〃	一五			加藤松年	加藤松平△
一九六	五			坂崎登	坂上△登
〃	一〇			大藤暉一	大藤瞭△一
〃	一〇			金子彌二郎	金子彌太△郎
二一七	六	傍観していた	傍観してい□		
〃	一二			舟艇	舟舟△
二八五	三			見積られた	積見られた
四一三	一三			警戒	警或△
四七五	九			に対し収容所	に対△し先△づ△収容所
五一四	一〇			栗原物件課長	栗橋△物件課長
五九二	一一			食糧	良△糧
六二九	一六			香取村	鹿△取村
六四〇	一三			飲料水	飯△料水
六五四	一四	至十月廿五日	至十□廿五日		
六六〇	九	因に	因□		
六六三	一四	少いから	少□から		
六八〇	四			救護	被△護
六八二	一八			午後六時	午後午△後△六時
六九〇	六			三〇名	三〇名名△
六九〇	一五			避難	遇△難
七〇一	八			千七百拾万	千七百拾万万△
七〇六	一七	一、七七九、四〇三、六五銭	六□銭		
七四五	一六			未着手	末△着手
七六三	八	南埼玉郡北葛飾郡	南埼玉郡□□□□		
七六四	一一	同	同		
七六六	一一			医師会	醬△師会
七六八	七			台千知	台于△知
七八三	九			兒玉支部	兒玉部△部
八三一	一			三七、〇〇〇万円	三、七〇〇〇万円
八三二	五	小計	□□		
八四八	九			通信連絡	通信進△絡
八五二	三			去る	在△る
八六一	九			可能	不△可能
八六四	五	維持増殖	維□増殖		
八七〇	七			推定面積	推定面穂△
八七二	四			一般	一船△
九一九	五			應急物資	應急物贅△
九二〇	五			廣島縣	廣島△縣
九六八	一	(敬称略)	□□□		
一〇一四	一二			昭和二四、一、一〇	昭和二四、〇△一、一〇
一〇一五	一四			昭和二五、一、〇八	昭和二五、〇△一、〇八

埼玉縣水害誌

昭和二十五年五月廿五日印刷
昭和二十五年五月卅一日発行
【非賣品】

編纂兼発行者　埼玉縣

埼玉縣川越市新田町一、四五〇
印刷所　株式会社青山印刷所

昭和２２年９月

埼玉縣水害誌附録寫眞帳

目次

水害發生の概況

昭和二十二年九月八日マリアナ群島に發生したカスリーン颱風は、徐々に南方洋上より北上し、關東地方に上陸することを確認され、九月十三日中央氣象臺は颱風特報を發し、嚴重な警戒に入つた。

十五日夜半颱風は、進路を變えて、房總沖を通過し、東北方洋上に移向したが、此の間の降雨量は水源地帶並に縣下各地共大なる記錄を示した。

卽ち十三、十四、十五の三日間に於ける降水量は、秩父 611,0 mm 本庄 403,0 mm 熊谷 338,0 mm を示し、何れも各地測候所開設以來の最高記錄を示した。

九月以來の降雨により、土地の保水力少なき上、山間部に於ける降水量甚だ多く、流水量又增大し、各河川何れも水位急激に上昇し、遂に主流利根川は、東村地內約 350m. 同荒川は熊谷市久下地先 100m. 及田間宮地先 100m. 何れも決潰、支流渡良瀨川も同日川邊村地內 400m. 決潰し、其の他入間川小山川を初め、各支派川も隨所に決潰氾濫し、尊き人命の損傷は固より、家屋、田畑、道路、橋梁、河川、公共施設、工業施設等、實に莫大な被害を發生せしむるに至つた。

水害地御視察の天皇

天皇の御視察

未曾有の水害に痛く震襟を悩まされたる陛下は、九月二十一日午前九時現地御視察のため、自動車にて本縣廳に御立寄に相成り、西村知事より概況御聴取の後、直に御出發、午後零時三十五分大越村に御安着、現地において臺原道村長より、利根川決潰前後の狀況につき御說明申上げたる所、陛下には一々メモ遊ばされ、感慨深き御様子に拜せられた。次いで出迎の水防團員に對し、御慰問と激勵の御言葉があつた。(第一編第一章参照)

臺原道村長の說明（大越村現場にて）

水防團員激勵の天皇（大越村）

天皇の御巡視

陛下には、原道村御到着と共に、縣水害對策本部大越出張所を御訪問の後、更に大越小學校に收容中の東、原道兩村の罹災者を御見舞遊ばされ、老幼婦女子に一々あたゝかき御慰問のお言葉があつた。

それより宮内省差廻しの「はやぶさ丸」に御便乗渦卷く濁流の中を東村附近一帶にわたり、親しく御巡視あらせられた。（第一編第一章参照）

「はやぶさ丸」にて御巡視の天皇　（東村附近）

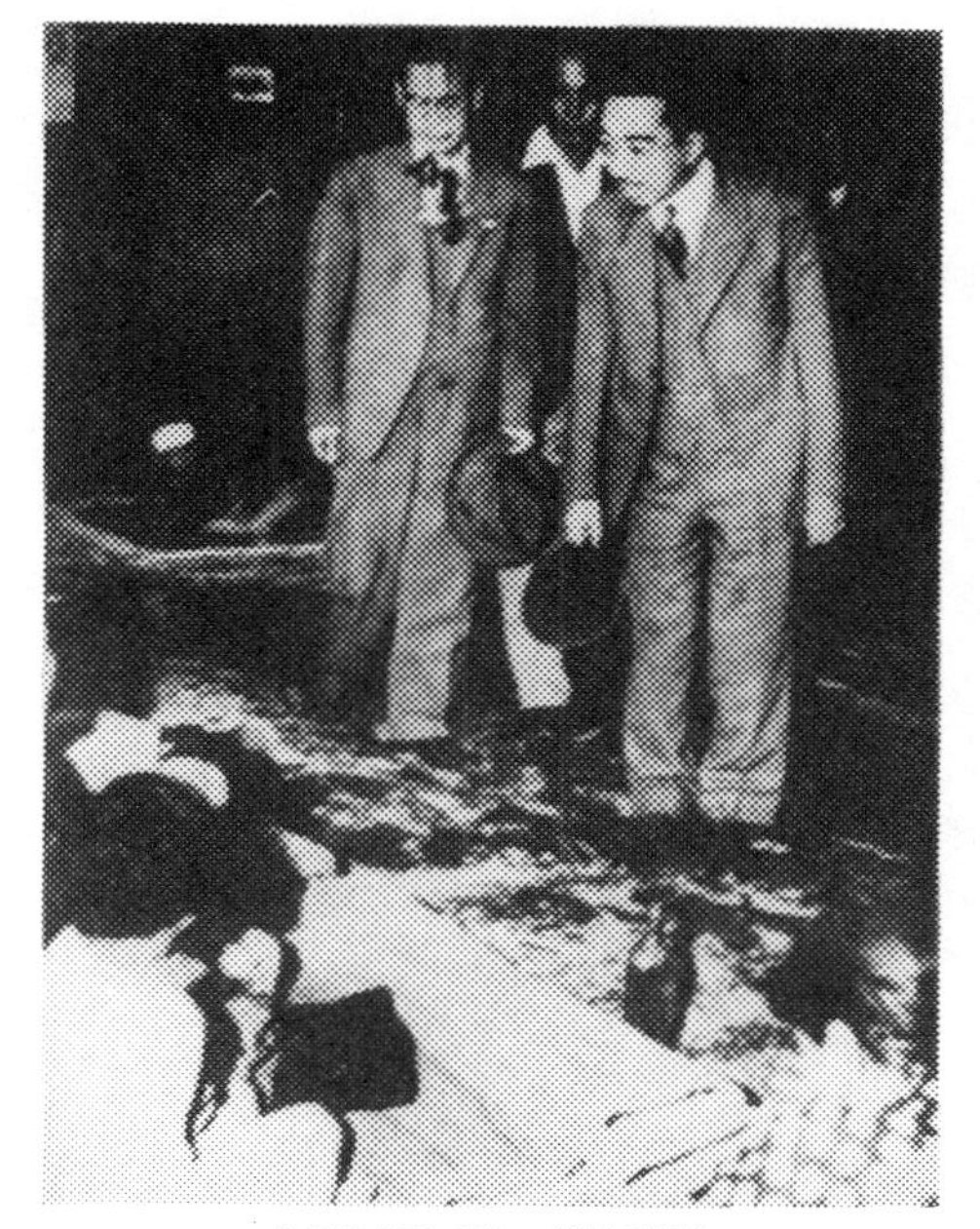

收容所御慰問の天皇　（大越小學校）

第一部

出水の状況

決潰地附近の鳥瞰（原道村、元和村、東村）

利根川の決潰

昭和二十二年九月十六日午前零時三十分頃北埼玉郡東・原道の村境新川通の堤防約 350m. 一大音響と共に突如決潰、濁流は物凄き勢を以て堤內に落下、水は忽ち東村一帶を浸蝕、漸次氾濫區域をひろげ、折から荒川久下決潰の水と南埼白岡附近において合流して南下、北葛南埼の兩郡を毎秒流量 3,000 立方米(推定)の水勢を以てなめつくし、22日悠々東京灣頭に到達した。當時通信交通全く杜絕した縣對策本部では、米軍好意の空中撮影により、現地の狀況を探知し、直に救援の手を差延べた。(第二編第四章第二節參照)

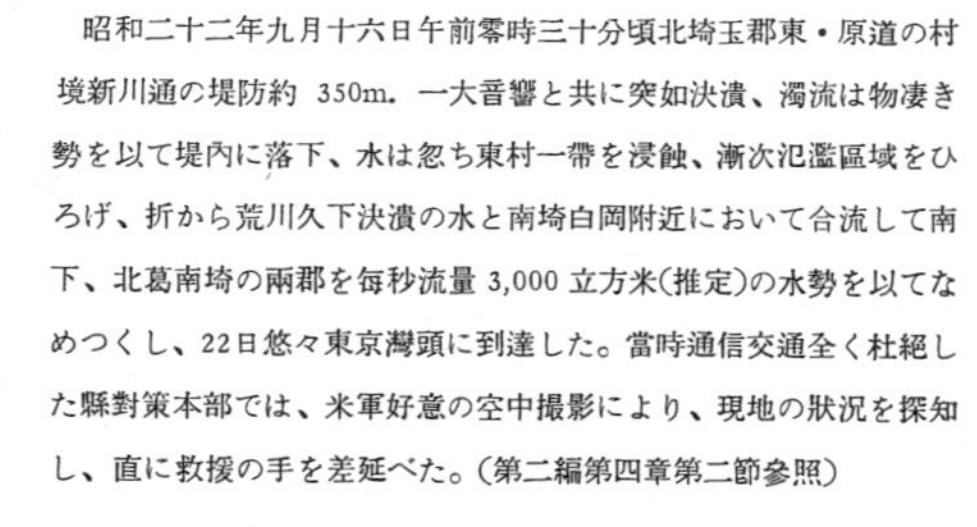

東村新川通堤防の決潰（北埼　東村）

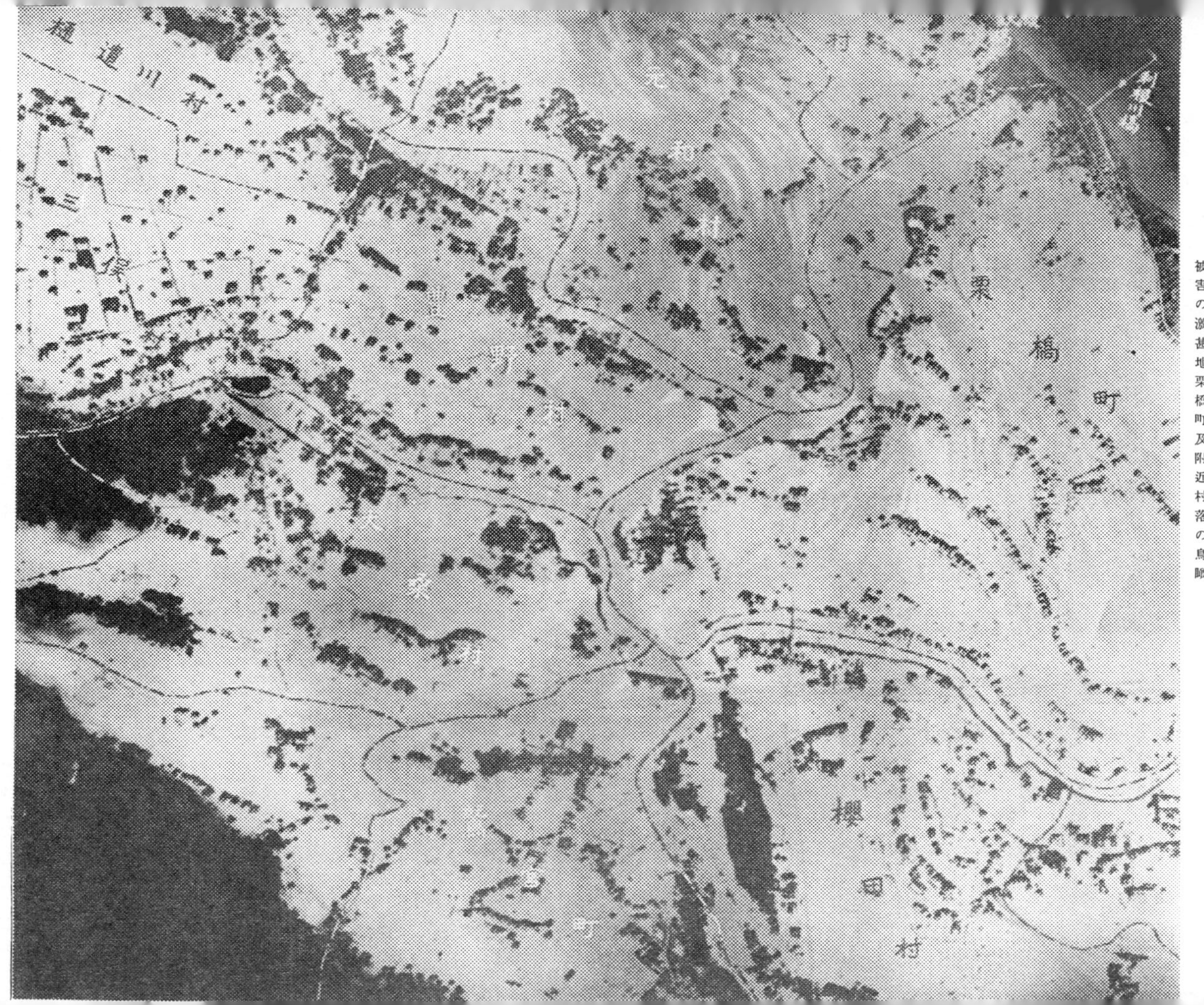

利根川決潰の濁流

水防團員必死の防衛も空しく、遂に決潰した大利根の濁流は、餘勢を驅つて刻々南下し、元和、豐野、栗橋、櫻田、行幸、權現堂川の一町五ヶ村は、忽ち水魔の渦中に孤立してしまつた。（第二編第二章第二節參照）

被害の激甚地栗橋町及附近村落の鳥瞰

入間川・越邊川の決潰

西部入間及比企兩郡の氾濫狀況は、航空寫眞の如く、入間川の決潰による比企郡出丸、三保谷並に、越邊川の決潰による比企郡高坂、入間郡勝呂の各村が、被害最も激甚を極めた。（第二編第三章第十節參照）

入間川の決潰と氾濫の狀況

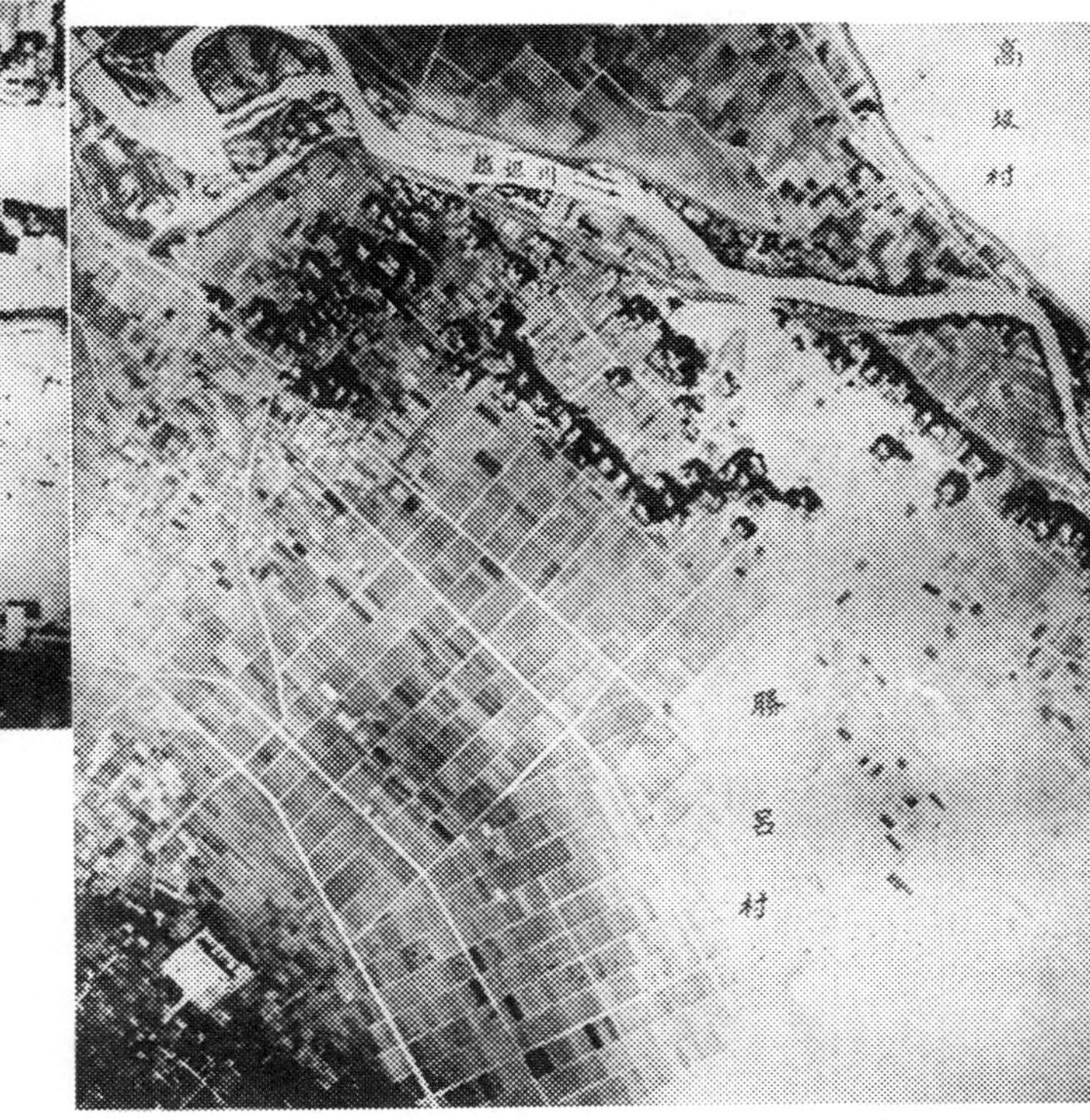

越邊川の決潰と氾濫の狀況

出水と警戒

利根川東村、荒川久下の各堤防は、何れも決潰して、濁流一路南下の報に、流域各地は、最早洪水必至と見て、地元消防團水防團は、村民と協力の上、諸材運搬土俵を二段三段に積重ね、嚴重に警戒し、以て水魔の脅威を完封した。（第二編第二章参照）

將に流出せんとする橋梁を警戒する人々（春日部町）（第二編第三章第五節参照）

危機刻々迫る中川堤防を警戒する人々（八條村）（第二編第三章第七節参照）

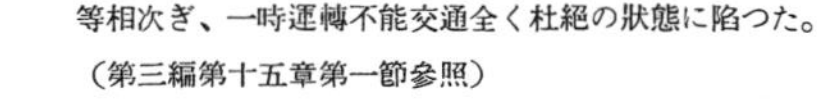

氾濫と鐵道

未曾有の洪水となり、縣内敷設の公私鐵道は、何れも水魔の跳梁する所となり、線路の流失、鐵橋の兩側崩壞等相次ぎ、一時運轉不能交通全く杜絕の狀態に陷つた。（第三編第十五章第一節参照）

機上から見たる東北本線栗橋鐵橋と栗橋驛附近（前掲栗橋町及其の附近村落の鳥瞰圖と比較せられよ）

將に水沒せんとする栗橋驛ホーム（栗橋町）

縣内における敷設鐵道の被害

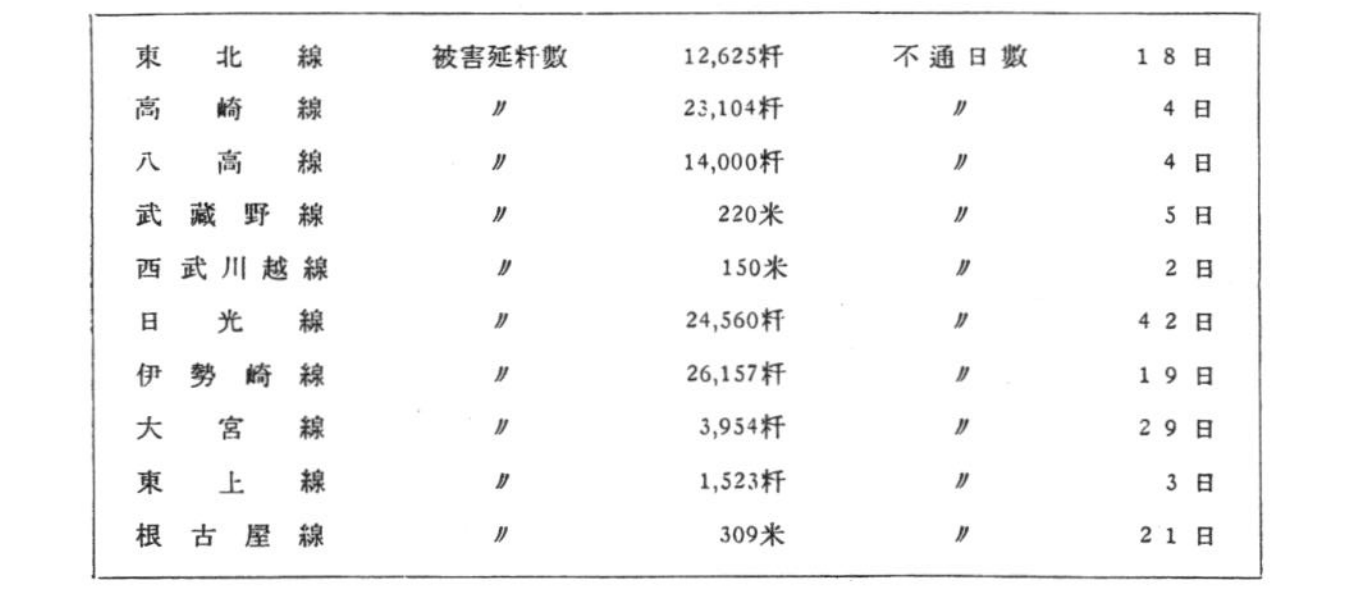

東北線	被害延粁數	12,625粁	不通日數	18日
高崎線	〃	23,104粁	〃	4日
八高線	〃	14,000粁	〃	4日
武藏野線	〃	220米	〃	5日
西武川越線	〃	150米	〃	2日
日光線	〃	24,560粁	〃	42日
伊勢崎線	〃	26,157粁	〃	19日
大宮線	〃	3,954粁	〃	29日
東上線	〃	1,523粁	〃	3日
根古屋線	〃	309米	〃	21日

水沒後の東武鐵道沿線（川邊村附近）

浸水と住家

縣内の罹災地二市九郡の民家の損傷は、合計 82,740 戸で、この中流失倒壊が 3,237 戸、浸水が 79,503 戸の割になつている。中にも北埼玉北葛飾の両郡は、利根奔流の跳梁にその被害最も激甚を極めた。

（第三編第二章参照）

一擧に押寄せた濁流に浮ぶ幸手町 （幸手町）（第二編第三章第一節ノ九参照）

祖先以來の吾が家を捨てかね、飽く迄死守せんとする罹災者（栗橋附近）（第二編第三章第一節ノ七参照）

物凄き濁流の氾濫に次々と水沒していく農家 （栗橋町附近）

混亂の避難

濁流の先端飛沫をあげて、北葛飾郡權現堂川村を襲撃、將に其の虚を衝かれた本村は、辛うじて堤上に避難したが、逃げそこねた多數の罹災者は、屋上へ匍い上り、頻りに救援を叫びつづけるのであつた。（第二編第三章第一節ノ十二參照）

權現堂堤上より水沒せんとする我家を見守る不安の村人達　（權現堂川村）

水沒せんとする屋根裏から、救いを求むる罹災者を、小舟にて救出の水防團員（北葛　權現堂川村附近）

不安の待避

罹災者は、辛うじて堤上に逃避したが、いつ減水することやら、不安の日不安の夜が幾日もつゞく。だが水防團員は、連日小舟に棹さし、食糧飲料水を運搬し、不眠不休の連絡をつゞけた。

二市九郡にまたがる罹災者は大約四十萬で、この中犠牲者は百一名であつた。（第三編第十八章第一、二節参照）

減水を唯一の神頼みとして、只管堤上に祈りを續けつゝある栗橋町民、おゝ――わが家は刻々沈みゆく……。（第二編第三章二ノ七参照）

いつ減水するやら、今日も堤上に不安の夜を迎える罹災者の一團（北埼　東村附近）

水防團員は、小舟に飲料水食糧を積込み、堤上に待ちあぐむ罹災者へ（北葛　川邊村）（第四編第三章第四節参照）

救援と隣人愛

増水又増水、氾濫又氾濫、わが家を失つた罹災者達は、濁流の中を右往左往する許り。隣人愛にもえる水防團員は、或は荷車の後押しに、或は食を背に、或は工具を肩に、連日救援の手をさしのべている。（第四編第一、二、三章参照）

刻々増水する久喜驛前の避難者　（南埼玉郡）（第二編第三章第一節ノ八参照）

避難者老幼婦女子を、安全地帯へ誘導する水防團員
（南埼　武里村）（第二編第三章第五節二ノ三参照）

避難者には先づ食物をと、むすびを背に（北葛　權現堂川村）
（第二編第三章第一節二ノ十二参照）

救済と救護

高松宮現地御訪問

高松宮殿下には、日赤總裁、同胞援護會總裁として、九月二十一日陛下と前後して御來縣、折から待機中の醫療班に對し激勵のお言葉があり、直に原道村及び田間宮村における各救護所をお見舞あらせられた。(第一編第一章參照)

救護班の活動

今次水害に活動した救護班は、本縣を初め東京都、神奈川縣千葉縣、栃木縣の各國立病院、東京都、山梨、埼玉、兩縣の日本赤十字社、千葉縣の濟生會、宮内省、横濱市、毎日新聞社、各派遣の救護班、埼玉縣醫師會、及び埼玉縣看護婦會より編成した救護班等で、十月末日現在を以て、報告濟みのものは計四百八十班に達した。(第四編第二章參照)

日赤救護班の活躍 (北葛飾郡) (第四編第二章第三節參照)

救護班を激勵する高松宮様 (原道村)

九月十七日來縣した片山首相は、利根川決潰口に立ち「これは驚いた、こうまでひどいとは思わなかつた、早速救護の手をうたねば」と、感無量の體であつた。(第二編第四章第三節ノ五參照)

罹災地における傳染病の誘發を怖れ、救護班を各地に總動員して、赤痢、チブス其の他の豫防注射を實施した。(鷲宮町) (第四編第三章參照)

救濟と慰問

水害救援對策本部第二調達部では、九月十七日より十月三十日までの間において、合計五十五萬七百七十一點の救援物資を各郡市に配分した。猶當時罹災者には、早急に救援物資の手を差延べたが、舟なきため拱手傍觀、徒に焦躁の念にかられたのであつた。（第四編第二章參照）

栗橋町は、去る明治四十三年の大水害には、何等被害がなかつたゝめ、今次の水害にも、なかば安堵の形であつた。然るに東村決潰、突如濁流に見舞われたゝめ、惨狀激甚を極め、これが救濟にも、有合の小舟や急造の筏で辛くも連絡をつゞけた。（第四編第三章參照）

救濟物資を滿載し、分配に活躍の水防團員　（北葛飾郡）（第四編第二章第六節參照）

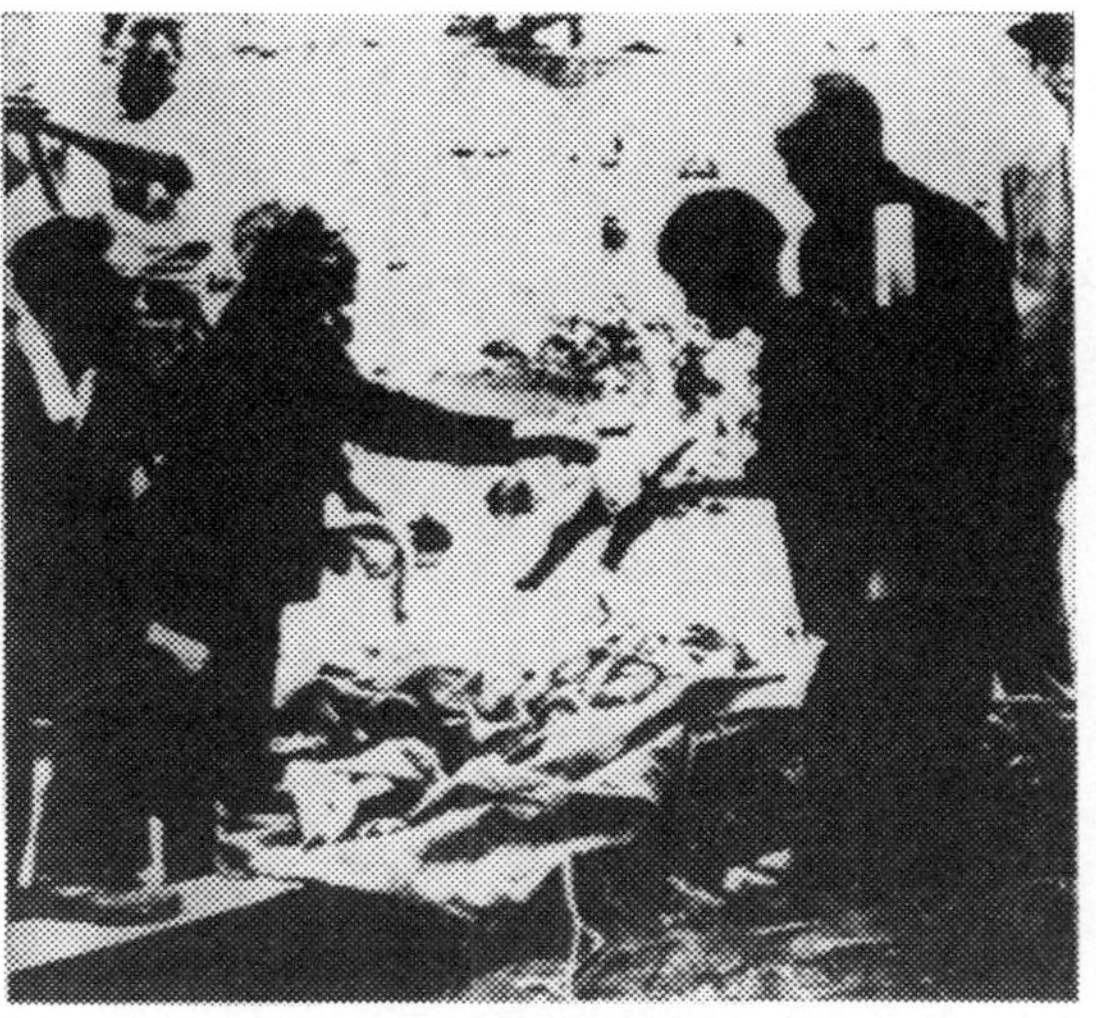

在日ララ中央委員會では、遠く本國より募集した救援物資を、九月二十二日、ローズ女史、マッキロップ神父、バット女史等來縣、二十三日より現地において現品を分配された。（東村）（第六編第三章第三節參照）

流木と鐵橋

栗橋鐵橋上に流木を拾う非罹災者の一群（栗橋鐵橋）

辛くも堤防に避難した罹災者は、住むに家なく、食うに食なき悲惨な日を、辛くもかつぎ出した家財の影で、再起を夢見つゝ迎えるのであつた。（北埼　東村）

出水以來、上流から夥しき木材が漂流して、次々と鐵橋の橋桁に引懸つた。これがために、奔流は頓に沮まれ、強度の水壓に、堤防決潰の一因を作つたともいわれている。（寫眞上）

北埼玉郡東・原道兩村の利根決潰箇所の住民は、僅かな家財道具を持つて、命からがら難を堤防上にさけた。（寫眞下）

水害の混亂時、この鐵橋を中心に、こうした二つの寫眞を見るにつけ、何かしらもの淋しさを感じさせる。

第二部

出水その後の状況

水魔の威力

自然の威大なる力は、人力を以て如何ともし難い。平時亭々として武蔵の平野に君臨していた樹木も、水魔にあえなく押倒されて、惨憺たる光景を呈している。こうした被害は県内至る所に見受けられた。（第三編各章参照）

濁流に押倒された樹木（北葛 行幸村、庄内古川流域所見）

一擧に破堤された庄内古川の決潰口も、あの慘狀をそ知らぬ顏に、今や清澄の湛水に平和其のものゝ影を寫している。（北葛　行幸村附近）（第二編第三章第四節參照）

跳梁のあと

地上のあらゆるものを、洗いつくした水魔のあと、至る所、倒壞―破壞―決潰―滿目たゞ蕭條。だが、再起せよ、再建せよと、あの砂礫の上から、あの倒壞のかげからさながら示唆する如く、おゝ再建へ。いざ復興へ。（第五編各章參照）

東　武　沿　線　（北葛　行幸附近）

渡良瀬川の決潰は、縣內堤防のトップで、川邊領二ケ村は、見る見る中に水沒し、慘憺たる被害を受けたが、寫眞は當時三國橋附近の破壞の慘狀である。（第二編第三章第二節參照）

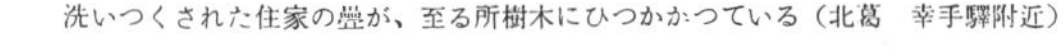

洗いつくされた住家の壁が、至る所樹木にひつかかつている（北葛　幸手驛附近）

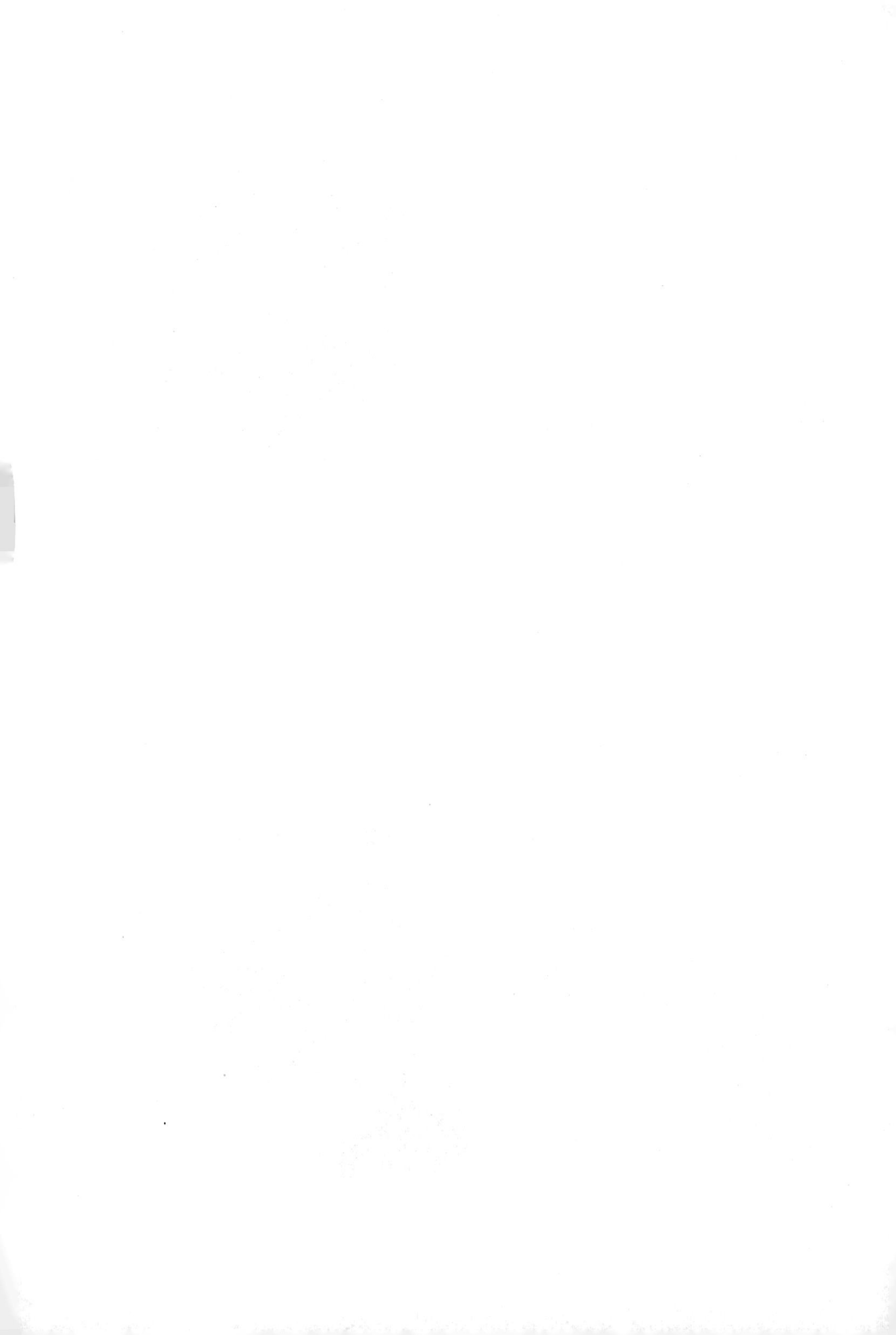

急に出來た湛水湖を利用し、水腐の稻穗を小舟で運ぶ（東村附近）

俄か湖水で洗濯をする　（櫻田村鷲宮町境）

湛　水

北埼南埼北葛の罹災地區は、湛水月餘に及び、農民辛苦の美田も、殆ど水腐に歸した所が尠くない。

又住宅附近の窪地に、俄か湖水が出來、これがために土地のゆるみや、龜裂等から、倒壞半壞を誘發した所もある。

猶汚水の瀦溜に、傳染病の發生を憂慮し、萬全の措置を講じた。（第二編及第三編各章參照）

湛水後漸次地盤に龜裂を生じ、遂に崩壞の厄に遭遇、懐しのわが家も、今や二分せんとする（北葛　上高野村所見）

旬日の湛水に、地盤ゆるみて、遂に湛水湖に轉落した農家　（栗橋町附近）

家　屋

出水―浸水―湛水に、住宅の被害は、頗る激甚だつたが、減水後もわが家が他人の庭前や、思わざる所に移動したもの等あり、笑えぬナンセンスが各地に見られた。

又住宅附近に瀦溜した汚水が、日を經るに從つて臭氣を放ち、非衞生的の箇所が多く、衞生班は地元民と協力の上、これが改善に活躍した。（第三編第二章参照）

いつ流れて來たのやら……。わが家の庭に一軒の家が（北埼　東村附近）

家屋は水に浮かされて、いつの間にかこんな所に　（川邊村所見）

利根の奔流と鬪い殘つた家屋　（北埼　原道村）

あそこもこゝも我家は傾き、庭は汚水で臭氣鼻をつく　（上高野村）

床下を濁流に抉られて、崩壊を危ぶまれる農家　（栗橋町附近）

左方にたてる人物のところが縣道である（栗橋町附近）

縣道も暫時假橋にて間に合す（幸手町）

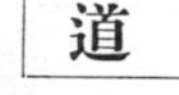

道　路

罹災地道路の崩壊——決潰は、卷頭附圖○印なるが、流失埋沒205箇所破損289箇所計494箇所を算し、其の慘害の一端も知れる。殊に平地々帶より山岳地帶の決壊は、其の被害甚大であつた。
（第三編第十五章第二節參照）

應急修復した道路の架橋に、トラック重量の制限の立札（松伏領二郷半領用水）

街道の兩側に昔を偲ぶ松並木も今や押流されて（上高野村）

橋　　梁

巻頭附圖△印は、橋梁の被害にして、内譯、流失 113 ケ所破損221ケ所計334ケ所で、道路と共に至る所被害を蒙つたが、特に激甚だつたのは南埼、北葛両郡の北部と山間地帯であつた。（第三編第九章参照）

橋梁の兩側をポッキリ切取られた（吉田村）

慘憺たる木橋の流失　（春日部町）

利根假工事の連絡橋　（東村）

兩側の道路は流失されて橋は孤立してしまつた（幸手國道）

橋はあつても不通、渡舟で漸く連絡（栗橋町）

田・畑

農民辛苦の美田も麗畑も、今やすべて湖底に泥化してしまつた。おゝ――見渡す限りのこの惨狀、誰か涙なくして見られようぞ。（第三編第四章參照）

收穫期を前に慘憺たる美田の泥化　（北埼　東村附近）

せめて種籾だけなりとも……と思い、兄ちやんも僕も泥土深く水洗いして見た　（栗橋町附近）

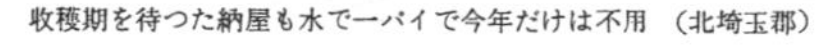

收穫期を待つた納屋も水で一パイで今年だけは不用　（北埼玉郡）

例年ならば豐饒のこの美田も、今や一大湖沼化　（北埼玉郡）

學　　校

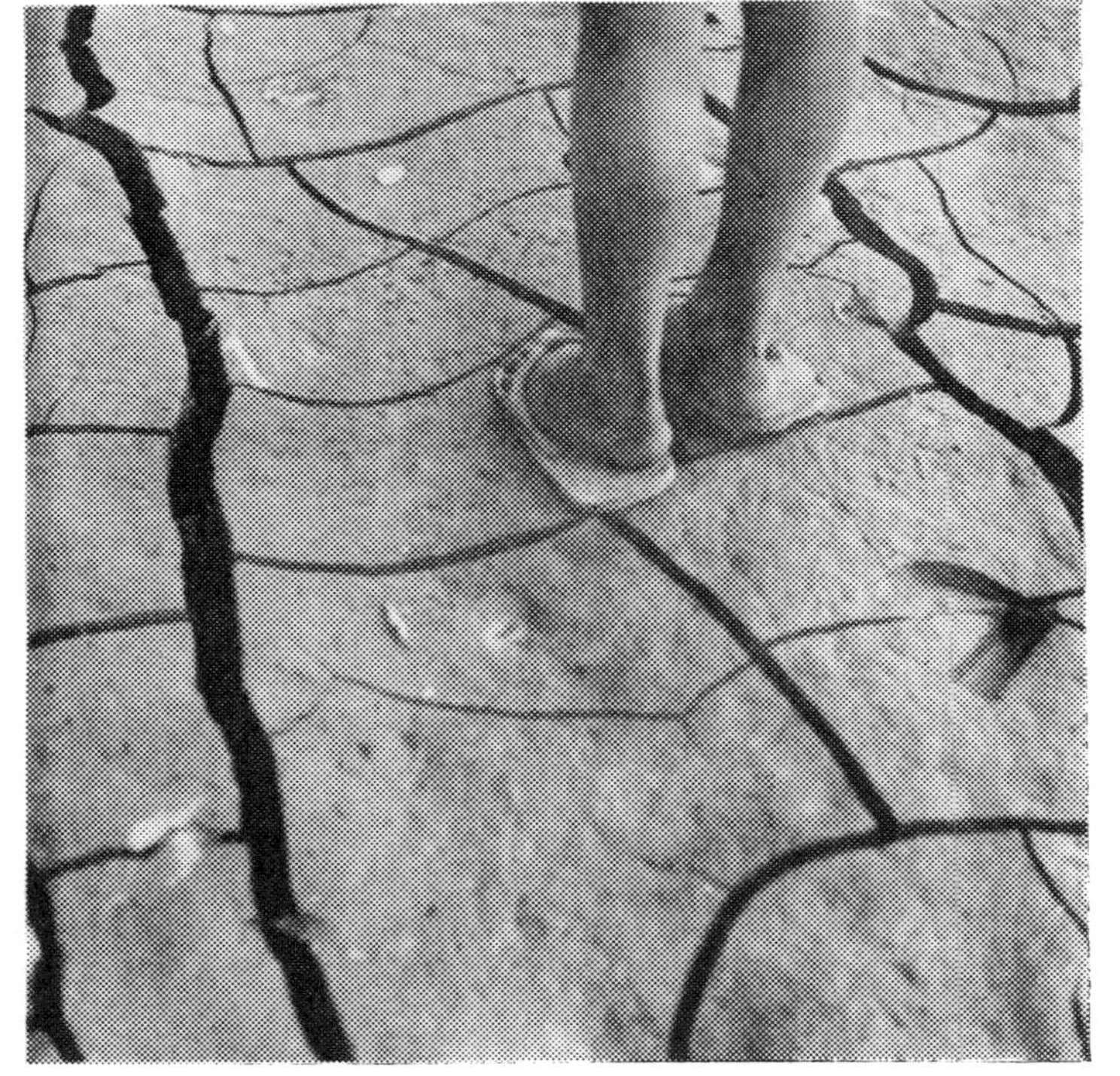

校庭は泥土の堆積で、其の厚さ 40 cm に及び、當時は泥濘踵を沒し、歩行困難の狀態であつた。日を經るに從い、乾燥後の校庭は、一面龜裂を生じて物凄く、當分使用不能であつた。(第三編第十一章參照)

一ヶ月も浸水していた原道小學校 (原道村)

倒壊した學校の物置 (原道村)

鐵道・通信

公私營關係の鐵道の被害狀況は前述の通りなるが、詳細は第三編第十五章第一節に、通信關係の被害狀況は第三編第十七章にそれぞれ記載しあり。

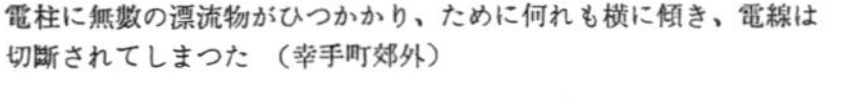

電柱に無數の漂流物がひつかかり、ために何れも横に傾き、電線は切斷されてしまつた（幸手町郊外）

假設鐵路を徐行する旅客列車（栗橋町）

警察通信關係の電柱も濁流にゆられて（第三編第十三章參照）

新古河驛も流失（北埼　川邊村）

飴の如く曲れる栗橋驛構內のレール（栗橋町）

假工事

第一締切工事、第二締切工事の進行（東村）

第二締切工事中の漏水（東村）

決潰口の締切工事

決潰口の締切工事については、其の重要性に鑑み、應急災害復舊工事本部を設け、時を移さず資材の蒐集、其の他工事に必要な準備を進め、多少なりとも流勢の靜まるを俟つて、9月21日に工事に着手した。

締切工事は、杭打割石詰よりなる第一締切と、杭打土俵詰工よりなる第二締切よりなり、外に決潰口の上流に杭出水制と、聖牛1列よりなる水制を設け、之等水制によつて流心を決潰口より本流に向わしめ、第一締切によつて大半の水を遮り、第二締切によつて全く水を遮断しようとするものである。第一締切は10月5日に概ね完了し、流入量も毎秒100立方米に減少した。

第2締切工は9月27日に着手し、10月25日に中詰を終了して、全く水を遮断することに成功した、引續き假堤の土運搬を進め、これも亦豫定より早く11月末日には竣功した、この締切工事に要した工費、人員、資材は下記の通り、

豫算	120,000,000圓	延人員	160,000人	木材	11,000石
石材	4,200立方米	鐵材	50瓲	燃料	150,000立

本工事

この堤防復舊工事に要した工費、人員、機械、資材の主なるものは次の通りである。

工費豫算　五〇、〇〇〇、〇〇〇圓　延人員　四〇〇、〇〇〇人　機械蒸氣掘鑿機　二臺
蒸氣機關車　三臺　其他、　石炭　一、一〇〇トン　揮發油　三五、〇〇〇立
石材　一、九〇〇立方米　木材　四、〇〇〇石

利根川決潰口堤防復舊工事（東村）

竣　功

竣工式は昭和23年５月30日擧行、式場にあてられた地點は、北埼東村の記憶も生々しい決潰近くの新堤内で、歡喜に包まれたる場内には、都縣衆参兩院議員三十餘名、同縣會議員等百名、地元始め町村長千餘名、地元民約三萬餘参集、午前十一時半、加藤關東地方建設局長の開會の辭に次いで伊藤建設院利根川栗橋工事部長の工事報告の後、西尾副總理、阿部建設院總務長官、ヘィワード司令官、中島國土計畫委員長、西村知事、永塚縣會副議長などの祝辭があつて閉會式、引續き同所に於いて、盛大な竣工祝賀の會を擧行、薄曇りながら、好天に惠まれて感激の地元民を前に、間組、鹿島組主催の慰安大演藝會が開かれ、日頃の勞苦を忘れて、この日の歡びのみは夕刻まで賑い續けた。

鯨 幕 を は り め ぐ ら し た 感 激 の 式 場

今日許りは當時の苦勞も忘れて歡ぶ地元民

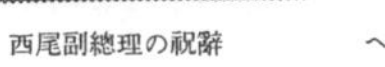

西尾副總理の祝辭

ヘィワード司令官の祝辭と西村知事

第三部

各地の被害

入間郡

入間郡は、入間川、越邊川、名栗川等の支流があり、山間部の驚異的降雨に何れも氾濫し、甚大なる被害があつた。

猶各河川堤防決潰の狀況は、本寫眞帳第一部內航空寫眞に記載したるを以て略す。（第二編第二十章參照）

勝呂村大字赤尾（越邊川右岸堤防決潰）

勝呂村大字島田越邊川右岸

三芳野村大字小沼越邊川右岸の復舊工事

秩父郡

山間部秩父郡は、主流荒川を初め、數條の支流があり、611 粍の驚異的降雨に、急轉直下支流に突入せる濁流は、何れも氾濫し、田畑を初め、道路橋梁は、巻頭附圖明示の通り何れも被害を蒙つた。（第三編各章参照）

秩父郡吉田町附近の氾濫地帶にして、田畑の農作物は殆んど土砂に埋沒、農民は辛苦の作物に、一縷の望を嘱し、一家懸命の努力を續けている。

秩父郡國神村——吉田町入會(小鹿野——上長瀞線)縣道 40 米崩壊し、40 米落下したるため不通となり、自轉車はケーブルにより降下、人馬は徒歩にて崩壊を上下した。

兒玉郡

兒玉郡は、利根川、神流川、小山川、身馴川の各氾濫により、如上流域の各村は、何れも相當の損害を受けた。（第二編第三章第八節參照）

本泉村字太駄山塚民家倒壞（身馴川）

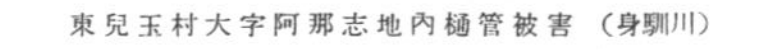

東兒玉村大字阿那志地內樋管被害（身馴川）

兒玉郡藤田村大里郡榛澤村入會西田橋の決壞（小山川）

大里郡

大里郡は、利根川、小山川、荒川の氾濫により、被害があつたが、特に荒川熊谷久下堤防決潰による洪水は、隣接町村にも氾濫して、甚大なる損害を與えた。（第二編第二章第一節参照）

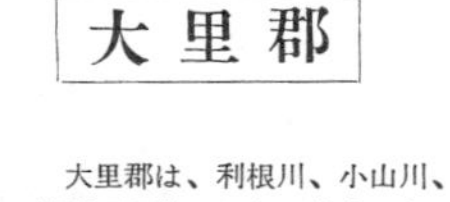

大里郡新會村明戸村入會新明橋の決壊（小山川）

熊谷市字久下新田における荒川堤防の決潰

大里郡大寄村矢島小山川矢島堰における橋梁の流失

大里郡深谷町、唐澤川における橋梁の流失

編　輯　後　記

1. 附錄寫眞帳は、水害誌と別に係員を設け、最初被害の寫眞を出來るだけ多く蒐集することに定め、各新聞社、各關係機關、縣内の有志等に呼びかけ、廣範圍にわたり蒐集を開始したのである。
2. 蒐集した寫眞は、取交ぜ大約400枚許りあつたが、其の中より當時を物語る適切なもののみ150枚摘出し、臺紙に貼付して各委員の批判を仰ぎ、更に其の中より90枚を選衡して、こゝに集錄することにした。
3. 次に集錄の順序並に解説につきては、水害誌編纂委員會委員の意見を尊重し、關係者の檢閲等も經て、大體三部に分類し、寫眞の下部に本誌との對照上『參照』の欄を附記し、もつて水害誌の內容に步調を合せた。
4. 集錄寫眞の中には、米航空部隊の好意による空中撮影がある。該寫眞は、堤防決潰現場の鳥瞰圖で、最も貴重なる寫眞の一である。當時出水の混亂時に、縣が逸早くこゝに着目し、直に救援の手をうつたのは、蓋しこの寫眞の賜であつたであろう。
5. 寫眞の蒐集にあたり、各新聞社を初め、縣内外の有志より、御熱心なる御後援を戴いたのは、眞に感謝に堪えない次第である。

昭和廿五年三月三十一日

埼玉縣水害誌附錄寫眞帳

昭和25年5月25日印刷　昭和25年5月31日発行

企畫編集	埼玉縣
資料提供	米軍航空隊
	朝日新聞社、時事新聞社
	毎日新聞社、サン寫眞新聞社
	埼玉新聞社、讀賣新聞社
撮影	埼玉縣報道室
印刷	凸版印刷株式會社

第一巻解説

吉越昭久

日本では明治時代以降になると、大規模な災害の発生後に府県や市などが災害の記録（災害誌）を刊行することが度々みられた。それが昭和時代に入ると、それらの災害誌はより大部なものになり、内容も精緻なものに変わっていった。しかし、地図や写真などを用いて被害の原因を考察したり、有効な対策にまで言及するようになるのは第二次世界大戦後でもかなり時間がたってからのことである。このような災害誌は、その地域における過去の災害を知るためには、不可欠な基本的資料として位置づけられる。また、その内容も近年の研究によって正確で質の高いものであることがわかってきた。災害誌をいろいろな面から見直し、活用することが望まれる。

災害誌を刊行する意義は、被害の実態や復旧・復興過程を一つにまとめて克明に記録することと、それをもとにその地域における今後の防災対策に役立てることにあった。しかし、明治時代や大正時代において、大規模な災害といえども災害誌が刊行されなかったことも多い。また、刊行されたとしても発行部数が限られていたために現存数も少なく、利用する上でも困難なことがあった。このため、それらの資料を新たに提供する目的をもって、平成二十四年から二十五年にかけて「日本災害資料集」として地震編全六巻（伊津野和行編・解説）、同第二回全六巻（伊津野和行編・解説）、水害編全七巻（吉越昭久編・解説）、気象災害編全五巻（吉越昭久編・解説）、火災編全七巻（田中哮義編・解説）を出版してきた。その内容は、災害誌だけではなく、災害の概論や災害史なども含む幅の広いものであった。

しかし、それでもなお重要な災害の記録を網羅したことにはならず、いまだに多くの貴重な災害の記録は、あまり日の目をみない状態にある。そこで、災害でも風水害に焦点を絞り、前述の出版（「日本災害資料集」）で取り上げることができなかったものの中から、自治体が編集し刊行した風水害誌のシリーズを出版する企画をたてた。それが、本巻を含む全四巻に収録された「日本風水害誌集」である。

ところで、風水害の発生には一定の周期性がみられるが、大規模なものは昭和初期から第二次世界大戦直後までの時期に集中した。この時期は第二次世界大戦をはさみその前後の混乱期であった。そのため、治山・治水などへの対策が遅れ、結果として多くの風水害が引き起こされたものと考えられている。この時期には、比較的多くの風水害誌が刊行された。そのような刊行を通して、より正確で質の高い風水害誌になるなど、大きく変化することにもなった。従って、この時期の風水害誌を本シリーズで取り上げる意義は大きいものと考える。

本書の第一巻では、埼玉県編『昭和二十二年九月　埼玉県水害誌』埼玉県発行、昭和二十五年五月、千十六頁と、埼玉県編『昭和22年9月　埼玉県水害誌附属写真帳』埼玉県発行、昭和25年5月、頁数なし（写真は90枚）を取り上げる。

昭和二十二年九月中旬、カスリーン台風に伴う豪雨によって、関東・東北地方を中心に死者・行方不明者千九百十人という大きな被害がもたらされた。とりわけ、利根川の決壊によって、埼玉県から東京都にかけての地域で甚大な被害になった。埼玉県では、被災から三年ほど経過した時期に、この災害誌を刊行した。その内容は、出水の状況、被害状況、復旧などに関するものが中心で、埼玉県では、比較的長い時間をかけてこれらの資料を丹念に収集したことがわかる。特に、被災地に関して地図を用いて実態を克明に表現しているところが、これまでの災害誌にはみられない大きな特徴である。

本書の構成であるが、全部で八編から成っている。第一編は「総説」で、台風の来襲と出水・被害・応急措置の概況などに触れている。

第二編は「出水の状況」で、出水の状況と原因、河川の氾濫と堤防の決壊、被災状況、応急措置と人命救助など四つに章を分けて、記述されている。その中でも注目すべきは、「利根川及荒川の洪水の進行」と題する地図を提示し、そこに浸水地域、洪水の走時線、流線などを記入していることである。このような優れた地図を用いる試みは、日本の災害誌の中でも早期のものとして特筆される。この地図は、空中写真が容易に使用できる現在においてもそう簡単に作成できるものではなく、「利根川及荒川の洪水の湛水期間」の地図とともに、高い学術的価値を有している。また、各地区の被害の状況を百二十頁以上にもわたって詳細に記録している点にも注目したい。ただし、地域によって水害対策本部に上がってくる被害の内容や形式が異なるために、形式や質がそろったものにはなっていない点は止むを得ないことと考える。応急措置と人命救助に関しては、米軍通信飛行隊が空中写真の撮影に協力したことが記され、その結果が応急措置に威力を発揮することとなった。また、前述の質の高い二枚の地図も、この空中写真を利用したことはいうまでもない。米軍は、空中写真の撮影だけでなく、被災地の人命救助、住宅・食料の補給、衛生面、土木工事、舟艇による輸送などでも多大な貢献をしたことが記録されている。また、災害誌に頻繁にみられる記載事項として人命救助に関するものがあるが、本書においてもそこでの美談がかなりの紙幅を割いて記載されている。これは、その努力を顕彰する目的をもつものであろう。

第三編は「被害の状況」で、様々な種類の被害を地域別にまとめて示している。被害の種類としては、人命、耕地、公共施設、農作物、食料、蚕糸、畜産物、林野、土木関係、工場、学校、役場、警察通信、砂利採取事業、配電関係、通信などで、種類ごとに市町村単位で統計がまとめられている。ところで、この記述の中で、被害の経過も同時に示している点が注目される。水害対策本部に、県の出張所や地方事務所および警察署などから被害報告が届くが、その日時が時系列的に記録されているのである。これは必ずしも災害の発生時刻を示すものではないが、災害の発生を認識しそれをいつ報告したのかが判明するので、今後の対策を考える上では極めて有用な資料である。

第四編は「救済救護の状況」で、被災後に直ちに水害対策本部が組織され、知事が委員長になり、県の各部長が委員となったことがわかる。そこでは、委員の活動がどのように行われたかについて詳細に記載されている。また、県の各出張所の活動についても詳述されている。他にも、隣接都県との協力についても触れられており、比較的被害の少なかった神奈川県、千葉県、茨城県などから得られた協力内容がわかる。それによると、神奈川県は数十隻の船、二十五台のトラックと人員を派遣したし、千葉県は野田町に救護本部を設置し協力を行った。茨城県は、救助・医療・炊出・給水などで貢献したという。

第五編は「復旧とその対策」で、県・国による復旧と対策について、かなり踏み込んで書かれている。県では、知事を会長とする水害復興委員会を組織し、水害の復旧・復興などに関する重要な事項を審議することとなった。また、県の地方事務所単位でも水害復興委員会支部が設置され、かなりきめ細かい対策が行われていたことが判明する。さらに、県を超えて一都五県で利根川治水連盟が組織され、治水工事などにあたった。また、より規模の小さな治水連盟や農協治水委員会なども組織され、本格的・具体的な取り組みが行われたことが記されている。また、十分ではないものの復旧・復興の経過についても、多少の頁を割いて述べている点は注目される。多くの災害誌には、被災直後の状況については詳細に書かれるが、一定の時間を経過した後のことについては、詳述されることはない。また、別途に災害復興誌などを刊行することもほとんどないために、この把握は意外に困難なのである。

第六編は「協力と慰問」で、国からの見舞い、労働奉仕、義援金などについての記載がある。特に、義援金については組織や個人のそれぞれについて、氏名や金額まで公表している。さらに、それらが、どこにどれだけ配分されたかに関する情報まで掲載しているのである。

第七編は「功績と表彰」で、特に功績のあった団体や個人の名称が記されているし、最後の第八編「結語」では、この水害誌の編纂経過を掲載して、本文を終了している。

災害誌には、本文中に図表の他に主要な写真を掲載することが多く行われている。ところが、本書では、本文中にごく少ない写真しかみられない。というのも、写真については別途、『昭和22年9月 埼玉県水害誌付録写真帳』が刊行されているためである。これはB４判の横長の装丁になっており、頁数が打たれていないが、そこには九十枚の写真が収録されている。また、その構成は四部から成っている。

最初に簡単な水害発生の概況に関する文章と水害状況を示す地図が掲載され、被災地を視察された天皇陛下の写真が四枚取り入れられている。

その後は、第一部「出水の状況」の写真になる。この中には、米軍が撮影した空中写真に地名・堤防決壊箇所・流れの方向などを付加した写真がある。これらの空中写真をもとに地図化が可能になるが、当時としては画期的で実に貴重な資料であった。他に、土嚢を積む作業を写した中川堤防の写真や、栗橋町の濁流の写真など資料的な価値が高いものが多く掲載されている。権現堂川村では、水没する家屋を見る多くの人々と、その背後にある避難させた家財道具などが写った印象的な写真も撮られている。また、避難や救援に用いられた船の写真も多く、そこから水深などを判断することが可能となる。また、栗橋鉄橋は流失を免れたが、その上流側には多くの流木がせき止められ、それを取り除く人の姿もみられる。

第二部は「出水とその後の状況」の写真である。行幸村の濁流に押し倒された樹木の写真からは、水の力の凄まじさを感じることができる。また、渡良瀬川の三国橋付近を写した写真には、破壊された堤防の惨状がみられる。洪水流がひいた後の状態も悲惨で、地盤が緩んで倒壊した家屋や、水に流され竹だけが残った土壁のほか、傾いた家屋もみられる。道路などの被害もあり、とりわけ橋梁の被害が目立った。流失した橋や、その後応急措置で造られた仮橋などが写されている。他にも、田畑の被害、学校、鉄道、電線などにも大きな被害があったことがわかる。

その後、復旧工事が本格化した時期の写真も掲載されており、決壊した堤防の締切工事、利根川の決壊箇所における土砂の運搬や重機を入れた現場の写真もある。さらに時間が経過し、昭和二十三年五月の堤防修復完了式典では、多くの地元民が集まっている様子が伺える写真もある。

第三部には、「各地の被害」に関する写真がある。入間郡では堤防の被害とその復旧工事の写真が、秩父郡では不通になった道路にロープを張り、自転車を渡す珍しい写真が掲載されている。児玉郡では藤田村の流失した西田橋などの、大里郡では破壊された橋などの様子が写されている。

このように、文章だけからは判断することが難しいことを、写真帳を同時に刊行することによって、情報をさらに増加させている。写真には、簡単な解説も付されているので、基本的な情報を知ることはできる。しかし、撮影日時や、撮影場所などが明確にされていないものがほとんどであった。写真帳を記録として残し、今後活用しようとするならば、このあたりの記載は必要になろう。このように多少の課題が残るにせよ、写真を通して災害を記録し、後世に伝えることで、本文をより効果的に活用することができるようになるであろう。

写真帳も含めてとらえるならば、『昭和二十二年九月　埼玉縣水害誌』は、この時期に刊行された災害誌の中でも、時間をかけて編集に取り組んだ結果があらわれており、優れた災害誌の一つであると評価することができる。

（よしこし　あきひさ・立命館大学特任教授）

日本風水害誌集

第一巻　昭和二十二年九月　埼玉県水害誌

2015年3月25日　発行

編　者　吉　越　昭　久

発行者　椛　沢　英　二

発行所　株式会社 クレス出版

東京都中央区日本橋小伝馬町 14-5-704

☎ 03-3808-1821　FAX03-3808-1822

印刷所　有限会社 P24

製本所　有限会社 高橋製本所

落丁・乱丁本はお取り替えいたします。

ISBN978-4-87733-857-2 C3344 ¥26000E